全国高等农林院校“十三五”规划教材
基 层 林 业 干 部 培 训 教 材

林业生态知识读本

浙江省林业厅组编
温国胜　伊力塔　俞　飞　编著

中国林业出版社

内 容 介 绍

本书系统、全面地介绍了林业的基础知识，全书分森林生态、森林培育、森林管理三部分系统介绍林业基本理论知识。第一篇森林生态，包括林木个体、森林种群、森林群落、森林生态系统，尺度由小到大介绍了森林生态学的基础知识；第二篇森林培育，包括林木种子、苗木培育、造林地和造林树种选择、造林技术、幼林抚育、造林规划设计与检查验收方面介绍了种苗学和造林学的基础知识；第三篇森林管理，包括森林资源调查、森林资源管理、森林可持续经营、森林保护方面介绍了森林经理学和森林资源学的基础知识。

本书可以作为林业行业职业教育培训教材及相关管理、生产人员参考书，也可供农林院校非林学专业全面了解林学基础知识的专业教材。

图书在版编目（CIP）数据

林业生态知识读本/温国胜，伊力塔，俞飞编著. —北京：中国林业出版社，2018. 4
全国高等农林院校“十三五”规划教材 基层林业干部培训教材
ISBN 978 - 7 - 5038 - 9505 - 0

Ⅰ. ①林… Ⅱ. ①温… ②伊… ③俞… Ⅲ. ①林业 - 生态工程 - 高等学校 - 教材 Ⅳ. ①S718. 5

中国版本图书馆 CIP 数据核字（2018）第 057064 号

国家林业局生态文明教材及林业高校教材建设项目

中国林业出版社·教育出版分社

策划、责任编辑： 肖基浒
电 话： 83143555 83143558 **传 真：** 83143561

出版发行： 中国林业出版社（100009 北京市西城区德内大街刘海胡同 7 号）
E-mail：jiaocaipublic@163. com 电话：(010)83223120
http：//lycb. forestry. gov. cn
经 销： 新华书店
印 刷： 三河市祥达印刷包装有限公司
版 次： 2018 年 4 月第 1 版
印 次： 2018 年 4 月第 1 次印刷
开 本： 850mm × 1168mm 1/16
印 张： 28. 25
字 数： 676 千字
定 价： 69. 00 元

序

林业是一项重要的公益事业和基础产业，事关经济社会可持续发展，在生态文明建设中占有主体地位。多年来，浙江林业坚持以“八八战略”为总纲，立足“七山一水二分田”的生态优势，全面推进“美丽浙江”和“森林浙江”建设，积极探索践行“绿水青山就是金山银山”的现代林业发展路子，取得了生态效益、经济效益和社会效益“三赢”。在新时代中国特色社会主义伟大实践特别是奋力推进我省“两个高水平”建设的新征程中，林业将迎来前所未有的机遇和挑战，也将承担前所未有的职责和使命。

“学者非必为仕，而仕者必为学”。加强学习是林业工作者的首要任务和终身课题。正如习近平总书记所指出的，中国共产党人依靠学习走到今天，也必然要依靠学习走向未来。进入新时代，面对日益增长的人民美好生活需要和艰巨繁重的林业建设任务，广大林业工作者惟有更加勤学善学乐学，不断夯实专业基础知识之弓弩，才能发出精准的造林、治林、务林之箭镞，才能“替河山装成锦绣，把国土绘成丹青”，才能切实担当起生态文明建设和推进林业现代化的重任，促进人与自然和谐共生，为建设富强民主文明和谐美丽的社会主义现代化强国添砖加瓦、建功立业。

“问渠那得清如许？为有源头活水来。”为系统梳理林业知识，充分吸收浙江林业建设的新经验，认清今后一个时期现代林业的发展趋势，提升全省林业工作者的治理能力和治理水平，浙江省林业厅委托浙江农林大学组织温国胜等专家编写了《林业生态知识读本》一书。该书采用多学科结合的方法，从森林生态、森林培育、森林管理等三个方面系统介绍了林业生态基本知识，兼具专业性、实用性，是一本通俗易懂、灵活实用的林业基础教材和科普读物。我相信，随着生态文明建设和林业事业的不断发展，《林业生态知识读本》也会在新时代中国特色社会主义伟大实践中不断完善，发挥越来越重要的教育和普及作用。

浙江省林业厅党组书记、厅长 林云举

2017 年 11 月 30 日

前 言

浙江地处我国东南沿海亚热带森林气候区，森林覆盖率较高，林业在维护生态安全和社会经济发展中占有重要的地位。基层林业干部是林业工作的直接组织者和实施者，肩负着宣传贯彻执行林业方针政策、维护区域森林生态安全、培育和抚育森林、管理与保护森林、组织与指导林业生产、推广与普及林业科学技术的艰巨任务。这就要求基层林业干部具有较高的思想政治素质、丰富的林业专业知识，不断提高业务管理能力，以适应新形势下的社会发展需求。当前浙江省林业基层干部中，非林业专业者较多，缺乏对林业基础知识的系统学习。为了能让他们在短期内掌握林业知识，提高业务水平，浙江省林业厅组织编写本书供基层林业干部培训。

本书参考国内外森林生态学、城市生态学、园林生态学、森林培育学、森林经理学等领域的研究成果，结合我国林业生态工程建设中的成功经验，试图从森林生态系统的整体出发，系统介绍林业的基础知识，全书分森林生态、森林培育、森林管理三部分介绍林业基本理论知识。第一篇森林生态，由温国胜编写，本篇从林木个体、森林种群、森林群落、森林生态系统，尺度由小到大介绍了森林生态学的基础知识；第二篇森林培育，由温国胜、俞飞编写，本篇从林木种子、苗木培育、造林地和造林树种选择、造林技术、幼林抚育、造林规划设计与检查验收方面介绍了种苗学和造林学的基础知识；第三篇森林管理，由伊力塔编写，本篇从森林资源调查、森林资源管理、森林可持续经营、森林保护方面介绍了森林经理学和森林资源学的基础知识。全书最后由温国胜统编修改定稿。

在本书编写过程中，一直在浙江省林业厅人事处和浙江农林大学继续教育学院领导的组织指导下进行，得到浙江省林业厅相关职能处室领导和专家的大力支持。2015年伊始，编者经多次与浙江省林业厅人事处和浙江农林大学继续教育学院领导交流后，提出编写提纲初稿，然后广泛征求浙江省林业厅相关职能处室领导及专家的意见。2017 年初，完成全书初稿后，由浙江省森林资源监测中心的汪奎宏研究员、浙江省林业生态工程管理中心的李土生教授级高级工程师、浙江省林业种苗管理总站的何云芳教授级高级工程师、浙江省林业科学研究院的袁位高研究员及浙江农林大学的余树全教授、应叶青教授、宋新章教授、胡渊渊博士组成的专家组审阅全书并提出了宝贵的修改意见，在此一并表示衷心的感谢。

本书面向基层、立足实践、服务生产，坚持实用性和科学性相结合，是基层林业干部的岗位培训教材，也可作为广大林业科技工作者和林业相关人员的参考书。

林业是理论性、技术性、系统性、实践性、区域性较强的工作，由于编写时间仓促，加之本书涉及面广，作者的水平和掌握的资料有限，缺点和不足之处在所难免，恳请读者批评指正。

编　者

2017 年 10 月　于杭州

目　录

序
前言

第一篇　森林生态

第1章　森林环境 …… (3)
1.1　森林与环境 …… (3)
1.1.1　森林与林业 …… (3)
1.1.2　环境的概念及类型 …… (3)
1.1.3　生态因子的概念及类型 …… (5)
1.1.4　生态因子作用的一般特征 …… (6)
1.2　森林与光照 …… (7)
1.2.1　光的性质及其变化规律 …… (8)
1.2.2　光的生态作用 …… (9)
1.2.3　树种的耐阴性 …… (12)
1.2.4　树种的遮阴性 …… (14)
1.3　森林与温度 …… (15)
1.3.1　温度的变化规律 …… (15)
1.3.2　温度对植物的影响 …… (18)
1.3.3　树种对极端温度的适应 …… (21)
1.4　森林与水分 …… (22)
1.4.1　不同形态的水及其生态意义 …… (22)
1.4.2　植物对水分胁迫的生态适应 …… (23)
1.4.3　森林对水分的调节作用 …… (25)
1.5　森林与大气 …… (27)
1.5.1　大气成分的生态作用 …… (28)
1.5.2　大气污染与植物的生态关系 …… (28)

1.5.3　风与植物的生态关系 …………………………………… (32)
1.6　森林与土壤…………………………………………………… (34)
1.6.1　土壤对林木的影响 …………………………………… (34)
1.6.2　森林对土壤的影响 …………………………………… (38)
第2章　森林种群 ……………………………………………… (41)
2.1　种群及其基本特征…………………………………………… (41)
2.1.1　种群的概念 …………………………………………… (41)
2.1.2　种群的基本特征 ……………………………………… (41)
2.2　种群动态……………………………………………………… (42)
2.2.1　种群的密度和分布 …………………………………… (43)
2.2.2　种群统计学 …………………………………………… (44)
2.2.3　种群的增长 …………………………………………… (45)
2.3　生态对策……………………………………………………… (48)
2.4　种内关系与种间关系………………………………………… (49)
2.4.1　密度效应 ……………………………………………… (50)
2.4.2　种间竞争 ……………………………………………… (51)
2.4.3　生态位理论 …………………………………………… (52)
第3章　森林群落 ……………………………………………… (54)
3.1　群落的概念及其特征………………………………………… (54)
3.1.1　生物群落的概念 ……………………………………… (54)
3.1.2　群落的基本特征 ……………………………………… (55)
3.2　森林群落的种类组成………………………………………… (56)
3.2.1　物种组成分析 ………………………………………… (56)
3.2.2　物种组成的数量特征 ………………………………… (57)
3.2.3　物种多样性 …………………………………………… (59)
3.3　森林群落的结构……………………………………………… (60)
3.3.1　群落的垂直结构 ……………………………………… (60)
3.3.2　群落的水平结构 ……………………………………… (60)
3.3.3　群落的时间结构 ……………………………………… (61)
3.3.4　群落的层片结构 ……………………………………… (62)
3.4　森林群落的动态……………………………………………… (63)
3.4.1　群落演替的概念 ……………………………………… (63)
3.4.2　群落演替的类型 ……………………………………… (64)
3.4.3　群落演替的顶极学说 ………………………………… (69)

第4章 森林生态系统 …… (72)
4.1 森林生态系统的基本特征 …… (72)
4.1.1 生态系统的概念 …… (72)
4.1.2 生态平衡 …… (75)
4.1.3 生态系统的基本组成和功能 …… (75)
4.1.4 生态系统的结构 …… (77)
4.1.5 生态系统的类型 …… (80)
4.2 森林生态系统的能量流动 …… (83)
4.2.1 能量流动的基本原理 …… (83)
4.2.2 生态系统能量流动过程 …… (89)
4.2.3 生态系统生产力 …… (97)
4.3 森林生态系统的物质循环 …… (100)
4.3.1 物质循环的概念及其特点 …… (100)
4.3.2 生物地球化学循环 …… (106)
4.3.3 森林生态系统内的养分循环过程及特点 …… (114)
4.4 森林生态系统的分布规律 …… (123)
4.4.1 森林生态系统的分布规律 …… (123)
4.4.2 世界主要森林植被及其分布 …… (126)
4.4.3 中国主要森林植被及其分布 …… (128)
4.5 森林生态系统的效益评价 …… (133)
4.5.1 森林生态系统的效益评价的内容 …… (133)
4.5.2 森林生态系统的效益评价的方法 …… (135)
4.5.3 森林生态系统的效益评价的结果 …… (138)

第二篇 森林培育

第5章 林木种子 …… (141)
5.1 良种基地的建立 …… (141)
5.1.1 母树林选择与建立 …… (141)
5.1.2 种子园的建立 …… (143)
5.1.3 采穗圃的建立 …… (145)
5.2 种子的采集与贮运 …… (147)
5.2.1 林木种实产量测定 …… (147)
5.2.2 林木种实的采集 …… (147)
5.2.3 种实的调制 …… (149)
5.2.4 种子的贮运 …… (151)

5.3 种子品质检验 …… (155)
5.3.1 样品的选取 …… (155)
5.3.2 种子品质测定 …… (159)
5.3.3 种子质量等级标准 …… (169)
第6章 苗木培育 …… (171)
6.1 苗圃的建立 …… (171)
6.1.1 苗圃地的建立 …… (171)
6.1.2 苗圃地区划 …… (172)
6.2 苗圃地的耕作 …… (173)
6.2.1 苗圃整地、作床与作垄 …… (173)
6.2.2 苗圃土壤处理 …… (175)
6.2.3 苗圃地的轮作 …… (177)
6.3 播种育苗 …… (177)
6.3.1 播种苗的年生长规律 …… (178)
6.3.2 播种前种子的处理 …… (179)
6.3.3 播种技术 …… (182)
6.3.4 植物生长激素的应用 …… (189)
6.4 无性繁殖育苗 …… (195)
6.4.1 扦插育苗 …… (195)
6.4.2 嫁接育苗 …… (198)
6.4.3 组培育苗 …… (203)
6.5 设施育苗 …… (207)
6.5.1 容器育苗 …… (207)
6.5.2 穴盘育苗 …… (210)
6.5.3 温室育苗 …… (213)
6.6 苗木出圃 …… (215)
6.6.1 苗木调查 …… (215)
6.6.2 苗木出圃 …… (218)
6.6.3 苗圃技术档案的建立 …… (220)
第7章 造林地及造林树种 …… (222)
7.1 造林地的立地分类 …… (222)
7.1.1 造林地立地条件的分析与评价 …… (222)
7.1.2 立地条件类型的划分方法 …… (223)
7.2 造林地的种类 …… (226)
7.2.1 宜林荒山荒地、四旁地及撂荒地 …… (226)

7.2.2 采伐迹地和火烧迹地 …… (227)
7.2.3 疏林地及林冠下造林地 …… (227)
7.3 林种划分和树种选择 …… (227)
7.3.1 林种划分 …… (227)
7.3.2 各林种对造林树种的要求 …… (229)
7.3.3 造林树种选择方案的确定 …… (237)
第8章 造林技术 …… (238)
8.1 造林密度与配置 …… (238)
8.1.1 确定造林密度的原则和方法 …… (238)
8.1.2 种植点的配置和计算 …… (244)
8.1.3 树种的组成 …… (246)
8.2 造林整地 …… (252)
8.2.1 林地的清理 …… (252)
8.2.2 造林地整地的方法质量要求 …… (253)
8.3 造林方法 …… (258)
8.3.1 植苗造林 …… (258)
8.3.2 播种造林 …… (261)
8.3.3 分殖造林 …… (265)
8.4 幼林抚育管理 …… (267)
8.4.1 幼林抚育管理的内容和方法 …… (267)
8.4.2 幼林检查和补植 …… (279)
第9章 造林规划设计 …… (282)
9.1 造林规划设计 …… (282)
9.1.1 造林规划设计概述 …… (282)
9.1.2 造林规划设计的类别 …… (282)
9.1.3 造林调查设计 …… (283)
9.2 造林施工设计 …… (289)
9.2.1 造林施工设计的意义 …… (289)
9.2.2 造林施工设计的程序 …… (289)
第10章 亚热带地区主要树种的栽培技术 …… (291)
10.1 杉木 …… (291)
10.1.1 经济意义和分布 …… (291)
10.1.2 树种特性 …… (291)
10.1.3 造林技术 …… (292)

10.2 柳杉…………………………………………………………………………（293）
10.2.1 经济意义和分布………………………………………………………（293）
10.2.2 树种特性…………………………………………………………（293）
10.2.3 造林技术…………………………………………………………（293）
10.3 水杉…………………………………………………………………………（294）
10.3.1 经济意义和分布………………………………………………………（294）
10.3.2 树种特性 ………………………………………………………（295）
10.3.3 造林技术…………………………………………………………（295）
10.4 马尾松………………………………………………………………………（296）
10.4.1 经济意义和分布………………………………………………………（296）
10.4.2 树种特性…………………………………………………………（296）
10.4.3 造林技术…………………………………………………………（296）
10.5 云南松………………………………………………………………………（297）
10.5.1 经济意义和分布………………………………………………………（297）
10.5.2 树种特性…………………………………………………………（298）
10.5.3 造林技术…………………………………………………………（298）
10.6 油松…………………………………………………………………………（299）
10.6.1 经济意义和分布………………………………………………………（299）
10.6.2 树种特性…………………………………………………………（299）
10.6.3 造林技术…………………………………………………………（299）
10.7 红松…………………………………………………………………………（300）
10.7.1 经济意义和分布………………………………………………………（300）
10.7.2 树种特性…………………………………………………………（301）
10.7.3 造林技术…………………………………………………………（301）
10.8 湿地松………………………………………………………………………（302）
10.8.1 经济意义和分布………………………………………………………（302）
10.8.2 树种特性…………………………………………………………（303）
10.8.3 造林技术…………………………………………………………（303）
10.9 火炬松………………………………………………………………………（304）
10.9.1 经济意义和分布………………………………………………………（304）
10.9.2 树种特性…………………………………………………………（304）
10.9.3 造林技术…………………………………………………………（304）
10.10 樟子松 ……………………………………………………………………（305）
10.10.1 经济意义和分布……………………………………………………（305）
10.10.2 树种特性………………………………………………………（305）

10.10.3 造林技术 …… (306)
10.11 侧柏 …… (306)
10.11.1 经济意义和分布 …… (307)
10.11.2 树种特性 …… (307)
10.11.3 造林技术 …… (307)
10.12 桉树 …… (308)
10.12.1 经济意义和分布 …… (308)
10.12.2 树种特性 …… (308)
10.12.3 造林技术 …… (309)
10.13 杨树 …… (310)
10.13.1 经济意义和分布 …… (310)
10.13.2 树种特性 …… (311)
10.13.3 造林技术 …… (311)
10.14 泡桐 …… (312)
10.14.1 经济意义和分布 …… (313)
10.14.2 树种特性 …… (313)
10.14.3 造林技术 …… (313)
10.15 台湾相思 …… (314)
10.15.1 经济意义和分布 …… (314)
10.15.2 树种特性 …… (314)
10.15.3 造林技术 …… (315)
10.16 毛竹 …… (315)
10.16.1 经济意义和分布 …… (316)
10.16.2 树种特性 …… (316)
10.16.3 造林技术 …… (316)
10.17 丛生竹 …… (317)
10.17.1 麻竹 …… (317)
10.17.2 绿竹 …… (318)
10.18 木麻黄 …… (319)
10.18.1 经济意义和分布 …… (319)
10.18.2 树种特性 …… (320)
10.18.3 造林技术 …… (320)
10.19 木荷 …… (321)
10.19.1 经济意义和分布 …… (321)
10.19.2 树种特性 …… (321)

10.19.3 造林技术 ……………………………………………………………… (322)
10.20 鹅掌楸 ……………………………………………………………… (323)
10.20.1 经济意义和分布 ……………………………………………………… (323)
10.20.2 树种特性 ……………………………………………………………… (324)
10.20.3 造林技术 ……………………………………………………………… (324)
10.21 枫香树 ……………………………………………………………… (325)
10.21.1 经济意义和分布 ……………………………………………………… (325)
10.21.2 树种特性 ……………………………………………………………… (325)
10.21.3 造林技术 ……………………………………………………………… (326)
10.22 刺槐 ……………………………………………………………… (326)
10.22.1 经济意义和分布 ……………………………………………………… (327)
10.22.2 树种特性 ……………………………………………………………… (327)
10.22.3 造林技术 ……………………………………………………………… (327)
10.23 油茶 ……………………………………………………………… (328)
10.23.1 经济意义和分布 ……………………………………………………… (329)
10.23.2 树种特性 ……………………………………………………………… (329)
10.23.3 造林技术 ……………………………………………………………… (329)
10.24 油桐 ……………………………………………………………… (330)
10.24.1 经济意义和分布 ……………………………………………………… (330)
10.24.2 树种特性 ……………………………………………………………… (331)
10.24.3 造林技术 ……………………………………………………………… (331)
10.25 银杏 ……………………………………………………………… (332)
10.25.1 经济意义和分布 ……………………………………………………… (333)
10.25.2 树种特性 ……………………………………………………………… (333)
10.25.3 建园和栽培技术 ……………………………………………………… (334)
10.26 板栗 ……………………………………………………………… (334)
10.26.1 经济意义和分布 ……………………………………………………… (335)
10.26.2 树种特性 ……………………………………………………………… (335)
10.26.3 建园和栽培技术 ……………………………………………………… (336)
10.27 核桃 ……………………………………………………………… (336)
10.27.1 经济意义和分布 ……………………………………………………… (336)
10.27.2 树种特性 ……………………………………………………………… (337)
10.27.3 建园和栽培技术 ……………………………………………………… (337)
10.28 光皮桦 ……………………………………………………………… (338)
10.28.1 经济意义和分布 ……………………………………………………… (338)

10.28.2 树种特性 …… (339)
10.28.3 建园和栽培技术 …… (339)
10.29 榉树 …… (340)
10.29.1 经济意义和分布 …… (340)
10.29.2 树种特性 …… (341)
10.29.3 建园和栽培技术 …… (341)
10.30 红豆树 …… (342)
10.30.1 经济意义和分布 …… (342)
10.30.2 树种特性 …… (343)
10.30.3 建园和栽培技术 …… (343)
10.31 黄连木 …… (344)
10.31.1 经济意义和分布 …… (344)
10.31.2 树种特性 …… (345)
10.31.3 建园和栽培技术 …… (345)

第三篇 森林管理

第11章 森林资源及调查 …… (349)
11.1 森林资源现状 …… (349)
11.1.1 全球森林资源现状 …… (349)
11.1.2 我国森林资源现状 …… (350)
11.2 森林资源的地位与作用 …… (351)
11.2.1 森林资源的地位 …… (351)
11.2.2 森林资源的作用 …… (355)
11.3 森林资源调查概述 …… (358)
11.3.1 我国森林资源调查的分类 …… (358)
11.3.2 森林资源调查的主要技术方法 …… (359)
11.4 森林资源连续清查方法 …… (367)
11.4.1 小班(含林带)调查 …… (367)
11.4.2 平原农区树带与四旁树调查 …… (375)
11.4.3 专项调查 …… (377)
11.4.4 统计与制图 …… (378)
11.4.5 调查成果报告 …… (383)
第12章 森林资源管理 …… (386)
12.1 林地林权管理制度 …… (386)
12.1.1 林地管理 …… (386)

12.1.2 林权管理 …… (386)
12.1.3 征占林地管理 …… (388)
12.2 森林资源利用管理制度 …… (389)
12.2.1 森林采伐管理 …… (389)
12.2.2 木材运输管理 …… (390)
12.2.3 木材经营加工管理 …… (391)
12.3 森林资源监督制度 …… (391)
第13章 森林生态系统可持续经营 …… (392)
13.1 森林生态系统经营的理论基础 …… (392)
13.1.1 森林生态系统的特点 …… (392)
13.1.2 森林生态系统经营理论 …… (395)
13.1.3 森林生态系统经营是现代系统论的应用 …… (397)
13.2 森林生态系统可持续经营 …… (399)
13.2.1 森林资源可持续发展的概念与目标 …… (399)
13.2.2 森林生态系统经营的实践 …… (402)
13.3 近自然森林经营 …… (406)
13.3.1 概念的提出 …… (406)
13.3.2 近自然森林经营的原则 …… (407)
13.3.3 森林演替阶段划分及主要经营措施 …… (407)
13.3.4 目标树经营措施 …… (409)
第14章 森林保护 …… (411)
14.1 林木病害及其防治 …… (411)
14.1.1 林木生病的原因 …… (411)
14.1.2 林木病害的症状和诊断 …… (414)
14.1.3 林木病害发生发展的规律 …… (415)
14.1.4 我国林木的几种严重病害及其防治 …… (418)
14.2 森林虫害与防治 …… (421)
14.2.1 昆虫的外部特征 …… (421)
14.2.2 昆虫的生物学特点 …… (422)
14.2.3 与林业关系密切的七个目 …… (422)
14.2.4 森林害虫综合管理策略及方法 …… (423)
14.2.5 主要森林害虫及防治 …… (424)
14.2.6 浙江省主要森林生物灾害 …… (425)
14.3 森林防火 …… (427)
14.3.1 森林火灾的概念 …… (427)

14.3.2 林火发生的条件 …………………………………………………………… (428)
14.3.3 森林火灾的预防 …………………………………………………………… (429)
14.3.4 森林火灾的控制 …………………………………………………………… (431)
14.3.5 森林火灾的扑救 …………………………………………………………… (431)

参考文献 …………………………………………………………………………… (433)

第一篇

森林生态

第1章 森林环境

森林与环境的相互作用是森林最基本的特征。林木的生存依赖于环境。林木要从周围环境中汲取生长必需的营养物质和能量，因此，在不同的环境条件下，形成不同的森林。同时，在林木的生长过程中，又以大量的枯枝落叶和气体交换等形式，把物质和能量归还于环境，不断改造着环境。这种能量的转换和物质的循环，就是森林与环境相互作用的基础。

1.1 森林与环境

1.1.1 森林与林业

森林是指一个以木本植物为主体，包括乔木、灌木、草本植物以及动物、微生物等其他生物，占有相当大的空间又密集生长，并显著影响周围环境的生物群落复合体。它是地球上的植被类型之一。森林与其所在的环境有着不可分割的关系，二者密切联系又相互制约，随着时间和空间的不同而发展变化，形成一个有机的、独立的生态系统。它是地球陆地生态系统的主体，在人类的生存和发展过程中，发挥着极其重要的作用。

林业是培育、经营、保护、开发利用森林的事业，是国民经济的重要组成部分。林业既是以生产木材、竹材和多种林产品，为国家建设和人民生活提供原材料的生产建设事业；又是维护区域生态安全，促进生态文明建设的一项长期而复杂的社会公益事业。

1.1.2 环境的概念及类型

环境是指生物(个体或群体)生活空间的外界自然条件的总和。包括生物存在的空间及维持其生命活动的物质和能量。环境总是针对某一特定主体或中心而言的，离开了这个主体或中心也就无所谓环境，因此环境只有相对的意义。在环境科学中，一般以人类为主体，环境指围绕着人群的空间以及其中可以直接或间接影响人类生活和发展的各种因素的总和。在生物科学中，一般以生物为主体，环境是指生物的栖息地以及直接或间接影响生物生存和发展的各种因素的总和。所指主体的不同或不明确，往往是造成对环境分类及环境因素分类不同的一个重要原因。远在地球上出现生命之前，尽管已存在着空气、水、岩石等物质和各种形式的能量，但很难说它们是生物的环境，因为那时还没有生物。因此，只有地球上演化出现了生物有机体，同时也形成了生物的环境。森林出现之后才能构成了森林环境。

森林环境是指森林生活空间(包括地上空间和地下空间)外界自然条件的总和。包括对森林有影响的种种自然环境条件以及生物有机体之间的相互作用和影响。

环境是一个非常复杂的体系，至今尚未形成统一的分类系统。一般可按环境范围大小、环境的主体、环境的性质等进行分类。

①按环境的范围大小，可将环境分为宇宙环境、地球环境、区域环境、生境、微环境和体内环境。

a. 宇宙环境是指大气层以外的宇宙空间，也有人称之为星际环境或空间环境。它是由广阔的宇宙空间和存在其中的各种天体及弥漫物质组成，对地球环境产生了深刻的影响。例如，太阳黑子的活动、月球和太阳对地球的引力作用产生的潮汐现象，直接影响着生物活动。

b. 地球环境是指大气圈中的对流层、水圈、土壤圈、岩石圈和生物圈，又称为全球环境。当地球表面上第一批生物诞生时，遇到了空气、水和地表岩石的风化壳，在生物的活动下，岩石圈的表层形成了土壤圈。大气圈的对流层、水圈、岩石圈、土壤圈和生物圈共同组成了地球的生物圈的环境。

大气圈是指地球表面的大气层。它的厚度虽然有1000km以上，但直接构成植物气体环境的对流层厚度只有约16km。大气中含有植物生活所必需的物质如CO_2、O_2等。对流层还含有水汽、粉尘等，在气温作用下，形成风、雨、霜、雪、露、雾、冰雹等，调节着地球环境的水分平衡，影响着植物的生长发育，有时还会给植物带来破坏和损害。

水圈是指地球表面的海洋、内陆淡水水域及地下水等。水体中溶有各种化学物质、溶盐、矿质营养、有机营养物质；各个地区的水质、水量不同，便带来了植物环境的生态差异。液态水通过蒸发、蒸腾，转为大气圈中的水汽、再转变为降水回到地表，构成物质循环的一个方面。

岩石圈是指地球表面30~40km厚的地壳。它是水圈和土壤圈最牢固的基础。岩石圈是植物所需矿质营养的贮藏库。由于各种岩石组成成分不同，风化后形成不同的土壤类型。

土壤圈是指岩石圈表面风化壳上发育的土壤。它是一种介于无机物和生物之间的物质，有自己特有的结构和性质。土壤圈提供了植物生活所必需的矿质营养、水分、有机质、生物等，是植物生长发育的基地。

生物圈是指地球上生活物质及其生命活动产物所集中的部位。包括整个水圈、土壤圈、岩石圈上层(风化层)及大气圈下层(对流层)。根据生物分布的幅度，生物圈的上限可达海平面以上10km的高度，下限可达海平面以下12km的深处。在这一广阔范围内，最活跃的是生物，其中绿色植物摄取太阳能，吸收土壤中水分养分和大气中的CO_2和O_2

等，使地球的自然圈之间发生物质和能量的相互渗透，形成整个地球表面的能量转化和物质循环。在生物圈中，生物间、生物与环境间不断进行能量、物质转化，构成一个相互制约、相互依存的矛盾统一体，即生态系统。生物圈是地球上最大的生态系统。

生物圈中的植物层称为植被。植被占地球上总生物生产量的99%，所以植被在地球上能量、物质转化过程中是一个十分重要的因素。

c. 区域环境是指占有某一特定地域空间的自然环境。由于地球表面不同地区的自然圈配合的差异，形成不同的地区环境特点(如江河、湖泊、高山、高原、平原、丘陵；热带、亚热带、温带和寒温带)，出现不同的植被类型(如森林、草原、稀树草原、荒漠、沼泽、水生植被等以及农作物等)。群落类型是构成植被类型的基础。群落的一切特征都与地域环境密切相关，简单的和复杂的、初级的和高级的群落单位，都由其所处的地域环境特点所决定，同时群落又对其所处环境进行改造。

d. 生境是指植物或群落生长的具体地段的环境因子的综合。各种植物的生境质量有高有低，如云杉、冷杉在阴坡生长较好，而在阳坡不能生长或生长不良。各种植物的生境，可以是重叠、连续或交叉的或为分离的。例如，不同山体的阴坡或阳坡，都可为不相连接的，但都是相同的阳坡生境和阴坡生境。

e. 微环境和体内环境。微环境是指接近植物个体表面，或个体表面不同部位的环境。例如，植物根系附近的土壤环境，叶片表面附近的大气环境，由温度、湿度、气流变化所形成的微气候，对树冠的影响都可产生局部生境条件的变化。植物体内环境指生物体内组织或细胞间的环境。例如，叶片内部，直接与叶肉细胞接触的气腔、气室、通气系统，都是形成体内环境的场所。体内环境的形成受气孔的调控。叶肉细胞都是在体内环境中完成其生理反应的(光合作用、呼吸作用等)。体内环境中的温度、湿度、CO_2和O_2的供应状况直接影响细胞的功能，体内环境的特点为植物本身所创造，是外部环境所不可代替的。

②按环境的主体分人类环境和生物环境。人类环境是以人为主体，其他的生命物质和非生命物质都被视为人类环境要素。生物环境是以生物为主体，生物体以外的所有环境要素均称为生物环境。

③按环境的性质分人工环境、自然环境、社会环境。人工环境也称半自然环境，广义地讲人工环境包括所有的栽培植物，引种驯化及农作物所需环境和人工经营森林、草地、绿化造林，甚至自然保护区内一些控制、防治等措施。此外，环境污染、干扰、破坏植物资源都使自然环境受到人类程度不同的影响，降低了自然环境的质量。狭义地讲，人工环境指在人为控制下的植物环境，例如，利用薄膜育苗、现代化的温室等。自然环境就是指前述的环境。社会环境一般指人类社会的经济状况、文化、宗教等。

1.1.3　生态因子的概念及类型

生态因子指环境中对生物的生长、发育、生殖、行为和分布有直接和间接影响的环境要素。如温度、湿度、O_2、CO_2 等。对森林产生各种影响的环境因子称森林生态因子。生态因子中生物生存所不可缺少的环境条件也称为生物的生存条件。所有生态因子构成生物的生态环境。

生物的生存环境中存在很多生态因子，它们的性质、特性、强度各不相同，它们彼此相互制约、组合，构成了复杂多样的生存环境，为生物的生存进化创造了不计其数的生境类型。这些因子尽管很多，主要有作为能量因子的太阳辐射、大气圈中的气候现象、水圈中的自由水、岩石圈中的地形和土壤，以及生物圈中的生物。

一般根据生态因子的性质将其归纳为五类：

①气候因子　光能、空气、水、风、雷电、气压等；

②土壤因子　土壤结构、土壤有机或无机成分的理化性质和土壤生物等；

③地形因子　地表起伏、地貌、山体海拔、坡向、坡度、坡位；

④生物因子　生物间各种相互关系，如捕食、共生、寄生、竞争等和生物对环境的影响；

⑤人为因子　人类对植物资源的利用、改造、发展、破坏过程中的作用及环境污染的危害作用。

此外，尚有下列划分方法：

生态因子还可分为非生物因子（温度、光、湿度、pH、O_2、CO_2等）和生物因子，例如，同种有机体的相互影响（种内关系）和异种有机体的相互影响（种间关系）。

也有把生态因子划分为直接因子和间接因子。Smith（1935）考虑对动物种群数量变动的影响将生态因子划分为密度制约因子和非密度制约因子。密度制约因子包括食物、天敌、流行病害等生物因子，其影响大小受制于种群的密度；而非密度制约因子包括温度、降水、天气变化等气候因子，其影响大小与种群密度无关，当今生态学家对此种生态因子的分类方式的评价是对理解和讨论种群数量的变动的原因有启发性，但尚有争论。

1.1.4　生态因子作用的一般特征

（1）综合性

生境是由许多生态因子构成的综合体，因而对植物起着综合生态作用。环境中各个生态因子不是孤立的，而是相互联系、相互制约的。一个因子变化会引起另一个因子不同程度的变化，如光照强度会引起温度、湿度的变化，还会引起土壤温度和湿度的变化。一个因子的生态作用需要有其他因子配合才能表现出来，同样强度的因子，配合不同，生态效应不同，如同样的降水量降在疏松土壤和板结土壤的效果就不同。不同生态因子的综合，可产生相似或相同的生态效应，如干旱的沙地和温度很低的沼泽地，其生态作用对于植物的影响都是干旱，但植物的反应是有差别的。前者是物理干旱，植物的根系向深度方向发展为直根系，而后者因低温的影响，表现为生理干旱，植物根系主要向水平方向发展，侧根较发达。

（2）非等价性

组成生境所有的生态因子，都是植物直接或间接所必需的，但在一定条件下必然有一个或两个是起主导作用的，这种起主要作用的因子就是主导因子。如干旱地区的水分不足，林分郁闭前的杂草竞争等。当所有的生态因子在质和量相当时，某一主导因子变化会引起植物全部生态关系的变化；如大气因子由静风转变为暴风时所起的作用。对植物而言，由于某因子的存在与否和数量变化，会引起植物生长发育的显著变化，如植物春化阶段的低温因子。主导因子不是一成不变的，随时间、空间、植物种类及同种植物不同发育阶段而变化。如北方的干旱，南方喜温植物所遇到的低温，光周期现象中的日照长度等。

(3)不可代替性和互补性

植物的生存条件，即光、热、水、空气、无机盐类等因子，对植物的作用虽不是等价的，但同等重要而且不可缺少，若缺少任一生态因子，植物的生长发育受阻，且任一因子都不能由另一因子所取代。如植物的矿质营养元素氮、磷、钾、铁和硼的功能等。但在一定的条件下，某一因子量的不足，可由另一因子增加而得到调剂，仍会获得相似的生态效应。例如，增加CO_2浓度，可补偿由于光照强度减弱所引起的光合速率降低的效应；又如，夏季田间高温可通过灌溉得到缓和。

(4)阶段性

生物生长发育不同阶段中往往需要不同的生态因子或生态因子的不同强度。生态因子(或相互关联的若干因子组合)的作用具有阶段性，即随植物生长发育而变化，植物的需要是分阶段的，并不是固定不变的，如生长初期和旺盛阶段，植物需氮量高，而生长末期对磷、钾需要量高。生态因子在植物某一发育阶段起作用，而在另一发育阶段不起作用，如日照长度在植物光周期和春化阶段起着重要作用。

(5)直接作用性与间接作用性

区别生态因子作用的直接性和间接性，对认识生物的生长、发育、繁殖及分布都非常重要。许多地形因子如地形起伏、坡向、坡位、海拔以及经度、纬度对植物的作用不是直接的，而是通过影响光照、温度、雨量、风速、土壤性质等，对植物产生间接影响，从而引起植物和环境生态关系发生变化。

1.2 森林与光照

光是地球上一切生命的能量源泉，绿色植物吸收太阳光，通过光合作用把光能转变为化学能贮存在植物有机体中，从而为生态系统中各种动物和其他异养生物供给食物和能量，所以通过植物的光合作用，几乎所有活的有机体与太阳能发生了本质的联系。投射到地表的太阳辐射，绝大部分转变为热能，增加地表温度，推动水分循环和大气环流。所以太阳辐射是形成生物生产量、构成地表热量、水分、有机物质和气候分布状况的重要驱动力。因此，太阳辐射为维持生命环境创造了必要的条件。

光对于植物具有重要的生态作用。植物的光合作用、光形态建成、光周期反应和向光性等都是以光为主导因子而产生的一系列生理现象。光的状况不同，影响植物的生长发育、森林的更新和演替、森林群落结构特征、树种组成与分布等。在森林群落内部，由于光照条件的差异，有的树种只分布在林冠上层，而在林冠下生长不良甚至死亡；有的树种则在树冠下生长正常；同一树种不同树冠部位叶片的形态结构、生理特性均有差异。

光的生态作用是由光照强度、光谱成分和日照长度的对比关系构成的，它们随时间和空间而变化。

1.2.1　光的性质及其变化规律

1.2.1.1　光的性质

光是以电磁波的形式投射到地表的辐射线。主要波长范围在150~4000nm。根据人眼对光谱波段感受的差异，分为可见光和不可见光。可见光波长为380~760nm，根据波长的不同又可分为红、橙、黄、绿、青、蓝、紫七种颜色的光。波长小于380nm的是紫外光，波长大于760nm的是红外光，紫外光和红外光是不可见光。

光通过大气层后，一部分被反射，一部分被大气层吸收，只有一部分投射到地球表面。在北半球投射到地面的太阳辐射强度平均为大气层上界平均强度的47%，其中直接辐射为24%，散射和漫射辐射为23%。

大气中水汽、CO_2、O_2、O_3、尘埃对太阳辐射吸收较多。水汽主要吸收红外线和红光，CO_2主要吸收红外线和长波辐射，O_3主要吸收紫外线。云层、空气分子、尘埃、云雾滴等质点对太阳辐射具有反射作用和散射作用，因此，到达地面的光随时随地在发生着变化。

1.2.1.2　光的变化

太阳光通过大气层到达地表，由于地理位置、海拔、地形和太阳高度角的差异，光照状况在不同地区以及不同时间都有差异，进而影响着地表的水热状况。

(1)光照强度

地表光照强度随纬度增加而降低，因为纬度低太阳高度角大；反之则相反。例如，热带荒漠地区年光照强度为$8.37\times10^5J\cdot cm^{-2}$；而在北极地区，年光照强度不足$2.93\times10^5J\cdot cm^{-2}$，在中纬度地区年光照强度约为$5.02\times10^5J\cdot cm^{-2}$。

光照强度随海拔增加而增强，因为海拔增高，大气厚度减小，透明度增大。地形亦影响光照强度，在北半球温带地区，南坡大于平地大于北坡；同一纬度的南坡，坡度越大辐射量越大，而北坡正相反。光照强度还受大气水汽含量、云量和雨季长短的影响。

一年中光照强度是夏强冬弱，日照时间为夏季昼长夜短，而冬季则相反。在一天中，中午的光照强度最大，早晚的光照强度最小。

光照强度在一个生态系统内部也有变化。一般来说，在森林生态系统内，光照强度将会自上而下逐渐减弱，由于树冠吸收了大量的光能，使下层植物对日光能的利用受到限制，因此，森林生态系统的垂直分层现象既决定于群落本身，也取决于所接受的光能总量。

(2)光谱成分

光谱成分亦随太阳高度角发生变化。太阳高度角增大，紫外线和可见光所占比例增加，红外线所占比例相应减少；反之，长波光比例增加。低纬度和高海拔地区短波光的比例较大。夏季短波光较多，冬季长波光较多。一天之内中午短波光较多，早晚长波光增多。

光照条件(光照强度、光质、日照时间)随时间和空间的变化对生物产生了深刻的影响。

1.2.2　光的生态作用

光谱成分、光照强度和日照时间都会对植物产生重要的生态作用，影响其生长发育、生理代谢和形态结构等，从而使植物产品的产量和质量发生变化。植物长期生长在一定的光照环境中，对光照强度、光质和日照时间都产生一定的要求和适应性，形成不同的植物生态类型。另一方面，植物(尤其是高大的树木)对光环境产生较大的影响。

1.2.2.1　光谱成分的生态作用

光主要由紫外线、可见光和红外线三部分组成。到达地面的光谱成分中，红外线占50%~60%，紫外线只占1%~2%，可见光约占38%~49%。不同的光谱成分对植物产生的作用不同。

紫外线能抑制植物的生长。大气同温层中的臭氧(O_3)能吸收紫外线，所以正常情况下，地球表面的太阳辐射中仅含有很少的紫外线，植物对这样的紫外线辐射环境是适应的，植物表皮能截留大部分紫外线，仅2%~5%的紫外线进入叶深层，所以表皮是紫外线的有效过滤器，保护着叶肉细胞。高山紫外线较强，会破坏细胞分裂素和生长素而抑制生长。许多高山植物生长矮小、节间短，就是因为高海拔处紫外线较强的缘故。紫外线透入活组织时，会破坏分子的化学键，对生物组织具有极大的破坏作用，并可引起突变。

大气同温层中，紫外线能使臭氧生成，臭氧吸收紫外线，正常情况下，臭氧形成和分解之间存在着平衡。近代排入大气并扩散到同温层的含氯氟烃，如氟利昂($CFCl_3$)等，其中氯原子能催化臭氧分解，破坏了臭氧层，产生臭氧层空洞，使大量紫外线射到地面，影响生物生产力，人类健康，为世界各国所关注，成为近年来全球气候变化的研究热点之一。

红外线促进植物的生长和发育，提高植物体的温度。波长大于700nm的近红外线，叶子很少吸收，大部分被反射和透过，而对远红外线吸收较多。叶子对红外线的反射，阔叶树比针叶树更明显，这是利用红外感光片进行航空摄影和遥感技术以区别针、阔叶树的原理。波长更长的红外线，可用热遥感器探知，从而快速准确地发现和预报森林火灾和森林病虫害，因为感染病虫害的树木要比健康的树木温度高几度。

可见光是植物色素吸收利用最多的光波段。在太阳辐射中，植物光合作用和色素吸收，具有生理活性的波段称生理有效辐射或光合有效辐射(photosynthetically active radiation，PAR)。光合有效辐射中的波长约为380~740nm，它与可见光波段基本相符，对植物有重要意义。可见光中，红、橙光是被叶绿素吸收最多的部分，具有最大的光合活性，红光还能促进叶绿素的形成。蓝、紫光也能被叶绿素、类胡萝卜素所吸收。光合作用很少利用绿光，这是因为叶子透射和反射的结果。不同波长的光对光合产物的成分也有影响，实验表明，红光有利于碳水化合物的合成，蓝光有利于蛋白质的合成。在诱导植物形态建成、向光性和色素形成等方面，不同波长的光其作用有异。蓝紫光与青光对植物伸长及幼芽形成有很大作用，能抑制植物的伸长而使其形成矮态，青蓝紫光还能引起植物向光性的敏感，并能促进花青素等植物色素的形成。红光影响植物开花、茎的伸长和种子萌发。红外线和红光是地表热量的基本来源，它们对植物的影响主要是间接地以热效应反映出来。通过控制光谱成分研发设施农林业调控技术具有广阔的应用前景。

1.2.2.2　光照强度的生态作用

光照强度的生态作用分别从光合作用、叶片的适光变态、生长发育方面加以说明。

(1)光合作用

树木叶片所吸收的全部太阳辐射，约1%~2%通过光合作用转变为化学能贮存在有机物质中，其余转化为热能消耗于蒸散过程，并且用于增加叶温与周围空气进行热量交换。

光合作用与光照强度密切相关。弱光条件下，光合强度较弱，呼吸强度大于光合强度。当光照强度增加，植物光合速率随之增加。光合作用吸收 CO_2 与呼吸作用放出 CO_2 相等时的光照强度称为光补偿点(light compensation point，LCP)。此时光合作用合成的碳水化合物数量与呼吸消耗的碳水化合物数量趋于平衡。植物积累有机物质，则光照强度应大于光补偿点。当光照强度超过LCP继续增加，光合强度随之增加，到一定水平不再随光照强度增加而增加。光合速率达到光饱和时的光照强度称为光饱和点(light saturation point，LSP)。

通过测定植物的光补偿点和光饱和点，可以评价该植物对光的适应能力和适应范围，为造林树种的筛选提供理论依据。LCP反映出植物对弱光的适应能力，LSP反映出植物对强光的适应能力，LCP－LSP的变化幅度反映出植物对光照强度的适应范围大小。

光补偿点和光饱和点随树种、树龄、生理状态和环境条件而变化。

植物进行光合作用同时也进行呼吸作用。当影响植物光合作用和呼吸作用的其他生态因子保持恒定时，生产与呼吸间平衡主要取决于光照强度。由图1-1可知，光合速率随光照强度增大而增加，直到达到最大值。图中光合速率(实线)与呼吸速率(虚线)两条线的交点即LCP。此处的光照强度是植物开始生长和进行净生产所需的最小光照强度。适应于强光地段的植物称喜光植物(或树种)，该类植物LCP的位置较高[图1-1(a)]，光合速率和代谢速率都较高，常见种类有杨、柳、桦、槐、松、杉和栓皮栎等。适应于弱光地段的植物称耐阴植物，该类植物LCP位置较低[图1-1(b)]，光合速率和呼吸速率都较低。该类植物生长在阴暗潮湿的地方或密林内，常见种类有观音座莲、铁杉、紫果云杉和红豆杉、人参、三七等。

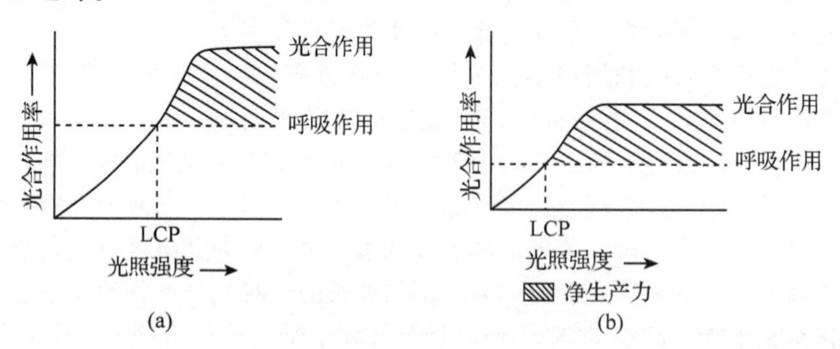

图1-1　喜光植物(a)和耐阴植物(b)的光补偿点位置示意

LCP为光补偿点

(2)叶片适光变态

叶片是树木直接接受阳光的器官，在形态结构、生理特征上受光的影响最大，对光具有适应性。由于叶片所在生境光照强度的不同，其形态结构、生理特征往往产生适应光的变异称为叶片适光变态。

同一树种，强光下发育的叶片称为阳生叶，弱光下发育的叶片称为阴生叶。一般喜光树种的叶片主要具有阳生叶的特征。耐阴树种适应光照强度的范围较广，树冠的阳生叶和阴生叶分化明显，树冠下或耐阴植物的叶片主要具阴生叶的特征，而树冠外围特别是向光处的叶片主要具有阳生叶的特征(表1-1)。此外，树冠各层次叶片形态、排列和镶嵌都是叶片对太阳辐射的一种适应。

表1-1 阳生叶与阴生叶的形态、生理特征比较

		阳 生 叶	阴 生 叶
形态特征		叶片厚而小，角质层较厚，栅栏组织发达，气孔数较多，叶脉较密	叶片薄而大，角质层较薄，海绵组织发达，气孔数较少，叶脉较稀
生理特征	chl 含量	+(低)	++(高)
	chl a/b	++(大)	+(小)
	蒸腾速率	++(大)	+(小)
	呼吸速率	++(大)	+(小)
	水分含量	+(少)	++(多)
	细胞液浓度	++(高)	+(低)
	LCP	高	低
	LSP	高	低

(3)植物的生长发育

光是光合作用能量的来源，光合产物是植物生长的物质基础。所以，光能促进细胞的增大和分化，影响细胞的分裂和伸长；光能促进组织与器官的分化，制约器官的生长和发育速度。因此，光照强度关系到植物体各器官和组织保持发育的正常比例。

光照强度对植物发育的作用表现为对树木花芽分化形成的影响。强光可加强树木生理活动机能，改善树体有机营养，使枝叶生长健壮，花芽分化良好，而且可提高种子产量。树冠内部常因光照强度较弱，开花结实少，种子质量低。光还可改善果实品质。强光可提高果实含糖量及耐贮性，果实着色好，光照强度有利于花青素形成。光照充足，可形成较大的根茎比。

1.2.2.3 日照时间的生态作用

日照长度是指白昼的持续时数或太阳的可照时数。在北半球从春分到秋分是昼长夜短，夏至昼最长；从秋分到春分是昼短夜长，冬至夜最长。在赤道附近，终年昼夜平分。纬度越高，夏半年(春分到秋分)昼越来越长，而冬半年(秋分至春分)昼越来越短。在两极地区则半年是白天，半年是黑夜。由于我国位于北半球，所以夏季的日照时间总是多于12h，而冬季的日照时间总是少于12h。随着纬度的增加，夏季的日照长度也逐渐增加，而冬季的日照长度则逐渐缩短。

日照时间的变化对动植物都有重要的生态作用，由于分布在地球各地的动植物长期生活在具有一定昼夜变化格局的环境中，借助于自然选择和进化而形成了各类生物所特有的对日照长度变化的适应方式，这就是在生物中存在的光周期现象。

（1）光周期现象

光周期现象是指植物和动物对昼夜长短日变化和年变化的反应。植物的光周期反应主要是诱导花芽形成和转入休眠，动物的反应则主要是调整代谢活动和进入繁殖期。1920年，Garner 和 Allard 提出了植物开花的光周期现象，认为对植物开花起决定作用的生态因子是随季节变化的日照长度。

（2）日照生态类型

根据对日照长度的反应差异可把植物分为 4 种生态类型。

①长日照植物　指日照长度超过其临界日长才能开花的植物。通常需要 14h 以上的日照时间才能开花。例如，落叶松、杨树、柳树、榆树、樟子松、油松等。

②短日照植物　指日照长度短于其临界日长才能开花的植物。一般需要 10h 以下的日照时间才能开花。例如，卷耳、牵牛、紫杉等。

③中日照植物　指昼夜长短比例近于相等才能开花的植物。例如，甘蔗中的某些品种，开花需要 12.5h 的日照时间。

④中性植物　指开花受日照长短影响较小，只要其他条件适宜便能开花的植物。例如，蒲公英、黄瓜、四季豆、番茄等。

（3）光周期的影响

光照时间长短影响植物的生长发育、开花、休眠、地理分布和生态习性等。一般原产低纬度地区和早春开花的植物多属短日照植物，而原产高纬度地区和秋季开花的植物多属长日照植物。在北半球短日照植物分布在南方，长日照植物分布在北方。短日照可促使植物转入休眠状态，如落叶松、刺槐、柳树和槭树，对于落叶松给予 7 个短日照处理，即可诱导落叶松形成顶芽；长日照能促进营养生长，如松、云杉幼苗进行长日照处理，可推迟休眠，提高树高生长量。了解植物对光周期反应的特点，对引种、控制开花、结实和生长甚为重要。一般短日照植物由南向北引种，由于生长季日照时数延长，结果营养生长期增加，易受冻害；长日照植物由北向南引种，虽能生长，但由于生长日照缩短可能提早休眠，发育期延迟，甚至不开花结实。所以，引种前必须特别注意植物开花对光周期的要求。在园艺工作中也常利用光周期现象人为控制开花时间，以满足观赏需要。

1.2.3　树种的耐阴性

1.2.3.1　树种的耐阴性及其类型

树木一般都需要在充足光照条件下完成生长发育过程，但是不同树种，尤其是幼龄阶段，对光照强度的适应范围，特别是对弱光的适应能力有明显的差异。有些树种在弱光条件下能正常生长发育，而另一些树种则需在较强光照条件下，才能正常生长发育而不耐庇荫。树种的耐阴性是指树种能够忍耐庇荫的能力，或树种在浓密林冠下更新和生存的能力。

根据树种耐阴的程度，可把树种分为喜光树种、耐阴树种和中性树种三类。

①喜光树种　也称阳性树种，在全光下正常生长发育，不能忍耐庇荫，在林冠下一般不能完成更新过程。例如，落叶松、松属（红松、华山松除外）、水杉、桦木属、杨树、柳属、栎属（多种）、臭椿、泡桐及草原、沙漠和旷野中的一些树种。

②耐阴树种　能够忍耐庇荫，在林冠下可正常更新。有些耐阴树种只能在树冠下完成

更新。如铁杉、云杉、冷杉、红豆杉等。

③中性树种 需光量介于喜光树种和耐阴树种之间。在全光下生长较好，但亦能忍受一定程度的庇荫；或在生育期随年龄、环境条件不同，表现出不同程度的偏耐阴或偏阳性的特征。其幼苗幼树可在树冠下生长，但不能完成更新全过程。例如，红松、水曲柳、椴树和侧柏等。

1.2.3.2 树种耐阴性的鉴别

树种耐阴性可从多方面加以判别。

林冠下能否完成更新过程和正常生长是鉴别树种耐阴性的主要依据。耐阴树种能在喜光树种或本树种组成的林冠下完成更新过程并正常生长，尤其在幼龄阶段要求适当庇荫，如云杉、冷杉等。这类树种属于林冠下更新的树种，林分复层异龄性较强，结构复杂，比较稳定。喜光树种则不能在林冠下完成更新过程和正常生长，只能在迹地、空旷地更新，也称先锋树种，幼树生长需要充足的光照，这类树种多形成单层同龄林，林下即使有同种更新的幼苗幼树也难于生长，相反，往往有耐阴树种的更新，故林分稳定性差。林冠下幼苗、幼树的存活及生育状况除受光因子的影响外，还受湿度、温度、土壤、林下植物和幼苗幼树间竞争等影响。

根据树种LCP和LSP判断树种的耐阴性是现代植物生理生态学常采用的方法。利用现代植物光合作用测定仪，在短时间内可以测定供试植物的光响应曲线，求出LCP和LSP。根据各种植物的LCP和LSP排序，可以比较树种的耐阴性。各种植物类型的LCP和LSP见表1-2。

但是，各树种LCP和LSP不是固定不变的，受多种因素影响，比较时应该注意。

此外，还可根据树冠外形、生长发育特性、生态要求、叶片特性等鉴别树种的耐阴性。一般耐阴性较强的树种，树冠外形枝叶稠密，自然整枝弱，枝下高较低，树冠层透光度小；生长速度慢，开花结实晚，寿命长；需要肥沃湿润土壤；叶片由于适应光照强度的范围广，在形态上有阳生叶和阴生叶分化的趋势。

1.2.3.3 影响耐阴性的因素

树种耐阴性，实质上反映树种有效利用弱光（或林冠下光照）的能力。树种或（遗传性）不同，耐阴性不同。此外，还与树木生理状态或（年龄）和生境条件有关。适宜环境因子配合可补偿光照强度的不足，提高光合效率，增强树种的耐阴性。所以，在林冠下正常生长发育、更新，还取决林冠下近地表层高浓度的CO_2、空气湿度、温度、土壤养分和水分等条件的配合。

表1-2为在自然CO_2浓度和最适温度条件下，各类植物LCP和LSP（W. Larcher，1999）。

表1-2 在自然CO_2浓度和最适温度条件下，各类植物LCP和LSP

植物类型		LCP（$\mu mol \cdot m^{-2} \cdot s^{-1}$）	LSP（$\mu mol \cdot m^{-2} \cdot s^{-1}$）
草本植物	C_4植物	20～50	>1500
	C_3植物	20～40	1000～1500
	喜光植物	20～40	1000～1500
	耐阴植物	5～10	100～200（400）

（续）

植物类型		LCP(μmol · m^{-2} · s^{-1})	LSP(μmol · m^{-2} · s^{-1})
木本植物	热带树木		
	阳叶	10 ~ 25	(400)600 ~ 1500
	阴叶	5 ~ 10	200 ~ 300
	幼苗	2 ~ 5	50 ~ 150
	落叶阔叶树和落叶灌木		
	阳叶	20 ~ 50(100)	600 ~ >1000
	阴叶	10 ~ 15	200 ~ 500
	常绿阔叶树		
	阳叶	10 ~ 30	600 ~ 1000
	阴叶	2 ~ 10	100 ~ 300
	针叶树		
	阳叶	30 ~ 40	800 ~ 1100
	阴叶	2 ~ 10	150 ~ 200
林下植物	明亮生境	约 50	400 ~ 600(800)
	黑暗生境	1 ~ 5	50 ~ 150
	苔藓类	1 ~ 5	50 ~ 150
	地衣类	50 ~ 150	300 ~ 600
水生植物	藻类	2 ~ 8	150 ~ 500
	沉水植物	8 ~ 20(30)	(60)100 ~ 200(400)

注：引自 W. Larcher，1999。

就同一树种而言，其耐阴性取决于树龄、气候、土壤等。一般树木幼年耐阴性较强，随着树龄增加，耐阴性逐渐减弱。在湿润温暖的气候条件下，树种耐阴性较干旱寒冷的气候条件强；所以同一树种在其分布区南界表现更耐阴，在其分布区北界，多趋于喜光。生长在湿润肥沃土壤的树种，耐阴性较强；相反，生长在干旱贫瘠的土壤，耐阴性较差。

了解树种耐阴性的变化特点，可在育苗中控制光强条件，培育遮阴条件下的实生苗（高生长量较大，根茎比小，宜栽植在潮湿遮阴的立地），而在全光下实生苗，特征与上相反，可栽植在采伐迹地等空旷地上。此外，通过调控林分密度、组成和结构，控制光照强度，改善林内的光照条件，提高林产品的产量和质量。

1.2.4　树种的遮阴性

树种的遮阴性是通过树冠对光的遮挡、吸收、反射和透射，引起树种周围光照变化的现象。

照射在植物叶片上的太阳光有 70% 左右为叶片所吸收，20% 左右被叶面反射出去，通过叶片透射下来的光较少，一般为 10% 左右。叶片吸收、反射和透射光的能力因叶片的厚薄、构造和绿色的深浅以及叶表面的性状不同而异。一般来说，中生形态的叶透过太阳辐射 10% 左右，非常薄的叶片可透过 40% 以上，厚而坚硬的叶片可能完全不透光，但对光的反射却相对较大，密被毛的叶片能增加反射量。

太阳辐射波段不同，叶片对其反射、吸收和透射的程度不同。在红外光区，叶片反射垂直入射光的70%左右。在可见光区，叶片对红橙光和蓝紫光的吸收率最高，为80%~95%，而反射较少，为3%~10%；绿色叶片对绿光吸收较少，反射较多，为10%~20%。在紫外光区，只有少量的光被反射，一般不超过3%，大部分紫外光被叶片表皮所截留。一般来说，反射最大的波段透过也最强，即红外光和绿光的透过最强，所以在林冠下以红绿光的阴影占优势。在树冠中，叶片相互重叠并彼此遮阴，从树冠表面到树冠内部光强度逐步递减，因此，在一棵树的树冠内，各个叶片接受的光照强度是不同的，这取决于叶片所处位置以及与入射光的角度。

在植物群落内，由于植物对光的吸收、反射和透射作用，所以群落内的光照强度、光质和日照时间都会发生变化，而且这些变化随植物种类、群落结构，以及时间和季节而不同。例如，较稀疏的栎树林，上层林冠反射的光约占18%，吸收的约占5%，射入群落下层的约为77%；针阔混交林群落，上层树冠反射的光约占10%，吸收的约占70%，射入下层的约为30%；越稀疏的林冠，光辐射透过率也越大。

一年中，随季节的更替植物群落的叶量有变化，因而透入群落内的光照强度也随之变化。落叶阔叶林在冬季林地上可射到50%~70%的阳光，春季树木发叶后林地上可照射到20%~40%，但在夏季盛叶期林冠郁闭后，透到林地的光照可能在10%以下。对常绿林而言，则一年四季透到林内的光照强度较少并且变化不大。太阳辐射透过林冠层时，光合有效辐射(PAR)大部分被林冠所吸收，因此，群落内PAR比群落外少得多。针对群落内的光照特点，在配置植物时，上层应选喜光的树种，下层应选耐阴性较强或耐阴植物。不同的配置模式，产生的生态效益不同。

1.3 森林与温度

温度是重要的生态因子，任何生物都是生活在具有一定温度的外界环境中并受温度变化的影响。植物生理生化反应必须在一定的温度范围内才能正常进行，特别是光合作用、呼吸作用，蒸腾作用，CO_2、O_2在植物细胞内的溶解度；根吸收水分和养分的能力均与温度密切相关。一般来说，温度升高，生理生化反应加快，生长发育加速；温度降低，生理生化反应减慢，生长发育减缓。当温度大于或小于所能忍受的温度范围时，生长渐趋减缓、停止，发育受阻，最终受害甚至死亡。

温度变化能引起其他生态因子如湿度、降水、土壤肥力等的变化，进而又影响植物的生长发育、产量和质量。

太阳辐射是光的来源，亦是地球表面主要的热量源泉。所以温度条件与光照状况密切相关。由于地表的光照强度呈时间、空间变化的特点，温度亦伴随时间、空间而变化。

1.3.1 温度的变化规律

地球上的温度变化很大，主要取决于两个基本变量：入射的太阳辐射(纬度、海拔)和地球表面的水陆分布(是否邻近大水体)。

1.3.1.1 温度的空间变化

(1)纬度

纬度决定太阳高度角的大小及昼夜长短，并决定太阳辐射量。低纬度地区太阳高度角大，昼夜长短差异小，太阳辐射量季节分配较高纬度均匀。随纬度增加，辐射量减少，温度渐降，纬度每增高1°，气温约下降0.5～0.9℃。所以，从赤道到北极可划分出：热带、亚热带、暖温带、温带、寒温带和寒带。物体增温或冷却受辐射及热传导、对流的影响。如土壤下层增温主要靠热传导实现。

(2)海陆位置

海陆辐射和热量平衡的差异，形成温度或气压梯度，由此影响气团运行方向。我国位于欧亚大陆东南部，属季风气候。夏季盛行温暖湿润热带海洋性气团，从东南向西北方向运行；冬季盛行极地大陆性气团，寒冷而干燥，从西或北向东或南推进。因此，我国东南部多属于沿海气候，从东南向西北大陆性气候逐渐增强。与同纬度其他地区相比，我国大陆性气候特点显著，夏季酷热，冬季严寒漫长，温度年较差大。

(3)地形和海拔

巨大山体阻挡气团运行，影响热量传递和湿润状况的地区分配，对气候形成和自然环境地带性的划分，都起了很大的作用。例如，我国东西走向的山系(天山、秦岭、阴山、南岭等)对季风有特殊的作用，它们在冬季可削弱冷空气的南侵，夏季又阻碍暖湿气流的北上。

局部的山谷、盆地，影响温度的昼夜变化规律，形成“霜穴”、暖带，出现逆温现象。山区晴朗天气的夜间，因地面辐射冷却，近地面形成一层冷空气，密度大的冷空气团顺山坡下沉于谷底，形成霜穴或“冷湖”；而暖空气团则被抬升至山坡的一定高度，形成暖带；在山谷、盆地中出现暖气团位于冷气团之上的所谓逆温现象。霜穴处易发生低温危害；暖带是喜暖植物栽培的安全带；逆温现象的出现，影响空气的上下对流，常常加重大气污染的危害程度。

坡向影响热量分配，在北半球南坡空气温度和土壤温度都较北坡高。不同坡向、温度的差异影响植被的分布，生长在温暖干燥低海拔地区的植物向山上扩展时，其分布最高点在阳坡，而生长在高海拔冷湿环境中的植物，其最低分布界线在阴坡或谷地。

山地温度随海拔增加而降低，海拔每升高100m，气温降低0.5～0.6℃。海拔增加，植物生长期缩短，一般每升高100m，春季推迟2～2.5d，秋季提早1～1.5d。由于温度的垂直变化，在山区出现了相应的植被垂直地带性。

(4)城市“热岛效应”

城市“热岛效应”(heat island effect)是城市气候最明显的特征之一。城市“热岛效应”是指城市气温高于郊区气温的现象。

一般地，大城市年平均气温比郊区高0.5～1℃。大量的研究结果表明，中国城市热岛强度的年变化，大都是秋、冬季偏大，夏季最小。天津市热岛强度全年平均为1.0℃，夏季平均0.9℃，春季平均数0.4℃，最强的热岛效应出现在冬季，可达5.3℃。

在同一季节、同样天气条件下，城市热岛强度还因地区而异，它与城市规模、人口密度、建筑密度、城市布局、附近的自然景观以及城市内局部下垫面性质有关。在城市人口密度大、建筑密度大、人为释放热量多的市区，形成高温中心。在园林绿地或地带形成低温中心或低温带，城市绿地在冬季和夜晚起保温作用，在夏季的白天起降温作用。

城市热岛是一种中小尺度的气象现象，它受到大尺度天气形势的影响，当天气形势在稳定的高压控制下，气压梯度小、微风或无风、天气晴朗无云或少云、有下沉逆温时，有利于热岛的形成。

城市热岛形成的条件主要是：

第一，城市下垫面的性质特殊，城市中铺装的道路和广场，高大的建筑物和构筑物使用的砖石、沥青、混凝土、硅酸盐建筑材料，因反射率小而能吸收较多的太阳辐射，深色的屋顶和墙面吸收率更大，狭窄的街道、墙壁之间的多次反射，能够比郊区农村开阔地吸收更多的太阳能。夏季在阳光下，混凝土平台的温度可比气温高8℃，屋顶和沥青路面高17℃。

第二，城市下垫面建筑材料的热容量、导热率比郊区农村自然界的下垫面要大得多，因而城市下垫面贮热量也多，晚间下垫面比郊区温度高，通过长波辐射提供给大气中的热量也比郊区的多。另外，城市大气中有二氧化碳和污染物覆盖层，善于吸收长波辐射，使城市晚间气温比郊区高。

第三，城市中的建筑物、道路、广场不透水，大约城市不透水面积在50%以上。如上海高达80%。城市降水之后雨水很快通过排水管网流失，因而地面蒸发小。农村则有大量的植被蒸腾，疏松的土壤可以蓄积一部分水分缓慢蒸发。地面每蒸发1g水，下垫面要失去2500J的潜热，所以城市比郊区的温度高。

第四，城市中有较多的人为热进入大气层，特别是在冬季，高纬度地区燃烧大量化石燃料采暖，这种人为热在俄罗斯莫斯科超过太阳辐射热的3倍。

第五，城市建筑密集，通风不良，不利于热量的扩散。一般风速在6m·s^{-1}以下时，城乡温差最明显，风速大于11m·s^{-1}时，城市"热岛效应"不明显。

1.3.1.2　温度的时间变化

(1)季节变化

太阳高度角是引起温度季节变化的原因，大陆性气候区温度的季节变化较海洋性气候区剧烈，温带和寒带气温较热带变化剧烈。温度的年较差(一年中最热月与最冷月平均温度的差值)是温度季节变化的一个重要指标。

(2)昼夜变化

气温日变化中，最低值出现在将近日出的时候。日出后，气温上升，至13：00～14：00达到最高值。土温的日变化随深度而异。土表温度变化远较气温剧烈，昼间土表在太阳辐射下，其温度比气温升高快。夜间，因地面辐射冷却，土表温度低于气温。随土深增加，温度变幅渐小。到35～100cm深土以上，土温几乎无昼夜变化。随着深度增大，一昼夜中最高、最低温度有后延现象，如土表的最高温度出现在13：00，而10cm深度的最高土温可能出现在16：00～17：00。

温度的时间、空间变化，还表现为以地质年代为时间尺度的长期性演变和全球范围内的温度变化。例如，冰期进退引起的气温变化，造成动、植物的迁移、灭绝和热量、植被带的位移。近年来，全球温暖化，带来的环境问题已引起了国际社会的关注。

1.3.2　温度对植物的影响

1.3.2.1　生理代谢

(1)光合作用和呼吸作用

温度对光合作用和呼吸作用的影响，是借助酶和温度的关系实现的。一般随温度增加，在一定温度范围内，生物反应加快。植物类型不同，光合作用对温度的要求不同(表1-3)。

表1-3　大气CO_2和饱和光照条件下，各类植物光合作用的温度要求

植物类型		CO_2吸收的低温限度(℃)	光合作用的最适温度(℃)	CO_2吸收的高温限度(℃)
草本显花植物	热生境的C_4植物	5~10	30~40(50)	50~60
	C_3农作物	-2~0	20~30(40)	40~50
	喜光植物	-2~0	20~30	40~50
	耐阴植物	-2~0	10~20	约40
	沙漠植物	-5~5	20~35(45)	45~50(60)
CAM植物	日中	-2~0	(20)30~40	45~50
	夜间	-2~0	10~15(23)	25~30
	早春及高山植物	-6~-2	10~25	30~42
木本植物	热带亚热带常绿阔叶树	0~5	25~30	45~50
	干旱地区的硬叶乔灌木	-5~-1	20~35	42~45
	温带落叶树	-3~-1	20~25	40~45
	常绿针叶树	-5~-3	10~25	35~42
	沼泽地及苔原矮灌木	约-3	15~25	40~45
苔藓类	北极和北极圈地区	约-8	5~12	约30
	温带	约-5	10~20	30~40
地衣类	寒冷地区	-10~-15	8~15(20)	25~30
	沙漠	约-10	18~20	38~45
	热带	-2~0	约20	25~35
藻类	冰雪藻类	约-5	0~10	30
	喜热藻类	20~30	45~55	65

注：引自W. Larcher，1999。

(2)蒸腾作用

温度一是改变饱和差影响植物蒸腾；二是影响叶片温度和气孔开闭，并影响角质层蒸腾与气孔蒸腾的比率。

1.3.2.2　生长发育

陆生维管束植物维持生命的温度范围从-5~55℃，但在5~40℃间才能正常生长和具有繁殖能力。

植物种子只有在一定温度条件下才能萌发，因为温度升高能促进酶的活化，加速种子生理生化活动，故使种子发芽生长。温带树种的种子，约0~5℃开始萌发。大多数树木种

子萌发的最适气温为25～30℃，最高气温为35～40℃，温度再高对发芽产生有害作用。油松、侧柏、刺槐种子，发芽最适气温为23～25℃。温带和寒温带许多植物种子需要经过一段低温期，才能顺利萌发。另外，变温也对种子萌发有利。

多数植物在0～35℃的温度范围内，温度上升，生长加速。在一定温度范围内，温度上升，细胞膜透性增大，植物对生长所必需的水分、CO_2、养分吸收增多，酶活性增强，促进了细胞分裂、伸长，故增加了植物生长量。不同植物生长要求的温度有异。热带树种，如橡胶、椰子、可可等，月平均气温18℃以上才能生长。温带果树，10℃时开始生长。红松人工林，气温6℃左右，新梢开始生长，12～15℃时生长最快，至7月初气温达到20℃时，高生长已近停止。1年中，树木从树液流动开始，到落叶为止的日数称为生长期。在生长期内，有些树种新梢的生长是连续的，如杨树等；另一些树种是间断的，如栎和山毛榉等。植物不同部分的生长要求温度不一，根系的温度接近于土温，温带木本植物，根系生长的最低温度约2～5℃，芽开放之前，根系就已生长，并一直延续到晚秋。

在一定的温度范围内，温度增加，细胞膜透性增加，树木吸收CO_2、H_2O、矿质盐类速率增大，同时酶活性、蒸腾速率和光合速率提高。所以温度升高可促进细胞分裂、延伸，增加树木生长量。

种子发芽，既需一定的高温，又要一定量的低温，如育苗时种子的层积处理。

有些植物，成花前需低温诱导，通过春化作用植物才能开花。例如，油松需10℃低温71d；白榆需10℃低温90d；毛白杨需10℃低温69d；加拿大杨需10℃低温79d，才能开花。

1.3.2.3 温周期现象

在自然界温度经常呈现规律性变化即昼夜变化、季节变化和非节律性变化（如早春和晚秋寒流南下，夏季局部地区温度突然升高）。季节性变温随纬度增大而较为显著。温度随昼夜和季节而发生有规律的变化，称为节律性变温。植物长期适应节律性变温必然在生长发育反映出来一些节律性变化特点。

植物对温度昼夜变化和季节变化的反应称为温周期现象。节律性变温包括昼夜变温和季节变温。

昼夜变温指一天内温度的昼夜变化，它对植物生长、发育和产品质量影响很大。种子发芽是温周期的一种类型。多数种子在一定的交替变化的温度下发芽更好。一定范围内，昼夜温差较大，对植物生长、品质影响良好。

植物长期适应于一年中温度、水分节律性变化，形成与此相适应的植物发育节律称为物候。发芽、生长、现蕾、开花、结实、果实成熟、落叶休眠等生长发育阶段称为物候期。

1.3.2.4 非节律性变温

春秋两季寒流侵袭，常使温度剧降，夏季午间持续高温，都会严重危害幼苗、幼树及外域树种的生存。

（1）低温危害

①寒害　又称冷害，指气温降至0℃以上植物所受到的伤害。热带、亚热带植物，在气温0～10℃左右就会受到寒害。还有些热带树种，在0～5℃时，即在形态、生理和生长

方面产生伤害。W. Larcher 将这类植物称为冷敏感植物。寒害可分两类：直接伤害和间接伤害。直接伤害是气温骤变造成的伤害。如冷空气入侵，温度急剧降到0～10℃，在1～2d内，就能在植物体上看到伤痕。间接伤害，是缓慢降温造成的危害，1～2d 内，从植物形态结构上还看不出变化。1 周左右才出现组织萎蔫，甚至脱水等。寒害的原因是低温造成植物代谢紊乱，膜性改变和根系吸收力降低等。

②冻害　温度降低到冰点以下，植物组织发生冰冻而引起的伤害称为冻害。冰点以下，植物细胞间隙形成冰晶，冰的化学势、蒸汽压比过冷溶液低，水从细胞内部转移到冰晶处，造成冰晶增大细胞失水。原生质失水收缩，盐类等可溶性物质浓度相应增高，引起蛋白质沉淀。当水与原生质一旦分离，酶系统失活，化学键破裂，膜透性改变和蛋白质变性，从而导致植物明显受害。

③冻举　又称冻拔，是间接的低温危害，由土壤反复、快速冻结和融化引起。强烈的辐射冷却使土壤从表层向下冻结，升到冰冻层的水继续冻结并形成很厚的垂直排列的冰晶层。针状冰能把冻结的表层土、小型植物和栽植苗抬高 10cm，冰融后下落。从下部未冻结土层拉出的植物根不能复原到原来位置。经过几次冰冻、融化的交替，树苗会被全部拔出土壤。遭受冻拔危害的植株易受风、干旱和病原危害。冻拔是寒冷地区更新造林的危害之一，多发生在土壤黏重、含水量高、土表温度容易剧变的立地。

④冻裂　多发生在日夜温差大的西南坡上的林木。下午太阳直射树干，入夜气温迅速下降，由于干材导热慢，造成树干西南侧内热胀、外冷缩的弦向拉力，使树干纵向开裂。受害程度因树种而异，通常向阳面的林缘木、孤立木或疏林易受害。冻裂不会造成树木死亡，但会降低木材质量，并可能成为病虫入侵的途径。东北的山杨、核桃楸、栎、椴等受害重，南方的檫树、乐昌含笑也常受害。

⑤生理干旱　这是另一种与低温有关的间接伤害。冬季或早春土壤冻结时，树木根系不活动。这时如果气温过暖，地上部分进行蒸腾，不断失水，而根系又不能吸水加以补充，时间长了就会引起枝叶干枯和死亡称为生理干旱。其次，低温还能伤害芽和 1 年生枝顶端，从而影响树形和干形，甚至使乔木变为灌木状。

(2) 高温危害

大多数高等植物的最高点温度是35～40℃，只比最适点温度略高。温度45～55℃，植物就会死亡。植物种类不同，所能忍受的最高温度不一。旱生植物、热带沙漠的肉质植物和热生境的 C_4 草本植物耐热性比中生植物高。高温危害主要是皮烧和根颈灼伤。

①皮烧　强烈的太阳辐射，使树木形成层和树皮组织局部死亡。多发生于树皮光滑树种的成年树木上，如成、过熟的冷杉常受此害。受害树木树皮呈斑状死亡或片状剥落，给病菌侵入创造条件。

②根颈灼伤　土表温度增高，灼伤幼苗根茎。松柏科幼苗当土表温度达 40℃就要受害。夏季中午强烈的太阳辐射，常使苗床或采伐迹地土表温度达 45℃以上，而造成这种危害。灼伤使根颈处产生宽几毫米的缢缩环带，因高温杀死了输导组织和形成层而致死。

一般树木受害除与极端温度有关外，还与温度升降速度、温度升降幅度和极温值持续时间有关。

1.3.3 树种对极端温度的适应

1.3.3.1 树种对低温的适应

树种对低温忍耐和抵抗的特性称为树种的耐寒性。长期生活在低温环境中的植物通过自然选择，在形态、生理和行为方面表现出很多明显的适应特征。通过研究这些特征，可以评价树种的耐寒性。

在形态方面，极地和高山植物的芽及叶片经常有油脂类物质保护，芽具鳞片，植物器官具蜡粉和密毛，树皮具木栓组织，植株矮小，呈匍匐状、垫状或莲座状等，这种形态有利于保持较高的温度，减轻严寒的影响。

在生理方面，生活在低温环境中的植物常通过减少细胞中的水分和增加细胞中的糖类、脂类和色素等物质来降低植物的冰点，增加抗寒能力。通过调节植物体细胞内物质变化和细胞内形态结构变化，在极端低温突然降临和冬季到来后可安全度过。实验证明，无论对抗冻或抗冷，植物体内的内源脱落酸(ABA)含量增加，而赤霉素含量则减少。同时在低温出现和ABA含量增加后，钙信号系统完成抗寒信息的传递并启动抗寒基因的表达。如可溶性糖、氨基酸、蛋白质含量增加，磷脂和不饱和脂肪酸增加，过氧化物酶、同工酶、抗坏血酸等增加；同时植物生长减缓，糖类消耗减少。结果是膜透水性增强、细胞器及膜稳定性增强，冰点下降，保水力和原生质弹性增强，稳定性增强，抗氧化能力增强。最终耐寒性强的植物表现为生长停止，维持一定光合作用，呼吸作用稳定，忍受细胞内外结冰等抗寒力提高。

此外，细胞内形态结构发生变化，如核膜孔关闭，叶绿体膜呈波浪形，线粒体内嵴增多，大液泡分隔为小液泡，质膜内陷与液泡相连；在低温季节来临时及时转入休眠；极地植物和高山植物在可见光谱中的吸收带较宽，能吸收更多的红外线，增强植物的耐寒性。

树木的耐寒性随树木的年龄、树木部位及土壤含氧量而变化。树木壮龄阶段的耐寒性强于幼龄；树木茎和粗枝的耐寒性高于花、叶、芽和幼枝的耐寒性；土壤含氮丰富，树木耐寒性差，土壤含钾丰富，树木耐寒力强。

1.3.3.2 树种对高温的适应

树种对高温的生态适应性与其原产地密切相关。旱生树种比中生树种抗高温，如胡杨、梭梭、沙枣等树种原产地为荒漠草原，其耐高温能力远较紫穗槐、柽柳、垂柳强。

树种抗高温性因植物种类而变化。相同树种不同生长发育阶段抗高温性亦不同，休眠期最强，生长发育初期最弱，以后渐强。

树种对高温的适应主要表现在形态和生理两个方面。在形态适应方面，有些植物体表具有密生绒毛、鳞片，能过滤一部分阳光；有些植物体呈白色、银白色、叶片革质发亮，可反射部分太阳光；有些植物叶片垂直排列，使叶缘向光，温度较高时，叶片折叠，减少光的吸收面积；有些树木茎干具有发达的木栓层，具有隔绝高温、保护植物体的作用。在生理适应方面主要是增加细胞内糖或盐的浓度，降低含水量，从而使原生质浓度增加，增强了原生质的抗凝结能力，同时细胞内水分减少，植物代谢减缓，抗高温性增强；其次是靠旺盛的蒸腾作用调节植物体表温度。某些植物具有反射红外线的能力，夏季反射的比冬季多，这也是避免植物体受高温伤害的一种适应。

林业生产常常采用灌溉、遮阴和树干涂白等措施削弱高温的有害影响。

1.4 森林与水分

水是树木的重要组成成分，树木体内一般含水量为60%~80%，风干的种子含水量在6%~10%左右，有些果实含水量高达92%~95%；树木的一切代谢活动，包括森林的光合作用、蒸腾作用，有机物的水解反应，养分吸收、运输、利用，废物的排除和激素的传递都必须借助于水才能进行；水分维持了森林植物细胞和组织的膨压，使植物器官保持直立状态，具有活跃的功能；蒸腾作用消耗大量的水分，调节缓和了植物体表温度状况。可见水对于植物极为重要。但是陆地表面淡水资源缺乏和分布不均匀，大多数植物都存在程度不同的旱涝胁迫。水分的形态、数量、持续时间决定水分的可利用性，因此，影响森林的更新、分布、生长和发育以及产量。

1.4.1 不同形态的水及其生态意义

水是气候因子，同时又是土壤因子。在大气、土壤中水的形态数量及其动态都对森林产生重要的影响。

大气中水汽状态，可见的如云和雾，不可见的扩散在整个大气中。通常用相对湿度表示大气水汽含量。相对湿度影响光照条件、植物蒸腾、物理蒸发。当相对湿度下降时，树木蒸腾速率提高。相对湿度过高，不利于树木传播花粉，易引起病害。相对湿度是森林火灾危险性等级的重要指标，当降低到40%~45%以下，森林火灾危险性增大。当水汽以雾的状态运动时，遇到树木或其他植物，极易凝结在植物体表面上，成为土壤水分的一种补充，在热带由雾增加的降水量占全年降水量的较大比例；而干旱区雾、露水可缓和干旱引起植物枯萎，对沙生植物生长发育尤为重要。

降水一般不为树木直接吸收，树木吸收水分来自土壤，而降水是土壤水分补给的主要来源。生长期降水的生态效应取决于降水强度、持续时间、频度和季节分配。同样降水量以强度小、持续时间长，效果理想。

不同树种由于生长特点差异对降水的反应不同。落叶松、水杉、杨树为持续型。从早春至晚秋都在生长，而油松、栎为短速型(5~6月进行)，故后者要求春季降水。此外，树木胸径和树高生长对降水反应不尽一致。研究指出，胸径生长与生长期间降水量呈正相关，树高生长不仅取决于生长期间降水量的影响，而且与上一年降水量特别是秋、冬季降水量密切相关。

当 $pH<5.6$ 的降雨(雪)称为酸雨。酸雨含大量 H^+、高浓度 SO_4^{2-} 和 NO_3^- 等阴离子。酸雨形成与空气污染物 SO_2 等有关。

降雪除补充土壤水分，尚有保温，防止土壤冻结过深和伤害树木根系，使幼苗、幼树安全越冬等功能，但雪有时会引起雪折、雪倒和雪压。

冰雹，会机械损伤树木，融化后可增加土壤水分。

1.4.2　植物对水分胁迫的生态适应

在生物圈中水的分布是不均匀的，由此形成的不同类型的植物对水分因子的要求各不相同，形成各种水分生态类型。

1.4.2.1　植物水分的生态类型

根据植物对水分的依赖程度，可把植物分为以下几种生态类型：

(1)水生植物

水生植物的适应特点是通气组织发达，以保证体内对氧气的需要；叶片常呈带状、丝状或极薄，有利于增加采光面积和对CO_2、无机盐的吸收；植物体弹性较强和具抗扭曲能力以适应水的流动；淡水植物具有自动调节渗透压的能力，而海水植物则是等渗的。水生植物可分为3种类型。

①沉水植物　整个植株沉没在水下，为典型水生植物。根系退化或消失，表皮细胞可直接吸收水中气体、营养物质和水，叶绿体大而多，适应水中弱光生境，无性繁殖较有性繁殖发达。如狸藻、金鱼藻等。

②浮水植物　叶片漂浮水面，通常气孔在叶上面，维管束和机械组织不发达，无性繁殖速度快，生产力高。如浮萍(不扎根)、睡莲、眼子菜(扎根)。

③挺水植物　植物体大部分挺出水面，如芦苇、香蒲等。

(2)陆生植物

陆生植物包括湿生、中生和旱生3种类型：

①湿生植物　抗旱能力弱，不能长时间忍受缺水。生长在光照弱、湿度大的森林下层，或生长在光照充足、土壤水分经常饱和的生境。前者如热带雨林的附生植物(如蕨类、兰科植物)和秋海棠等，后者如毛茛、灯心草等。

乔木树种尚有赤杨、落羽杉、枫杨、乌桕、池杉、水杉等，其特点根系不发达，叶片大而薄，控制蒸腾的能力弱，叶子摘后迅速凋萎。

②中生植物　适于生长在水湿条件适中的生境，其形态结构和适应性介于湿生与旱生植物之间，是种类最多，分布最广，数量最大的陆生植物。乔木树种有红松、落叶松、云杉、冷杉、桦、槭、紫穗槐等。

③旱生植物　泛指生长在干旱的环境中，经受较长时间的干旱仍能维持水分平衡和正常生长发育的一类植物。多分布在干旱的草原和荒漠地区，旱生植物的种类特别丰富。

在自然界，由于土壤水分条件的不规则变动，植物种及其发育阶段对水分要求的差异，几乎所有植物都不同程度地受到水分胁迫。水分胁迫分水分不足和水分过剩两个方面。

1.4.2.2　植物对干旱的适应

旱生植物长期适应干旱环境，在形态或生理上有多种多样的适应特征。按旱生植物对干旱的适应方式可分为：

(1)避旱植物

避旱植物(drought escapers)指短命植物(ephemeral plants)以种子或孢子阶段避开干旱的影响。其主要特征是个体小、根茎比值大、短期完成生命史。降雨后，当土壤水分满足植物需要时，几周内，便完成萌发、生长、开花和结实等全部生长发育阶段。它们没有抗旱植物的形态特征，不能忍耐土壤干旱。

(2)抗旱植物

抗旱植物(drought resisters)根据树木耐旱性适应途径表现为：高水势延迟脱水耐旱和低水势忍耐脱水耐旱两种方式。

①高水势延迟脱水耐旱　在干旱胁迫条件下，为了保持高的组织水势，树木或减少水分丧失或保持水分吸收来延迟脱水的到来。表现在根系发达，气孔下陷，落叶、缩小叶面积，栅栏组织、叶脉、角质层发达。如赤桉比蓝桉耐旱性更强，在于赤桉具有深而广的根系，当表层土壤干旱时，能从深层土壤吸收水分；植物体表面积不发达；具气孔开闭控制体系功能，气孔和保卫细胞对光照和水分变化极敏感；贮藏水分、输水能力强；植物在干旱时能抑制分解酶活性，维持转化酶和合成酶的活性，以保证最基本的代谢反应。

②低水势忍耐脱水耐旱　在低水势的条件下树木耐脱水的机理：一是维持膨胀以提供树木在严重水分胁迫下生长的物理力量；二是原生质及其主要器官在严重脱水时伤害很轻或基本不受伤害。其中膨压的维持由于渗透调节(细胞水分减少，体积变小和细胞内溶质增加)和具有高的组织弹性；原生质方面主要是原生质的耐脱水能力，如叉枝沙蒺藜、金合欢的原生质耐脱水性相当强。此外，就细胞特性而言，细胞小(容积/表面积)、细胞水势低(液泡小、固体贮藏物质多)，耐旱力强。

旱生树种最重要的是生理特性，即原生质的少水性(耐脱水能力)和低水势，而形态特征只是辅助特征。总之，由于树木维持体内水分平衡和保持膨压的能力总是有限的，因此，树木最终的耐旱能力还是取决于细胞原生质的耐脱水能力。利用植物对干旱的适应特征，可以评价植物的抗旱性。

1.4.2.3　植物对水淹的适应

大气 O_2 含量为21%(体积比)；通气不良的土壤空气中，O_2 含量不足10%；通气排水良好的土壤中，O_2 含量为10%~21%；而水中溶解 O_2 含量仅及大气的1/30左右。所以，土壤水分过剩往往与通气不良相联系，此时树种耐涝性的反应是抗缺氧。

正常生长的植物既需要有充足的水分供应，又需要不断与环境进行气体交换，气体交换常发生在根与土壤中的空气之间，当水把土壤中的孔隙填满后，这种气体交换就无法进行了，此时植物就会因缺氧而发生窒息，以至可能被淹死。根必须在有 O_2 的条件下才能进行有氧呼吸，如果因水淹而缺氧，根就不得不转而进行无氧代谢。土壤中无氧或缺氧会导致化学反应产生一些对植物有毒的物质。

长时间水淹会引起顶梢枯死或死亡，树木对洪涝所作出的反应与季节、水淹持续时间、水流和树种有关。生长在泛滥平原上的树木和生长在低地的硬木树种对季节性短时间的洪水泛滥有着极强的忍受性。静止不流动的水比富含氧气的流水对这些树木所造成的损害更大。根被水淹的时间如果超过生长季节的一半，通常大多数树木就会死亡。

经常遭受洪涝的植物往往会通过进化产生一些适应，这些植物大都生有气室和通气组织，氧气可借助通气组织从地上枝和茎干输送到根部。像水百合一类的植物，其通气组织遍布整株植物，老叶中的空气能很快地输送到嫩叶中去。叶内和根内各处都有彼此互相连通的气室，这种发达的通气组织几乎可占整个植物组织的一半。在寒冷和潮湿的高山苔原，有些植物在叶内、茎内和根内也有很多类似气室的充气空间，可保证把氧气输送到根内。

另一些植物，特别是木本植物，原生根在缺氧时会死亡，但在茎的地下部分会长出不定根，以便取代原生根，所谓不定根就是在本不该长根的地方长出的根，不定根在功能上替代了原生根，它们在有氧的表层土壤内呈水平散布。

有些树木能够永久性地生长在被水淹没的地区，其典型代表是落羽杉、池杉、水杉、红树、柳树和水紫树。落羽杉、水杉生长在积水的平坦地区，发展了特殊的根系，即出水通气根。红树也有出水通气根，它有助于气体交换并能在涨潮期间为根供应氧气。

利用植物对水淹的适应特征，可以评价植物的耐涝性。

1.4.3　森林对水分的调节作用

降落在森林的水量，与空旷地相比显著不同，森林对降水量重新分配，即林冠截留、滴落与径流、贮藏于森林土壤，森林蒸散，林地枯枝落叶吸收和径流流失。

1.4.3.1　林冠截留

降水(雨)首先为树木枝叶、树干吸附和滞留，当表面张力与重力失去均衡，其中一部分受重力或风力影响从树上滴下，称为滴落；或沿树干流到地面，称为径流；还有一部分降水直接穿过林冠间隙落到林地，称为穿透雨。滴落量、径流量、穿透雨量之和称为林内降水量；林冠上部或旷地雨量称为林外降水量。林外降水量减去林内降水量为林冠截留量(包括降水期间林冠蒸发量)。

截留量取决林冠结构、树种组成、年龄、密度等，以及降水强度、频度、降水量等的影响。

1.4.3.2　入渗土壤的水

降水向土壤中渗透的过程，称为入渗。在这一过程中，降水首先接触到森林地被物层，森林死地被物能保持自重1~7倍的水分，可防止雨滴击溅土壤。因此，在暴雨雨滴击溅下，无植被保护的土壤，结构破坏，抗蚀力急剧降低，表层土壤被水所饱和呈泥浆状态，堵塞土壤孔隙，影响入渗并产生径流。

枯枝落叶层最大持水量减去自然状态时的含水量，可得到枯枝落叶层截留量或持水量，不同森林的枯枝落叶层截留量有一定差异，约在2.0~6.0mm间，随着林龄增加，枯落物积累加厚，截留量也相应提高。

下渗速度在地表的不同部位差异较大。孔隙小而少的地方下渗速度较慢；孔隙大而多的地方较快。

倾斜地面下渗量，可用一段时间内的降水量与地表径流量(包括地面贮水量)之差表示。单位面积、单位时间的入渗雨量称渗入速率或强度，以 $mm \cdot h^{-1}$ 表示。通常渗入率在初期很大，这称为初渗率，初渗率在短时间内即急剧下降，最后趋于稳定，称为终渗率或稳渗率。

林地的终渗率高，入渗量占降水量的比例大，这是因为林地土壤结构好，孔隙度大。由于森林的存在，树木根系和土壤间形成管状的粗大孔隙，土壤动物的活动也形成粗大孔隙，加之植物为土壤提供了大量的有机物质，改善了土壤结构，增加了粗、细孔隙，因此林地土壤孔隙度比无林地好得多，也就更利于入渗。另一方面，林地地面有枯落物覆盖，减轻了雨滴的冲击，土粒不致分散，从而长期保持土壤孔隙不会被堵塞。林地入渗率高，可减少流量和增加植物可利用水量。

由于枯落物层破坏、放牧对地表的践踏和破坏，采伐机械的碾压、草根盘结度大、火灾烧毁枯落物和产生疏水层等都会显著影响入渗。

1.4.3.3　蒸发散

土壤水经森林植被蒸腾和林地地面蒸发而进入大气，森林这种蒸腾蒸发作用称为蒸发散。地域性蒸发散量与太阳分布、水分环境和植被类型有密切关系。

水从植物组织的生活细胞，通过气化或蒸发作用而进入大气称为蒸腾。森林的蒸腾应包括林木、下木和活地被物的蒸腾，但以林木为主。蒸腾还分为气孔蒸腾和角质层蒸腾，从量上看，以前者为主，一般角质层蒸腾不及气孔蒸腾量的1/10。蒸腾量与叶面积、温度、空气饱和差和风有密切关系。

森林蒸发散的另一部分是林地地面蒸发，如果林内地表温度高于近地面的气温，土壤水将会变成水气散发于大气。蒸发需要两个先决条件，即太阳辐射能或热量；土壤低层同表层间保持连续的水柱。后者与土壤质地结构有关，裸露沙地和中等质地土壤，开始蒸发快，一旦表层水蒸干，以后变慢，而几厘米以下的土壤水分可依然接近田间持水量。

森林覆盖使到达土壤表面的能量减少，故林地蒸发较弱。另外，死地被物隔断了土壤矿物层的上升水柱，也减少了地面蒸发，所以林内地表蒸发较无林地显著减少。但幼龄林，特别是未郁闭前，地表蒸发仍很可观，应及时采取除草、松土、覆盖等措施，减少水分消耗。

森林蒸发散，除上述林木蒸腾和林地地面蒸发外，还应包括林冠截留水的蒸发。

1.4.3.4　地表径流

小集水区内，水的液态输出主要是径流。降水或融雪强度一旦超过下渗强度，超过的水量可能暂时留于地表，当地表贮留量达到一定限度时，即向低处流动，成为地表水流而汇入溪流，这个过程称为地表径流。强烈的地表径流会造成土壤冲刷和洪水，给工、农业生产和人民生活带来灾难性后果，由于下述原因，森林可以显著减少地表径流。

林地死地被物能吸收大量降水，使地表径流有所减少，死地被物性质和立地条件有关，一般吸水可达自重的40%~260%。

森林土壤疏松、孔隙多、富含有机质和腐殖质，水分容易被吸收和入渗。同时地表径流受树干、下木活地被物和死地被物的阻挡，流动缓慢，有利于被土壤吸收和入渗，使地表径流减弱。

1.4.3.5　森林涵养水源和保持水土的作用

自然条件下，水总是流向低洼地。在流动过程中，所经之地，若无森林植被的保护，必挟带一些泥沙、石砾，造成水土流失。

有森林覆盖，就可减少地表径流，使之转变为土壤径流和地下水，森林起到蓄存降水、补充地下水和缓慢进入河流或水库、调节河川径流量、在枯水期仍能维持一定量的水位的作用。森林的此种功能称为涵养水源(图1-2)。

森林防止土壤侵蚀能力还取决于：地被物吸持水分，减弱雨滴的能量，植物根系对土

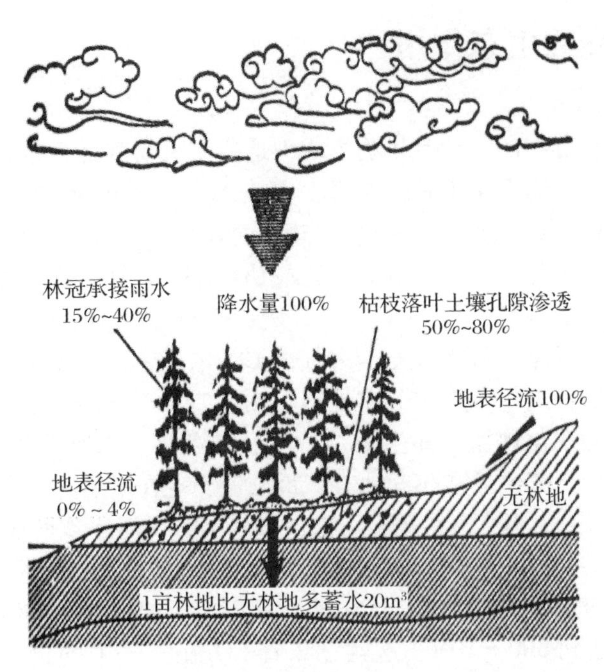

图 1-2　森林涵养水源示意

（引自丁建民等，1985）

壤的固持作用，枯枝落叶层对地表径流的阻拦和过滤功能。

1.5　森林与大气

大气指地球表面到高空 1100 或 1400km 范围内的空气层。大气层中的空气分布不均匀，愈往高空，空气愈稀薄。在地面以上约 12km 范围内的空气层，其重量约占整个大气层重量的 95% 左右，温度特点上冷下热，空气对流活跃，形成风、云、雨、雪、雾等各种天气现象，这就是对流层。大气污染主要发生在对流层的范围内。

空气是复杂的混合物，在标准状态下按体积计算，N_2 占 78.08%，O_2 占 20.95%，氩占 0.93%，CO_2 占 0.032%。其他为 H_2、O_3 和氦及灰尘、花粉等。

上述空气成分以 CO_2 和 O_2 的生态意义最大。CO_2 是绿色植物光合作用的主要原料，O_2 是一切生物呼吸作用的必需物质，氮转化为氨态氮将是绿色植物重要的养分。因此，大气是森林赖以生存的必需条件，没有空气就没有生机。

工业革命之后，空气成分的相对比例变化及有毒有害物质排放，引起了严重的空气污染，了解污染物对森林危害的机制、后果和森林的净化作用、监测功能，是污染生态学涉及的重要内容；此外，空气流动所形成风，风与森林的相互作用，形成防护林学的理论基础，在防风固沙工程及沿海防护林工程中发挥了重要的作用。

1.5.1 大气成分的生态作用

1.5.1.1 CO_2的生态作用

生物界是由含碳化合物的复杂有机物组成，这些有机物都是直接或间接通过光合作用制造出来的。据分析，植物干重中碳占45%、氧占42%，其中碳和氧均来自CO_2。地球上陆生植物每年大约固定$200 \times 10^8 \sim 300 \times 10^8$t碳，而森林每年约有$150 \times 10^4$t碳以$CO_2$形式转化为木材，占陆地总生产量50%~75%。所以CO_2对树木的生长和森林生产量形成十分重要。

大气圈是CO_2的主要蓄库和调节器，大气的CO_2浓度平均为0.035%，随时间变化呈现年变化和日变化周期特点。在森林分布地区，由于森林光合作用的时间变化规律，CO_2浓度与此呈现相适应的变化规律，即生长季CO_2浓度降低，休眠季节CO_2浓度增加；CO_2浓度昼夜变化在林内最高值出现在夜间地表，最低值出现在午后林冠层。

植物吸收大量的CO_2，但大气圈的CO_2不仅未减少，反而逐步增加，因为动植物呼吸、枯枝落叶分解，加之煤、石油燃烧和火山爆发，大气CO_2浓度由一百多年前0.029%，增加到20世纪80年代的0.032%，90年代中期达0.035%，估计到2100年，人类每年向大气中释放的CO_2将会达到300×10^8t，这就意味着CO_2在空气中的含量增加2倍。大气中CO_2浓度的增加会通过温室效应影响地球的热平衡，使地球温度上升。

1.5.1.2 O_2的生态作用

O_2主要来源于绿色植物的光合作用，除部分转化为O_3外，其余都参与生物呼吸代谢活动。生物通过氧化代谢产物释放出所需的能量。

对森林而言，由于土壤根系、动物、真菌、细菌消耗大量的氧气，而扩散补充过程异常缓慢，土壤含氧量不足将影响林木根系的呼吸代谢，此情况尤以土壤板结积水更为突出。

1.5.1.3 CO_2和O_2的平衡

人口密集、工厂林立，使空气CO_2含量不断增加。当CO_2浓度达到0.05%，人会呼吸困难，若增至0.2%~0.6%就明显受害。

CO_2增加必然消耗大量的O_2。当CO_2浓度增加和O_2浓度减少到一定限度，就会破坏CO_2和O_2的平衡，对动植物生长发育和人们的生活健康带来危害。

绿色植物是CO_2和O_2的主要调节器。植物通过光合作用每吸收44g CO_2，就能产生32g O_2。据统计，每公顷森林每天能吸收1t CO_2，放出0.73t O_2。营造森林不仅能美化环境，还能调节环境中的CO_2和O_2平衡，净化空气，创造适合人类需要的空气环境。

1.5.2 大气污染与植物的生态关系

大气污染是环境污染的一个方面。与环境污染相似，相当数量的大气污染物是人类卓越才能施展过程中的一种不幸。现代工业的发展不仅带来了巨大的物质财富，同时也带来环境污染。当向空气中排放的有毒物质种类和数量愈来愈多，超过了大气的自净能力时，便产生了大气污染。

大气污染是指大气中的烟尘微粒、SO_2、CO、CO_2、碳氢化合物和氮氧化合物等有害物质排入大气，达到一定浓度和持续一定时间后，破坏了大气原组分的物理、化学性质及其平衡体系，使生物受害的大气状况。大气污染由大气污染源、大气圈和受害生物三个环节组成。

大气污染源中的有毒物质流动性强，随气流飘落到极远的地方，且能毒害土壤，污染水体。例如，在终年冰雪覆盖的南极洲定居的企鹅体内，已经发现了DDT。

大气污染物种类约有100种，通常分为烟尘类、粉尘类、无机气体类、有机化合物类和放射性物质类。烟尘类引起的大气污染最明显、最普遍，尤以燃烧不完全出现的黑烟更严重。烟尘是一种含有固体、液体微粒的气溶胶。固体微粒有烟尘、粉尘等，液体微粒有水滴、硫酸液滴等。粉尘类指工业排放的废气中含有许多固体或液体的微粒，漂浮在大气中，形成气溶胶，常见的如水泥粉尘、粉煤灰、石灰粉、金属粉尘等。无机气体类为大气污染物质中的大部分，种类很多。如SO_2、H_2S、CO、O_3、NOx、NH_3、HF、Cl_2等。此外，CO_2浓度剧增后，会引起温室效应和酸雨。有机化合物类是有机合成工业和石油化学工业发展的附属品。进入大气的有机化合物如有机磷、有机氯、多氯联苯、酚、多环芳烃等。它们来自工业废气，有的污染物进入大气发生系列反应形成毒性更大的污染物。放射性物质类是指放射性物质如铀、钍、镭、钚、锶等尘埃扩散到大气中，降落地面后经化学、生物过程，导致食物污染。

1.5.2.1 森林受害机制及其症状

大气污染物对树木的危害，主要是从气孔进入叶片，扩散到叶肉组织，然后通过筛管运输到植物体其他部位。影响气孔关闭，光合作用、呼吸作用和蒸腾作用，破坏酶的活性，损坏叶片的内部结构；同时有毒物质在树木体内进一步分解或参与合成过程，形成新的有害物质，使树木的组织和细胞坏死。

大气污染危害一般分为急性危害、慢性危害和隐蔽危害。急性危害指在污染物高浓度影响下，短时间使叶面产生伤斑或叶片枯萎脱落；慢性危害指在低浓度污染物长期影响下，树木叶片褪绿；隐蔽危害指在低浓度污染物影响下，未出现可见症状，只是树木生理机能受损，生长量下降，品质恶化。

毒性最大的大气污染物有SO_2、HF、O_3、Cl_2等。SO_2进入叶片，改变细胞汁液的pH值，使叶绿素去镁，抑制光合作用；同时与同化过程中有机酸分解产生的α－醛结合，形成羟基磺酸，破坏细胞功能，抑制整个代谢活动，使叶片失绿。HF通过气孔进入叶片，很快溶解在叶肉组织溶液内，转化成有机氟化合物，阻碍顺乌头酸酶合成；还可使叶肉组织发生酸型伤害，导致叶脉间出现水渍斑。O_3能将细胞膜上的氨基酸、蛋白质的活性基因和不饱和脂肪酸的双键氧化，增加细胞膜的透性，大大提高植物呼吸速率，使细胞内含物外渗。

1.5.2.2 森林受害的环境条件

大气污染对森林危害程度除与污染物种类、浓度、溶解性、树种、树木发育阶段有关外，还取决于环境中的风、光、湿度、土壤、地形等生态因子。

风对大气污染物具有自然稀释功能。风速大于$4m \cdot s^{-1}$，可移动并吹散被污染的空气；风速小于$3m \cdot s^{-1}$，仅能使污染空气移动。就风向而言，污染源上风向污染物浓度要比下风向低。

光照强度影响树木叶片气孔开闭。白天光照强度引起气温增加，气孔张开，而夜间气孔关闭。通常有毒气体是从气孔进入植物体内，所以树木的抗毒性夜间高于白天。

降雨能减轻大气污染。但在大气稳定的阴雨条件下，使叶片表面湿润，易吸附溶解大量有毒物质，从而使树木受害加重。

特殊的地形条件能使污染源扩大影响，或使局部地区大气污染加重。如海滨或湖滨常出现海陆风，陆地和水面的环流把大气污染物带到海洋，污染水面。又如，山谷地区常出现逆温层，而有毒气体比重一般都大于空气，故有毒气体大量集结在谷地，发生严重污染。国外发生的几起严重的污染事件、多形成于谷底和盆地地区。

1.5.2.3　森林的抗性

森林的抗性指在污染物的影响下，能尽量减少受害，或受害后能很快恢复生长，继续保持旺盛活力的特性。

树种对大气污染的抗性取决于叶片的形态解剖结构和叶细胞的生理生化特性。据研究叶片的栅栏组织与海绵组织的比值和树种的抗性呈正相关；叶片气孔数量多但面积小，气孔调节能力强，树种的抗性较强；抗性强的树种气体的代谢能力弱，光合作用亦较弱，但在污染条件下，能保持较高的光合能力。此外，在污染条件下，抗性强的树种细胞膜透性变化较小，能增强过氧化酶和聚酚氧化酶的活性，保持较高的代谢水平。

就树种的抗性而言，常绿阔叶树 > 落叶阔叶树 > 针叶树。

确定树种抗性强弱的方法，主要有野外调查、定点对比栽培和人工熏气。

1.5.2.4　林木的监测作用

众所周知，大气污染可利用理化仪器进行监测。依据某些植物种对大气污染物种类和浓度的敏感反应，也可达到相同的监测目的。例如，SO_2浓度为0.000 1%~0.000 5%时，人才会闻到气味，0.001%~0.002%时，才会受刺激、咳嗽、流泪，而一些敏感植物处在0.000 03%几小时，就会出现受害症状；有机氟毒性极大（气体），但无色无臭，某些植物却能及时作出反应。所以，利用某些对大气污染物特别敏感的指示植物来监测指示环境的污染程度，经济可靠。

指示植物能反映环境污染对生态系统的影响强度和综合作用。环境污染物质对生态系统产生的复（综）合影响，此种影响不是完全都可用理化方法直接测定的。例如，几种污染物共存其影响分为增效作用（如 SO_2和 O_3、NO_2和乙醛共存时对树木的影响）和颉颃作用（如 SO_2与 NH_3共存时对树木的危害）。

指示植物能早期发现大气污染物。许多指示植物对污染物的反映比动物人敏感的多，如SO_2浓度为0.000 1%~0.000 5%时，人可闻到气味，而紫花苜蓿在SO_2浓度 >0.000 03%（一定时间内）就会产生受害症状。

指示植物能检测出不同的大气污染物，植物受不同的大气污染物的影响，在叶片上往往出现不同的受害症状。根据植物体表（叶片）受害症状可初步判断污染物的种类。

指示植物能反映出一个地区的污染历史。

作为监测大气污染的指示植物，必须敏感且易产生受害症状，才能及时反映大气污染。此外，大气污染的指示植物还应具备下列优点：受害症状明显，干扰症状少；生长期长，能不断长出新叶；栽植繁殖管理容易；有一定的观赏和经济价值。

1.5.2.5 森林的净化效应

森林的净化效应通过两个途径实现。其一，吸收分解转化大气中的毒物，通过叶片吸收大气毒物，减少大气毒物含量，并使某些毒物在体内分解转化为无毒物质；其二，富集作用，吸收有毒气体，贮存在体内，贮存量随时间不断增加。

由于森林的净化效应和光合作用生理代谢过程的气体交换特点，使环境的空气质量得到改善；利用园林绿化防护带对噪音的衰减、遮挡、吸收作用，从而起到减弱噪音的功能。

(1)吸收有毒气体

在森林呼吸和光合代谢生理过程，有毒气体被吸收转化为毒性较小的物质(降解)或富集于植物体内，从而减少空气中有毒气体的浓度。例如，每年每公顷柳杉吸收 $SO_2$720kg，吸收量、速率与湿度有关，RH80%时比 RH10%~20%时快 5~10 倍。SO_2被叶片吸收，在叶内形成亚硫酸和毒性极强的亚硫酸根离子，后者被植物本身氧化转变为毒性小 30 倍的硫酸根离子。不同树种对有毒气体的吸收能力不同。

(2)滞尘作用

据统计，许多工业城市每年每平方千米降尘量为 500t，个别高达 1000t。森林降低大气中的粉尘量在于：森林降低风速；叶表面粗糙，多绒毛、分泌黏液和油脂，滞尘力较强，且滞尘后经雨水淋洗又可恢复滞尘功能。

各树种的滞尘力差别很大，桦树比杨树大 2.5 倍，而针叶树比杨树大 30 倍。

(3)杀菌作用

森林具有杀菌功能。由于森林的滞尘作用，减少了细菌的载体，使细菌不能在空气中单独存在和传播；森林分泌植物杀菌素(挥发性物质如萜烯类)，可杀死周围的细菌。据试验，若将 0.1g 稠李冬芽磨碎，1s 便能杀死苍蝇。

林木中分泌植物杀菌素很强的种类有：新疆圆柏、冷杉、稠李、松、桦、橡、槭、椴。城市中绿化树种中杀菌力很强的种类有：圆柏属植物、复叶槭、白皮松、稠李、雪松。

(4)吸收 CO_2 放出 O_2

CO_2和 O_2平衡失调在重工业城市尤为严重，绿色植物由于其特有的代谢过程(光合作用)，对恢复和保持大气中 CO_2和 O_2的平衡极为重要。据不完全统计，1hm^2阔叶林在生长季每天能生产 720kg O_2，吸收约 1t 的 CO_2。

(5)减弱噪音

噪音是人们不喜欢或不必要的音响。实际上没有污染物质，不会积累，其能量最终转变为空气中的热能，传播距离一般不远。20 世纪 80 年代左右，噪音被公认为一种污染，主要危害人类的休息、睡眠、损伤听觉、引起疾病。噪音的单位为 dB。

树木控制噪音的作用在于：风吹树叶沙沙作响和鸟语虫鸣所产生的压制效应；树叶、枝条和树干分散噪音，林地对噪音进行强有力的吸收。所以，森林减弱噪音是森林各成分的综合结果。

研究指出：阔叶树减弱噪音的能力强于针叶树。利用防护林带衰减、遮挡、吸收噪音。园林绿地减弱噪音取决于声源、植被、气象三个因素。就园林绿地而言取决于植物种类、密度和搭配，一般乔灌木、草坪、绿篱配置一定宽度(3～7m)的绿化带对噪音衰减可达3.5～7.5dB。

1.5.3 风与植物的生态关系

由于大气层和地表在全球范围内对太阳辐射能吸收的差异，导致了不同地区大气和近地层的温度差和气压差，从而产生大气运动，形成了风。风与植物的生态关系表现为风对植物的影响和森林的防风效应两个方面。

1.5.3.1 风对植物的影响

风的作用不仅表现为直接影响植物(如风媒、风播、风折、风倒、风拔等)，同时还能影响气候因子(降水、温度、湿度、CO_2浓度)和土壤因子，从而间接影响植物。

(1)风影响植物的生长、生理活动与形态

强风能降低植物生长量。实验证明：树高生长量在风速10m/s时比5m/s时小1/2，比静风区小2/3。植物矮化的原因一是风能减少大气湿度，破坏树体内水分平衡，使成熟细胞不能扩大到正常的大小，结果所有器官组织都小型化、矮化和旱生化(叶小革质、多毛茸、气孔下陷等)；二是根据力学定律，凡是一端固定的受力均匀的物体所受的扭弯力(风力)越大，则从自由一端向固定一端直径增加的趋势亦越大。自然界树木受风影响而矮化的规律非常明显。如近海岸、极地高山树线或森林草原过渡带，树木的高度逐渐变矮。

强风还能形成畸形树冠。在盛行强风的地方，树木常常长成畸形，乔木树干向背风方向弯曲，树冠向背风面倾斜，形成所谓“旗形树”(图1-3)。

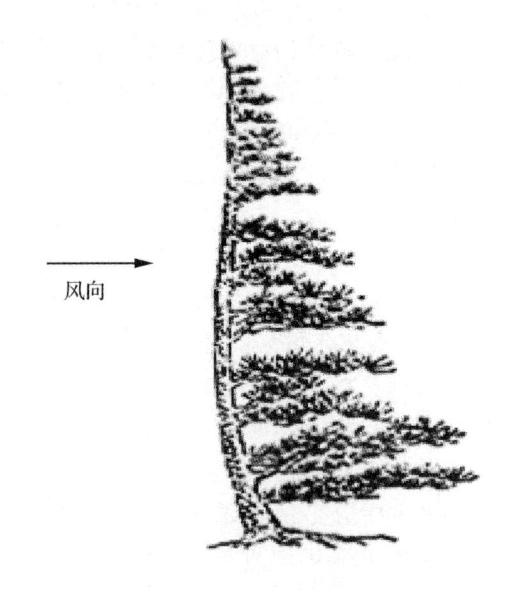

图1-3 畸形树(旗形树)
(引自曲仲湘，1983)

树木适应强风的形态结构常和适应干旱的形态结构相似。因为强风导致植物蒸腾加快，出现水分亏缺，所以形成树皮厚，叶小而坚硬等减小水分蒸腾的旱生结构。强风区生长的树木，尤以背风区根系极发达。

(2)风影响植物繁殖

风影响植物花粉的传播、种子和果实的散布。借助于风力的帮助完成授粉的植物称为风媒植物。风媒植物的花不鲜艳，花数目很多，呈柔荑花序或松散的圆锥花序，花丝很长，伸于花被之外，易被风吹动而传粉；花粉小数量很多。裸子植物花粉粒附一对气囊而且有更大的浮力。风媒花雌蕊柱头特别发达，伸出花被之外，有羽毛状突起，增加柱头授粉面积，使花粉易被吸附。

有些风媒花植物如榛、杨、柳、榆等，花先叶开放，利于借助风力授粉。风媒花是较原始的一种适应类型。

有些植物借助风力传播种子和果实。种子和果实或很轻，如兰科、石南科、列当科等种子，重量 <0.002mg；或具冠毛，如菊料、杨柳科、萝藦科、铁线莲属、柳叶菜属；或具翅翼，如紫薇科(千张纸)和桦属、榆属、槭、白蜡属、梓属。此外，沙漠草原地区著名的风滚植物在秋季种子成熟时全株呈球状，茎基断裂(多年生植物)或连根拔起(一年生植物)，被风吹动，到处散播种子。

(3)风的破坏力

风对植物的机械破坏作用(指折断枝、干、拨根等)的程度，主要取决于风速、风的阵发性和植物种的特性、环境特点等。陆地风速 $>10\text{m}\cdot\text{s}^{-1}$，树枝有被折断的危险。阵发性风的破坏力特别强。不同树种抗风力不同。材质坚硬、根系深的树种抗风力强；材质软脆、树冠大、易感染病腐、根系浅的树种抗风力弱，如山杨、椴树易风折、云杉易遭风倒。树种的抗风力还取决于环境特点。生长在土壤肥沃深厚的树木，抗风力强于生长在黏重、潮湿、通气不良和冻土层上的树木。通常热带、亚热带森林树种根系发达，藤本植物能经受台风的侵袭。生长在寒冷地区针叶林树种、根系浅、树干长、树冠集中于树木上部，抗风力弱。风害还于地形关系密切。某些地形会使风速加强。易发生风害的地形部位和立地如岭顶、山上半坡、山肩、主山脊缺口、峡谷、林中风道和林缘。

1.5.3.2 风对生态系统的影响

风以多种方式改变生态系统。风传播的病原和害虫，能毁灭全部或部分植被，植被的消失能改变动物和其他生物的栖息地和食物来源。如果植被破坏面积很大，土壤受日晒、风吹和雨淋，会产生各种不利影响。土壤表土的风蚀，能降低土壤肥力和生态系统的生产力，能明显改变一个生态系统的功能。

少量风积物，如矿物质和有机微粒，吹入生态系统，可作为肥料，而提高立地生产力。但如沉积太多，达几十厘米厚时，许多植物便遭受危害，小型植物死亡，较大型的植物因根系缺氧也能死亡。某些沙丘植物适应风积物的堆积，能在表层生出新的根茎，增加吸收水分和养分的能力。

风传送的污染物会损害生态系统的结构和功能。各种类型的风，把 SO_2、O_3、氟化物传送到污染源下风处，首先危害或杀死敏感植物，甚至危害全部植被。风是生态系统中 H_2O、O_2、CO_2、污染物输入输出和循环的主要动力。

老龄大树树倒是森林内部干扰的主要形式，风加剧了这一过程。这是原始林树木死亡和形成林窗的主要原因。林窗形成后，可被周围树木的生长所填充，林窗处的立地条件也会有所变化。

1.5.3.3 植被的防风效应

植物能减弱风力，降低风速。降低风速的程度主要取决于植物的体型大小，枝叶繁茂程度。防风能力一般为：乔木 > 灌木、灌木 > 草、阔叶树 > 针叶树、常绿阔叶树 > 落叶阔叶树。

森林群落的防风效应可以从理论上得到解释。气流在运行时，受森林阻挡，在防风林的向风面空气积聚，形成一个犹如气枕的高气压。不同的林带结构具有不同的防风效应。对于紧密结构林带，向风面气压增高，形成弱风区，风受上面空气的压缩，由林带顶部越过，在林带背风面形成的弱风区，要比迎风面大得多，紧贴林缘处风力最小，形成一个低压区，使在林带上部前进的气流迅速下降，而向相反方向回旋，产生旋涡。林带愈紧密，愈不通风，风下降的角度愈大，同时林带背风处风速更快地恢复到原来的速度，有效防护距离较短。对于透风结构林带，迎风面弱风区比密林小，背风面林缘处风速还是较大，当风速继续前行时，风速不断降低，到达一定距离，风速最小，以后风速不断增加到与空地一致。由于树木摩擦分裂和不同方向的风相互碰撞，力量(能量)相互削弱，使风速减缓，弱风区增大。对于疏透结构林带，林带防风效果取决疏透度(林带纵断面的透光面积与纵断面积的比)。一般疏透度在0~0.5时，随着疏透度的增大，有效防护距离和防风效应都增加，疏透度为0.5时防风效果最好，其后有所下降，所以疏透结构林带有较好的防风效果。防风效果还与树高成正比，防护林愈高，防护效果愈好。

此外，植被还可改善小气候，改善生态环境。

1.6　森林与土壤

土壤是岩石圈表面能够生长植物的疏松表层，是陆生植物的生活基质，它提供了植物生活所必需的矿质元素和水分，所以土壤是生态系统中物质与能量交换的重要场所，同时又是生态系统中生物和无机环境相互作用的产物。

对森林而言，土壤是森林生长发育的基础，它既满足森林正常生长发育对肥力的要求，又提供了着生的场所。

土壤肥力系指及时满足植物对水、肥、气、热要求的能力。它是林木速生丰产的基础，是土壤物理、化学、生物特性的综合表现。所以研究土壤的生态意义应首先着眼于土壤的物理、化学和生物性质。

1.6.1　土壤对林木的影响

1.6.1.1　土壤的物理性质与林木生长

土壤物理性质包括：母岩、土层厚度、土壤质地、土壤结构、土壤孔隙度等。讨论母岩、土层厚度旨在说明土壤潜在的pH值和矿质元素含量的变化以及树木根系可分布的空间范围和水分养分的贮量，讨论土壤质地则说明土壤水分、空气和热量的变化规律。

(1)*母岩*

土壤是母岩分化而形成的，岩石分化物影响土壤的物理、化学性质，如土壤质地、土壤结构、水分、空气、热量、养分、pH值等。例如，花岗岩、片麻岩属粒状结晶岩，风化物富含硅酸，常形成砂壤或壤质土，通透性良好，N、P、K、Ca、Mg含量丰富，呈微酸反应；石灰岩风化形成的土壤富含钙，质地黏重，常呈中性或微碱性反应。所以，华北山地砂岩、页岩形成酸性土，油松占优势，石灰岩形成的微酸至碱性土壤，油松渐少，侧柏占优势。

(2)*土层厚度*

土层厚度影响土壤养分、水分总贮量和根系分布的空间范围，所以，土层厚度是决定森林生产力的重要因素。影响土层厚度的因素有：下层石砾、坚实、黏土、永冻层、地下水、盐积层、砂积层等。山地条件下，土层厚度还与地形、坡度、坡向和坡位有关。

土层厚度影响森林组成、结构、生长。例如，华北山地土层浅薄，多生长松林，土层厚多生长针阔叶混交林或阔叶混交林。

(3)土壤质地

组成土壤矿质颗粒的相对比例或重量百分比称为土壤质地。根据质地可将土壤区分为砂土、壤土和黏土三大类。砂土颗粒组成较粗，含砂粒多、黏粒少。土壤黏结性小，孔隙多且大，土壤疏松，通气透水良好，蓄水性差，保肥性差；壤土质地均匀，砂、粉、黏粒大致等量混合，通气透水，保水保肥；黏土以黏粒、粉粒较多，砂粒少，质地黏重，保水保肥能力强，通气透水性差。例如，红松根系在砂质土发育良好，在通气不良的重壤和黏壤上，根系仅分布于A层。

(4)土壤结构

土壤结构指土壤颗粒的排列方式(或状况)。如团粒状、块状、柱状、核状、碎屑状，其中以团粒结构最理想，可协调土壤水分、空气、养分关系，改善土壤理化性质。

(5)土壤水分

土壤水分来源于降水、灌溉和地下水补给。它不仅对林木本身必需，且养分只有溶于水才能被吸收。土壤水分过多，则土壤 O_2 缺乏，CO_2 过剩，抑制根呼吸和养分吸收，根系易腐烂；土壤水分缺乏，会使树木发生永久萎蔫，有机质分解剧烈，土壤贫瘠化。

(6)土壤空气

土壤空气影响根系呼吸、生理机能和土壤微生物的种类、数量和分解。土壤空气中 CO_2 含量相对较高是由于植物、动物、微生物呼吸和有机质分解的结果；CO_2 会降低 pH 值、影响土壤养分的有效性。若土壤 O_2 低于最低水平，某些细菌为获得 O_2 而把硝酸变为亚硝酸。

(7)土壤温度

土温直接影响植物根系生长、吸水力，从而影响全株生长。土温还制约着土壤中多种理化和生物作用的速度，从而间接影响植物生长。不同植物对土壤温度要求不同。温带木本植物根系生长的最低温度相当低，在2~5℃。芽开放前，根已开始生长，一直延续到晚秋。温暖地区的植物，根系生长要求温度较高。柑橘类的根，在10℃以上才能生长。根生长的最适土温为20~25℃。土壤冻结，根的生长也停止。永冻层的土壤中，根系都很浅。大兴安岭的泥炭藓类沼泽地上，常有多年冻土或季节性冻层，藓类年年生长和死亡，泥炭积累加厚，冻层随之上升，生长在其上的落叶松根系也逐渐死亡，埋在藓类中的树干可长出不定根，代替下部死亡的根系。土温高低，还影响根系形态。例如，土温19℃时，刺槐侧根的形成受到抑制，在33℃时主根生长受到影响。欧洲赤松也有同样的结果。红杉幼苗根系在土温18℃时生长最好，8℃时，根短而粗，28℃时，根变细且较少。北方长期形成的土壤冻层，土温低，养分少，林木根系浅，局限在土壤表层。

土壤温度影响植物的吸水力和水分在土壤中的黏滞性。植物从温暖土壤中吸水要比从冷凉土壤中吸水更容易。温度低时，植物原生质对水的透性降低而减少吸水，低温使根生长速度变慢，减少了吸收表面积和利用水的能力。许多草本和木本植物，零上几度的温度就会大大降低水分的吸收，引起生理干旱。温暖地区的菜豆、番茄、黄瓜、南瓜等，温度低于5℃，即停止吸水。而冻土地带的植物和一些森林乔木树种，可从略高于0℃的土壤里吸水。土温低于 -1℃，土壤中毛管水冻结，水就不能进入植物体了。

1.6.1.2 土壤化学性质与林木生长

(1) 土壤酸碱度

土壤酸碱度是土壤各种化学性质的综合反应。它对土壤中各种营养元素的转化和释放、土壤有机质的合成和分解、土壤微生物的活动和土壤动物等都有着重要的影响。土壤酸碱度常用 pH 值表示。根据 pH 值可把土壤分为酸性土(pH <6.5)、中性土(pH6.5 ~ 7.5)、碱性土(pH >7.5)。

pH 值影响土壤养分的有效性。在酸性条件下，化学风化作用强烈，许多营养元素被淋失，使有效性降低；在微酸和中性条件下，腐殖化作用和生物活性最旺盛，所以一般 pH6 ~7 时，土壤养分的有效性最强，最有利于植物生长；在碱性条件下，土壤溶液浓度大，渗透压高，限制了许多植物的生存。

土壤 pH 值还影响土壤微生物活动。酸性土壤中，一般不利于细菌的活动。根瘤菌、氨化细菌、硝化细菌大多生长在中性土壤中，在酸性土壤中难以生存。真菌比较耐酸碱，所以植物的一些真菌病常在酸性或碱性土壤中发生。

森林群落的种类成分和结构，影响土壤 pH 值。针叶树和叶子含灰分少，多含树脂和单宁等酸性物质，所以针叶林下的土壤常呈酸性反应。阔叶树叶子含灰分较多，林下土壤 pH 值较大。浙江多为酸性土壤，“针改阔工程”的实施，对缓解土壤酸化起到了促进作用。

(2) 土壤无机元素

土壤无机元素包括植物生长不可缺少的 7 种大量元素(N、P、K、Ca、Mg、S、Fe)和 6 种微量元素(B、Cu、Zn、Mo、Mn、Cl)，它们主要来源于土壤中矿物质和有机质的分解。腐殖质是无机元素的贮藏库，通过矿质化过程从腐殖质中缓慢地释放可供植物利用的养分。植物对各种元素的需求量不同，通过合理的施肥，可以有效地提高林木的产量和质量。

(3) 土壤有机质

土壤有机质是由生物遗体、分泌物、排泄物，以及它们的分解产物组成的，包括非腐殖质和腐殖质两大类。非腐殖质是原来动、植物组织和部分分解的组织。腐殖质是土壤微生物分解有机质时，重新合成的具有相对稳定的多聚体化合物。

土壤腐殖质是植物营养的重要碳源和氮源，土壤中 99% 以上的 N 素是以腐殖质形式存在的。腐殖质也是植物所需各种矿质营养的重要来源，它能与某些微量元素形成络合物，提高这些元素的有效性。土壤腐殖质还是异养微生物的重要养料和能源，它能增加土壤微生物的活性，改善植物营养状况。有的腐殖质如胡敏酸还是一种植物生长激素，可促进种子发芽、根系生长，也可促进植物吸收养分能力和增强代谢活动。土壤有机质可改善土壤的物理和化学性质，有利于团粒结构的形成，能有效地调节植物对土壤水、肥、气、热的要求，从而促进植物的生长。

土壤有机质含量是土壤肥力的一项重要指标。一般来讲，土壤有机质含量越多，土壤动物和微生物的种类和数量也越多，土壤肥力也越高。

森林土壤和荒原土壤有机质含量较高。但这类土壤一经开垦后，有机质逐渐被分解消耗，又得不到足够的补充，于是生态环境中的养分循环失去平衡，有机质含量迅速降低，环境退化严重时甚至出现荒漠化。生产上常通过施加有机肥料来提高土壤肥力，以确保稳产高产。我国近年来的退耕还林还牧工程，在生态环境建设中发挥了重要的作用。

1.6.1.3 土壤生物与林木的生长

土壤生物包括土壤中的微生物、动物、植物根系，它影响有机质积累、粉碎、分解、养分的释放，从而影响林木生长。

(1)土壤微生物

土壤微生物指生活在土壤中的细菌、真菌、放线菌和藻类。据报道，1g肥沃土壤中含真菌几千到几十万个，放线菌几十万到几百万个，细菌几百万到几千万个。

森林土壤中微生物种类多，数量大，繁殖快，对林木产生重大影响，同时又能及时反映土壤环境质量的变化。

微生物是生态系统中的分解者或还原者，它们使有机物质腐烂，释放出养分，促成了养分的循环。土壤微生物直接参与土壤矿质化和腐质化过程。矿质化作用是复杂的有机物分解为简单无机物的过程。矿质化的结果，释放出无机养分，供植物吸收利用。含氮的有机物质如蛋白质等，在微生物的蛋白水解酶作用下，逐步降解为氨基酸(水解过程)；氨基酸又在氨化细菌等微生物的作用下，分解为NH_3或铵化合物(氨化过程)。腐殖化作用是动植物残体经微生物分解转变为多元酚、氨基酸和醣类等中间产物，这些产物又在微生物分泌的酶的作用下重新合成为含氮的高分子化合物即腐殖质，腐殖质在土壤中比较稳定，利于养分积蓄。但在一定条件下(改善通气条件)，它又会缓慢分解，释放出养分供植物利用。

土壤中的某些细菌、真菌与某些植物形成根瘤和菌根，改善土壤营养状况。

根瘤是一种根瘤细菌，从根毛侵入后发育成瘤状物。它可固定气态氮，为寄主提供可利用的氮素(氨态氮)。具根瘤的植物有：豆科的紫穗槐、胡枝子、锦鸡儿、槐树、合欢、皂荚和非豆科的赤杨、胡颓子、沙棘、悬钩子、苏铁、金钱松等。

菌根是土壤中真菌与树木根系的共生体。即菌丝侵入树木根的表层细胞壁或细胞腔内形成一种特殊结构的共生体称为菌根。形成菌根的真菌称为根菌，具有菌根的植物称为菌根植物。植物供给根菌以碳水化合物，根菌帮助根系吸收水分和养分。不同的根菌作用也不同，有些真菌有固氮性能，能改善植物的氮素营养；有的根菌分泌酶，能增加植物营养物质的有效性；有的根菌能形成维生素、生长素等物质，有利于植物种子发芽和根系生长。

但是，土壤微生物对土壤肥力和植物营养也有不利的一面，如有些土壤微生物是引起植物致病的病原菌；在某些条件下，有些微生物的活动又能引起养分损失；如反硝化细菌，在通气不良的条件下，可引起氮的挥发损失；还有些微生物分解活动所产生的有毒物质或还原性物质，则有害于植物。

(2)土壤动物

土壤动物通常分为：大型，体长大于1.0cm，如脊椎、软体、节肢动物和蚯蚓；中型：体长在0.2~10.0mm之间，如螨、弹尾虫、大型线虫；小型：体长小于0.2mm，如线虫、原生动物、较小的螨。

土壤动物综合作用为机械粉碎、纤维素和木质素分解。

(3)林木根系

林木根系的作用是根系死亡后，增加土壤下层的有机物质和阳离子交换量，促进土壤结构形成；根系腐烂后其孔道可改善土壤通气性，利于重力水下排；根系的分泌物、根围的微生物均能促进矿物和岩石的分化。根围指微生物种群数量和种类组成受根影响的土壤范围，是植物与土壤相互作用的主要场所。

1.6.2 森林对土壤的影响

森林土壤系指森林植被下的发育土壤，相对于草原、荒漠或其他植被类型下发育的土壤而言。一般地森林土壤受人为干扰较小，土壤剖面保持较完整，土表积累有深厚的森林凋落物，土壤剖面中根系和石砾含量较多，含有大量依赖于森林生存的土壤生物。此外，树木根系还影响土壤肥力的变化。如土壤中营养物质的积累和消耗，腐殖质的聚积，土壤结构的形成及土壤微生物的活动。森林的根系是防止水土流失，减少泥石流的重要因素。

1.6.2.1 森林土壤的形成与剖面构造

森林土壤的形成依赖于母质、气候、生物、地形和时间五大自然成土因素。母质是岩石及其风化产物，形成土壤的基质；气候是直接的水、热和空气条件；地形重新分配气候因素；生物有机体通过生命代谢活动进行物质的合成与分解，丰富土壤的基质，以有机物的方式积累化学能；时间是上述成土过程的累积因素。此外，森林土壤发生还取决于三种特有的成土因素，即森林凋落物、林木根系和依赖于现有森林的特有的土壤生物。

土壤形成过程就是建立在地质大循环和生态系统内营养物质的生物循环的基础上。岩石因风化裂解，释放出各种矿质元素，随降水不断被淋洗，随地表径流或进入地下水，或最终汇入海洋。流入海洋的泥沙、矿质元素经沉积作用形成沉积岩。在地壳的上升运动中，沉积岩由海底变为大陆，重新进行分化和淋溶过程，即植物矿物质营养元素在大陆与海洋间循环变化的过程，称为地质大循环。

植物在母岩上的定居和进行的生命代谢活动，将可溶性养分积累和保存下来。当植物枯死或部分脱落后，有机残体经分解又将矿质营养释放出来，一部分重新进入地质大循环，另一部分可被植物再度吸收利用。植物及其他生物不断吸收利用和积累营养物质的过程称为营养物质的生物循环。

在森林环境条件下，形成了特有的森林土壤剖面构造。土壤剖面是从地表向下挖掘直至母质的一段垂直切面。典型的森林土壤剖面从上到下可划分为 O、A、B、C 四个层次。O 层为森林土壤枯落物层，根据分解程度分为 L、F、H 三个亚层。L 层为分解较少的枯枝落叶层；F 层为半分解的枯枝落叶层；H 层为分解强烈的枯枝落叶层，已失去原有植物组织形态。A 层为腐殖质层；B 层为淀积层；C 层为母质层。

土壤形态是土壤的外部特征。土壤形成后，各层的差异主要反映在形态特征上。主要形态特征有颜色、质地、结构、湿度、紧实度、孔隙度、新生体、侵入体、根系含量、石砾含量等。通过野外观察土壤剖面的形态特征，可以判断出土壤的一些重要性质。

1.6.2.2 森林凋落物和森林死地被物对森林土壤的影响

(1)森林凋落物

森林对土壤的影响表现为森林凋落物、林木根系和依赖现有森林生存的特有土壤生物区系的三种成土因素的影响，使森林土壤有别于其他类型的土壤。但研究最多的却是森林凋落物。一年中降落到地表的叶片、小枝、花、果、树皮及森林其他残体统称为森林凋落物。森林凋落物是土壤有机质的主要来源。按干重计，森林凋落物各成分占总重的百分比：叶为60%~70%，非叶凋落物为27%~31%，而下层林木的凋落物量变化较大，平均为9%。所以凋落物中数量最多的是上层林木的叶片。

森林每年归还凋落物于林地的数量因气候带（纬度）、树种组成、林龄、土壤条件而变化，一般每公顷变动于0.5~7~12t，平均为2~4t。凋落物年降落量一般随纬度降低而增加；常绿树种较落叶树种的森林凋落物约高13%；土壤条件愈肥沃，凋落物数量愈多。森林郁闭前，凋落物随林龄增加而增加。

就营养元素含量，一般阔叶树凋落物每年归还土壤主要营养元素较针叶树多。

（2）森林死地被物

森林死地被物层是由森林当年的、累积的凋落物、生物残骸和在某种程度上分解了的有机残余物组成的层次。森林死地被物蓄有大量的有机质、氮和矿质元素，是土壤养分的主要来源。当死地被物分解转变为土壤腐殖质愈充分时，为良好影响；当土壤通气不良、分解作用缓慢、大量死地被物积聚并泥炭化，便促进营养物质的强烈淋溶，或变为不易被植物吸收的化合物，则对林木和土壤有害。

死地被物种类和分解速率因树种组成和立地条件的不同而异。针叶林死地被物多呈酸性反应（含难分解的木质素、树脂，氮素、灰分元素含量少），限制细菌活动，分解缓慢，易形成粗腐殖质；而阔叶林则相反，易形成软腐殖质。气候条件寒冷潮湿（同时土壤潮湿，温度低），通气不良，易形成粗腐殖质，分解缓慢；气候条件温暖湿润，土壤湿度适中，温度高，通气性良好，易形成软腐殖质，分解迅速。森林凋落物和森林死地被分解的快慢，直接影响土壤矿质化和腐殖化过程，影响土壤肥力。

1.6.2.3　森林经营对土壤的影响

土壤具有潜在的森林生产力，是森林生态系统中，最不易更新的成分。森林经营工作者应主要依靠现有土壤资源来生产林木和多种林副产品。森林经营工作会对土壤产生各种影响，分述如下：

（1）破坏土壤

森林主伐会破坏土壤表层。轻者翻动森林死地被物，重者失去整个表土层。破坏的主要因素是集材和采伐等。

（2）影响土壤稳定性

皆伐对土壤的破坏不仅局限在表层的翻动。在陡坡，会使土壤失去稳定，产生大量土体坡移（塌落、滑动和岩屑崩落）。坡度大、集材道和皆伐的地方更易发生。

（3）土壤有机质、养分的损失和化学性质的变化

森林采伐后，没有植被的蒸腾作用，生态系统水文特征有明显变化。通常是增加夏季溪流流量，溶于溪水中的离子浓度明显提高，许多有机、无机微粒物质，也大量随溪水流出。

（4）土壤温度的变化

皆伐后，土温发生明显改变，其程度取决于矿质土壤的裸露状况，以及采伐后地表积

累有机物的厚薄。冬季寒冷地区，树木生长受矿质土解冻晚、升温慢的影响，根系分布局限在表面的有机质层中。当养分缺乏和地被物分解缓慢时，林木营养不良或生长缓慢。夏季，死地被物层很容易干燥失水，使实生苗受到旱害或死亡。上述环境，土壤破坏后，矿质土层的裸露和森林死地被层厚度的下降，对提高土温和增加植物产量都是有益的。矿质土壤的裸露，还可降低白天土壤表面的极端温度，这对实生苗有利。因为夏季很热的环境，土温过高有时会使许多植物死亡。

(5)土壤物理性质的变化

采伐使用的重型机械能改变土壤结构、孔隙度、孔隙大小的分布、通气状况、保水能力等。变化程度大小受机械设备类型、原木重量、重物压过土壤的次数和土壤含水状况的影响。死地被物层的丧失，裸露的矿质土更易压实或受雨水冲刷，使表土失去原有结构。几厘米厚的无结构表土层，就足以改变土壤的渗入率，导致地表径流和土壤侵蚀。

合理的森林经营活动，能改善土壤理化性质和提高肥力水平。如抚育间伐、合理混交(目的树种与改良土壤树种，豆科、非豆科固氮植物或树种混交)、林地排水、保护和改善森林死地被物等，均能提高土壤肥力和森林生产力。

森林种群

种群是特定时间内一定空间中同种个体的集合。生命系统包含有不同的组织层次，种群是物种存在的基本单位，是生物进化的基本单位，也是生命系统更高组织层次——生物群落的基本组成单位。本章将探讨种群动态及其调节因素；物种的生活史对策和种内、种间关系。

2.1 种群及其基本特征

2.1.1 种群的概念

种群(population)是在一定空间中同种个体的组合。这是最一般的定义，表示种群是由同种个体组成的，占有一定的领域，是同种个体通过种内关系组成的一个统一体或系统。

种群概念既可以从抽象的理论意义上理解，即将其理解为个体所组成的集合群，这是一种学科划分层次上的概念；也可以应用于具体的对象上，如某地的某种生物种群。这种意义上的种群概念，其空间和时间上的界限多少是由研究是否方便而划分的，如全世界的人口种群，某一地区的人口种群，小白鼠实验种群，毛竹种群，马尾松种群，临安山核桃种群，等等。

2.1.2 种群的基本特征

(1)空间特征

种群都要占据一定的分布区，组成种群的每个有机体都需要有一定的空间进行繁殖和生长。因此，在此空间中要有生物有机体所需要的食物及各种营养物质，并能与环境进行物质交换。不同种类的有机体所需空间性质和大小是不相同的。大型生物需要较大的空间，如东北虎活动范围需 300~600km^2；体型较小、肉眼不易看到的浮游生物，在水介质中获得食物和营养，需要的空间很小。种群数量的增多和种群个体生长的理论说明，在一个局限的空间中，种群中个体在空间中是愈来愈接近，而每个个体所占据的空间也越来越小，种群数量的增加会受到空间的限制，进而产生个体间的争夺，出现领域性行为和扩散迁移等。所谓领域性行为是指种群中的个体对占有的一块空间具有进行保护和防御的行为。衡量一个种群是否繁荣和发展，一般要视其空间和数量的情况而定，亦即一个种群所占有的生存空间越充足，则其发展繁衍的潜势也越大，反之也一样。

(2)数量特征

种群的数量特征是以占有一定面积或空间的个体数量，即种群密度来表示的，是指单位面积或单位空间内的个体数目。另一种表示种群密度的方法是生物量，是指单位面积或空间内所有个体的鲜物质或干物质的重量。种群密度可分为绝对密度和相对密度。前者指单位面积或空间上的个体数目，后者是表示个体数量多少的相对指标。

(3)遗传特征

种群内个体可相互交配，具有一定的基因组成，系一个基因库，以区别于其他物种。当然，地理空间跨度较大的广布种，不同种群间发生一定的地理变异，使该物种的遗传多样性增加。种群的个体在遗传上不一致，种群内的变异性是进化的起点，而进化则使生存者更适应变化的环境。

种群生态学研究种群的数量、分布以及种群与其栖息环境中的非生物因素和其他生物种群，例如，捕食者与猎物、寄生物与宿主等的相互作用。简单地说，种群生态学是研究种群动态、特征及其生态规律的科学。与种群生态学有密切关系的种群遗传学，研究种群中的遗传过程，包括选择、基因流、突变和遗传漂移等。20 世纪 60 年代，很多生物学家认识到分别研究种群生态学和种群遗传学的局限性，发觉种群中个体数量动态和个体遗传特性动态有密切的关系，并力图将这两个独立的分支学科有机地整合起来，从而提出了种群生物学，生态遗传学和进化生态学就是在这种思想影响下迅速发展起来的。

2.2 种群动态

种群动态是种群生态学的核心问题。种群动态研究种群数量在时间上和空间上的变动规律。简单地说，就是：①有多少(数量或密度)；②哪里多、哪里少(分布)；③怎样变动(数量变动和扩散迁移)；④为什么这样变动(种群调节)。

种群动态的基本研究方法有野外调查掌握资料，实验研究证实假说，以及通过数学模型进行模拟研究。一般说来，首先是通过野外观察获得经验资料，经过分析提出解释或假说，然后通过实验研究证实假说；有时也通过建立数学模型进行模拟研究，加深对生态观察的解释和提出更完善的假说，并需进一步从观察或实验上加以验证。

对种群动态及影响种群数量和分布的生态因素的研究，在生物资源的合理利用、生物保护及病虫害防治等方面都有重要的应用价值。

2.2.1 种群的密度和分布

2.2.1.1 大小和密度

一个种群的大小是一定区域种群个体的数量，也可以是生物量或能量。种群的密度是单位面积、单位体积或单位生境中个体的数目。严格说来，密度和数目是有区别的，在生态学中应用数量高、数量低、种群大小这些意义时，有时虽然没有指明其面积或空间单位，但也必然将之隐含在其中，否则，没有空间单位的数量多少也就成为无意义的了。

在调查分析种群密度时，首先应区别单体生物和构件生物。单体生物的个体很清楚，如蛙有4条腿，鸡2条腿等，各个体保持基本一致的形态结构，它们都由一个受精卵发育而成。构件生物与它们不同，由一个合子发育成由一套构件组成的个体，如一株树有许多树枝，一个稻丛有许多分蘖，并且构件数很不相同，从构件产生新的构件，其多少还随环境条件而变化。高等植物是构件生物，大多数动物属单体生物，但营固着群体生活的珊瑚、苔藓等也是构件生物。

如果说对于单体生物以个体数就能反映种群大小，那么对于构件生物就必须进行两个层次的数量统计，即从合子产生的个体数(它与单体生物的个体数相当)和组成每个个体的构件数。只有同时有这两个层次的数量及其变化，才能掌握构件生物的种群动态。

不仅如此，构件生物的构件本身，有时也分成两个或若干个水平。例如，草莓的叶排列呈莲座状，随着草莓生长，莲座数和莲座上的新叶数都有增长，具典型的两个水平的构件。乔木可能有若干个水平的构件：叶与其腋芽，以及不同粗细的枝条系统。

对许多构件生物，研究构件的数量与分布状况往往比个体数(由合子发展起来的遗传单位)更为重要。一丛稻可以只有一根主茎到几百个分蘖，个体的大小相差悬殊，所以在生产上计算稻丛数量意义不大，而计算杆数比之区分主茎更有实际意义。果树上的枝节还具有不同年龄，有叶枝与果枝的区别，每一果座上花数与果实数也有变化。许多天然植物都是无性繁殖的，个体本身就是一个无性系的“种群”。由此可见，研究植物种群动态，必须重视个体以下水平的构件组成的“种群”的重要意义，这是植物种群区别于动物种群的重要之点。

2.2.1.2 种群的数量统计

研究种群动态规律，首先要进行种群的数量统计。进行统计前，还要确定被研究种群的边界。因为许多生物种呈大面积的连续分布，种群边界不很清楚，所以在实际工作中往往随研究者的方便来确定种群边界。数量统计中，种群大小的最常用指标是密度。密度通常以单位面积(或空间)上的个体数目表示，但也有应用每片叶子、每个植株、每个宿主为单位的。最直接方法是计数种群中每一个体，如一片林子中所有树，繁殖基地上所有海豹。用航空摄像可计数所有移动中的羚羊，或间隔较远的大型仙人掌。这种总数量调查适用范围有限。最常用的是样方法，即在若干样方中计数全部个体，然后以其平均数推广来估计种群整体。样方必需有代表性，并通过随机取样来保证结果可靠，并用数理统计法来估计其变差和显著性。

由于生物的多样性，具体数量统计方法随生物种类和栖息地条件而异；大体分为绝对密度统计和相对密度统计两类。绝对密度是指单位面积或空间的实有个体数，而相对密度则只能获得表示数量高低的相对指标。例如，每公顷有 10 只黄鼠是绝对密度，而每置 100 铗日捕获 10 只是相对密度，即 10% 捕获率。相对密度又可分为直接指标和间接指标，如 10% 捕获率以黄鼠只数表示是直接指标，而每公顷鼠洞数则是间接指标。

2.2.1.3　种群的空间结构

组成种群的个体在其生活空间中的位置状态或布局，称为种群的内分布型或空间格局，简称分布。种群的内分布型大致可分为 3 类：①均匀型(uniform)；②随机型(random)；③成群型(clumped)(图 2-1)。

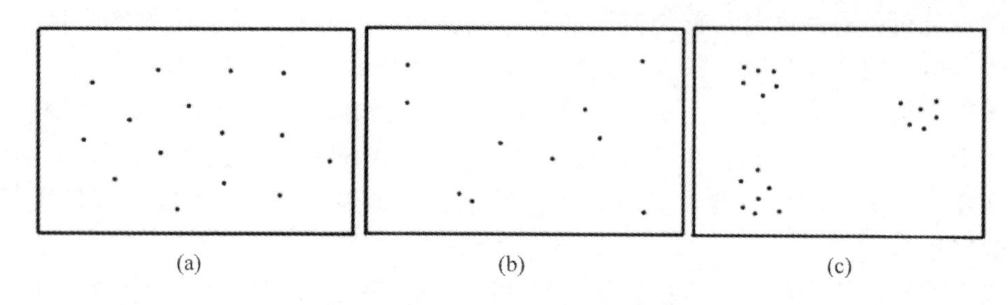

图 2-1　种群的 3 种空间格局

(a)均匀型　(b)随机型　(c)成群型

均匀分布的产生原因，主要是由于种群内个体间的竞争。例如，森林中植物为竞争阳光(树冠)和土壤中营养物(根际)，沙漠中植物为竞争土壤水分。分泌有毒物质于土壤中以阻止同种植物籽苗的生长是形成均匀分布的另一原因。

随机分布中每一个体在种群领域中各个点上出现的机会是相等的，并且某一个体的存在不影响其他个体的分布。随机分布比较少见，因为在环境的资源分布均匀一致、种群内个体间没有彼此吸引或排斥时才易产生随机分布。例如，森林地被层中的一些蜘蛛，面粉中的黄粉虫。

成群分布是最常见的内分布型。成群分布的形成原因是：①环境资源分布不均匀，富饶与贫乏相嵌；②植物传播种子方式使其以母株为扩散中心；③动物的社会行为使其结合成群。成群分布又可进一步按群本身的分布状况划分为均匀群、随机群和成群群，后者具有两级的成群分布。

构件生物的构件包括地面的枝条系统和地下根系统，其空间排列是一重要生态特征。枝叶系统的排列决定光的摄取效率，而根分支的空间分布决定水和营养物的获得。虽然枝叶系统是“搜索”光的，根系统是“逃避”干旱的，但是与动物依仗活动和行为进行搜索和逃避不同，植物靠的是控制构件生长的方向。

2.2.2　种群统计学

种群具有个体所不具备的各种群体特征。这些特征多为统计指标，大致可分为 3 类：①种群密度，它是种群的最基本特征；②初级种群参数，包括出生率、死亡率、迁入和迁出；③次级种群参数，包括性比、年龄结构和种群增长率等。种群统计学就是关于种群的出生、死亡、迁移、性比、年龄结构等的统计学研究。

2.2.2.1　年龄结构

种群的年龄结构是指不同年龄组的个体在种群内的比例或配置情况。研究种群的年龄结构和性比对深入分析种群动态和进行预测预报具有重要价值。年龄组可以是特定分类群，如年龄或月龄，也可以是生活史期，如卵、幼虫、蛹和龄期。年龄锥体(age pyramid)是以不同宽度的横柱从上到下配置而成的图(图 2-2)。横柱高低的位置表示由幼到老的不同年龄组，宽度表示各年龄组的个体数或百分比。按锥体形状，年龄锥体可划分为 3 个基本类型：

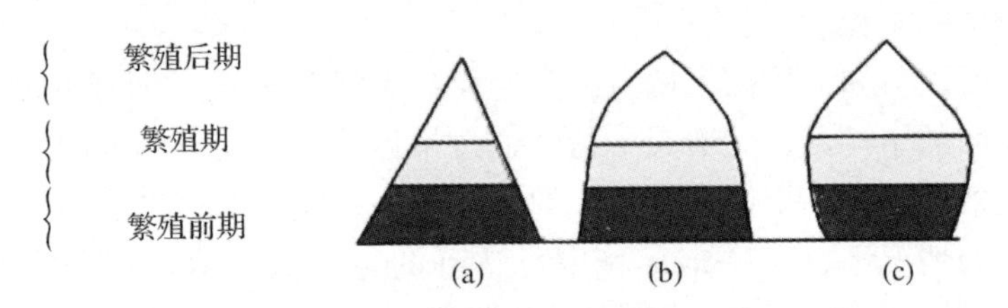

图 2-2　年龄锥体的 3 种基本类型(仿 Odum)

(a)增长型　(b)稳定型　(c)下降型

(1)增长型种群

锥体呈典型金字塔形，基部宽、顶部狭，表示种群中有大量幼体，而老年个体较小。种群的出生率大于死亡率，是迅速增长的种群。

(2)稳定型种群

锥体形状和老、中、幼比例介于(a)、(c)两类之间。出生率与死亡率大致相平衡，种群稳定。

(3)下降型种群

锥体基部比较狭、而顶部比较宽。种群中幼体比例减少而老体比例增大，种群的死亡率大于出生率。

种群的年龄结构对于了解种群历史，分析和预测种群动态具有重要价值。

2.2.2.2　性比

性比是种群中雌雄个体所占的比例。大多数动物种群的性比接近 1∶1。人口统计中常将年龄锥体分成左右两半，分别表示男性和女性的年龄结构。性别比在个体不同的生长阶段具有不同的特征。例如，受精卵的性比大致为 50∶50，这是第一性比；到幼体出生，第一性比就会改变，这一阶段的性别比称为第二性比；此阶段后的充分成熟的个体性比称第三性比。

性比和种群的配偶关系，以及个体性成熟的年龄对种群的繁殖力以至数量的变动都有着重要的影响。雌雄异株的经济林，通过控制性比，可以有效地提高经济效益。

2.2.3　种群的增长

种群增长是指随时间变化种群个体数目增加状况，体现着种群的动态特征。在自然界，决定种群数量变动的基本因素是出生率和死亡率，以及迁入和迁出等。出生和迁入使种群数量增加，死亡和迁出使种群数量减少。

种群大小随时间的变化可以按如下方法计算：t 时间种群原来数量(N_t)，加上新出生的个体数(B)和迁入个体数(I)，减去死亡个体数(D)和迁出的个体数(E)，就可以得到$t+1$时间种群的数量(N_{t+1})，这可以用方程表示：

$$N_{t+1} = N_t + B + I - D - E \tag{2-1}$$

种群的实际增长率成为自然增长率，用r来表示。r可用公式$r=\frac{\ln R_0}{T}$计算。式中，T表示世代时间，它是指种群中子代从母体出生到子代再产子的平均时间；R_0为净增值率，即存活率与生殖率的乘积。

从这一公式可以得知，控制人口有两条途径：①降低R_0值，即降低世代增值率，也就是要限制每对夫妇的子女数；②增大T值，通过推迟首次生殖时间或晚婚来达到。

在一组特定条件下，一个体具有最大的生殖潜力，成为内禀自然增长率r_m。这是种群在不受资源限制的情况下，于一定环境中可达到的理论最大值。在资源量受限制的情况下，r值可能是正值、负值或零，分别表示种群数量上升、下降和不变。

现代生态学家在提出生态学一般规律中，常常求助于数学模型研究。数学模型是用来描述现实系统或其性质的一个抽象的、简化的数学结构。在数学模型研究中，人们最感兴趣的不是特定公式的数学细节，而是模型的结构：哪些因素决定种群的大小？哪些参数决定种群对自然和人为干扰的反应速度等？

种群增长模型很多。按模型涉及的种群数，分为单种种群模型和两个相互作用的种群模型。按增长率是一常数还是随密度而变化，分为与密度无关和与密度有关增长模型。按种群的世代彼此间是否重叠，分为连续和不连续(或称离散)增长模型。按模型预测的是一确定性值还是作一概率分布，分为决定型模型和随机型模型。此外，还有具时滞的和不具的，具年龄结构的和不具的……

2.2.3.1　非密度制约性种群增长模型

种群在无限的环境中，即假定环境中空间、食物等资源是无限的，因而其增长率不随种群本身的密度而变化。这种无限增长可用连续型种群模型来描述，以在t时间时，种群数量的变化率来表示。

$$t\text{时间种群大小的变化率} = \text{内禀增长率} \times \text{种群大小}$$

$$dN_t/dt = rN \tag{2-2}$$

以种群大小N_t对时间t作图，得到种群的增长曲线(图2-3)。显然曲线呈“J”字形，如果以$\lg N_t$对t作图，则变为直线。

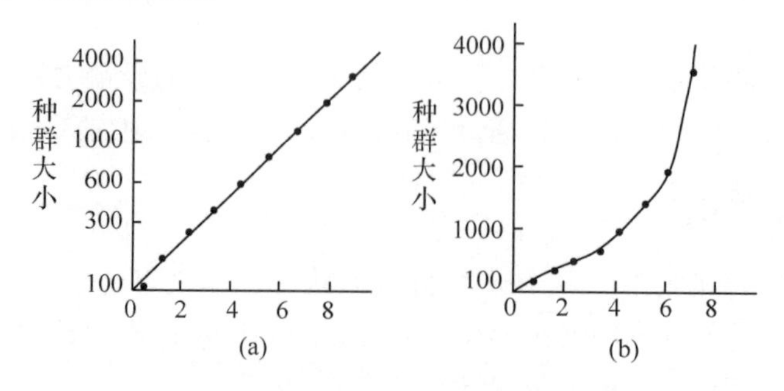

图2-3　种群增长曲线(仿 Krebs，1978)

(a)对数标尺　(b)算数标尺

$N_0=100$，$r=0.5$

r 是一种瞬时增长率(instantaneous rate of increase)，$r>0$ 种群上升；$r=0$ 种群稳定；$r<0$ 种群下降。

r 值能表示物种的潜在增殖能力。例如，温箱中培养细菌，如果从一个菌开始，通过分裂按 2，4，8，16，…在短期中能表示出指数增长。许多具简单生活史的动物在实验培养中也有类似指数增长。在自然界中，一些一年生昆虫，甚至某些小啮齿类，在春季优良条件下，其数量也会呈指数增长。值得一提的是 16 世纪以来，世界人口表现为指数增长，所以一些学者称之为人口爆炸。

2.2.3.2　密度制约型种群增长模型

实际上，上述按生物内在增长能力即生物潜力呈指数方式的增长在自然界从来不可能完全实现。这是因为环境中许多限制生物增长的生物与非生物因素，如食物不足、疾病流行、天敌捕猎、种内和种间竞争、空间有限和气候条件不良等，必然影响到种群的出生率和存活数目，从而降低种群的实际增长率，使个体数目不可能无限制地增长下去。

因此，具密度效应的种群连续增长模型，比无密度效应的模型增加了两点新的考虑：①有一个环境容纳量(通常以 K 表示)，当 $N_t=K$ 时，种群为零增长，即 $dN/dt=0$；②增长率 r 随密度上升而降低的变化。

按此二点假定，种群的增长可用如下方程描述：

$$\frac{dN}{dt}=rN\left(1-\frac{N}{K}\right)$$

其积分式为：

$$N_t=\frac{K}{1+e^{a-rt}}$$

这就是生态学发展史上著名的逻辑斯谛方程。新出现的参数 a，其值取决于 N_0，是表示曲线对原点的相对位置的。在此情况下，种群增长曲线将不再是“J”字形，而是“S”形的。“S”形曲线同样有两特点：①曲线渐近于 K 值，即平衡密度；②曲线上升是平滑的。

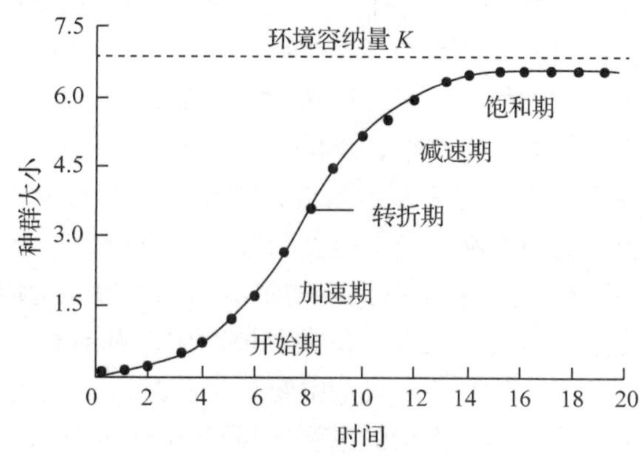

图 2-4　种群增长模型图

(仿 Kendeigh，1978)

逻辑斯谛曲线常被划分为 5 个时期：①开始期，也可称潜伏期，由于种群个体数很少，密度增长缓慢；②加速期，随着个体数增加，密度增长逐渐加快；③转折期，当个体数达到饱和密度一半(即 $K/2$ 时)，密度增长最快；④减速期，个体数超过 $K/2$ 以后，密度增长逐渐变慢；⑤饱和期，种群个体数达到 K 值而饱和(图 2-4)。

逻辑斯谛模型的两个参数，r 和 K，均具有重要的生物学意义。如前所述，r 表示物种的潜在增殖能力，而 K 则表示环境容纳量，即物种在特定环境中的平衡密度。虽然模型中的 K 值是一最大值，但作为生物学含义，它应该可以随环境(资源量)改变而变化。

逻辑斯谛增长模型的重要意义是：①它是许多两个相互作用种群增长模型的基础；

②它也是渔捞、林业、农业等实践领域中，确定最大持续产量的主要模型；③模型中两个参数 r、K，已成为生物进化对策理论中的重要概念。

2.3　生态对策

各种生物在进化过程中形成各种特有的生活史，人们可以把它想象为生物在生存斗争中获得生存的对策，称为生态对策，或生活史对策。例如，生殖对策、取食对策、逃避捕食对策、扩散对策等，而 r－和 K－对策关系到生活史整体的各个方面，广泛适用于各种生物类群，因而更为学者所重视。

1954 年，英国鸟类学家 Lack 在研究鸟类生殖率进化问题时提出：每一种鸟的产卵数，有以保证其幼鸟存活率最大为目标的倾向。成体大小相似的物种，倘若产小卵，其生育力就高，但可利用的资源有限，高生育力的高能量消费必然降低对保护和关怀幼鸟的投资。这就是说，在进化过程中，动物面临着两种相反的，可供选择的进化对策：一种是低生育力的，亲体有良好的育幼行为；另一种是高生育力的，没有亲体关怀的行为。

1976 年，MacArthur 和 Wilson 推进了这个思想，他们按栖息环境和进化对策把生物分成 r－对策者和 K－对策者两大类。前者属 r－选择，后者属 K－选择。K－选择的生物，通常出生率低、寿命长、个体大、具有较完善的保护后代机制，一般扩散能力较弱，但竞争能力较强，即把有限能量资源多投入于提高竞争能力上。r－对策者相反，通常出生率高、寿命短、个体小，一般缺乏保护后代机制，竞争力弱，但一般具很强的扩散能力，一有机会就入侵新的栖息生境，并通过高 r 值而迅速增殖；它们是机会主义物种，通常栖息于气候不稳定，多难以预测天灾的地方；因为其种群数量变动较大，经受经常的低落、增大、扩展，是高增长率的，所以称为 r－对策者。K－对策者的种群密度通常处于逻辑斯谛模型的饱和密度 K 值附近，其种群稳定而少变，所以称为 K－对策者。比较狮、虎等大型兽类与小型啮齿类的这些特征，就可清楚地看到这两类进化对策的主要区别：在进化过程中，r－对策者是以提高增殖能力和扩散能力取得生存，而 K－对策者以提高竞争能力获得优胜。鸟类、昆虫、鱼类和植物中，都有很多 r/K 选择的报道。从极端的 r－对策者到极端的 K－对策者之间，中间有很多过渡的类型，有的更接近 r－对策，有的更接近 K－对策，这是一个连续的谱系，可称为 r－K 连续体。

r－K 对策的概念已被应用于杂草、害虫和拟寄生物，以说明这些生物的进化对策，农田生态系统是人类种植并进行喷药、施肥等活动的场所，人类关心的是作物生长和去除杂草和害虫，所以杂草害虫必须有较高的增殖和扩散能力，才能迅速侵入和占领这类系统，它们一般都是 r－对策者。杂草中如狗尾草、马唐、飞蓬和豚草，害虫如褐飞虱、黏虫、螟虫等；而飞蝗可以被视为具有两种对策交替使用的特殊类型，即群居相是 r－对策的，散居相是 K－对策的。蚜虫的有翅和无翅世代交替也是这样。至于选择拟寄生物作为防治害虫天敌，同样要考虑 r－K 对策者的不同作用。

表 2-1　r – 选择和 K – 选择相关特征的比较

项　目	r – 选择	K – 选择
气候	多变，难以预测，不确定	稳定，可预测，较确定
死亡	常是灾难性的、无规律、非密度制约	比较有规律、受密度制约
存活	存活曲线 C 型，幼体存活率低	存活曲线 A、B 型，幼体存活率高
种群大小	时间上变动大、不稳定、通常低于环境容纳量 K 值	时间上稳定、密度临近环境容纳量 K 值
种内种间竞争	多变，通常不紧张	经常保持紧张
选择倾向	发育快、增长力高、提早生育、体型小、单次生殖	发育缓慢、竞争力高、延迟生育、体型大、多次生殖
寿命	短，通常小于 1 年	长，通常大于 1 年
最终结果	高繁殖力	高存活力

r – 和 K – 两类对策，在进化过程中各有其优缺点（表 2-1）。K – 对策的种群数量较稳定，一般保持在 K – 值附近，但不超过它，所以导致生境退化的可能性较小。具亲代关怀行为、个体大和竞争能力强等特征，保证它们在生存竞争中取得胜利。但是一旦受到危害而种群下降，由于其低 r 值而恢复困难。大熊猫、虎豹等珍稀动物就属此类，在物种保护中尤应注意。相反，r – 对策者虽然由于防御力弱、无亲代关怀等原因而死亡率甚高。但高 r 值能使种群迅速恢复，高扩散能力又使它们迅速离开恶化的生境，并在别的地方建立起新的种群。r – 对策者的高死亡率、高运动性和连续地面临新局面，可能使其成为物种形成的丰富源泉。

2.4　种内关系与种间关系

生物在自然界长期发育与进化的过程中，出现了以食物、资源和空间为主的种内与种间关系。我们把存在于各个生物种群内部的个体与个体之间的关系称为种内关系，而将生活于同一生境中的所有不同物种之间的关系称为种间关系。

种内个体间或物种间的相互作用可根据相互作用的机制和影响来分类。种内关系包括有密度效应、动植物性行为（植物的性别系统和动物的婚配制度）、领域性和社会等级等。种间关系则有多种多样，最主要的有 9 种相互作用类型（表 2-2），可以概括为两大类，即正相互作用与负相互作用。在生态系统的发育与进化中，正相互作用趋向于促进或增加，从而加强两个作用种的存活，而负相互作用趋向于抑制或减少。

表 2-2　生物种间关系基本类型

	类　型	物种 1	物种 2	特　征
1	偏利共生	+	○	种群 1 偏利者，种群 2 无影响
2	原始合作	+	+	对两物种均有利，但非必然
3	互利共生	+	+	对两物种都必然有利
4	中性作用	○	○	两物种彼此无影响
5	直接干涉型竞争	—	—	一物种直接抑制另一种
6	资源利用型竞争	—	—	资源短缺时的间接抑制
7	偏害作用	—	○	种群 1 受抑制、种群 2 无影响
8	寄生作用	+	—	种群 1 寄生者，通常较缩主 2 的个体小
9	捕食作用	+	—	种群 1 捕食者，通常较猎物 2 个体大

注：1. ○表示没有有意义的相关影响；+表示对生长、存活或其他种群特征有利；-表示种群生长或其他特征受抑制。2. 引自 E. P. Odum 著．生态学基础．孙儒泳，钱国桢，等译．北京：高等教育出版社，1981。

2.4.1　密度效应

动物种群和植物种群内个体间的相互关系，其表现有很大的区别。动物具活动能力，个体间的相容或不相容关系主要表现在领域性、等级制、集群和分散等行为上，而植物除了有集群生长的特征外，更主要的是个体间的密度效应，反映在个体产量和死亡率上。在一定时间内，当种群的个体数目增加时，就必定会出现邻接个体之间的相互影响，称为密度效应。目前发现植物的密度效应有两个基本的规律。

2.4.1.1　最后产量恒值法则

Donald(1951)对三叶草密度与产量的关系做了一系列研究后发现，不管初始播种密度如何，在一定范围内，当条件相同时，植物的最后产量差不多总是一样的。最后产量恒值法则可用下式表示：

$$Y = \overline{W} \times d = K_i \tag{2-3}$$

式中，Y 为单位面积产量；$\overline{W}$为植物个体平均产量；d 为密度；K_i为常数。

最后产量恒值法则的原因为：在高密度下，植物间对光、水、营养物、空间等资源的竞争十分激烈。在有限的空间、资源中，植物株生长率降低，个体变小。

2.4.1.2　-3/2 自疏法则

随着播种密度的提高，种内竞争不仅影响到植物生长发育的速度，也影响到植株的存活率。同样在年龄相等的固着性动物群体中，竞争个体不能逃避，竞争的结果也是使较少的较大个体存活下来。这一过程称为自疏。自疏导致密度与生物个体大小之间的关系，该关系在双对数图上具有典型的 -3/2 斜率，这种关系称为 Yoda 氏 -3/2 自疏法则，简称 -3/2自疏法则。该法则可用下式表示：

$$\overline{W} = C \times d^{-3/2}$$

两边取对数得：

$$\lg \overline{W} = \lg C - 3/2 \lg d \tag{2-4}$$

式中，$\overline{W}$为植物个体平均重量；d 为密度，C 为常数。

2.4.2　种间竞争

种间竞争是指具有相似要求的物种，为了争夺空间和资源而产生的一种直接或间接抑制对方的现象。在种间竞争中，常常是一方取得优势，而另一方受抑制甚至被消灭。

2.4.2.1　高斯假说

苏联生态学家 G. F. Gause(1934)选择在分类上和生态习性上都很接近的原生动物大草履虫(*Paramecium caudatum*)和双核小草履虫(*P. aurelia*)进行竞争试验，当分别在酵母介质中培养时，双核小草履虫比大草履虫增长快，当把两种加入同一培养器中时，虽然在初期两种草履虫都有增长，但由于双小核草履虫增长快，最后排挤了大草履虫的生存，双小核草履虫在竞争中获胜(图2-5)。这种种间竞争情况后来被英国的生态学家称为高斯假说。近代人们又用竞争排斥原理来表示这种概念，即在一个稳定的环境内，两个以上受资源限制的、具有相同资源利用方式的种，不能长期共存在一起，也即完全的竞争者不能共存。

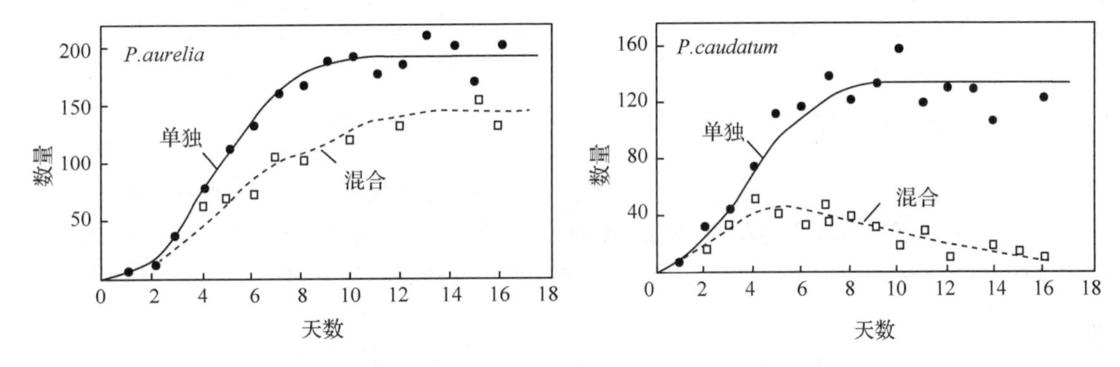

图2-5　两种草履虫单独和混合培养时的种群动态

不对称性是种间竞争的一个共同特点。不对称性是指竞争各方影响的大小和后果不同，即竞争后果的不等性。种间竞争的另一个共同特点是：对一种资源的竞争，能影响对另一种资源的竞争结果。以植物间竞争为例，冠层中占优势的植物，减少了竞争对手进行光合作用所需的阳光辐射。这种对阳光的竞争也影响植物根部吸收营养物质和水分的能力。

2.4.2.2　Lotka - Volterra 模型

美国学者 Lotka(1925)和意大利学者 Volterra(1926)分别独立地提出了描述种间竞争的模型。它们是逻辑斯蒂模型的延伸。

现假定有两个物种，当它们单独生长时其增长形式符合逻辑斯蒂模型，其增长方程为：

物种1：　$$dN_1/dt = r_1N_1(K_1 - N_1/K_1) \quad (2\text{-}5)$$

物种2：　$$dN_2/dt = r_2N_2(K_2 - N_2/K_2) \quad (2\text{-}6)$$

式中，N_1，N_2分别为两个物种的种群数量；K_1，K_2分别为两个物种种群的环境容纳量；r_1，r_2分别为两个物种种群增长率。

如果将这两个物种放置在一起，则他们就要发生竞争。设物种1和2的竞争系数分别为α和β(α表示每个N_2对于N_1所产生的竞争抑制效应，β表示每个N_1对于N_2所产生的竞争抑制效应），并假定两种竞争者之间的竞争系数保持稳定，则物种 N_1 在竞争中种群增长模型为：

$$\frac{dN_1}{dt} = r_1 N_1 \left(\frac{K_1 - N_1 - \alpha N_2}{K_1} \right) \tag{2-7}$$

物种 N_2 在竞争中种群增长模型为：

$$\frac{dN_2}{dt} = r_2 N_2 \left(\frac{K_2 - N_2 - \beta N_1}{K_2} \right) \tag{2-8}$$

方程式(2-7)、式(2-8)即为 Lotka – Volterra 的种间竞争模型。

从理论上讲，两个物种的竞争结果是由两个种的竞争系数 α、β 与 K_1、K_2 比值的关系决定的，可能有以下 4 种结果：

当 $\alpha > K_1/K_2$ 和 $\beta > K_2/K_1$ 时，两个种都可能获胜；

当 $\alpha > K_1/K_2$ 和 $\beta < K_2/K_1$ 时，物种 1 被淘汰，物种 2 获胜；

当 $\alpha < K_1/K_2$ 和 $\beta > K_2/K_1$ 时，物种 2 被淘汰，物种 1 获胜；

当 $\alpha < K_1/K_2$ 和 $\beta < K_2/K_1$ 时，物种 1 与物种 2 共存。

2.4.3　生态位理论

生态位是生态学中的一个重要概念，是指在自然生态系统中，一个种群在时间和空间上的位置及其与相关种群间的功能关系。明确这个概念对于正确认识物种在自然选择进化中的作用，以及在运用生态位理论指导人工群落建立中种群的配置等方面具有十分重要的意义。

生态位理论有一个形成与发展的过程。1910 年，美国学者 R. H. Johnson 第一次在生态学论述中使用生态位一词。1917 年，J. Grinell 的《加州鸫的生态位关系》一文使该名词流传开来，但他当时所注意的是物种区系，所以侧重从生物分布的角度解释生态位概念，后人称之为空间生态位。1927 年，C. Elton 著《动物生态学》一书，首次把生态位概念的重点转到生物群落上来。他认为：一个动物的生态位是指它在生物环境中的地位，指它与食物和天敌的关系。所以，埃尔顿强调的是功能生态位。1957 年，英国生态学家 G. E. Hutchinson 建议用数学语言、用抽象空间来描绘生态位。例如，一个物种只能在一定的温度、湿度范围内生活，摄取食物的大小也常有一定限度，如果把温度、湿度和食物大小 3 个因子作为参数，这个物种的生态位就可以描绘在一个三维空间内；如果再添加其他生态因子，就得增加坐标轴，改三维空间为多维空间，所划定的多维体就可以看作生态位的抽象描绘，称为基础生态位。但在自然界中，因为各物种相互竞争，每一物种只能占据基础生态位的一部分，他称这部分为现实生态位。G. E. Hutchinson 的生态位概念目前已被广泛接受，有如下一些重要观点：

①生态位与生境具有不同的含义。生态位是物种在群落中所处的地位、功能和环境的特征值；而生境是指物种生活的环境类型的特征，如地理位置、海拔、温湿条件等。

②G. E. Hutchinson 将种间竞争作为生态位的特殊的环境参数。无竞争时，某物种所占据的生态位为基础生态位，这是物种潜在的可占领的空间；有竞争时某物种所占据的生态位为现实生态位，其范围是由竞争因子所决定的。G. E. Hutchinson 认为物种的基础生

态位由于竞争的原因而一部分将受到损失。

③物种的生态位也将被生境所限制，生境会使生态位的部分内容缺失。

生物在某一生态位维度上的分布，如以图表示，常呈正态曲线(图2-6)。这种曲线可以称为资源利用曲线，它表示物种具有的喜好位置(如喜食昆虫的大小)及其散布在喜好位置周围的变异度。例如，(a)图各物种的生态位狭，相互重叠少，$d>w$，表示物种之间的种间竞争小，(b)图各物种的生态位宽，相互重叠多，$d<w$，表示种间竞争大。

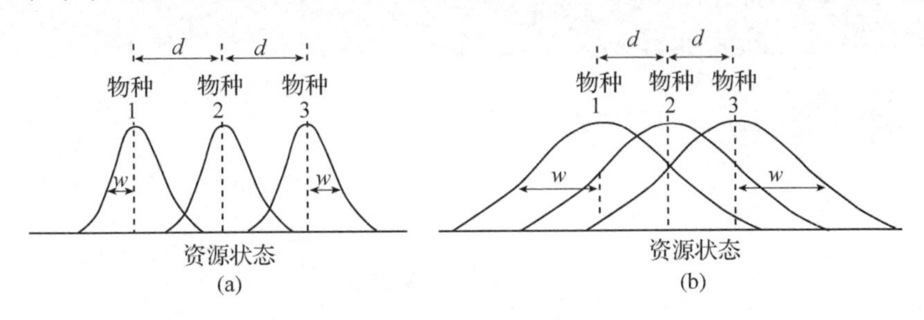

图2-6 三个共存物种的资源利用曲线(仿 Begon，1986)

(a)生态位狭，相互重叠少 (b)生态位宽，相互重叠多

(d为曲线峰值间的距离，w为曲线的标准差)

比较两个或多个物种的资源利用曲线，就能分析生态位的重叠和分离情形，探讨竞争与进化的关系。如果两个物种的资源利用曲线完全分开，那么就有某些未利用资源。扩充利用范围的物种将在进化过程中获得好处；同时，生态位狭的物种，如图6-2(a)，其激烈的种内竞争更将促使其扩展资源利用范围。由于这两个原因，进化将导致两物种的生态位靠近，重叠增加，种间竞争加剧。另一方面，生态位越接近，重叠越多，种间竞争也就越激烈；按竞争排斥原理，将导致某一物种灭亡，或者通过生态位分化而得以共存。后一种情形是导致两共存物种的生态位分离。总之，种内竞争促使两物种的生态位接近，种间竞争又促使两竞争物种生态位分开，这是两个相反的进化方向。

将前面讲述的竞争排斥原理与生态位概念应用的自然生物群落，则有以下一些要点：

①一个稳定的群落中占据了相同生态位的两个物种，其中一个种终究要灭亡；

②一个稳定的群落中，由于各种群在群落中具有各自的生态位，种群间能避免直接的竞争，从而又保证了群落的稳定；

③一个相互作用的、生态位分化的种群系统，各种群在它们对群落的时间、空间和资源的利用方面，以及相互作用的可能类型方面，都趋向于互相补充而不是直接竞争。因此，由多个种群组成的生物群落，要比单一种群的群落更能有效地利用环境资源，维持长期较高的生产力，具有更大的稳定性。

第3章

森林群落

自然界的任何物种都不是孤立存在的，总是与其他物种结合在一起生存的，而且不同物种的组合不是杂乱无章的，而是有一定的规律的，这种组合是与环境统一的，在特定的空间或特定生境下，具有一定的生物组成、结构和功能的生物聚合体称为生物群落。森林群落是森林环境条件下形成的森林环境和不同物种组合而形成的统一整体。因此，本章主要研究森林群落的特征、结构、功能和动态。

3.1 群落的概念及其特征

3.1.1 生物群落的概念

一个自然群落就是在一定空间内生活在一起的各种动物、植物和微生物种群的集合体。一片树林、一片草原、一片荒漠，都可以看作一个群落。群落内的各种生物由于彼此间的相互影响、紧密联系和对环境的共同反应，而使群落构成一个具有内在联系和共同规律的有机整体。

群落(community)的概念来源于植物生态学研究。早在1807年，近代植物地理学的创始人H. A. Humboldt首先注意到：自然界植物的分布不是零乱无章的，而是遵循一定的规律而集合成群落，并指出每个群落都有其特定的外貌，它是群落对生境因素的综合反应。1909年，丹麦植物学家E. Warming出版了经典著作《植物生态学》，书中对群落的定义为："一定的物种所组成的天然群聚就是群落""形成群落的物种具有同样的生活方式，对环境有大致相同的要求，或一个种依赖于另一个种而生存，有时甚至后者刚好能满足前者的需求，似乎在这些种之间有一种明显的共生现象"。同一时期，以苏卡切夫院士为代表的俄国科学家对植物群落学研究也有了较大的发展，并形成一门以植物群落为研究对象的科学——地植物学，并定义植物群落是"不同植物物种的有机组合，在这样的情况下，植物与植物之间以及植物与环境之间的相互影响、相互作用"。

另一方面，有些动物学家也注意到不同动物种群的群聚现象。1877年，德国生物学家K. Mobius在研究海底牡蛎种群时，注意到牡蛎只出现在一定的盐度、温度、光照等条件下，而且总与一定组成的其他动物物种(鱼类、甲壳类、棘皮动物)生长在一起，形成比较稳定的有机整体，他称这一有机整体为生物群落(biocoenosis or biome)。瑞士学者C. Schroter于1902年又提出了群落生态学的概念，1910年在比利时布鲁塞尔召开的第三届国际植物学会议上，正式采用了“生物群落”这个科学名称。美国著名生态学家E. P. Odum认为群落除物种组成与外貌一致外，还“具有一定的营养结构和代谢格局”“是一个结构单元”“是生态系统中具生命的部分”，并指出群落的概念是生态学中最重要的原理之一，因为它强调了这样的事实，即各种不同的生物能以有规律的方式共处，而不是任意散布在地球上。

综上所述，生物群落可定义为特定空间或特定生境下生物种群有规律的组合。它们之间以及它们与环境之间彼此影响，相互作用，具有一定的结构，执行一定的功能。生物群落的概念具有具体和抽象两重含义，说它是具体的，是因为我们确实很容易找到一个区域或地段，在那里可以观察或研究一个群落的结构和功能；它同时又是一个抽象的概念，指的是符合群落定义的所有生物集合体的总称。

3.1.2 群落的基本特征

第一，具有一定的物种组成。每个群落都是由一定的植物、动物、微生物种群组成的，因此，物种组成是区别不同群落的首要特征。一个群落中物种的多少及每一物种的个体的数量，是度量群落多样性的基础。

第二，不同物种之间是相互联系、相互影响的。群落中的物种有规律地共处，即在有序状态下生存。虽然，生物群落是生物种群的集合体，但不是说一些种的任意组合便是一个群落。一个群落的形成和发展必须经过生物对环境的适应和生物种群之间的相互适应。生物群落并非种群的简单集合。哪些种群能够组合在一起构成群落，取决于两个条件：①必须共同适应它们所处的无机环境；②它们内部的相互关系必须取得协调、平衡。因此，研究群落中不同种群之间的关系是阐明群落形成机制的重要内容。

第三，具有形成群落环境的功能。生物群落对其居住环境产生重大影响，并形成群落环境。如森林中的环境与周围裸地就有很大的不同，包括光照、温度、湿度与土壤等都经过了生物群落的改造。即使生物非常稀疏的荒漠群落，对土壤等环境条件也有明显的改造作用。

第四，具有一定的外貌和结构。生物群落是生态系统的一个结构单位，它本身除具有一定的物种组成外，还具有其外貌和一系列的结构特点，包括形态结构与营养结构，如生活型组成、种的分布格局、成层性、捕食者和被捕食者的关系等。

第五，具有一定的动态特征。生物群落是生物系统中具有生命的部分，生命的特征是不停地运动，群落也是如此。其运动形式包括季节动态、年际动态、演替与演化。

第六，具有一定的分布范围及其边界特征。任一群落都分布在特定地段或特定生境上，不同群落的生境和分布范围不同。无论从全球范围看还是从区域角度讲，不同生物群落都是按着一定的规律分布。在自然条件下，有些群落具有明显的边界，可以清楚地加以区分；有的则不具有明显边界，而处于连续变化中，但在多数情况下，不同群落之间都存在过渡带，被称为群落交错区(ecotone)，并导致明显的边缘效应。

3.2 森林群落的种类组成

物种组成是决定群落性质最重要的因素，也是鉴别不同群落类型的基本特征。群落学研究一般都从分析物种组成开始。

为了登记群落的物种组成，首先要选择样地，即能代表所研究群落基本特征的一定地段或一定空间。所取样地应注意环境条件一致性与群落外貌的一致性，最好处于群落的中心地段，避免过渡地段。样地位置确定之后，还要确定样地的大小，因为只能在一定的面积上进行登记。对于不同的群落类型，其样地大小也不相同，但以不小于群落的最小表现面积为宜。所谓最小面积，是指至少要有足够大的面积及相应空间，才能包括组成群落的大多数生物种类，从而表现出群落结构的主要特征。一般来讲，组成群落的物种越丰富，对其进行研究的最小面积也越大，如我国云南西双版纳的热带雨林，最小面积表现约为2500m^2，寒温带针叶林约为100～400m^2，灌丛25～100m^2，草原1～4m^2。

3.2.1 物种组成分析

群落的物种组成在一定程度上能反映出群落的性质，因此调查群落中的生物组成成分是研究群落特征的第一步。

首先对群落的物种组成进行逐一登记后，得到一份所研究群落的生物物种名录(一般是高等植物名录或动物名录，根据研究目的而定，但很少能包括全部生物区系)。以我国亚热带常绿阔叶林为例，群落乔木层的优势种类是由壳斗科、樟科、枫香科、木兰科、山茶科植物组成，在下层则由杜鹃花科、山矾科、冬青科等的植物构成；又如，分布在高山上的植物群落，主要由虎耳草科、石竹科、龙胆科、十字花科、景天科的某些种类构成；而村庄、农舍周围的群落，多半由一些伴人植物如益母草、马鞭草、车前草等植物组成。

然后，根据各个种在群落中的作用而划分以下群落成员型。

(1)优势种和建群种

对群落结构和群落环境的形成起主要作用的植物称为优势种，它们通常是那些个体数量多、投影盖度大、生物量高、体积较大、生活能力较强，即优势度较高的种。群落的不同层次可以有各自的优势种，以马尾松林为例，分布在南亚热带的马尾松林其乔木层可能以马尾松占优势、灌木层可能以桃金娘占优势、草本层可能以芒萁占优势、层间植物可能以断肠草占优势。其中乔木层的优势种起着构建群落的作用，常称为建群种，如该例中马尾松即是该群落的建群种。

如果群落中的建群种只有一个，则称该群落为“单建种群落”。如果具有两个或两个以上同等重要的建群种，就称该群落为“共建种群落”。热带森林，几乎全是共建种群落，北方森林和草原，则多为单建种群落，但有时也存在共建种，如由贝加尔针茅和羊草共建的草甸草原群落。

应该强调，生态学上的优势种对整个群落具有控制性影响，如果把群落中的优势种去除，必然导致群落性质和环境的变化；但若把非优势种去除，只会发生较小的或不显著的变化，因此，不仅要保护那些珍稀濒危物种，也要保护那些建群物种和优势物种，它们对生态系统的稳态起着举足轻重的作用。

(2)亚优势种

指个体数量与作用都次于优势种，但在决定群落性质和控制群落环境方面仍起着一定作用的植物种。在复层群落中，它通常居于较低的亚层，如我国北方大针茅草原中的小半灌木冷蒿在有些情况下成为亚优势种。

(3)伴生种

伴生种为群落的常见物种，它与优势种相伴存在，但不起主要作用，如长白山红松林中的青楷槭、白牛槭等。

(4)偶见种(或罕见种)

偶见种是那些在群落中出现频率很低的物种，多半数量稀少，如温带针阔混交林中分布的黄波罗，这些物种随着生境的缩小濒临灭绝，应加强保护。偶见种也可能偶然地由人们带入或随着某种条件的改变而侵入群落中，也可能是衰退中的残遗种，如某些阔叶林中的马尾松。有些偶见种的出现具有生态指示意义，有的还可以作为地方性特征种来看待。

3.2.2　物种组成的数量特征

有了一份较为完整的群落的生物种类名录，只能说明群落中有哪些物种，想进一步说明群落特征，还必须研究不同物种的数量变化，对物种组成进行数量分析。

3.2.2.1　数量特征

(1)密度

密度(density)指单位面积或单位空间内的个体数。一般对乔木、灌木以植株计数，丛生草本以株丛计数，根茎植物以地上枝条计数。样地内某一物种的个体数占全部物种个体数之和的百分比称作相对密度或相对多度。

(2)多度

多度(abundance)是对物种个体数目多少的一种估测指标，只能在属于同一生活型的物种之间进行比较，多用于群落内草本植物的调查。国际上常用的多度分级法见表 3-1。

表 3-1　几种常用的多度等级

Drude			Clements		Braun-Blanquet	
Soc.(Sociales)		极多	dominant	优势	5	非常多
	Cop3	很多	abundant	丰盛	4	多
Cop.(Copiosae)	Cop2	多			3	较多
	Cop1	尚多	frequent	常见	2	较少
Sp.(Sparsae)		少	occasional	偶见	—	—
Sol.(Solitariae)		稀少	rare	稀少	1	少
Un.(Unicun)		个别	very rare	很少	+	很少

(3) 盖度

盖度(coverage)指的是植物地上部分垂直投影面积占样地面积的百分比，即投影盖度。后来又出现了“基盖度”的概念，即植物基部的覆盖面积。对于草原群落，常以离地面2.54cm高度的断面积计算；对森林群落，则以树木胸高1.3m处的断面积计算。乔木的基盖度称为显著度(dominance)。群落中某一物种的盖度或显著度占所有物种盖度或显著度之和的百分比，即为相对盖度或相对显著度。

(4) 频度

频度(frequency)即某个物种在调查范围内出现的频率，指包含该种个体的样方占全部样方数的百分比。群落中某一物种的频度占所有物种频度之和的百分比，即为相对频度。

(5) 高度(height)或长度(length)

高度(height)或长度(length)常作为测量植物体的一个指标。测量时取其自然高度或绝对高度，藤本植物则测其长度。

(6) 重量

重量(weight)用来衡量种群生物量(biomass)或现存量(standing crop)多少的指标，可分干重与鲜重。在生态系统的能量流动与物质循环研究中，这一指标特别重要。

3.2.2.2 综合特征

(1) 优势度

优势度(dominance)用以表示一个种在群落中的地位与作用，但其具体定义和计算方法大家意见不一。Braun - Blanquet 主张以盖度、所占空间大小或重量来表示优势度，并指出在不同群落中应采用不同指标。苏卡乔夫提出，多度、体积或所占据的空间、利用和影响环境的特性、物候动态应作为某个种的优势度指标。有的以盖度和密度作为优势度的度量指标。也有的认为优势度即“相对盖度和相对多度的总和”或“重量、盖度和多度的乘积”，等等。

(2) 重要值

重要值(important value, IV)也是用来表示某个种在群落中的地位和作用的综合数量指标，因为它简单、明确，所以在近些年来得到普遍采用。重要值是美国的J. T. Curtis和R. P. Mcintosh(1951)首先使用的，他们在威斯康星州研究森林群落时，用重要值来确定乔木的优势度或显著度，计算的公式如下：

重要值(IV) = [相对多度(RA) + 相对频度(RF) + 相对优势度(RD)]/3

上式用于草原群落时，相对优势度可用相对盖度代替：

重要值(IV) = [相对多度(RA) + 相对频度(RF) + 相对盖度(RC)]/3

物种的重要值越大，在群落中的作用就越大。

(3) 综合优势比

综合优势比(summed dominance ratio)由日本学者提出的一种综合数量指标。常用的为两因素的总优势比 SDR_2，即在密度比、盖度比、频度比、高度比和重量比这五项指标中取任意两项求其平均值再乘以100%，如 SDR_2 = (密度比 + 盖度比)/2 × 100%。

由于动物有运动能力，多数动物群落研究中心以数量或生物量为优势度的指标。但一般说来，对于小型动物，以数量为指标易于高估其作用，而以生物量为指标，易于低估其作用；相反，对于大型动物，以数量为指标会低估了其作用，而以生物量为指标会高估了其作用。如果能同时以数量和生物量为指标，并计算出变化率和能流，其估计比较可靠。而水生群落中的浮游生物，多以生物量为指标。

3.2.3 物种多样性

生物多样性(biodiversity)可定义为“生物的多样化和变异性以及生境的生态复杂性”。它包括植物、动物和微生物物种的丰富程度、变化过程以及由其组成的复杂多样的群落、生态系统和景观。生物多样性一般有三个水平：即遗传多样性，指地球上各个物种所包含的遗传信息之总和；物种多样性，指地球上生物种类的多样化；生态系统多样性，指的是生物圈中生物群落、生境与生态过程的多样化。本节仅从群落特征角度来叙述物种多样性，不涉及生物多样性的其他领域。

3.2.3.1 物种多样性的定义

R. A. Fisher 等人(1943)第一次使用物种多样性一词时，他所指的是群落中物种的数目和每一物种的个体数目。后来生态学家有时也用别的特性来说明物种的多样性，比如生物量、现存量、重要值、盖度等。

通常物种多样性(species diversity)具有二方面含义。

第一，种的数目(numbers)或丰富度 (abundance)，指一个群落或生境中物种数目的多寡。Poole(1974)认为只有这个指标才是唯一真正客观的多样性指标。在统计种的数目的时候，需要说明多大的面积，以便比较。在多层次的森林群落中必须说明层次和径级，否则是无法比较的。

第二，种的均匀度(species evenness)，指一个群落或生境中全部物种个体数目的分配状况，它反映的是各物种个体数目分配的均匀程度，例如，甲群落中有100个个体，其中90个属于种A，另外10个属于种B。乙群落中也有100个个体，但种A、B各占一半。那么，甲群落的均匀度就比乙群落低得多。

3.2.3.2 物种多样性的变化规律

第一，物种多样性随纬度的变化。从热带到两极随纬度的增加，物种多样性有逐渐减少的趋势。无论在陆地，还是海洋和淡水环境，都有类似趋势。当然也有例外，如企鹅和海豹在极地物种最多，而针叶树和姬蜂在温带物种最丰富。

第二，多样性随海拔的变化。如果在赤道地区登山，随海拔的增高，能见到热带、温带、寒带的环境，同样也能发现物种多样性随海拔增加而逐渐降低。

第三，在海洋或淡水体物种多样性有随深度增加而降低的趋势。显然，在大型湖泊中，温度低、含氧少、黑暗的深水层，其水生生物种类明显低于浅水区；同样，海洋中植物分布也仅限于光线能透入的光亮区，一般很少超过30m。

3.3 森林群落的结构

3.3.1 群落的垂直结构

生物在整个群落中的分布是不均匀的。它们的分布可以从垂直面和水平面去考察。群落的垂直结构指植物群落中某个物种或不同物种在垂直面的配置，也就是群落的分层现象。一般可以把森林群落分为乔木层、灌木层、草本层和地被层。最高大的树木占有森林的最上层，形成森林的乔木层(林冠)，往下是灌木层和草本层。北方的森林分层简单而明显，而热带雨林物种组成丰富多样，分层较不明显，各层还能分出2~3个亚层，由于到达地表的光照强度很弱，所以地被层不发达，林内有丰富的藤本植物和附生植物，这些植物难以归入某一层，我们把这些植物称为层间植物。灌丛或荒漠群落缺少乔木层。草原、草甸和冻原群落一般只有草本层。稀树干草原则以占优势的草本层为主，稀疏分布着乔木树种。植物的根系分布也具有分层现象。

动物在林间或土壤里的分布情况也与植物的垂直分布密切相关，群落的垂直分层越多，动物种类也越多。如在欧亚大陆北方针叶林区，在地被层和草本层中，栖息着两栖类、爬行类、鸟类(丘鹬、榛鸡等)、兽类和各种鼠形啮齿类；在森林的下层——灌木林和幼林中，栖息着莺、苇莺和花鼠等；在森林的中层栖息着山雀、啄木鸟、松鼠和貂等，而在树冠层则栖息着柳莺、交嘴和戴菊等。

3.3.2 群落的水平结构

群落的水平结构指植物群落中某个物种或不同物种的水平配置。多数群落中的各个物种常形成斑块状镶嵌，也可能均匀分布，水平格局的形成与构成群落的成员的分布状况有关。陆地群落的水平格局主要取决于植物的分布格局。对群落的结构进行观察时，经常可以发现，在一个群落某一地点，植物分布是不均匀的。均匀型分布的植物是少见的，如生长在沙漠中的灌木，由于植株间不可能太靠近，可能比较均匀，但大多数种类是成群型分布。在森林中，林下阴暗的地点，有些植物种类形成小型组合，而林下较明亮的地点是另外一些植物种类形成的组合。在草原中也有同样的情况，在并不形成郁闭植被的草原群落，禾本科密草丛中有其伴生的少数其他植物，草丛之间的空间，则由各种不同的其他杂草和双子叶杂草所占据。

导致水平结构的复杂性有三方面的原因：

一是亲代的扩散分布习性不同。风布植物、动物传布植物、水布植物分布可能广泛，而种子繁殖或行无性繁殖的植物，往往在母株周围呈群聚状。同样是风布植物，在单株、疏林、密林的情况下扩散能力也各不相同。动物传布植物受到昆虫、两栖类动物产卵的选择性的影响，幼体经常集中在一些适宜于生长的生境。

二是种间相互作用的结果。植食动物明显地依赖于它所取食的植物的分布。还有竞争、互利共生、偏利共生等的结果。

三是环境异质性。由于成土母质、土壤质地和结构、水分条件的异质性以及群落内植物环境导致动植物形成各自的水平分布格局。

3.3.3 群落的时间结构

很多环境因素具有明显的时间节律，如昼夜节律和季节节律，受这些因子的影响，群落的组成和结构也随时间序列发生有规律的变化，这就是群落的时间结构。时间结构是群落的动态特征之一，它包括两方面的内容：一是自然环境因素的时间节律所引起的群落各物种在时间结构上相应的周期变化；二是群落在长期历史发展过程中，由一种类型转变成另一种类型的顺序变化，亦即群落演替。

3.3.3.1 昼夜活动节律

几乎所有的生物都有昼夜活动节律，动物因昼夜活动节律的不同有并不是每天昼行性动物与夜行性动物之分；还有一些动物如果蝇，只在拂晓或黄昏时活动，这叫晓暮行性动物。在森林中，白昼有许多鸟类活动，但一到夜里，鸟类几乎都处于停止活动状态。但一些鸮类开始活动，使群落的昼夜迥然不同。水体中的许多浮游动物在每天中午阳光最强时，就沉到水的深处，当黑夜来临时，这些浮游动物又回游到水的上层来吃浮游植物或彼此互相为食；到了太阳上升时，它们又下沉到底层，垂直回游的距离随种类而异。原生动物只上升几厘米，而大型动物可能上升好几米。

3.3.3.2 季节动态

生物群落的季节变化受环境条件(特别是气候)周期性变化的制约，并与生物的生活周期关联。群落中各种植物的生长发育相应地有规律地进行，其中主要层的植物季节性变化，使得群落表现为不同的季节性外貌，即为群落的季相。森林的外貌称林相。特别在温带地区，气候的季节变化是极为明显的：树木和野草在春天发芽、生长，然后开花、结果、产生种子；到了冬季，则进入休眠或死去。季相变化的主要标志是群落主要层的物候变化。特别是主要层的植物处于营养盛期时，往往对其他植物的生长和整个群落都有着极大的影响，有时当一个层片的季相发生变化时，可影响另一层片的出现与消亡。这种现象在北方的落叶阔叶林内最为显著。早春乔木层片的树木尚未长叶，林内透光度很大，林下出现一个春季开花的草本层片；入夏乔木长叶林冠荫蔽，开花的草本层片逐渐消失。这种随季节而出现的层片，称为季节层片。由于季节不同而出现依次更替的季节层片，使得群落结构也发生了季节性变化。群落中由于物候更替所引起的结构变化，又被称为群落在时间上的成层现象。它们在对生境的利用方面起着补充的作用，从而有效地利用了群落的环境空间。

动物群落的季相变化也十分明显，如候鸟春季迁徙到北方营巢繁殖，秋季南迁越冬。青蛙、刺猬和蝙蝠等到冬季就进行冬眠，春天来了就苏醒重新活动。

3.3.3.3 年变化

在不同年度之间，生物群落常有明显的变动。这种变化反映于群落内部的变化，不产生群落的更替现象，一般称为波动(fluctuation)。群落的波动多数是由群落所在地区气候条件的不规则变化引起的，其特点是群落区系成分的相对稳定性，群落数量特征变化的不定性以及变化的可逆性。在波动中，群落在生产量、各成分的数量比例、优势种的重要值以及物质和能量的平衡方面，也会发生相应的变化。

根据群落变化的形式，可将波动划分为以下 3 种类型：

① 不明显波动　其特点是群落各成员的数量关系变化很小，群落外貌和结构基本保持不变，这种波动可能出现在不同年份的气象、水文状况差不多一致的情况下。

② 摆动性波动　其特点是群落成分在个体数量和生产量方面的短期变动(1～5 年)，它与群落优势种的逐年交替有关。例如，在乌克兰草原上，遇干旱年份旱生植物(针茅和羊茅等)占优势，草原旅鼠和社会田鼠也繁盛起来；而在气温较高且降水较丰富的年份，群落以中生植物占优势，同时喜湿性动物如普通田鼠与林姬鼠增多。

③ 偏途性波动　这是气候和水分条件的长期偏离而引起一个或几个优势种明显变更的结果。通过群落的自我调节作用，群落还可回复到接近于原来的状态。这种波动的时期可能较长(5～10 年)。例如，草原看麦娘占优势的群落可能在缺水的情况下转变为匐枝毛茛群落占优势，以后又会回复到草原看麦娘群落占优势的状态。

不同的生物群落具有不同的波动性特点。一般说来，木本植物占优势的群落较草本植物稳定一些；常绿木本群落要比夏绿木本群落稳定一些。在一个群落内部，许多定性特征(如物种组成、种间关系等)较定量特征(如密度、盖度等)稳定一些；成熟的群落较发育中的群落稳定。

3.3.4　群落的层片结构

层片是群落最基本的结构单位，是由瑞典植物学家 Gams (1918)首先提出的。他起初赋予这一概念以三个方面的内容，即把层片划分为三级：一级层片，即同种个体的组合；二级层片，即同一生活型的不同植物的组合；三级层片，即不同生活型的不同种类植物的组合。现在一般群落学研究中使用的层片概念，均相当于 Gams 的二级层片，即每一个层片都是由同一生活型的植物所组成。

生活型是植物对外界环境适应的外部表现形式，同一生活型的植物不但体态上是相似的，而且在形态结构、形成条件、甚至某些生理过程也具相似性。目前广泛采用的生活型划分是丹麦植物学家 Raunkiaer 建立的系统。他按照休眠芽在不良季节的着生位置把植物的生活型分成五大类群：高位芽植物(25cm 以上)、地上芽植物(25cm 以下)、地面芽植物(位于近地面土层内)、隐芽植物(位于较深土层或水中)和一年生植物(以种子越冬)。

层片作为群落的结构单元，是在群落产生和发展过程中逐步形成的。它的特点是具有一定的种类组成，它所包含的种具有一定的生态学生物学一致性，并且具有一定的小环境，这种小环境是构成植物群落环境的一部分。

需要说明一下层片与层的关系问题。在概念上层片的划分强调了群落的生态学方面，而层次的划分，着重于群落的形态。层片有时和层是一致的，有时则不一致。例如，分布在大兴安岭的兴安落叶松纯林，兴安落叶松组成乔木层，它同时也是该群落的落叶针叶乔木层片。在混交林中，乔木层是一个层，但它由阔叶树种层片和针叶树种层片两个层片构成。在实践中，层片的划分比层的划分更为重要，但划分层次往往是区分和分析层片的第一步。和层结构一样，群落层片结构的复杂性，保证了植物全面利用生境资源的可能性，并且能最大程度地影响环境，对环境进行生物学改造。

3.4　森林群落的动态

3.4.1　群落演替的概念

3.4.1.1　基本概念

生物群落处于不断的运动变化之中，其运动变化是有规律的，演替是群落动态中最重要的特征，没有一个群落永远存在，它或迟或早将被后续的群落所代替。所谓演替（succession），就是指某一地段上一种生物群落被另一种生物群落所取代的过程。

以一块弃耕的农田为例，在弃耕后的一、二年内该田块会出现大量的一年生和二年生的田间杂草，随后多年生植物开始侵入并逐渐定居下来，田间杂草的生长和繁殖开始受到抑制。随着时间的进一步推移，多年生植物取得优势地位，一个具备特定结构和功能的植物群落形成了。相应地，适应于这个植物群落的动物区系和微生物区系也逐渐确定下来，整个生物群落仍在向前发展。当它达到与当地的环境条件特别是气候和土壤条件都比较适应的时候，即成为稳定的群落。如果该农田在草原地带，这个群落将恢复到原生草原群落；若处于森林地带，它将进一步发展为森林群落。这种有次序的、按部就班的物种之间的替代过程，即为演替。

整个演替过程由每一个阶段构成，这些阶段相接，称为演替系列；在演替过程中，早期出现的物种称为先锋种；中期出现的物种称为过渡种或演替种；演替发展到最后出现的稳定的成熟群落称为顶极群落；在顶极群落中出现的物种称为顶极种。

3.4.1.2　群落演替的原因

生物群落的演替是群落内部关系与外界环境中各种生态因子综合作用的结果。

（1）生物的迁移和扩散

当植物繁殖体到达一个新环境时，植物的定居过程开始了。植物的定居包括植物的发芽、生长和繁殖三个方面。任何一片裸地上生物群落的形成和发展，或是任何一个旧的群落为新的群落所取代，都必然包含有植物的定居过程。因此，植物繁殖体的迁移和散布是群落演替的先决条件。

对于动物来说，植物群落成为它们取食、营巢、繁殖的场所。当植物群落环境变得不适宜它们生活的时候，它们便迁移出去另找新的合适生境，与此同时，又会有一些动物从别的群落迁来找新栖居地。因此，每当植物群落的性质发生变化的时候，居住在其中的动物区系实际上也在作适当的调整，使得整个生物群落内部的动物和植物又以新的联系方式统一起来。

（2）群落内部环境的变化

群落内部环境的变化是由群落本身的生命活动造成的，与外界环境条件的改变没有直接的关系；有些情况下，是群落内物种生命活动的结果，为自己创造了不良的居住环境，使原来的群落解体，为其他植物的生存提供了有利条件，从而引起演替。例如，在美国俄克拉荷马州的草原弃耕地恢复的第一阶段中，向日葵的分泌物对自身的幼苗具有很强的抑制作用，但对第二阶段的优势种三芒草(*Agreistida oligansa*)的幼苗却不产生任何抑制作用。于是向日葵占优势的先锋群落很快为三芒草群落所取代。

由于群落中植物种群特别是优势种的发育而导致群落内光照、温度、水分状况的改变，也可为演替创造条件。

(3)种内和种间关系的改变

组成一个群落的物种在其内部以及物种之间都存在特定的相互关系。这种关系随着外部环境条件和群落内环境的改变而不断地进行调整。当密度增加时，不但种群内部的关系紧张化了，而且竞争能力强的种群得以充分发展，而竞争能力弱的种群则逐步缩小自己的地盘，甚至被排挤到群落之外。这种情形常见于尚未发育成熟的群落。处于成熟、稳定状态的群落在接受外界条件刺激的情况下也可能发生种间数量关系重新调整的现象，进而使群落特性或多或少地改变。

(4)外界环境条件的变化

虽然决定群落演替的根本原因存在于群落内部，但群落之外的环境条件诸如气候、地貌、土壤和火等可成为引起演替的重要条件。气候的变化，无论是长期的还是短暂的，都会成为演替的诱发因素。地表形态的改变会使水分、热量等生态因子重新分配，反过来又影响到群落本身。大规模的地壳运动可使地球表面的生物部分或完全毁灭，从而使演替从头开始。土壤的理化特性对于置身于其中的植物、土壤动物和微生物的生活有密切的关系；土壤性质的改变势必导致群落内部物种关系的重新调整。凡是与群落发育有关的直接或间接的生态因子都成为演替的外部因素。

(5)人类活动的影响

由于人类社会活动通常是有意识、有目的地进行的，因此，人对生物群落演替的影响远远超过其他所有的自然因子，可以对自然环境中的生态关系起着促进、抑制、改造和建设的作用。放火烧山、砍伐森林、开垦土地等，都可使生物群落改变面貌。人们也可以通过经营、抚育森林，管理草原，治理沙漠，使群落演替按照不同于自然发展的道路进行。

3.4.2　群落演替的类型

3.4.2.1　群落演替的基本类型

演替类型的划分可以按照不同的原则进行。

第一，按演替发生的起始条件，可以分为原生演替(primary succession)和次生演替(secondary succession)。

原生演替开始于原生裸地或原生荒原(完全没有植被并且也没有任何植物繁殖体存在的裸露地段)上的群落演替，称为原生演替。例如，在光裸的岩石上、在河流的三角洲或者在冰川上所开始的演替过程，当达到顶极时，演替过程便告结束。次生演替开始于次生裸地或闪生荒原(不存在植被，但在土壤或基质中保留有植物繁殖体的裸地)上的群落演替，称为次生演替。这时生态系统虽然被破坏，但并未完全被消灭，原来群落中的一些种子、原生动物、微生物和有机质仍被保留下来，因此这种演替过程不是从一无所有开始的。所以，次生演替比原生演替更迅速。森林被火烧或被砍伐以后所经历的演替过程，就是次生演替。弃耕地也是如此。

第二，按演替起始基质的性质可分为水生演替(hydroarch succession)、旱生演替(xerarch succession)和中生演替(mesoarch succession)。

水生演替开始于水生环境中的演替，一般都发展到陆地群落。如淡水湖或池塘中水生群落向中生群落的转变过程，一般依次出现沉水植物群落、浮水植物群落、蒲草沼泽、苦草群落、木本植物群落。旱生演替从干旱缺水的基质上开始的演替。如裸露的岩石表面上生物群落的形成过程。中生演替从中生湿润的基质上开始的演替。如沙丘上生物群落的形成过程。

第三，按控制演替的主导因素可分为内因性演替(endogenetioc succession)和外因性演替(exogenetic succession)。

内因性演替的一个显著特点是，群落中生物生命活动的结果首先使它的生境得到改造，然后被改造了的生境又反作用于群落本身，如此相互促进，使演替不断向前发展。一切源于外因的演替最终都是通过内因生态演替来实现，因此可以说，内因生态演替是群落演替的最基本和最普遍的形式。外因性演替是由于外界环境因素的作用所引起的群落变化。其中包括气候发生演替(由气候的变化所导致)。地貌发生演替(由地貌变化所引起)、土壤发生演替(起因于土壤的演变)、火成演替(由火的发生作为先导原因)和人为发生演替(由人类的生产及其他活动所导致)。

第四，按群落代谢特征可分为自养性演替(autotrophic succession)和异养性演替(heterotrophic succession)。

自养性演替中，光合作用所固定的生物量积累越来越多，例如，由裸岩—地衣—苔藓—草本—灌木—乔木的演替过程。异养性演替如出现在有机污染的水体，由于细菌和真菌分解作用特别强，有机物质随演替而减少。

第五，按照演替发生的时间进程可分为千年演替(millennium succession)、世纪演替(era succession)和快速演替(rapid succession)。

千年演替延续时间相当长久，一般以地质年代计算。常伴随气候的历史变迁或地貌的大规模改变而发生。一般原生演替属于此类。世纪演替延续达几十年到几百年，云杉林被采伐后的恢复演替可作为长期演替的实例。快速演替延续几年或十几年。草原弃耕地的恢复可以作为快速演替的例子，但要以撂荒面积不大和种子传播来源就近为条件，如果没有这个前提，弃耕地的恢复过程就可能延续达几十年。

下面以原生演替和次生演替为例进一步阐述演替的特征与过程。

3.4.2.2 原生演替

(1)从干旱环境开始的原生演替系列

从裸露的岩石表现开始的生物群落形成和演替过程是最典型的旱生演替。裸岩表现的生态环境异常恶劣：没有土壤、光照度、温差大、十分干燥，从裸岩开始的演替系列可分为五个模式阶段。

①地衣植物阶段 地衣是在一些裸露的地方首先立足的植物，因为它们能够在极为严酷的自然条件下存活，所以称为开拓植物。它们在岩石表面生长，只能微微地潜入岩石的基质。这里可利用的水很少，因为这里虽然可能经常下雨，但雨水很快会蒸发掉或从岩石表面流走。风化作用会使岩石分解为土壤微粒。地衣通过代谢酸的作用和地衣死后所产生

的腐殖质酸的作用，可加速岩石风化为土壤的过程。于是，土壤和腐殖质逐渐发展起来，但只有薄薄的一层。

②苔藓植物阶段　苔藓开始生长在上述的这些浅薄的土壤中，并逐渐取代了先行的植物——地衣，应注意的是，各种植物的种子和孢子都会落在这里，并且萌发。问题是在生态选择下，哪些植物可以得到发展。由于苔藓比地衣高大，所以它们可以接受大部分日光而把地衣排挤掉。地衣死后，该地区就完全被苔藓植物所占有。当苔藓死去以后，形成的腐殖质使岩石进一步分解，最后会建立一个丰富的由细菌和真菌组成的微生物区系。

③草本植物阶段　当土壤厚度增加到保持足够湿度的时候，草本植物的幼苗就有了立足点，最后以苦药取代地衣的同样方式取代了苔藓，使禾草、野菊、紫花和矮小的木本植物占了优势。这时，小型哺乳动物、蜗牛和各种昆虫开始侵入这个地域，并且可以找到适宜的生态位。由于土壤中的营养物质越来越丰富，通气性能越来越良好，这使得小气候条件更适合于生物的生存。

④灌木阶段　在这个演替阶段，灌木和小树代替了草本植物。这是因为：一方面，土壤有利于它们的生长；另一方面，它们长起来以后，植株比较高大，因此使低矮植物所得到的阳光减少。比较高大的灌木和小树，使整个地面得到更好的遮阴，同时也起着风障的作用。这样，草本植物消失了；昆虫也大为减少，只有较少的物种留了下来。但这样的环境，变得对吃浆果的鸟类和以灌丛作为掩蔽所的鸟类更有利。由于灌木和乔木的生长，潮湿的地方变得比较干燥了，干燥的地方变得比较潮湿了，所以环境条件变得更加适中，不同地方的含水量只有微弱的波动。

⑤乔木阶段　各种树木在潮湿的、遮阴的地面上生长起来，最终将占有优势。这些树木的树冠连成一片，留下来的一些灌木继续生存下去。地面上重新长满了苔藓，因为光线弱得使草类无法生长，而对蕨类植物来说，这样的光线又太强。在这样的环境里，树木枯死并倒在地面，腐食生物把枯木分解，形成丰富的腐殖质。在这里，起初不存在优势树种，有的只是那些在演替过程中生存下来的许多树种。随着树木的成林，一个阔叶林演替的顶极状态将成为优势种，因为它们更适合在该地区生长。

(2)从水体开始的原生演替系列

从淡水湖泊中开始的群落演替是典型的水生演替系列。深的湖泊中缺乏光照和空气，只有在水深小于5m的湖底，才开始有较大型的水生植物生长，在这一深度以下，就是水底的原生裸地了。水生演替系列一般有六个阶段。

①自由漂浮植物阶段　在这一阶段中，一般的水底很近似于陆地的裸岩，几乎没有什么植物能扎根生长。最早出现在湖泊里的生物只是一些浮游生物包括藻类、细菌等。此外，有时还有少数漂浮的维管植物，如浮萍、槐叶萍等。这些生物遍布于水体的表面上，通过截留阳光，限制了水底群落的发展。

②沉水植物群落阶段　随着陆地上的泥沙不断冲入湖中，这些泥沙同浮游生物有机体的死亡残体混合，在湖底铺出一层疏松的软泥，为沉水植物定居创造了条件。有许多沉水植物，如黑藻、茨藻、眼子菜、狐尾藻等治等水生植物种类出现，它们的根生于水底土壤里，茎叶随水波动。沉水植物的残体由于嫌气条件不易分解而沉积下来，使水底抬高，水位变浅。

③浮叶根生植物群落阶段 随着湖底变浅，出现浮叶生根植物如莲等，它们的地下茎繁殖很快，具有高度堆积泥沙的能力，导致水位更浅。另外，由于这些植物的叶是在水面或水面以上，当它们密集后，就将水面完全盖满，使得光照条件变得不利于沉水植物生长，沉水植物逐渐地被排除。于是，动物的生存空间增大，种类和数量逐渐增加。

④挺水植物群落阶段 随着水位的继续变浅，以及季节性波动，在1m水深的浅水带。柔弱的浮叶根生植物逐渐失去水对它们的保护和浮力，无法再生存下去，于是挺水的沼泽植物，如芦苇、香蒲等就占据了这一位置，其中以芦苇最常见。挺水植物有柔韧的叶和根状茎，可随着风浪弯来弯去；其根茎极为茂密常纠缠交结，促使湖底迅速抬高。此时，浮叶根生植物阶段的动物群落逐渐减少或消失，新的群落开始出现，某些动物更适应于生活在密集的挺水植物丛中。

⑤湿生草本植物群落阶段 挺水植物出现以后，由于每年有大量的植物残体沉入水底，使水底的有机物质大大增加，水底进一步抬高，水体边缘的沉积物也开始变硬，很快就形成了坚实的土壤。这时候，大部分湖面因长满了薹草、香蒲和莎草科植物而演变成了沼泽，当湖底抬升到地下水位以上的时候，水体的残存部分一到夏季就会干涸。这时的湖泊实际上已变成临时性的积水塘。在这里，只有那些夏季能忍受干燥、冬季能够能忍受冰冻的生物才能立足。同时，水生群落也已经演替成了一个介于水生群落和陆生群落之间的湿生草本植物群落。挺水植物不能适应这种生存条件，被湿生的沼泽草本植物所替代。在草原地带，这一阶段并不能延续很长时间，因为地下水位的降低和地面蒸发的加强，土壤很快变得干燥，湿生草类亦将很快地让位于旱生草类。

⑥木本植物群落阶段 随着地面的进一步抬升和排水条件的改善，在沼泽植物群落中会出现湿生灌木，而后，湿生乔木开始入侵，逐渐形成森林，导致地下水位进一步降低。此外大量地被植物也改变了土壤条件，湿生生境改变成中生生境，中生森林群落形成。

3.4.2.3 次生演替

从次生裸地开始顺序发生的各类次生群落共同形成次生演替系列，其最终方向也是指向当地原生演替的顶极类型。次生演替速度和所经历的阶段，取决于原来生态系统的类型和受到破坏的方式、程度及持续时间。

(1)云杉林采伐迹地次生演替

①采伐迹地阶段 采伐迹地阶段即是森林采伐后的消退期。这时产生了较大面积的采伐迹地。原来森林中的小气候完全改变，地面受到直接的光照，挡不住风，温度很快升高，又很快降低，昼夜温差大，易形成霜冻等。因此，不能耐受日灼或霜冻的植物就不能在这里生活，原先林下的耐阴植物消失了，而喜光植物，尤其是禾本科植物、莎草科植物等杂草到处蔓生，形成杂草群落。随着植物环境的改变，动物群落也发生了面目全非的交替。大中型哺乳动物，营巢的鸟类消失了，随之而来的是草食性昆虫和啮齿类等小型哺乳动物。

②先锋树种阶段(小叶树种阶段) 云杉和冷杉幼苗对霜冻、日灼和干旱很敏感，很难适应迹地的环境条件，因此不能生长。而喜光阔叶植物树种如桦树、山杨等的幼苗不怕日灼和霜冻，能够适应新环境。由于原有云杉林所形成的优越土壤条件，它们很快地生长起来，形成以桦树和山杨为主的阔叶林群落。当阔叶林成长连片而开始遮蔽土地时，太阳辐

射和霜冻开始从地面移到由落叶树种所组成的林冠上，同时，郁闭的林冠也抑制和排挤了其他喜光植物，包括阔叶树幼树同样受排挤，环境对阔叶树渐渐不利，而使它们开始衰弱，然后完全死亡。这一时间，前一阶段离去的一些鸟类和中型甚至大型动物开始返回，而草食性昆虫类节肢动物逐渐减少。

③阴性树种定居阶段(云杉定居阶段)　由于桦树和山杨等上层树种缓和了林下小气候条件的剧烈变动，又改善了土壤环境，因此，阔叶林下已经能够生长耐阴的云杉和冷杉树种的幼苗了。最初这种生长是缓慢的，但一般到30年左右，云杉就在桦树和山杨林中形成第二层。由于桦树和山杨林的自然稀疏，林内光照条件进一步改善，有利于云杉的生长，于是云杉就渐渐伸入到上层林冠。虽然这个时间桦树和山杨的细枝随风摆动时，开始撞击云杉，击落云杉的针叶，甚至使部分云杉树仅有单侧的树冠，但云杉继续生长。通常当桦树和山杨林长到50年时，许多云杉树就已伸入到林冠上层。

④阴性树种恢复阶段(云杉恢复阶段)　继上一阶段之后，云杉生长会相当快地超过桦树和山杨等阔叶树而组成森林上层。桦树和山杨等因不能适应上层遮阴而开始衰亡。到了80~100年，云杉终于又高居上层，造成严密遮阴，在林内形成紧密的酸性落叶层。桦树和山杨则根本不能更新。这样又形成了单层的云杉林，其中混杂着一些残留下来的山杨和桦树。在云杉定居和恢复的阶段，大中型哺乳动物和鸟类又开始在林中定居，各营养级的生物结构逐渐趋向稳定。

(2)亚热带常绿阔叶林的演替

我国有着面积广大的、气候条件良好的亚热带地区，分布在该地区的植被类型的顶极群落是常绿阔叶林，它是全球面积最大、生长最好的常绿阔叶林。其群落由多个耐阴的常绿阔叶树种组成。在自然状态下，这种群落没有显著的树种更替现象，表现为该地区稳定性最大、演替中发展最高的阶段。

但是，我国亚热带地区，尤其长江中下游地区是人口稠密、工农业十分发达的地区，原有的顶极群落常绿阔叶林在交通方便的地方已经严重破坏，现在常见的森林群落多为马尾松林、竹林或杉木林，或为喜光阔叶树种构成的森林，有的甚至被彻底破坏成了杂草、灌木坡。这是明显的逆行演替。中华人民共和国成立后，进行了封山育林，20世纪末开始进行天然林资源保护工程以来，天然林得以逐步恢复，森林群落得以进展演替，该地区森林演替的基本规律可用图3-1表示。

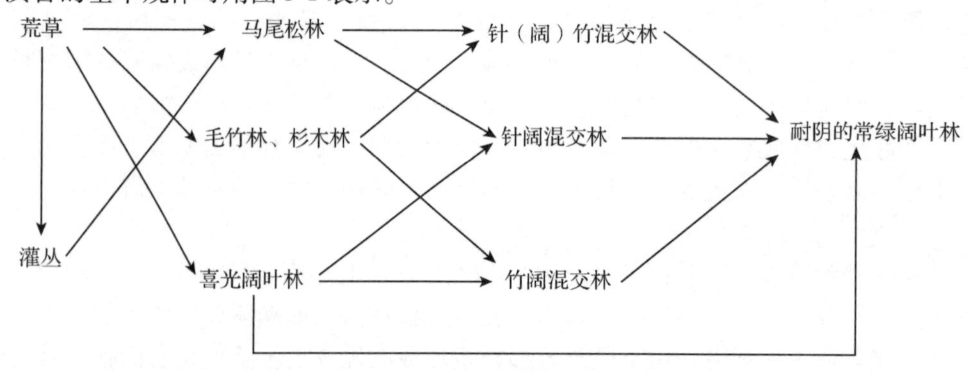

图3-1　中国亚热带常绿阔叶林群落演替模式图

常绿阔叶林被采伐破坏后，具体的演替过程可做如下描述：

①由铁芒萁、蜈蚣草、白茅或扭黄茅等为主所组成的低草群落，在自然条件下发展为由芒(*Miscanthus sinensis*)、野枯草、蕨、营草等组成的高草群落。它具有较高的土壤肥力。高草群落中常混有灌木，如檵木、白檀、金樱子等，并可发展为灌木丛。灌木常见组成种为：乌药、黄瑞木、檵木、柃木、山苍子、新木姜子、蜡瓣花，以及较小的杜鹃、乌饭树、紫金牛等。

②草坡或灌丛，通过自然发展或造林都可能演替为马尾松林、毛竹林、杉木林或者为喜光阔叶树的混交林；在干燥贫瘠坡地、山脊的马尾松林、伴生的灌木种很少，草本层也很单调，其他树种也很难侵入，因而能形成较稳定的状态。而在立地条件较好的马尾松林中，则有较多的乔、灌木种，如青冈栎、木荷、栲树、枫香等，演替进展迅速，向针阔混交林过渡，最后发展为稳定性大的常绿阔叶林；杉木林经过几轮采伐更新后，地力渐衰。在残破林相杉木林弃荒地上，马尾松侵入而发展成第一林层，随后林下发生阔叶树幼苗幼树，逐渐形成以喜光阔叶树为主的针阔混交林，最后仍发展成稳定的常绿阔叶林。毛竹林由于毛竹的地下茎具有强大的无性繁殖能力，能在荒草坡或灌丛地上形成纯林，它又可以侵入杉木林、马尾松林及阔叶林中而形成混交林，最后，演变为常绿阔叶林。

③针阔混交林、竹阔混交林、喜光常绿阔叶混交林均为演替阶段，稳定性不高，最终都将发展到耐阴树种构成的常绿阔叶林。

3.4.3 群落演替的顶极学说

植物群落演替的“顶极”理论大约在20世纪初基本形成，这个学说的首创者是美国学者Cowles(1989)。他认为，在一定地区的演替向着同一的或近似的顶极群落会聚，这种会聚的终点就是一个地理区域的主要群落，即顶极群落。所以早期顶极群落的概念可以概括为：

①顶极群落是一个稳定的、自我维持的、成熟的植物群落。

②一个地区的植物群落演替均向顶极群落会聚，它是该地区植物群落演替的顶点。

③顶极群落是该地区的优势植物群落，是该地理区域的特征，并代表这个区域的气候。

由于对上述概念的三个组成成分(稳定性、会聚、区域的优势)之间相互关系的不同解释，导致了顶极群落的不同学说。

3.4.3.1 单元顶极学说

其创始人是Clements(1916)，他设想一个地区的全部演替都将会聚成为一个单一的、稳定的、成熟的植物群落，即顶极群落。这种顶极群落只取决于气候，只要有充分的时间，群落的演替终将可以克服由于地形位置、母质差异所带来的影响。至少在原则上，一个气候区内，在所有的生境中最后都将是同一的顶极群落。因而，在演替的过程中，旱生的生境中，可以变得湿润一些，而水生生境会变得干燥一些，最后都趋于中生型的生境，发展成一个具有相对稳定的中生性气候顶极。其结果是：顶极群落和气候区域是直接协调一致的，由于他推断在一个地理区域内只有一个顶极群落，因而这种学说被称为单元顶极学说。

该学说认为：只要一个地区气候不变，又没有环境因素的影响，群落将永远维持其顶极状态，并且还认为，演替的方向可能是进展而不存在逆行演替。

事实上，在一个气候区内，除了气候顶极外，还可能由于地形、土壤或人为因素的影响而形成的一些相对稳定的群落。因而，为了把这种由于特殊环境条件的影响而使群落演替长期地停留在某一阶段同气候顶极相区别，Clements 将它们分为：

①亚顶极　是紧接着气候顶极以前的一个相当稳定的演替阶段，亦即群落在向气候顶极演变的后期被长期地阻隔在某一阶段。

②分顶极　是由于受强烈的干扰因素(如人类活动)的影响使群落演替处在一个相对稳定状态的群落。例如，东北的针阔叶混交林，由于人们的长期砍伐，出现了一个引起耐旱、耐瘠薄的蒙古栎群落，长期处于相对稳定状态，该群落即为分顶极。

③前顶极　在一个特定的气候区域内，由于环境条件较差而产生的顶极，如草原区出现的荒漠植被。

④后顶极　在一个特定的区域内，由于环境条件较为适宜而产生的相邻地区的顶极，如草原区出现的森林植被。

该学说的不足之处是：第一，顶极群落是否是最终群落？一个处在与当地气候或土壤相适应的群落，应该说仍然处在运动和发展中，整个群落的演替发展过程是一个不断建立平衡与打破平衡的过程；第二，该学说只承认进展演替，不承认逆行演替，这不符合客观实际，特别是由于人类活动的干扰，改变了原来植被的面貌，使一些植物群落不断消失，而另一些植物群落不断发展；第三，一切演替系列都是趋向于中生型顶极发展的结论，也是有条件的。

3.4.3.2　多元顶极学说

该学说的倡导者是英国生态学家 Tansley(1920)，他认为任何一个地区的顶极群落都是多个的，它决定于土壤的湿度、土壤的理化性质、动物的活动因素等。其主要内容可以表达如下：

①虽然群落的演替具有向该地区的气候顶极会聚的趋势，但这种会聚是部分的、不完全的。顶极群落的形成除了受气候的影响外，还受地形因素、土壤因素和生物因素的影响。

②由于群落演替的不完全会聚，在一个地区的不同生境中可以产生一些不同的稳定群落或顶极群落，即形成一个顶极群落的镶嵌体。

③在顶极群落中，必有一种群落分布最广，并且能表示所处的气候特征，这个群落即为气候顶极，但并不排除气候顶极之外的其他顶极群落的存在。

此外，对于停留在气候顶极之前的亚顶极，Tansley 认为是偏顶极(plagioclimax)，它是由于演替的偏移以及干扰所造成的群落稳定化。例如，Tansley(1939)曾指出英国大部分草地应该是生物偏顶极植被，即被放牧所稳定的植被。

3.4.3.3　顶极群落——格局学说

Whittaker(1953)在多元顶极学说的基础上，提出了顶极群落——格局学说。可以简述如下：

①一个景观中的环境构成一个环境梯度的复杂格局(或环境变化方面的复合梯度)，它

包括许多单个因素的梯度。

②在景观格局中的每一点，群落都向一个顶极群落发展，因为群落和环境在生态系统中有着密切的功能关系，演替群落和顶极群落的特征都取决于那一点的实际环境因子，而不决定于抽象的区域气候。因此，顶极群落可以看作适应各自的特殊环境或生境特征，并处于稳定状态的群落。

③环境的差异(地形、土壤母质等)，导致产生不同的顶极群落，在一个连续的环境梯度上，将产生一个适应不同环境梯度的、相互交织的、顶极群落的连续体。顶极群落的格局将与景观环境梯度的复合格局相一致。每个物种在顶极群落格局中，有一个独特的种群散布中心，这也可能解释为复杂的种群连续，根据种群格局划分成的群落类型，虽然对某些研究来说是必不可少的，但这是一种人为的划分。

④在顶极群落类型中，通常有一个景观中分布最广的类型，这种分布的类型可以称为景观的优势顶极群落。

3.4.3.4 地带性与非地带性顶极学说

我国植物学家刘慎愕先生支持地带性与非地带性顶极观点。

地带性顶极群落类型是受气候条件支配的群落，主要由温度和降水量等因素决定，如小兴安岭的红松阔叶林就是受气候所支配的地带性植物类型。而非地带性顶极群落类型则是受局部环境条件的支配和决定的，多属于湿生系列，主要是地下水位起主导作用。如草甸和芦苇群落在很多地方都有分布，就不是由气候条件支配的。因此，在一个自然区内，可以有多个顶极群落但地带性顶极群落只有一个，其余的都是非地带性顶极群落。也就是说地带性顶极群落在水平分布方面是和气候带相适应的呈带状分布。如大兴安岭的兴安落叶松林、内蒙古的贝加尔针茅草原和东北东部山区的红松针叶林等。而非地带性顶极群落类型虽然也受到气候条件的影响，但是局部环境条件起决定作用，所以在水平分布方面有局部分布和跨区分布现象，如芦苇群落在世界各地区都有分布。因此，在研究植被和做植被区划时，地带顶极性类型是研究大的单位和地区与地区间的主要指标，非地带性顶极类型则是研究地区性植被和区划的主要对象。

综上所述，顶极实质是最后达到相对稳定阶段的一个生态系统，它是在变化过程中相对稳定的环境系统和生物系统的总体系。这个体系经常部分地或全部地遭受破坏，但是，只要原来的因素存在，它又能重建。

群落演替的研究无论在理论上或是实践上都具有极其重要的意义。在实践中，生物资源的开发利用、森林采伐更新和营造、牧场管理和农田耕作制度的改革等，都与群落演替有着密切的关系。只有掌握了一个群落可能随另一个群落演替的规律，人们在利用自然资源时，才不至于违反客观规律行事，有意识地避免“生态逆退”(ecological backlash)，持久地、最大限度地开拓自然界的潜力，为人类造福。

第 4 章

森林生态系统

生态系统是在一定时间和空间范围内的生物群落和环境的统一体，地球上有多种多样的生态系统，其中人类所生存的地球空间——生物圈也是一个生态系统，而且是一个复杂的、具有负反馈机制的自调节系统，研究其生态规律对于人类持续生存有重大意义。本章将系统介绍生态系统的概念、生态系统理论的发展、生态系统的基本结构、生态系统类型和生态系统的反馈调节以及生态系统平衡等内容，从而阐明有关生态系统能量流动和物质循环的基本规律。

4.1 森林生态系统的基本特征

森林生态系统是陆地生态系统的重要组成部分，同时森林生态系统具有相对较复杂的结构和功能，对全球的生态系统具有重要的意义。生态系统的一般特征和结构是对森林生态系统进行研究的基础。

4.1.1 生态系统的概念

生态系统是具有一定结构和功能的生物与环境的集合体，生态系统的提出和定义是研究生态系统的基础，"生态系统"一词的提出开始了对生态系统研究的新征程。

4.1.1.1 生态系统一词的提出

英国植物生态学家坦斯利(A. G. Tansley，1871—1955)在植物群落学研究中发现土壤、气候和动物对植物的分布和丰富度有明显的影响，即居住在同一地区的动植物与其环境有着密切的关系，在大量的群落与环境关系的研究中，尤其是通过对英伦三岛植被深入调查研究的基础上，于1935年提出生态系统(ecosystem)的概念。Tansley强调生态系统内生物和环境是不可分割的整体；强调生态系统内生物成分和非生物成分在功能上的关系，把二者当作一个统一的自然实体，这个自然实体——生态系统就是生态学上的功能单位，例如，草原群落与其环境就构成了草原生态系统，森林群落与其环境就构成了森林生态系统等。与此同时，苏联植物生态学家苏卡乔夫(Sukachev，1944)在深入研究植物群落种间和种内竞争的基础上，提出了生物地理群落(biogeocoenosis)的概念。苏卡乔夫认为生物地理群落是指在地球表面的一定地段内，动物、植物、微生物与其地理环境组成的功能单位，强调了在一个空间内，生物群落中各个成员和自然地理环境因素之间是相互联系在一起的整体。1965年，在丹麦哥本哈根召开的国际学术会议上认定生物地理群落和生态系统是同义语。

4.1.1.2　生态系统的定义

简单地说，由生物和非生物组成的具有能量流动和物质循环的功能单位就是生态系统。在介绍生态系统的概念之前，首先要了解“系统”这个词，系统(system)是指彼此间相互作用、相互依赖的事物有规律地联合的集合体，是有序的整体。一般认为，构成系统至少要有3个条件：①系统由许多成分组成的；②各成分间不是孤立的，而是彼此互相联系、互相作用的；③系统具有结构，并能独立发挥特定的功能。自然条件下的森林、草原和荒漠都是系统，但是动物园中的各种动物相互之间并没有必然的内在联系，因此不是一个系统。

生态系统(ecosystem)是指在一定时间和空间范围内，由生物群落与其环境组成的一个整体，该整体具有一定的大小和结构，各成员借助能量流动、物质循环和信息传递而相互联系、相互影响、相互依存，并形成具有自组织和自调节功能的复合体。如地球上的森林、草原、荒漠、湿地、海洋、湖泊、河流等，它们不仅外貌有区别，生物组成也各有其特点，并且其中生物和非生物构成了一个相互作用、物质不断地循环、能量不停地流动的生态系统。

学术界在应用生态系统概念时，对其范围和大小并没有严格的限制，生态系统的范围通常可以根据研究目的和对象而定，可大可小。小至动物有机体内消化道中的微生态系统，大至各大洲的森林、荒漠等生物群落，甚至整个生物圈或生态圈，其范围和边界是随研究问题的特征而定。例如，池塘的能流、核尘降、沙尘暴、杀虫剂残留、酸雨、全球气候变化对生态系统的影响等，其空间尺度的变化很大，相差若干数量级。同样研究的时间尺度也很不一致。

4.1.1.3　生态系统的特征

每一个生态系统都有其特定的生物群体和生物栖息的环境，进行着能量交换和物质循环，并且具有如下的基本特征：

(1)具有特定的空间结构

通常与一定的空间相联系，包含该地区和一定范围，反映该地区特性及空间结构，以生物为主体，呈网络式的多维空间结构。

(2)是复杂、有序的大系统

生态系统是由多种生物成分和非生物成分形成的统一整体。由于自然界中生物的多样性和相互关系的复杂性，决定了生态系统是一个极其复杂并由多要素、多变量构成的系统，而且不同变量及其不同的组合，以及这种不同组合又构成了很多亚系统。亚系统的多样化，不但与参数的多少和性质有关，而且参数和参数之间有密切联系。此外，各亚系统之间还存在着一定秩序的相互作用。正如E. P. Odum(1986)所指出的“在系统的水平，其主要特性和过程，并非起因于生物群落和非生物环境的总和，而是起因于它们之间的综合、协调与进化。”

(3)是一个基本的功能单元

生态系统不是生物分类学单元，而是个功能单元。首先是能量的流动，绿色植物通过光合作用把太阳能转变为化学能贮藏在植物体内，然后再转给其他动物，这样营养就从一个取食类群转移到另一个取食类群，最后由分解者重新释放到环境中。其次，在生态系统内部生物与生物之间，生物与环境之间不断进行着复杂而有规律的物质交换。这种物质交换周而复始的不断地进行着，对生态系统起着深刻的影响。自然界元素运动路径和速度的人为改变，往往会引起严重的后果。例如，大气中的二氧化碳含量增加，引起全球性的气候变化。

(4)是开放系统，具有自动调控功能

任何一个生态系统都是开放的，不断有物质和能量的流进和输出。一个自然生态系统中的生物与其环境条件是经过长期进化适应，逐渐建立了相互协调的关系。生态系统自动调控机能主要表现在三方面；首先是同种生物的种群密度的调控，这是在有限空间内比较普遍存在的种群变动规律。其次是异种生物种群之间的数量调控，多出现于植物与动物、动物与动物之间，以及常有食物链关系。第三是生物与环境之间的相互适应的调控。生物经常不断地从所在的生境中摄取所需的物质，生境亦需要对其输出进行及时的补偿，两者进行着输入与输出之间的供需调控。生态系统调控功能主要靠反馈(feedback)来完成。反馈可分为正反馈(positive feedback)和负反馈(negative feedback)。前者是系统中的部分输出，通过一定线路而又变成输入，起促进和加强的作用；后者则倾向于削弱和降低其作用。正、负反馈相互作用和转化，从而保证了生态系统达到一定的稳态。

(5)具有动态的、生命的特征

生态系统也和自然界许多事物一样，具有发生、形成和发展的过程。生态系统可分为幼期、成长期和成熟期，表现出鲜明的历史性特点。自身特有的演化规律。换言之，任何一个自然生态系统都是经过长期历史发展形成的。

4.1.1.4　森林生态系统

森林生态系统是地球上差异迥然的众多生态系统中最重要的生态系统之一，森林是由其组成部分——生物(包括乔木、灌木、草本植物、地被植物及多种多样动物和微生物等)与它周围环境(包括土壤、大气、气候、水分、岩石、阳光、温度等各种非生物环境条件)相互作用形成的统一体。因此，森林是一个占据一定地域的、生物与环境相互作用的、具有能量交换、物质循环代谢和信息传递功能的生态系统，也就是森林生态系统。

森林生态系统是生态系统的一个重要类型。它是森林生物群落与其环境在物质循环和能量转换过程中形成的功能系统。简单来说，就是以乔木树种为主体的生态系统，是生物圈中面积较大、结构复杂、对其他生态系统产生巨大影响的一个系统。森林生态系统是典型的完全的生态系统，生产者主要是乔木树种，通常还有灌木、草本、蕨类、苔藓、地衣等；消费者主要是昆虫、鸟类、各种动物，尤其还有一些大型森林动物，种类相当丰富；分解者不但种类多而且数量大，它们将森林凋落物分解释放出矿物质元素归还于土壤，使土壤越来越肥沃，不但提高森林生态系统的生产力，还推动着森林生态系统的发展。

4.1.2 生态平衡

自然生态系统几乎都属于开放系统，只有人工建立的完全封闭的宇宙舱生态系统才可归属于封闭系统。开放系统必须依赖于外界环境的输入，如果输入一旦停止，系统也就失去了功能。开放系统如果具有调节其功能的反馈机制(feedback mechanism)，该系统就成为控制论系统(cybernetic system)。所谓反馈，就是系统的输出变成了决定系统未来功能的输入；反馈可分为正反馈和负反馈。正、负反馈相互作用和转化，从而保证了生态系统达到一定的稳态，负反馈控制可使系统保持稳定。例如，在生物生长过程中个体越来越大，在种群持续增长过程中，种群数量不断上升，这都属于正反馈。正反馈也是有机体生长和存活所必需的。但是，正反馈不能维持稳态，要使系统维持稳态，只有通过负反馈控制。因为地球和生物圈是一个有限的系统，其空间、资源都是有限的，所以应该考虑用负反馈来管理生物圈及其资源，使其成为可持续为人类谋福利的系统。

由于生态系统具有负反馈的自我调节机制，所以在通常情况下，生态系统会保持自身的生态平衡。生态平衡是指生态系统通过发育和调节所达到的一种稳定状况，它包括结构上的稳定、功能上的稳定和能量输入、输出上的稳定。生态平衡是一种动态平衡，因为能量流动和物质循环总在不间断地进行，生物个体也在不断地进行更新。在自然条件下，生态系统总是朝着种类多样化、结构复杂化和功能完善化的方向发展，直到使生态系统达到成熟的最稳定状态为止。当生态系统达到动态平衡的最稳定状态时，它能够自我调节和维持自己的正常功能，并能在很大程度上克服和消除外来的干扰，保持自身的稳定性。有人把生态系统比喻为弹簧，它能忍受一定的外来压力，压力一旦解除就又恢复原初的稳定状态，这实质上就是生态系统的反馈调节。但是，生态系统的这种自我调节功能是有一定限度的，当外来干扰因素，如火山爆发、地震、泥石流、雷击火烧、人类修建大型工程、排放有毒物质、喷洒大量农药、人为引入或消灭某些生物等超过一定限度的时候，生态系统自我调节功能本身就会受到损害，从而引起生态失调，甚至导致生态危机发生。生态危机是指由于人类盲目活动而导致局部地区甚至整个生物圈结构和功能的失衡，从而威胁到人类的生存。生态平衡失调的初期往往不容易被人类所觉察，一旦发展到出现生态危机，就很难在短期内恢复平衡。为了正确处理人和自然的关系，我们必须认识到整个人类赖以生存的自然界和生物圈是一个高度复杂的具有自我调节功能的生态系统，保持这个生态系统结构和功能的稳定是人类生存和发展的基础。因此，人类的活动除了要讲究经济效益和社会效益外，还必须特别注意生态效益和生态后果，以便在改造自然的同时能基本保持生物圈的稳定和平衡。

4.1.3 生态系统的基本组成和功能

4.1.3.1 生态系统的基本组成

所有生态系统，不论是陆地还是水域，都可概括为非生物和生物两大部分或非生物环境、生产者、消费者和分解者4种基本成分。其中非生物环境包括光、热、气、水、土和营养成分等，它们是生物生活的场所和物质，是生物能量的源泉，可统称为生命支持系统。

生产者指的是绿色植物等自养生物。包括树木、草和水域中的藻类等，这些生物可进行光合作用，制造有机物质。消费者指的是各种动物，它们不能直接利用太阳能来生产食物，只能直接或间接地以绿色植物为食，并从中获得能量。分解者主要是细菌和真菌等微生物。它们的主要功能是把动植物的有机残体分解为简单的无机物，这些简单的无机物在回归环境后可被生产者重新利用，所以分解者也称为还原者。三种生物成分与非生物的环境联系在一起，共同组成一个生态学的功能单位——生态系统。生态系统一般可分为三个生态亚系统，即生产者亚系统、消费者亚系统和分解者亚系统。

这里需要指出的是，生物部分和非生物部分对于生态系统来说是缺一不可的。如果没有环境，生物就没有生存的空间，也得不到能量和物质，因而也难以生存下去；仅有环境，而没有生物成分也无法成为生态系统。

非生物环境(abiotic environment)包括参加物质循环的无机元素和化合物(如C、N、CO_2、O_2、Ca、P、K)，联系生物和非生物成分的有机物质(如蛋白质、糖类、脂类和腐殖质等)和气候或其他物理条件(如温度、光照、水分、风等)。

以我国东北红松林森林生态系统为例分析，该森林生态系统中无机环境分为光照、温度、水分、空气和土壤等环境条件，在这里生活的植物种类主要有红松(*Pinus koraiensis*)、紫椴(*Tilia amurensis*)、糠椴(*Tilia mondshurica*)、槭树(*Acer* sp.)等乔木，还有各种灌木、藤本和草本植物，动物中有梅花鹿、野猪、东北虎、黑熊，还有小型动物如哈氏蟆、蟾蜍、蛇、鸟和昆虫等，森林中还有许多细菌和真菌。乔木、灌木和草本等绿色植物通过叶子中的叶绿体吸收太阳能，把水和二氧化碳合成碳水化合物，将光能转变成化学能。森林中的其他成员，如梅花鹿、狍子、野兔等以草、树叶和嫩枝为食，并被狐鼬和黑熊等所捕食；昆虫以草、树汁、树叶等为食，继而被哈氏蟆、蟾蜍、鸟类所捕食，哈氏蟆、鸟类又被蛇和鹰捕食，灰鼠、松鼠等以红松种子为食，它们又成为黄鼠狼、紫貂的食物。所有这些动植物的枯枝，尸体又被细菌和真菌分解，使复杂的有机物变为简单的无机物再回归到土壤、大气中，供植物重新利用。在这个系统中，森林不仅给动物提供了食物和能量，还为动物提供了栖息地和庇护所。森林中所有生物都是直接或间接地相互联系、相互依赖的。

4.1.3.2 生态系统的各成分的功能

(1)生产者

生产者(producer)是能以简单的无机物制造食物的自养生物(autotroph)。生产者包括所有的绿色植物和某些细菌，是生态系统中最活跃的因素。

对于淡水池塘来说，主要分为以下两类：①有根的植物或漂浮植物，通常只生活于浅水中；②体形小的浮游植物，主要是藻类，分布在光线能够透入的水层中。一般用肉眼看不到。

对陆地上的森林、草地等来说，则主要是绿色植物。绿色植物利用太阳能将二氧化碳和水等无机物合成糖和淀粉等有机物，并放出氧气。这个光合作用的过程直接或间接地为人类和无数生物提供着进行生命活动所必需的能量和物质。

自然界除绿色植物外，还有绿色硫细菌、紫色硫细菌和紫色非硫细菌等能营自养生活的细菌，统称为光合细菌(photosynthetic bacteria)。这类细菌的光合作用可用下式表示：

$$H_2A + CO_2 \rightarrow (CH_2O) + A$$

式中，H_2A 为氢供体，在绿色植物中 H_2A 为 H_2O。

光合细菌建立起特殊的接受光的色素系统，在厌氧的生境下合成有机物质。它们多生活在水生环境，包括湿地、沟渠、池塘、湖泊、河水、泥滩等场所。

此外，还有硝化细菌和氧化硫的细菌等化能自养细菌。它们能氧化无机化合物，并以二氧化碳作为唯一碳源而生活的细菌。例如，氧化亚硝酸成硝酸盐；氧化氨成亚硝酸盐等取得能量，进行细胞合成。

光合细菌和化能自养细菌在大多数生态系统中所起的作用并不大，但它们对水域中沉积的某些矿质的循环或富营养化、污染水体却具有重要的作用。

(2)消费者

所谓消费者(consumer)是针对生产者而言，即它们不能从无机物质制造有机物质，而直接或间接地依赖于生产者所制造的有机物质，因此属于异养生物(heterotroph)。

消费者按其营养方式上的不同又可分为 3 类：①食草动物(herbivores)是直接以植物体为营养的动物。在池塘中有两大类，即浮游动物和某些底栖动物，后者如环节动物，它们直接依赖生产者而生存。草地上的食草动物，如一些食草性昆虫和食草性哺乳动物。食草动物可以统称为一级消费者(primary consumer)。②食肉动物(carnivores)即以食草动物为食者。例如，池塘中某些以浮游动物为食的鱼类，在草地上也有以食草动物为食的捕食性鸟兽。以草食性动物为食的食肉动物，可以统称为二级消费者(secondary consumer)。③大型食肉动物或顶级食肉动物(top carnivores)即以食肉动物为食者，如池塘中的黑鱼或鳜鱼，草地上的鹰隼等猛禽。它们可统称为三级消费者(tertiary consumer)。

消费者在生态系统中起着重要的作用。不仅对初级生产物起着加工、再生产的作用，而且许多消费者对其他生物种群数量起调控的作用。

许多土壤动物主要以细菌为食。它们控制着土壤微生物种群的大小。如果没有它们的吞食，微生物种群高速繁殖后，往往处于增长速率很低的状态下，这时微生物种群的分解作用就会大大降低。土壤动物的不断取食可使微生物种群的生长保持指数增长，从而使微生物种群具有强大的活动功能。

(3)分解者

分解者(decomposer)是异养生物，如细菌、真菌、放线菌及土壤原生动物和一些小型无脊椎动物。这些微生物在生态系统中连续地进行着分解作用，把复杂的有机物质逐步分解为简单的无机物。最终以无机物的形式回归到环境中，成为自养生物的营养物质，其作用正与生产者相反。分解者在生态系统中的作用是极为重要的，如果没有它们，动植物尸体将会堆积成灾，物质不能循环，生态系统将毁灭。分解作用不是一类生物所能完成的，往往有一系列复杂的过程，各个阶段由不同的生物去完成。池塘中的分解者有两类：一类是细菌和真菌；另一类是蟹、软体动物和蠕虫等无脊椎动物。陆地上森林和草地中也有生活在枯枝落叶和土壤上层的细菌和真菌，还有蚯蚓、螨等无脊椎动物，它们也在进行着分解作用。

4.1.4　生态系统的结构

生态系统是一个有机的集合体，同时具有物质循环、能量流动和信息传递的功能，因此，具有相对应的结构来维持如此复杂的功能。生态系统是占据一定空间的实体和随着时间变化的实体，因此生态系统具有时空结构，同时，生态系统中能量流动和营养物质的循环，以及信息传递功能的实现，也离不开生态系统中营养结构的支持。生态系统结构的论述主要围绕时空结构和营养结构展开。

4.1.4.1　生态系统的时空结构

生态系统是存在的实体，在时间和空间上都占据一定的范围，时间结构主要表现在生态系统的结构和功能随着时间变化，空间结构主要生态系统在空间上有一定的边界，同时生态系统在水平和垂直的空间上有不同的结构变化。

(1)时间结构

生态系统的结构和外貌也会随时间而变化。一般可以三个时间量度上来考察。一是长时间量度，以生态系统进化为主要内容；二是中等时间量度，以群落演替为主要内容；三是以昼夜、季节和年份的等时间量度的周期性变化。这种短时间周期性变化在生态系统中是较为普遍的现象。绿色植物一般在白天阳光下进行光合作用，在夜晚则进行呼吸作用。海洋潮间带无脊椎动物组成则具有明显昼夜节律。

植物群落具有明显的季节性变化。一年生植物萌发、生长和枯黄，季节性变化十分明显。这些植物的开花取决于随季节而变化的日照长度。各种植物多在最适的光周期下开花，许多植食动物也伴随而生。蓟马每年种群数量最大值就是在玫瑰花盛开的季节，而旅鼠和猞猁种群数量周期波动分别是每隔 3～4 年和每隔 9～10 年出现一次高峰。

生态系统短时间结构的变化，反映了植物、动物等为适应环境因素的周期性变化，而引起整个生态系统外貌上的变化。这种生态系统结构的短时间变化往往反映了环境质量高低的变化。所以，对生态系统结构的时间变化的研究具有重要的实践意义。

(2)空间结构

从空间结构来考虑，任何一个自然生态系统都有分层现象。当你进入森林，可以看见高大的乔木、低矮的灌木以及地表的草本植物，参差不齐。上层乔木层高大枝叶茂密，而且喜光；下层灌木高度要小于乔木层，较耐阴；地表的草本层分布接近在地表的空间。从地下部分看，不同植物的根系扎入土层的深浅也是迥然不同的。

动物在空间的分布也有明显的分层现象。最上层是能飞行的鸟类和昆虫；下层是兔和老鼠的活动场所；最下层是蜘蛛、蚂蚁等。

各生态系统在结构布局上有一致性。上层阳光充足，集中分布着绿色植物或藻类，有利于光合作用，故上层又称为绿带或称为光合作用层。在绿带以下为异养层或分解层。生态系统中的分层有利于生物充分利用阳光、水分、养分和空间。所有生态系统，包括草地、池塘、海洋和人工生态系统，其共同的特征之一是生产者和消费者、消费者和消费者之间的相互作用和相互联系，彼此交织在一起。

生态系统还有一个特点是其边界的不确定性。草地生态系统和池塘生态系统都是个开放系统，能量和物质不断从系统外的环境中输入，与此同时，又不断往外输出。草地和池塘生态系统的边界因外界条件的影响难以明确划分。边界不确定性主要是由于生态系统。内部生产者、消费者和分解者在空间的位置上变动所引起的，其结构较为疏松。一般认为，生态系统范围越大其结构越疏松。

4.1.4.2　生态系统的营养结构

生态系统营养物质在随着食物的取食过程流经生态系统内不同的环节，使生态系统具有蓬勃的生机，同时也形成了生态系统的营养结构，生态系统的营养结构主要表现在食物链和营养级等理论上，食物链指出了生态系统内的营养关系，营养级为营养关系的定量研究提供了基础。

（1）食物链

生态系统中各种成分之间最本质的联系是通过营养来实现的，即通过食物链把生物与非生物、生产者与消费者、消费者与消费者连成一个整体。所谓食物链（food chain）是指生态系统内不同生物之间在营养关系中形成的一环套一环似链条式的关系，生产者所固定的能量和物质，通过一系列取食和被食的关系而在生态系统中传递，各种生物按其取食和被食的关系而排列的链状顺序称为食物链，即物质和能量从植物开始，然后一级一级地转移到大型食肉动物。食物链上的每一个环节称为营养阶层（或营养级，trophic level）。水体生态系统中的食物链，如：浮游植物→浮游动物→食草性鱼类→食肉性鱼类。比较长的食物链，如：植物→蝴蝶→蜻蜓→蛙→蛇→鹰。中国谚语中的“螳螂捕蝉，黄雀在后”，实际上说的是一条食物链，即植物汁液→蝉→螳螂→黄雀。一个生态系统中可以有许多条食物链。根据食物链的起点不同，可以把食物链分成两大基本类型：牧草食食物链（牧草食物链）和腐屑食食物链（腐屑食物链）。牧草食食物链又称捕食食物链（grazing food chain），一般是从活体绿色植物开始，然后是草食动物、一级食肉动物、二级食肉动物等。腐屑食物链又称碎屑食物链（detrital food chain），如动物尸体→埋葬虫→鸟；植物残体→蚯蚓→线虫→节肢动物等；有机碎屑→浮游动物→鱼类。腐屑食物链是从死亡的有机体开始的。

自然生态系统中，牧草食物链和腐屑食物链往往是同时存在的。例如，森林的树叶、草，池塘中的藻类，当其活体被取食时，它们是牧草食物链的起点；当树叶、草枯死落在地上，藻类死亡后沉入水底，很快被微生物分解，形成碎屑，这时又成为腐屑食物链的起点。生态系统中的寄生物和食腐动物形成辅助食物链。许多寄生物有复杂生活史，与生态系统中其他生物的食物关系尤其复杂，有的寄生物还有超寄生，组成寄生食物链。

（2）食物网

在生态系统中，一种生物不可能固定在一条食物链上，往往同时处在数条食物链中，生产者如此，消费者也如此。生态系统中的食物链彼此交错连接，形成一个网状结构，这就是食物网（food web）。如牛、羊、兔和鼠都摄食禾草，这样禾草就可能与 4 条食物链（那 4 条食物链）相连。再如，黄鼠狼可以捕食老鼠、鸟、青蛙等。它本身又可能被狐狸和狼捕食。这样，黄鼠狼就同时处在数条食物链上。实际上，生态系统中的食物链很少是单条、孤立出现的（除非食性都是专一的），它往往是交叉链索，形成复杂的网络结构。食物网从形象上反映了生态系统内各生物有机体之间的营养位置和相互关系。

生态系统中各生物成分间，正是通过食物网发生直接和间接的联系，保持着生态系统结构和功能的稳定性。生态系统中的食物链不是固定不变的，它不仅在进化历史上有改变，在短时间内也有改变。动物在个体发育的不同阶段里，食物的改变（如蛙）就会引起食物链的改变。动物食性的季节性特点，多食性动物，或在不同年份中，由于自然界食物条件改变而引起主要食物组成变化等，都会使食物网的结构有所变化。因此，食物链往往具有暂时的性质，只有在生物群落组成中成为核心的、数量上占优势的种类，食物联系才是比较稳定的。

生态系统内部营养结构不是固定不变的，而是不断发生变化的。一般地说，具有复杂食物网的生态系统，一种生物的消失不致引起整个生态系统的失调，如果，食物网中某一条食物链发生了障碍，可以通过其他的食物链来进行必要的调整和补偿。例如，草原上的野鼠由于流行病而大量死亡，原来以野鼠为食的猫头鹰并不会因鼠类数量减少而发生食物危机。因为，鼠类减少了，草原上的各种草类会生长繁盛起来。茂密的草类可给野兔的生长繁殖提供良好环境，野兔数量得到增殖，猫头鹰则把食物目标转移到野兔身上。但是对于食物网简单的系统中，尤其是在生态系统功能上起关键作用的种，一旦消失或受严重破坏，就可能引起这个系统的剧烈波动。例如，如果构成苔原生态系统食物链基础的地衣，因大气中二氧化硫含量的超标，就会导致生产力毁灭性破坏，整个系统遭灾。有时营养结构的网络上某一环节发生了变化，其影响会波及整个生态系统。又如，澳大利亚草原从来没有兔子，后来从欧洲引入，由于缺少了天敌，欧洲兔得到大量繁殖，数量激增，它们把当地大片的牧草啃食一光，不但使当地的食草动物得不到足够的食物，而且由于没有植被覆盖而变成了荒地。后来为了对付欧洲兔不得不引入一种黏液病毒(*myxomatosis*)，才控制住“兔害”。

食物链和食物网的概念十分重要。正是通过食物营养、生物与生物、生物与非生物环境才有机地联结成一个整体。生态系统中能量流动和物质循环正是沿着食物链(网)这条渠道进行的。食物链(网)概念的重要性还在于它揭示了环境中有毒污染物质转移、积累的原理和规律。通过食物链可把有毒物质扩散开来，增大其危害范围。例如，从生活在北极的白熊和南极的企鹅体内都能检测出 DDT，说明食物链是一个重要的传递途径。

生物还可以在食物链上使有毒物质逐级增大。在食物链的开初，有毒物质浓度较低，随着营养级的升高，有毒物质浓度逐渐增大，达到百倍、千倍，甚至可以达万倍、百万倍。最终毒害处于较高营养阶层的生物。这种现象称为生物放大(biological magnification)。有研究表明 DDT 等杀虫剂通过食物链的逐步浓缩，营养级越高，积累剂量越大。人往往处于食物链的顶端，所以，应十分注意这个问题。这充分说明生态系统食物网和物流研究的理论和实践意义。

(3)营养级

食物链和食物网是物种和物种之间的营养关系，这种关系错综复杂，无法用图解的方法完全表示，为了便于进行定量的能流和物质循环研究，生态学家提出了营养级(trophic level)的概念。一个营养级是指处于食物链某一环节上的所有生物种的总和。例如，作为生产者的绿色植物和所有自养生物都位于食物链的起点，共同构成第一营养级。所有以生产者(主要是绿色植物)为食的动物都属于第二营养级，即植食动物营养级。第三营养级包括所有以植食动物为食的肉食动物。依此类推，还可以有第四营养级(即二级肉食动物营养级)和第五营养级。由于能流在通过各营养级时会急剧地减少，所以食物链也不可能太长，生态系统中的营养级一般只有四、五级，很少有超过六级的。

4.1.5 生态系统的类型

生态系统的类型按照不同的划分方法，有多种不同的类型，不同的研究对象或者对同一研究对象采取不同的研究方法都会产生生态系统划分的不一致。例如，按照生态系统内部的非生物成分来划分，以及按照生态系统的结构来划分及按照生态系统内生物成分这三种方式比较常见，下面介绍几种比较典型的分类标准，所划分的生态系统类型体系。

4.1.5.1　按非生物成分划分

按照生态系统的非生物成分和特征，从宏观上又可把生态系统分为陆地生态系统和水域生态系统。陆地生态系统主要根据其组成成分、植被特点等；而水域生态系统主要根据地理和物理状态的情况再进一步划分，生态系统的这种划分在实际中常被采用(表 4-1)。

表 4-1　地球表面生态系统划分表

一级分类	二级分类	三级分类
I. 水生生态系统	一、淡水生态系统	流水水生生态系统
		静水水生生态系统
	二、海洋生态系统	海岸生态系统
		浅海生态系统
		珊瑚礁生态系统
		远洋生态系统
II. 陆地生态系统	一、森林生态系统	温带针叶林生态系统
		温带落叶林生态系统
		热带森林生态系统
	二、草原生态系统	干草原生态系统
		湿草原生态系统
		稀树草原生态系统
	三、荒漠生态系统	
	四、冻原生态系统	极地冻原生态系统
		高山冻原生态系统
	五、农田生态系统	
	六、城市生态系统	

4.1.5.2　按生物成分划分

根据能量和物质运动状况、生物、非生物成分，生态系统可分多种类型。按照生态系统的生物成分，可分为：

(1)植物生态系统

主要是由植物和无机环境构成的生态系统。在系统中以绿色植物为主，吸收太阳能，进行光合作用。所以，这是最基础的生态系统。如森林、草地等生态系统。

(2)动物生态系统

由植物生态系统和动物所组成的生态系统。在系统中动物起主导作用，以动物取食植物而获得量为主要过程。如鱼塘、畜牧等生态系统。

(3)微生物生态系统

主要是由细菌、真菌等微生物和无机环境所形成的生态系统。在系统中以微生物为主，进行有机物质的分解。这是物质循环中起重要作用的生态系统。例如，落叶层、活性污泥等生态系统。

(4)人类生态系统

以人群为主体的生态系统。如城市、乡镇等生态系统。

4.1.5.3 按生态系统结构划分

按照生态系统结构和外界物质与能量交换状况，可分为：

(1)开放系统

生态系统内外的能量和物质都可进行不断的交换。地球上绝大多数的生态系统都是这种类型。

(2)封闭系统

这种生态系统的特点是它的四周可以阻止物质的输入和输出，但不能阻止能量出入。如宇宙飞船，它在空间飞行需要利用日光的能量，但周围多是极为有害的宇宙环境。为此，人们就得设计极为密闭的，又能进行能量高效转化的封闭系统。这种系统是自给的装置，不仅需要生命所必需的全部非生物物质，而且还需要通过生物的作用，使生产、消费、分解等各种生命过程，维持平衡状态。

(3)隔离系统

这种生态系统具有封闭的边缘，不仅能阻止物质，而且能够阻止能量的输入和输出，与外界处于完全隔绝的状态。这是为特殊需要而设计的。一般生态系统是开放的，用传统的科学实验方法常无法进行实验。因此，就开辟了实验的微生态系统(micro-ecosystem)，在隔离的状态下，进行较为深入的模拟试验，以探索建立一个完全独立、自给的生态系统。

4.1.5.4 按人类活动程度划分

按照人类活动及其影响程度，可以把生态系统分为：

(1)自然生态系统

即实际上未受到人类活动的影响或轻度影响的生态系统。自然生态系统在功能上协调一致，生物对无机环境有深刻的适应。这是在功能作用过程中形成的。正是这种适应，才决定了自然生态系统的特征——具有自行调控和不断更新的能力。

(2)半自然生态系统

由生物中或多或少有固定联系的生物群落复合体构成。其营养结构、类型或比例关系，受到人类活动影响有了变化。如果，人为影响是经常性的，那么，生态系统保持了一定自行调控和更新的能力。这种生态系统又可分为适度破坏的半自然生态系统(二级变化)和严重破坏的半自然生态系统(三级变化)。

(3)人工复合生态系统

这种生态系统主要特征是人在此系统中起主导作用，并在很大程度上生物群落已失去自行调控和恢复的能力。这种生态系统一般多为一个大的综合体，包括了一系列亚系统的大型生产复合体。只有在人的积极参与下，生物群落的生产、更新和物质的循环才有可能有秩序地进行。

随着城市化的发展，人类面临人口、资源和环境等问题都直接或间接地关系到经济发展；社会学和人类赖以生存的自然环境三个不同性质的问题。实践要求把三者综合起来加以考虑，于是产生了社会—经济—自然复合生态系统(social-economic-natural complex ecosystem）的新概念。这种系统是最为复杂的，它把生态、社会和经济多个目标一体化，使系统复合效益最高、风险最小、活力最大。

4.2　森林生态系统的能量流动

能量是一切生命活动的基础，所有生命活动都伴随着能量的转化。能量是生态系统的动力，能量流动则是生态系统的基本功能之一。能量不仅在生物有机体内流动，而且也在物理环境中流动。森林生态系统中生命系统与环境系统在相互作用的过程中，始终伴随着能量的运动与转化。

4.2.1　能量流动的基本原理

能量在生命活动过程中，流经不同环节，经过不同形式的转换，从环境中来最终回到环境中去，在这个过程中，能量连续的流动推动整个系统的运转，能量的流动才产生了生物圈的多样的物种和差异迥然的世界，能量在生态系统流动过程无时无刻遵循着能量的经典定律。了解能量在流动和转换的基本原理，有利于我们更加清楚了解生态系统中的能量流动的过程，在了解能量的基本原理之前，有必要对能量的基本概念加以阐述。

4.2.1.1　有关能量的基本概念

有关能量的概念在物理学的表述比较清楚，但在生态学和生物学等领域对能量的表述还有一些其他的概念。在能量流动和转换过程中还有一些相关的术语，了解能量转换的量化关系，必须对相关术语和概念进行阐述。

（1）能量与能源

自然界中的一切物质，及其各种各样的运动形式，虽然有着本质的区别，但它们之间可以产生相互联系或相互转化。在这些变化过程中，有一个共同的永恒不变的物理量，即能量。生态系统中各组分的存在、变化及其发展，都与能量息息相关，都遵循一定的能量变化规律。

经典力学对能量的定义是指物体做功能力的量度。物体对外界做了功，物体的能量要减少；反过来，若外界对物体做了功，物体的能量就要增加。

设物体原有能量为 E_1，在它外界做了 W 功之后，能量变为 E_2，则必有：

$$W = E_1 - E_2 \tag{4-1}$$

式(4-1)说明物体具有多少能量，就具有多少做功的能力。

物理学认为，能量是系统状态的函数，它的增量等于“外界对系统所做功的总和”。不同生态系统的组分、结构不同，其能量特征也不同；同一生态系统不同的演替阶段，能量特征也不同，所以，每一个生态系统都有其独特的能量特征。对生态系统能量变化规律进行研究，能从本质上认识生态系统，并对其进行合理的调控。能量的形式多种多样，能量在生态系统中以多种形式存在，主要有 5 种：

①辐射能　是来自光源的光量子以能量，在植物光化学反应中起着主要动力的作用。

②化学能　是化合物中的化学键具有的能量，它是生命活动中基本的能量形式。

③机械能　运动着的物质所含有的能量。动物的肌肉所表现的机械能。

④电能　是电子沿导体流动时产生的能量。电子运动对生命有机体的能量转化是很重要的。

⑤生物能　凡参与生命活动的任何形式的能量均称为生物能。

以上所述各种形式的能，都是能量传递中间形式，最终都转化为热量，形成热流，耗散在环境中。生态系统中这些不同形式的能量可以贮存和相互转化。生态系统中有两种能量存在的状态：动能和势能。动能是生物及其环境之间以传导和对流等形式互相传递的一种能量，包括热和辐射。势能又称潜能，是蕴藏在有机分子键内、处于静态的能量，它代表着一种做功的能力和做功的可能性。这种能量可通过取食关系在生物之间传递。食物中的化学能对于生物是非常重要的势能形式。

(2)生态系统的能源

能源是所有能够提供能量和做功的自然资源的总称。按照不同标准，可将能源分为以下几种类型：

①常规能源　指那些已被人们广泛利用的能源。例如，煤炭和石油等。

②新型能源　指那些正在研究开发利用的能源。例如，风能和地热能等。

③一次能源　指那些处于自然贮存状态，可直接取得，不须改变其基本形态的能源(如木材等)。其中的煤、石油和天然气是现代能源的三大支柱。一次能源还包括原子能、温差能和潮汐能等。

④二次能源　指一次能源经过一次或多次转换后形成的另一种形态的能源。例如，电、煤气和蒸汽等。

⑤再生能源　是能够循环使用并能不断得到补充的能源，包括太阳能、风能、海洋能等。

⑥非再生能源　在长期内形成、通常在短期内又无法再形成的能源，则称为“非再生能源”。例如，煤炭、石油等。

4.2.1.2　能量流动的基本原理

生态系统中的能量流动和转化是建立在物理和化学过程的基础之上，因此，同样要遵循能量的相关定律，其中热力学第一定律、热力学第二定律和熵的相关理论，同样是解释能量在生态系统中流动和转化的主要理论依据。

(1)热力学第一定律

生态系统中能量流动和转化，严格遵循热力学第一定律和热力学第二定律。

热力学第一定律，即能量守恒定律，其含义是：能量既不能消失，也不能凭空产生，它只能以严格的当量比例，由一种形式转化为另一种形式。热力学第一定律可表示为：

$$\Delta E = \Delta Q + \Delta W \tag{4-2}$$

式中，ΔE 为系统内能的变化；ΔQ 为系统所吸收的热量或放出的热量；ΔW 为系统对外所做的功，即一个系统的任何状态变化，都伴随着吸热、放热和做功，而系统和外界的总能量并不增加或减少，它是守恒的。

能量转换可以用两种方式来量度，一种是功，即做功的多少；另一种是热，即热交换的数量。能量的国际单位是焦(耳)(J)，过去常用的能量单位是卡(cal)或千卡(大卡，

1千卡=1000卡)。其换算关系是：1 J=0.239cal；1 cal=3.184 6J。能量与力的换算关系为：1J=1N·m。

根据热力学第一定律，能量进入生态系统后，在系统的各组成部分之间呈顺序地传递流动，并发生多次的形态变化。这些变化都是以一部分热能的产生为代价而实现的，但是包括热能在内的总能量并没有增加或减少。如日光能进入生态系统后，大部分因地面、水面和植物表面的反射、散射而离开系统；另一部分在蒸发、蒸腾过程中转化为热能，只有极小部分在叶绿素的作用下被转化为光合产物中的化学能，这部分能量扣除植物自养呼吸消耗后的剩余部分，才是贮存于植物有机物中的化学潜能。

(2)热力学第二定律

热力学第二定律，又称为能量衰变定律或能量逸散定律。它是指生态系统中的能量在转换、流动过程中总存在衰变、逸散的现象，即总有一部分能量要从浓缩的有效形态变为可稀释的不能利用的形态。也就是说，在一切过程中，必然有一部分能量失去做功能力而使能质(能的质量)下降。伴随着过程的进行，系统中有潜在做功能力的能，会分解为两个部分：有用能和热能。前者可继续做功，称为自由能，通常只占一小部分，可能具有更高的质量；后者无法再利用，而以低温热能形式散发于外围空间，往往占一大部分。

热力学第二定律用公式表示，可以写成：

$$\Delta G = \Delta H - T\Delta S \tag{4-3}$$

式中，ΔG 为吉布斯自由能，即可对系统做功的有用能；ΔH 为系统热焓，即系统含有的潜能；ΔS 为系统的熵；T 为过程进行时的绝对温度。

自由能是指具有做功能力的潜能，它是一种有用能。有用能做功以后即衰变为不能做功的无用能，通常是分散的热能。正如食品、汽油中含有的潜能只能利用一次一样，有用能在做功以后即转化为热能，不能被再一次利用。因此，尽管根据热力学第一定律，流进一个系统的能量与流出该系统的能量是相等的，但流出的能量大部分已不能再做功。在能量转化的过程中，会产生部分优质能，但其数量总是少于原来输入的能量。

热力学第二定律告诉我们：第一，任何系统的能量转换过程，其效率不可能是100%。因为能量在转换过程中，常常伴随着热能的散失，因此可以说，没有任何能量能够100%地自动转变为另一种能量。第二，任何生产过程中产生的优质能，均少于其输入能。优质能的产生是以大部分能量转化为低效的劣质能为代价的，由此可见，能量在生态系统中的流动是单向衰变的，不能返回。

(3)序、熵与耗散结构

序是事物排列状态的描述，有序是指事物内部诸要素和事物之间有规则的联系或转化；无序则是指事物内部诸要素或事物之间混乱，且无规则的组合，在运动转化上呈现无规律性。热力学第二定律告诉我们，世界上一切的孤立系统，与外界没有任何物质、能量、信息交流时，其自发演化总是朝有序程度越来越低的方向发展，最终趋向于无序。要维持有序状态，只有使系统获得更多的自由能，清除不断产生的无序，重新建造有序。生态系统的能量输入，正是用来将无序建造为有序，从而使该系统延续下去。

熵是系统无序程度或混乱程度的量度。在系统演化过程中，一个系统的两个状态之间的熵值的变化就是联系两个状态之间可逆等温过程中系统吸收的热量与绝对温度之比，当

温度处于绝对零度时(约在 -273℃),任何一个系统的熵都等于零。其表达式为

$$\Delta S = \Delta Q_{可逆}/T \tag{4-4}$$

式中,ΔS 为熵值的变化;$\Delta Q_{可逆}$ 为系统在可逆等温过程中所吸收的热量;T 为系统所处的绝对温度。

熵值变化的大小反映了不可逆变化的程度。一个孤立的系统,其演化总是自发地从有序状态向无序状态发展,即朝熵增加的方向进行。若系统的正熵值增加,则系统的无序程度增大,当熵值达到最大状态时,系统的有序结构或状态便不复存在,系统走向崩溃。热力学第二定律可表述为熵增加原理:"一切自发不可逆绝热过程总是沿着熵增加的方向进行"。根据热力学第二定律,在孤立系统中,系统的熵值总是由小变大,系统的状态总是自发地由有序趋向无序,直到系统熵值最大或无序程度最大的热力学平衡状态为止。而生态系统的熵变规律如何呢?普利高津(I. Prigogine)在热力学第二定律的基础上将系统分为三类:①孤立系统,与环境无能量和物质的交换;②封闭系统,只与环境交换能量;③开放系统,与环境既交换能量又交换物质。普利高津认为,生态系统是一个远离平衡态的开放系统,呈现出一种耗散结构。

所谓耗散结构,指在远离平衡状态下,系统可能出现的一种稳定的有序结构。普利高津(1977)的研究表明:一个远离平衡态的开放系统,通过与外界环境进行物质、能量的不断交换,能够克服混乱状态,维持稳定状态。当外界条件的变化达到一定限度的阈值时,开放系统通过涨落而发生突变,即非平衡相变,由原来的无序的混乱状态转变为一种在时间、空间或功能上有序的新状态。这种新的有序状态需要不断地与外界交换物质和能量才能维持,并保持一定的稳定性,不因外界条件的微小扰动而消失,此时系统便呈现出新的有序的耗散结构。普利高津认为,生态系统就是一种远离平衡态的开放的热力学系统,具有发达的耗散结构。它在不断的能量和物质输入条件下,可以通过"有组织"地建立新结构,造成并保持一种内部高度有序的低熵状态;它可以通过整个群落的呼吸作用(通过生态系统中的能量流动做功)而不断排除无序。如何正确了解能流平衡方程与热力学定律之间的关系呢?

为了阐明这个问题,首先假定有一个封闭的系统,在这个系统内不考虑物质交换因素。那么,交换的能量就是交换热与交换功之和,即

$$\Delta E = Q + W \tag{4-5}$$

式中,ΔE 为交换的能量;Q 为与周围环境交换的热能;W 为交换的功。

严格地说,生态系统绝大多数都是开放系统。其特点是与环境既交换能量,又交换物质。开放的热力学系统中热焓的总变化(ΔH_s)是其物热焓的变化(ΔH_M)、交换的热(Q_p)和交换的功(W_p)三者之和,即

$$\Delta H_s = -(\Delta H_M + Q_p + W_p) \tag{4-6}$$

ΔH_M、Q_p和 W_p 由各自的初始(t_1 时刻)与最终(t_2 时刻)条件决定,因此可得

$$\Delta H_M = H_2 - H_1 = -(H_1 - H_2) \tag{4-7}$$

$$Q_p = Q_2 - Q_1 = -(Q_1 - Q_2) \tag{4-8}$$

$$W_p = W_2 - W_1 = -(W_1 - W_2) \tag{4-9}$$

把上面三式代入式(4-6)即得

$$\Delta H_s = (H_1 - H_2) + (Q_1 - Q_2) + (W_1 - W_2) \tag{4-10}$$

式中，W_p 即$(W_1 - W_2)$为生命系统向环境所做的功。因为，水和空气中有浮力，这类功占整个能量交换的很小部分，有时可以忽略不计。这样整个系统中热焓的总变化(ΔH_s)就改为

$$\Delta H = H_1 - H_2 + (Q_1 - Q_2) \tag{4-11}$$

从生态系统的能量流的情况来看，ΔH_s 相当于单位时间内的生长量及贮藏量，即生产量(P)。H_1相当于被利用的光能，或被消耗的食物，即输入或摄取的能量(I)。H_2相当于进入生物体而未被利用的部分，即未被利用的能量(F)。Q_1相当于系统内转化成的热能，最终向环境中耗散，即呼吸消耗的能量(R)。Q_2相当于生物体直接与环境进行热交换而吸收或耗散的热能。

因此，$Q_1 - Q_2 = -R$，方程式(4-11)就成为

$$P = I - F + (-R) \tag{4-12}$$

或

$$I = R + P + F \tag{4-13}$$

上式就是能流的动态平衡方程，也就是能量流动基本模式。

4.2.1.3　能量流动的基本特征

系统中的能量流动和系统本身的结构有比较密切的关系，生态系统是远离热力学平衡的一个复杂的有序的系统，在具有热力学系统一般特征的基础上，其能流具有一些特殊的特征。

(1)能量的单向流动

生态系统能量的流动是单一方向的。能量以光能的状态进入生态系统后，就不能再以光的形式存在，而是以热的形式不断地逸散于环境之中。热力学第二定律注意到宇宙在每一个地方都趋向于均匀的熵。它只能向自由能减少的方向进行而不能逆转。

能量在生态系统中流动，很大一部被各个营养级的生物利用，通过呼吸作用以热的形式散失。散失到空间的热能不能再回到生态系统参与流动，因为至今尚未发现以热能作为能源合成有机物的生物。

图 4-1 中清晰地表明，能量流动是单程的，只能一次通过生态系统。生产者所固定的光能，最终将以热的形式耗散掉。

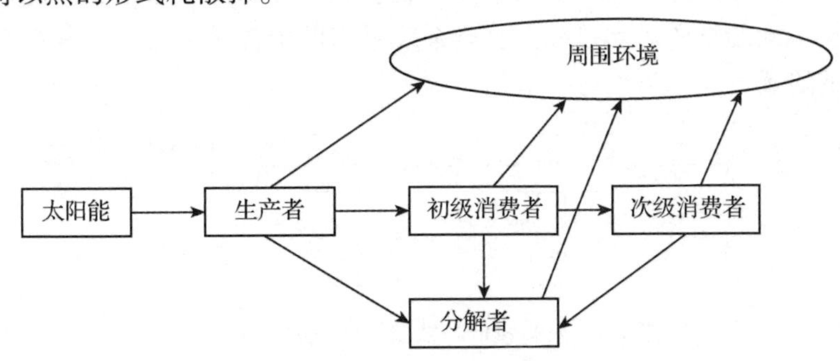

图 4-1　一个生态系统中的能流流动示意

(仿蔡晓明等，1995)

(2)能量流动的通用模式

生态系统的能流(E)是势能(P)与动能(R)之和，即$E = P + R$。势能就是生物本身的产物；动能就是维持新陈代谢所消耗的能量。图4-2提供了一个能量流动的通用模式。它适用于任何生命层次(个体、种群等不同层次)。模式中的I表示能量的总输入。对于生产者来说，就是太阳光(辐射能)。对于消费者来说，就是食物(化学能)。有些藻类和细菌能直接利用这两种能量。

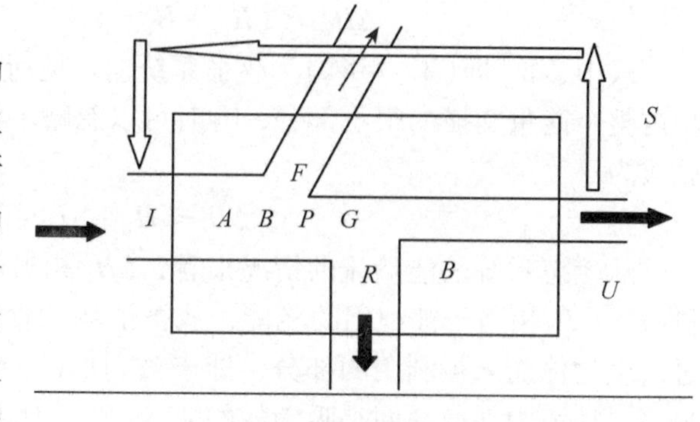

图4-2　能量流动的通用模式

(仿蔡晓明等，1995)

A同化的能量，B生物量，F未被利用的能量，G生物生长，I输入或摄入的能量，P生产量，R呼吸消耗的能量，S储藏的能量，U排泄的能量

并不是所有的能量都能够进一步转化，其中总有一部分原封未动地通过生物体，如一些被动物排出体外的未消化食物；又如已通过植物而未被固定的光能等。所有这些均被称为未利用的能量(F)。G指的是生物体本身的生长，包括繁殖。U指的是被排泄或分泌的同化了的有机物。S指的是贮藏物，如贮藏的脂肪等。

该模式的一个特点是把同化能量划分为“P”(生产)与“R”(呼吸作用)两部分。在被固定的能量(A)中，那些由于代谢散失掉的部分，称为呼吸(R)。而那些转化为新的、各种有机物的部分称为“生产”。能量“P”会参与到下一步的能量流中去，“F”(未被利用的)只能被同一营养级所利用，与下一营养级没有联系。

(3)能量流动中质量和浓度的变化

能量在生态系统中流动，质量和浓度都会逐渐提高。在前面提到的农田生态系统中，可以看到有一部分能量以热能耗散外，另一部分的去向是把较多的低质量能转化成另一种较少的高质量能。从太阳光输入生态系统后的能量流动过程中，能量质量是逐步提高和浓集的。

图4-3表示从低质量能量转化为高质量能量的过程。从图中可以看出，太阳能是一种稀淡的能量形式，而煤则是浓集的能量形式。燃料和原子能都是很浓集的能量。浓集能量可以做功，驱动不同的物质运动过程。生态系统可借助于各成员之间的联系和相互作用而逐渐提高能量的质量。

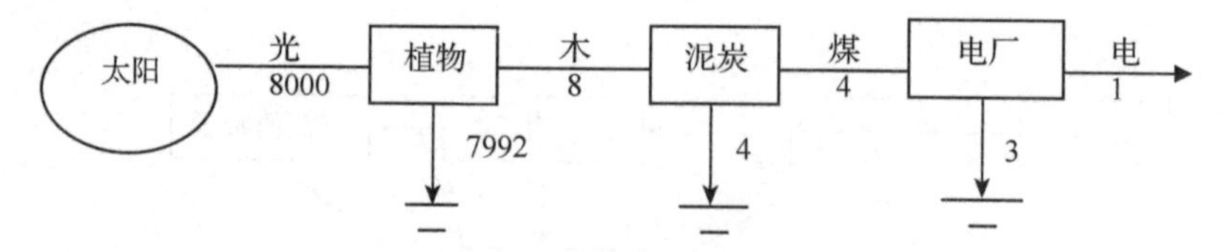

图4-3　质量较低的能量逐级提高和浓集

(引自Odum，1981)

4.2.2　生态系统能量流动过程

生态系统的类型多样结构纷繁复杂，其能量流动过程复杂程度也差异悬殊，不同生态系统能量过程的差异主要从能量流动的途径、在不同层次的能量流动进行分析，以及能量流动中的效率来反映。因此，了解能量流动过程就要了解能量流动的途径、能量流动的效率，以及进行能量分析。

4.2.2.1　能量流动的途径和速率

生态系统的能量流动的途径主要是沿着食物链的取食关系进行流动，能量从食物流向取食者，食物链的差别主要是指食物链类型和食物链中营养级数的差异，二者对能量流动的过程有很重要的影响。

1)两种主要的食物链

生态系统中的能量流动以食物链作为主线，将绿色植物与消费者之间进行能量代谢的过程有机地联系在一起。生态系统中食物链是多种多样的。根据食物链的性质可分为两种主要类型，即牧草食物链和碎屑食物链。牧草食物链是以活的绿色植物为基础营养源，而碎屑食物链是以动物尸体和植物残株为基础营养源。

生态系统中这两种食物链几乎同时存在。图4-4表明，在牧草食物链的每一个环节上都有一定的新陈代谢产物进到碎屑食物链中，清楚地把两种主要食物链联系了起来。

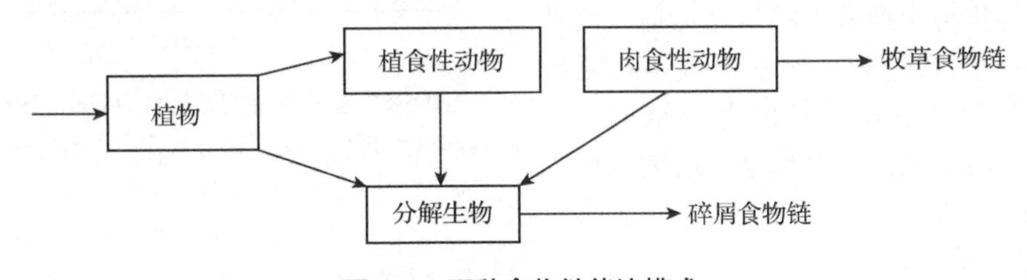

图4-4　两种食物链能流模式
(仿蔡晓明等，1995)

2)生态金字塔

食物链和食物网是物种和物种之间的营养关系，这种关系错综复杂，无法用图解的方法完全表示，为了便于进行定量的能流和物质循环研究，生态学家提出了营养级的概念。一个营养级是指处于食物链某一环节上的所有生物种的总和。

生态系统中的能流是单向的，通过各个营养级的能量是逐级减少的，如果，把通过各营养级的能流量画成图，就成为一个底部宽、上部窄的塔形，称为生态金字塔，又称生态锥(体)。生态金字塔可分为三类：数量金字塔、生物量金字塔和能量金字塔。

(1)数量金字塔

如果各个营养阶层以生物的个体数量进行比较，那么所得的图形称为数量金字塔。数量金字塔越高，这一食物链所包括的营养级数目就越多。数量金字塔每个营养阶层所包括的生物个体数是沿食物链向上递减的。生产者的个体数量通常最多，上面的植食动物就少得多，食肉动物就更少，愈往上愈少[图4-5(a)]。

但是，数量金字塔忽视了生物量的因素。一些生物的数量可能很多，但生物量却不一定大。在同一营养阶层上不同物种的个体大小也是不一样的。

(2)生物量金字塔

以生物的干重或湿重来表示每一营养阶层中生物的总量。一般来说，绿色植物的生物量要大于它们所支持的植食动物的生物量，而植食动物的生物量大于肉食动物的生物量，生物量金字塔在陆地生态系统和浅水水域生态系统中最为典型[图 4-5(b)左图]，这两种生态系统中的生产者是巨大的，它们的生活周期很长，有机物质的积累较多，金字塔一般呈正塔形。

但是，湖泊和海洋的情况却不同。这些水域中的生产者是微小的单细胞藻类。它们的生活周期很短，繁殖迅速，常常大量地被浮游动物所取食。通常浮游动物的生物量超过浮游植物的生物量。R. W. Pennak(1955)在研究了湖泊的头两个营养级后指出，一级消费者生物量与生产者生物量之比值，波动于0.4～9.9的幅度内。这些水域生态系统的营养基底要比它所维持的上层结构小得多。这样，所绘制的生物量金字塔就倒置了[图 4-5(b)右图]。

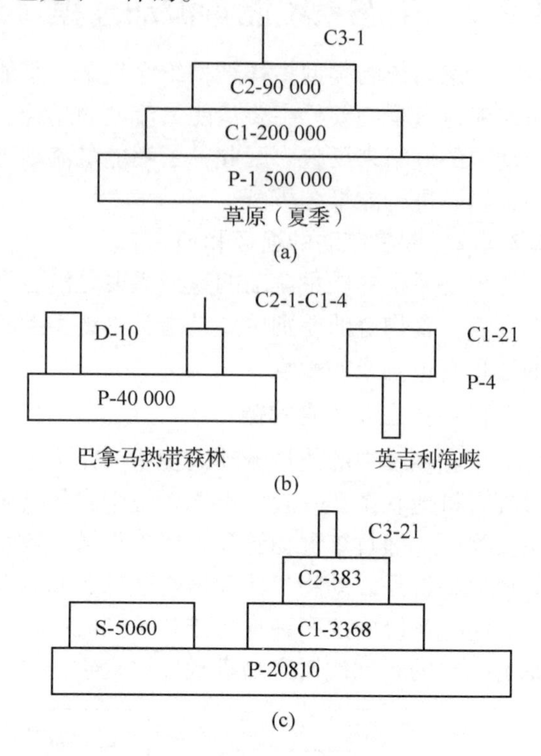

图 4-5 生态金字塔(引自 Odum，1981)

(a)数量金字塔(个体 $0.1hm^{-2}$) (b)生物量金字塔(g 干重 · m^{-2}) (c)能量金字塔($kcal \cdot m^{-2} \cdot a^{-1}$)

P 生产者，C_1 初级消费者，C_2 二级消费者，C_3 三级消费者，D 分解者，S 腐食者，数量金字塔未包括微生物和土壤动物

(3)能量金字塔

表示生物间的能量关系。把生物量换成能量单位，计算营养阶层之间的比值，以表示能量传递、转化的有效程度[图 4-5(c)]。以上所述三种生态金字塔，以能量金字塔所提供的情况，较为客观和全面。能量金字塔不仅表明能量流经每一层次的总量，同时，表明了各种生物在能流中的实际作用和地位，可用来评价各个生物种群在生态系统中的相对重要性。能量金字塔的特点是不受个体大小差异和代谢速率的影响。从三种生态金字塔的差异来看，数量金字塔过高强调了小型生物的作用，而生物量金字塔又过高强调了大型生物的作用。能量金字塔排除了个体大小和代谢速率的影响，以热力学定律为基础，较好地反映了生态系统内能量流动的本质关系。

3)能流的速率

生态系统中能量流动的速率与生态系统内生物群落的稳定性和抗干扰能力有关。平均能量周转时间变动很大，热带雨林为 3 个月，干旱山区的热带林为 1～2 年，美国东南部的松林为 16 年，山区松柏树林在百年以上(Odum，1981)。能量在营养阶层中的转移(通过植食动物、昆虫的途径)一般要几周。陆生群落中大多数植物的生产量并不被植食动物所消耗，常被食碎屑生物所利用和贮存。以生物量的积累速率而言，其平均周转率在温带草原较低，为3年。环境季节性变化能延长落叶层的贮存时间。温带森林中，大多数树木在深秋落叶，此时，一年中最冷的时期开始降临，食碎屑生物的活动减弱。然而，在湿润的热带森林中，落叶层在全年中总是均匀地被食碎屑生物所利用(Whitaker and Levin, 1973)。R. C. Ball(1963)研究表明，在水域生态系统中大多数的能量几周内就可耗散掉。值得注意的是，水中还有一部分木质素和有机物会沉淀在溪流和湖泊的底层积累可达几万年之久。

4.2.2.2　生态系统中能流分析

对生态系统中的能量流动进行研究可以在个体、食物链和生态系统三个层次上进行，所获资料可以互相补充，有助于了解生态系统的功能，更加有利于了解不同类型的生态系统之间能量流动的特点和差异。

1)个体层次上的能量流动

个体水平上的能量流动研究是构成种群和生态系统能流研究的基础。因为，任何生物的种群及生态系统，在宏观上均是由生物个体所组成。由于生物种类繁多，个体在大小、形态、习性等多方面存在着巨大的差异。能量通过个体摄食和吸收，以不同途径流经生物体。

G. O. Batzli(1974)提出了一个适于表述动物或植物个体能流的模式(图4-6)。该模式以较严格的概念全面地表述了个体的能流。

图4-6中虚线表示生物个体与环境间的界线。太阳辐射能或食物作为能源分别被动物或植物利用，通过取食或吸收使能量进入有机体，其间伴随着辐射能的耗散及植物蒸腾耗热和动物体表水分蒸发的能量损耗。进入生物有机体的能量则构成总生产量。模式中总生产量可以利用式(4-14)和式(4-15)计算。对于自养生物

$$GPP = AR + NPP + AEX + AW \tag{4-14}$$

式中，GPP为总初级生产量，且R为呼吸作用；NPP为净初级生产量；AEX为排泄物(即分泌物)；AW为自养生物的功(能)。当$AEX \approx AW \approx 0$方程式就可以极大的简化。对

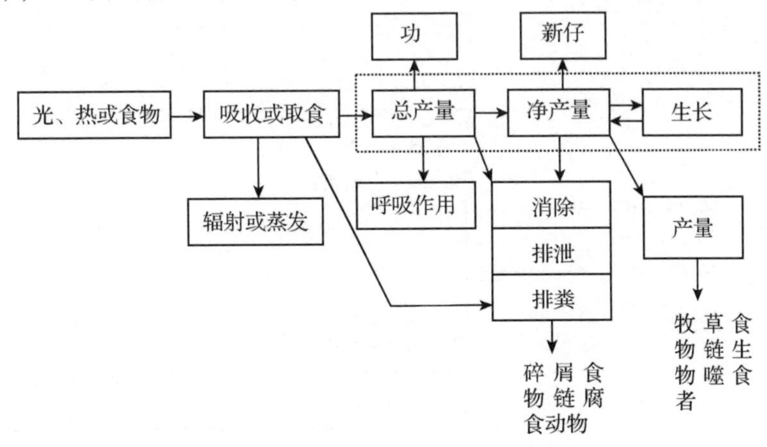

图4-6　个体的能量流动模式(仿蔡晓明，1995)

于异养生物来说

$$GSP = HR + NSP + HEX + HW \tag{4-15}$$

式中，*GSP* 为总次级生产量；*NSP* 为净次级生产量，其他符号与自养生物相同，只是 *H* 为代表异养生物的能动性。这里的 *HEX* 和 *HW* 显著地大于零。

总生产量又可通过以下几条途径转移：①在呼吸作用中进行代谢并产生乙醇、乳酸和/或二氧化碳；②含氮化合物作为废物被排泄掉；③有机体在运动和移动负荷时做功。④结合在还原碳中的能量进一步形成各种含能产品，构成净生产量。当净生产速率为正值时，含能产品的积累速率大于其消耗速率，这时在总体上表现为有机体的生长。

有机体在净生产中形成的含能产品，可以经由以下 4 种方式消失：①繁殖后代（幼仔）；②个体的某些部分可以作为代谢物质脱落，如植物的凋落物和动物的蜕皮等；③动物信息素及防御性物质的释放，植物的树胶、黏胶和挥发性物质的分泌等；④个体被更高营养级的生物利用。

2）食物链层次上的能量流动

在食物链层次上进行能流分析是把每一个物种都作为能量从生产者到顶位消费者移动过程中的一个环节，当能量沿着一个食物链在几个物种间流动时，测定食物链每一个环节上的能量值，就可提供生态系统内一系列特定点上能流的详细和准确资料。

1960 年，F. B. Golley 在密执安荒地对一个由植物、田鼠和鼬三个环节组成的食物链进

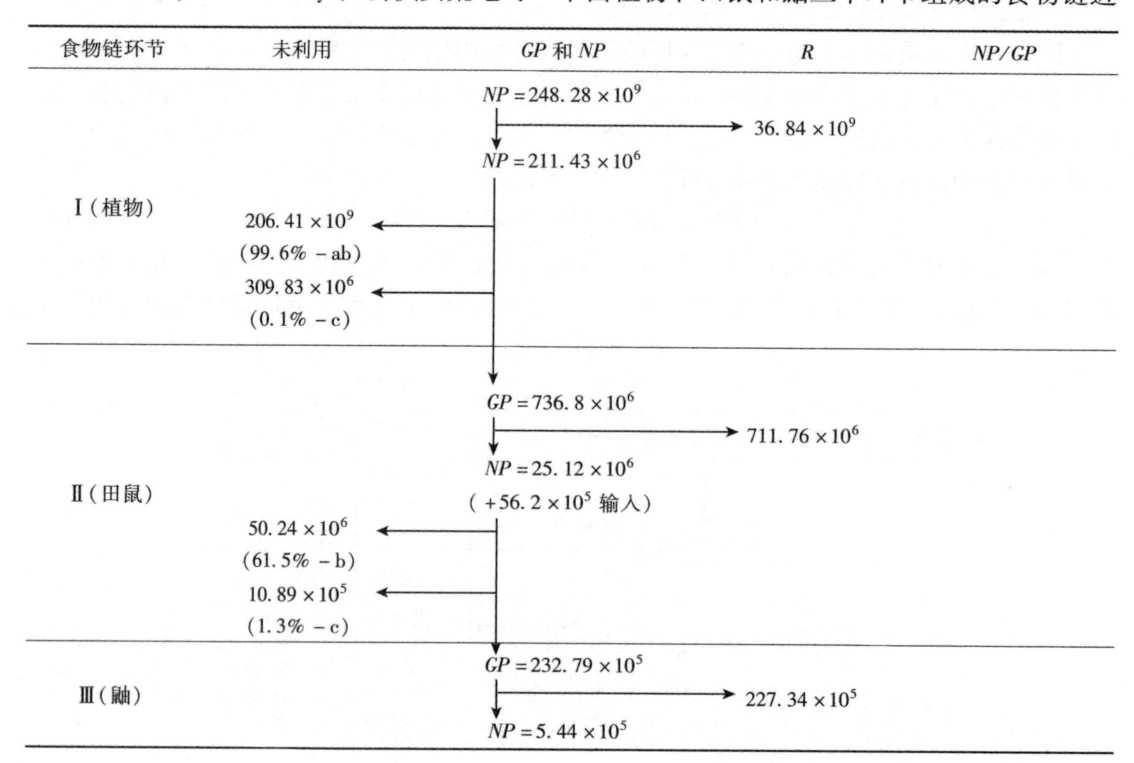

图 4-7　食物链层次上的能流分析（引自孙儒咏，1992）

a 为前一环节 NP 的百分数；b 为未吃；c 为吃后未同化 $J \cdot hm^{-2} \cdot a^{-1}$

行了能流分析(图 4-7)。从图中可以看到，食物链每个环节的净生产量只有很少一部分被利用。例如，99.7% 的植物没有被田鼠利用，其中包括未被取食的(99.6%)和取食后未消化的(0.1%)，而田鼠本身又有 62.8%(包括从外地迁入的个体)没有被食肉动物鼬所利用，其中包括捕食后未消化的 1.3%。能流过程中能量损失的另一个重要方面是生物的呼吸消耗(R)，植物的呼吸消耗比较少，只占总初级生产量的 15%，但田鼠和鼬的呼吸消耗相当高，分别占总化能量的 97% 和 98%，这就是说，被同化能量的绝大部分都以热的形式消散掉了，而只有小一部分被转化成了净次级生产量。由于能量在沿着食物链从一种生物到另一种生物的流动过程中，未被利用的能量和通过呼吸以热的形式消散的能量损失极大，致使鼬的数量不可能很多，因此鼬的潜在捕食者(如猫头鹰)即使能够存在的话，也要在该地区以外的大范围内捕食才能维持其种群的延续。

最后应当指出的是，Golley 所研究的食物链中的能量损失，有相当一部分是被该食物链以外的其他生物取食了，据估计，仅昆虫就吃掉了该荒地植物生产量的 24%。另外，在这个生态系统中，能量的输入和输出是经常发生的，当动物种群密度太大时，一些个体就会离开荒地去寻找其他的食物，这也是一种能量损失。另一方面，能量输入也是经常发生的，据估算，每年从外地迁入该荒地的鼬为 $5.7 \times 10^4 J \cdot hm^2 \cdot a^{-1}$。

3)生态系统层次上的能流分析

在生态系统层次上分析能量流动，是把每个物种都归属于一个特定的营养级中(依据该物种主要取食特性)，然后精确地测定每一个营养级能量的输入值和输出值，这种分析目前多见于水生生态系统，因为水生生态系统边界明确，便于计算能量和物质的输入量和输出量，整个系统封闭性较强，与周围环境的物质和能量交换量小，内环境比较稳定，生态因子变化幅度小。由于上述种种原因，水生生态系统(湖泊、河流、溪流、泉等)常被生态学家作为研究生态系统能流的对象。

(1)银泉的能流分析

1957 年，H. T. Odum 对美国佛罗里达州的银泉(Silver Spring)进行了能流分析，图 4-8 是银泉的能流分析图，从图中可以看出：当能量从一个营养级流向另一个营养级，其数量急剧减少，原因是生物呼吸的能量消耗和有相当数量的净初级生产量(57%)没有被消费者利用，而是通向分解者被分解了。由于能量在流动过程中的急剧减少，以致到第四个营养级的能量已经很少了，该营养级只有少数的鱼和龟，它们的数量已经不足以再维持第五个营养级的存在了。Odum 对银泉能流的研究要比 Lindeman1942 年对 Cedar Bog 湖的研究要深入细致得多。他首先是依据植物的光合作用效率来确定植物吸收了多少太阳辐射能，并以此作为研究初级生产量的基础，而不像通常那样是依据总入射日光能；其次，他计算了来自各条支流和陆地的有机物质补给，并把它作为一种能量输入加以处理；更重要的是他把分解者呼吸代谢所消耗的能量也包括在能流模式中，他虽然没有分别计算每一个营养级通向分解者的能量多少，但他估算了通向分解者的总能量是 $2.12 \times 10^7 J \cdot m^{-2} \cdot a^{-1}$。

(2)Cedar Bog 湖的能流分析

从图 4-9 中可以看出，这个湖的总初级生产量是 $464 J \cdot cm^{-2} \cdot a^{-1}$，能量的固定效率大约是 0.1%(464/497 228)。在生产者所固定的能量中有 21%($96 J \cdot cm^{-2} \cdot a^{-1}$)是被生产者自己的呼吸代谢消耗掉了，被植食动物吃掉的只有 $63 J \cdot cm^{-2} \cdot a^{-1}$(约占净初级生产

营养级	*GP* 和 *NP*	*R*	*NP/GP*
Ⅰ	$GP=871.27\times10^5$ $NP=369.69\times10^5$	501.58×10^5	0.424
Ⅱ	$GP=141.2\times10^5$ $NP=62.07\times10^5$	79.13×10^5	0.440
Ⅲ	$GP=15.91\times10^5$ $NP=2.81\times10^5$	13.23×10^5	0.176
Ⅳ	$GP=0.88\times10^5$ $NP=0.34\times10^5$	0.54×10^5	0.381
分解者	$GP=369.69\times10^5$ $NP=19.26\times10^5$	192.59×10^5	

图 4-8　银泉的能流分析(引自孙儒咏，2002)

量的 17%)，被分解者分解的只有 13 $J\cdot cm^{-2}\cdot a^{-1}$(占净初级生产量的 3.4%)。其余没有被利用的净初级生产量竟多达 293 $J\cdot cm^{-2}\cdot a^{-1}$(占净初级生产量的 79.5%)，这些未被利用的生产量终都沉到湖底形成了植物有机质沉积物。显然，Cedar Bog 湖中没有被动物利用的净初级生产量要比被利用得多。

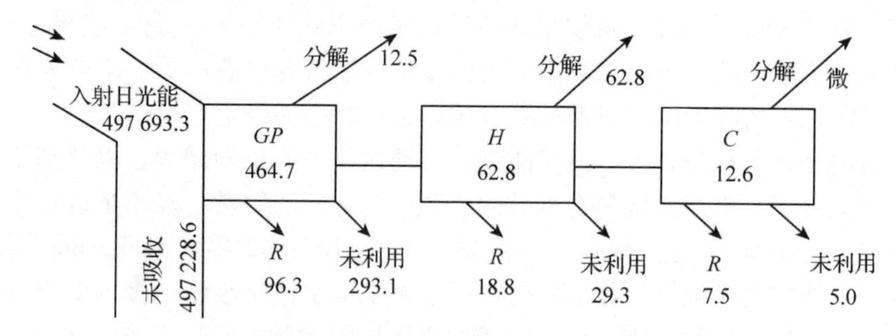

图 4-9　Cedar Box 湖能量流动的定量分析(引自孙儒咏，1992)

GP 为总初级生产量；*H* 为植食动物；*C* 为肉食动物；*R* 为呼吸(单位：$J\cdot cm^{-2}\cdot a^{-1}$)

在被动物利用的 63 $J\cdot cm^{-2}\cdot a^{-1}$的能量中，大约有 18.8 $J\cdot cm^{-2}\cdot a^{-1}$(占植食动物次级生产量的 30%)用在植食动物自身的呼吸代谢(比植物呼吸代谢所消耗的能量百分比要高，植物为 21%)，其余的 43.9 $J\cdot cm^{-2}\cdot a^{-1}$(占 70%)从理论上讲都是可以被肉食动物所利用，但是实际上肉食动物只利用了 12.6 $J\cdot cm^{-2}\cdot a^{-1}$(占可利用量的 28.6%)。这个利用率虽然比净初级生产量的利用率要高，但还是相当低的。在肉食动物的总次级生产量中，呼吸代谢活动大约要消耗掉 60%（7.5 $J \cdot cm^{-2} \cdot a^{-1}$），这种消耗比同一生态系统中的植食动物（30%）和植物（21%）的同类消耗要高得多。其余的 40%（5.0 $J \cdot cm^{-2} \cdot a^{-1}$）大都没有被更高营养级的肉食动物所利用，而每年被分解者分解掉的又微乎其微，所以大部分都作为动物有机残体沉积到了湖底。

如果把 Cedar Bog 湖和银泉的能流情况加以比较（前者是沼泽水湖，后者是清泉水），它们能流的规模、速率和效率都很不相同。就生产者固定太阳能的效率来说，银泉至少要比 Cedar Bog 湖高 10 倍，但是 Cedar Bog 湖，净生产量每年大约 1/3 被分解者分解，其余部分则沉积到湖底，逐年累积形成了北方泥炭沼泽湖所特有的沉积物——泥炭。与此相反，在银泉中，大部分没有被利用的净生产量都被水流带到了下游地区，水底的沉积物很少。

（3）森林生态系统的能流分析

1962 年，英国学者 J. D. Ovington 研究了一个人工松林（树种是苏格兰松）从栽培后的第 17～35 年这 18 年间的能流情况（图 4-10）。这个森林所固定的能量有相当大的部分是沿着碎屑食物链流动的，表现为枯枝落叶和倒木被分解者所分解（占净初级生产量的 38%）；还有一部分是经人类砍伐后以木材的形式移出了松林（占净初级生产量的 24%）；而沿着捕食食物链流动的能量微乎其微。可见，动物在森林生态系统能流过程中所起的作用是很小的。木材占砍伐的净初级生产量的 70%，另占净初级生产量的 30% 的树根实际上没有被利用，而是又还给了森林。

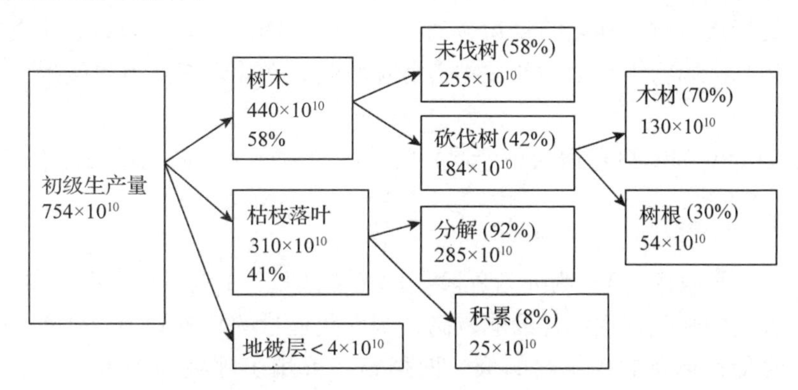

图 4-10　一个栽培松林 18 年间的能流分析（引自 Ovington，1962）

同样，在美国新罕布什尔州的 Hubbard Brook 森林实验站，康奈尔大学的 G. Likens 和耶鲁大学的 F. Herbert 及其同事研究过一个以槭树、山毛榉和桦树为主要树种的森林，初级生产量是 $1.96 \times 10^7 J \cdot cm^{-2} \cdot a^{-1}$，其中有 75% 沿碎屑食物链和捕食食物链流走，其中沿碎屑食物链流动的能量占绝大多数（约占净初级生产量的 74%），而沿捕食食物链流动的能量则非常少（约占净初级生产量的 1%）。因此，这些有机残屑就一年一年地堆积在森林的底层，形成了很厚的枯枝落叶层。

4.2.2.3　能量流动的生态效率

生态系统中的能量从一个营养阶层流转到另一个营养阶层，而在各个不同阶层或点上，能量各参数的比值就称为生态效率。不同食物链中营养阶层之间的生态效率是不同的。即使同一食物链的不同阶层或同一阶层的不同点上的生态效率也常有不同。食物链中不同营养阶层能流参数之间的比率对于种群的组成、发展以及环境条件的变化都有密切关系。所以，生态效率是生态学中的一个重要问题。有关能量转移和转化的生态效率可以分为以下四类。

为了便于解释，首先要对能流参数加以明确。其次要指出的是，生态效率是无维的，在不同营养级间各个能量参数应该以相同的单位来表示。摄食量(I)表示一个生物所摄取的能量。对于植物来说，它代表光合作用所吸收的日光能；对于动物来说，它代表动物吃进的食物的能量。同化量(A)对于动物来说，它是消化后吸收的能量，对分解者是指对细胞外的吸收能量；对于植物来说，同化量指在光合作用中所固定的能量，常常以总初级生产量表示。呼吸量(R)指生物在呼吸等新陈代谢和各种活动中消耗的全部能量。生产量(P)指生物在呼吸消耗后净剩的同化能量值，它以有机物质的形式累积在生物体内或生态系统中。对于植物来说，生产量是净初级生产量；对于动物来说，生产量是同化量扣除呼吸量以后的净剩的能量值，即 $P = A - R$。

(1)同化效率

同化效率(assimilation effect)是衡量生态系统中有机体或营养阶层利用能量和食物的效率。在生产者之中，同化效率是指植物对光的吸收效率，即

$$A_e = \frac{A_n}{I_n} \tag{4-16}$$

式中，A_e为同化效率；A_n为植物固定的能量；I_n为植物吸收的光能。对于消费者来说，同化效率是指被吸收、同化的食物与动物吃下的食物之比。一般说，肉食动物的同化效率比植食动物高。因为肉食动物的食物含能量较高，在化学组成上更接近于自身。

(2)生长效率

生长效率(growth effect)是指同一个营养阶层的净生产量与同化量的比值，即

$$G_e = \frac{NP_n}{A_n} \tag{4-17}$$

式中，G_e为生长效率；NP_n为 n 营养阶层的净生产量；A_n为 n 营养阶层的同化量。

动物中哺乳动物呼吸作用消耗的能量高达被同化能量的97%以上。大型动物的生长效率要比小型动物低；年老的比年幼的低。而植物一般用于呼吸的约占其光合作用能量的40%。由于光合作用中固定的能量又大量地用于植物的呼吸作用，从这个意义上讲，生产者似乎也是一名“消费者”了。

(3)利用效率

利用效率是指一个营养阶层对前一个营养阶层的相对摄取量。对于生产者来说，指的是被绿色植物吸收的光能量与总光能量之比。

消费者的利用效率即消费效率(consume effect)，可用下述公式计算：

$$C_e = \frac{I_n}{NP_{n-1}} \tag{4-18}$$

式中，C_e为利用效率；I_n为在 n 营养阶层的摄取量；NP_{n-1}为在 $n-1$ 营养阶层的净生产量。

动物消费效率一般在20%~25%，这意味着75%~80%的净生产量进入了分解者的

范畴。

(4) 生态效率

生态效率是营养阶层 A_n 与 A_{n+1} 之间的能量比值。这是 Lindeman 最早提出来的，所以又称为林德曼效率。它相当于同化效率、生长效率和利用效率的乘积，即

$$\frac{I_{n+1}}{I_n} = \frac{A_n}{I_n} \times \frac{NP_n}{A_n} \times \frac{I_{n+1}}{NP_n} \tag{4-19}$$

Lindeman 测定了湖泊生态系统的能量转化效率，平均为 10%。也就是说，能量在从一个营养阶层流向另一个营养阶层时，大约损失 90% 的能量。这就是所谓的“Lindman 十分之一定律”，即 Lindeman 效率。

Lindeman 十分之一定律来自对天然湖泊的研究，所以比较符合一般水域生态系统的情况，但对陆地生态系统并不十分符合。陆地生态系统的消费效率有时比海洋生态系统低得多。因为，陆地上的净生产量能够传递到下一个营养级的很少，其中大部分都直接传递到了分解者，虽然 Lindeman 十分之一定律只是粗略地对能流效率进行估算，与一些生态系统能流值往往有出入，但它还是有一定参考价值的。它给我们提供了一个大致的数量概念，可作为能流定量研究的基础。

各类动物的生长效率不同，一般来说，无脊椎动物具有较高的生长效率，约 30%~40%。由于呼吸消耗的能量较少，也就有可能将更多的同化能量变为生长量。

4.2.3　生态系统生产力

生态系统生产力反映生态系统功能的主要指标，也能够反映某一具体生态系统对生物圈的生物生产的贡献。森林生态系统作为陆地生态系统中的重要的生态系统之一，生态系统生产力更加受到关注。生态系统的生产力主要从初级生产和次级生产这两个主要的生产过程来考察。

4.2.3.1　生物生产及生产力的有关概念

生态系统生产力是生态系统功能的重要组成部分，是反映生物生产过程的能力和效率的主要指标，了解生物生产和生产力是研究整个生态系统生产力的基础，因此了解生物生产的特殊性是必要前提。

(1) 生物生产

生物生产是生态系统重要的功能之一。生态系统不断运转，生物有机体在能量代谢过程中，将能量、物质重新组合，形成新的生物产品(糖、脂肪和蛋白质等)的过程，称为生态系统生物生产。生物生产常分为个体、种群和群落等不同层次，也可分为植物性生产和动物性生产两大类。

生态系统中绿色植物通过光合作用，吸收和固定太阳能，将无机物、转化成复杂的有机物。由于这种过程是生态系统能量贮存的基础阶段，因此，绿色植物的这种生产过程称为初级生产(primary production)，或称第一性生产。初级生产以外的生态系统的生物生产，即消费者利用初级生产的产品进行新陈代谢，经过同化作用形成异养生物自身的物质，称为次级生产(secondary production)，或称第二性生产。

(2) 生产量、生产率与生产力

生物同化环境中的物质和能量，形成有机物质的积累，这种由生物生产所积累的有机

物质的数量常称为生产量(production)。这些有机物是生物生命活动的基础。生态系统中一定空间内的生物在一定时间内所生产的有机物质积累的速率称为生产率(productivity rate)或生产力(productivity)，一般谈到生产量也含有时间概念。因此，生态学中认为生产、生产力和生产量三个名词是同义的。

(3)生物量与生产量

生物量(biomass)与生产量的概念是不同的，但常易混淆。生物量是指单位面积内动物、植物等生物的总重量($kg \cdot m^{-2}$)。生物量只指有生命的活体，以鲜重(湿重)或干重(dry weight，DW)表示。

某一时间的生物量，就是在此时间以前生态系统所积累下来的生产量。一般来说，生态系统中植物群落在生长季节，其生产量大于呼吸量。

生物量随时间而逐渐积累，可表现为生物量的增长。生物量随着生态系统的发展而有规律地变化。值得注意的是，生态系统发展到成熟阶段，这时生物量可达到最大值，而实际的增长率极小。此时，潜在的收获量却很小。由此可见，生物量和生产量之间存在着一定关系，生产量的大小对生产力有某种影响。当生物量很小时，如树木稀少的林地、鱼量不多的池塘，是没有充分利用空间和能量。此时的生产量就不会高。反之，林地中树木密、鱼塘中鱼太多，则限制了每个个体的发展。这种情况下，生物量很大，但不意味着生产力高。

随着生态系统研究的不断发展，对其生物生产的研究也不断加深。在对生物生产力与多种生态因素之间的关系，生物生产的过程及其生产力的提高等多方面研究的基础上，已逐渐形成生态学一个新的研究领域——生产生态学(production ecology)。美国正在开展有关人类福利生产力的生物学研究；英国、瑞典则开展以针叶林、落叶阔叶林和山地草原生态系统为主的研究；日本的重点是草地长期生产力的研究等。

4.2.3.2 初级生产和次级生产

生物生产过程中由于能量的来源差异，把生态系统中的生物生产分成了两种类型：初级生产和次级生产。初级生产过程生产者能够直接利用环境中的太阳能而转化成为储存在有机体内的化学能，而次级生产过程只能通过使用有机体合成的化学能而间接使用太阳能。初级生产是生态系统中能量流动的入口，而次级生产完成生态系统中能量的传递和流动。

(1)初级生产的有关概念

初级生产(primary production)，是指地球上的各种绿色植物通过光合作用将太阳辐射能以有机物质的形式贮存起来的过程。因此，绿色植物是初级生产者。初级生产是地球上一切能量流动之源泉，或者说，一切生态系统的能量流动是以初级生产为前提和基础的。因而，初级生产也常常称作第一性生产或植物性生产。

初级生产力(primary productivity)，即初级生产速率，是指在单位时间、单位面积内初级生产者生产的干物质或积累的能量，其单位可表示为：$g \cdot m^{-2} . d^{-1}$，或$t \cdot hm^{-2} \cdot a^{-1}$，或$kJ \cdot m^{-2} \cdot a^{-1}$。

净初级生产力(net productivity)，指单位面积和时间内总生产力减去植物呼吸消耗量所剩下的数量。

初级生产力是表达生态系统生产力的一个重要指标，也是衡量地球对人类容纳量的一个主要依据，测定初级生产力是开展生态系统研究的一项基本工作。在草场生态系统中，初级生产量的测定结果是确定载畜量和划分草地类型的基础；在森林生态系统中，初级生产量的数据可作为森林采伐和培育更新的依据。

(2)初级生产的主要过程

如前所述，初级生产是指绿色植物的生产，即植物通过光合作用，吸收和固定光能，把无机物转化为有机物的生产过程。因此，森林中的树木生长，草地上草本植物的生长，农田里各种作物的生产，以及各种水域浮游植物、水生植物的生长、繁殖等都是初级生产的范畴。

初级生产的过程可用下列化学方程式表示：

$$6CO_2 + 6H_2O \rightarrow C_6H_{12}O_6 + 6O_2 \tag{4-20}$$

式中，CO_2和H_2O是原料；糖类$(CH_2O)_n$是光合作用形成的主要产物，如蔗糖、淀粉和纤维素等。

由于植物体干物质的90%以上是通过光合作用形成的，所以，植物的生产过程实质上是生态系统从环境中不断获得物质和能量的过程。

初级生产过程，还常常受到光照、水、营养物质、污染物质等理化因素的影响。如外界环境条件适宜，则植物的初级生产潜力可以发挥出来；反之，初级生产潜力的发挥就受到限制。

(3)地球上主要生态系统的初级生产力

地球上初级生产力的大小是决定地球人口（及动物）承载能力的重要依据。据R. H. Whittaker(1975)计算研究结果，地球的初级生产量为172×10^9t有机质，其中农田为9.1×10^9t，温带草原为5.4×10^9t，热带稀树草原为10.5×10^9t，海洋为55×10^9t，其余湖泊、河流、沼泽、荒原、高山和沙漠等合计为7.47×10^9t.

从单位面积的年净生产量来看，荒漠、苔原和海洋的生产力不到$200g\cdot m^{-2}\cdot a^{-1}$，温带谷物与许多天然草地、北部森林、湖泊、河流约$200\sim800g\cdot m^{-2}\cdot a^{-1}$，杂交玉米及其他集约栽培的农作物可超过$1000g\cdot m^{-2}\cdot a^{-1}$，沼泽和热带作物可超$3000g\cdot m^{-2}\cdot a^{-1}$，地球生物圈的光能利用率（占总辐射量）平均为0.11%，陆地平均为0.25%，海洋为0.05%，农田一般不到1%，集约化栽培农田可达2%左右。

陆地各生态系统的净初级生产力大约在$0\sim3500g\cdot m^{-2}\cdot a^{-1}$范围内，可以划分为4个级别：

①$1000\sim2000g\cdot m^{-2}\cdot a^{-1}$，是陆地适宜气候条件下净初级生产力的标准值，也是世界上大多数相对稳定的森林的平均值。这些森林不受土壤及地形的限制或破坏，水和温度也不成为限制因子。此级别包括一部分草地及温带地区生产力比较高的农耕地。

②$250\sim1000g\cdot m^{-2}\cdot a^{-1}$，干燥的疏林灌丛或矮林以及大部分草地，还包括许多栽培农作物的陆地。

③$0\sim250g\cdot m^{-2}\cdot a^{-1}$，这是最低值，常分布在极端干燥和低温的地区，也就是大面积的荒漠及两极（南极、北极）地区的冻原及高山带。

④$2000\sim3000g\cdot m^{-2}\cdot a^{-1}$，高标准的生产力，属于温湿地带，尤其是多雨地区的森

林、沼泽地、河流岸边的生态系统，以及在优异条件下处于演替过程中的森林，还有农业集约栽培的水稻田和甘蔗田。这些生态系统虽外貌不同，但水分条件好，温度较高，土壤养分可得到持续供应。

(4)次级生产

次级生产(secondary production)是指生态系统初级生产以外的生物有机体的生产，即消费者和分解者利用初级生产所制造的物质和贮存的能量进行新陈代谢，经过同化作用转化形成自身的物质和能量的过程。

牧草被牛羊取食，同化后增加牛羊的重量，牛羊产奶、繁殖后代等过程都是次级生产。初级生产是自养生物有机体生产和制造有机物的过程，而次级生产是异养生物有机体再利用、再加工有机物的过程。

牛羊等取食牧草，为一级消费者。由于二级、三级消费者的取食都是有机物，其能量流动及其加工过程与一级消费者基本相同，源于同一类型——动物性生产，都通称为次级生产或次级生产力。生态学中一般不再划分三级、四级生产力。

从理论上讲，绿色植物的净初级生产量都可以成为草食动物利用的初级生产量，但实际上草食动物只能利用净初级生产量中的一部分。次级生产可以概括为下式：

$$C = A + Fu \tag{4-21}$$

式中，C 为摄入的能量；A 为同化的能量；Fu 为排泄物、分泌物、粪便和未同化食物中的能量。A 又可进一步分解为：

$$A = PS + R \tag{4-22}$$

式中，PS 为次级生产的能量；R 为呼吸中丢失的能量。所以

$$C = PS + Fu + R \tag{4-23}$$

那么，次级生产可表示为：

$$PS = C - Fu - R \tag{4-24}$$

4.3 森林生态系统的物质循环

本节主要介绍了物质循环的基本概念、特点，并描述了水、碳、氮、磷、硫等物质循环的物理、化学和生物过程，以及它们的源、汇、途径、速率、储库和模式等特点，特别是对森林生态系统的物质循环的过程及主要特点进行了详细的介绍。通过学习，可以了解有关生态系统营养物质输入和输出的主要途径和营养物质收支特点；学会应用物质循环理论，并对当前人类所面临的全球生态环境问题有一个较为深入的了解。

4.3.1 物质循环的概念及其特点

在一个生态系统中，许多物质常常是生命系统的限制性因素，生命的兴衰取决于这些元素的供应、交换和转化。生态系统中流动的物质有着双重的使命，它既是贮存能量的载体，又是维持生命活动的基础，从生物体生存的必要性来说，物质与能量一样，具有同等

重要的意义。

4.3.1.1 物质循环的概念及类型

生态系统的物质循环是指生态系统中的生物成分和非生物成分间物质往返流动的过程。生态系统的类型根据物质循环路线和周期长短、物质形态和贮存库、物质循环运动的途径等的不同而有不同的划分方法。

1)物质循环的基本概念

生物圈物质主要由 109 种化学元素所组成，这些元素在生态系统各组成成分间不断进行转化和传递，并联结起来构成了物质循环过程，生态学中对这些元素的转化分布和动态的研究，称为生物地球化学(biogeochemistry)。

大气、水体和土壤等环境中的营养物质通过绿色植物吸收，进入生态系统，被其他生物体重复利用，最后，再归还于环境中，这些归还的物质又再一次被绿色植物吸收，进入生态系统，这种物质的反复传递和转化过程，就称为物质循环(cycle of material)，如果这些物质的循环经历沉积或者矿化过程，又称生物地球化学循环(biogeochemical cycle)。

生态系统中的物质循环和能量流动都是借助于生物之间的取食过程，二者密切相关、不可分割，总是同时相伴而发生，一起构成了生态系统的两个基本过程，正是这两个基本过程使生态系统各个营养级之间和各种成分(非生物成分和生物成分)之间组织成为一个完整的功能单位。如光合作用在把二氧化碳和水合成葡萄糖时，同时也就固定了能量，即把光能转化为葡萄糖内贮存的化学能；呼吸作用在把葡萄糖分解为二氧化碳和水时，同时也释放出其中的化学能。但是能量流动和物质循环的性质不同，能量流经生态系统最终以热的形式消散，能量流动是单方向的，因此生态系统必须不断地从外界获得能量。而物质的流动是循环式的，各种物质都能以可被植物利用的形式重返环境(图 4-11)。

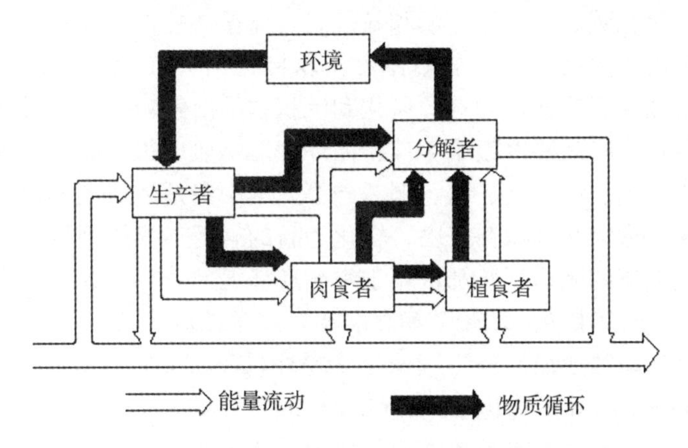

图 4-11 生态系统中的能量流动与物质循环特征的比较

(引自尚玉昌，2002)

2)物质循环的主要类型

物质循环是个复杂的过程。原因一是由于介质多样，营养元素在陆地、水域或者大气中的运动有着明显的差别。二是涉及众多的元素，形态变化多样，营养物质在循环过程中与众多元素作用。例如，在不同条件下，铜有 7 种形态。形态不仅与该元素在环境中的物理化学稳定性有关，而且，具有不同的生物学意义。三是与物质在循环过程中发生多种化学作用有关。营养物在循环中不断发生氧化、还原、组合和分解，在过程中还常受到温度、湿度、酸碱度以及土壤母质等物理化学性质作用的影响。此外，不同物质或同一种物质在循环过程中也在空间、时间上有较大的变化。因此，对物质循环类型的划分也较为复杂，通常主要有以下几种。

(1)生物小循环和地球化学大循环

根据物质循环路线和周期长短的不同，可将循环分为生物小循环和地球化学大循环。生物小循环是在一定地域内生物与周围环境(气、水、土等)之间进行的物质周期性循环。主要通过生物对营养元素的吸收、留存和归还来实现。这种循环是在一个具体范围内快速短周期的循环，是开放式的循环，它受地球化学大循环所制约。地球化学大循环是指环境中的元素经生物吸收进入有机体，然后以排泄物或残体等形式返回环境，进入大气圈、水圈、土壤岩石圈及生物圈的循环。它的范围大，周期长，影响面广。小循环与大循环相互联系，互相制约。小循环置于大循环之中，大循环不能离开小循环，两者成为统一体并构成了生物地球化学循环。

(2)水循环、气体型循环和沉积型循环

根据循环物质形态和贮存库不同将物质循环分为 3 种类型，即水循环(water cycle)、气体型循环(gaseous cycle)和沉积型循环(sedimentary cycle)。这也是较为常见的划分物质循环的方法。

生态系统中所有的物质循环都是在水循环的推动下完成的。因此，没有水的循环，也就没有生态系统的功能，生命也将难以维持。在气体循环中，物质的主要储存库是大气和海洋，气态循环将大气和海洋密切相联，具有明显全球性，循环性能最为完善。属于这一类的物质有氧、二氧化碳、氮、氯、溴和氟等。气体循环速度比较快，物质来源充沛，不会枯竭。沉积循环的主要储蓄库是岩石圈、土壤圈，与大气无关。参与沉积型循环的物质，其分子或化合物主要是通过岩石的风化和沉积物的溶解转变为可被生物利用的营养物质，循环速度比较慢，时间要以数千年计，循环性能一般也很不完善。属于沉积型循环的物质有磷、钙、钾、钠、镁、锰、铁、铜、硅等，其中磷是较典型的沉积型循环物质，它从岩石中释放出来，最终又沉积在海底，转化为新的岩石。气体型循环和沉积型循环虽然各有特点，但都受能流的驱动，并都依赖于水循环。

(3)地球化学循环、生物地球化学循环和生物化学循环

根据物质循环运动的途径，分为地球化学循环(geochemical cycles)、生物地球化学循环(biogeochemical cycles)和生物化学循环(biochemical cycles)。

地球化学循环是指不同生态系统之间化学元素的交换。这种循环一般不会重复统一空间的途径，一旦某养分元素离开某生态系统，可能永远不再返回；空间距离可能很近，如坡上和坡下，或者很远如海洋和内陆；时间范围长可达数百万年，如海底沉积的养分，而像二氧化碳进入某一森林生态系统，可能仅数小时就会离开，但若 CO_2 结合成为有机物质，在系统内又未腐烂分解，可以保留数千年。生物地球化学循环是指生态系统内部化学元素的交换，其空间范围一般不大，植物在系统内就地吸收养分，又通过落叶等归还到同一地方。如树木根系从分解的凋落物中吸收氮元素进入新生的树叶，秋季树叶脱落后又成

为凋落物，氮又归还于林地。生物化学循环是指养分在生物体内的再分配，植物不只单靠根和叶吸收养分满足其高、径和根的生长，同时还会将贮存在植物体内的养分转移到需要养分的部位。如美国南部一个研究报告指出，火炬松针叶在刚产生离层之前，叶内转移的N、P和K相应为44%、38%和58%，重量减少14%。当然，这些转移受到植物本身和环境等诸多因素的影响。树木根据生物化学循环这一途径，每年可以满足相当多的养分需要量，对某些树种来说，生物体内养分的再分配具有重要的意义。

4.3.1.2　物质循环的基本特征

生态系统中的生物成分，无论是植物、动物、微生物，甚至包括人类在内，都是由运动着的物质构成的。物质循环过程中的环节通常称为分室(compartment)或库(pool)等。由于人们对生态系统物质循环的各个环节情况仍知之不详，所以对基本特征的叙述也只能是一般性的。

(1)生态系统的元素组成

生态系统中，生物为了生存不仅需要能量，也需要物质，没有物质满足有机体的生长发育需要，生命就会停止。生物有机体需要的化学元素有30~40多种，这些化学元素称为生物性元素，在生命过程中是必不可少的。

对于大多数生物来说，有大约20多种元素是它们生命活动所不可缺少的，另外还有大约10种元素，虽然通常只需要很少的数量就够了，但对某些生物来说，却是不可少的。前者有时被称为大量元素(macronutrient)，后者则被称为微量元素(micronutrient)。生物体所需要的大量元素包括在生物体内含量超过生物体重1%以上的碳、氧、氢、氮和磷等，也包括含量占生物体干重0.2%~1%之间的硫、氯、钾、钙、镁、铁和铜等元素，微量元素在生物体内一般不超过体重的0.2%，而且并不是在所有生物体内都有。属于微量元素的有铝、硼、溴、铬、钴、氟、镓、碘、锰、钼、硒、硅、锶、锑、钒和锌等。例如，构成有机体主要骨架的糖类是由水和二氧化碳经光合作用而形成的，但是光合作用过程中还必须有氮、磷和微量锌、钼等参加反应；同时，还必须在酶的活性下进行，酶本身又包括各种微量元素。

氢、氧、碳和氮4种元素是生物量中主要的化学成分，大约占植物体干重的95%，它们可直接或间接以气态形式从大气中获取，其中氢和氧结合形成的水占生物总重量的绝大部分。氢、氧和碳是脂肪和碳水化合物以及植物细胞壁纤维素不可缺少的成分。这三种元素加上氮是构成蛋白质的基础。磷是核酸和磷脂不可缺少的物质，硫是形成某些氨基酸的成分，钾在植物细胞分裂和调节保卫细胞膨压等方面起着重要作用。镁是叶绿素分子组成成分。钙对线粒体(mitochondria)和细胞核的形成和代谢起重要作用。铁对合成叶绿素有重要作用，钼对植物对氮的固定很重要，锰和铜是酶的催化剂。硼影响各种酶的活动。锌对植物的重要激素吲哚乙酸(IAA)的合成起着重要作用，并与蛋白质的合成有关。氯在光合作用过程中起重要作用。植物从周围环境中吸收的元素或化合物的多少，一般与这些元素在周围存在的数量有一定的比例关系，但由于环境的复杂变化和植物代谢状况，不同植物种类对某种元素的吸收有很大差别。同一种植物也因年份、季节和生理状态的不同，对各种元素需要的相对浓度也有所差别。

(2)库与流

生态系统的物质循环可以用库(pool)和流通(flow)两个概念来加以概括和描述。

库是由存在于生态系统某些生物或非生物成分中一定数量的某种化合物所构成的，在生态系统中，各种化学元素在生物与非生物成分之中的滞留称为库。对于某一种元素而言，存在一个或多个主要的储库。在库里，该元素的数量远远超过正常结合在生命系统中的数量，并且通常只能缓慢地将该元素从储库中放出。物质在生态系统中的循环实际上是在库与库之间彼此流通的。在一个具体的水生生态系统中，磷在水体中的含量是一个库，在浮游生物体中的磷含量是第二个库，而在底泥中的磷含量又是另一个库。磷在库与库之间的转移（浮游生物对水中磷吸收以及生物死亡后残体下沉到水底，底泥中的磷又缓慢释放到水中）就构成了该生态系统中的磷循环。这种关系可以用一个简单的池塘生态系统加以说明（图 4-12）。

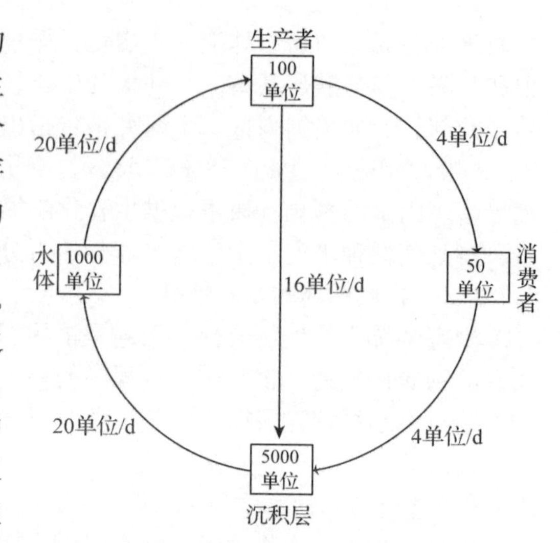

图 4-12　池塘生态系统库与库流通的模式图
（引自孙儒泳等，1993）

根据库的特点，可将其分为贮存库（reservoir pool，RP）和交换库（exchanging pool，EP）两类。贮存库，它的容积大而活动缓慢，一般为非生物的成分，如岩石、沉积物等；交换库或循环库是生物体和它们周围环境之间进行迅速交换的较小而更活跃的部分，一般为生物成分，如植物库、动物库等。

营养物质在库与库之间的转移称为流（flow），若干个库和流形成了生物地球化学循环，也就是物质循环。流可用流通量（flow rate，FR）、周转率（turnover rate，TR）和周转时间（turnover time，TT）等概念来表示。流通量有时又称流通率，通常用单位时间单位面积（或体积）内通过的营养物质的绝对数量表达；周转率是出入一个库的流通量与该库中营养物质总量之比，即

$$TR = \frac{FR}{RP(orEP)} \tag{4-25}$$

周转时间表达了移动库中全部营养物质所需要的时间，周转时间是周转率的倒数，亦即库中全部营养物质更换一次需要的时间，即

$$TT = \frac{RP(orEP)}{FR} = \frac{1}{TT} \tag{4-26}$$

在物质循环中，周转率越大，周转时间就越短。不同物质循环的速率在空间和时间上是有很大的变化，例如，大气圈中二氧化碳的周转时间大约是 1 年（光合作用从大气圈中移走二氧化碳）；大气圈中分子氮的周转时间则需 100 万年（主要是生物的固氮作用将氮分子转换为氨氮为生物所利用）；而大气圈中水的周转时间为 10.5d，即大气圈中的水分一年要更新大约 34 次。在海洋中，硅的周转时间最快，约 8000 年，纳最长，约 2.06 亿年。

影响物质循环速率最重要的因素有：①循环元素的性质，即循环速率由循环元素的化学特性和被生物有机体利用的方式不同所致；②生物的生长速率，这一因素影响着生物对

物质的吸收速度和物质在食物链中的运动速度；③有机分解的速率，适宜的环境有利于分解者的生存，并使有机体很快分解，迅速将生物体内的物质释放出来，重新进入循环。

(3)物质循环的一般规律及研究方法

物质循环在受人类干扰以前，一般是处于一种稳定的平衡状态，也就是说，对于某一种物质，在各主要库中的输入和输出量基本相等。大多数气体型循环物质如碳、氧和氮的循环，由于有很大的大气储库，它们对于短暂的变化能够进行迅速的自我调节。例如，由于燃烧化石燃料，使当地的二氧化碳浓度增加，则通过空气的运动和绿色植物光合作用对二氧化碳吸收量的增加，使其浓度迅速降低到原来水平，重新达到平衡。硫、磷等元素的沉积物循环则易受人为活动的影响，这是因为与大气相比，地壳中的硫、磷储库比较稳定和迟钝，因此不易被调节。所以，如果在循环中这些物质流入储库中，则它们将成为生物在很长时间内不能利用的物质。

生物地球化学循环是地球表面自然界物质运动的一种形式。有了这种物质循环运动，资源才能更新，生命才能维持，系统才能发展。例如，生物呼吸要消耗大量氧气，而空气中的氧气含量并无大的改变；动物每天要排泄大量粪便，动植物死亡的残体也要留在地面，然而经过漫长的岁月后，这些粪便、残体并未堆积如山。这正是由于生态系统存在着永续不断的物质循环，人类才有良好的生存环境。

自然界各种元素的循环并不是彼此独立的，而是密切关联和相互作用的，并且表现在不同的层次上。例如，光合作用和呼吸作用中，碳和氧循环是相互联结的。海洋生态系统的初级生产的速率受到浮游植物的氮/磷比影响，从而使碳循环与氮和磷联结起来。淡水生态系统中磷的有效性也受到底部沉积物中的硝酸盐和氧多少的间接影响。正由于这种联结，人类对于碳、氮和磷循环的干预，将会使这些元素的生物地球化学循环变得很复杂，并且，其后果又常常是难以预测的。又如，由于大气二氧化碳含量的增加，可能使光合作用速率上升，全球气候变暖，并伴随着出现光强度的减弱和土壤湿度的降低。植物在生理上对于二氧化碳含量的反应，又与对温度的反应强烈相关，同时还受到氮的有效性所约束……由此可见，要了解人类活动导致全球营养元素循环的后果，就必须充分了解这些元素循环间的耦合作用；而正是这方面，人类的知识还十分有限，需要进一步加强相关的生态学研究。

物质循环的过程研究主要是在生态系统水平和生物圈水平上进行的。在局部的生态系统中(如森林和湖泊)，可选择一个特定的物种，研究它在某种营养物质循环中的作用。近年来，对许多大量元素在整个生态系统中的循环已进行了不少研究，重点是研究这些元素在整个生态系统中输入和输出，以及在生态系统中主要生物和非生物成分之间的交换过程。如在生产者、消费者和分解者等各个营养级之间以及与环境的交换。

为了测定物质在生态系统内的流通率，需要采用各种技术。一般常用的方法有3种途径。①直接测量，例如，当测量降水和流水输入或输出时，可结合测定水中营养物质的浓度来估算营养物质的流通率；而在估算初级生产量时，可结合测量植物中营养物质的浓度以便统计营养物质总的流通量。②间接推测，如果各个过程的速率都已知，只有某一过程的流通率不知道，就可以间接计算出来。如已知一个陆地生态系统的输入和输出，那么与总的营养物质变化率一起，土壤营养物质由于风化而引起的增加率就可以计算出来。类似的技术也可以用于分析营养物质在生态系统各个生物和非生物成分的输入和输出。③利用放射性示踪元素测量，只有当营养物质的放射性同位素可以被吸收利用，或可被吸收的一种放射性同位素(如^{137}Cs)在其活性上与某种特定的营养物质(钾)极为相似时，这种方法才可用。

生物圈水平上的生物地球化学循环研究，主要研究水、碳、氧、磷、氮等物质或元素的全球循环过程。由于这类物质或元素对于生命的重要性，以及人类在生物圈水平上对生物地球化学循环的影响，使这些研究更为必要。这些物质的循环受到干扰后，将会对人类本身产生深远的影响。

4.3.2 生物地球化学循环

在全球生物地球化学循环的三大类型中，水和水循环对于生态系统具有特别重要的意义，不仅因为生物体的大部分是由水构成的，而且水还是自然的驱使者，生态系统所有的物质循环都是在水循环的推动下完成的。另外，近几十年来，气体型循环已引起人们极大的重视，因为气体循环不仅使一些重要的大量元素输出系统或从系统中损失掉，而且能运载空气的污染物质。人类的活动导致每天都有大量一氧化碳、二氧化碳、硫和氮的氧化物以及各种有机物质和农药进入气体循环。矿质元素通过岩石风化等作用释放出来参与循环，又通过沉积等作用进入地壳而暂时离开循环。所以沉积型循环往往是不完全的循环。沉积型循环物质主要有两种存在相，即岩石相和溶解盐相。

沉积循环有3种运动途径。一是气象途径，像空气尘埃和降水(雨和雪)的输入以及风侵蚀和搬运的输出；陆地尘土和花粉、海洋的盐渍均可由风携带到很远距离的生态系统；飞尘和沙暴能堆积成厚厚的黄土或形成沙丘。这些现象会不断地将养分输入生态系统。二是生物途径，主要是通过动物的活动，使养分在生态系统之间发生再分配。例如，它们可以在一个生态系统内取食，而在另一生态系统内排泄。人类从事农业和林业经营活动中，同样对物质循环产生影响，肥料在某一生态系统采掘或制造，而在另一生态系统施用。与其他动物不同的是，人类不仅对养分元素再分配，而且还集中和散布了大量非营养元素和各种化合物。三是地质水文途径，是指生态系统养分的输入来源于岩石、土壤矿物的风化和土壤水分及溪水溶解的养分对生态系统的输入，以及土壤水或地表水溶解的养分、土粒和有机物质从系统的输出。需要指出的是，尽管气象和生物输入的途径相当重要，但许多生态系统的沉积循环的养分供应主要来自于风化、侵蚀和水溶解等地质水文途径。以沉积型方式循环的物质有磷、硫、钾等多种元素。

4.3.2.1 水循环

水是生态系统中生命必需元素得以不断运动的介质，没有水循环也就没有生物地球化学循环。水也是地球侵蚀的动因，一个地方侵蚀，另一个地方沉积，都要通过水循环。因此，了解水循环是理解生态系统物质循环的基础。

(1)水及水循环的生态学意义

水是生物圈最丰富的物质，水的主要蓄库是海洋、冰川、河湖以及地下等，其中海洋是水最大的贮存库，水量达到1 400 000×10^{15}kg，周转期约为3000年(表4-1)。

表4-1　全球水量及贮存库周转期

贮水量	水量($\times 10^{15}$kg)	百分比(%)	周转期
海洋	1 400 000	96	约3000年
冰雪	43 000	2.9	约10 000年
地下水	15 000	1.0	几周到10 000年
湖泊	360	0.025	约10年
土壤水	80	0.005	几周到1年
大气水	15	0.001	约11天
河流	1	0.000 07	几周
植物和动物	2	0.000 14	几天到几个月

注：转引自Dick Morris *et al.*，2003。

水循环是最基本的生物地球化学循环，水的主要循环路线是从地球表面通过蒸发进入大气圈，同时又不断从大气圈通过降水回到地球表面。水和水循环对于生态系统具有特别重要的意义。首先，生物体的大部分是由水构成的，据研究，世界上全部植物、动物体内的水分，折算成降水量约相当于地球表面约1mm深的水，但这部分水分却要占到有机体的70%，它是生命活动的重要介质，所有生命活动都离不开水。其次，水是地质变化的动力因素和其他物质很好的溶剂，水在一个地方将岩石侵蚀，而在另一个地方将物质沉降下来，久而久之就会带来明显的地理变化。同时由于绝大多数物质都溶于水，随水转移，其中带有大量的多种化合物的周而复始地循环，各种物质只有借助于水才能在生态系统中永无休止地流动，这些都极大地影响着各类营养物质在地球上的分布。此外，水对于能量的传递和利用也有重要影响。地球上大量的热能用于将冰融化成水，使水温上升和将水化为水汽过程，因此，水有防止环境温度发生剧烈波动的重要调节作用。

(2)全球水循环

全球水循环(global hydrological cycle)受太阳能、大气环流、洋流和热量交换所影响，通过蒸发、冷凝等过程在地球上不断地进行着循环。降水和蒸发是水循环的两种方式，在太阳能的作用下通过蒸发把海水转化为水汽，进入大气。在大气中，水汽遇冷凝结、迁移，又以雨(雪)的形式回到地面或海洋。当降水到达地面时，有的直接落到地面上，有的落在植物群落中，并被截留大部分，有的落在城市的街道和建筑物上，很快流失。有些直接落入江河湖泊和海洋。到达土壤的水，一部分渗入土中，一部分作为地表径流而流入江河湖海。河流、湖泊、海洋表层的水及土壤中的水再通过不断蒸发作用进入大气。因此，水循环是由太阳能推动的，大气、海洋和陆地形成一个全球性水循环系统，并成为地球上各种物质循环的中心循环。

水循环的形式除了降水与蒸发外，还有洋流和河流排水这两种重要形式，同样对生态系统发生重要影响。洋流不仅平衡地表能量，而且有调节气候的作用；河流的排水既是输送水分，同时又是营养物质进行传递的重要渠道。也就是说，水循环把陆地和水生生态系统联结起来，把局部生态系统与地球生态系统结合起来。

地球上的降水量和蒸发量总的来说是平衡的。但在不同的表面、不同地区的降水量和蒸发量是不同的。就海洋和陆地来说，海洋的蒸发量约占总蒸发量的84%，陆地只有

16%；海洋中的降水占总降水的77%，陆地占23%（其中来自海洋的水汽，约形成陆地降水量的40%，其余的部分要由来自陆地表面，特别是来自森林植物覆盖的蒸腾所形成）。可见，海洋的降水比蒸发少7%，而陆地的降水则比蒸发量多7%。海洋和陆地的水量差异是通过江河源源不断输送水到海洋，以弥补海洋每年因蒸发量大于降水量而产生的亏损，达到全球性水循环的平衡（图4-13）。

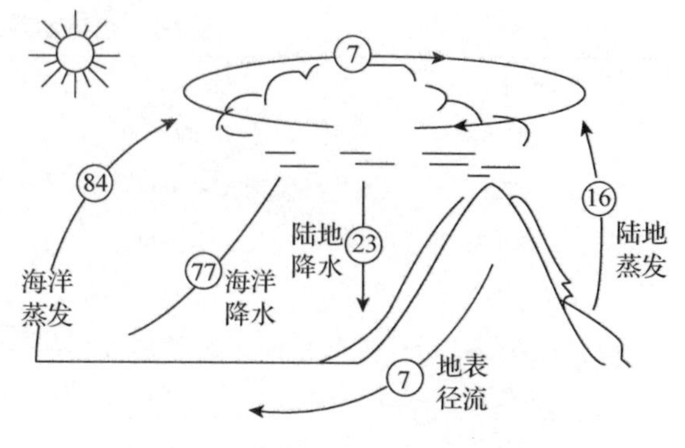

图4-13 水循环的全球动态平衡
（引自戈峰等，2002）

全球水循环的另一特点是因为每年降到地面的雨雪大约有35%，又以地表径流的形式流入海洋，这些地表径流能够溶解和携带大量的营养物质，因此，它可以将各种营养物质从一个生态系统搬运到另一个生态系统，这对补充某些生态系统营养物质的不足起着重要作用；由于携带着各种营养物质的水总是从高处向低处流，所以高地往往比较贫瘠，而低地则比较肥沃。例如，沼泽地和大陆架就是这种比较肥沃的低地，也是地球上生产力最高的生态系统之一。水的全球循环也影响地球热量的收支情况，对能量的传递和利用也有重要作用，地球吸收的太阳辐射能中，相当大一部分被用在水分蒸发中，所以水循环也包含着地球上最重要能量流动在内。

（3）生态系统中的水循环

生态系统中的水循环包括截取、渗透、蒸发、蒸腾和地表径流。植物在水循环中起着重要作用，植物通过根吸收土壤中的水分。与其他物质不同的是进入植物体的水分，只有1%~3%参与植物体的建造并进入食物链，由其他营养级所利用，其余97%~98%通过叶面蒸腾返回大气中，参与水分的再循环。例如，生长茂盛的水稻，一天大约吸收70t/hm^{2}的水，这些被吸收的水分仅有5%用于维持原生质的功能和光合作用，其余大部分成为水蒸气从气孔排出。不同的植被类型，蒸腾作用是不同的，而以森林植被的蒸腾最大，它在水的生物地球化学循环中的作用最为重要。

森林植物在水循环中有着重要作用，森林的这种作用，与它们大量吸收水分和蒸腾水分的特大生理功能密切相关。森林植物从环境中摄取的物质数量最大的就是水分，而所吸收的水分大部分又消耗在蒸腾中。某些地区植被的年蒸腾量，大大超过年降水量，如南非的人工桉树林蒸腾量为降水量的160%；德国的薹草和芦苇群落，年蒸腾量为降水量的160%~190%（朱忠保，1991）。

4.3.2.2 碳循环

碳循环是从CO_2到生活有机物质，又从生活有机物质再回到CO_2的过程。碳循环在所有物质循环中，可能是最简单的一种，但对生命的意义十分重要，因为碳是一切生物体中最基本的成分，是生命的骨干元素，由碳原子结合成的碳链，为复杂的有机分子——蛋白质、脂肪、碳水化合物和核酸等提供了骨架，有机体干重的45%以上是碳。碳被固定后始终与能流密切结合在一起，生态系统生产力的高低也是以单位面积中碳来衡量。

(1) 碳循环过程及特点

碳循环主要形式是从生产者光合作用过程固定大气中的 CO_2 蓄库开始，CO_2 和水反应生成碳水化合物，同时释放氧气进入大气中，碳水化合物的一部分直接作为生产者的能量而被消耗，生产者固定碳的净产量又被消费者所消耗，生产者、消费者进行呼吸而释放 CO_2，以及它们死亡后，最终全部被还原者所分解，它们组织内的碳被氧化成 CO_2 又回到大气中去，从而完成了碳循环的全过程。在水体中，同样由水生植物将大气中扩散到水上层的二氧化碳固定转化为糖类。通过食物链经消化合成，再消化再合成，各种水生动植物呼吸作用又释放二氧化碳到大气中。动植物残体埋入水底，其中的碳都暂时离开循环。但是经过地质年代，又可以石灰岩或珊瑚礁的形式再露于地表；岩石圈中的碳也可以借助于岩石的风化和溶解、火山爆发等重返大气圈。有部分则转化为化石燃料，燃烧过程使大气中的二氧化碳含量增加（图 4-14）。

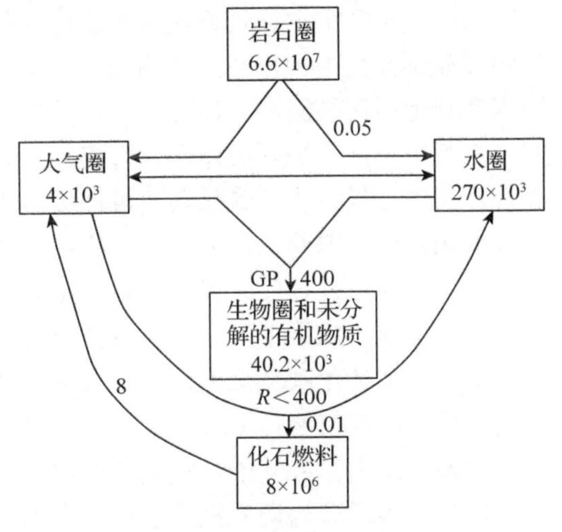

图 4-14　碳的全球性循环

（转引自戈峰等，2002）

图中库（方框内）的单位为 $g \cdot m^{-2}$，流通量（框外）的单位为 $g \cdot m^{-2} \cdot a^{-1}$

据估计全球碳储存量约为 2.7×10^{16} t，最大量的碳被固结在岩石圈中，其次是在化石燃料的石油和煤中。这是地球上两个最大的碳储库，约占碳总量的 99.9%。碳的另一个储库是海洋，它的含碳量是大气的 50 倍，更重要的是海洋对于调节大气中的含碳量起着重要的作用。例如，储存在海洋中的碳，只要释放 2% 就将导致大气中的 CO_2 浓度增加 1 倍。

二氧化碳在大气圈和水圈之间的界面上通过扩散作用而相互交换。二氧化碳的移动方向，主要取决于在界面两侧的相对浓度，它总是从高浓度的一侧向低浓度的一侧扩散。借助于降水过程，二氧化碳也可进入水体。1L 雨水中大约含有 0.3mL 的二氧化碳。在土壤和水域生态系统中，溶解的二氧化碳可以和水结合形成碳酸，这个反应是可逆的，反应进行的方向取决于参加反应的各成分的浓度。碳酸可以形成氢离子和碳酸氢根离子，而后者又可以进一步离解为氢离子和碳酸根离子。由此可以预见，如果大气中的二氧化碳发生局部短缺，就会引起一系列的补偿反应，水圈中的二氧化碳就会更多地进入大气圈中；同样，如果水圈中的二氧化碳在光合作用中被植物利用耗尽，也可以通过其他途径或从大气中得到补偿。总之，碳在生态系统中的含量过高或过低都能通过碳循环的自我调节机制而得到调整，并恢复到原有水平。

大气中每年大约有 1×10^{11} t 的二氧化碳进入水体，同时水中每年也有相同数量的二氧化碳进入大气中，在陆地和大气之间，碳的交换也是平衡的，陆地的光合作用每年大约从大气中吸收 1.5×10^{10} t 碳，植物死后被分解约可释放出 1.7×10^{10} t 碳，森林是碳的主要吸收者，年约可吸收 3.6×10^{9} t 碳。因此，森林也是生物碳的主要储库，约储存 482×10^{9} t 碳，这相当于目前地球大气中含碳量的 2/3。

在生态系统中，碳循环的速度是很快的，最快的在几分钟或几小时就能够返回大气，一般会在几周或几个月内返回大气。

(2)全球碳平衡和温室效应

自然生态系统中，植物通过光合作用从大气中摄取碳的速率与通过呼吸和分解作用而把碳释放到大气中的速率大体相同。由于植物的光合作用和生物的呼吸作用受到很多地理因素和其他因素的影响，所以大气中的二氧化碳含量有着明显的日变化和季节变化。例如，夜晚由于生物的呼吸作用，可使地面附近的二氧化碳的含量上升，而白天由于植物在光合作用中大量吸收二氧化碳，可使大气中二氧化碳含量降到平均水平以下；夏季植物的光合作用强烈，因此，从大气中所摄取的二氧化碳超过了在呼吸和分解过程中所释放的二氧化碳，冬季正好相反，其浓度差可达0.002%。

一般来说，如果大气中的二氧化碳发生局部短缺，就会引起一系列的补偿反应，水圈里的溶解态二氧化碳就会更多地进入大气圈；同样，如果水圈里的碳酸氢根离子(HCO_3^-)在光合作用中被植物耗尽，也可及时通过其他途径或从大气中得到补充，并恢复到原有的平衡状态。总之，大气中二氧化碳的浓度基本上是恒定的。

但是，碳循环的调节机制能在多大程度忍受人类的干扰，目前还不十分清楚。近百年来，由于人类活动对碳循环的影响，一方面森林大量砍伐，同时在工业发展中大量化石燃料的燃烧，使陆地、海洋和大气之间二氧化碳交换的平衡受到干扰，大气中二氧化碳的含量呈上升趋势。由于二氧化碳对来自太阳的短波辐射有高度的透过性，而对地球反射出来的长波辐射有高度的吸收性，这就有可能导致大气层低处的对流层变暖，而高处的平流层变冷，这一现象称为温室效应。由温室效应而导致地球气温逐渐上升，引起未来的全球性气候改变，促使南北极冰雪融化，使海平面上升，将会淹没许多沿海城市和广大陆地。虽然二氧化碳对地球气温影响问题还有很多不明之处，有待人们进一步研究，但大气中二氧化碳浓度不断增大，对地球上生物具有不可忽视的影响这一点，是不容置疑的。

在碳循环过程中，如果将释放二氧化碳的库称为源(source)，吸收二氧化碳的库称为汇(sink)，根据1997年，Schlesinger提供的全球碳循环收支数据，人类活动向大气净释放碳大约为$6.9\times10^{15}GC\cdot a^{-1}$，其中使用化石燃料释放$6.0\times10^{15}GC\cdot a^{-1}$，陆地植被破坏释放$0.9\times10^{15}GC\cdot a^{-1}$。由于人类活动释放的二氧化碳中，导致大气二氧化碳含量上升的为$3.2\times10^{15}GC\cdot a^{-1}$，被海洋吸收的为$2.0\times10^{15}GC\cdot a^{-1}$，未知去处的汇达到$1.7\times10^{15}GC\cdot a^{-1}$。这样，人类活动释放的二氧化碳大约25%的全球碳流的汇是科学尚未研究清楚的，这就是著名的失汇(missing sink)现象，它已经成为当今碳循环研究中最令人感兴趣的热点问题之一。

4.3.2.3 氮循环

氮(nitrogen，N)是各种氨基酸、蛋白质和核酸的主要组成元素，主要以氮气(N_2)的形式存在于大气中，约占大气总量的78%。但它在生物圈中仅占生物总量的0.3%左右。由于其化学性质不活泼，因此不能被大多数生物直接利用。必须通过固氮作用将游离氮与氧结合成为硝酸盐或亚硝酸盐，或与氢结合成氨才能为大部分生物所利用，参与蛋白质的合成。因此，氮被固定后，才能进入生态系统，参与循环。

(1)生态系统氮的固定途径

在生态系统中，氮的固氮途径有3种。一是通过闪电、宇宙射线、陨石、火山爆发活动的高能固氮，其结果形成硝酸根离子、氨或硝酸盐，随着降雨到达地球表面。据估计，通过高能固定的氮大约8.9kg·hm^{-2}·a^{-1}。二是工业固氮，这种固氮形式的能力已越来越大。20世纪80年代初全世界工业固氮能力为3×10^7t，到21世纪初，已达1×10^9t。第三条途径，也是最重要的途径是生物固氮，大约为100~200kg·hm^{-2}·a^{-1}，大约占地球固氮的90%。能够进行固氮的生物主要是固氮菌、与豆科植物共生的根瘤菌和蓝藻等自养和异养微生物。在潮湿的热带雨林中生长在树叶和附着在植物体上的藻类和细菌也能固定相当数量的氮，它们把气态氮转变为氨，再把氨氧化成亚硝酸盐和硝酸盐。

(2)氮循环及其特点

植物从土壤中吸收无机态的氮，主要是硝酸盐和铵盐，它们进入植物体后与碳结合，形成氨基酸，进而形成蛋白质和核酸，这些物质再和其他化合物共同组成植物的有机体，当植物被消费者采食后，氮随之转入并结合在动物的机体内。在动物代谢过程中，一部分蛋白质分解为含氮的排泄物(尿素、尿酸)，再经过细菌的作用，分解释放出氮。动植物死亡后经微生物等分解者的分解作用，使有机态氮转化为无机态氮，形成硝酸盐。硝酸盐可再为植物所利用，继续参与循环，也可被反硝化细菌作用，形成氮气，返回大气库中(图4-15)。

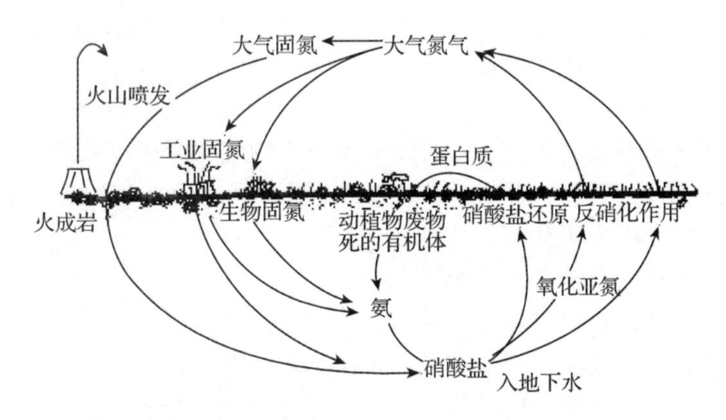

图4-15 氮的循环(仿自李振基等，2001)

因此，含氮有机物的转化和分解过程主要包括有氨化作用、硝化作用和反硝化作用。氨化作用(ammonification)或矿化作用(mineralization)是由氨化细菌和真菌的作用将有机氮(氨基酸和核酸)分解成为氨与氨化合物，氨溶水即成为NH_4^+，可为植物所直接利用。硝化作用(nitrification)是指在通气情况良好的土壤中，氨化合物被亚硝酸盐细菌和硝酸盐细菌氧化为亚硝酸盐和硝酸盐，供植物吸收利用。土壤中还有一部分硝酸盐变为腐殖质的成分，或被雨水冲洗掉，然后经径流到达湖泊和河流，最后到达海洋，为水生生物所利用。海洋中还有相当数量的氮沉积于深海而暂时离开循环。反硝化作用(denitrification)也称脱氮作用，是指反硝化细菌把硝酸盐等较复杂的含氮化合物转化为N_2、NO和N_2O等气态无机氮，回到大气库中的过程。大多数有反硝化作用的微生物都只能把硝酸盐还原为亚硝酸盐，但是另一些微生物却可以把亚硝酸盐还原为氨。

(3)氮的全球平衡

在自然生态系统中，一方面通过各种固氮作用使氮素进入物质循环，而通过反硝化作用、淋溶沉积等作用使氮素不断重返大气，从而使氮的循环处于一种平衡状态。但由于近代工业的发展特别是工业固氮的发明，以及由于汽车尾气和光化学烟雾等对大气环境的污染、盲目的砍伐森林、开发草原等因素，破坏了自然生态系统中氮的平衡。如砍伐森林和开发草原都会使得土壤中的有机质暴露和加速分解，大量氮随水土流失而被带走。

据估计，全球每年的固氮量为 9.2×10^7t，但是借助于反硝化作用，全球的产氮量只有 8.3×10^7t，两个过程的差额为 0.9×10^7t，这种不平衡主要是工业固氮的日益增长所引起的，人工固氮对于养活世界上不断增长的人口做了重大贡献，同时它也通过全球氮循环带来了不少不良后果，其中有些是威胁人类在地球上持续生存的生态问题。大量有活性的含氮化合物进入土壤和各种水体以后，对于环境产生的影响。如流入水体生态系统的化肥氮造成水体富营养化，藻类和蓝细菌种群大暴发，其死有机体分解过程中大量掠夺其他生物所必需的氧，造成鱼类、贝类大规模死亡。海洋和海湾的富营养化称为赤潮，某些赤潮藻类还形成毒素，对人类健康会产生一定的威胁。造成水体富营养化和赤潮的原因，除过多的氮以外，还有磷，这两者经常是共同起作用的。

4.3.2.4 磷循环

磷是生物不可缺少的重要元素，生物的代谢过程都需要磷的参与，磷是核酸、细胞膜和骨骼的主要成分，高能磷酸键在腺苷二磷酸（ADP）和腺苷三磷酸（ATP）之间可逆地转移，它是细胞内一切生化作用的能量。

（1）磷循环特点

磷不存在任何气体形式的化合物，所以磷是典型的沉积型循环物质。磷的主要储库是天然磷矿。磷循环的起点源于岩石的风化，终于水中的沉积。由于风化侵蚀作用和人类的开采，磷被释放出来，由于降水成为可溶性磷酸盐，经由植物、草食动物和肉食动物而在生物之间流动，待生物死亡后被分解，又使其回到环境中。溶解性磷酸盐，也可随着水流，进入江河湖海，并沉积在海底。其中一部分长期留在海里，另一些可形成新的地壳，在风化后再次进入循环（图 4-16）。

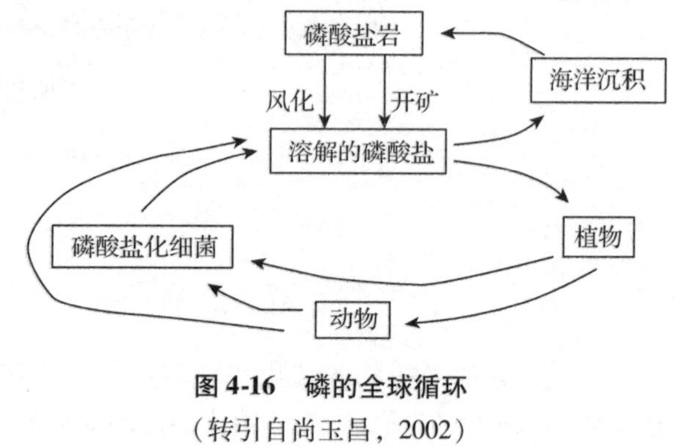

图 4-16 磷的全球循环
（转引自尚玉昌，2002）

在陆地生态系统中，含磷有机物被细菌分解为磷酸盐，其中一部分又被植物再吸收，另一些则转化为不能被植物利用的化合物。同时，陆地的一部分磷由径流进入湖泊和海洋。在淡水和海洋生态系统中，磷酸盐能够迅速地被浮游植物所吸收，而后又转移到浮游动物和其他动物体内，浮游动物每天排出的磷与其生物量所含有的磷相等，所以使磷循环得以继续进行。浮游动物所排出的磷又有一部分是无机磷酸盐，可以为植物所利用，水体中其他的有机磷酸盐可被细菌利用，细菌又被其他的一些小动物所食用。一部分磷沉积在海洋中，沉积的磷随着海水的上涌被带到光合作用带，并被植物所吸收。因动植物残体的下沉，常使得水表层的磷被耗尽而深水中的磷积累过多。磷是可溶性的，但由于磷没有挥发性，所以，除了鸟粪和对海鱼的捕捞，磷没有再次回到陆地的有效途径。在深海处的磷沉积，只有在发生海陆变迁，由海底变为陆地后，才有可能因风化而再次释放出磷，否则就将永远脱离循环。

(2)人类活动对磷循环的影响

磷在土壤和海洋库中的总量相当大，但是能为生物所利用的量却很有限。人类活动已经改变了磷的循环过程。由于农作物耗尽了土壤中的天然磷，人们便不得不施用磷肥。磷肥主要来自磷矿、鱼粉和鸟粪。由于土壤中含有许多钙、铁和铵离子，大部分用做肥料的磷酸盐都变成了不溶性的盐而被固结在土壤或池塘、湖泊及海洋的沉积物中。由于很多施于土壤中的磷酸盐最终都被固定在深层沉积物中，并且由于浮游植物不足以维持磷的循环，所以沉积到海洋深处的磷比增加到陆地和淡水生态系统中的磷还要多，正是由于这个原因，使陆地的磷损失越来越大。因此，磷的循环为不完全循环。现存量越来越少，特别是随着工业的发展而大量开采磷矿加速了这种损失。据估计，全世界磷蕴藏量只能维持100a 左右，在生物圈中，磷参与循环的数量，目前正在减少，磷将成为人类和陆地生物生命活动的限制因子。

4.3.2.5　硫循环

硫是蛋白质和氨基酸的基本成分。在自然界，硫的主要储库是岩石圈，但它在大气圈中能自由移动，因此，硫循环有一个长期的沉积阶段和一个较短的气体阶段，在沉积相，硫被束缚在有机或无机沉积物中。

(1)硫循环特点

硫的主要储库是硫酸盐岩，但大气中也有少量的存在。硫循环是一个复杂的元素循环，既属于沉积型，也属于气体型。

岩石库中的硫酸盐主要通过生物的分解和自然风化作用进入生态系统。化能合成细菌能够在利用硫化物中含有的潜能的同时，通过氧化作用将沉积物中的硫化物转变成硫酸盐；这些硫酸盐一部分可以为植物直接利用，另一部分仍能生成硫酸盐和化石燃料中的无机硫，再次进入岩石储库中。从岩石库中释放硫酸盐的另一个重要途径是侵蚀和风化，从岩石中释放出的无机硫由细菌作用还原为硫化物，土壤中的这些硫化物又被氧化成植物可利用的硫酸盐。自然界中的火山爆发也可将岩石储库中的硫以硫化氢的形式释放到大气中，化石燃料的燃烧也将储库中的硫以二氧化硫的形式释放到大气中，可为植物吸收。

虽然生物对硫的需要并不像对碳、氮和磷那么多，而且硫不会成为有机体生长的限制因子。但在硫循环中涉及许多微生物的活动，生物体需要硫合成蛋白质和维生素。植物所需要的大部分硫主要来自于土壤中的硫酸盐，同时可以从大气中的二氧化硫获得。植物中的硫通过食物链被动物所利用，或动植物死亡后，微生物对蛋白质的分解将硫释放到土壤中，然后再被微生物利用，以硫化氢或硫酸盐形式而释放硫。无色硫细菌既能将硫化氢还原为元素硫，又能氧化为硫酸；绿色硫细菌在有阳光时，能利用硫化氢作为氧接收者；生活于沼泽和河口的紫细菌能使硫化氢氧化，形成硫酸盐，进入再循环，或者被生产者生物所吸收，或为硫酸还原细菌所作用(图 4-17)。

(2)人类活动对硫循环的影响

人类对硫循环的影响很大，当代从河流输到海洋的硫通量可达 130×10^{12} GS · a^{-1}，是工业革命前的2倍。通过燃烧化石燃料，人类每年向大气中输入的二氧化硫已达1.47×10^8t，其中70%来源于燃烧煤，二氧化硫在大气中遇水蒸气反应形成硫酸，大气中的硫酸对于环境有许多方面的影响，对人类及动物的呼吸道产生刺激作用，如果是细雾状的微小颗粒，还会进入肺，刺激敏感组织。二氧化硫浓度过高，就会成为灾害性的空气污染。例如，1952年伦敦、1960年纽约和东京的二氧化硫灾害，造成支气管性哮喘大增，死亡率上升。

空气中的污染物的种类很多，现在往往将硫的浓度作为空气污染严重程度的指标，空气中硫含量与人的健康关系最为密切。另外，由于硫与酸沉降、温室效应乃至臭氧层耗损均有关系，因此，硫的生物地球化学循环的研究甚为重要。

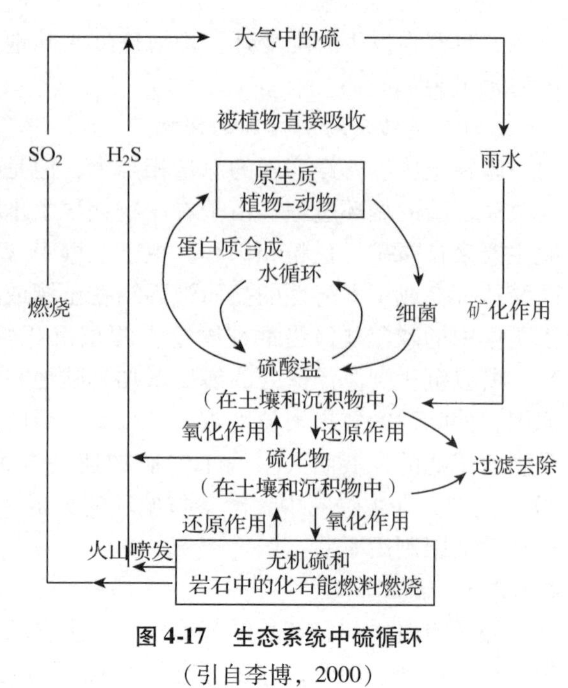

图4-17 生态系统中硫循环
（引自李博，2000）

4.3.3 森林生态系统内的养分循环过程及特点

生态系统中物质永远处于自然的或人为的流动状态。森林生态系统养分循环首先由生产者（森林、灌木和草本植物）从环境中获得养分，并通过食物链输送给动物，每年又通过凋落物、根、动物排泄物和死的有机体等归还给土壤，再由还原者分解释放返回环境，这些养分又被生产者吸收，进行再循环。

森林生态系统的物质循环不仅是森林生态系统所表现的一种功能特征，而且强烈地影响着森林生物产量的形成，是维持森林生态系统有机物质生产、维持系统的连续和稳定的主要过程之一，作为对吸收、归还、积累、输入和输出的动态描述，养分循环还标志着森林生态系统总的新陈代谢机能的实质，因而它在森林生态系统分析中是重要的参数之一。

4.3.3.1 养分的吸收与分配

森林生态系统养分的吸收基本是由森林植物完成，从吸收途径上看可以分为地上部分和地下部分吸收两部分。地上部分的吸收主要依赖于植物的光合作用，而地下部分的吸收则主要通过植物的根系来进行。

1）地上部分的养分吸收

森林植物地上部分的养分吸收主要依赖于植物叶片对二氧化碳的吸收，通过光合作用，将二氧化碳和水合成碳水化合物。森林中的碳几乎完全通过叶片吸收。据估计，森林每积累$1m^3$木材吸收约850kg的二氧化碳。植物通过光合对碳的固定受诸多因素的影响，如植物本身特性以及几乎所有的环境因子，如气候、土壤养分、水分等，同时还受到大气二氧化碳浓度和氮沉降的影响。二氧化碳浓度升高直接影响到植物的光合作用、呼吸作用、气孔导度和气孔密度以及植物的化学组成。大多数的研究表明短期内植物（尤其是C_3

植物)光合能力随着二氧化碳浓度的升高而增加，这种现象被称之为“二氧化碳施肥效应”。但二氧化碳施肥效应也受其他限制因素，如生态系统内氮的有效性以及植物的适应性等。不少研究表明，长期处于高二氧化碳浓度条件下，植物的光合能力会返回到以前的状态。

植物叶片还吸收气体的硫和氮，如大气中的二氧化碳、二氧化硫和氨可以溶于覆盖在叶肉细胞表面的水膜里，然后进入细胞溶液里。此外，植物叶片若与富含养分的溶液相遇也能吸收养分。

2)地下部分的养分吸收

森林生态系统所需要大部分营养物质直接从土壤溶液中吸收。此外，植物根系也可从与根紧密接触的土壤矿物中吸收养分。

(1)从土壤溶液中吸收

土壤各种的物理、化学性质都会影响土壤水分养分的浓度和影响植物对养分的吸收。一般影响植物根系从土壤溶液中吸取养分的因素主要有三个方面：①养分从周围土壤到根系扩散的速度(扩散转移)；②含养分的水溶液从周围土壤向根系移动的速度(水体转移)；③新生根在养分丰富的土壤中延伸的速度。

扩散转移和水体转移的相对重要性因养分种类不同而发生变化。如磷和钾元素在土壤中扩散很慢，植物根系对它们的吸收量主要决定于根系的类型，与土壤中养分的总量无关。而扩散快的养分如硝酸盐等，植物对其吸收量主要决定于土壤中所含的总量。养分大量流向根系的条件则决定于土壤中水分含量以及流向根系的速度，同时还会受到植物蒸腾速度的影响。

据研究，裸子植物和被子植物根系的区别涉及其对土壤溶液养分利用程度的差别，这是由于两者演化先后次序不同的原因。草本植物和阔叶树种的根系由于有很大的分枝，具有极大的表面积和长度，可穿梭生长并与更多土壤面接触，能更有效地利用土壤溶液。而许多针叶树的根系，其根尖和吸收养分的细根几乎完全分布在土壤表层，尤其是生长在贫瘠土壤上的针叶树更是如此。另外，根系越粗，分枝越少，从土壤中吸收养分的效能就越低。

通常树木吸收养分的细根，多分布在森林死地被物和矿质土表层。据原苏联研究报道，140年生欧洲赤松林内林木的细根有82%都分布在土壤上层20cm内，76%位于表层10cm。加拿大西部生长的白云杉与冷杉混交林，针叶树的细根有71%分布在森林死地被物内，而91%生长在死地被物和矿质土上部10cm处。所以这些林分可生长在瘠薄的砂土地上。在肥沃土壤上生长的森林，大部分细根生物量分布在较深土层内。

(2)菌根营养

菌根营养是指植物吸收养分元素营养借助于菌根的作用的现象，菌根营养一直被认为是森林物质循环的关键。对许多植物来说，由于森林土壤内水溶液中溶解的营养元素离子的浓度一般都很低，加上森林内植物根系形态和分布状况的特点，因而从土壤溶液中直接吸取养分并不多，这些森林植物主要依靠根系和土壤微生物的互利关系来获取养分。如菌根菌与某些高等植物根尖的相互联合，由于增多了对土壤水分的吸收，扩大了根系对土壤的接触面和有效吸收面。

真菌与根相联结，实际上是增加了植物根系在土壤中的延伸长度，同时菌丝分泌的有机酸和真菌呼吸产生的碳酸与未分解的土壤矿物和有机物质相作用，使其能释放更多的养分并为菌丝所利用，从而大大提高了根系吸收养分的能力，并有防止养分被淋溶掉的能力，尤其在贫瘠土壤条件下，不仅改善了养分状况，而且还提高了植物抗病、抗旱、抗高温、防止土壤有毒物质和酸碱危害的能力。凡有菌根的树木一般生长快，要比无菌根的树木能吸收更多的养分，尤其是能够明显增大对氮、磷和钾等的吸收量。

3)养分的分配

森林植物吸收的养分元素，通过输导组织传递到植物体各部分用于代谢过程或暂时贮存起来。这些养分在植物体内各部分相对分配比例有很大差别，这些差别是由于不同组织中生物量分配和养分浓度不同的结果。植物种类不同，对养分元素吸收和累积速率也不一样，例如，梾木(*Ornus*)对钙有选择吸收的能力，钙约占叶重的2%~4%。植物年龄不同，养分的相对分配也不一样。如火炬松其叶、枝和树干内氮的分配随年龄变化而异，幼年期大部分氮集中在叶部，但60年生时树干氮含量要比叶部高4倍以上。

了解植物叶部化学元素的变化具有重要的实践意义。通常对植物叶部化学元素含量测定的结果，可用于诊断森林树木的营养状况和对肥料的需要量，也可作为衡量土壤肥力状况的指标。

森林生态系统中的异养生物通过食物链获取的养分，经过消化分解后，将其中部分物质重新合成有机物质构成自身的细胞、组织和器官。

4.3.3.2 养分的释放

在森林生态系统中，吸收的各种营养物质通过各种途径最终释放的环境中。释放的途径包括呼吸释放、雨水淋失、凋落物分解(包括地上部分和地下部分)等多种方式。释放的这些物质又可能重新被生态系统中的植物吸收，构成了森林生态系统的物质循环过程。

1)呼吸释放

生物圈植被所固定的碳主要通过呼吸作用返回到大气中。生态系统呼吸是土壤微生物、植物和动物呼吸的总和。呼吸作用分为自养呼吸和异养呼吸两大类。自养呼吸又可以再分为维持呼吸和生长呼吸两大类，可以通过对根、茎、叶等不同器官呼吸强度的测定来了解；异养呼吸则指生活于树木体表的微生物的呼吸作用。由于动物呼吸量和化学氧化量非常微小，往往忽略不计。通常将森林生态系统中的养分呼吸释放划分为群落呼吸和土壤呼吸释放两个方面。

(1)群落的呼吸释放

主要是指森林植物的地上部分的呼吸。由于森林中的树木个体高大，占据的空间体积大，在目前的条件下，森林很难像测定农作物、草地或水体那样，用封闭的固定体积的容器包住植物一定面积的组织加以测定。所以对森林中树木的测定需要分解不同的部分进行。林木的根、茎、枝、叶和果实等不同器官进行呼吸的程度不同，应分别进行测定。对非同化器官来讲，即使是同一器官，发育的时间不一样，个体的大小不同，呼吸的速率也有很大的差异。

(2)土壤呼吸释放

严格地讲，土壤呼吸是指未扰动土壤中产生二氧化碳的所有代谢作用，它应该包括3

个生物学过程（土壤微生物呼吸、根系呼吸、土壤动物呼吸）和1个非生物学过程（含碳矿物质的化学氧化作用）。然而，现有的观测方法不仅很难将这些不同的过程区分开来，而且难于准确地估计系统的土壤呼吸总量。

土壤呼吸是一个复杂的生态学过程，受多种因素的制约和影响，植被类型、枯枝落叶层的覆盖、土壤微生物活性、温度、湿度、土壤理化特性等多种环境因素及其变化都会影响土壤呼吸强度的改变。土壤呼吸作为生态系统碳循环的一个重要组成部分，往往作为土壤生物活性和土壤肥力及土壤透气性的指标而受到重视。同时作为土壤碳库的主要输出途径和大气二氧化碳的重要来源，这项研究得到了广泛的重视。

2）物理损失和动物取食

植物体吸收的养分，只有很少比例成为新组织的生物量长久地保存下来，大部分都在不断地损失掉，植物每年吸收的大部分养分元素也是用于补充这些损失。养分的损失主要有雨水淋洗、动物取食、生殖器官的消耗和凋落物损失等4种途径。

（1）雨水淋失

植物会因雨水的作用使各种化学元素从叶部、树皮和根部被淋洗掉。在一定气候条件下，它可能是某些养分损失的主要途径，并可能会影响到植物的生长和生理机制。植物体内无机微量和大量元素以及氨基酸、葡萄糖、维生素、生长调节物质（激素）、酚和其他许多植物营养成分，经常在雨天从植物体上被冲洗掉。在无机养分元素中，以K、Ca、Mg和Mn淋洗掉的最多，其数量因树种和雨量的大小而异，Na也是极容易被淋洗掉的元素。

在夏季，阔叶林被淋洗掉的养分要比针叶林多，但就全年而论，针叶林被淋洗掉的养分要更多些。热带森林由于树木常年不落叶，加上丰富的降雨，要比其他气候带森林养分被淋洗量大。

淋洗量也受到许多其他因素的影响。如植物幼龄叶比老龄叶被淋洗的养分要少，生长最快的嫩叶和落叶前的老叶淋洗掉的氮和磷最多，受损伤的叶子要比完整叶子淋洗大的多。

每次降雨植物养分被淋洗的多少主要与降雨持续时间和强度，以及与前次降雨间隔时间有关。每年淋洗量取决于降水量、降水时间和降水的特点。穿透雨和干流进入林地的养分多少，因受树冠形态、树种、树龄和林分结构而有所不同。

植物叶部和其他组织的淋洗是一个重要的生态过程。通过叶部的淋洗进入到土壤中的养分，可以重新被植物根系吸收利用，这一点在贫瘠土地上生长的植物尤其具有重要意义。例如，生长在缺钙土壤上的植物，由于钙不像氮、磷、钾等养分元素容易从老组织再转移到生长组织中去，因而其主枝生长就会因缺钙而降低，但它可由老叶淋洗下的钙加以补充。

植物激素、酚和其他有机分子的淋洗还会影响林地凋落物的分解、土壤化学性质，对其他植物种子的发芽和成活也会产生影响。可溶性碳水化合物通过穿透雨进入林地，将为游离的微生物提供了容易利用的养分来源。

（2）食草动物的取食

尽管森林植物由于食草动物取食所造成的养分损失很少，但是当食草昆虫大发生时期，叶部的养分损失极大，针叶树遭受严重虫害时，也会造成巨大的损失。

由于食草动物的取食，植物叶部受害同时会导致凋落量的增加，假如受害期间有大量降雨，受害叶抗淋洗能力降低，这时淋洗损失的养分将会增加，尤其春季当大量养分向叶子输送期间，要比夏季淋洗掉的养分更多。叶部受害除了地上部分受影响外，还能招致大量根系的死亡。例如，据美国一片白云杉林的调查结果显示，全部新生针叶遭到云杉卷蛾幼虫的危害时，减少了根系对养分的吸收。

另一方面，森林上层林木树叶遭到严重损失后，能够增加森林内部光照、土温和养分的有效性，从而促进了林下植物的迅速生长。同时，动物排泄物比凋落物含有更多的养分，大量动物排泄物增加到死地被物中去，将会促进凋落物分解和矿质化，增加土壤的养分。

(3)生殖器官的消耗

植物花和种子的形成和发育比营养生长需要更高质量的养分，因此，当植物产生大量的果实和种子时，将会耗掉很多植物贮存的养分，导致在短期内由于养分匮乏，植物的正常生长受到影响。林木凋落的花粉和种子数量虽不多，但其养分含量相当可观，据研究无柄花橡(*Quercus petraea*)的雄花凋落量只占林地凋落物生物量的4%，然而这些雄花所含N、P、K、Mg却占凋落物养分总量的11%、14%、12%和6%。

(4)凋落物损失的养分

叶部受害和繁殖器官对养分的消耗可能都会造成植物养分很大损失，但这种损失年际间变化较大，如害虫数量少的年份或种子歉收的年份，养分损失就很低。而森林里植物地上部分凋落物所造成的养分损失年际间基本保持稳定。凋落物还有地下细根的大量死亡，也是养分损失的一条重要途径，如对北卡罗来纳州16年生火炬松林测定发现，死亡细根N损失为48.7kg·hm^{-2}·a^{-1}，而地上凋落物损失的N为58.2kg·hm^{-2}·a^{-1}，淋洗掉的N为9.6kg·hm^{-2}·a^{-1}。在一些地区，测得的地下凋落物有时超过地上损失的很多倍。对美国田纳西州橡树—山核桃林地凋落物养分含量的研究结果表明，死掉细根N损失为67.5kg·hm^{-2}·a^{-1}，而叶凋落物损失的N仅34kg·hm^{-2}·a^{-1}，另外地上淋洗掉的N有4.4kg·hm^{-2}·a^{-1}。

地下细根凋落物的多少因林分年龄和立地条件而异。据调查，美国华盛顿州23年生太平洋冷杉(*Abies alba*)林地下凋落物大约比地上大2倍，而180年生的林分内则超过4倍。前者细根养分归还量N、P、Ca和Mg分别为60kg·hm^{-2}、10kg·hm^{-2}、20kg·hm^{-2}、30kg·hm^{-2}和10kg·hm^{-2}，而后者相应为110kg·hm^{-2}、20kg·hm^{-2}、20kg·hm^{-2}、30kg·hm^{-2}和10kg·hm^{-2}。对干燥山顶部和湿润坡下部的北美黄杉林进行调查发现，前者细根凋落量比后者多4倍(5.6∶1.4)。

由于凋落物养分的数量受凋落物的生物量、类型(叶、枝、树皮等)和养分含量等因素的影响，而这些因素是随立地条件不同而发生变化的。一般温暖、湿润、肥沃和生长力高的立地条件下，凋落物就多，养分损失也多；在寒冷、干旱、瘠薄和生产力低的立地条件下，凋落物少，养分损失也少。表4-2概括说明了全球部分森林生态系统类型内一些大量元素转移到土壤中的数量。

表 4-2　世界各地区森林地上凋落物内某些大量元素的数量

地　点	N	P	K	Ca	Mg
欧洲赤松林(芬兰)	11.0	1.0	2.5	7.8	—
花旗松林(美国华盛顿州)	13.6	0.2	2.7	11.1	—
北美短叶松林(加拿大安大略省)	16.6	—	4.8	10.4	—
花旗松林(美国俄勒冈州)	32.7	5.6	9.8	63.1	1.1
南山毛榉林(新西兰)	37.0	2.6	30.0	74.0	11.0
橡树林(英国)	41.0	2.2	10.5	23.8	3.4
橡树林(比利时)	50.0	2.4	21.0	110.0	5.6
云杉林(原苏联)	52.0	2.6	12.0	48.0	7.0
阔叶林(美国新罕布什尔州)	54.2	4.0	18.3	40.7	5.9
枫桦红松林(中国小兴安岭)	57.0	6.6	14.8	67.0	9.5
火炬松林(美国北卡罗来纳州)	58.2	7.8	16.0	29.2	6.9
橡树林(原苏联)	59.0	3.0	62.0	86.0	13.0
桦树林(原苏联)	66.0	5.0	13.0	54.0	19.0
水青冈林(瑞典)	69.0	5.0	14.4	31.7	4.3
红桤木林(加拿大不列颠哥伦比亚省)	137.0	5.4	16.0	51.0	10.0
热带林(加纳)	199.5	7.3	68.4	206.0	44.8

注：表中数据按氮含量增多的次序排序($kg \cdot hm^{-2} \cdot a^{-1}$)；引自李景文等，1994。

3)凋落物的分解

森林生态系统凋落物是指森林生态系统内，由生物(植物、动物和土壤微生物)组分的残体构成，亦称残落物，它包括枯立木、倒朽木、枯草、地表凋落物和地下枯死生物量等。凋落物也是一个重要的有机质和养分储库，凋落物分解和养分的释放是森林生物地球化学循环中最重要的一环。其在维持土壤肥力，保证植物再生长养分的可利用性，促进森林生态系统正常的物质循环和养分平衡方面起着重要的作用，根据研究，估计植物凋落物分解过程中每年释放的营养元素可满足 69%~87% 的森林生长所需量(Waring & Schlesinger，1985)。凋落物也是土壤动物、微生物的能量和物质的来源。森林凋落物的积累而形成的林地凋落物层，对土壤的理化性质具有明显的作用，如过厚的死地被物可能导致土壤过湿，酸度增大，生长季节里地温偏低，使植物根系发育不良，林木不能得到更多养分，并会导致养分从根际淋洗掉。过快地分解造成有机物质的损失，也会导致土壤理化性质的恶化，土壤肥力和抗侵蚀能力降低，以及土壤其他方面的不良后果，森林养分和土壤肥力的许多重要问题均与地面上有机物质残留的数量、性质及其分解速度密切相关。凋落物种类、贮量和数量上的消长反映着森林生态系统间的差别和动态特征，在决定生态系统的生产力时起到一个重要的作用。

过去对凋落物分解的研究多集中在地上部分，而实质上细根(通常是指直径小于 2mm 的树木根系)在森林生态系统能量流动和物质循环中也起着重要的作用，许多森林生态系统的净初级生产力的 50% 以上均用于细根的生产和维持(Harris *et al.*，1977)。通常细根生命周期短至数天或几周，长至数月，或 1 到几年，年周转率(细根年生产量/细根生物量)0.04~2.73 次 · a^{-1}，甚至高达 5~6 次 · a^{-1}。在温带，通过细根周转进入土壤的有机物占总输入量的14%~86.8%，大多数在40%以上。通过细根周转对土壤碳和养分的输入可能等于甚至超过地上部分枯落物的归还量。研究表明，对于森林生态系统，如果忽略细根的生产、周转和分解，土壤有机物质和营养元素的周转将被低估20%~80%。因此，细根既是森林净初级生产力重要的"汇"，又是土壤碳和养分主要的"源"，是研究森林生态系统能量流动和物质循环的关键环节。

凋落物分解是一个复杂的过程，Chapin等(2002)认为凋落物分解主要包括淋溶、破碎等物理过程和生物作用为主的化学过程。①淋溶，是凋落物中可溶性糖和矿质离子在雨水的作用下淋失到土壤中的物理过程，是分解最快的阶段。②破碎，是指完整的凋落物分解成小碎段的过程。破碎扩大了凋落物的接触面积，为微生物侵入提供了更多的机会。土壤动物取食是破碎过程的主要动力，土壤中无脊椎动物将凋落物碎解成它们能够消化的足够小的颗粒。同时冻融循环、干湿交替都有利于细根的破碎。③化学变化，主要是指难分解的木质素、纤维素和单宁等，在微生物分泌的酶的作用下，参与微生物新陈代谢的缓慢降解过程。当然，这三个过程并不是截然分开的，在淋溶破碎的过程中，也有利于微生物和土壤动物的分解活动，而后期被微生物分解的半分解产物也会被淋溶掉。

影响森林生态系统凋落物分解的因素有很多，McClaugherty等(1985)曾归纳为3个因素，即生态系统所处的气候条件，凋落物所含有机物质的种类、含量以及凋落物分解时外界环境中的养分的可获得性。徐化成(1994)也归纳了类似的三个方面：

(1)森林类型及其立地条件

热带雨林凋落物分解非常迅速，其叶凋落物可以在1个月或数周内全部分解。温带阔叶林的落叶1~3年可分解，而温带针叶林和北方针叶林当年落下的针叶全部分解需要4~30年，极地和高山森林分解速率更慢(40~50年或更长)。这是由于土壤内分解凋落物的各种动物和微生物的活动有其一定适应范围，土壤过热、过冷或过湿、过干，都不利于土壤生物的活动。那些一年内大多月份里土壤温度过高或过低，水分过多或过于干燥的地区，森林凋落物分解最慢。同一地区立地条件状况不同也会影响分解速度，一般来讲，肥沃土壤上生长的植物种类要比贫瘠土壤生长的种类具有更高的养分浓度，凋落物也更容易分解。如生长在肥沃土壤和贫瘠土壤上的同一树种，前者树叶凋落物的养分含量相对要高些，分解较快。可以说土壤肥力决定着植物种类成分和凋落物化学元素含量，并影响到土壤动物和微生物的活动。

(2)凋落物的化学成分

森林凋落物内无机化学成分和有机成分如糖类、氨基酸、酚等含量有很大差异，这些养分数量和可利用性均能直接或间接地影响森林死地被物的酸度(pH)和微生物对其利用的程度。一般C/N比是表示有机物质分解难易的良好指标。很高的C/N比，通常分解就很慢。原因是微生物需要有一定氮的含量才有可能利用碳，高C/N比也会产生较高的酸度。

(3)土壤生物的活动

凋落物分解是各种大小土壤动物和微生物(细菌和真菌)共同作用的结果。土壤动物(蚯蚓、蜈蚣、螨类、跳虫、甲虫和昆虫幼虫等)直接排泄容易分解的富养粪便，间接地粉碎了有机物质并降低其C/N比，有利于微生物加速分解。影响土壤微生物数量、种类成分及其活动能力的有气候、土壤、森林类型、立地条件以及凋落物的化学成分等。

4.3.3.3 森林生态系统物质循环的其他特点

由于森林生态系统结构和功能的复杂性，系统内物质循环过程受到诸如林下植被、人类对森林经营活动等因素的作用，同时养分的循环途径除在生命系统和环境系统之间进行外，还存在生命系统内的养分直接循环过程，养分循环的效率也会受到环境、生态系统的发育阶段以及人类干扰活动等因素的影响。

(1)林下植被的作用

尽管林下植被占森林总生物量仅只一小部分，但它对养分循环和林分总生产量却有重要作用。因为一般它比上层植被养分含量高，生物量周转速率也快(很少有净生产量的贮存)。很多森林类型若不考虑林下植被，仅根据上层林木植被研究养分循环，所求得的生物地球化学循环的养分估测值都是过于偏低。如加拿大不列颠哥伦比亚省研究的三块亚高山森林生态系统说明，林下植被凋落物仅占地上凋落物总量的 3%~11%，但其所归还的养分含量却很高，N 占每年地上凋落物量的 16%~38%，P 占 14%~35%，Ca 占 5%~31%，Mg 占 19%~55%，K 最高占 32%~90%。另外，对加拿大魁北克省黑云杉林研究发现，林下地毯般的藓类植被占全部地上生物生产量的 33%~50%，藓类每年吸收的 N、P、K、Ca 和 Mg 估测占林木每年吸收量的 23%~53%之间。同时通过对降水内养分、藓类分解物质、黑云杉生根形态和死地被物的有效养分等多方面的研究，证明藓类植被是黑云杉所需 N 的主要来源。因为藓类覆被层可以从降水和穿透雨水中吸收 N，在藓类未分解前，N 可保留 1~3 年不被淋洗掉。藓类分解后释放出的 N 可被该层内的菌根所吸收。因此，藓类植被有效地起着生态过滤器的作用，即从降水和穿透水溶液中吸收养分，然后使之成为树木可利用的养分。藓类植被或其周围的微生物也会固定一些氮元素，很多种藓类，如藓和镰刀藓本身就附生和体内含有固氮藻即固氮菌。

总之，林下植被的凋落物含有相当高的养分，一般有利于森林死地被物的分解，从而提高土壤肥力。因此，林下保持一定数量的灌木、杂草以及苔藓，将会对森林的生产力起着有益的作用。

(2)森林经营对森林生态系统生物地球化学循环的影响

养分元素与森林生产力紧密相关。实施的经营措施即可能有利于养分循环和增加养分的有效性，也可能导致养分的损失。因此，了解森林经营对森林生物地球化学循环的影响对林业工作者来说非常重要。而对养分元素循环的管理，在一定程度上要比对其他环境因子的管理相对容易一些。

适宜的森林抚育经营措施在一定程度上由于改善了林内光照、湿度和土温等环境条件，促进微生物的活性和凋落物的分解，能够加快森林生态系统生物地球化学循环的速率。但抚育措施不当如过度抚育或将抚育剩余物运出森林，也会导致养分的损失。

森林采伐由于从森林内运出采伐木而导致养分的损失，损失的数量与采伐的强度以及树种、林分密度和林分年龄及经营措施不同而异。在从前采用的 3 种主伐方式中(皆伐、择伐和渐伐)，皆伐导致的养分损失最多。皆伐中干材采伐、整树采伐和全树采伐，有逐次增多对养分的输出。据研究在温带森林内，如果按中等或较长的轮伐期(80~120 年)，并采用干材采伐方法，对立地养分的损失量并不大；但短轮伐期，采用大强度利用(整树或全树采伐），将会造成土壤肥力严重的衰退。

森林的养分损失或不足可以通过施肥或其他措施（如栽种豆科植物等）来增加土壤的肥力，弥补养分的亏缺。

在人工林经营过程中，采用人工混交培育近自然林的方法，对于森林迅速过渡到以生物地球化学循环阶段是有重要意义的。

总之，林业工作者为使森林经营措施在生物地球化学循环方面具有合理性，必须深入了解森林的生物地球化学循环的全过程。了解地球化学循环对森林养分的输入和输出，养分在森林里的数量、分配和循环状况，以及森林植物、动物体内养分的构成和运转。林业工作者也必须知道树种对养分的需要量，以及通过什么途径才能满足其需要，最后才能达到发挥森林的最大的综合效益的目标。

(3)养分元素的直接循环

通常森林里树木从凋落物中重新取得养分的办法有两种途径：一是通过菌根和无菌根的根系从土壤溶液中吸收；二是靠菌根菌直接从正在分解的有机物质内吸收。而有些森林里树木养分的再吸收，几乎完全靠养分直接循环的途径。

养分直接循环是指菌根菌的菌丝体侵入新落下的凋落物后，由菌丝进入凋落物内部使之分解，并吸收那些被矿化后的养分，其中养分的一部分可被有菌根的植物所利用。这样就省去了经过土壤溶液的过程，又能防止养分被淋失掉，以及防止非菌根微生物的吸收。养分直接循环的途径有效地保证了植物养分的失而复得，由此几乎构成一个闭路的生物地球化学循环，也是一种最稳妥的生物地球化学循环。这种方式在贫瘠土壤上植物对养分难以作更多的选择，极有利于对养分的保存。这一循环方式，首次报道是在巴西亚马孙盆地内生长在土壤很贫瘠的热带林内发现的，但是温带林和北方针叶林土壤养分少的地方，可能也是一种养分复得的主要途径。

(4)森林生态系统养分循环的效能

未经干扰的天然森林生态系统内，由于生物地球化学循环和生物化学循环的综合作用，来自地球化学循环的养分能够有效地积累和保存。林下正在分解的凋落物所形成的森林死地被物层能够提高养分保存的能力，菌根和真菌的综合作用是提供养分吸收和保存的生物途径。尤其是土壤表面和表层细根分布集中，能非常有效地吸收穿透雨养分和凋落物分解释放的养分。所以森林生态系统输出的养分极少。

生长在贫瘠土壤上的植物一般都有贮存养分的方法，如叶子常年不落、叶面有抗淋洗的角质层、分泌有毒物质防止虫害和动物啃食、种子丰年有一定的间隔期以及有效地进行内部养分的再循环等。如在同一区域土壤肥力不一样的地点生长发育起来的成熟林，其林分组成和生产力却极为相似，这是由于贫瘠土壤上森林对养分保持的能力极大补充了土壤养分不足的问题。当森林采伐后，土壤保持养分的能力遭到极大破坏，原有积存的养分很快会流失，尤其在热带地区危险性更大。

总之，森林生态系统对养分的利用，经历了从最初依赖下面矿质土壤吸收养分，到依靠形成的森林死地被物积累养分，最后到成熟林的养分主要在生物地球化学中进行的过程，物质循环的效能达到最高。

森林生物地球化学循环的效能问题，在森林生态系统经营过程中具有重要的意义，如在经营贫瘠土壤上高产的成熟林分，一定要弄清生态系统生物化学循环的基本特征，使维护林地生产力的生物途径不致遭受破坏。此外，森林生态系统生物地球化学循环的效能，也为当前环境问题提供一种可能解决的办法。规模不大的城市和工业污水排入河流或湖水造成了严重污染，如使其流经森林死地被物，污水中的化学物质将会被吸收，其中的细菌也会被消灭，水体的污染得到了净化，而森林本身也能从净化后的水和有效养分中受益。

4.4 森林生态系统的分布规律

本节主要介绍森林生态系统的分布规律及其主要的影响因素。在此基础上介绍了全球和我国的森林生态系统的基本分布概况。

4.4.1 森林生态系统的分布规律

森林是植物区系与阳光、热量、水分、氧气、二氧化碳及矿质营养等相互联系相互作用的结果。因此，决定其地理分布的要素包括气候条件、土壤条件等，尤其是气候条件中的大气热量与水分状况对森林的地理分布有着极为深刻的影响。

由于热量与水分状况在地球表面分布的规律性，致使植被在地理分布上也呈现出相应的地带性规律，包括纬度地带性、经度地带性和山地垂直地带性。纬度地带性取决于纬度位置所联系的太阳辐射和大气热量等因素；经度地带性取决于经度位置距离海洋的远近所联系的大气水分条件。二者合称为水平地带性。山体垂直地带性受水平地带性的制约，取决于特定水平位置上，由于海拔高度所联系的热量与水分条件。垂直地带性、纬度地带性与经度地带性一起被称为植被分布的三向地带性规律。

4.4.1.1 森林的水平分布

受经、纬度位置的影响所形成的森林分布格局，称为森林的水平分布。森林分布格局中森林类型从低纬度向高纬度或沿经度方向从高到低有规律的分布，称为森林分布的水平地带性，包括纬度地带性和经度地带性。

1)我国森林分布的水平地带性

我国地域辽阔，南有南沙群岛，北至黑龙江，跨纬度49°，大部分18°~53°之间，东西横跨62°。气候方面，自北向南形成寒温带、温带、亚热带和热带等多个气候带；东部受东南海洋季风气候的影响，夏季高温多雨，西北部远离海洋，属典型的内陆性气候。

与此相应，我国森林水平分布具有两个特点。其一，自东南向西北，森林覆盖率降低，依次出现森林带、草原带和荒漠带，表现出一定的经向地带性。我国东部地区森林覆盖率为34.27%，中部地区为27.12%，西部地区只有12.54%，而占国土面积32.19%的西北5省(自治区)森林覆盖率只有5.86%。其二，从最南端的热带到最北部的寒温带，随着地理纬度的变化，森林植被可划分成热带雨林和季雨林带、南亚热带季风常绿落叶阔叶林带、中亚热带常绿阔叶林带、北亚热带常绿落叶阔叶林带、暖温带落叶阔叶林带、温带针叶落叶阔叶林带和寒温带针叶林带，表现出非常明显的纬度地带性。

根据水平分布，我国可以划分为8个植被区域，集中揭示了森林分布明显的水平地带性规律：

(1)寒温带针叶林区域

该林区位于大兴安岭北部山区，是我国最北的林区，一般海拔300～1100m，地形以丘陵山地为主。本区年均温0°以下，冬季长达8个月之久，生长期只有90～110d，土壤为棕色森林土。本区以落叶松为主，林下草本灌木不发达。

(2)温带针阔叶混交林区域

包括东北松嫩平原以东，松辽平原以北的广大山地，南端以丹东为界，北段以小兴安岭为界。全区形成一个“新月形”，主要山脉有小兴安岭、完达山、张广才岭、老爷岭和长白山，海拔大多数不超过1300m，土壤为暗棕嚷。本区受日本海影响，具有海洋型温带季风气候特征，冬季5个月以上，年均温较低，典型植被为以红松为主的针阔叶混交林，除此外，在凹谷和高山也有云杉和冷杉等的分布。

(3)暖温带落叶阔叶林区域

北与温带针阔叶混交林接壤，南以秦岭、淮河为界，东为辽东、胶东半岛，中为华北和淮北平原。整个地区地势平坦，海拔在500m以下，本区主要建群种有栎、杨、柳、榆等，但主要是次生林，平原是农业，原始林几乎不再存在了。本区气候温暖，夏季炎热多雨，冬季严寒干燥，黄河流域是中华民族的发源地，经数代的破坏和垦殖，多以栽培植物较多。

(4)亚热带常绿阔叶林区域

北起秦岭、淮河，南达北回归线南缘，本区包括我国华中、华南和长江流域的大部分地区，气候温暖湿润，土壤为红壤和黄壤。常绿阔叶林是本区具有代表性的类型，壳斗科、樟科、山茶科等的树种为优势成分，次生树种有马尾松、云南松和思茅松等，栽培树种有杉木等，本区也是我国重要的木材生产基地和珍稀树种集中的分布区。

(5)热带季雨林、雨林区域

我国最南端的植被区，该区湿热多雨，没有真正的冬季，年降水量高，土壤为砖红壤。热带雨林没有明显的优势树种，它特种类繁多，种类成分多样，结构复杂。

(6)温带草原区域

松辽平原，内蒙古高原，黄土高原，阿尔泰山山区等，以针茅属植物为主的植被类型，气候特点是干旱、少雨、多风、冬季寒冷。

(7)温带荒漠区域

包括新疆准葛尔盆地、塔里木盆地、青海的柴达木盆地、甘肃与宁夏北部的阿拉善高原等。本区气候极端干燥，冷热变化剧烈，风大沙多，年降水量低于200mm。本区特点是高山与盆地相间，只能生长极端旱生的小乔木、如梭梭、白梭梭、骆驼刺、蓁草、沙蒿、沙拐枣等。

(8)青藏高原高寒植被区域

我国西南海拔最高的地区，气候寒冷干燥，多为灌丛草甸，草原和荒漠植被。

2)世界森林分布的水平地带性

世界范围内森林分布的水平地带性也非常明显。以赤道为中心，向南向北依次分布着热带雨林、热带季雨林、热带稀树草原、硬叶常绿林等。

水平地带性中有的时候是纬度地带性更明显，有时候则是经度地带性更加突出。比如在非洲大陆上，纬度地带性尤为明显；北美洲中部地区，东面濒临大西洋，西面是太平洋，自大西洋沿岸向东，依次出现常绿阔叶林带、落叶阔叶林带、草原带、荒漠带，抵达太平洋沿岸时又出现森林带，明显地表现出经度地带性。

4.4.1.2　森林的垂直分布

既定经纬度位置上，海拔高度的变化将导致气候条件的铅直梯度变化，植被分布也因此而产生相应的改变。独立地看，在地球上任何一座相对高差达一定水平的山体上，随着海拔升高，都会出现植被带的变化，体现出植被分布垂直地带性规律。垂直地带性是从属于纬度地带性和经度地带性的，三者一起统称为三向地带性。

森林垂直带谱的基带植被与该山体所在地区的水平地带性植被相一致的，例如，某一高山位于亚热带平原地区，则森林垂直分布的基带就是只能是亚热带常绿阔叶林，而不可能是热带雨林。

山体随海拔升高出现的垂直森林带谱与水平方向上随纬度增高出现的带谱一致。以我国东北地区的长白山为例，随着海拔升高，依次出现以下森林类型：250～500m 落叶阔叶林带（杨、桦、杂木等）；500～1100m 针阔叶混交林带（红松、椴树等）；1100～1800m 亚高山针叶林带（云杉、冷杉等）；1800～2100m 山地矮曲林（岳桦林）；2100m 以上高山灌丛（牛皮杜鹃）；再往上为天池（图 4-18）。

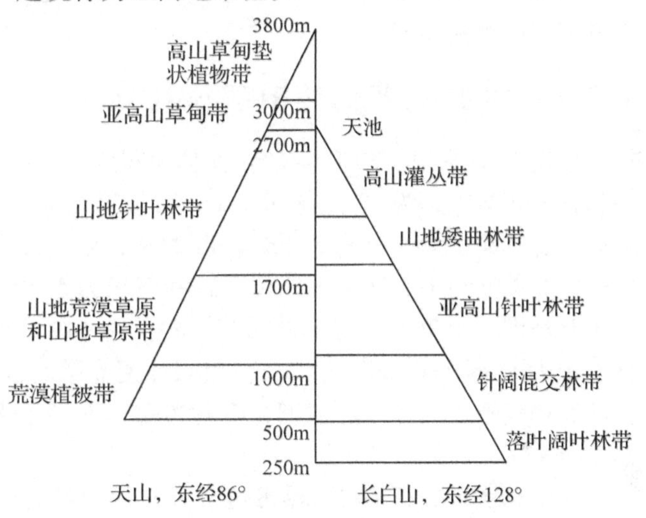

图 4-18　天山与长白山垂直植被带的对比示意

从长白山往北，随纬度增高，森林类型也出现类似的带状更替。

在同一纬度带上，经度位置对植被的垂直分布也有着重要的影响。比如天山与长白山同处于北纬 42°左右，但由于天山所处经度位置为东经 86°，长白山处于东经 128°，二者的垂直带谱有着明显的区别。长白山由于距离大海较近，植被基带较复杂；天山处于内陆，为荒漠植被区，其植被的垂直分布带谱为：500～1000m 荒漠植被；1000～1700m 山地荒漠草原和山地草原；1700～2700m 山地针叶林（云冷杉）带；2700～3000m 亚高山草甸；3000～3800m 高山草甸垫状植物带（图 4-18）。

图 4-18 比较了天山与长白山植被类型的垂直带谱。从图中可以清楚地看出，天山与长白山不仅在植被垂直带谱组成上有所不同，而且相似的垂直带所处的高度也有所升高，例如，云、冷杉林带在长白山处于海拔 1100～1800m 之间，在天山则处于 1700～2700m 的范围内。形成这种差异的原因主要在于天山与长白山所处经度位置不同。在我国同一纬度带上，自东向西，随着经度的递减，大陆性气候增强，必然导致植被发生相应的变化。但是在西部地区，随着海拔的升高，气温下降，水分增加，大陆性干旱逐渐消失，因而在天

山的上部出现了与长白山相似的海洋性植被带，只不过是其出现的海拔高度相应有所提高。

但是在我国的西南部，经度位置对海拔高度地带性的影响正好相反。由于受到横断山脉的影响，我国西南部地区，自西向东雨量剧减，相似的垂直植被带所处海拔高度在西部山体反而较低。

总之，随着海拔的升高，从基带往上一般表现出植被类型更简单的特征。一般情况下，水、热条件正常分布，自山下至山上或者自低纬度到高纬度，气候条件方面有相似之处，因此，在水平地带和垂直地带上相应出现了在外貌上基本相似的植被类型。在森林的水平地带性和垂直地带性这对关系中，水平地带性是基础，垂直地带性基本上是重复水平地带出现的植被类型。

4.4.2 世界主要森林植被及其分布

根据 FAO 报道，2000 年世界森林面积为 $38.69 \times 10^8 hm^2$。其中，欧洲(包括俄罗斯)的森林面积最大，为 $10.39 \times 10^8 hm^2$，占世界森林面积的 27%，居世界首位；第二位是南美洲，森林面积为 $8.86 \times 10^8 hm^2$，占 23%；第三位是非洲，森林面积为 $650 \times 10^4 hm^2$，占 17%；北美洲和中美洲居第四位，森林面积为 $5.49 \times 10^8 hm^2$，占 14%；亚洲森林面积稍小于北美洲和中美洲，为 $5.48 \times 10^8 hm^2$，占 14%，居世界第五位；第六位是大洋洲，森林面积为 $1.98 \times 10^8 hm^2$，占 5%。就森林覆盖率而言，从高到低依次为南美洲、欧洲、北美洲和中美洲，大洋洲、亚洲，森林覆盖百分率分别为 51%、46%、26%、23%、22% 和 18%。

从生态地区分布来看，热带地区森林面积最大，为 $18.18 \times 10^8 hm^2$，占世界森林总面积的 47%；寒温带针叶林面积为 $12.77 \times 10^8 hm^2$，占 33%；温带森林面积为 $4.26 \times 10^8 hm^2$，占 11%；亚热带森林面积最小，为 $3.48 \times 10^8 hm^2$，仅为全球森林总面积的 9%。

下面将以大的气候带为单位，对热带雨林和季雨林、温带森林及寒温带针叶林等地球上主要的森林类型及它们的分布情况进行概略介绍。

4.4.2.1 热带雨林与热带季雨林

热带雨林与热带季雨林(tropical rainforest & seasonal forest)在赤道带有广泛的分布，集中的分布区域包括美洲热带雨林区、印度—马来雨林区和非洲热带雨林区。

热带雨林的分布区的气候具有两个非常明显的特征：一是高温；另一个是高湿。这种气候条件下，植被最明显的特点是物种多样性高，层次复杂，生物量大。象牙海岸有树种 600 多种，马来西亚树种超过 2000 种，亚马孙树木平均密度为 423 株 $\cdot hm^{-2}$，分属于 87 个种，印度马来地区也达到 200 种 $\cdot hm^{-2}$。

雨林中生活的植物对弱光有特殊的适应能力，尤其是优势树种的幼苗，在很微弱的光照条件下都能够生长。热带雨林层次复杂，且各层次连续。除草本层外，各层次密度都很大，热带藤本发达，有的藤子可达 100m 高，由于高温高湿，生活型多样性异常丰富。

热带雨林具有最大的生物量，一般为 $450t \cdot hm^{-2}$，最大可达 $1000t \cdot hm^{-2}$，初级生产力每年可超过 $20t \cdot hm^{-2}$。对于整个地球及地球上所生活的人类而言，雨林具有不可替代的存在价值与生态意义。

热带季雨林(tropical seasonal forest)每年在干旱季节树木落叶，雨季出叶，季相变化明显，也称“雨绿林”；种类组成较雨林贫乏。季雨林的集中分布区主要在印度、东南亚、非洲西部和东部、南美洲和中美洲、西印度群岛和澳大利亚北部等地。同样属于湿润热带气候条件，但受季风气候盛行的影响，降雨季节分配不均，有明显的干湿季节交替现象。

热带季雨林气候变得干旱和土壤变得瘠薄时通常被热带阔叶疏林(tropical borad - leaved woodland)所取代。在南美的北部、印度的西部、南非和缅甸分布着典型的热带阔叶疏林，由高 3~10m，主干矮曲、叶片厚和树皮抗火烧的树木或者灌木组成。在气候更为干燥的地方则出现多刺疏林(thornwood)，它是热带地区旱生性最强的森林群落，在非洲、美洲、大洋洲及亚洲都有分布。

但是由于热带地区人口众多(据统计，地球上每 10 个人中就有 4 个生活在雨林地区)，地区经济落后，尤其是当地居居还多采用“刀耕火种”的生产方式。在人类采伐、火烧和开垦等行为的高强度影响下，雨林遭受着严重破坏，正以每年 $1130 \times 10^4 hm^2$ (FAO、UNEP，1982)消失。热带雨林的保护显得尤为重要。

4.4.2.2　温带森林

温带森林(temperate forest)主要分布在北纬 30°~50°之间，其中绝大部分集中分布在北纬 40°~50°之间。在亚洲，日本、中国东部、朝鲜、西伯利亚东部都覆盖着温带森林。在欧洲大陆，温带森林西起斯堪的纳维亚南部经伊贝利亚西北和英伦群岛直抵东欧地区。在北美洲，温带森林从大西洋沿岸一直延伸到大平原，在西海岸从加利福利亚北部直到阿拉斯加东南部也都分布着温带针叶林。在南半球，智利南部、新西兰及澳大利亚南部也有温带森林分布。

温带森林分布区内，绝少有极端温度出现，年降水量通常在 650~3000mm 之间。温带森林地区比草原地区的冬季降水量更为丰富。在生长期湿度较大且持续时间在 4 个月以上地区的温带森林里，落叶树种占绝大优势，它们依靠树叶脱落来度过 3~4 个月的漫长冬季。不过，虽然冬天经常是大雪纷飞，但温带落叶林分布的地区，气温还是相对比较温和的。在冬季更为寒冷或者夏季更为干燥的地区，则形成以针叶树种为主的温带森林，温带针叶林内落叶树种往往仅局限在溪旁水分比较充足的小生境中分布。

温带森林包括温带雨林、温带落叶林和温带常绿林等类型。这里集中生长着世界上最高大的树木。在澳大利亚，优势树种是山地桉树(*Eucalyptus regnans*)，树高可以超过 90m；在北美洲的温带雨林里，优势树种红杉(Redwood，*Sequoia sempervirens*)可以长到 100m 高。

在温带地区，气候条件更为干旱，降水量更加稀少，真正的森林群落难以维持的地区，生长着温带疏林，形成森林和草原、森林和半荒漠的过渡地带。比较典型的温带疏林是美国西部的针叶疏林，这里以松树和柏树为主，林下伴生有很多灌木和杂草。

在地中海沿岸地区、美国加利福尼亚南部地区、智利部分地区、南非开普地区和澳大利亚西南部地区分布着温带硬叶阔叶林。这些地区的气候特点是夏季炎热干燥、冬季温和多雨，被称为冬雨区。虽然树种组成及优势种各不相同，上述各地区的植被从外貌上看非常相似。例如，高度通常不超过 10m，且具有明显的旱生结构，叶片较小而质厚、常绿、坚硬、常被茸毛、呈灰绿色，有时退化成针刺状结构。叶子退化成和叶片小的特点，温带硬叶灌丛在各地有不同的称呼，在地中海地区被称为马基(Machia)，在美国加利福尼亚被称为沙巴拉(Chaparral)，在南非被为丰布斯(Fynbos)，在澳大利亚则被称为雅拉(Jarrah)。

温带森林地区也是人类活动集中的地区，森林受到人类活动的严重影响。由于畜牧业生产引进大量的鹿，新西兰的温带森林已经破坏殆尽；由于人类的大肆砍伐等原因，加拿大的温带森林也正以令人不安的速度消失，在不列颠—哥伦比亚，2/3 的温带森林已经退化；我国的温带森林也已大部分被开垦成农田。因此，温带森林也亟待人们的保护。

4.4.2.3 北方针叶林

北方森林(boreal forest)，也称泰加(Taiga)林，主要分布于北纬45°~57°之间，覆盖了地球表面11%的陆地面积，构成了地球表面针叶林的主体。此外，针叶林还分布在南美洲、非洲及亚洲部分高山地区。北方森林分布区内的气候特点是冬季寒冷，漫长；一年中温度超过10℃以上的时间仅1~4个月，最暖月平均气温10~20℃，年温变幅达100℃；年降水量约300~600mm，蒸发量也很小；大陆性气候明显。

北方针叶林生长在冰碛起源的薄层灰化淋溶土上，物种单一。在欧洲，从西到东，优势树种分别是苏格兰松(Scots pine)和云杉；在西伯利亚地区是云杉、冷杉(fir)和各种落叶松(larix)；在北美组成地带性植被的是各种松类，在阿拉斯加为云杉。泰加林内灌木和草本都很少，常常形成纯林与沼泽镶嵌分布，其中云、冷杉林称为暗针叶林，因为它们常绿且较耐阴，终年林内光照不足，林分郁闭度高；落叶松林称为明亮针叶林，落叶松冬天落叶，林下光照增强。

北方森林树木干形良好，树干通直，易于采伐加工，是世界上最重要的木材生产基地。但是泰加林系统内物质循环速度慢，死地被物层厚，分解周期长，因而生产力很低，一般情况下，只相当于温带森林的一半。

4.4.3 中国主要森林植被及其分布

根据我国第八次全国森林资源清查的结果(国家林业局，2014)，目前全国森林面积$2.08\times10^8hm^2$，森林覆盖率21.63%。活立木总蓄积$164.33\times10^8m^3$，森林蓄积$151.37\times10^8m^3$。天然林面积$1.22\times10^8hm^2$，蓄积$122.96\times10^8m^3$；人工林面积$0.69\times10^8hm^2$，蓄积$24.83\times10^8m^3$。森林面积和森林蓄积分别位居世界第5位和第6位，人工林面积仍居世界首位。但是，我国仍然是一个缺林少绿、生态脆弱的国家，森林覆盖率远低于全球31%的平均水平，人均森林面积仅为世界人均水平的1/4，人均森林蓄积只有世界人均水平的1/7，森林资源总量相对不足、质量不高、分布不均的状况仍未得到根本改变，林业发展还面临着巨大的压力和挑战。

就世界范围而言中国森林的面积并不大，但是中国的森林群落类型却十分丰富，基本上囊括了世界上所有的森林群落类型。中国森林分布不均，集中分布于东部和西南部地区。由于我国从南到北地跨热带、亚热带、暖温带、温带和寒温带5个主要气候带，相应形成了热带雨林、季雨林带、亚热带常绿阔叶林带、暖温带落叶阔叶林带、温带针阔叶混交林带以及寒温带针叶林带等多种主要的森林地带。

4.4.3.1 针叶林

针叶林是指以针叶树为建群种所组成的各种森林群落的总称，它包括各种针叶纯林、针叶树种的混交林以及针叶树为主的针阔叶混交林。从兴安岭到喜马拉雅山，从台湾到新疆阿尔泰山，广泛分布着各类针叶林，在我国自然植被和森林资源中起着显著的作用。它们的建群植物主要是发生古老的松柏类的各科、属和种，首先是松科的冷杉、云杉、松、落叶松、黄杉、铁杉、油杉等，其次是柏科的柏、圆柏、刺柏、福建柏等；杉科的杉、水松和罗汉松等，大多数属于北温带或亚热带的性质，并多属孑遗植物。我国针叶林植被类型的丰富多彩是举世无双的，其中既有与欧亚大陆以及北美所共有的一些类型，又有许多我国特有的种类。

1)寒温性针叶林

我国寒温性针叶林与欧亚大陆北部的泰加林带有着密切关系，尤其是分布在我国大兴安岭北部(寒温带)的寒温性针叶林是其向南延伸的部分。在我国温带、暖温带、亚热带和热带地区，寒温性针叶林则分布到高海拔山地，构成垂直分布的山地寒温性针叶林带，分布的海拔高度，由北向南逐渐上升。寒温性针叶林按其生活型不同，可分为2个植被亚型4个群系组：

(1)落叶松林

落叶松林是北方和山地寒温带干燥寒冷的气候条件下最具有代表性的一种森林植被类型。落叶松是松科植物中比较年轻的一支，它以冬季落叶和一系列其他生物学特性对于各种严酷的生境有较强适应能力。落叶松林主要包括的群系如下：兴安落叶松林、西伯利亚落叶松林、长白落叶松林、华北落叶松林、太白红杉林、大果红杉林、红杉林、四川红杉林和西藏落叶松林。

(2)云杉、冷杉林

我国云杉和冷杉林是北温带广泛分布的暗针叶林的一个组成部分，常常在生境潮湿，相对湿度较高的情况下，替代落叶松林。

2)温性针叶林

温性针叶林系指主要分布于暖温带地区平原、丘陵及低山的针叶林，还包括亚热带和热带中山的针叶林。平原、丘陵针叶林的建群种要求温和干燥、四季分明、冬季寒冷的气候条件和中性或石灰性的褐色土与棕色森林土，这些特性显然与暖温带针叶林特性不同，另一类亚热带中山针叶林建群种则要求温凉潮湿的气候条件，以及酸性、中性的山地黄棕壤与山地棕色土。根据区系与生态性质不同，此植被型可分3个群系组。

(1)温性松林

以松属植物组成的松林，是温性针叶林中最主要的一类针叶林，分布广泛。例如，油松林是温性针叶林中分布最广的植物群落，它的北界为华北的山地，内蒙古阴山山脉的大青山、乌拉山以及西部的贺兰山，在东部赤峰以北的乌丹附近，1944年以前有大片的油松林，而且也出现在大兴安岭南端的黄岗山附近的向阳山坡上，在这些地区以北，则未发现过油松。温性松林包括的群系有：油松林、赤松林、白皮松林、华山松林、高山松林、台湾松林和巴山松林。

(2)侧柏林

以侧柏属植物为建群种的植物群系，在暖温带落叶阔叶林地区分布很广，但组成这一群系组的只有侧柏一个群系，它广泛分布在华北地区的各个地方，在山地、丘陵和平原上都能见到。

（3）柳杉林

也只有一个群系，即柳杉林群系，主要分布在浙江、福建、江西等省的山区，河南、安徽、江苏、四川及广东、广西局部地区有少量的分布。

3）温性针阔叶混交林

温性针阔叶混交林在我国仅分布在东北和西南。在东北形成以红松（*Pinus koraiensis*）为主的针阔叶混交林，为该地区的地带性植被；分布在西南的是以铁杉（*Tsuga* spp.）为主的针阔叶混交林，为山地阔叶林带向山地针叶林带过渡的森林植被，此植被型包括2个群系组。

（1）红松针阔叶混交林

红松是第三纪孑遗物种，其现代分布区较为局限，主要生长在我国的长白山、老爷岭、张广才岭、完达山和小兴安岭的低山和中山地带。所包含的群系有：鱼鳞云杉红松林、蒙古栎红松林、椴树红松林、枫桦红松林、云冷杉红松林等。

（2）铁杉针阔叶混交林

铁杉针阔叶混交林是由铁杉与其他针阔叶种树混交组成的森林群落，主要分布在我国西南山地亚高山和中山林区。在云南的中南部和西部，四川的西部以及西藏，东至台湾的中山针阔叶混交林带都有这类森林存在；长江流域以南至南岭间的中山上部、河南、陕西、甘肃等省局部山区也有分布。包括的群系类型有云南铁杉针阔叶混交林和铁杉针阔叶混交林。

4）暖性针叶林

暖性针叶林主要分布在亚热带低山、丘陵和平地的针叶林。森林建群种喜温暖湿润的气候条件，分布区气候大致为年平均气温15～22℃，积温4500～7500℃。此类森林也会向北侵入温带地区的南缘背风山谷及盆地，向南可分布到热带地区地势较高的凉湿山地。暖性针叶林分布区的基本植被类型属常绿阔叶林或其他类型阔叶林，但在现在植被中，针叶林面积之大，分布之广，资源之丰富均超过了阔叶林。暖性针叶林按其生活型的不同，可分为2个植被亚型：一个是暖性落叶针叶林；另一个是暖性常绿针叶林。

（1）暖性水杉林、水松林

暖性落叶针叶林是由冬季落叶的松柏类乔木为主组成的森林群落，主要分布在我国的华中和华南，主要群系类型有：水杉林和水松林。

（2）暖性松林

组成暖性松林的树种很多，主要有：马尾松（*Pinus massoniana*）、云南松（*P. yunnanensisi*）、乔松（*P. griffithii*）和思茅松（*P. khasya*）等。各个种都有一定的分布范围，在海拔高度上也有一定的界限，分布的规律比较明显，因此常常用作植被区划高级单位的依据之一。暖性松林的的主要群系如下：马尾松林、云南松林、细叶云南松林、乔松林、思茅松林等。

（3）油杉林

油杉（*Keteleeria fortunei*）属种类稀少，星散分布的树种，目前成片的森林极少，从分布的生境条件看，油杉属植物不但对土壤条件要求不苛，而且常与所在地区的马尾松或者云南松混生，可见它的生态适应幅度较广，包括的群系类型有：油杉林、滇油杉

(*K. evelyniana*)林等。

(4)杉木林

只有一个群系，广泛分布于东部亚热带地区，它和马尾松林、柏木林组成我国东部亚热带的三大常绿针叶林类型，目前大多数是人工林，少量为次生林。

(5)银杉林

只有一个群系，最初发现与广西龙胜和四川金佛山，银杉一般并不形成纯林，而与其他针叶树构成混交林，但是广西却有例外，发现有银杉纯林。

(6)柏木林

此群系组的建群植物为柏木属(*Cupressus*)的各个种，它们适生于钙质土上，耐干旱瘠薄，聚集生种类也多，主要群系有：柏木林、冲天柏林和巨柏疏林。

5)热性针叶林

热性针叶林是指主要分布在我国热带丘陵平地及低山的针叶林，这种针叶林产地的地带性植被为热带季雨林和雨林，针叶林面积分布不大，也极少人工针叶林，成大片森林的只有海南松(*Pinus latteri*)，分布于海南岛、雷州半岛、广东南部及广西南部。此类植被亚型只有一个群系组，即热性松林。

4.4.3.2　阔叶林

相对于针叶林而言，我国阔叶林群落类型更为丰富，分布的范围也更加广泛。《中国植被》将我国的阔叶林分为7个植被型，分别包含若干群系组。

(1)落叶阔叶林

落叶阔叶林是我国温带地区最主要的森林类型，构成群落的乔木树种多是冬季落叶的喜光阔叶树，同时，林下还分布有很多的灌木和草本等植物。我国温带地区多为季风气候，四季明显，光照充分，降水不足，适应于这些环境特点，多数树种在干旱寒冷的冬季，以休眠芽的形式过冬，叶和花等脱落，待春季转暖，降水增加的时候纷纷展叶，开始旺盛的生长发育过程。组成我国落叶阔叶林的主要树种有：栎属(*Quercus*)、水青冈属(*Fagus*)、杨属(*Poplus*)、桦属(*Betula*)、榆属(*Ulmus*)、桤属(*Alnus*)、朴属(*Celtis*)和槭属(*Acer*)等。很多温带落叶阔叶林分布在我国工农业生产较发达的地区，也是跟我们人类关系十分密切的森林类型，很多行道树和大江大河的水源涵养等都是以这种森林类型为主。

(2)常绿、落叶阔叶混交林

常绿落叶阔叶混交林是落叶阔叶林和常绿阔叶林的过渡森林类型，在我国亚热带地区有着广泛的分布。该森林群落内物种丰富，结构复杂，所以优势树种不明显。亚热带地区也有明显的季相变化，主要是在秋冬气候变干、变冷，相对比较高大的并处于林冠上层的落叶树种此时叶片脱落。第二或者第三亚层的常绿树种比较耐寒，有时林分内的常绿树种的成分增多，树木较高，形成较典型的常绿与落叶树种的混交林。组成常绿、落叶阔叶林的主要树种有：苦槠(*Castanopsis*)、青冈(*Cyclobalanopsis glauca*)、冬青(*Ilex chinesis*)、石楠(*Photinia serrulata*)等。该森林群落保存有很多重要的珍贵稀有树种，很多是第三纪孑遗物种，被国家列为重点保护对象，如珙桐(*Davidia involucrata*)、连香树(*Cercidiiiphyllum japonicum* var. *sinense*)、水青树(*Tetracentron sinense*)、钟萼木(*Bretschneidera sinensis*)和杜仲

(*Eucommia ulmoides*)等。

(3)常绿阔叶林

该植被型分布区气候温暖，四季分明，夏季高温潮湿，冬季降水较少。是我国亚热带地区最具代表性的森林类型，林木个体高大，森林外貌四季常绿，林冠整齐一致。壳斗科、樟科、山茶科、木兰科等是最基本的组成成分，也是亚热带常绿阔叶林的优势种和特征种。在森林群落组成上，更趋于向南分布的水热条件越好，树种组成越是以栲属和石栎属为主；在偏湿的生境条件下，樟科中厚壳桂属的种类更为丰富。常绿阔叶林树木叶片多革质、表面有光泽，叶片排列方向垂直于阳光，故有照叶林之称。

(4)硬叶常绿阔叶林

我国硬叶常绿栎林通常是指由壳斗科栎属中高山栎组树种组成的常绿阔叶林，其中绝大多数种类生长于海拔2600~4000m之间，主要分布在川西、滇北以及西藏的东南部。该植被型中的树木叶片很小，常绿，坚硬，多毛，分布区主要在亚热带，夏季高温，植物为适应夏季环境条件常常退化成刺状。并这里虽然具有明显夏季雨热同季的大陆型气候特征，却与夏旱冬雨的地中海型气候区的硬叶栎类完全相同。从物种多样性看，中国喜马拉雅硬叶栎林种类远比地中海及加利福尼亚丰富得多，而且都是中国—喜马拉雅特有种。喜马拉雅地区高山栎组植物在形态及对干旱生态环境的适应上，与地中海区冬青栎有很大相似性。

(5)季雨林

季雨林主要分布在热带有周期性干、湿季节交替地区的森林类型，也是热带季风气候条件下的一种相对稳定的植被类型。它的主要特点是当不利环境条件——干季来临的时候，树木或多或少以落叶的形式渡过这个干季，所以呈现一种季节变化的特征，所以又有雨绿林之称。季雨林的主要组成树种多为桑科、楝科、无患子科、椴树科、紫薇科、大戟科等。

(6)雨林

中国的雨林主要分布在台湾南部、海南、广西十万大山、云南河口及西双版纳、西藏南部等地迎风坡面的丘陵低地、山麓或沟谷等处水分充足地段，是印度—马来西亚雨林的北延部分。但是由于人为破坏严重，中国现有雨林多为次生类型。与典型雨林分布区相比，中国雨林分布地区的温度较高，且变幅较大。由于纬度偏北，并且受季风的影响，雨林的上层树种通常表现出干湿季节的变化，然而整个群落仍具有非常丰富的种类和雨林的一切特征。

(7)红树林

红树林是一种特殊的海岸沼泽，森林资源的重要组成部分，是热带和南亚热带海岸潮间带，依赖于海水周期性浸淹的木本植物群落，被誉为“海底森林”“水上绿洲”。主要组成树种有：红树(*Rhizophora apiculate*)、红海缆(*R. stylosa*)、秋茄树(*Kandelia candel*)等，普遍具有胎萌、泌盐、高渗透压以及具有各种地上根系等生理生态适应性。

在我国，红树林主要分布在广东、海南、广西、福建与台湾，天然分布的北界在福建福鼎市，人工营造的红树林可北移至浙江平阳一带。

红树林是海岸湿地生态系统的主体，肩负优化环境和促进经济社会发展的双重使命，有着无可比拟的生态价值，在防浪护岸、维持海岸生物多样性和渔业资源、净化水质、美化环境等方面具有不可替代的生态功能，是中国沿海区域生态平衡最重要的生态安全保障体系之一，尤其红树林生态系统产生的生态、经济、社会、文化、再造功能及其他价值，已在中国和世界受到广泛重视。

我国的森林分布除了上述介绍的以外，还有竹林、常绿针叶灌丛、常绿革质灌丛、落叶阔叶灌丛、常绿阔叶灌丛、稀疏草原、荒漠、肉质刺灌丛、高山冻原等植被。

4.5 森林生态系统的效益评价

林业既是一项产业，又是一项公益性事业，不仅具有经济效益，而且还具有生态和社会效益，它肩负着向人类提供丰富的林产品，以及维护与改善人类赖以生存的生态环境的重要任务。当前，人们更加关注的问题是林业生态效益究竟有多大，如何用货币化形式正确评价？

过去，公众对森林价值的认识，基本停留在提供木材资源等朴素的感性认识上，对森林具有什么样的生态效益、这种效益到底价值几何，它与个人、社会又有何关系等，均没有明确的认识。森林生态系统效益评价的目的，就是对森林的功能和价值有一个科学、客观、量化的认识，让人们明确看到森林在生态、文化、美学、休闲等诸多服务领域对经济社会发展的价值，从而牢固树立起生态保护意识，自觉把森林当做财富加以保护和可持续地利用。

党的十八届三中全会决定提出要“健全国家自然资源资产管理体制”。而开展森林资源核算，不仅可以有效地反映森林资源资产的存量和变动情况，也为森林资源资产化管理奠定基础，可以说是适应社会主义市场经济发展的必然要求。同时，也是量化森林资源资产和生态服务质量、健全生态环境保护责任追究制度和环境损害赔偿制度的重要基础。

4.5.1 森林生态系统的效益评价的内容

森林是生态建设的主体，具有涵养水源、固土保肥、固碳制氧、保护生物多样性、净化环境、防风固沙等生态效益。在借鉴美国、日本及联合国等较为先进的评价指标体系的基础上，通过十多年的研究探索，国家林业局于2008年发布了行业标准《森林生态系统服务功能评估规范》，确定了8类14个主要服务指标的评估方法，作为我国森林生态系统的效益评价的依据和内容。

(1)*涵养水源*

森林涵养水源功能主要表现为截留降水、涵蓄土壤水分、补充地下水、抑制蒸发、调节河川流量、缓和地表径流、改善水质和调节水温变化等。森林生态系统在陆地生态系统中具有最大的涵养水源能力，洪水季节可以蓄水防涝、干旱季节可以供水抗旱，故被誉为“绿色水库”。据研究表明，森林土壤根系空间达1m深时，$1hm^2$森林可贮存水200～$2000m^3$，平均比无林地能多蓄水$300m^3$。据日本相关研究，$3333hm^2$森林的蓄水能力相当于$100\times10^4m^3$的水库。美国环保署统计资料显示，森林拦截了该国2/3的降水。

(2)保育土壤

森林保育土壤的效能主要表现为减少土壤侵蚀、保持土壤肥力、防沙治沙、防灾减灾(如山崩、山体滑坡或泥石流)等。茂密的森林凭借庞大的树冠，深厚的枯枝落叶层不但截留天然降水，还可有效地减轻雨滴对土壤的直接冲击；同时，林地下强壮庞大的根系在土壤中形成网络，与土壤牢固地盘结在一起，从而降低水土流失造成的土壤及各种养分损失的固土保肥作用。森林一般可减少地表径流和土壤冲刷的70%~80%，同时也大大减少了水土流失、肥力下降、水利工程淤积等。

(3)积累营养

森林植物每年有大量的凋落物和死根，在水、土、光、温和微生物的作用下，通过分解与矿化，将逐渐形成有机质、N、P、K等积累营养物质，供植物生长吸收利用。森林以上的自肥作用，极大减少了人们培育森林施肥投入。

(4)固碳释氧

森林在生长过程中，不仅林木通过光合作用吸收并固定空气中的CO_2，而且通过凋落物转化为有机质将部分CO_2存贮在林地土壤内。这一功能对于人类社会、整个生物界以及全球大气平衡具有十分重要的作用。森林是全球陆地生态系统中最大的碳库。据统计，全球现有森林总储碳量1146Gt，约占土壤和植被所储存碳的46%，且能以各种形式储存，从而有助于缓和全球的温室效应。

(5)物种保育

森林生态系统不仅为各类生物物种提供繁衍生息的场所，而且还为生物及生物多样性的产生与形成提供了条件。据研究表明，由全球生物多样性产生的经济效益每年约为3万亿美元，约占全球生态系统提供的产品和服务总价值(约33万亿美元)的11%。

(6)净化环境

一是树叶树枝表面粗糙不平，多绒毛、能分泌黏性油脂和汁液等，所以能吸附、黏着一部分粉尘，从而可以降低大气中的含尘量；二是森林还可以依靠生态系统其特殊的结构和功能，通过吸收、过滤、阻隔、分解等生理生化过程将人类向环境排放的部分废气物利用或作用后，使之得到降解和净化，成为生态系统的一部分，从而达到净化环境的目的；三是许多树木和植物都能分泌杀菌素，能够很好地杀死细菌、真菌和原生动物等有害生物；四是森林还可以在一定程度上有效地减轻噪声污染和磁波辐射；五是森林的树冠、枝叶的尖端放电以及光合作用过程的光电效应均会促使空气电解，产生大量的空气负离子。植物释放的挥发性物质如植物精气(又称芬多精)等也能促进空气电离，从而增加空气负离子浓度。

(7)防风固沙

森林是风的强大障碍，可以有效地减低风速和改变方向。当风经过森林时，一部分进入林内，由于树干和枝叶的阻挡以及气流本身的冲撞、摩擦，将气流分成许多小涡流，小涡流彼此摩擦、消耗，使风力逐渐降弱，风速降低；另一部分被迫沿林缘上升，超过森林，少了一部分能量，使风速降低。据测算，一条疏透结构的防风林带，其防风范围在迎风面可达林带高度的3~5倍，背风面可达林带高度的25倍。在这段范围内，风速可降低约40%~45%。

(8)森林游憩

森林生态系统为人类提供休闲和娱乐的场所，使人消除疲劳、愉悦身心、有益健康的功能。

4.5.2 森林生态系统的效益评价的方法

4.5.2.1 数据来源

全国森林资源清查数据。每5年1次，主要包括森林面积、森林覆盖率、森林结构以及部分固定监测小班数据。

在对所抽取的固定监测小班全面调查的基础上，同时选取典型地段设置面积为20m×20m固定样地(每种类型12~14个样地)，对样地内乔木层树木采用随机抽样调查测定生物量，分为地下及地上两部分。地下部分是指树根系的生物量；地上部分主要包括树干生物量、树冠生物量(包括枝、叶)，测定胸径、树高等指标；在每块样地对角线上均匀设置3个2m×2m的灌木固定小样方。

4.5.2.2 数据处理与分析

(1)枯枝落叶物的测定

在研究样地监测小班内每个森林类型样地中随机设置3个0.5m×0.5m的小样方，采用四分法，按未分解层、半分解层取样称重，在85℃下烘干，根据含水量求得现存量。枯落物持水量测定采用室内浸泡法，将枯落物样品采回后分别装入尼龙袋(网眼孔径60目)，在清水中浸泡24h后取出，当无水滴滴下时立刻称重，计算其最大持水率。枯落物持水量为持水率与枯落物蓄积量的乘积。每个小样方进行3个重复。

(2)土壤测定

在主要森林类型中，用100cm^{2}环刀按0~10cm、10~20cm、20~30cm、30~40cm、40~50cm、50~60cm土层取样，带回室内测定土壤容重、土壤非毛管孔隙度等物理性质；土壤蓄水量，用土层厚度与该土层的体积含水量乘积表示；半微量凯氏定氮法测定土壤含氮量N(%)；$H_2SO_4-HClO_4$消煮—钼锑抗比色法测定土壤平均含磷量P(%)；火焰光度法测定土壤平均含钾量K(%)；重铬酸钾容量法—外加热法测定土壤有机质平均含量M(%)。

(3)生物量的测定

森林生物量可通过直接测量和间接估算2种途径得到。研究采用直接测量乔木层干、冠、根以及灌木层和草本层的方法，通过与面积计算，推算出森林类型生物量。

样地森林生物量=乔木层生物量+灌木层生物量+草本层生物量

乔木层调查：标准样地面积为20m×20m，主林冠层选取不同径级标准木，每个样地测2~3株，调查因子为胸径、树高、株数等，以及对树干、树冠、树根作称量处理并抽取样品带回实验室烘干，计算含水率，测定单位面积生物量。

灌木层调查：沿标准样方的对角各设2m×2m的小样方3个，调查灌木层的株数、高度、地径等。选择主要树种平均木收获干、冠、根称量，根据树种组成比例，分别干、冠、根抽取各树种的混合样品500g，带回实验室烘干，计算含水率，测定单位面积生物量。

草本层调查：在灌木层小样方的左小角和右下角设 1m×1m 的小样方，调查草木层盖度和平均高度等。全株收获称量，根据各草种比例取混合样品 200～300g，带回实验室烘干，计算含水率，测定单位面积生物量。

(4)蓄积量的测定

蓄积量的测定采用平均标准木法，即单级法。根据标准地每木检尺结果，计算出平均直径，并在树高曲线上查定林分平均高，寻找 1～3 株与林分平均直径和平均高相接近，选取平均标准木，不伐倒采用立木区分求积法计算材积。按(4-27)式求算样地蓄积，再按样地面积把蓄积换算为单位面积蓄积($m^3 \cdot hm^{-2}$)。

$$V = \sum_{i=1}^{n} v_i \frac{G}{\sum_{i=1}^{n} g_i} \tag{4-27}$$

式中，n 为标准木株数；v_i、g_i 为第 i 株标准木的材积及断面积；G、V 为标准地或林分的总断面积与蓄积。

(5)净生产力的测定

森林生产力是指单位面积上，单位时间内有机物的净生产力。净生产力 NPP 由森林生长生物量 B_x 与生长年限 a 之商所得。

4.5.2.3 森林生态系统服务功能及其价值估算

林林生态系统服务功能主要包括水源涵养、固土保肥、固碳释氧、积累营养物质、净化大气和生物多样性保护等。通过将各项生态系统服务功能价值求和，得到所研究区森林生态服务功能年总价值。部分指标的计算方法如下：

(1)水源涵养价值

森林调节水量价值和森林净化水质价值组成森林水源涵养的价值：

$$\left.\begin{aligned} &\text{森林调节水量价值：} && U_{调} = 10C_{库}A(V_1 + V_2 + V_3) \\ &\text{森林净化水质价值：} && U_{净} = 10K_{水}A(V_1 + V_2 + V_3) \\ &\text{水源涵养总价值：} && U = U_{调} + U_{净} \end{aligned}\right\} \tag{4-28}$$

式中，V_1为林冠截留量($mm \cdot a^{-1}$)；V_2为枯枝落叶蓄水量($mm \cdot a^{-1}$)；V_3为土壤非毛管孔隙蓄水量($mm \cdot a^{-1}$)；A 为林分面积(hm^2)；$C_{库}$为水库库容造价(元·m^{-3})；$K_{水}$为水的净化费用(元·t^{-1})；U 为森林水源涵养价值(元·a^{-1})；$U_{调}$为森林调节水量价值(元·a^{-1})；$U_{净}$为森林净化水质价值(元·a^{-1})；根据权威部门公布的社会公共数据，$C_{库}$为 6.110 7 元·t^{-1}，$K_{水}$为 2.09 元·t^{-1}。

(2)固土保肥价值

森林固土能力和森林保肥能力组成森林保育土壤能力：

森林年固土价值：

$$U_{固土} = AC_{土}(X_2 - X_1)/\rho \tag{4-29}$$

式中，$U_{固土}$为林分年固土价值(元·a^{-1})；X_1为林地土壤侵蚀模数($t \cdot hm^{-2} \cdot a^{-1}$)；$X_2$为无林地土壤侵蚀模数($t \cdot hm^{-2} \cdot a^{-1}$)；$A$ 为林分面积(hm^2)；$C_{土}$为挖取和运输单位体积土方所需费用(12.6 元·m^{-3})；ρ 为林地土壤容重($t \cdot m^{-3}$)。

森林年保肥价值：

$$U_{保肥}=A(X_2-X_1)(NC_1/R_1+PC_1/R_2+KC_2/R_3+MC_3) \quad (4\text{-}30)$$

式中，$U_{保肥}$为林分年保肥价值(元·a^{-1})；N为土壤平均含氮量(%)；P为土壤平均含磷量(%)；K为土壤平均含钾量(%)；M为土壤有机质平均质量分数(%)；R_1为磷酸二铵含氮量(%)；R_2为磷酸二铵含磷量(%)；R_3为氯化钾含钾量(%)；C_1为磷酸二铵平均价格(元·t^{-1})；C_2为氯化钾平均价格(元·t^{-1})；C_3为有机质平均价格(元·t^{-1})；根据权威部门公布的社会公共数据，C_1为2400元·t^{-1}，C_2为2200元·t^{-1}，C_3为320元·t^{-1}。

(3)固碳释氧价值

森林固碳价值和森林释氧价值组成森林固碳释氧的价值：

森林植被和土壤年固碳价值：

$$U_{碳}=AC_{碳}(1.63R_{碳}B_{年}+F_{土壤碳}) \quad (4\text{-}31)$$

式中，$U_{碳}$为林分年固碳价值(元·a^{-1})；$B_{年}$为林分净生产力(t·hm^{-2}·a^{-1})；$F_{土壤碳}$为单位面积森林土壤年固碳量(t·hm^{-2}·a^{-1})；$C_{碳}$为固碳价格(元·t^{-1})；$R_{碳}$为CO_2中碳的含量，为27.27%；A为林分面积(hm^2)；根据权威部门公布的社会公共数据，$C_{碳}$为1200元·t^{-1}。

年释氧价值：

$$U_{氧}=1.19C_{氧}AB_{年} \quad (4\text{-}32)$$

式中，$U_{氧}$为林分年释氧价值(元·a^{-1})；$B_{年}$为林分净生产力(t·hm^{-2}·a^{-1})；$C_{氧}$为氧气价格(元·t^{-1})；A为林分面积(hm^2)；根据权威部门公布的社会公共数据，$C_{氧}$为1000元·t^{-1}。

(4)积累营养物质价值

采用将营养物质折合成磷酸二铵化肥和氯化钾化肥的方法计算其营养年积累价值；

营养物质年积累价值：

$$U_{营养}=AB_{年}(N_{营养}C_1/R_1+P_{营养}C_1/R_2+K_{营养}C_2/R_3) \quad (4\text{-}33)$$

式中，$U_{营养}$为林分营养物质年积累价值(元·a^{-1})；$B_{年}$为林分净生产力(t·hm^{-2}·a^{-1})；$N_{营养}$为林木含氮量(%)；$P_{营养}$为林木含磷量(%)；$K_{营养}$为林木含钾量(%)；R_1为磷酸二铵含氮量(%)；R_2为磷酸二铵含磷量(%)；R_3为氯化钾含钾量(%)；C_1为磷酸二铵化肥价格(元·t^{-1})；C_2为氯化钾化肥价格(元·t^{-1})；A为林分面积(hm^2)；根据权威部门公布的社会公共数据[53-54]，R_1为14%；R_2为15.01%；R_3为50%；C_1为2400元·t^{-1}；C_2为2200元·t^{-1}。

(5)净化大气价值

本研究仅考虑森林提供空气负离子的能力，采用提供负离子价值反映净化大气的价值；根据中国浙江省台州科利达电子有限公司生产的适用范围$30m^2$(房间高3m)、功率为6W、负离子浓度10万个·cm^{-3}、使用寿命为10a、每个价格为65元的KLD-2000型负氧离子发生器来推断，负离子寿命为10min，每生产10^{18}个负离子的成本为5.818 5元。

年提供负离子价值：

$$U_{负离子}=5.256\times10^{15}\times5.815\ 8/10^{18}\times AH(Q_{负离子}-600)/L \quad (4\text{-}34)$$

式中，$U_{负离子}$为林分年提供负离子价值(元·a^{-1})；$Q_{负离子}$为林分负离子浓度

（个·cm^{-3}）；L为负离子寿命（min）；H为林分高度（m）；A为林分面积（hm^2）。

（6）生物多样性保护价值

选用物种保育指标反映森林的多样性保护功能，根据Shannon-Wiener指数计算出生物多样性价值；

森林生态系统的物种保育价值：

$$U_{生} = S_{单}A \tag{4-35}$$

式中，$U_{生}$为林分年物种保育价值（元·a^{-1}）；$S_{单}$为单位面积年物种损失的机会成本（元·hm^{-2}·a^{-1}）；A为林分面积（hm^2）。

4.5.3 森林生态系统的效益评价的结果

根据第八次全国森林资源清查（2009—2013），我国森林生态系统每年提供的主要生态服务价值达12.68万亿元，相当于森林每年为每位国民提供了0.94万元的生态服务。全国林地林木资产总价值为21.29万亿元，如果按照2012年末全国人口13.54亿人计算，相当于我国国民人均拥有森林财富1.57万元，5年增长了38.9%。

2015年，浙江省森林生态服务功能总价值4804.56亿元，具体构成为：固碳释氧价值692.32亿元，涵养水源价值1585.39亿元，固土保肥价值316.96亿元，积累营养物质价值47.36亿元，净化大气价值187.18亿元，保护森林生物多样性价值998.10亿元，森林旅游年价值977.25亿元。如果按照2015年浙江省人口5539.0万人计算，相当于森林每年为每位国民提供了0.88万元的生态服务。

第二篇
森林培育

第5章 林木种子

种子是育苗、造林的物质基础。而选用良种是培育壮苗和林木速生、丰产、优质的保证。因此，要加快良种化的步伐，尽快建立良种基地，用先进的技术生产种子，并进行科学的经营管理。

5.1 良种基地的建立

建立和经营良种基地，目的是提高林木种子的遗传品质。良种选育包括选种、育种、引种，当前我国的基本形式是种源选择、母树林的选择与建立、优树选择、种子园的建立及表型测定、采穗圃的建立等。

5.1.1 母树林选择与建立

5.1.1.1 建立母树林的意义

母树林是在天然林或人工林优良林分的基础上，经过留优去劣的疏伐改造，为生产遗传品质较好的林木种子而建立的采种林分。

母树林是提供造林用种的重要途径之一，在保存遗传资源方面具有重大价值。利用现有的天然林或人工林改建母树林，技术简单，成本低，见效快。

5.1.1.2 母树林的选择

选择母树林时，应考虑以下条件：

(1) 立地条件

气候、土壤等生态条件应与造林地相近。母树林要建立在土壤肥力较高、光照充足的地段。因此，要选择山坡中下部、地形开阔、背风向阳的阳坡或半阳坡。

(2) 林分选择

①林分年龄　母树林应选择中龄林或近熟林。人工林改建母树林，可选择幼龄林，以便培育低矮、冠大的树形。

②林分郁闭度　以0.5～0.7为宜。

③林分起源　选用实生林为好，插条林次之。萌芽林或起源混杂的林分不宜选用。

④林分组成　以选择单纯林为好。若为混交林，则母树树种不得少于50%，非目的树种最好一次伐完。

5.1.1.3　母树林的建立

(1)踏查

在本地区范围内，根据母树林选择的条件，全面踏查，用目测法初选出母树林候选林分，并进行编号登记，记载其所在位置、海拔、起源、组成、林龄、郁闭度及土壤、植被等情况。

(2)实测

设置标准地进行每木调查，标准地面积应占母树林面积的1%～2%，实测株数不得少于200株。现场评定每株母树等级，确定砍或留。对保留母树要在1.5m处涂白漆带，并填写“母树林每木调查表”(表5-1)。

表5-1　母树林每木调查表

树种：　　　　　　　　　　　　　林龄：　　　　　　　　　　　　编号：

株号	胸径(cm)	树高(m)	枝下高(m)	生长势	结实等级	冠幅(m)					干形	树皮特征	健康状况	母树等级	砍或留	备注
						东	西	南	北	平均						
1																
2																
3																
⋮																

说明：① 生长势分旺盛、一般、缓慢；② 结实等级分多、少、无；③ 干形分通直、中等、弯曲；④ 树皮特征分薄、中、厚；⑤ 健康状况分健康、一般、不良；⑥ 母树等级分优良、中等、劣等。

中等母树：胸径、树高、材积生长与林分平均木大体相当或略高，其他标准亦为中等状态。

劣树：胸径、树高、材积生长显著低于林分平均木；生长衰退，树干弯曲，尖削度大；冠形不整齐，侧枝粗大，折顶、枯梢、双杈或病虫害。

(3)选定

一般优良母树在林分中的比例大于20%，劣等母树的比例小于30%的林分可以选为母树林。

母树林选定后，填写母树林登记表(表5-2)。

母树林选定后，要做好规划，并编写母树林施工计划，其中包括边界、平面图、母树林面积、林道、防火线、花粉隔离带及疏伐管理措施等。

表5-2　母树林登记表

树种：__________　　　　编写：__________

1. 地址______省______县______林业局______林杨______工区
2. 林班号______小班号______界址______
3. 海拔______坡向______坡位______坡度______
4. 植被______
5. 土壤______
6. 起源______组成______林龄______
7. 林分平均胸径______cm，平均树高______m
8. 平均枝下高______m，平均冠幅______m
9. 郁闭度______密度______株·hm^{-2}
10. 健康状况______

5.1.1.4　母树林的经营管理

(1)疏伐

疏伐原则是：存优去劣，照顾距离，尽量使保留植株分布均匀，树冠间有一定间隔。疏伐后要及时清理现场，保护保留株。

疏伐要分2~3次进行，间隔年限视林分发育情况而定，首次伐除非目的树种、劣树及部分形质不良的中等木。雌雄异株的树种要注意林分内雌雄株的比例及分布均匀。

(2)管理

要适时松土除草，注意加强肥水管理、病虫害防治及护林防火，同时应作好母树林的后代测定。

母树林建立后，要按良种基地建设的要求建立技术档案。

5.1.2　种子园的建立

种子园是用优树或优良无性系的枝条，或用优良种子培育的苗木为材料，按合理方式配置，生产具有优良遗传品质的种子。建立种子园可使林木现有优良特性得以保存，为林业生产提供品质优良的林木种子。

5.1.2.1　种子园的种类

依繁殖方式不同，分为无性系种子园和实生种子园。

(1)无性系种子园

以优树或优良无性系个体作材料，通过嫁接或扦插苗建立起来的种子园。分为初级无性系种子园、第一代无性系种子园和第二代无性系种子园3种。

(2)实生种子园

用优树的种子进行实生繁殖而建立起来的种子园。它适用于无性繁殖困难及开花结实早的树种。

5.1.2.2　种子园园址的选择

种子园应设在该树种的适生范围内、并能充分结实的地域。要着重考虑下列条件：交通方便，劳力充足；地势较平缓、开阔；土壤较肥沃，结构良好，土层深厚；光照较好；无病虫害感染；有适当的天然隔离地段，或便于人为设置隔离带。

种子园的隔离带宽度一般应达500m，面积通常为6.7～66.7hm²。

5.1.2.3　无性系种子园的建立

(1)种子园的区划

①实测种子园的面积，绘出平面图和地形图，确定周围界址。

②根据地形地势、土壤、建园目的要求，将种子园区划为若干大区和小区，小区面积依株行距及无性系个数等确定。例如：一个小区有10个无性系，株行距5m×5m，则小区面积为2500m²，栽100株。小区尽量划成正方形或长方形。

③大区间设主道，小区间设便道，以便于观测、管理、采种和运输。

④每个大区或小区内，另辟约5%面积的预备区，栽植一些嫁接苗及砧木苗，以供缺株时补植用。

⑤设置隔离带、防护林。

(2)嫁接苗的准备

①培育砧木　以本砧亲和力最强。可以在苗圃培育壮苗或超级实生苗作砧木，年龄1～3年。也可以在种子园内先定植砧木，以备嫁接。

②采集穗条　选取优树树冠中部正常结实、发育良好的1～2年生枝条。采穗时间：夏秋芽接用当年新枝，随采随接；春季枝接或芽接则在休眠期采穗，在低温湿润处贮藏到翌春用。所采穗条要按优树单株分别编号捆扎。若远途运输，要严加保护。

③嫁接　嫁接时要特别注意防止各无性系混淆。

(3)无性系配置

种子园的无性系一般以50～100个为好，不得少于30个，每小区应有15个以上。无性系配置的要求是：同一无性系或家系个体彼此不要靠近，并力求分布均匀，经疏伐后仍分布均匀；避免各小区无性系或家系的固定搭配；使无性系在各个方向可以用同一基本序列重复外延，不受面积和形状限制；其优点是简单易行，便于施工，并有利于数据的统计分析。通常采用错位排列法，如一个小区有10个无性系，每个无性系栽10株，则可排列成如下表(表5-3)。

表5-3　阶梯错位排列表

行	株									
	1	2	3	4	5	6	7	8	9	10
1	1	2	3	4	5	6	7	8	9	10
2	3	4	5	6	7	8	9	10	1	2
3	5	6	7	8	9	10	1	2	3	4
4	7	8	9	10	1	2	3	4	5	6
5	9	10	1	2	3	4	5	6	7	8
6	2	3	4	5	6	7	8	9	10	1
7	4	5	6	7	8	9	10	1	2	3
8	6	7	8	9	10	1	2	3	4	5
9	8	9	10	1	2	3	4	5	6	7
10	10	1	2	3	4	5	6	7	8	9

5.1.2.4 实生种子园的建立

(1)营建形式

①改建 结合优树后代测定和种源试验进行。

②新建 苗木来源：一是从优树自由授粉种子(半同胞)所培育的苗木中选择优势苗木；二是从优树控制授粉种子(全同胞)分家系培育的苗木中，选择优良家系的优势苗木。

(2)家系排列

当选用优树后代苗木建立实生种子园时，家系数以100~200个为宜，不宜少于60个；同一家系的苗木之间应彼此隔开。排列方法原则上与无性系排列法相同。

(3)栽植方法

分单植、丛植、行植3种。丛植是每个栽植点栽3~5株，以后留优去劣，保留1株；行植是行距大株距小，以后在行内按表型进行疏伐。

(4)间伐筛选

间伐方法与母树林同。在间伐筛选中注意以下几点：筛选要根据后代测定来确定，如有不良家系，可以淘汰；家系内也要间伐筛选，淘汰不良植株。

5.1.2.5 种子园的经营管理

种子园经营管理的主要内容有；

①补植 凡死区及缺株应及时按无性系号或优树号补植。

②剪砧 无性系嫁接种子园要对植株逐年剪砧。

③土壤管理 包括松土、除草、间作、施肥、灌溉等。

④树体管理 修枝整形、控制树高。

⑤花粉管理 一般在优树搜集区或在种子园内采集优良无性系的花粉进行人工辅助授粉。若为虫媒花树种，应注意昆虫的放养。

⑥疏伐和保护 根据子代测定资料及无性系表型鉴定材料，适当进行疏伐。注意病虫害防治、护林防火、防止人畜破坏等。

5.1.2.6 种子园技术档案

种子园技术档案的主要内容有：规划设计说明书及种子园区划图；种子园无性系(或家系)配置图；种子园优树登记表；种子园营建情况登记表；种子园经营活动登记表等。

5.1.3 采穗圃的建立

采穗圃是以优树或优良无性系做材料，生产遗传品质优良的枝条、接穗和根段的良种基地。采穗圃的作用主要有两个：一是直接为造林提供种条或种根；二是为进一步扩大繁殖提供无性繁殖材料，用于建立种子园，繁殖圃，或培育无性系苗木。

5.1.3.1 建立采穗圃的意义

采穗圃是林木良种繁殖的主要形式之一。主要适用于无性繁殖方法进行造林的树种，如杨树、水杉、池杉、桉树等树种。生产实践证明，采穗圃有下列优点：

①穗条产量高，成本低；

②种条健壮、充实，发根率高；

③遗传品质有保证；

④经营管理方便，病虫害能及时防治，采穗树矮，操作安全。

⑤采穗圃一般设在苗圃附近，安排劳力容易，可以适时采条，避免种条的长途运输，提高育苗成活率。

5.1.3.2 采穗圃的种类

①采穗圃是从未经测定的优树上采集下来的材料建立起来的，其任务只为提供建立一代无性系种子园、无性系测定和资源保存所需要的枝条、接穗和根段。

②采穗圃是经过测定的优良无性系、人工杂交选育定型树或优良无性系、品种的推广提供枝条、接穗和根段。

5.1.3.3 采穗圃建立和管理

采穗圃一般设置在苗圃里、在配置方式上，以提供接穗为目的的采穗圃，通常采用乔林式，株行距4～6m；以提供枝条和根段为目的的采穗圃，通常采用灌丛式，株行距0.5～1.5m。更新周期一般3～5年。

根据采穗树树种特性，分别采用扦插、嫁接或埋根等方法繁殖。为提高采穗树的质量，要注意选用健壮、充实、侧芽饱满、无病虫害的枝条、接穗或母根，并按无性系分剪、分贮、分插或分接，严防混杂。

矮灌式和乔林式采穗圃每年采穗时，要注意保持树形完整，做到合理采穗，剪口要低平，采穗量要适度，以利多产健壮枝条。采集枝条和接穗要分别无性系号，单独采集、包装、贮运，防止混杂和干枯霉烂。

采穗树的树形对生产的种条数量和品质，以及对采穗树的经营管理方式均有直接的关系，所以，采穗树的树形培育是采穗圃营造技术的中心环节，必须认真做好。树种不同常采用不同的措施。现以杨树为例，介绍采穗圃的培育技术。

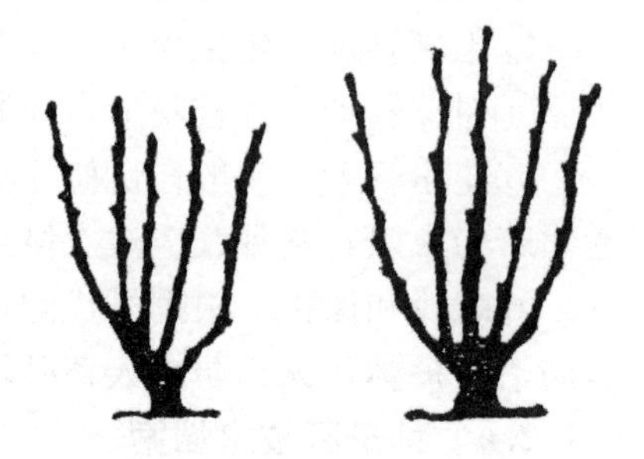

图5-1 灌丛式采穗树

(1)采穗圃的培育

例如，杨树采穗树有灌丛式、高干式及利用成林改建的主干式3种。其中，灌丛式采穗树建圃快，管理方便，种条品质好，产量高，生产上应用较广。如图5-1所示，灌丛式采穗树没有明显主干。营建时选择生长健壮的插条、扦插苗或根桩定植。株行距依立地条件、无性系而定，一般株距0.2～0.5m，行距0.5～1.0m。定植当年冬季或翌春，在离地面10～15cm处平茬，当萌条高达10cm时，及时选留3～5条生长粗壮、分布均匀的枝条，其余全部摘除。每年休眠期采条后再平茬，剪口逐年向上提高约5cm，每条保留3～5个休眠芽。根据采穗树生长状况，每3～5年更新一次。

(2)采穗圃的管理

采穗圃的管理工作包括深翻、施肥、中耕除草、排涝灌溉及病虫害防治等。由于每年大量萌芽、采条，维持土壤肥力十分重要。土壤干旱时要进行适时灌溉，能增进肥效，有利于种条的丰产。

(3)采穗圃档案

采穗圃建立后，要按良种基地建设的要求建立技术档案。

5.2 种子的采集与贮运

5.2.1 林木种实产量测定

采种前，对采种林分的结实情况进行调查，做到心中有数，以便组织采种工作和制定种子供应计划。测定时间在开花期、果实形成期及近熟期进行。

5.2.1.1 种实产量直接测定

先测定母树林面积和株数，再以标准地或标准木直接实测，然后推算全林分的种实产量。

通常采用平均标准木法，此法适宜于测定同龄母树林的种实产量。方法步骤是：①在所设置的一定面积的标准地上进行每木实测，求算出标准木的胸径和树高；②选择5株以上的标准木，采下全部种实，分别称重；③求算出标准木平均结实量；④求算标准地的种实产量(标准地母树株数×标准木平均结实量)；⑤推算单位面积和全林分的种实产量。因为采种时难免遗漏和损失，故实际采集量只有采种量的70%~80%。

5.2.1.2 种实产量比较测定

以预先制定的种实产量等级表，对照母树林开花结实多少进行等级划分并估产。

(1)目测法(物候学法)

在标准地内，于开花期、果实形成期及近熟期对开花结实林分进行目测，评定其预产等级。然后与历年测定所编制的不同树种在各等级下的种实产量进行比较，估算该年种实产量，进而推算全林分种实产量。此法易产生估产上的主观差异，应由有经验人员进行。

(2)准枝法(生物学法)

在标准地内选取具有代表性母树10~25株，逐株随机截取林冠外缘中上部的花或果枝1至数根，计算全部枝条上花或果实的数量及枝条的累计总长，算出1m长枝条上花或果实的平均数，然后与等级表进行比较，确定采种产量等级及产量范围，进而推算全林分产量等级及产量。此法适宜于测定阔叶树种的种实产量。

5.2.2 林木种实的采集

5.2.2.1 种实的成熟过程

种实的成熟过程就是受精卵细胞发育成为有胚根、胚轴、胚芽、子叶完整种胚的过程。

当种子内部营养物质积累到一定程度，种胚具有发芽能力时，称为种子生理成熟。这时种子含水量高，内部的营养物质还处于易溶状态，种皮不致密，种子不饱满，抗性弱。采收后种仁收缩而干瘪。这种种子采后不易贮存，常丧失发芽能力。

当种子完成了胚的生长发育过程，而且种实外部显示出成熟特征时，称为种子的形态成熟。此时胚乳或子叶已结束了营养物质的积累，营养物质由易溶状况转为难溶状态的脂肪、蛋白质和淀粉等，含水量低，呼吸作用微弱，种皮致密、坚实，开始进入休眠，耐贮藏。外观上种粒饱满坚硬，具有特定的色泽与气味。大多数树种，种子的形态成熟期就是最适宜的采种期。

5.2.2.2 种实成熟的特征

种实达到形态成熟时，外部显示出一定的特征，主要表现在颜色、气味和果皮上的变化。

(1)球果类

果鳞干燥、硬化、微裂、变色。如杉木、落叶松由青绿色变为黄绿色或黄褐色，果鳞微裂；马尾松、油松、侧柏、云杉等变为黄褐色。

(2)干果类

果皮由绿色转为黄、褐乃至紫黑色，果皮干燥紧缩、硬化。其中蒴果、荚果的果皮开裂。坚果类如栎属，壳斗变灰褐色、黄褐色，果皮淡褐色至棕褐色，有光泽。

(3)肉质果类

果皮软化，其颜色随树种不同而有较多的变化，如樟、楠、檫、女贞等由绿色变为紫黑色；圆柏呈紫色；银杏呈黄色。

因此，可以根据果实成熟时的外部特征来确定是否成熟，但对某些树种并不完全准确，还要结合种子的成熟特征来判断。一般已成熟的种子，种仁饱满、坚韧，种皮有一定色泽，种子有一定重量。

5.2.2.3 采种期的确定

多数树种的果实成熟后，逐渐从树上脱落，有些树种的种实则可挂在树上较长时间，必须根据树种的果实特性确定采种期。在确定采种时间时，应遵循以下原则：

①小而轻，成熟后立即脱落飞散的种子，如杨、柳、榆、泡桐、杉木、冷杉、油松、落叶松、木荷、木麻黄等，应在成熟后、脱落前立即采种。

②成熟后易脱落的大粒种实，如栎类、板栗、核桃、油桐、楮栲等，一般应在种实落地后及时收集。

③成熟后较长时间不脱落，但色泽鲜艳，易招引鸟类啄食的果实，如樟、楠、女贞、乌柏等，应在达到形态成熟时及时采集。

④成熟后较长时间不脱落的种实，如樟子松、马尾松、椴树、水曲柳、槐树、苦楝等，采种期虽可适当延长，但仍应及时采集。

⑤种实成熟期不一致的树种，如八角、桉树、木麻黄等，应分批采种。

⑥过熟会进入深休眠的种子，如山楂、枫杨、椴树等，可在生理成熟后形态成熟前采集，采后立即播种或层积处理。

常见造林树种种子成熟的简要特征及采种期详见表5-5。

5.2.2.4 采种方法及注意事项

(1)采种方法

①立木采集法　适于成熟后容易脱落飞散和脱落后难以收集及成熟后较长时期不易脱落的树种，如杨、柳、桦木、桉树、马尾松、落叶松、樟子松、杉木、侧柏、木荷等。若树干低矮用手或剪、钩等工具采摘；若树干高大则辅以梯、绳、升降机等上树工具。对树干高大，种实单生，树上采摘不便，或种实受振动后很容易脱落的，用振荡、打击工具摇

动树干，或打击果枝收集种实。常用采种工具如图5-2所示。

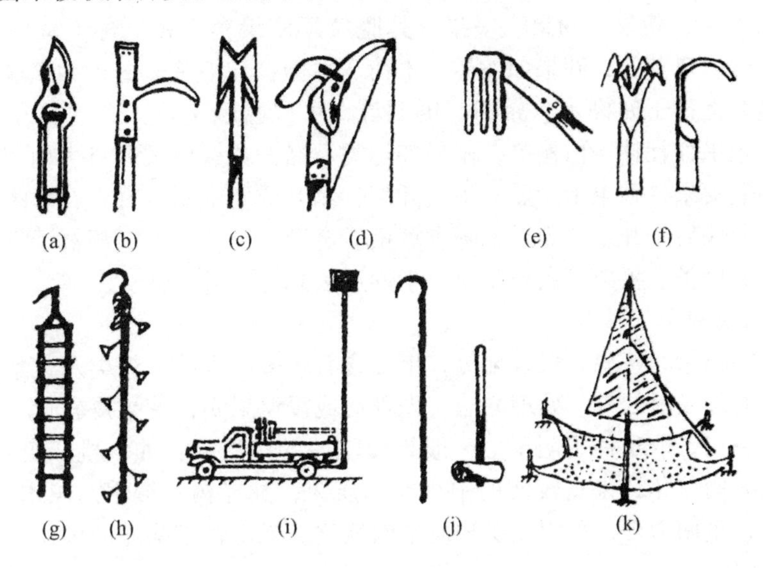

图5-2　采种工具示意

(a)~(d)剪切工具　(e)(f)梳种工具　(g)~(i)攀登工具　(j)(k)振荡和收集工具

②地面收集法　适于成熟后脱落于地面不易被风吹散的大粒种实，如各种栎类、板栗、核桃等树种，一般在树下捡拾收集。为了避免鼠食、虫蛀，应随落随收。收集前，将林地清理干净，或在树下铺一块塑料布。

(2)采种注意事项

①适时按正确方法采种，防止抢采掠青。

②注意采种安全，攀登大树应系安全带或腰带。

③保护母树，防止折大枝、新梢和新果。

④应在晴天或阴天无风时采种。

5.2.2.5　种子登记

来源不同的种子要分开装放，并按顺序编号，进行登记，并填写“种子采收登记证”。

5.2.3　种实的调制

种实的调制又称果实处理。种实采集后应及时处理，以免发热、发霉，降低种子品质。种实调制包括脱粒、净种、干燥、分级等工序。

5.2.3.1　种子脱粒

脱粒是指从果实中取出种子的过程，方法因果实种类不同而异。

(1)球果类的脱粒

从球果中取出种子，关键是使球果干燥。树脂含量低的球果，主要是用曝晒法干燥，使果鳞张开，种子脱出。开裂困难的果球，如华山松、红松等，在晒干后置于木槽中敲打，筛选取种。树脂含量较高的球果，如马尾松、南亚松等，用2%~3%石灰水堆沤球果至黑褐色后曝晒，使果鳞开裂，种子脱出。有条件的地方，可建立人工干燥室干燥球果。

(2)干果类的脱粒

干果包括荚果、蒴果、翅果、坚果。其脱粒须使果实干燥。含水量较低的荚果如相思、刺槐、合欢、皂荚等，蒴果如桉树、木荷、香椿、乌桕等，翅果如枫杨、槭树、臭椿等以及个别坚果类种子如桦木、赤杨、梧桐等，可以曝晒干燥。含水量较高的蒴果如油茶、油桐等，翅果如杜仲、白榆等，坚果如栎类、槠栲类、板栗等只可用阴干法干燥，不宜曝晒。大多数荚果、蒴果干燥后，果皮开裂，剥壳或用木棒敲打、石碾滚压果实即可取出种子。果实干燥后不开裂的荚果如降香黄檀、金合欢、紫穗槐、胡枝子等及翅果，不必脱粒。栎类、槠栲类、板栗等大粒坚果，干燥后去总苞，挑出种实。

(3)肉质果类脱粒

肉质果包括核果、浆果、聚合果等，果皮含有较多的果胶、糖类及大量水分，容易发酵腐烂，采集后须及时处理。处理方法：先堆沤或浸沤果实，使果皮软化，然后捣烂或揉搓果肉，漂洗去皮，取出种子阴干。一般果皮较厚的肉质果，如核桃、银杏、人面子等，采用堆沤法使果肉软化；果皮较薄的中小粒肉质果，如樟树、楠木、檫木、圆柏、山杏、黄波罗、女贞、重阳木等，采用浸沤法使果肉软化。果皮较难除净的肉质果，如苦楝，用石灰水堆沤或浸沤。

5.2.3.2 净种

净种又称种子精选，是清除种子的各种夹杂物，如种翅、鳞片、果皮、果柄、枝叶碎片、瘪粒、破碎粒、石块、土粒、废种子及异类种子等，以利于贮藏和播种。净种的方法有以下几种：

(1)风选

根据饱满种子和夹杂物重量的不同，借风力将种子中的夹杂物吹走，可用风车、簸扬机、簸箕、扬铲等将种子和夹杂物分开。适用于中小粒种子。

(2)筛选

根据种粒和夹杂物的直径大小不同，用各种孔径不同的筛子，将杂物与种子分开。

(3)水选

根据种子和夹杂物的体积质量不同，用水或其他溶液净选种子的方法，如松类、栎类、银杏、豆科的种子等均可用此法。将种子放入水中，稍后搅拌后，饱满的种子体积质量大而下沉，而瘪粒、夹杂物上浮。水选时要注意：种皮薄、种粒特小或油脂含量高的种子如马尾松、桉树、泡桐等不宜水选；浸水时间不宜过长，以免上浮的夹杂物吸水后下沉；经水选后的种子不能曝晒，只能阴干。此外，还可根据种子体积质量的大小选用食盐、黄泥、硫酸铜、硫酸铵等配制成不同密度的溶液进行选种。

(4)粒选

大粒种子如核桃、板栗等，可以人工挑选，将粒大、饱满、色泽正常、没有病虫害的种子与劣质种子分开。

5.2.3.3 种子干燥

经过脱粒和净种后的种子，在调运或贮藏前还必须进行适当的干燥。

种子干燥到什么程度为宜，不同树种是不同的，一般以干燥到种子能维持其生命活动所必需的含水量为准，这种含水量称为种子的安全含水量。多数林木种子的安全含水量为

8%~12%，这个含水量也是多数林木种子的气干含水量；一部分林木种子的安全含水量只有6%~9%，低于气干含水量；少部分林木种子的安全含水量为13%~30%，高于气干含水量。一些主要树种的安全含水量详见表5-4。

表5-4 主要树种种子安全含水量

树 种	种子安全含水量(%)	树 种	种子安全含量(%)
杉木	8~10	大叶桉	7~8
马尾松	9~10	木荷	8~9
侧柏	8~11	臭椿	9
柏木	11~12	白蜡	9~13
皂荚	5~6	杜仲	13~14
刺槐	7~8	樟树	16~18
白榆	7~8	油茶	24~26
杨树	6	麻栎	30~40

种子干燥到安全含水量才能安全贮运，若采种后立即播种，则不必干燥。

种子干燥的方法，根据种实的特性不同，可采用晒干法和阴干法。

晒干法适用于种皮坚硬、安全含水量低的种子，如大部分针叶树和豆科树种的种子。阴干法适用于种粒小、种皮薄、成熟后代谢作用旺盛的种子，如杨、柳、榆、桑、银桦、青皮等；安全含水量高的种子，如油茶、麻栎、板栗、荔枝等。

5.2.3.4 种子粒分级

将同一批种子按大小轻重加以分类称种粒分级，生产中应采用分级后的种子。同一批种子中，种粒大而重，充实饱满者，育苗造林的质量好。分级方法：大粒种子用粒选分级；中小粒种子用筛选、风选分级。

主要造林树种的种实处理方法详见表5-5。

5.2.4 种子的贮运

5.2.4.1 种子贮藏

除少数林木种子宜随采随播外，大多数树种的种子要经过一个冬季贮藏，翌春播种。

1)种子的休眠

种子休眠是指有生活力的种子，由于某些内在因素或外界条件的影响，使种子一时不能发芽或发芽困难的自然现象。处于休眠状态的种子，新陈代谢微弱，能量消耗少，耐贮藏。

种子休眠有两种类型：

(1)短期休眠(被迫休眠)

由于种子得不到发芽所需的外界条件引起的，若遇适宜的外界条件，种子便立即发芽。例如，杉木、马尾松、湿地松、桉树、杨树、桦木、刺槐、泡桐、麻栎等。

(2)长期休眠(深休眠)

由种子本身的特性如种皮坚硬致密、种内存在抑制物质、种胚尚未发育完全等引起的。这类种子即使遇适宜的外界条件也不会立即发芽，要经过催芽或后熟作用后方可发芽。例如，红松、水曲柳、银杏、核桃、漆树、珙桐、油橄榄、红豆杉等。

2)影响种子生命力的因素

种子寿命的长短，除了受树种的遗传特性所决定外，在很大程度上取决于种批入库前的状况。入库状况包括种子的成熟程度、净度、发芽能力、机械损伤程度、感染病虫害程度以及含水量等，是影响种子寿命的内在因素。贮藏的环境条件如温度、相对湿度和通气状况等，是通过种子本身的状况发生作用的。要延长种子的寿命，必须使种子有良好的入库状况，并且要贮藏于适宜的环境中。

种子良好的入库状况是：种子充分成熟，净度高，发芽能力强，很少或无机械损伤和病虫害的种粒，含水量等于或接近种子的安全含水量。

最佳的种子贮藏环境条件是：

①温度　多数林木种子以0~5℃最适宜。

②相对湿度　安全含水量低的种子贮藏于干燥的环境，相对湿度不超过45%~65%；安全含水量高的种子，贮藏于湿润的环境，空气的相对湿度可较大，但要注意防止种子发霉。

③通气状况　含水量高的种子，贮藏环境必须通气良好。含水量低的种子，通气条件对其生命力影响不大。

种子在贮藏中，易受昆虫、鼠类和微生物的危害。在通常的情况下，将种子放在干冷通风的地方，以降低病虫害感染。

3)种子贮藏的方法

种子的贮藏方法分干藏和湿藏两大类。一般安全含水量低的种子适于干藏，安全含水量高的种子适于湿藏。

(1)干藏法

是将经过适当干燥的种子贮藏在一定干燥和低温的环境中。根据对种子贮藏时间长短的要求和采种措施不同，分普通干藏和密封干藏两种。大量贮藏种子，应设专用种子库。

①普通干藏　适于贮藏时间不长或短期内不易丧失发芽能力的种子。其方法是：

a. 先将种子自然干燥，然后装在布袋、麻袋、木桶、筐、缸等容器内，放在低温、干燥、通气、阴凉的地窖、地下室、仓库或专门的贮藏室内(图5-3)。

b. 易遭虫蛀的种子如刺槐、皂荚等，可用石灰、木炭等拌种，用量约为种子重量的0.1%~0.3%。

c. 贮藏期间要经常检查种子，若发现种子发热、潮湿、霉变、虫蛀等应立即采取干燥、通风摊凉等措施。

图5-3　种子普通干藏示意

②密封干藏　适于易丧失发芽能力的珍稀种子。方法是：

a. 将经过精选和干燥的种子装入消毒过的玻璃、金属或陶瓷容器中，不要装得太满。

b. 在容器内放入生石灰、木炭、变色硅胶等干燥剂，加盖，并用石蜡或火漆密封，然后置于低温种子库或贮藏室保存(图 5-4)。

c. 亦可把种子装入双层塑料袋内，热合封口贮藏。

(2)湿藏法

是将种子贮藏在湿润、低温、通风的环境中。湿藏要注意防止种子干燥、发热、发霉和发芽。方法有露天埋藏、室内堆藏、窖藏、流水贮藏等。

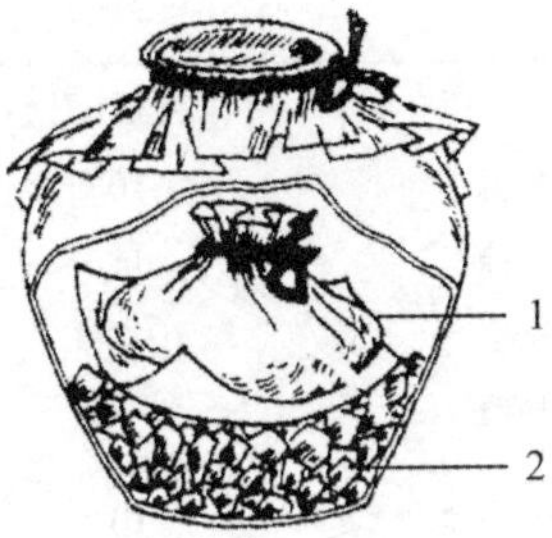

图 5-4　种子密封干藏示意

1. 种子　2. 干燥剂

①露天埋藏　此法兼有低温催芽的作用，在我国北方应用较普通。方法是：选择地势高、干燥、排水良好、背风向阳处挖坑。坑的长宽依种子数量而定，深一般为 0.8～1.0m。坑底铺一层厚约 10～20cm 的粗砂，中央插一束草把或有孔的竹筒。

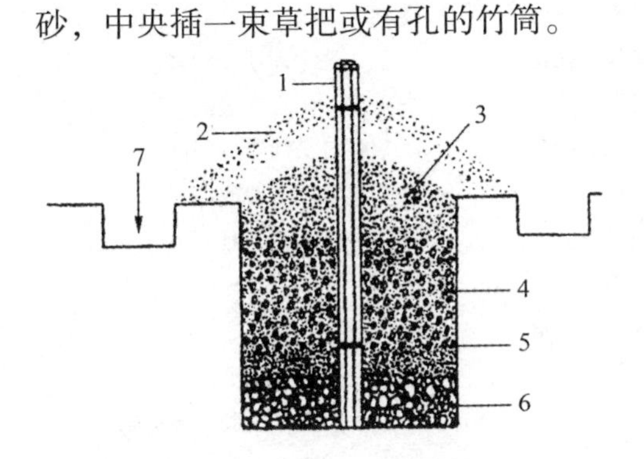

图 5-5　种子露天埋藏示意

1. 通气束；2. 秸秆；3. 河沙；4. 种子和湿沙；5. 粗砂；6. 石砾；7. 排水沟

将种子与湿沙按 3∶1 混合拌匀堆放坑内，或分层放置，每层厚 5cm 左右。装到离地面 20cm 左右为止。沙的湿度以手握成团，不出水，松手触之立即散为宜。上覆 50cm 河沙和 10～20cm 厚的秸秆等，四周挖好排水沟(图 5-5)。

②室内堆藏　在我国南方应用较普遍。在通风、阴凉的屋子或地下室，地面铺 10cm 厚湿润粗砂，放好通气束，然后将种子与润沙按1∶3 的比例混合拌匀堆放或分层堆放，每层厚5～10cm，堆至 50～60cm 高时，上覆润沙一层。堆完后上盖草、遮阴网等。种子量少时，可用木箱、瓦盒、瓦缸等容器装，置于室内通风、阴凉处。

③窖藏　适于我国华北和南方山区贮藏含水量高的大粒种子。选地势干燥、阴凉、排水良好处挖瓦罐形窖，容积约 $10m^3$ 左右。窖底铺卵石和干草 10cm，再将种子倒入摊平，装至四成满时，用石板或木板盖严。四周开排水沟。

④流水贮藏　适于含水量高、又需要保持水分的种子如栎类、板栗、红锥等。将种子装在竹篓或麻袋里，放入水流较慢、水位稳定的河水中，水刚好淹过筐、篓或麻袋的顶部。此法对防止种子发芽、发霉、虫蛀效果较好。主要造林树种种子的贮藏方法见表 5-5。

表 5-5　种实采收、处理及贮藏方法一览表

树　种	采种期(月)	果实成熟特征	采集方法	处理和贮藏方法
油松	10	球果黄绿色，微裂	摘果	摊晒脱粒，干藏
华北落叶松	10	球果淡黄褐色	摘果	摊晒脱粒，干藏
侧柏	10	球果黄绿色	摘果或摇落	摊晒脱粒，干藏
银杏	10	外种皮橙黄色	摘果或拾集	堆沤、漂洗、阴干，沙藏

（续）

树　种	采种期(月)	果实成熟特征	采集方法	处理和贮藏方法
麻栎	10	坚果栗色或褐色	拾集	摊凉去总苞，沙藏
苦楝	11	核果黄色	摘果、拾集	去果肉，沙藏或干藏
香椿	10~11	蒴果黄褐色	剪果穗	风干脱粒，干藏
刺槐	9~12	荚果褐色、干硬	摘果枝	晒干脱粒，干藏
山核桃	10	坚果外果皮呈黑褐色，略开裂	摇落	手剥外皮后沙藏
枫杨	9~10	坚果黄褐色	摘果穗	风干，去杂，干藏
臭椿	10~12	坚果褐色	剪果枝	摊晒，去杂，干藏
白蜡	10~12	翅果黄褐色	摘果或击落	摊晒、去杂，干藏
紫穗槐	10	荚果黄绿色	摘果	不处理，荚果直接播种
柠条	7	荚硬，黄褐色	采果	摊晒，去杂，干藏
杜仲	10~11	翅果黄褐色	摘果、摇落	阴干，洗净即播或沙藏
核桃	10	青皮变黄	摘果或拾集	去果皮，阴干，湿藏
板栗	9~10	刺苞变黄	摘果、拾集	阴干脱粒，沙藏或即播
花椒	8~9	果皮红色	摘果枝	阴干脱粒，沙藏或即播
马尾松	10~11	球果呈黄褐色	摘果	堆沤后摊晒，干藏
湿地松	9~10	球果呈黄褐色	摘果	堆沤后摊晒，干藏
杉木	11~12	球果呈青黄色	摘果或击落	摊晒脱粒，干藏
樟树	10~11	果实呈紫黑色	击落	浸沤、漂洗，阴干，沙藏
檫树	7~8	果实呈紫黑色	摘果或击落	浸沤，漂洗，用草木灰去脂，阴干，沙藏
火力楠	10~11	果实红色，果瓣微裂	剪果穗	摊凉脱粒，搓去种皮，阴干，沙藏
油茶	10~11	果实呈黄褐色	摘果	摊凉脱粒，沙藏
荷木	9~12	果实呈褐色	摘果或击落	曝晒脱粒，干藏
南洋楹	7~9	荚果呈黑褐色	击落	曝晒脱粒，干藏
红锥	11~12	壳斗呈黄褐色，微裂	拾集	摊凉取种，沙藏
麻栎	10	壳斗呈黄褐色	拾集	摊凉取种，沙藏
泡桐	9~10	果实呈灰褐色	剪果穗	摊晒脱粒，干藏
毛竹	8~11	果实转黄色	剪果穗	带壳收集，干藏
柚木	12~1	果实呈棕黄色	剪果穗	除萼片，干藏或沙藏
尾叶桉	8~11	果实呈灰褐色、微裂	采果枝或击落	摊晒脱粒，干藏
落叶松	8~9	球果呈黄褐色	摘果	摊晒脱粒，干藏
红松	9~10	球果呈黄褐色	摘果	晒干后置于木槽敲打，筛选种子；干藏

5.2.4.2 林木种子的调运

（1）种子调拨

为了发展林业，在生产中常需相互调拨林木种子。由于种子地理种源不同，应选用与造林地气候生态和土壤生态相同或相近地区的种子，如果造林时随意采用任何地区产的种子，会给造林工作带来严重的不良后果。各种林木种子的合理调拨范围，是在种源试验的基础上划定的，包括水平调拨区域与垂直调拨区域。我国主要造林树种种子的合理调拨区域尚有待区划。当前，除积极开展种源试验、划定种子调拨区外，种子调拨须遵循以下原则：尽量利用当地或与造林条件类似地区的种子，避免种子远距离调运，对外来种源经过试验，证实其后代确有良好表现的，才能调用。

(2)种子包装

包装前种实要经过精选和干燥。包装材料要保证种子安全。含水量低的小粒种子如杉木、马尾松、油松、柳杉、柏木、刺槐等可用布袋、麻袋等包装；极小粒种子如杨、柳、榆、泡桐、桉树等最好采用密封包装，容器以金属桶、罐为好。含水量高的大粒种子如油茶、油桐、板栗、麻栎、银杏等可用木箱、竹箩、柳条筐盛装，但要与保湿材料(如湿稻草、湿锯屑等)分层装入。包装后，容器上要附有标签，标明采种单位、树种、采集时间、总重量、容器数量等。

(3)种子运输

种子运输，实质上是一种环境条件较难控制的短期贮藏。要力求迅速，运输途中要避免风吹、日晒、雨淋、高温等。中途停放时，要选在通风阴凉处，防止发热、受潮、发霉。途中要勤检查，种子运到目的地后，立即解包妥善处理。

5.3 种子品质检验

种子品质的概念应包括遗传品质和播种品质两大方面。林木种子品质的检验，内容包括净度、千粒重、含水量、发芽力、生活力、优良度、病虫害感染度的测定。

林木种子检验应遵循国家制定的《林木种子检验方法》，并建立和健全种子检验制度，凡是经营和使用种子的单位，在采收、贮藏、调拨和播种时，均须进行种子质量检验。种子调出时，要由县或县以上的林木种子主管部门签发种子质量检验证。

5.3.1 样品的选取

5.3.1.1 种子抽样的几个基本概念

(1)种子批

具备下列条件的同一树种的种子。

①同一地区范围(县、场)、立地条件相似或同一采种基地所采的种子；

②采种林龄、树龄大致相同；

③采种时间大致相同；

④种子的加工和贮存方法相同；

⑤重量不超过下列限额：特大粒种子(核桃、板栗、油桐等)为10 000kg；大粒种子(麻栎、山杏、油茶等)为5000kg；中粒种子(红松、樟树、沙枣等)为3500kg；小粒种子(油松、落叶松、杉木等)为1000kg；特小粒种子(桉、桑、泡桐等)为250kg。若超过限额，可划分为两个或更多的种子批。

(2)初次样品

指从一个种批的不同部位或不同容器中分别抽样时，每次抽取的种子。

(3)混合样品

指从一个种批中抽取的全部初次样品均匀地混合在一起的种子。

(4)送检样品

指按照规定的方法和规定的数量(表5-6)从混合样品中分取一部分供检验用的种子。一个种批抽取一个送检样品，并按表5-7填写送检申请表。

(5)测定样品

为按规定的数量(表5-6)从送检样品中分取一部分直接供某项测定用的种子。

表5-6 主要树种种子检验技术规定表

树种	送检样品重(g)	净度测定样品重(g)	含水量送检样品重(g)	发芽测定			备注
				温度(℃)	发芽势(d)	发芽率(d)	
柏木	35	15	30	25	24	35	
侧柏	200	75	50	25	9	20	
兴安落叶松	35	15	30	20/30	8	13	每天光照8h
日本落叶松	35	15	30	20/25	7	21	0~5℃层积21d 每天光照8h
长白落叶松	35	15	30	25/30	8	15	
华北落叶松	60	15	30	25	6	11	
云杉	35	15	30	25	5	15	
华山松	1000	700	100	20/25	15	40	每天光照8h，染色法测定生活力
湿地松	200	100	50	20/30	11	28	每天光照8h
红松	1200	1000	100				用染色法测定生活力
马尾松	85	35	30	25	10	20	
油松	250	100	50	20/25	8	16	每天光照8h
杉木	50	30	30	25	10	20	
柳杉	35	20	30	25	14	25	
水杉	15	5	30	25	9	15	
池杉	600	300	100	20/30	17	28	1%柠檬酸浸24h后，-5℃层积60~90d，每天光照8h
木麻黄	15		30	30	8	15	重量发芽法，每天光照8h
沙棘	85	35	30	20/30	5	14	0~5℃层积60d，每天光照8h，染色法测定生活力
三年桐	>500粒	>500粒	>120粒	25	14	21	去掉外种皮
乌桕	850	400	100	20/30	10	30	去蜡层后置床，每天光照8h，染色法测定生活力
板栗	>300粒	>300粒	>120粒	25	3	5	取胚方
栎属	>500粒	>500粒	>150粒	20	7	28	取胚方
核桃	>300粒	>300粒	>80粒	20/30	3	6	取胚方
枫杨	400	200	50	25	7	21	0~5℃层积30d
檫木	400	200	50	25	12	28	
香椿	85	40	30	25	8	12	温水浸种24h

（续）

树 种	送检样品重（g）	净度测定样品重（g）	含水量送检样品重（g）	发芽测定			备 注
				温度（℃）	发芽势（d）	发芽率（d）	
柠檬桉	35		30	25	5	11	重量发芽法
窿缘桉	6		30	25	5	9	重量发芽法
蓝桉	15		30	20/30	5	14	同上，另每天光照8h
大叶桉	6		30	25	5	14	重量发芽法
水曲柳	400	200	50				染色法测定生活力
紫穗槐	85	50	30	25	7	15	始温80℃水浸种24h，去掉种皮
柠条	200	100	50	28	5	12	
胡枝子	60	25	30	20/35	7	15	去掉种皮，浓硫酸浸种30min，反复冲洗
刺槐	200	100	50	20/30	5	10	80℃水浸种，冷却24h，剩余硬粒反复进行，每天光照8h，染色法测定生活力
槐树	600	300	100	25	7	29	始温80℃水浸种24h
杨属	6		30	20/30	3	6	重量发芽法
文冠果	>500粒	>500粒	>120粒				染色法测定生活力，解剖法测定优良度
臭椿	200	80	50	30	7	21	
兰考泡桐	6		30	20/30	9	14	重量发芽法，每天光照8h
油茶	>500粒	>500粒	>120粒	25	8	12	取胚片，染色法测定生活力，解剖法测定优良度
白榆	60	35	30	20	4	7	
毛竹	85	50	30	25	12	28	染色法测定生活力
棕榈	1000	800	100	25	12	21	5~10℃层积30d，染色法测定生活力，解剖法测定优良度

注：根据《林木种子检验方法》摘录。

表5-7 送检申请表

第　　　号

1. 树种名称：____________________　　2. 采种地点：____________________
3. 采种时间：____________________　　4. 送检样品重量：____________________g
5. 本批样品重量：________________g　　6. 种子采收登记表编号：
7. 要求检验项目：____
8. 种子质量检验证寄往地点：________________________________

单位：____

送检单位：（盖章）　　抽样人：（签名）　　年　　月　　日

5.3.1.2 样品的抽取

(1)抽样程序

抽样人员在抽样前，要了解该批种子的采收、调制和贮存等情况，然后按照抽样方法抽取初次样品和混合样品，再按表5-6规定的重量用四分法或分样器法提取送检样品和含水量送检样品。混合样品的重量一般不能少于送检样品的10倍。抽样后，对送检的种子按种批做好标志，防止混乱。

(2)抽样方法

①容器盛装的种子用扦样器(图5-6)或徒手抽样。抽样件数为：容器少于5件时，每件容器都要抽取，抽取的次样品总数不得少于5个；6~30件容器时，每3件容器至少抽取1个初次样品，其总数也不得少于10个。容器多于31件时，每5件容器至少抽取1个初次样品，其总数不得少于10个。

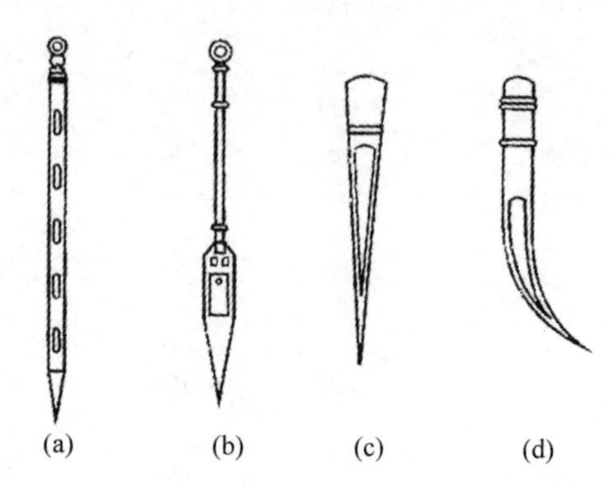

图5-6 种子扦样器示意

(a)圆筒扦样器 (b)圆锥扦样器
(c)单管扦样器 (d)羊角扦样器

②散装种子的抽样 在库房或围囤中大量散装的种子，可在堆顶的中心和四角设5个抽样点，每点按上、中、下3层抽样。

(3)分样方法

从混合样品中分取送检样品或从送检样品中分取测定样品，可选用下列方法：

①四分法 把种子摊在桌面或玻璃板处，用两块分样板将种子充分混合均匀，铺成正方形，其厚度：大粒种子不超过10cm，中粒种子不超过5cm，小粒种子不超过3cm，然后沿对角线分成四份，取相对两份装瓶备用，另相对两份混合后再分，直至所需数量为止。

②分样器法 适用小粒、流动性大的种子。分样时将种子通过分样器，把种子分成两份。分出的样品，一份装瓶备用，另一份继续分样，直至所需数量为止(图5-7、图5-8)。

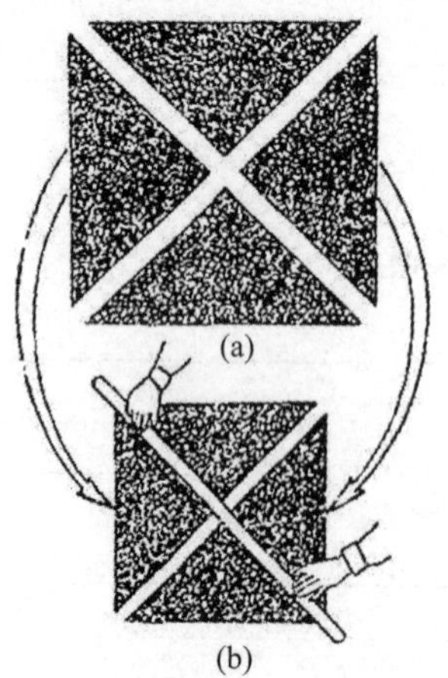

图5-7 四分法分样示意

(a)第一次区分 (b)第二次区分

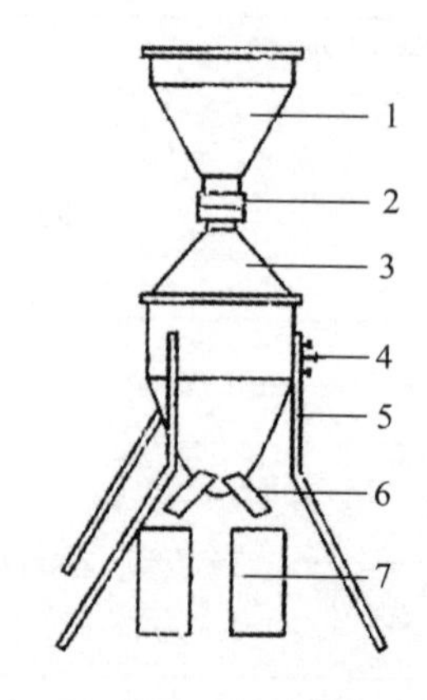

图5-8 钟鼎式分样器分样示意

1. 进料口；2. 阀门；3. 圆锥分离体；4. 调节螺丝；5. 脚架；6. 出种口；7. 盛种器

5.3.1.3 样品的包装、发送和保管

送检样品用木箱、布袋、塑料薄膜袋等容器包装。供含水量测定用的送检样品，要装在防潮容器内加以密封。调制时种翅不易脱落的种子，要用硬质容器盛装。

每个送检样品必须分别包装，填写两份标签，注明树种、种子采收登记证编号、送检申请表编号等。一份放入包装内，另一份挂在包装外面。

送检样品包装后，要尽快连同种子采收登记表和送检申请表寄送种子检验单位。

种子检验单位收到送检样品后要按表5-8进行登记，并从速进行检验。一时不能检验的样品，须存放在适宜的场所。检验后，剩余样品应妥善保存，以备复验时使用。

表5-8 送检样品登记表

第　　号

	检验结果
1. 树种名称：__________	1. 净度：__________%
2. 收到日期：______年____月____日	2. 千粒重：__________%
3. 送检样品重量：__________ g	3. 发芽势：__________%
4. 本种批重量：__________ kg	4. 发芽率：__________%
5. 种子采收登记表编号：__________	5. 生活力：__________%
6. 送检申请表编号：__________	6. 优良度：__________%
7. 要求检验项目：__________	7. 含水量：__________%
8. 种子质量检验证寄往	8. 病害感染程度：__________
地点：__________	9. 虫害感染程度：__________
单位：__________	检验员：__________
登记人：__________	
年　月　日	年　月　日

5.3.2 种子品质测定

5.3.2.1 种子的净度测定

净度是指纯净种子重量占测定样品重量的百分率。它是评定种子品质的重要指标，也是确定播种量的主要依据。

(1)测定样品的抽取

将收到的送检样品用四分法或分样器进行分样，并将所抽取的样品称重，直至表5-6规定的该树种净度测定所需的重量，但不得少于2500～3000粒，大粒种子应达到300～500粒。

净度测定称量的精确度要求见表5-9。

表5-9 净度测定称量精度表

测定样品克数	称重至小数位数	测定样品克数	称重至小数位数
10以下	3	100～999.9	1
10～99.99	2	100以上	0

(2)测定方法

将测定样品倒在玻璃板上，把纯净种子、废种子和夹杂物分开。纯净种子包括：完

整、未受伤害、发育正常的种子；发育不完全的种子和不能识别出的空粒；虽已破口或发芽，但仍具发芽能力的种子；带翅种子中，若种翅不易脱落，可包括种翅；若种翅易脱落，则指去翅种子。废种子包括：能明显识别的空粒、腐坏粒、已萌发显然丧失发芽能力的种子；严重损伤和无种皮的裸粒种子。夹杂物包括：异类种子、叶子、鳞片、苞片、果皮、种翅、种子碎片、土块、石砾、昆虫和其他杂质。

(3)检验结果计算

把所分出的纯净种子、废种子和夹杂物按表5-9精度要求分别称重，并把称量结果填入表5-10。若测定前测定样品重与分类后纯净种子、废种子和夹杂物的总重量之差符合净度测定允许误差(表5-11)的要求，则可进行净度计算，否则重做。

净度一般按下式计算：

$$净度(\%)=\frac{纯净种子重}{纯净种子重+废种子重+夹杂物重}\times 100 \tag{5-1}$$

净度测定结果，精度应达到0.1%，全部样品合计为100%。

净度测定只做一次，不需重复。

表5-10 净度测定记录表

树种：　　　　　　　　　　　　　　　　　　　样品号：

测定样品重		g		
	纯净种子重	g	净度	%
	废种子重	g		%
夹杂物	虫卵块	g		%
	成虫	g		%
	幼虫	g		%
	蛹	g		%
	其他夹杂物	g		%
	总　重	g		
	误　差	g		
	备　注			

检验员：　　　年　　　月　　　日

表5-11 净度测定允许误差范围

测定样品重(g)	允许误差不大于(g)	测定样品重(g)	允许误差不大于(g)
小于5	0.02	101～150	0.50
5～10	0.05	151～200	1.00
11～50	0.10	大于200	1.50
50～100	0.20		

5.3.2.2 种子千粒重测定

千粒重一般是指在气干状态下1000粒种子的重量，用以说明种子的大小、饱满程度。在同一树种中，千粒重的数值越高，说明种子内含的营养物质越丰富，这样的种子播种后发芽整齐，发芽率高，苗木生长健壮。

千粒重的测定方法有百粒法、千粒法和全量法3种。多数种子的千粒重用百粒法测定，方法是：

先从净度测定后的纯净种子中，随机抽取8组，每组100粒，然后对每组种子称量(称量精度同净度测定时的精度)，计算8组的平均重量、标准差、变异系数，公式为：

标准差：
$$S=\sqrt{\frac{(\sum X^2)-(\sum X)^2}{n(n-1)}} \tag{5-2}$$

变异系数：
$$C.V=\frac{S}{\bar{X}}\times 100 \tag{5-3}$$

式中，X为各组重量(g)；n为组数；$\bar{X}$为100粒种子平均重量(g)。

若变异系数不超过4(种粒大小悬殊的种子不超过6)，则8个组的平均重量乘10即为种子的千粒重，否则重做。若仍超过，可计算16个组的平均重量及标准差，凡与平均重量之差超过2倍标准差的各组略去不计，未超过的各组的平均重量乘以10为千粒重。将计算结果填入表5-12。

表5-12 种子千粒重测定记录表

树种： 样品号：

组号	1	2	3	4	5	6	7	8	9	10	11	12	13	14	15	16
X(g)																
X^2																
$\sum X^2$																
$\sum X$																
$(\sum X)^2$																
标准差(S)																
$\bar{X}$																
变异系数($C.V$)																
千粒重($10\bar{X}$)																

检验员： 测定日期： 年 月 日

5.3.2.3 种子含水量测定

种子含水量是指所含水分的重量占种子重量的百分率。测定含水量的目的，是为妥善贮存和调运种子时控制种子适宜含水量提供依据。

(1)取样

测定时将含水量送检样品在容器内充分混合，除去大部分杂物，再从中分取测定样品。测定样品悬露在空气中的时间要尽量短。种粒小的及薄皮种子可以原样干燥，种粒大的要从送检样品中随机取50g(不少于8粒)切开或打碎，充分混合后取测定样品。测定样品重：大粒种子20g、中粒种子10g、小粒种子3g，两个重复。称量精度要求小数点后三位。

(2)测定方法

种子含水量的测定方法常用的有烘干法、甲苯蒸馏法和水分速测仪测定法等。下面介绍105℃恒重烘干法。

105℃恒重烘干法适用于所有林木种子。测定时将随机抽取的两组测定样品分别放入预先烘干的样品盒内，置于干燥箱中，打开盖搭在盒旁，先以80℃干燥2～3h，后升到105℃±2℃干燥5～6h，取出放入干燥器冷却后称量。再以105℃±2℃干燥3～4h，再称重，反复进行直至恒重(规定精度)，最后计算两个重复的含水量。

$$种子含水量(\%)=\frac{测定样品干燥前重-测定样品干燥后重}{测定样品干燥前重}\times 100 \qquad (5\text{-}4)$$

若两个重复的差距不超过0.5%，则计算平均含水量。如超过需重做。测定结果填入表5-13。

表5-13 含水量测定记录表

树种： 样品号：

项目				
称瓶号				
瓶重(g)				
瓶样重(g)				
烘至恒重(g)				
水分重(g)				
测定样品重(g)				
含水量(%)				
平 均(%)				
容许误差(%)				

测定方法： 检验员： 年 月 日

5.3.2.4 种子发芽能力测定

种子发芽能力的有无和强弱，可直接用发芽试验来测定。种子的发芽能力是种子播种品质中最重要的指标，可以用来确定播种量和一个种批的质量等级。发芽试验一般只适用于休眠期较短的种子。

(1)发芽器具

发芽测定可用培养箱或光照发芽器。发芽床是发芽试验中种子发芽的直接场所。种粒不大的，一般用滤纸作发芽床，滤纸下可加垫纱布、脱脂棉或泡沫塑料。种粒大的可用细砂或蛭石作发芽床。发芽床应放在发芽皿内。

(2)种子的发芽条件

种子发芽需要一定的环境条件，主要是水分、温度和氧气，有的树种还需要光照条件。

①水分 是种子发芽的决定性条件。种子发芽须吸水膨胀，故在种子发芽测定或播种

前，一般要进行浸种处理。

②温度　是种子发芽的必要条件。大多数种子发芽的最适宜温度为20～30℃。变温能加速种子发芽。使用变温时，每天16h给予低温(20℃)，8h给予高温(30℃)。

③氧气　也是种子发芽的必要条件。种子发芽时，发芽环境必须通气良好。

④光照　可以促进许多树种种子的发芽。在种子发芽过程中给予适度的光照，有利于种子萌发。

(3)种子发芽测定的方法

①取样　将纯净种子用四分法分成四份，每份中随机取25粒共100粒为1个重复，4个重复，种粒大的可以50粒或25粒为1个重复。特小粒种子用重量发芽法测定，以0.10～0.25g为1个重复。

②灭菌和预处理　包括对发芽器皿和发芽床的衬垫材料、基质进行洗涤和高温消毒，对培养箱、发芽装置及测定样品分别用福尔马林或高锰酸钾进行药物灭菌；并对测定样品进行浸种处理，一般的种子可用始温45℃的温水浸24h。

③置床与管理　每个重复放入一个器皿。种粒的排放应有一定的序列，如图5-9所示。种粒间应保持一定的距离，以减少霉菌感染蔓延及幼根相互接触。每个器皿贴上标签，注明检验证编码、重复号、置床日期等。发芽器皿放入恒温培养箱、光照发芽器或人工气候室内。

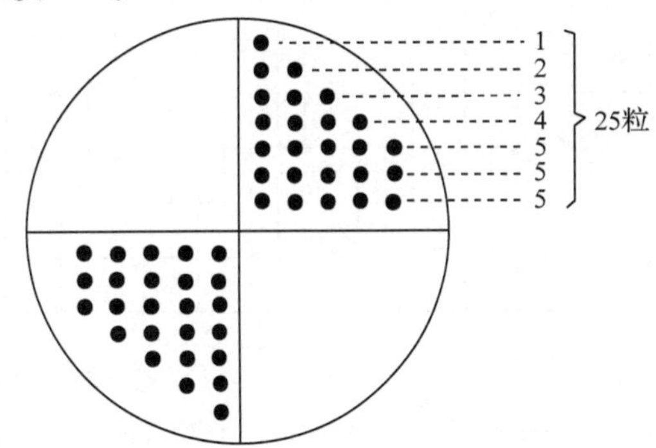

图5-9　种子在发芽床上的排列示意

置床后，每天检查发芽环境的水分和温度状况。发芽床水分不足时，要补充水分。若有轻微发霉的种子，捡出用清水洗净后放回发芽床；若发霉种粒较多时，要及时更换发芽床和发芽器皿。

如进行场圃发芽测定，种子经消毒、浸种等预处理后，分组按一般播种方法整齐地播在苗床上，定期观察记载，胚芽及子叶露出地面时，即算已发芽种子。

(4)观察与记载

发芽测定期间，每天或定期进行观察记载，捡出正常发芽种粒，填写发芽测定记录表(表5-14)。记录时用分数表示，分子为检查日已发芽种子数，分母为检查日未发芽种子数。发芽测定结束后，分别对各重复的未发芽种子逐一切开剖视，统计腐坏粒、异状发芽粒、空粒、涩粒、硬粒及新鲜未发芽粒数，填入表5-15相应栏内。其标准为：

①正常发芽粒　特大粒、大粒和中粒种子的幼根长度超过种粒长度一半；小粒、特小粒种子的幼根长度大于种粒长度；竹类种子的幼根至少与种粒等长，且幼芽长度超过种粒长度一半；复粒种子长出一个以上幼根。

②异状发芽粒　指发芽不正常的种粒，包括胚根短，生长迟滞或有缢痕、异常瘦弱；胚根腐坏，胚根出自珠孔以外的部位，胚根呈负向地性或蜷曲，子叶先出或脱落，双胚联结，竹类种子有根无芽、有芽无根或根短生长迟滞等。

③腐坏粒　种子内含物腐坏的种粒。

④空粒　仅有种皮而无胚和其他内含物的种粒。

⑤涩粒　内部充满单宁物质的种粒。

⑥硬粒　种皮特别坚硬、致密、透性不良、发芽困难的种粒。

⑦新鲜未发芽粒　结构正常，但尚未发芽或不够发芽标准的种粒。

表 5-14　发芽测定记录表

树种		预处理方法		样品编号		温度	
		其他记载				光照	

预处理日期	组号	1	2	3	4	5	6	7	8	9	10	11	12	13	14	15	16	17	18	19	20	21	22	23	24	25	26	27	28	29	30	31	32	33	34	35	36	37	38	39	40	41
		逐日发芽粒数																																								
置床日期	1																																									
	2																																									
开始发芽日期	3																																									
	4																																									

表 5-15　发芽测定结果统计表

树种：　　送检样品号：　　测定开始日期：　　结束日期：

组号	发芽势		发芽率		未发芽粒							发霉日期及换垫日期	平均发芽势	平均发芽率	平均绝对发芽率	平均发芽速率	备注
	天数	%	天数	%	腐坏	异状	新鲜	空粒	硬粒	计	%						
1																	
2																	
3																	
4																	
合计																	

检验员：　　年　月　日

(5)发芽结果的计算

种子的发芽能力，主要用发芽率和发芽势表示。

①发芽率　是鉴定种子品质的主要指标之一，常作为计算播种量的重要依据。根据发芽场所不同，分实验室发芽率和场圃发芽率。实验室发芽率依应用范围不同又可分为技术发芽率和绝对发芽率。

计算时，先统计出各重复中正常发芽粒的百分率，然后按表 5-16 检查各重复发芽率间的差距。若各重复中最大值与最小值之差未超过表 5-16 的允许范围，则以各重复的平均值作为该次测定的发芽率(计算到整数)；若超过，做第二次测定。

表 5-16　发芽百分率的最大允许差距表

平均发芽百分率(%)		最大允许差距(%)	平均发芽百分率(%)		最大允许差距(%)
99	2	5	87~88	13~14	13
98	3	6	84~86	15~17	14
97	4	7	81~83	18~20	15
96	5	8	78~80	21~23	16
95	6	9	73~77	24~28	17
93~94	7~8	10	67~72	29~34	18
91~92	9~10	11	56~66	35~45	19
89~90	11~12	12	51~55	46~50	20

第二次测定后，计算两次测定平均数。对照表 5-17 检查两次测定间距是否超过允许范围，若未超过，则以两次测定的平均值作为发芽率填报；若超过至少再做一次测定。

表 5-17　种子发芽率两次测定允许差距表

平均发芽百分率(%)		最大允许差距(%)
98~99	2~3	2
95~97	4~6	3
91~94	7~10	4
85~90	11~16	5
77~84	17~24	6
60~76	25~41	7
51~59	42~50	8

实验室发芽率在实验室内进行测定，在生产应用上一般计算技术发芽率。

$$技术发芽率(\%)=\frac{在规定(或实际发芽)天数内正常发芽粒数}{供测定种子粒数}\times 100 \qquad (5\text{-}5)$$

一般未加说明的发芽率都是指技术发芽率。

场圃发芽率在场圃条件下进行测定。

$$场圃发芽率(\%)=\frac{正常发芽种子粒数}{播种种子粒数}\times 100 \qquad (5\text{-}6)$$

由于场圃条件比实验室难控制，所以场圃发芽率一般比实验室发芽率低，多数树种低20%~30%。

②发芽势　又称整齐度。是评定种子品质的重要指标之一。发芽势高的种批，种子发芽迅速，出土早而整齐，其场圃发芽率也必然高。同一树种的两批种子，发芽率相等时，发芽势高者品质好。

$$发芽势(\%)=\frac{在规定的天数内(或种子发芽达高峰时)正常发芽粒数}{供测定种子粒数}\times 100 \qquad (5\text{-}7)$$

发芽势也按四个重复计算平均值，精度至小数后 1 位。其允许差距为表 5-16 的 1.5 倍。

5.3.2.5　种子生活力测定

在适宜的条件下，种子立即发芽或潜在的发芽能力，称种子生活力。当需要在短期内迅速了解种子品质或没有条件进行发芽试验时，进行种子生活力的测定。

(1)取样

从净度测定后的纯净种子中，随机抽取25粒或50粒为一组，4个重复。

(2)测定方法

有化学染色剂测定法和物理仪器测定法。下面介绍两种化学药剂测定法。

①靛蓝染色法　适用大多数针阔树种。染色前用蒸馏水配成浓度为0.05%~0.1%的靛蓝溶液，配后不宜久置。种子经浸种膨胀后，细心取出种胚，记录空粒、腐坏粒和病虫粒，填入表5-18。取出的胚放入盛有清水器皿内，取胚结束后，倒去清水，滴入靛蓝溶液，并压沉种胚。染色时间：一般在20~30℃时为2~3h。染色后，先倒去靛蓝溶液，并立即用清水冲洗种胚，然后将种胚分组放在滤纸上，借助放大镜及解剖镜逐粒观察，根据种胚着色的部位及程度，对照标志图将结果填入表5-18。

例如，松属胚染色后，如图5-10所示。

表5-18　种子生活力测定记录表

树种：　　样品编号：　　染色剂：　　测定日期：

组号	测定种子数	种子解剖结果			进行染色粒数	染色结果				生活力（粒）	备注
						无生活力		有生活力			
		腐坏粒	病虫害粒	空粒		粒数	%	粒数	%		
1											
2											
3											
4											
计											
平均											

测定方法

检验员：　　年　　月　　日

有生活力	无生活力
胚全部未染色	子叶着色
胚根先端着色部分小于胚根长度的1/3	包括分生组织在内的种胚全长的1/3部分着色

（续）

有生活力	无生活力
胚茎部分有少量着色斑点未相连成环状 	胚根全长 1/3 或超过 1/3 着色 
子叶有少量着色 	种胚全部着色 

图 5-10　靛蓝法测定松属种子生活力的主要标志

②四唑染色法　适用于大多数针阔叶树种。测定时，先用中性蒸馏水配成浓度为 0.5% 左右的四唑溶液。种子经浸种膨胀后，取胚或除去种皮，记录空粒、腐坏粒、病虫粒。取出的胚或剥皮的种子放入盛有清水的器皿内。全部剥完后，将种胚或去皮种子放入四唑溶液中，在黑暗或弱光处、30℃ 条件下染色 3h 以上，然后用清水洗净，立即观察染色情况，判断种子生活力。结果填入表 5-19。

例如，松属、杉木种胚染色后，如图 5-11 所示。

有生活力	无生活力
种胚、胚孔全部染色 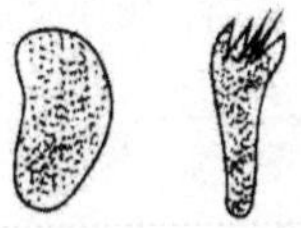	种胚、胚乳全部未染色 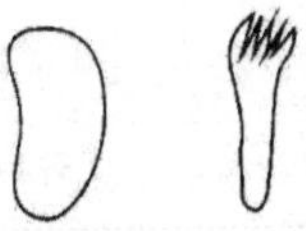
种胚染色，胚乳仅小部分（小于整个胚乳的 1/4）未染色 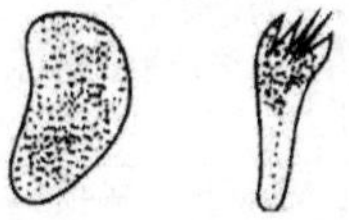	胚乳染色、种胚未染色 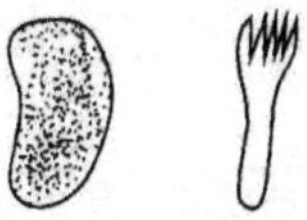
胚乳染色、种胚仅胚根先端（小于胚根长度的 1/3）未染色或仅胚轴部分有个别小的未染色斑块 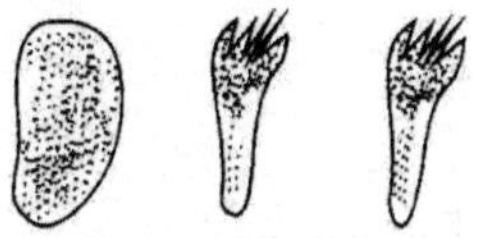	胚乳未染色，种胚染色 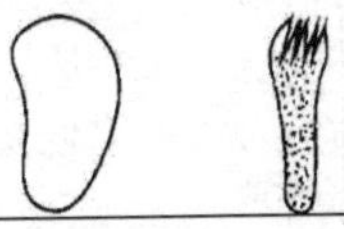
	胚乳、种胚仅小部分染色 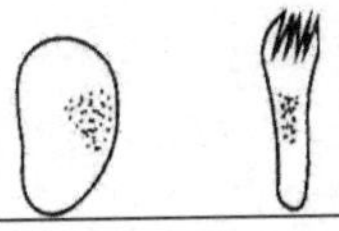

（续）

有生活力	无生活力
种胚和胚乳都只有个别小的未染色斑块 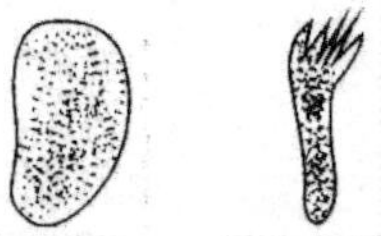	局部染色，但面积不超过种胚、胚乳的1/3 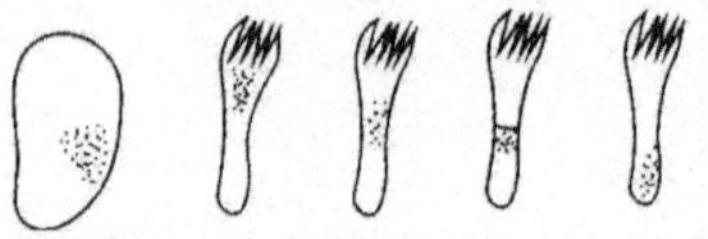

图5-11　四唑法测定松属、杉木种子生活力的主要标志

(3)测定结果计算

计算4个重复的平均生活力(精度至整数)。各重复间最大与最小值允许差距与计算种子发芽率时相同(见表5-16)。

5.3.2.6　种子优良度测定

优良度是指优良种子粒数占测定种子粒数的百分率。方法简单易行，适于种子采收贮运的现场快速测定及发芽困难又不能用染色法测定的种子。

(1)取样

从纯净种子中随机取100粒为一组，大粒种子50粒或25粒为一组，4个重复。

(2)测定方法

①切开法　适于大中粒种子。用刀顺着胚切开种子，观察胚、胚乳的形态、色泽，根据表5-19鉴定种子的品质，将种子分为优良和低劣两类。种粒饱满、种仁完全健康、色泽正常的种子为优良种子；腐烂、空粒、无胚有斑点和受病虫害的种子为低劣种子。

表5-19　种子优良度切开法判断标准

树　种	优良种子	低劣种子
油松、落叶松、马尾松	种粒饱满，胚乳、胚白色，有松脂香味	空粒或有胚乳无胚，胚乳淡黄色透明，皱缩或腐烂，发霉，有油哈拉味
银杏	胚乳饱满，表面浅黄色，切开后胚乳黄绿色，胚浅黄绿色	胚乳干瘦，切开后呈石灰状色，胚干缩，深黄色或僵硬发霉
侧柏	胚饱满，较软，胚乳白色	空粒，胚萎缩，干瘪黄褐色，较硬或过嫩未成熟
核桃	内种皮淡黄色有光，子叶饱满，淡黄白色有油香味	内种皮褐黄色、蓝黑色或深褐色，有油哈拉味，苦味，干瘪，皱缩或发霉
板栗、栎类	种壳有光泽；子叶较硬，有弹性，浅黄色有光泽，子叶上面虽有暗棕色纹，但面积不超过子叶的四分之一；未发芽或芽短而未能继续生长，无虫害	种壳无光泽，色较暗；子叶软，无弹性，被皱缩，有酒味或发霉，子叶有暗棕色条纹，且面积超过子叶的四分之一，或变褐，有时呈僵硬石灰质状，已发芽或有虫害
刺槐、紫穗槐、胡枝子	种粒饱满，褐色有光泽；子叶及胚根均为淡黄色，发育正常	干瘪，空粒，褐色无光泽，子叶内侧有白色菌丝或蜡状透明块斑，有虫孔
槐树	种粒饱满，子叶浅绿色，胚根黄色	种粒干瘪，子叶及胚根黄色或浅褐色，硬实种子
香椿	种粒饱满，胚淡黄色，胚乳有弹性	种粒干瘪，胚黄或黄褐色，胚乳干缩
元宝枫	种粒饱满，种皮橙棕色，子叶黄色，或浅黄绿色，胚根较白	种粒干瘪，种皮深综色或黑色，子叶灰绿色相镶或黄色，有时子叶有虫孔道
柠条	种饱满，黄褐色，无虫害	干瘪，空粒，子叶有虫孔

②挤压法 适于小粒种子。先将种子用水煮10min，然后放在两块玻璃板内挤压。压出白色种仁的为饱满种子，压出水的为空粒，压出黑色种仁的为腐坏粒。油质性的小粒种子，可放在两张白纸内用瓶滚压。在纸上显示油点的为好种子，无油点的为空粒或坏种子。

(3)测定结果计算

计算4个重复的平均优良度(精度至整数)。各重复间最大与最小值的允许差距与计算种子发芽率时相同(见表5-16)。

5.2.3.7 林木种子检验证书

林木种子检验单位，将所有应检验林木种子品质指标检验结束后，确定林木种子质量等级，填写“林木种子质量检验证”(表5-20)，寄发送检单位。

在无条件用较昂贵的技术检验种子质量的情况下，可以采用一些简易办法识别种子的品质。优质种子具有纯净、整齐、饱满、发芽率高、无病虫害等特征。种子品质的鉴别首先是观察判断，如果通过观察认为种子不合格，那么其他的检验就不需要进行了。目视观察主要看种子的大小、颜色和形状等，如果种子的大小明显小于正常种子，或颜色明显变浅或发暗、失去光泽，或明显变形，或有异味，或有虫蛀的痕迹，都说明不是好种子。若通过目视观察认为种子合格，则可通过测定种子的发芽能力或生活力和优良度等进一步了解种子的品质。

表5-20 林木种子质量检验证

一、树种：________________本批种子量：________________kg

二、送检样品重：________________收到日期：________年________月________日

三、种子采收登记编号：________________________________

四、送检申请表编号：________________________________

五、检验结果：

项目		备注
1. 净度：	%	
2. 千粒重：	%	
3. 发芽率：	%	
4. 发芽势：	%	
5. 生活力：	%	
6. 优良度：	%	
7. 含水量：	%	
8. 病害感染度：	%	
9. 虫害感染度：	%	

六、种子质量等级：________________级(等)

七、检验证有效期：________________

检验单位(盖章) 检验员(签字) 年 月 日

5.3.3 种子质量等级标准

种子的质量等级是根据种子的净度、发芽率或生活力或优良度和含水量等技术指标划

分的。技术指标的测定按国家标准《林木种子检验方法》进行。主要造林树种种子的质量分级见表5-21，当种子发芽率或生活力或优良度与净度等级不属于同一级时，以单项指标低的定等级。含水量指标适用于种子收购、运输、临时存放。

表5-21 主要造林树种种子质量分级表

序号	树种	Ⅰ级				Ⅱ级				Ⅲ级				各级种子含水量不高于（%）
		净度不低于（%）	发芽率不低于（%）	生活力不低于（%）	优良度不低于（%）	净度不低于（%）	发芽率不低于（%）	生活力不低于（%）	优良度不低于（%）	净度不低于（%）	发芽率不低于（%）	生活力不低于（%）	优良度不低于（%）	
1	银杏	99	85		90	99	75		85	99	65		80	25～20
2	冷杉	75	20			65	15			55	10			10
3	云杉	85	65			80	60			80	55			10
4	华北落叶松	97	60			95	50			90	40			10
5	落叶松	95	50			95	40			90	30			10
6	红松	98		90		98		75		96		60		10
7	华山松	98	85	90		98	75		85		95	60	70	10
8	赤松	95	80			95	70			90	60			10
9	樟子松	95	85			93	75			90	60			10
10	油松	98	85			95	75			93	65			10
11	云南松	95	80		90	93	70		85	90	60		80	10
12	思茅松	95	80			93	75			90	70			10
13	马尾松	96	85			93	65			90	45			10
14	黄山松	98	70			93	60			90	50			10
15	黑松	98	80			95	70			95	60			10
16	火炬松	98	80			95	70			95	60			10
17	湿地松	99	85			99	70			99	60			10
18	杉木	95	45			90	35			90	25			10
19	柳杉	98	35			95	30			90	20			12
20	水杉	90	13			85	9			85	5			13
21	侧柏	95	75			93	60			90	45			10
22	柏木	95	50			95	40			90	30			12
23	福建柏	95	60			90	40			85	20			10
24	圆柏	95			60	90			50	90			35	10
25	火力楠	94	80			94	65			94	50			15
26	檫树	95	50			85	35			75	20			32～25
27	樟树	98			90	95			85	95			80	20～12
28	肉桂	98	80			95	70			95	60			20～16
29	滇楠	98	80			95	70			95	60			20～12
30	山荆子	95		80		90		65		90		50		10
31	山杏	99		90		99		80		99		70		10

苗木培育

苗木是用于造林绿化的树木幼苗。苗木质量对造林成败有重要的影响，造林时如苗木选择不当，不仅会影响适地适树的效果，甚至导致造林失败，造成人力和财力的浪费。在造林工作中要充分发挥不同特性苗木的特长，使其更好地适应造林立地条件，同时造林工作要与苗圃育苗结合起来，在造林设计时就对苗木种类、大小和生理特性做出明确规定，苗圃根据造林设计要求定向培育苗木，从而保证为造林提供有针对性的合格苗木。

6.1 苗圃的建立

苗圃是培育苗木的场所，它的好坏直接影响苗木的产量、质量和育苗成本。因此，必须严格选择育苗地，并通过建造塑料大棚、精耕细作、合理施肥、换茬轮种等措施，为种子发芽、苗木生长创造良好环境。

6.1.1 苗圃地的建立

6.1.1.2 苗圃地的选择

苗圃选址要考虑以下条件：

(1)位置

苗圃地应选在造林地附近或交通方便便于管理的地方，但要避开人、畜、禽经常活动或出入的地方，这样便于苗木运输和苗圃管理。

(2)地形

苗圃地尽量选设在地势低、平坦、开阔，避风向阳，排水良好的地方。一般坡度不超过3°。若坡度较大，应修成梯田。在山地选设苗圃，要注意坡向：一般不宜选择南坡和西南坡，北方地区以东北坡、北坡或东坡较好；南方地区以东南坡、东坡较好。

(3)土壤

土壤是供给苗木生长所必需的水分、养分和空气的基质，是根系生长发育的环境。苗圃地的土壤应是土层深厚而较肥沃的砂壤土、壤土或轻黏土。如果培育容器苗，在苗圃地附近应有好的土壤(以偏沙、易于排水，并能保水保肥的为好)。没有经过改良的黏土、砂土一般不宜用于育苗。

(4)水源

苗圃应设在水源充足、排灌方便的地方，最好选设在河流、湖泊或水库附近。其地下水位：砂壤土以1.5~2.0m为宜，轻壤土在2.5m以下。一般灌溉用水含盐量不超过0.1%~0.15%。

(5)病虫害

病虫较多的地块，一般不宜选作苗圃地。因此，要尽量避开重茬地和长期种植烟草、棉花、玉米、蔬菜、瓜类的耕地。如果必须选用时，应采取彻底消毒和灭虫的措施。

要找到各种条件都符合要求的圃地是很难的。若某个方面的条件不够理想时，则考虑是否能加以改善。通过对各个待选点的对比，选优去劣，确定苗圃地。

6.1.1.2 苗圃地面积的确定

苗圃面积的大小取决于育苗的数量。苗圃面积包括生产用地面积和非生产用地面积两部分。

(1)生产用地面积

生产用地面积也称施业面积，它是直接用于播种、移植、无性繁殖等育苗的土地面积。可根据各种苗木的生产任务和单位面积产苗量定额计算。

$$\text{某树种育苗面积}(\text{hm}^2) = \frac{\text{每年计划产苗量}}{\text{每公顷产苗量} \times \text{苗木年龄}} \tag{6-1}$$

生产用地的总面积为各个树种育苗面积的总和。考虑到在抚育、移植、起苗、运苗过程中苗木的损耗，每年计划产苗量要增加3%~5%。

先在种床播种后移栽到苗床的育苗方式，还需计算种床的占地面积。若种子发芽后马上移栽，种床面积按苗床面积的0.5%~1%计；若幼苗较大时才移栽，种床面积按苗床面积的1%~2%计。

(2)非生产用地面积

非生产用地面积又称辅助用地面积，包括道路、房屋、固定的排灌渠道、场院、防护林等占地面积，一般不应超过苗圃总面积的20%~25%。

6.1.2 苗圃地区划

苗圃地的位置、面积确定之后，便可以进行区划和建设。区划时，先进行测量，绘出苗圃平面图，然后进行具体的区划。通常以道路作为区划的界限。

6.1.2.1 生产用地的区划

生产用地区划的基本单位为作业区，一般为长方形。各作业区用道路分隔，同一类作业区应规划在一起。生产区可划分为播种区、移植区、营养繁殖区、采条母树区和温室、荫棚区，如图6-1所示。

(1)播种区

播种区是培育播种苗的生产区。宜设在土壤肥沃、地势平坦、排灌和管理方便的地方。

(2)移植区

也称大苗区，可设在土壤条件中等的地方。

(3)无性繁殖区

是培育扦插、嫁接等苗木的生产区。一般应设在土层深厚、地下水位较高的地方。

(4)采条母树区

又称采穗圃，可设在圃地边缘、土壤条件中等的地方。

(5)温室和荫棚区

一般设在房屋场院附近，以便供电、供水和管理。

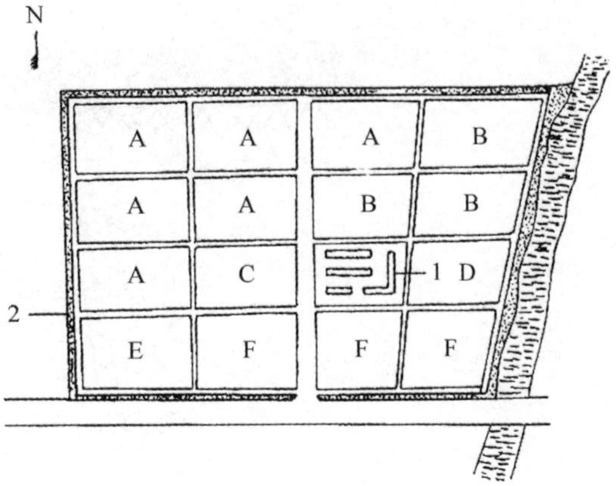

图6-1 苗圃区划图

A. 移植区 B. 播种区 C. 温室、大棚区 D. 采穗圃 E. 堆肥场 F. 营养繁殖区 1. 房屋 2. 防护林

6.1.2.2 非生产用地的区划

在非生产用地内主要有道路、排灌、房屋、防护林、遮阴建筑、场院等设施。若苗圃面积不大，有些设施可以不要，如风障、遮阴、防护林等。

(1)道路网设置

道路网包括主道、副道和步道。一般主道纵贯苗圃中央与苗圃大门、仓库相连接，宽度多为2~4m；副道垂直于主道，设在主道两侧、生产区之间，宽度1~2m；步道用于人员通行，可根据需要设置。

(2)排灌系统设置

要与道路网设置相结合，并分布在各个生产区，力求做到自流灌溉。沟渠的宽度和深度视排水情况而定。有条件的苗圃可设置管道或暗渠，或采用喷灌法、滴灌法灌溉。

(3)房屋与场院的设置

一般设置在地势较高、土质较差不适宜育苗的地方。大型苗圃可设在苗圃中央。

此外，为了使苗木免受自然灾害，可在苗圃周围设置围篱、防护林等。

6.2 苗圃地的耕作

6.2.1 苗圃整地、作床与作垄

6.2.1.1 整地

要求做到及时耕耙，深耕细作，清除草根、石块，地平土碎，并达到一定深度。主要分耕地和耙地两个基本环节。

(1)耕地

也称翻地、犁地。耕地的关键是要掌握好适宜的深度。耕地深度：一般地区20cm左

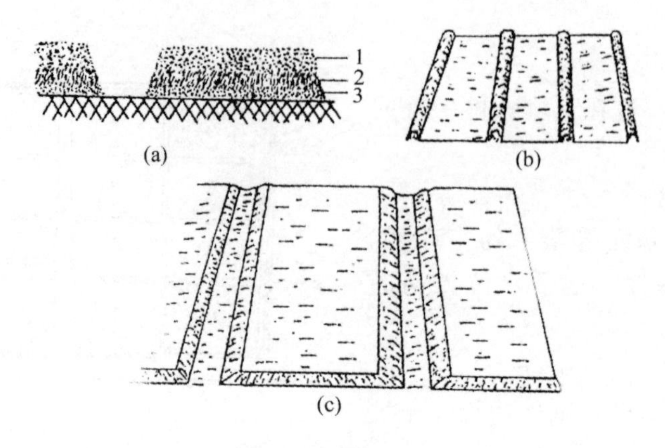

图 6-2 苗床示意

(a)种床 (b)低床 (c)高床

1. 河沙；2. 熟土、土杂肥或锯末；3. 营养土

右，干旱地区 20～30cm，培育大苗、插条苗和果树苗时 30～35cm。耕地多在秋季进行，但砂土宜春耕。

(2)耙地

要求做到耕实耙透，达到松、平、匀、碎。耙地的时间：一般耕后即耙，但在有积雪的地区及土壤黏重、秋耕后要晒白的地方，翌春耙地。

犁耙地的次数取决于土壤情况及种粒的大小。若土壤黏重或播小粒种子，犁耙 2～3 次；若土壤疏松或播大粒种子，犁耙 1～2 次。

6.2.1.2 作床与作垄

为了给种子发芽和幼苗生长发育创造良好条件，需要根据不同的育苗方式在已整好的圃地上作床或作垄。

1)作床

苗床分为种床、大田苗床和容器苗苗床 3 种，如图 6-2 所示。

(1)种床

主要用于幼苗的繁殖和保护。对难发芽、幼苗易发病或珍贵的种子，可以先在种床上播种，进行精心管理，待幼苗长出真叶后再移栽到苗床或容器上。种床宽 1.0～1.2m，长 6m 左右，一般由三种土组成：底部铺 5cm 厚河沙，中间铺 10cm 厚熟土、腐熟土杂肥、锯末等，上面覆 10～15cm 厚的营养土。营养土由一般土、森林表土、沙按 1∶3∶2 的比例配成，也可以用黄心土、火烧土、沙按 3∶1∶1 的比例配制。在降水多、排水不良的黏壤土地区，床面要高于步道 15～25cm；在气候干旱、水源不足地区，床面最好底于步道 15～25cm。在低温的季节，种床上可设拱棚，塑料薄膜上盖草帘或遮阴网。

(2)大田苗床

常见的是高床和低床。

① 高床 床面一般高于步道 10～20cm，宽 1.0～1.2m，长 10～20m，步道宽 35～50cm。作床时，先按苗床规格将步道的土挖掘放在床基上，然后整平，达到预定高度，打

碎土块，捡除石块、草根，整平床面。床面边缘修成 45°，并用锹拍实。高床适宜于降水多、地下水位高、土壤黏重、排水不良的地区。

②低床　床面一般低于步道 15～20cm，宽、长及步道宽均与高床相同，在下游处设排水口。作床时，一般先将表土挖出集中堆放，然后挖心土放在步道上，修成斜坡并拍实，最后将表土平铺在床面上。低床适宜于气候干旱、苗圃水源不足等条件下采用。

无论高床还是低床，苗床表层土壤要混拌一定量的腐熟有机肥，而且要保持疏松、不积水。

(3)容器苗苗床

有高床、低床、平床 3 种，根据土壤墒情、地形条件等决定苗床类型。床面宽、长及步道宽均可与大田苗床相同。床面要整平、夯实。为了防止苗木根系穿透容器扎入土中，底部可铺一层塑料薄膜，膜上铺 2cm 厚的粗砂。苗床边缘可用砖、木板等作围栏或用土作埂，以防容器倒塌。

2)作垄

作垄育苗是北方广泛应用的一种育苗方式。分高垄和低垄两种。

(1)高垄

一般垄底宽 50～70cm，垄面宽 30～40cm，垄高 10～20cm，垄长视地形而定。垄向以南北向为宜，山地沿等高线作垄，如图 6-3(a)所示。

(2)低垄

除垄面低于地面 10cm 左右外，其他与高垄相同，如图 6-3(b)所示。适宜于风大、干旱和水源少的地区。

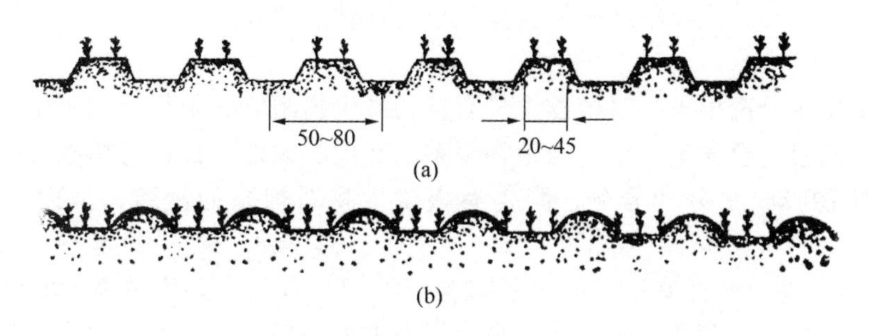

图 6-3　垄作示意(单位：cm)

(a)高垄　(b)低垄

6.2.2　苗圃土壤处理

6.2.2.1　土壤灭菌杀虫

用旧圃地或农作地育苗，在整地时要进行灭菌杀虫，以便消灭土壤中的病原菌和地下害虫。常用的方法有药剂处理和高温处理。

(1)药剂处理

常用的药剂有以下几种：

①硫酸亚铁(灭菌剂)　播种前 7～10d 用浓度 1%～3% 的硫酸亚铁溶液按 3.0～4.5L·

m^{-2}的用量浇洒。硫酸亚铁除杀菌外，还可供给苗木可溶性铁。

②福尔马林(灭菌剂)　每平方米用药10mL，加水6～12L，在播种前10～15d均匀地喷洒播种地上。喷药后覆盖塑料薄膜，播种前一周将其揭去。

③五氯硝基苯合剂(灭菌剂)　每平方米用药4～6g混拌适量细土，撒于土壤中或播种沟底。

④硝石灰(灭菌剂)　在整地时施入，与土壤混匀。每667m^2用量10kg。

⑤西维因(杀虫剂)　整地时，每667m^2用5%的药剂1～3kg，加土100～200kg混拌后于地表，然后翻耕。

(2)高温处理

不仅能消灭土壤中病原菌，而且还能消灭地下害虫、杂草种子。当前主要采用烧土法，即将柴草堆在圃地上焚烧，使土壤耕作层升温而灭菌杀虫。

6.2.2.2　施基肥

基肥又称底肥，是在育苗前施入土壤中的肥料。

1)基肥的种类

(1)有机肥

是由植物的残体或人畜的粪尿等有机物经微生物分解腐熟而成。苗圃中常用的有机肥主要有厩肥、堆肥、绿肥、人粪尿、饼肥和腐殖酸肥等。有机肥含多种营养元素，肥效长，能改善土壤的理化状况。

(2)无机肥

又称矿质肥料，包括氢、磷、钾三大类和多种微量元素。无机肥易被苗木吸收利用，肥效快，但肥分单一，连年单纯施用会使土壤物理性能变坏。

(3)菌肥

是用从土壤中分离出来、对植物生长有益的微生物制成的肥料。菌肥中的微生物在土壤和生物条件适宜时会大量繁殖，在植物根系上和周围大量生长，与植物形成共生或伴生关系，帮助植物吸收水分和养分，阻挡有害微生物对根系的侵袭，从而促进植物健康生长。

① 菌根菌　是一种真菌，与苗木之间有一种相互有利的共生关系。它能代替根毛吸收水分和养分。接种了菌根菌的苗木，吸收能力大大加强，生长速度也大大加快，尤其在瘠薄土壤上生长的苗木这种表现特别突出。

②Pt菌根剂　是一种人工培育的菌根菌肥，对促进树木生根和生长，增强林木抗逆性，大幅度提高造林成活率，促进幼苗和林木生长具有非常显著的效果。Pt菌根剂适用范围广，松科、壳斗科、桦木科、杨柳科、胡桃科、桃金娘科等70多种针阔叶树种都适用。

③根瘤菌　能与豆科植物共生形成根瘤，强烈地固定空气中的氮，供给植物利用。目前，根瘤菌肥在林果方面尚未推广使用，主要还是靠客土的办法进行播种。

④磷细菌肥　是一类能将土壤固定的迟效磷转化为速效磷的菌肥。它适用范围广，可用于浸种蘸粒或作基肥、追肥。

⑤抗生菌肥　5406抗生菌肥是一种人工合成的具有抗生作用的放线菌肥。它能转化土壤中迟效养分，增加速效态的氮、磷含量，对根瘤病、立枯病、锈病、黑斑病等均有抑制

病菌和减轻病害作用，同时能分泌激素促进植物生根、发芽。它适用范围广，可用作浸种、种肥和追肥。

基肥应以有机肥为主，加入适量在土壤中不易移动的磷肥。

2)基肥的施用方法

(1)施用有机肥

方法有撒施、局部施和分层施3种。常采用全面撒施，即将肥料在第一次耕地前均匀地撒在地面上，然后翻入耕作层。在肥料不足或条播、点播、移植育苗时，也可以采用沟施或穴施，将肥料与土壤拌匀后再播种或栽植，施肥深度要求达到苗木根系分布最多的土层，一般10~20cm，并要做到上层多施、下层少施。

基肥的施用量：一般每公顷施堆肥、厩肥37.5~60.0t，或腐熟人粪尿15.0~21.5t，或火烧土22.5~37.5t，或饼肥1.5~2.3t。在北方土壤缺磷地区，要增施磷肥150~300kg；南方土壤呈酸性，可适当增施石灰。

所施用的有机肥必须充分腐熟，以免发热灼伤苗木或带来杂草种子和病虫害。

(2)接种菌根菌

目前除少数几种菌根菌被人工分离培育成菌根菌肥外，大多数树种主要靠客土的办法进行接种。客土接种的方法是：从与接种苗木相同树种的老林分或苗圃内挖取表层湿润的菌根土，将其与适量的有机肥和磷肥混拌后撒入苗床或播种沟内，并立即翻盖，防止日晒或干燥。接种后要保持土壤疏松湿润。

根瘤菌的接种方法与菌根菌相同。其他菌肥按照产品说明书使用即可。

6.2.3 苗圃地的轮作

轮作俗称换茬。即在同一块圃地上，用不同树种或树种与农作物、绿肥和牧草按一定顺序轮换种植的方法。它是改良土壤的生物措施。合理轮作能提高苗木产量和质量。

轮作的主要方式有以下几种：

(1)树种与树种轮作

根据各种苗木对土壤肥力的不同要求将乔灌木树种进行轮作，如针叶树与阔叶树、豆科与非豆科树种、深根性树种与浅根性树种等进行轮作。

(2)苗木与农作物轮作

多采用苗木与豆类作物进行轮作。

(3)苗木与绿肥、牧草轮作

目前多采用苗木与紫云英、笤子、草木犀、鹅冠草、苜蓿及三叶草等进行轮作。

6.3 播种育苗

播种育苗是把林木种子播种到土壤中，通过育苗技术措施为种子提供有利于发芽、生长的条件，培育成苗木的方法，即有性繁殖的方法。播种苗具有完整的根系和顶芽，对外界环境条件的适应性强，后期生长快，寿命长，能够形成比较稳定的林分。大多数的树种都可用播种的方式来繁殖。播种育苗的单位面积产量高，成本低，是一种应用最广的育苗方法。

6.3.1 播种苗的年生长规律

播种苗的年生长过程是从种子萌发开始的，萌发后幼苗在生长速度上表现为有节奏性，即初期生长较慢，以后生长愈来愈快，而到接近冬季休眠时又逐渐变慢，以至停止生长。因此，播种苗的第一个年生长过程，可分为出苗期、幼苗期、速生期和生长后期。这个过程具有不可逆性，但各个阶段生长快慢则能适当调节。

6.3.1.1 出苗期

是从种子播入土中开始，到幼芽或子叶大部分出土长出真叶之前为止。此期一般为1~5周。当种子播入土中以后，随着吸水膨胀，酶的活动加强，使复杂的物质转化为简单的物质，成为种胚可以吸收利用的状态，呼吸作用特别旺盛，种胚生长，幼苗出土，初生根深入土层。此时特点是幼芽嫩弱，根系分布浅，一般多在表土10cm内，幼苗的抗性弱，此时期影响种子和幼芽的外界因子很多，且是综合作用的。主要因子是土壤水分、土壤温度及覆土厚度。当土壤水分不足时，种子无法吸胀，一切过程不能正常进行，发芽很慢，甚至使种子腐烂。发芽时期的温度条件，不但对种子发芽快慢有密切的联系，而且由于发芽的提前和推迟，对幼苗的整个生长也有很大的影响。各种林木种子，只有在适宜的温度范围内才能发芽，一般种子在日平均温度5℃左右开始发芽。如落叶松、樟子松为5~6℃，油松4.4℃，刺槐5.2℃，紫穗槐6.2℃时开始发芽，但发芽速度很慢，一般在20~30℃之间，发芽速度最快。覆土厚度及土壤松实细碎程度也影响种子发芽出土的快慢和能否出土。

出苗期育苗的中心任务是保证幼芽能适时出土，出苗整齐、均匀、健壮。为此，必须做好播种前的种子处理，适时播种，提高播种技术，正确掌握覆土厚度，加强播种地的管理。对一些顶壳出土的针叶树苗，还需要防止鸟类啄食。为了防止高温危害，需要遮阴的树种可在出苗期(或幼苗期)开始遮阴。

6.3.1.2 幼苗期

从幼苗出土长出真叶开始至幼苗迅速生长之前为止，此期一般为3~6周。特点是：地上部分长出真叶，但高茎生长缓慢，地下部分生出侧根，能独立营养。根系生长较快，根系活动的土层在10~20cm，但主要侧根在2~10cm的土层内，此时幼苗幼嫩，对外界不良环境因子的抵抗力弱，如遇干旱、炎热、低温、水涝、病虫，则容易死亡。影响幼苗生长发育的主要外界因子有水分、养分、气温和光照。水分不足，不仅使幼苗根系易遭干旱危害，且影响吸收养分，所以保持湿润是保证苗木成活的首要因素，但不宜过湿，以免影响土壤温度。生长初期，苗木虽对养分的需要量不多，但很敏感，特别是对磷、氮。此时苗木幼嫩，易发生日灼和猝倒病。

幼苗期育苗的中心任务是：在保苗的基础上，进行蹲苗，加强田间管理措施，促进营养器官的生长，特别要促进根系的生长发育，使苗木扎根稳固，为中后期的速生、健壮打下良好的基础，并使成苗整齐，密度合理，分布均匀。为此，须要采取的技术措施主要是：适当灌水，喷药防病，严防日灼，合理施肥，加强松土除草，某些树种必要时还应遮阴，调节光照和温度，确定留苗密度，进行间苗等。

6.3.1.3　速生期

从苗木加速高生长开始到高生长速度下降为止，是苗木生长的最旺盛时期。其长短因树种不同而异，一般为 1～3 个月。这个时期苗木的主要特点是：地上部分和根系生长都很快，生长量最多，有些树种的苗高生长量占全年生长量的 80% 以上，并在茎干上长出侧枝。速生期影响苗木生长发育的因子主要有土壤水分、养分、光照和温度。我国初夏干旱和炎热，最高气温常达 30～35℃。有些树种的苗木常在此时出现生长暂缓现象。而到夏末秋初，雨季来临，水分充足，气温又不太高时，生长速度又逐渐上升，所以，在整个速生期中有些树种出现两个速生阶段。如果在干旱炎热时，加强灌水，施肥及其他技术，则可消除或缩短这种由于不良外界环境条件造成的生长暂缓现象。

速生期育苗的中心任务是：在继续保苗的基础上，采取一切加速苗木生长的措施。这是提高苗木质量的主要关键。需要采取的措施主要是追肥、灌水、除草松土及防治病虫害等。

6.3.1.4　生长后期

苗木生长后期是从苗木生长量大幅度下降时起，到根系停止生长进入休眠落叶时为止。生长后期的特点是苗木生长速度减慢，高生长量仅为全年生长量的 5% 左右，最后停止生长。地径和根系还在生长，苗木逐渐木质化，并形成健壮的顶芽，以增强苗木的越冬能力。这一时期育苗的中心任务主要是防止苗木徒长，促进木质化，形成饱满的顶芽，以提高苗木的抗性，增强越冬能力。因此，应停止一切促进苗木生长的措施，如灌水、施肥、松土等，作好苗木越冬防寒的准备工作，特别是对播种较晚，容易遭早霜危害的树种更应注意。

6.3.2　播种前种子的处理

为了保证种子具有良好的播种品质，达到出苗快、齐、匀、全、壮的目的，缩短育苗年限，提高苗木产量和质量，播种前还必须要对种子进行消毒和催芽。

6.3.2.1　精选种子

种子经过贮藏，可能发生虫蛀霉烂等现象。为了获得净度高、品质好的种子，并确定合理的播种量，播种前还必须进行精选。精选的方法与种实处理时的净种方法相同。种子在贮藏前如果还未分级，结合精选应进行分级，以便分别播种。不仅发芽整齐，而且生长一致，便于管理。

6.3.2.2　种子消毒

为了预防苗木发生病虫害，一般应在播种前或催芽前对种子进行消毒。常用的药剂及方法有下列几种：

①福尔马林　在播种前 1～2d，用一份（浓度 40%）的福尔马林加 270 份水稀释成 0.15% 的溶液，把种子放入溶液中浸泡 30min，取出后密封 2h，然后用清水冲去残药将种子摊平阴干，即可进行播种或催芽。

②硫酸铜和高锰酸钾　用 0.3%～1% 的硫酸铜溶液浸种 4～6h 即可；或用 0.5% 的高锰酸钾溶液浸种 2h，捞出密封 30min，用清水冲洗后催芽或阴干播种。但对胚根已突破种

皮的种子，不能用高锰酸钾液进行消毒，否则将产生药害。

③石灰水　用1%~2%生石灰水，浸种24~36h。

④硫酸亚铁　用0.5%~1%的硫酸亚铁溶液浸种2h，捞出用清水冲洗后催芽或阴干播种。

⑤退菌特(80%)　用800倍液退菌特浸种15min。

以上用各种药液处理种子都是指干种子，若是处理膨胀后的种子，则应缩短处理时间，若消毒后催芽，则无论用哪种方法催芽，都应先把黏附的药液冲洗干净。

6.3.2.3　种子的催芽

种子催芽是通过机械擦伤、酸蚀、水浸、层积、或其他物理、化学方法，解除种子休眠，促进种子萌发的措施。通过催芽，种子发芽出土快、出苗多、幼苗整齐、健壮，是壮苗丰产的重要技术之一。种子催芽的方法很多，根据树种特性、休眠深度、取材种类、催芽时间长短等，生产上常用的有以下几种：

1)浸种催芽

浸种催芽是将精选好的种子在水中浸泡一定时间，待种子吸水膨胀后，捞出置暖湿条件下催芽的一种促进种子萌发的方法。适用于浅休眠种子。

浸种以后种子吸胀快慢与种皮结构、水温高低有关，通常是种皮薄比种皮坚韧、致密的种子吸胀快，大多数种子浸种1~2昼夜即可吸胀，种皮薄的只需几小时即可吸胀，而种皮坚硬致密的需要3~5d或更长一些时间才能吸胀。凡浸种时间超过12h的都要每天换水1~2次。检查大种粒的吸胀程度，可用切开法，如有3/5的部位都吸收了水，即可萌发。

浸种的水温对催芽的效果影响很大。但水温过高也会影响种子萌发，甚至烫伤种子。树种不同，浸种水温差异很大。一般种皮较薄、种子含水量较低，如杨、柳、榆、桑、泡桐、悬铃木等种子，适用20~30℃的温水或冷水浸种；种皮较厚的种子，如油松、侧柏、杉木、柳杉、马尾松、湿地松、火炬松、华山松、落叶松、元宝枫、臭椿等，适用40~50℃的温水浸种；种皮较厚的种子，如刺槐、合欢、皂荚、山楂等，可用70~90℃的热水浸种。对硬粒种子采用逐次增温浸种效果最好，方法是：先用70℃热水浸渍1昼夜后过筛，筛出的硬粒种子，再用90℃的热水浸渍，反复2~3次大部分硬粒种子都能吸胀。山楂种皮坚硬，不易吸水，可在夜间浸泡，白天捞出，摊在水泥地上曝晒，反复10d左右即可吸胀裂嘴。

水温对种子活力的影响与种、水比例和种子浸渍时受热的均匀程度有关。一般要求种子与水的体积比为1:3。将水倒入盛种子的容器中，就注意边倒水边搅拌，直至水温降至自然冷却水温为止，以使种子受热均匀。

种子吸水后，捞出催芽。种子数量少，可放在通风透气良好的筐、篓或蒲包里，置于适宜发芽温度(20~30℃)下催芽。在催芽期间，种子上面盖以通气良好的湿润物，每天用洁净的水淋洗2~3次。种子数量大时，可选择向阳背风温暖的地面，架垫秸秆，铺上苇席，将捞出的种子摊放在上面，厚度10~20cm，上盖塑料薄膜；或将种子与湿沙(为饱和含水量60%)以1:3之体积比混合，置于向阳背风处，注意翻倒和喷水。经上述暖湿处理，一般5~7d即可萌发。当露白种子达30%左右时即可播种。

2)层积催芽

层积催芽是将精选种子与湿润物(河沙、泥炭、锯末等)混合或分层放置。用以解除种子休眠，促进种子萌发的一种催芽方法。实践证明，它是目前一种催芽较好的方法。适应于深休眠种子，也广泛应用于浅休眠种子。

在自然界中，很多树种的种子都是秋天成熟的，自然脱落后被枯枝落叶覆盖，经过漫长的冬季低温，待春暖花开时发芽出土，低温层积催芽是符合林木自然萌发规律的。种子通过低温层积，能使种子内源激素发生变化，脱落酸等抑制物质逐渐减少，赤霉素等生长素逐渐增多。因此，低温层积也是解除由内含抑制物质引起休眠的良好办法。另外，层积催芽对促进种子完成后熟作用有良好的效果。所以，它是目前种子催芽效果最好的方法之一。

(1)低温层积催芽

低温层积催芽时，低温阶段的温度一般为0~7℃，但控制在2~5℃最为理想，待播种前再逐渐增温，促使种子萌发。间层物以湿沙、泥炭、蛭石等为宜。层间物的湿度要控制在饱和含水量的60%左右。有些地区对樟子松、落叶松、云杉、冷杉、黄波罗等种子采用混雪或混冰末催芽，效果更为显著。层积催芽还必须有通气设施，如秸秆、竹笼、钻孔木筒等，以利氧气的进入和二氧化碳的排出。

在层积催芽期间，要定期检查种子的催芽情况。温度的高低可通过撤除或加盖覆盖物来调节，湿度不够要增加水分，发现种子霉烂要加以翻倒或取种换坑，并注意防止动物危害。

层积催芽的日数很重要，如果层积日数不够，则达不到催芽效果。树种不同，要求的层积日数有很大的差异。我国主要树种层积催芽日数见表6-1。

表6-1 我国主要树种层积催芽日数

树 种	催芽天数(d)	树 种	催芽天数(d)
红松	180~300	栾树	100~120
白皮松	120~130	黄栌	80~120
落叶松	50~90	杜仲	40~60
樟子松	40~60	枫杨	60~70
油松、马尾松	30~60	车梁木	100~120
湿地松、火炬松	30~60	紫穗槐	30~40
杜松	120~150	沙棘	30~60
圆柏	150~250	沙枣、女贞、玉兰	60~90
侧柏	15~30	文冠果	120~150
椴树	120~150	山楂	120~240
白蜡	80	山丁子、海棠	60~90
复叶槭	80	檫树、樟树	60~90
元宝枫	20~30	山桃、山杏	80
朴树	180~200	杜梨	40~60
黄波罗	50~60	核桃、花椒	60~90
水曲柳	150~180	核桃楸	150~180

(2)变温层积催芽

变温层积催芽是利用高温和低温交替进行层积催芽的方法。有些深休眠树种种子，如红松、椴树、圆柏、山楂等，用变温催芽需要的日数少，催芽效果好。例如，红松种子低温层积催芽一般需要200d左右，而先用高温后用低温催芽只需90~120d就可完成催芽过程。具体作法是将种子用温水浸种3~5昼夜，与湿沙混合，经过高温(25℃左右)处理1~2个月，再经低温(2~5℃)处理2~3个月即可。据试验，紫椴种子经过30d高温层积再转入120d低温层积，场圃发芽率为50.0%，而150d全部低温层积，场圃发芽率仅为38.8%，圆柏种子只有在先高温后低温层积下，才能获得较好的催芽效果。

在播种前1~2周对层积催芽种子要进行催芽效果的检查。如发现种子大量发芽要立即覆盖、遮阴或移到地窖中，降温控制萌发；种子如果尚未裂嘴，可倒坑移到温暖处，以便增温促进萌发，待20%~30%种粒裂嘴露白即可播种。

(3)雪藏催芽

适用冬季降雪较多的地区(无雪也可用碎冰代替)。对大多数针叶树种落叶松、油松、云杉、冷杉等催芽效果良好。

具体的方法是：在土壤冰结前，选择排水良好，背阴处挖坑。坑的深、宽各50cm左右，长度随种子数量而定。待降雪不融时催芽。先在坑底铺上草帘或席子，上覆一层10cm左右厚的雪或碎冰。然后将种子与雪按1:3混拌均匀(也可用种子、沙、雪按1:2:3混拌)，放入坑内。上面培成雪丘，并盖草帘或覆土。春季，逐渐撤除积雪，但仍盖草帘。待播种前1周撤除覆盖，每天中午倒翻2~3次，使冰雪融化，并查看种子。如催芽良好，可控制坑温直到播种时取出。如催芽不均匀或未催芽好，再日晒或在室内加温1~3d即可。

(4)药剂催芽

用化学药剂(小苏打、浓硫酸等)、微量元素(锰、锌、铜等)和植物生长激素等溶液浸种，用以解除种子的休眠、促进种子萌发。对种壳坚硬、覆被蜡质的种子，如车梁木、黄连木、漆树等种子用浓硫酸浸种30~40min，紫椴种子浸种50~60min。落叶松种子用0.1%的硫酸铜或0.05%~0.20%高锰酸钾溶液浸种，可促进萌发。用0.01%的锌、铜或0.1%的高锰酸钾溶液浸渍刺槐种子1昼夜，出苗后，1年生幼苗保存率可比对照提高21.5%~50.0%。用50~100μg·L^{-1}的赤霉素、萘乙酸、吲哚丁酸等浸渍林木种子12~24h，对种子萌发也有良好的促进作用。

6.3.3 播种技术

6.3.3.1 播种期

适时播种是壮苗丰产的重要措施之一。它不仅可以提高发芽率，使苗木出得整齐，而且直接关系到苗木生长期的长短、出圃的年限，苗木抵抗恶劣环境的能力，以及苗木的产量的质量等。因此，在育苗过程中，必须根据树种的生物学特性和当地的气候、土壤条件，选择适宜的播种时间。

我国土地辽阔，树种繁多。南方大部分地区气候温暖，雨量充沛，一年四季都可播种。而北方冬季气候干燥，多数树种则适宜于春、秋两季播种，尤以春季为主。

(1)春播

春播是生产中常用的播种季节。春季播种的特点是，种子在土壤中存留的时间短，可以减少鸟、兽、病等危害的机会，播种地表层不容易发生板结，在一般情况下苗木不易受低温和霜冻的危害，在管理方面也较省工。

掌握春播的原则是适时早播，具体时间应根据各树种种子发芽过程中，所需要的温度条件来确定。即在幼苗出土后不致遭受晚霜危害的前提下，愈早愈好，具体应在地下 5cm 处平均地温稳定在 7～9℃为适宜。

(2)秋播

秋播的优点是，种子在土壤中完成催芽过程，减免了种子的贮藏和催芽工作。来春出土早而整齐，生长期长，苗木生长健壮。秋季也是很重要的播种季节。适用于大粒或具有坚硬种皮、需要经过长期催芽或贮藏困难的种子。由于发芽早，扎根深，所以，抗旱力强，如栎类。但种子在土壤中的时间长，易遭鸟、兽、病虫等危害。含水量大的种子，如板栗等在冬季严寒、降雪少且晚的地区，易受冻害，在冬季风大的地区，播种地易出现沙压，风蚀现象，秋季育苗地来年春季土壤表层易形成板结，妨碍幼苗出土。

(3)夏播

适用于春、夏季成熟，且又不易久藏的种子，如杨、柳、榆、桑等，当种子成熟后，立即采下，进行播种。对夏末秋初将生理成熟而形态尚未成熟的枫杨、刺槐等种子随采随播，缩短了休眠期，两个月即可出圃造林。夏播可以省去种子贮藏工序，提高出苗率，缩短育苗时间。但适用的树种和范围受到一定限制，而且生长期短，当年不能培育出较大苗木。夏播应注意，必须保证土壤湿润和防止高温对幼苗造成的损害。

(4)冬播

南方温暖地区，有些树种适宜冬季播种。播种期为 1～2 月份较好，最晚不能晚于 3 月上旬。冬播实际上是春播和秋播的延续，兼有秋播和春播的优点。实践证明，有些针叶树种，如杉木，冬季播种幼苗抗逆性强，苗木生长快，质量好。

6.3.3.2　播种量

播种量是指单位面积或长度播种行上所播种种子的数量，它是决定合理密度的基础，直接影响单位面积上的产量和质量。播种量过多，不仅浪费种子，增加间苗工作量，而且苗木营养面积小，光照不足，通风不良，苗木质量差；播种量过少，达不到合理密度，不仅苗木产量低，而且由于苗木过稀，杂草丛生，阳光过强，苗木质量反而下降。尤其针叶树幼苗，光照太强还容易死亡。

科学地确定播种量，在理论上主要是根据单位面积(或单位长度)上的计划产苗量、种子的净度、千粒重、发芽势等指标及种苗损耗系数。可用下式计算：

$$X = \frac{A \times W \times C}{P \times G \times 1000^2} \tag{6-2}$$

式中，X 为单位面积(或单位长度)实际所需的播种量(kg)；A 为产苗数(单位面积或长度)；W 为千粒重(g)；P 为净度；G 为发芽势(或种子的生活力)；1000^2 为常数；C 为损耗系数。

“C”值变化范围大致如下：①用于大粒种子(千粒重在 700g 以上)$C<1$；②中、小粒

种子(千粒重在3~700g之间)：$1<C<5$(如油松种子$1<C<5$)；③极小粒种子：$C>5$(如杨树种子$10<C<20$)。

种苗损耗系数(C值)受树种、圃地的环境条件、育苗技术和病虫害等多因素的影响变幅很大。不同树种的种苗损耗系数不同，同一树种在不同的条件下，损耗系数也不同。例如，春季播种宜小，秋季播种宜大；湿润条件宜小，干旱条件宜大；催芽的种子宜小，未催芽的种子宜大；自然灾害(如病虫害等)少的宜小，自然灾害多的宜大；用种子生活力代替发芽势时宜大。总之，要根据上述各方面的因素，通过试验来确定适于本圃各树种的C值。

【例6-1】每公顷计划生产油松1年生播种苗18万株，种子千粒重38g；发芽势60%；净度95%；种苗损耗系数为1.40，每公顷的播种量：

$$X=\frac{180\ 000\times 38\times 1.4}{0.95\times 0.6\times 1000^2}=12\times 1.4=16.8(\mathrm{kg})$$

目前各地常根据生产经验来确定播种量。这个播种量一般为平均播种量。生产中应根据种子品质的好坏来加以适当地调节。

近年来，国内外采用塑料大棚和容器育苗，大大节约了种子，这对采用种子园生产的良种和一些珍贵种子育苗，具有现实意义。

6.3.3.3 播种方法

(1)撒播

撒播是把种子均匀地撒在苗床上。优点是，产苗量高。缺点是抚育管理不便，苗木密集，透风透光差，生长不良，用种量也较大，除小粒种子外，一般不宜用撒播。

(2)条播

条播是按一定行距开沟播种，把种子均匀撒在沟内。条播克服了撒播的缺点，在生产上应用最广。其优点是：有利于起苗，便于机械化作业，节约用种，苗木通风透光，生长健壮。缺点是单位面积上产量较撒播低。条播的行距和播种沟的宽度(播幅)，因苗木的生产速度、培育年限，自然条件和播后管理技术水平而定，如采用机械化作业，则还需和所用机具相适应。为了克服条播产苗量低的缺点，目前生产上多采用宽幅条播。既可提高单位面积产量，又能使苗木提早郁闭，节省抚育费用，降低育苗成本，苗床条播的方向应有利于作业进行。

(3)点播

在苗床或大田上按一定株行距挖小穴进行播种或先按行距开沟，在沟内按一定株距播种。点播只适用于大粒种子，如核桃、板栗、桃、杏等。对一些珍贵树种，因种子来源少或种子价格高，播种时也多采用点播。

为了提高播种质量，要注意做到：

①播种行要通直　无论条播或点播都要通直，便于抚育管理。播种前必须根据株行距定点画线；特小粒和小粒种子，用播种筐播种。

②开沟深浅一致　沿播种行开沟，沟低平直，深浅一致。开沟深度依种粒大小、覆盖厚度、土壤条件和气候条件决定。开沟后立即播种注意保墒。

③撒种均匀　为了有计划地撒种，撒种前应按床或行计算好播种量，均匀撒种。小粒

种子常混以潮土和湿沙，以保证撒种均匀，严防漏播种或大风天气播种。

④覆土厚度要适宜　覆土厚度是整个播种中最关键技术，直接影响出苗率和幼苗整齐健壮。播种中、小粒种子，一般预先备好松软的覆土材料，如河沙、泥炭土、苗圃菌根土、新鲜锯末等，过筛后以备用。播种后立即覆土，厚度要适宜，一般覆土厚度应为种子短轴直径的2~3倍。同时，还应根据气候、土壤、播种期灵活掌握。如寒冷干旱地区比温暖湿润地区覆土要厚些。播种后如要覆盖，覆土要薄些。覆土时必须厚薄均匀。切忌用黏土覆盖。

⑤适度镇压　为使种子与土壤紧密结合，充分利用毛细管水，覆土以后要进行镇压，尤其是在气候干旱、土壤松软、土壤水分不足的情况下，覆土后应重压，但要防止土壤板结。

6.3.3.4　播种地的管理

在苗木生长过程中，为保证苗木成活，速生、优质、高产，心须加强苗期田间管理。

1)遮阴

遮阴能减轻幼苗期的受害和日灼危害程度(受到炎热、高温、干旱等不良环境条件危害)。但是否遮阴，取决于树种特性和气候条件，以及育苗技术水平等。

遮阴方法有侧方遮阴和上方遮阴两种。侧方遮阴是将荫棚设置在苗床南侧，垂直或呈45°角于地面。侧方遮阴效果差，且遮阴程度不均匀。目前多采用的上方遮阴是将荫棚搭设在苗床上方50~80cm，上面铺盖苇帘，树枝或秸秆等物。也有不同透光度的遮阴网，在生产上广为应用，使用寿命2~3年。山地育苗，也有用插灌木枝遮阴，效果很好。遮阴要适度，一般树种要求荫棚透光度50%~80%。遮阴时间，一般从9：00起，到16：00，阴雨或凉爽天气，应撤除。随着苗木的长大，透光度应逐渐加大，遮阴时间应逐渐缩短，当苗木根颈已经木质化时，即可不再遮阴。

条播和点播，可用地膜覆盖，效果很好。通过地膜覆盖，可提高土壤温度，保持土壤的湿度，防止盐碱上升，促使种子萌发，抑制杂草生长。地膜覆盖关键技术是破膜时间，当芽萌发或幼苗出土时必须立即破膜，否则会发生日灼害。

遮阴费工费料，管理不当还会影响苗木质量，目前有些树种如杉木、落叶松、红松等，通过适期早播，喷灌降湿，全光育苗已获成功，因此，尽量创造不遮阴的育苗条件是今后播种育苗发展的方向。

2)松土除草。

(1)松土除草的含义

在苗木生长期中，由于降雨和灌溉等原因，造成土壤板结，通气不良，根系发育不好；而且杂草滋生，同苗木强烈的争光夺肥严重影响苗木生长，因此，应该及时松土除草。实践证明，通过松土除草，切断土壤毛细管，可减少土壤水分的蒸发，使土壤疏松，通气良好，保蓄水分，消灭杂草，有利于苗木根系发育。在盐碱地上还可抑制土壤返碱。

(2)松土除草的一般原则

苗圃除草应贯彻“除早、除小、除了”原则，可减轻工作量和杂草危害程度。除草方法有手工除草，机械除草和化学除草3种方法。松土除草的时间和次数，应根据苗木生长规律和气候、土壤条件，以及杂草繁茂程度而定，一般1年生播种苗为6~10次，留床苗、移植苗、营养繁殖苗每年3~6次。生长后期即应停止。随着苗木的生长，松土应逐次加深，在苗木生长前期；松土深度一般为2~6cm，生长后期8~10cm；为了不伤苗根，苗根附近松土宜浅，行间，带间宜深。

(3)化学除草剂在苗圃中的应用

化学除草是一项新技术，它具有省工、高效、便于机械化作业，有利维护生态平衡等优点，克服传统除草工作量大的缺点，具有广泛应用前景。我国苗圃常见除草剂有除草醚、果尔、草甘膦、扑草净、氟乐灵、五氟酸钠、拉索、西马津和阿特拉津等。

①除草剂的类型和剂型　除草剂的种类很多，根据化学结构分为无机除草剂和有机除草剂；根据除草剂对苗木与杂草的作用方式分为触杀型和内吸型除草剂；根据除草剂的使用方法分为土壤处理剂、茎叶处理剂和土壤兼茎叶处理剂。从目前使用情况来看，以有机、选择性、内吸型、土壤处理剂效果最好。除草剂向高效、低毒，选择性强，杀草谱广，省工、节资的方向发展。化学除草剂由于加工型式不同，有水溶剂、可湿性粉剂、乳剂、颗粒剂、粉剂等。

②除草剂的作用原理　除草剂杀死杂草途径有两种：一种是接触到植物体后毒杀局部细胞造成死亡；另一种是被植物的根、茎、叶吸收后，在植物体内通过输导系统传导，运转到分生组织，起毒杀作用。由此可知，除草剂除草原理其实质是干扰和破坏了杂草的生理生化的结果，作用有以下三方面：抑制植物的光合作用；破坏植物的呼吸作用；干扰植物激素的作用，这样造成杂草死亡。一般说来用药量越大，破坏力越强；杂草越小，越易死亡。

除草剂为什么只杀杂草呢？这是因为人们巧妙利用了苗木与除草剂的差异性。除草剂与苗木差异性各种各样，但选择的最终目的都是为了不危害苗木而有效消灭杂草。

a. 形态差异的选择性：利用苗木与杂草在形态上的差异而承受和吸附药剂不同的特性，来选择性地消灭杂草，如针叶树出土后，一定时期内生长点不裸露，有鳞片保护，且叶呈针状，面积小、夹角小、具蜡质、角质层较厚、不易接受药剂，而杂草，尤其是阔叶草，顶芽裸露、叶面展开、面积大、角质薄，易受药而死。

b. 生理生化差异选择：有的树种有分解某种除草剂的酶或颉颃物质，使药剂失去活性，具有天然抗性，而杂草没有，这种差异选择是稳定的、理想的。例如，氟乐灵对杨树苗不起作用，只杀伤杂草。

c. 位差上的选择性：利用苗木与杂草在土壤中所处的位置不同而产生的选择性。一般来说，苗木根系在土壤中分布较深，而大多数杂草根系分布较浅，利用这一特点，可将吸附性强的除草剂施于土壤表层，灭除杂草，而对苗木没有影响。另外，大粒种子，一般播种较深，出土较晚，待幼芽出土时再翻掉药层，也可以免除药害。

d. 时差上的选择性；有些除草剂残效期短，药剂迅速失效的特点，利用杂草与苗木不同萌芽时期及作业前用药。例如，五氟酸钠，在有光的条件下喷洒后5~7d，药剂即失效。

③除草剂的使用方法　在使用除草剂时，必须根据苗木、杂草和天气情况，确定用药种类、剂量和使用方法，否则，难以达到理想除草。

a. 掌握适宜时期：要抓住苗木抗药性强，而杂草抗药性弱的时机施药。播种后，发芽前是对新播种苗床施用除草剂的最适宜时期，如五氯酸钠适宜在播前或播后出苗前施用。

b. 选择适宜药类：各种除草剂的性质不同，除草剂的效果也有很大差异。如 2、4-D 只能杀死双子叶草类，而除草醚、扑草净对苗圃一般常见杂草都能杀死。

c. 掌握适宜药量：除草剂和其他农药不同，对药剂浓度没有严格要求，只要求将单位面积的施用量，均匀地施在规定的面积上即可。除草剂的用量不是固定不变的，而是随着环境条件和苗木、杂草情况而变化的。一般在气温高、土壤湿、黏性小、沙性大的土壤上施药量小；在温度低、土壤干、黏性大、腐殖质多的土壤上施药量大；落叶阔叶树苗施用量小，常绿针叶树苗施用量大；苗期施用量小，播种前施用量大。

d. 施用方法：除草剂的施用方法，主要有喷洒法和毒土法两种。

喷洒法：适用于水溶剂，乳剂和可湿性粉剂，先称出一定的药量，加少量水使之溶解乳化，或调成糊状，再加水稀释，一般每公顷配制 3000～7500kg，水溶化即可喷洒均匀。茎叶处理，要求雾点小，兑水宜少，取近下限值；土壤处理雾点可粗一些，对水应多，取偏上限值。

毒土法：适用于粉剂，可湿性粉剂和乳剂。取含水量 20%～30% 的潮土(手捏成团，手松即散)，与一定量的药剂充分混合，均匀地撒施在苗床上。一般每公顷施毒土 750kg 左右。如是乳剂，可先加入少量水稀释，喷洒于过筛的细土上，然后拌匀施下。毒土法宜随配随施，不宜存放。

除草剂混合施用可起降低药量增加药效的作用。混合施用原则：残效期长的与残效期短的结合；在土壤中移动性大的与移动性小的结合；内吸型和触杀型相合；见效快的与见效慢的相结合；灭草对象不同的相结合；除草、杀菌、杀虫、施肥不同功效的结合。但必须注意其化学反应，不要因此造成药剂失效或引起苗木被害现象。

e. 注意事项：除草剂应在无风晴天时施用，并要求在 12～48h 内无雨。注意防止漏施或重施，喷药速度要均匀，喷洒时要边喷边搅拌，防止沉淀。床面如有大草，喷药前应事前拔除。苗圃常用除草剂的使用方法，见表 6-2。

表 6-2 苗圃常用除草剂一览表

药名及用量(有效量，kg·hm^{-2})	主要性能	适用树种	使用方法和时间	注意事项
除草醚 4.5～7.5 果尔 2.2～2.5	选择性、触杀性药效期 20～30d；果尔药效期 3～6 个月	针叶树类、白蜡属播种，杨柳科插条苗	播后出芽前或苗期，喷雾法	针叶树用高剂量，阔叶树用低剂量，杨、柳插条芽后用毒土法，榆树只在播后芽前用
灭草灵 3～6	选择性内吸型，药效期 30d	针叶树类播种苗或插条苗	播后出芽前或苗期，喷雾法	用药后保持土壤湿润，用药时气温低于 20℃发生药害
茅草枯 3～6	选择性内吸型，药效期 20～60d	杨柳科播种苗或插入苗	播后出芽前或苗期，喷雾法	药液现用现配，不宜久存，高剂量可为灭生性
阿特拉津、西玛津、扑草净、去草净 1.88～3	选择性内吸型，溶解度低，药效期长	针叶树类、棕榈、凤凰木、女贞播种苗，悬铃木、杨树插条苗、道路、休闲地	针叶树播后出芽前或苗期阔叶树类播后出芽前，喷雾法	注意后茬树种；针叶树用高剂量，阔叶树用低剂量

（续）

药名及用量（有效量，$kg \cdot hm^{-2}$）	主要性能	适用树种	使用方法和时间	注意事项
甲草胺(拉索) 3.75～7.5	选择性内吸型，药效期60～70d	杨树插条苗	插后出芽前，喷雾法	注意风蚀
氟乐灵 1.5～3	选择性内吸型，药效期长	杨树插条苗	插后出芽前，喷雾法	用药后拌土，竹子禁用，对莎草科不起作用
五氯酚钠 4.5～7.5	灭生性、触杀性、药效期3～7d	针、阔叶树播种苗或插条苗	插前和播后出芽前，喷雾法	出芽后和苗期禁用，用药时土壤保持湿润
草甘膦 1.5～2.0	灭生性内吸型	道路、休闲地	杂草萌发时茎叶处理	

注：①茎叶处理法：把除草剂直接喷洒在杂草的茎叶上；

②土壤处理法：把除草剂直接喷洒在土壤上或制成毒土施于土壤中；

③播后芽前指播种(或扦插)以后，幼苗尚未出土(插穗尚未发芽)这段时间；

④苗期指幼苗已出土(插穗已发芽)，幼苗发育期间；

⑤初次使用，先小面积试验，再大面积施用，以防药害；

⑥施药人员要戴口罩、手套，用药后需用凉水洗手脸；

⑦每次施药后，要将喷药机具冲洗干净，以免下次用时发生药害。

3)灌溉与排水

在苗木生育过程中，水分具有极为重要的意义，如果土壤干旱，水分不足，苗木生理机能受到阻碍；土壤水分过多或排水不良，土壤通气条件不好，根系进行缺氧呼吸。只有在水分适宜的情况下，苗木才能正常生长，因此，合理的灌溉与排水是培育壮苗的重要措施之一。

(1)灌溉

土壤适宜的温度和水分是种子发芽的主要外界条件。在温度条件适宜的情况下，给予充足的水分，才能保证种子迅速发芽、顺利出土。大、中粒种子，因覆盖厚，只要在播种前灌足底水，采用经过催芽的种子播种，一般原有的土壤水分，就可满足其发芽出土。但有些小粒种子，由于覆土过薄，播种后，几小时种子处在干燥的表土中，不但不能迅速发芽，而且如果经过催芽的种子，还会因土壤干燥而失去活力。因此，对这类树种，就需要根据实际情况进行灌溉。一般多用喷壶、水车喷灌，但比较费工，成本高。有的地方用细水慢灌的办法，工作效率高、省工，但是在技术上应当注意，不要造成因灌水后覆土厚度不一和种子被冲走的现象。目前应大力推广喷灌和滴灌，这是多快省工的办法，但要雾滴细，一般使种子处在比较潮湿的土壤中即可。

(2)排水

要及时排除过多的雨水或灌溉后多余的尾水，以达到外水不涝，内水能排，雨过沟干。

4)间苗、补苗

在播种育苗中，出苗株数往往大于计划产苗株数，或是出苗不齐，密度不均，影响苗木质量和产量，这就需要通过间苗和补苗来调整苗木密度，保证每株苗木有一定营养面积。

(1)间苗

间苗应贯彻“早间苗，晚定苗”的原则，间苗次数一般 1～3 次，具体时间依树种而异，疏去密集株，间去病、弱株。定苗后留苗株数要大于计划产苗株数的 5%～15%，以备损伤。

(2)补苗

为保证全苗，结合间苗对缺苗处进行补苗，即将苗木过密处的土壤用水湿透，用锋利小铲掘苗，带土移栽，随后浇水，也可钻孔补植，效果亦很好。

5)切根

切根是苗木培育期间，切断主根促进侧须根生长的一种技术措施，苗木切根后根系发达，地径粗壮，茎根比值小，苗木健壮，造林成活率高。切根对象是直根性强，主根发达树种如栎类、桉树等，切根的育苗地应为砂壤土或轻砂壤土。切根时间和深度应根据生长规律和自然条件而定，不宜过浅或过深，切除后立即灌溉，使土壤密合，幼苗期或早春切根，可配合间苗、补苗和追肥同步进行。

6)苗木保护

苗木在生育时期，易受到病虫鸟兽危害冻害等，轻则影响生长，降低质量产量，重则缺苗，成片死亡。因此，要加强苗木保护。对病虫鸟兽危害，必须坚持“防重于治，综合防治”的方针，掌握“治早、治了”的原则；对冻害，采用覆盖，设置风障、灌水、熏烟等措施，但对冻拔，应减少灌溉，注意排水，采用苗床覆盖、根际培土等措施防除。

6.3.4 植物生长激素的应用

6.3.4.1 激素的种类与性能

在植物生长发育过程中，植物器官的形成和生理活动需要一些微量的具有调节作用的物质，这类物质称为植物激素。植物体内天然存在的植物激素，已发现的有五大类，即生长素、赤霉素、细胞分裂素、脱落酸和乙烯。除了植物体内产生的天然激素外，人们模拟天然植物激素的结构，人工合成了具有天然植物激素作用的多种合成化合物，称为植物生长调节物质。这些合成的植物激素，通过外源强加给植物而起作用。

生产上常用的激素有 ABT 生根粉、萘乙酸、吲哚乙酸、吲哚丁酸等，以上常用激素的主要用途见表 6-3 。

表 6-3 常用激素的主要用途

名　称	英文缩写	用　途
ABT 生根粉	ABT_1	主要用于难生根树种，促进插条生根，如银杏、松树、柏树、落叶松、榆树、枣、梨、杏、山楂、苹果等
	ABT_2	主要用于扦插生根不太困难的树种，如香椿、花椒、刺槐、白蜡、紫穗槐、杨、柳等
	ABT_3	主要用于苗木移栽时苗木伤根后的愈合，提高移栽成活率
	ABT_6	广泛用于农作物、扦插育苗、播种育苗、造林等
	ABT_7	主要用于农作物和经济作物的块根、块茎植物和扦插育苗

（续）

名 称	英文缩写	用 途
萘乙酸	NAA	刺激插穗生根、种子萌发，幼苗移植提高成活率等。用于嫁接时，用 50～100mg·L^{-1}的药液速蘸切削面较好
2,4-滴丁酯	2,4-D	用于插穗和幼苗生根
吲哚乙酸	LAA	促进细胞生长，增强新陈代谢和光合作用，用于硬枝扦插，用 1000～1500mg·L^{-1}溶液速浸(10～15s)
吲哚丁酸	IBA	主要用于形成层细胞分裂和促进生根、硬枝扦插时，用 1000～1500mg·L^{-1}溶液速浸(10～15s)

(1)ABT 生根粉

ABT 生根粉是一种新型的广谱高效复合型植物生长调节剂。通过强化、调控植物内源激素的含量、重要酶的活性，促进物大分子的合成，诱导植物不定根或不定芽的形成，调节植物代谢作用强度，达到提高育苗造林成活率及作物产量、质量与抗性的目的。

ABT 生根粉系列，从扦插育苗、播种育苗、苗木移栽、飞机播种至农作物、蔬菜、果树、药用和特种经济植物应用，都能普遍提高成活率，并有明显的增产效果。林业育苗 86.75 亿株，已覆盖全国 80% 的行政县(市)，获经济效益 114.8 亿元。

①ABT 生根粉的不同剂型使用说明见表 6-4。

②ABT 溶液配制方法：将 1g ABT 生根粉，放人非金属容器中，然后加 100～150mL 酒精或高度白酒（65°以上)边加入边搅拌。使生根粉充分溶解后，再加入稀释至所用的适宜浓度（表 6-5)。

③使用 ABT 注意事项：配制溶液时，不能用金属容器，低温 5 ℃左右干燥、避光保存，粉剂可保持两年以上。溶液最好现用现配。

表 6-4 ABT 生根粉不同剂型使用说明表

生根粉型号	主要适用植物	使用方法
ABT1 号生根粉	适用于难生根植物及珍贵植物的扦插育苗。如红松、泡桐、银杏、金花茶、苹果、柑橘、苏枝玉兰等	一般情况可用 100mg·kg^{-1}浸条 2～8h，可缩短生根时间 1/3，提高成活率 30%～70%。lg 生根粉可以处理插条 3000～5000 株
ABT2 号生根粉	适用于较容易生根植物的扦插育苗。如月季、茶花、葡萄、翠柏、冬青等	一般情况下可用 50mg·kg^{-1}浸条 2～4h，可缩短生根时间 1/3，提高成活率 25%～55%。1g 生根粉可处理插条 3000～5000 株
ABT3 号生根粉	适用于苗木移栽、播种育苗和飞机播种等，促进根系发育，提高成活率，增加抗逆能力一般用 25mg·kg^{-1}浸根、浸种 0.5～2h 或拌种，拌后闷种 2～4h。大苗用 50mg·kg^{-1}浸根 1～2h，带土苗用 10mg·kg^{-1}灌根。可提高成活率 15%～35%，增加生长量 20%～60%	1g 生根粉可处理 150kg 左右的种子，处理苗木视苗木大小和使用方法不同而异，小苗移栽浸根可处理 3000 株，大苗 100～500 株，大苗带土坨灌根 4～10 株

表 6-5　ABT 稀释表

需用浓度($mg \cdot kg^{-1}$)	加入水量(kg)	需用浓度($mg \cdot kg^{-1}$)	加入水量(kg)
5	200	50	20
10	10	60	17
15	67	70	14
20	50	80	13
25	40	90	ll
30	33	100	10
35	29	200	5
40	25	300	3
45	22	500	2

(2)萘乙酸(NAA)

萘乙酸与吲哚丁酸相比，稍有毒性，浓度过高容易伤害植物。如果用萘乙酸的铵盐代替乙酸就会安全得多，应用时只要浓度适当，效果与吲哚丁酸相似，而且成本低廉。因此，萘乙酸的铵盐也被广泛用于促进插条生根。

(3)吲哚乙酸（LLA）

在实际应用时，效果不如吲哚丁酸（IBA)和萘乙酸（NAA)。由于 LAA 在植物体内很不稳定，在未经消毒的溶液中很快会被分解，并且易被强光破坏，因此，在生产上主要应用的为吲哚丁酸与萘乙酸。

(4)吲哚丁酸（IBA）

吲哚丁酸是效果较好、应用较普遍的一种生根素，不易被破坏。吲哚丁酸的酶系统氧化、传导性能差，因此，容易被保留在被处理的部位；可有效地促进形成层的细胞分裂，提高生根率。

6.3.4.2　激素的使用方法

因激素在树木扦插繁殖中应用较多，以下以扦插繁殖为例说明激素使用方法。

1)吲哚丁酸和萘乙酸的使用方法

(1)药液浸泡法

将药剂配成水溶液，对容易生根的插条一般浓度为 5～50 用 $\mu g \cdot g^{-1}$；对较难生根的，则需用浓度为 100～200$\mu g \cdot g^{-1}$的药液。使用时将切段基部浸泡在溶液中，在室温下放阴暗处，以避免枝条水分的大量蒸发。浸泡时间与药剂的浓度有关，药剂浓度高的则浸泡时间短，浓度低的则浸泡时间长(表 6-6)。

表 6-6　吲哚丁酸、吲哚乙酸、萘乙酸促进扦插生根的用法

处理方法	插穗状态	适用浓度($\mu g \cdot g^{-1}$)	处理时间	处理操作方法
低浓度药液浸泡	休眠枝穗	50～200	6～48h	将插穗基部插入药液中 2～4cm
	嫩绿枝穗	5～50	(多数 12～48h)	
高浓度药液浸泡	休眠枝穗	1000～10 000	1～5s	将插穗基部插入药液中 2～4cm，瞬时取出

(2)粉剂处理法

将药剂首先溶在95%酒精中，然后将配制成的酒精溶液揭拌在滑石粉中，适当加热使酒精全部蒸发掉，即成粉剂。使用时，将用水浸泡过的枝条切段放在粉剂中蘸一下，即可插入苗床内。使用药剂的浓度一般比用溶液浸泡的浓度高10倍。

2)ABT生根粉的配制及使用方法

(1)ABT生根粉的使用浓度及配制

①剂量　1g ABT生根粉可以处理3000~6000株插条(针叶树为3000~4000株，阔叶树为4000~6000株)。可根据植物种类和插条规格选用。

②使用浓度　处理浓度慢浸为50~200$\mu g \cdot g^{-1}$；速蘸为500~2000$\mu g \cdot g^{-1}$。两者恰成倍数(即高浓度速蘸为低浓度浸泡的10倍)；其浓度配制是以用为单位。$\mu g \cdot g^{-1}$，1$\mu g \cdot g^{-1}$即每升溶剂中有1mg药剂。

高浓度液体状态的ABT生根粉应放在黑暗凉爽的地方保存，用时再用水稀释到所需的量，其步骤如下：

①原液的配制　先将1g(1000mg)的ABT生根粉溶在500mL时的工业酒精(浓度为95%以上)中，再加蒸馏水或冷开水到1000$\mu g \cdot g^{-1}$时，即配制1000$\mu g \cdot g^{-1}$(1000mg/1000mL)的ABT原液。

②处理浓度的换算　原液配好后，用时可将原液稀释到所需的浓度，可按下列公式计算。

设A为原液浓度；α为所需溶液浓度；b为所需浓度溶液的体积；x为配成所需浓度溶液需要原液的体积。则：

$$A:\alpha = b:x$$

$$x = \alpha \times b / A$$

【例6-2】要将浓度为1000$\mu g \cdot g^{-1}$原液稀释到浓度为100$\mu g \cdot g^{-1}$的溶液500mL，问需要多少原液?

已知：$A = 1000\mu g \cdot g^{-1}$，$\alpha = 100$，$b = 500$mL

求X=?

代入公式$X = 100 \times 500/1000 = 50$mL

即需50mL的原液，加水450mL即可配成浓度为100$\mu g \cdot g^{-1}$的500mL的溶液。

③配制方法　用非金属容器将lg ABT生根粉溶在500mL 95%的酒精中，再加500mL蒸馏水或凉开水，所得的原液浓度为1000$\mu g \cdot g^{-1}$使用时需稀释10倍或20倍，就得到100或50$\mu g \cdot g^{-1}$的浓度ABT生根粉溶液。对当时用不完或不用的原液应用棕色玻璃瓶装好，放在5℃以下避光处保存。

当处理大量插条时，可以将1g生根粉直接溶解在500mL(0.5kg)95%酒精中，再加9.5kg水(配成100$\mu g \cdot g^{-1}$药液)或加19.5kg水(配成50$\mu g \cdot g^{-1}$药液)，即配成一般处理插条所需的药液浓度。

ABT生根粉可在冰箱内避光保存2~3年，室温下可保存1年(北方)。保存温度不超过30℃。水剂的ABT生根粉必须保存在冰箱中，最好现用现配。

目前ABT生根粉(ABT生根粉1、2、3号)有两种包装形式：一种是ABT原粉；一种是 ABT 原液。一包 ABT 原粉(1g)内装 10 小包(每小包为 0.1g)。配制时根据说明将 1 小包 ABT 原粉溶解于 50mL 95% 的酒精内再加 50mL 的蒸馏水或凉开水，即得到浓度为 1000μg · g^{-1}浓度的 ABT 溶液。

原液为 ABT 10mL 液体包装，用时稀释 10 倍即可应用。

(2) ABT 生根粉的处理方法

ABT 生根粉处理方法有 4 种，即速蘸法、浸泡法、粉剂处理法、胶剂处理法。

①速蘸法　将插条浸于 ABT 生根粉浓度为 500～2000μg · g^{-1}则用溶液中，30s 后再扦插。

由于此法处理的插条药液仅在其浸泡部位表面附着，扦插后随着水分的淋洗而逐渐消失，因此，难以保证插条不定根形成过程中的对生根促进物质的需要。在扦插育苗中只有单芽扦插或重复处理时才用此法。

②浸泡法　浸泡法是将 ABT 生根粉配成低浓度的溶液(50～200μg · g^{-1})，然后将插条下部浸泡在溶液中几小时，这种处理方法对休眠枝特别重要，有利于休眠枝内抑制物质的洗脱。处理时要根据枝条的规格、成熟度而定。一般来说大枝条用 50μg · g^{-1}或 100μg · g^{-1}的药液浸泡 2h。嫩枝根据所采用枝条木质化程度及插条的大小可浸泡 0.5～2h，浸泡深度 2～4cm.

③粉剂处理法　扦插前将 ABT 生根粉剂涂于插条基部，然后进行扦插。处理时，先将插条基部蘸湿，插入粉末中，使插条基部切口充分黏附粉末即可，或将粉末用水调成乳状涂于切口。在扦插时，要小心不可使粉剂落下。

④胶剂处理法　将 ABT 生根粉与胶水相溶，制成生根胶，然后抹在插穗的切口上形成一层胶膜。ABT 生根粉处理插穗的效果见表 6-7。

表 6-7　ABT 生根粉处理插穗的效果

树　种	成活率(%)		插穗数(千株)	浓度(μg · g^{-1})	备注
	休眠枝	嫩枝	52.4	200	
圆柏	96.0				对丹东圆柏用 2 号生根粉 500μg · g^{-1}成活率为 97.5%
红松	78		7.18	200	
毛白杨	98		52.0	50	
刺槐	95.7(65.1)		39	50～100	
沙地柏	86(57.1)		117.0	100～200	
日本落叶松		83.2	8.6	100	
河北杨		85.0	2.0	100	
新疆杨		100	1.0	100	
山楂		90(70)	0.10	100	
苹果		90(70)	0.10	100	
雪松		100(80)	0.10	100	

注：( )中的数字是对照；数据引自王涛《ABT 生根粉应用技术手册》，1989。

6.3.4.3 GGR——绿色植物生长调节剂的使用

GGR是一类无公害非激素型的植物生理活性物质，易溶于水，可常温贮藏，无污染，使用方法简便。它可以提高林木育苗和造林成活率及增加农作物产量。

(1)GGR——绿色植物生长调节剂

不同剂型使用说明见表6-8。

表6-8 GGR一绿色植物生长调节剂的不同剂型使用说明表

剂型	适用植物	使用说明
GG R6号	果树	用20~30mg·kg^{-1}浓度，在花期和幼果膨大期共喷施2次
	牧草	用10~15mg·kg^{-1}浸种8h
	林木、花卉扦插育苗	易生根的植物应用30~50mg·kg^{-1}浸1~2h，难生根的植物用100mg·kg^{-1}浸条，时间为4~8h
	播种育苗	用10~30mg·kg^{-1}浸种，容易发芽的种子浸泡时间短些2~4h，难发芽的种子浸种4~24h
	造林和苗木移栽	用25~50mg·kg^{-1}浸根0.5~2h或喷根后闷0.5h，或用10~15mg·kg^{-1}栽后灌根
GGR7号	用于农作物、经济作物	用15~30mg·kg^{-1}浸种或浸根0.5~8h或者拌种
	扦插育苗	50~100mg·kg^{-1}浸条2~12h，浸根10~30min，生长期喷叶2~3次
	播种育苗和造林	用20~50mg·kg^{-1}浸种2~24h，浸根0.5~2h
GGR8号	用于农作物、蔬菜和块茎植物	用10~40mg·kg^{-1}浸种1~24h
GGR10号	药用植物	用10~20mg·kg^{-1}浸种1~12h，浸根10~30min，生长期喷叶2~3次
	果树	采用15~30mg·kg^{-1}喷施

GGR6、7、8、10号用于农作物、蔬菜、果树、药用等经济植物可增产10%~40%，用于植物扦插育苗、播种育苗和苗木移植（造林）等可缩短生根时间1/3，提高成活率15%~65%，增加生长量30%~80%。

(2)GGR溶液配制方法

将1g GGR粉剂先用少量水(自来水)充分溶解后加水稀释到所需用浓度，加水量见表6-9。

表 6-9　GGR 稀释表

需用浓度 ($mg \cdot kg^{-1}$)	加入水量 (kg)	需用浓度 ($mg \cdot kg^{-1}$)	加入水量 (kg)
5	200	50	20
10	100	60	17
15	67	70	14
20	50	80	13
25	40	90	11
30	33	100	10
35	29	200	5
40	25	300	3
45	22	500	2

6.4　无性繁殖育苗

营养繁殖又称无性繁殖，是利用植物的营养器官如根、茎、叶、芽繁殖苗木的方法。由营养繁殖培育的苗木称为营养繁殖苗。它能保持母本的优良特性，并能使植株提前结实。因此，目前广泛应用于建立无性系种子园、果木林、特用经济林及花卉的繁殖。

营养繁殖育苗主要有插条、嫁接、组织培养、压条、埋条、埋根等方法。

6.4.1　扦插育苗

扦插育苗是将植物的枝、茎、叶或根等作插穗，插入土中，使其形成新植株的方法。扦插育苗成活的关键在于插穗能否生根。插穗能生根成活，是由于植物具有恢复其失去的器官的能力——再生能力。

6.4.1.1　插穗生根的关键

①进行扦插繁殖的树种，其插穗具有容易生根的特点，如榕树、柳树、杉木、白蜡、紫穗槐、石榴、悬铃木等。不同的树种，插穗生根难易的程度差异很大。生根困难的树种如松属、板栗、苦楝、苹果、刺槐、云杉、冷杉等，插穗很难成活，一般不宜进行扦插繁殖。

②要选择幼、壮龄的母树采集种条，而且多数树种以选用 1 年生枝条为好。

③要尽量采集靠近根部，着生在主轴上，并且发育充实的枝条。

④插穗上要保留芽，最好也保留部分叶片，并使下切口紧贴叶柄基部。

⑤扦插后要保持土壤及插穗周围的空气湿润。空气湿度以 80%～90% 为好。为了减少插穗水分损耗，提高空气湿度，可以对插穗适当抹芽、摘叶和遮阴，这对插后先发叶后生根的插穗尤为必要。

⑥扦插时周围环境的温度要适宜，一般树种以土温 15～20℃ 容易生根。

⑦土壤要疏松，通气良好。在黏重的土壤上扦插，或插后灌水过多，不利于插穗生根。

6.4.1.2 扦插方法

1)硬枝扦插

硬枝扦插是利用完全木质化的枝条扦插育苗的方法。此法技术简便，成活率高，适用范围广。

(1)采条

要从生长迅速、干形好、无病虫害的健壮幼龄母树上采集根部或树干基部发育充实的1年生萌芽条，也可用1~2年生的苗干作为插穗。若是经济林树种，则应从生长健壮、无病虫害的结果盛期的母树上采集生长良好的枝条作为插穗。

采条宜在树木休眠期进行，最好是在树液流动前的早春随采随插。

(2)截穗

枝条采回后，应立即在阴凉处剪穗。首先剪去基部无芽和梢端发育不充实的部分，然后按“粗枝稍短，细枝稍长；易生根树种稍短，难生根树种稍长；黏土地稍短，砂土地稍长”的原则截成10~20cm长的插穗。插穗上剪口宜平，以距最上一个芽1cm为宜。下切口应紧靠插穗最后一个芽的基部，易生根的树种剪成平口，难生根的剪成小马耳形。剪切口要平滑，防止撕裂；保护好芽，尤其是上芽，如图6-4所示。

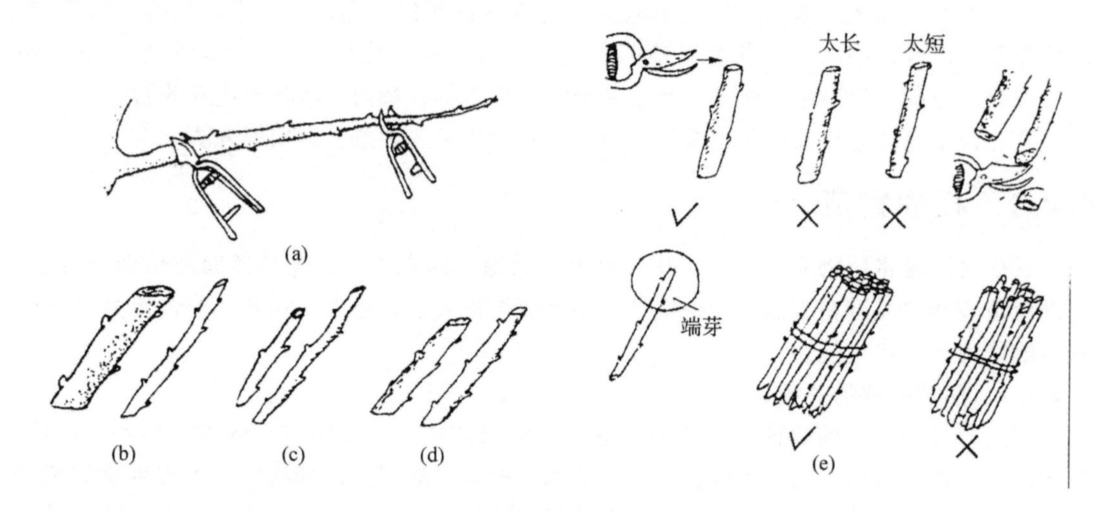

图6-4 截穗示意

(a)枝条中下部分作插条最好 (b)粗枝稍短，细枝稍长 (c)易生根树种稍短，难生根树种稍长 (d)黏土地稍短，砂土地稍长 (e)保护好上端芽

剪截后，要将穗按小头直径分成粗、中、细三级，每50根或100根扎捆，并使插穗的方向保持一致，以利于以后贮藏和催根。

(3)插穗贮藏

冬采春插的插穗要进行贮藏。贮藏方法有室内混沙贮藏和露天埋藏。这两种贮藏方法分别类似种子的室内堆藏法和露于埋藏法，如图6-5所示。贮藏期间要经常检查并调节堆(沟)内温度、湿度。翌春圃地开冻后，取出扦插。

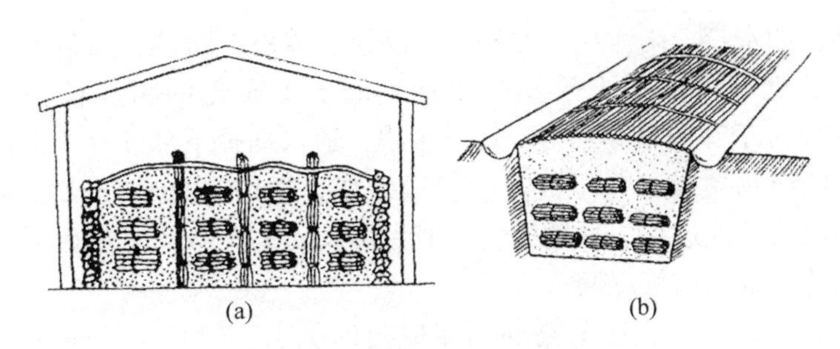

图6-5 插穗贮藏方法示意

(a)室内堆藏法 (b)露天埋藏法

(4)扦插催根

对插穗生根比较困难的树种，要对插穗进行催根处理。主要的催根方法有：植物激素处理(详见6.3节内容)，化学药剂处理，物理方法处理

①化学药剂处理 用化学药剂处理插穗能促进生根。常用的化学药剂有高锰酸钾、蔗糖、醋酸、氧化锰、磷酸等。如用0.05%~0.10%浓度的高锰酸钾溶液浸泡插穗12h，既能促进生根，又能杀菌消毒。水杉、龙柏、雪松等插穗用于5%~10%蔗糖溶液浸12~24h，能明显促进生根。

②物理方法处理 是用水、刻伤、环切等处理插穗的方法。把插穗基部浸入清水中2~3d，每天早晚换水一次，使插穗吸足水，排除抑制生根物质。松类等含松脂较多的枝条，用35℃左右的温水浸泡2~3h，可使松脂溶解，有利于插穗愈合生根。

对难生根的树种，在生长期中在枝条基部环割或刻伤，使枝条内部积累较多的营养物质，可起到促进插穗生根的作用。

(5)扦插

扦插季节春、秋两季均可，但多在春季进行。对于插穗生根比较困难的树种，可以在沙床或温床上密集扦插，以便于精心管理，使插穗生根后再移栽到大田苗床或容器上；对于插穗生根容易的树种，直接插到大田苗床或容器上。在大田苗床上扦插，一般株距10~15cm，行距15~20cm。扦插可以直插或斜插。在生根较易、插穗较短、土壤疏松时，一般采用直插；反之则应斜插。斜插时要注意使一个芽子向上。扦插方法有以下几种：

①直接插入法 在土壤疏松、插穗未经催根处理的情况下，可直接将插穗插入苗床。

②开缝或锥孔插入法 在土壤黏重或插穗已经产生愈伤组织，或已经长出不定根时，要先用钢锹开缝或用木棒开孔，然后插入插穗。

③开沟浅插封垄法 适用于细种条或已生根的插穗。先在苗床上按行距开沟，沟深10cm、宽15cm，然后在沟内浅插、填平踏实，最后封土成垄。

扦插深度一般以插穗入土1/3~1/2为宜。插后及时压实，灌水，使插穗与土壤密接。

(6)抚育管理

插后要经常适量地淋水，使土壤和空气保持湿润，并及时进行松土和遮阴。对先发叶后生根的插穗，可适当抹芽、摘叶。其他抚育措施与种子繁殖相同。

2)嫩枝扦插

嫩枝扦插是利用半木质化带叶的枝条作插穗进行扦插的育苗方法。此法多用于硬枝扦插难生根的树种，如水杉、南洋杉、龙柏、罗汉松、雪松、圆柏、油茶等。

插穗要从生长健壮的幼树上采集当年抽生的半木质化的粗壮枝条。一般长约5～15cm。插穗下切口位于叶或腋芽之下，保留顶梢，适当摘掉下部叶片，保留上部叶片。剪好的插穗用清水或湿物覆盖，为了提高生根成活率，插前最好将插穗用植物激素进行处理。扦插宜在早晨或傍晚进行。扦插深度一般为穗长的1/3～1/2。插后要进行精细的水分管理和遮阴，保持土壤和空气湿润。

嫩枝扦插具有生根快，成活率高和当年成苗的优点。但是，扦插在夏季进行，气温高，需要进行精细的水分管理和遮阴，控制湿度、温度和光照。

6.4.2 嫁接育苗

嫁接是将一植株的枝或芽接在另一带根植株的枝、干、根上，使两者愈合形成新植株的方法。被嫁接的带根植株称为砧木，接在砧木上的枝或芽称为接穗。

嫁接育苗既利用了砧木抗逆性强的特点，又保持了母本的优良性状，还能使树冠矮化和提早结实，主要适用于果树及一些优良稀少的林木树种的繁殖。

6.4.2.1 嫁接成活的关键

①砧木与接穗之间的亲缘关系要近。同品种、同种之间亲缘关系最近，嫁接成活率最高；同属异种之间亲缘关系较远，表现为：有的树种嫁接亲合力较低，有的较高；同科异属之间亲合力一般很小，不同科之间几乎不能亲合。

②砧木要健壮，接穗要充实饱满。

③嫁接要快。砧木与接穗上的新鲜刀削面搁置时间越短越好，否则，氧化形成的隔离层使两者愈合困难。这种情况对一些含单宁的树种(如柿、核桃等)和富含松脂的树种尤其突出。

④嫁接时空气的湿度、温度要适宜，以空气相对湿度为80%～90%、温度为20～25℃时嫁接容易成活。

6.4.2.2 嫁接育苗技术

(1)接穗的采集

从适于当地生长的优良品种或类型、无病虫害、生长健壮的中年母树树冠中上部、外围采集生长良好、充分成熟的1年生枝条。幼树的枝条或徒长枝不适宜做接穗。若培育用材林、园林绿化等苗木，可以采集母树根、干部的1年生萌条作接穗，这有利于提高嫁接成活率。对采集的接穗要注明品种、树号，分别捆扎、编号、拴上标签，并装入塑料袋中或用水浸的蒲包草帘包装好，迅速运输到贮藏点或及时嫁接。在生长期采集的接穗，最好随采随接；休眠期采集的接穗，要贮藏至翌春砧木萌动后嫁接。

(2)接穗贮藏

芽接的接穗随采随接。枝接用的接穗采下后，若不马上嫁接时可以暂时贮藏起来，嫁接时再取出。接穗可以采用室内混沙贮藏或露天埋藏。

(3)砧木的选择和准备

砧木应与接穗有良好的亲和力，能适应当地的环境条件，抗逆性强，并易于大量繁殖。一般用1～2年生的实生苗作砧木。因此，要在嫁接前1～2年开始培育砧苗。

(4)嫁接时期

多在生长期或芽萌发前半个月进行。一般春季采用枝接，夏季、秋季采用芽接。适宜嫁接的具体时间，根据是否具备最有利于嫁接成活的气温(20～25℃)和相对湿度(80%～90%)来确定。

(5)嫁接前的准备工作

①检验接穗生活力　采用当年新梢作接穗，应看枝梢皮层有无皱缩、变色，芽接要检查是否有不离皮现象，若有此现象，要重新采穗。对贮藏越冬的接穗要抽样削面插入温、湿度适宜的砂土中，若10d内形成愈合组织，即可用来嫁接，否则应予淘汰。

②活化接穗　经低温贮藏的接穗，在嫁接前1～2d放在0～5℃的湿润环境中进行活化。

③浸泡接穗　经过活化的接穗，接前最好再用水浸12～24h。

④准备工具　所用的刀、剪、锯等要锋利。常见工具如图6-6所示。

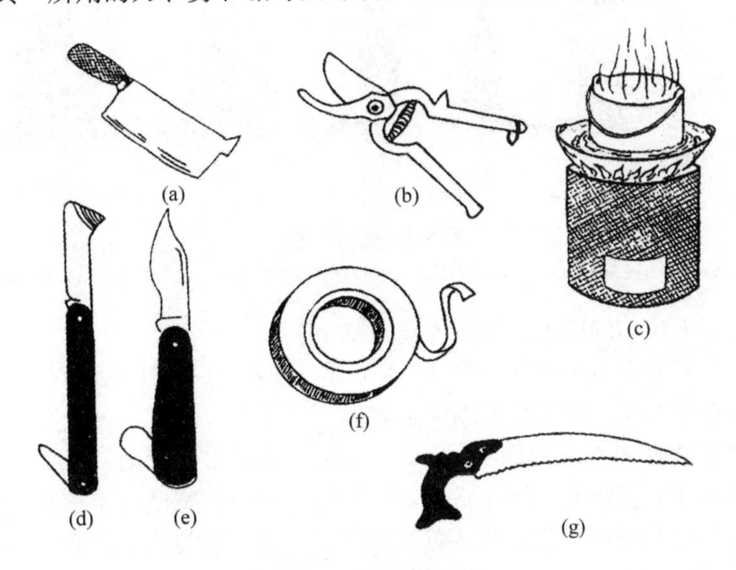

图6-6　嫁接常用工具示意

(摘自《中小型苗圃林果苗木繁实用技术手册》)

(a)大劈接刀　(b)枝剪　(c)融石蜡的灶具　(d)小劈接刀

(e)芽接刀　(f)塑料条　(g)手锯

(6)嫁接方法

分枝接法和芽接法两类。目前林业育苗生产中较常用的有以下几种：

①劈接法　适用于较粗的砧木，并广泛用于果树高接。其技术要点如下：

a. 接穗切削：接穗长5～10cm，带2～3个芽，在下端削成2～3cm的双直边楔形(即两个对称的平滑削面)，外侧稍厚，切面应平直光滑。

b. 砧木处理：将砧木在嫁接部位剪断或锯断，截口处树桩应表面光滑，截口宜平，然后从断面中央劈开，劈口深3～4cm。

c. 接合：撬开砧木劈口，迅速将削好的接穗插入砧木，使接穗厚侧朝外，使砧穗形成对齐。

d. 绑缚：用塑料条或麻皮等扎紧，并外涂石蜡，或接穗外加罩，或用疏松湿润土壤埋覆，以防干燥(图6-7)。

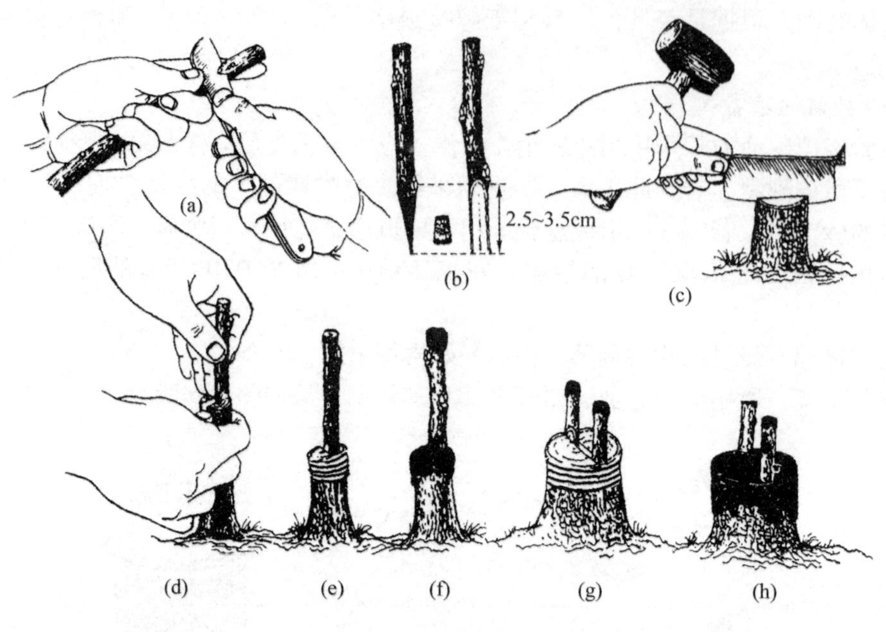

图6-7 劈接示意

(a)削接穗 (b)接穗削面 (c)劈开砧木 (d)插入接穗 (e)~(g)绑扎 (f)(h)涂石蜡

②切接 适用于较小的砧木，其技术要点如下：

a. 接穗切削：接穗长5~10cm，带2~3个芽，下端削一长一短两个斜面，长斜面长2~3cm，短斜面不足1cm，使接穗下端成扁楔形。

b. 砧木处理：将砧木在离地面4~6cm处剪断，选砧木光滑的一侧，用刀在断面皮层内略带木质部的地方垂直切下，深度略短于接穗的长斜面，宽度与接穗直径相等。

c. 接合：把接穗长斜面向里，插入砧木切口，务必使接穗与砧木的形成层对齐，若不能两边对齐，可一边对齐。绑扎、封蜡或覆土同劈接(图6-8)。

③髓心形成层对接 多用于针叶树种嫁接。是当前国内外建立无性系种子园较为普遍采用的一种有效的嫁接方法。

a. 接穗切削：将一年生顶梢截成8~10cm长，除保留顶端6~8束针叶外，其余全部去掉，再在针叶以下用锋利的刀片先斜切至髓心，然后沿髓心纵向削去半边接穗，削面要平直光滑，反面末端切一刀，使接穗基部呈舌形。

b. 砧木处理：选择砧木比较平直的一侧去掉针叶，将皮层自上而下削开，长度与接穗长削面相等，下端斜向切去削开的皮部，使之呈尖趾状。

c. 接合：将削好的接穗贴于砧木的削开部分，使两者的形成层紧密吻合，并用塑料条自下而上严密绑缚(图6-9)。

④T形芽接 一般适用于粗度在0.6~2.5cm的砧木，在皮薄而易与木质部分离时进行。

a. 砧木处理：在砧木距地面5~6cm处，选一光滑无分枝处横切一刀，再在横切口的

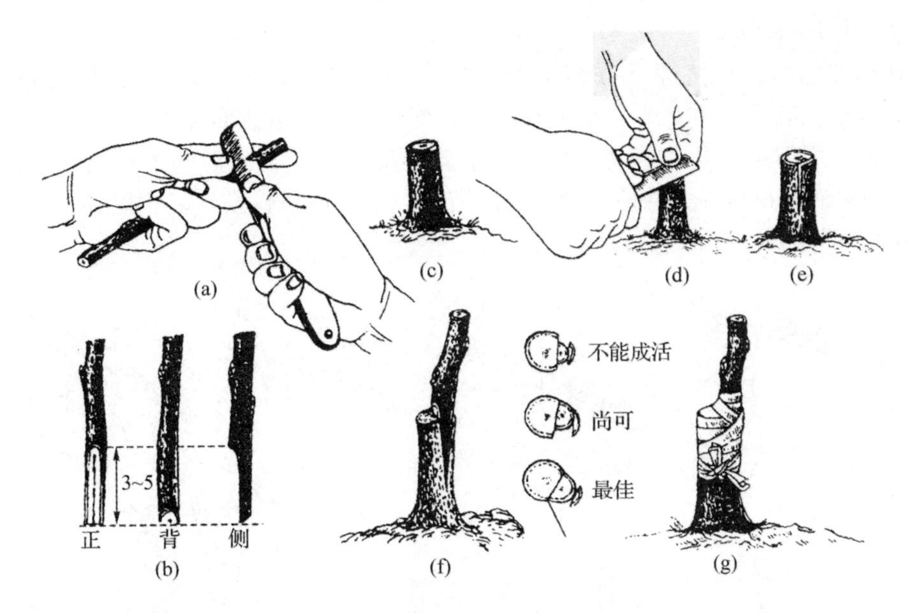

图6-8 切接示意

(a)削接穗 (b)接穗切面 (c)砧木剪断后削肩
(d)(e)切接口 (f)插入接穗及其正误 (g)绑缚

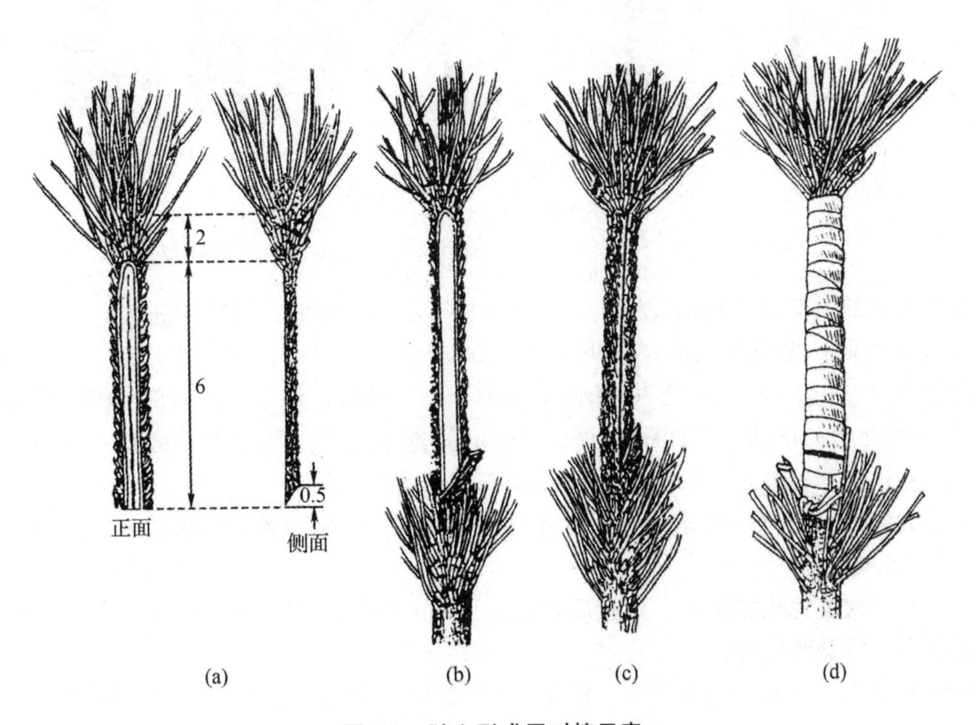

图6-9 髓心形成层对接示意

(a)接穗削面 (b)砧木削面 (c)砧穗接合 (d)绑缚

中间纵切一刀，深达木质部(以切断砧木皮层为宜)，横切口长度不要超过砧木直径的一半，竖口长度 1～1.5cm。

b. 接穗的削取：在接芽下方约 1.5cm 处向上斜削，刀要切入木质部，削至超过芽 0.3～0.5cm 时，在芽上方 0.3cm 处横切皮层，然后用手抠取盾形芽片。

c. 接合：用刀尖拔开 T 形切口，左手拿盾形芽片的叶柄，插入 T 形切口，使芽片的横切口与砧木横切口对齐，并使二者形成层密接，最后用塑料条将其牢固地扎上，最好叶柄露在外面(图 6-10)。

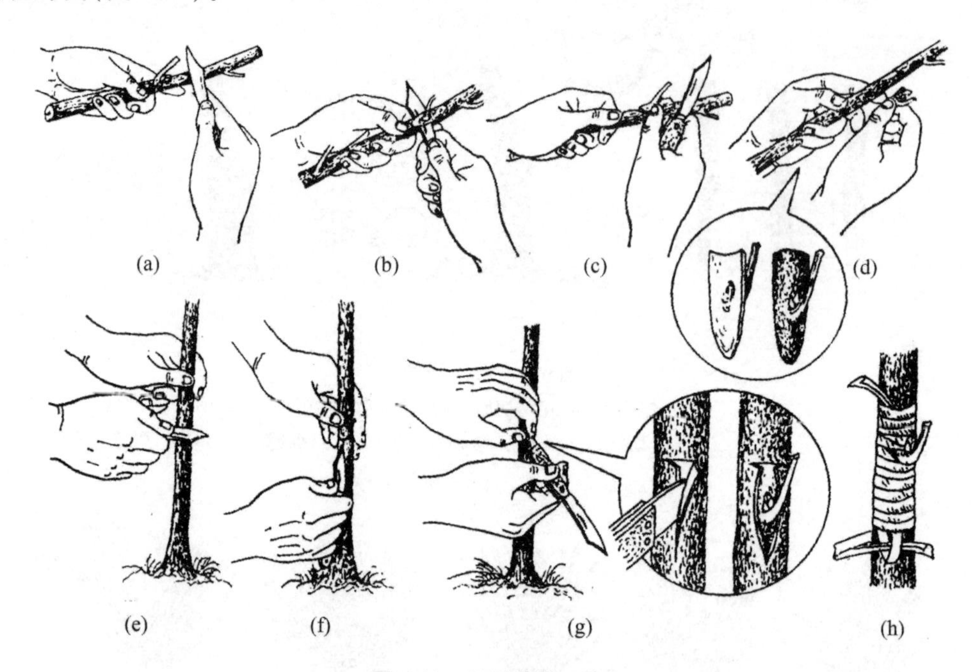

图 6-10 T 形芽接示意

(a)~(d)取芽片 (e)(f)砧木开口 (g)撬开皮层嵌入芽片 (h)用塑料条绑缚

⑤带木质部贴芽接 枝梢有棱角、沟纹或接芽不易剥离时，可采用此法。

a. 芽片削取：先用刀在接芽的下方约 1.5cm 处向上斜切，深达木质部 0.3cm 左右，然后在芽的上方 1.2～1.5cm 处 30°角向下斜削至第一切口，切取带木质部的倒盾形芽片。

b. 砧木处理：在砧木下部距地面 5～10cm 处选平滑部位稍带木质部向下纵切，切口大小要与芽片相当(勿小于芽片)，再从下端斜切，去掉切块。

c. 接合：将芽片嵌入砧木切口，对齐形成层，然后用塑料条将其绑缚好(图 6-11)。

(7)抚育管理

①防晒 为避免接穗失水，嫁接后若太阳照射强烈要遮阴。遮阴的方法有：侧面插树枝、套纸袋、搭盖荫棚等。

②检查成活 芽接后两周左右，枝接后 5～6 周即可检查成活率。对于芽接，接芽新鲜、叶柄一触即落者为成活；对于枝接，接穗保持青绿色者为成活。对未成活的要及时补接。

③解绑 一般芽接成活后 3 周解绑，枝接在检查成活后即可解绑，过迟会使绑缚物嵌入皮层。

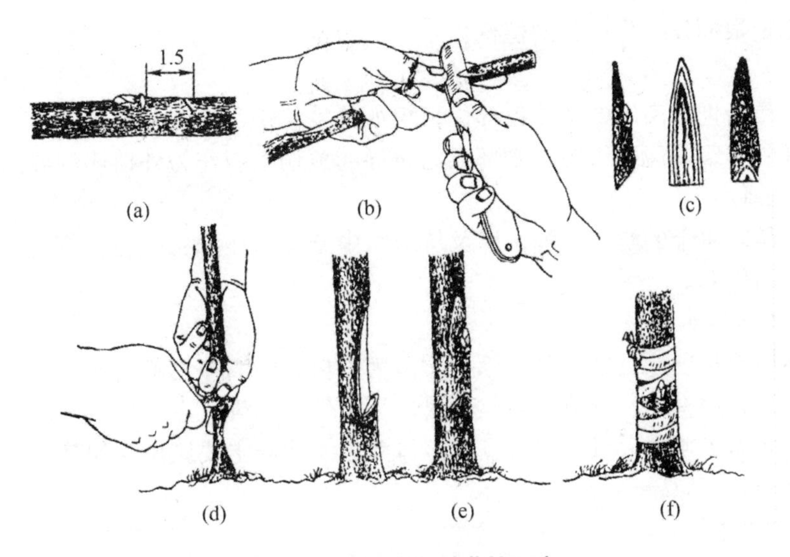

图6-11　带木质部贴芽接示意

(a)~(c)取芽片　(d)切砧木　(e)取掉切块，嵌入芽片　(f)绑缚

④剪砧　芽接成活后要剪砧。在早春苗木发芽前进行。方法是：在接芽上方1cm处剪去上部砧木；也可以分两次剪砧，即第一次先在接芽上方留一活桩，长约15~20cm，作为绑缚新梢的支柱，待新梢木质化后再全部剪除。

⑤除萌　砧木萌发的芽、枝梢要及时除去，以免消耗水分和养分，一般要反复多次进行。

⑥整形　对于枝接苗，一般阔叶树种在接穗萌芽后只留一个健壮的芽，多余的抹去；针叶树，尤其是松属类，在接穗萌发出新的轮枝时，可去掉砧木上的轮枝，剪去砧木主梢。当苗木生长超过定干高度时，要进行摘心(即截去苗木顶梢)。

⑦追肥、灌溉、松土除草和防治病虫害虫　参照播种苗培育方法进行。

6.4.3　组培育苗

6.4.3.1　概念

植物组织培养，即植物无菌培养技术，是利用植物体离体的器官、组织或细胞等，在无菌和适宜的人工培养基及光、温等条件下进行人工培养，使其增殖、生长、发育而形成完整的植物。它是植物细胞具有全能性的表现。细胞全能性是指细胞携带着一套完整的基因组，并且具有产生完整植株的能力。培养的离体材料称为外植体。植物组织培养根据外植体的不同，可分胚胎培养、器官培养、组织培养(含愈伤组织)、细胞培养、原生质体培养等。

(1)胚胎培养

胚胎培养指从胚珠分离出来的成熟或未成熟胚为外植体的离体无菌培养。

(2)器官培养

植物的根、茎尖、叶、果实和花的各部分都能进行无菌培养。木本植物带芽的外植体适用于离体快速繁殖，它们包括茎的顶芽、腋芽、根茎连接处的萌蘖等。在无菌培养时，常常能产生不定根而发育为完整的植株。

(3)组织培养

组织培养是指把分离出的植株各部位组织如分生组织、形成层、木质部、韧皮部、表皮、皮层、胚乳组织、薄壁组织、髓部或已诱导的愈伤组织作为外植体的离体无菌培养。

(4)细胞培养

细胞培养是以单个的游离细胞，以及从组织中分离的体细胞、花粉细胞、卵细胞为接种体的离体无菌培养。

(5)原生质体培养

原生质体培养指以除去细胞壁的原生质体为外植体的离体无菌培养。

组织培养具有用材少、增殖率高、不受自然条件影响等优点，但成本较高，一般在母株材料较少，而需短期内大量增殖时应用。目前组织培养主要应用于快速、大量繁殖优良品种以及保存种质资源。

6.4.3.2 培养条件

(1)实验室

组织培养在无菌条件下进行，需要一定的实验室条件，一般应具备：

①化学实验室　用于存放各类化学药品，配制培养基等。需具有以下物品：药品柜、玻璃器皿柜、试验台、冰箱、天平、水溶锅、酸度计、水池等。

②洗涤消毒室　用作器皿的洗刷、消毒、干燥等，配有高压灭菌锅、烘箱、木架、水池等。

③无菌操作室　用于植物材料的消毒、接种、转移、原生质体制备等。要求室内封闭，保持无菌。并具有以下物品：超净工作台、紫外灯、解剖镜、低速离心机。

④培养室　是供培养物生长的场所。主要有培养架、控温、控光设备等。培养架分4~5层，上装日光灯照明，每天照明10~16h，温度一般控制在15~25℃，可用空调调节。冬季也可用取暖器、电炉等加温。

(2)常用药品

组培所需药品主要用于培养基的配制，也有部分用于外植体消毒。主要有以下几类：

①消毒药品　次氯酸钠(铝)、过氧化氢(H_2O_2)、漂白精片、溴水、硝酸银等。

②无机盐类　包括大量元素和微量元素两类。大量元素包括植物生长发育所必需的N、P、K、Ca、Mg、S等；微量元素包括Fe、Zn、Cu、B、Mo、Cl等。

③有机物　主要有蔗糖、维生素类、氨基酸等。

④植物生长调节剂　用于组培的主要有生长素、细胞分裂素及赤霉素。

⑤有机附加物　常用的有酵母提取物、椰乳、果汁等及相应的植物组织浸提液。

⑥水　培养基用水原则上使用蒸馏水、去离子水等。

6.4.3.3 培养基的配制

1)培养基种类及成分

培养基分为固体培养基和液体培养基两类。在培养基中加入一定量的凝固剂(如琼脂、明胶等)即为固定培养基，而不加入凝固剂的为液体培养基。

上述两种培养基的基本成分是类似的，一般分为两部分，即基本培养基如MS、B_5、

Nitsh、N_6等和附加成分如激素和天然附加物等，其基本成分见表6-10、表6-11。

表6-10　几种培养基主要成分表　单位：$mg \cdot L^{-1}$

组成成分	MS	B_5	Nish	N_6	改良NS
NH_4NO_3	1650				
KNO_3	1900	2500	125	2.3	1900
$CaCl_2 \cdot 2H_2O$	440	150		166	440
$MgSO_4 \cdot 7H_2O$	370	250	125	185	370
KH_2PO_4	170		125	400	170
$(NH_4)_2SO_4$		134		463	
$NaH_2PO_4 \cdot H_2O$			150		
KI	0.83	0.75		0.8	0.83
H_3BO_3	6.2	3.0	0.5	1.6	6.2
$MnSO_4 \cdot 4H_2O$	22.3	10	3	4.4	16.9
$Na_2MoO_4 \cdot 2H_2O$	0.25	0.25	0.025		0.25
$CoCl_2 \cdot 6H_2O$	0.025	0.025			0.025
Na_2-EDTA	37.3	37.3		37.3	37.3
$FeSO_4 \cdot 7H_2O$	27.8	27.8		27.8	27.8
$Ca(NO_3)_2 \cdot 4H_2O$			500		
柠檬酸铁			10		
$CuSO_4 \cdot 5H_2O$	0.025	0.025	0.025		0.025
蔗糖(g)	30	40	20	50	50
pH	5.8	5.5	6.0	5.8	5.7

表6-11　几种培养基附加成分表　单位：$mg \cdot L^{-1}$

附加成分	MS	B_5	Nitsh	N_6	改良MS
肌醇	100.0	100.0			100.0
烟酸	0.5	1.0		0.5	0.5
盐酸吡哆醇	0.5	1.0		0.5	0.5
甘氨酸	2.0		2.0	2.0	
激动素		0.1			0.04~10.0
2,4-D		0.1~1.0			
盐酸硫铵等	0.4	10		1.0	0.1
吲哚乙酸					1.0~30.0

2)培养基的配制

(1)母液的配制与保存

不同的植物需要配制不同的培养基，为了减少工作量，可先把药品配成母液(即浓缩液)，一般大量元素扩大10~20倍，微量元素和有机成分及铁盐等扩大50~100倍。母液的配制及保存应注意以下几个方面：

①药品称量要精确，微量元素化合物精确到0.000 1g，大量元素化合物精确到0.01g；

②母液的浓度要适当，一般为 10～100 倍；

③母液贮藏时间不宜过长，一般为几个月。要在盛装母液的容器上注明配制日期，以便定期检查，出现浑浊、沉淀及霉菌等现象时不能用；

④ 母液应放在 2～4℃的冰箱内保存。

(2)培养基配制

首先要根据培养基配方，算好母树吸收量，并按顺序吸收，然后加入蔗糖溶液，用蒸馏水定容至所需体积，并用 0.1～1mol·L^{-1}的 HCl 或 NaOH 调整 pH 值，加入琼脂加热熔化，配制好的培养基要趁热分注，倒入试管、三角瓶等培养器皿中，一般至容器 1/5～1/4 左右，最后加塞或封口准备消毒。

(3)培养基消毒

有高温高压消毒和过滤消毒两种方法。

①高温高压消毒　一般用消毒锅消毒，把装有培养基的培养器皿先放入消毒篓中，再放入加有水的消毒锅内，注意容器不能装得过满，以免影响锅内汽循环，然后将锅盖拧紧，加热，并打开放气阀，待水煮沸后放气 3～5min 即可。

②过滤消毒　一些易受高温破坏的培养基成分如 IAA、IBA、ZT 等，不宜用高温高压法消毒，可用过滤消毒后加入至高温高压消毒的培养基中，过滤消毒可用细菌过滤消毒器，通过其中的 0.45μm 孔径的滤膜将直径较大的细菌等滤去，过滤消毒应在无菌室或超净工作台上进行，以避免污染培养基。

6.4.3.4　外植体的建立方法和程序

(1)外植体的选取

组培外植体一般分为两类：一类是带芽的外植体，如茎类、侧芽、鳞芽、原球茎等，可直接诱导促进丛生芽的大量产生；另一类是根、茎、叶等营养器官及花药、花瓣、花萼、胚珠、果实等生殖器官，要经过愈伤组织阶段再分化出芽或产生胚珠状体后再形成再生植株。

在快速繁殖上，最常用的外植体是茎尖，通常切块长度在 0.5cm 左右。此外，若为培养无病毒苗而采用的外植体则通常仅取茎类分生组织部分，其长度常在 0.1mm 以下。

(2)外植体的消毒

这是必不可少的工作。不同的外植体应选用各自合适的消毒剂种类、浓度、消毒时间及处理程序。

常用的消毒剂有氯酸钠(0.5%～10%)、漂白粉(1%～10%)、双氧水(3%～10%)和酒精(70%)，前三种不易伤害外植体，后者会杀死组织细胞、消毒时间不宜过长。

常用的消毒方法和程序如下：

①先用酒精(70%)浸数秒，取出后放入氯化汞(0.1%)中，视材幼嫩程度浸 1～8min 或2%～10% 次氯酸钠溶液浸 6～15min，取出后用无菌水冲洗 3～5 次。

②先用酒精(70%)浸数秒，取出后置于 10% 次氯酸钙饱和上清液浸 10～20min 或 2%～10% 次氯酸钠溶液浸 6～15min，取出后用无菌水冲洗 3 次。

(3)外植体增殖

接种后的培养容器放在培养室中，一般每天光照 16h，温度控制在 25℃左右，对外植体进行分化培养。在新梢形成后，为了扩大繁殖系数，还需要进行继代培养。把材料分株或切段后转入增殖培养基中，增殖培养1个月左右后，可视情况再进行多次增殖，以增加植株数量。增殖培养基一般在分化培养基上加以改良，以利于增殖率的提高。

(4)根的诱导

继代培养形成的不定芽和侧芽等一般没有根，必须转移到生根培养基上进行生根培养。生根培养基较多用1/2MS培养基。一般在生根培养基中培养1个月左右即可获得健壮根系。此外，生产中也有用具根原基的试管苗移植，这样的试管苗只在生根培养基中培养7～10d，诱导出根原基或小于1mm的幼根，但其基部切口已愈合，不易感染，栽后能很快生根，亦具较高的成活率。

(5)组培苗的炼苗移栽

移植前，先将培养容器打开盖子，在室内自然光照下放3d，然后取出苗，用自来水将根系上的琼脂冲洗干净，再栽入已准备好的基质中。基质常用泥炭、珍珠岩、蛭石、砻糠灰等或适当加部分园土，使用前最好用高温或药物消毒。移栽前期要适当遮阴，加强水分管理，保持较高的空气湿度(相对湿度90%左右)，但基质不宜过湿积水，以防烂苗。此外，温度对成活率影响也很大，以15～25℃最适宜。炼苗4～6周后，新梢开始生长，小苗即可转入正常管理。

6.5　设施育苗

容器育苗、穴盘育苗和温室育苗均是比较先进的育苗技术，目前国内外已广泛应用，特别是无土栽培技术，近20多年发展极其迅速。这些育苗技术可以缩短育苗期限，提高苗木质量，在我国自然条件比较恶劣的地区应用具有一定的实践意义。

6.5.1　容器育苗

容器育苗是在装有营养土的容器里培育苗木的方法。所培育出的苗木称为容器苗。它具有育苗时间短，单位面积产量高，可以延长造林季节，造林成活率较高等优点。

6.5.1.1　容器的种类及规格

容器分两大类，一类是可以连同苗木一起栽植的容器，如营养砖、泥炭器、稻草泥杯、纸袋、竹篮等；另一类是栽植前要去掉的容器，如塑料薄膜袋、塑料筒、陶土容器等。目前应用较多的是塑料袋、硬塑料杯、泥容器和纸容器(图6-12)。

(1)塑料薄膜袋

一般用厚度0.02～0.04mm的农用塑料薄膜制成，圆筒袋形，靠近底部打孔8～12个，以便排水。规格：一般高12～18cm，口径6～12cm。建议使用根型容器，以利于苗木形成良好的根系和根形，在栽后迅速生长。这种容器内壁有多条从边缘伸到底孔的楞，能使根系向下垂直生长，不会出现根系弯曲的现象。塑料薄膜容器具有制作简便、价格低廉、牢固、保湿、防止养分流失等优点，是目前使用最多的容器。

(2)硬塑料杯(管)

用硬质塑料压制成六角形、方形或圆锥形，底部有排水孔的容器。此类容器成本较

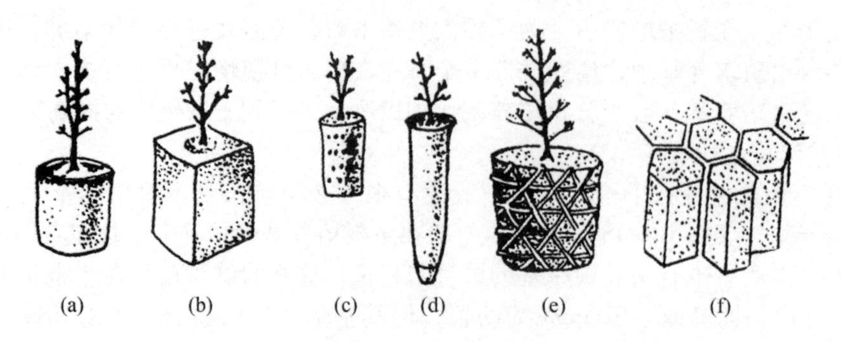

图 6-12　容器示意

(a)硬塑料杯　(b)营养砖　(c)塑料袋　(d)硬塑料管　(e)竹篮　(f)蜂窝纸容器

高，但可回收反复使用。

(3)泥容器

包括营养砖和营养钵，是直接用基质制成的实心体。

①营养砖　用腐熟的有机肥、火烧土、原圃土添加适量无机肥配制成营养土，经拌浆、成床、切砖、打孔而成长方形营养砖块，主要在华南用于培育桉树等苗木。

②营养钵　用具一定黏滞性的土壤为主要原料，加适量砂土及磷肥压制而成，主要用于华北低丘陵地区培养供雨季造林的油松、侧柏等小苗。

(4)纸容器

目前使用效果较好的是蜂窝纸杯。该容器是用纸浆和合成纤维制成的无底六角形纸筒，侧面用水溶性胶黏结，多杯黏结成蜂窝状，可以压扁和拆开。栽植后纸杯分解，不阻碍新根向外伸展。

容器的大小取决于苗木种类、苗木规格、育苗期限、运输条件及造林地的立地条件等。在保证造林成效的前提下，尽量采用小规格容器，以便形成密集的根团，搬动时不易散坨。但在土壤干旱、立地条件恶劣或杂草繁茂的造林地要适当加大容器规格。

6.5.1.2　营养土的配制

(1)对营养土的要求

营养土的配制要因地制宜，就地取材，并应具备下列条件：配制材料来源广，成本低，具有一定的肥力；不沙不黏，有较好的保湿、通气、排水性能；重量较轻，不带病原菌和杂草种子。

(2)配制营养土的材料

要求所用的材料具有较好的物理性质，尽量不要用自然土壤作基质。目前常用材料有：黄心土、火烧土、泥炭土、蛭石、珍珠岩、腐殖土、森林表土、锯末等，不宜用黏重土壤或纯砂土，严禁用菜园地及其他污染严重的土壤。

(3)营养土配方

各地不同，常用的有：

①腐殖土、黄心土、火烧土和泥炭土中的一种或两种，约占50%~60%；细砂土、蛭石、珍珠岩或锯末中的一种或两种，约占25%~20%；腐熟的堆肥25%~20%。另每立方米营养土中加1kg复合肥。

②黄心土30%、火烧土30%、腐殖土20%、菌根土10%、细河沙10%，每立方米再加已腐熟的过磷酸钙1kg。此配方适合培育松类苗。

③火烧土80%、腐熟堆肥20%。

④泥炭土、火烧土、黄心土各1/3。

(4)配制方法步骤

①根据营养土配方准备好所需的材料(包括所需的复合肥或氮、磷肥)。

②按比例将各种材料混合均匀。

③配制好的营养土再放置4~5d，使土肥进一步腐熟。

④进行土壤消毒，一边喷洒消毒剂(30%硫酸亚铁溶液每立方米土30L)，一边翻拌营养土。或者在50~80℃温度下熏蒸或者火烧，保持20~40min。

6.5.1.3 容器装土和置床

(1)装土

把配制好的营养土填入容器中，要边填边震实。装土不宜过满，一般离袋口1~2cm。

(2)置床

先将苗床整平，然后将已盛土的容器排放于苗床上。容器要排放整齐，成行成列，直立、紧靠，苗床四周培土，以防容器倒斜。

6.5.1.4 播种和植苗

(1)播种

将经过精选、消毒和催芽的种子播入容器内，每容器播种粒数视种子发芽率高低而定(表6-12)。播种时，营养土以不干不湿为宜，若过干，提前1~2d淋水。播种后用黄心土、火烧土、细沙、泥炭、稻壳等覆盖，厚度一般不超过种子直径的2倍，并淋水。亦可直接在营养土上挖浅穴播种，播后用容器内覆盖营养土。苗床上覆地一层稻草或遮阴网。若空气温度低、干燥，最好在覆盖物上再盖塑料薄膜，待幼苗出土后再撤掉，亦可搭建拱棚。

表6-12 发芽率与每个容器内播种量

发芽率(%)	每个容器内播种量(粒)
95	1
75	2
50	3
30	5
25	6

(2)植苗

稀有珍贵、发芽困难及幼苗期易发病的种子，可先在种床上密集播种，进行精心管理，待幼苗长出2~3片真叶后，再移入容器培育。容器内的营养土必须湿润，若过干，在移植前1~2d淋水。移植时，先用竹签将幼苗从容器内挑起，幼苗要尽量多带宿土，然后用木棒在容器中央引孔，将幼苗放入孔内压实。栽植深度：以刚好埋过幼苗在种床时的埋痕为宜。栽后淋透定根水，若太阳光强烈要遮阴。

6.5.1.5 抚育管理

(1)浇水

营养土干燥时要及时浇水。在出苗期和幼苗期要勤灌薄灌，保持营养土湿润；在幼苗生长稳定后，要减少灌水次数，加大灌水量，把营养土浇透。灌溉方式最好使用细水流的喷壶式灌溉，尽量不要使用水流太急的水管喷，以免将容器中的种子和土冲出。

(2)间苗和补苗

在幼苗长出2~4片真叶时进行。每个容器保留一株健壮苗，其余的拔除。间苗和补苗同时进行，将间出的苗选健壮的在缺苗的容器内种植。间苗和补苗前要浇一遍水，补苗后再浇一遍水。

(3)除草

要做到“早除、勤除、尽除”，不要等杂草长大、长多后再除。

(4)追肥

①在幼苗期，若底肥不足要追肥。以追施氮肥和磷肥为主，要求勤施薄施，每隔2~4周追肥一次，浓度一般不超过0.3%，追肥后要及时淋水。

②在速生期，追肥以氮肥为主，每隔4~6周追肥1次，浓度可适当大一些，追肥后及时浇水。

在苗木硬化期要停止追肥，以利苗木在冬前能充分木质化。

6.5.2 穴盘育苗

6.5.2.1 穴盘育苗的概念及特点

穴盘育苗是以不同规格的专用穴盘(plug)做容器，用草炭、蛭石等轻质无土材料作介质，通过精量播种(一穴一粒)、覆土、浇水，一次成苗的现代化育苗技术。

穴盘是把许多营养钵连成一体的连体钵(图6-13、图6-14)。一张穴盘上连接十几个甚至几百个大小一致，上大下小的锥形小钵，每个小钵称之为“穴”。穴与穴之间紧密连接，可达到最大的种植密度，在温室、暖棚中育苗时节省温室、暖棚的基建投资和冬季采暖耗费。穴盘育苗改用泥炭、蛭石、珍珠岩等轻质材料作介质，成苗快速，苗木生命力强，操作上省事、省力。而且，移苗时搬运和途中管理方便，脱盘即植，能保证不伤根系，定植后成活率几乎达100%，经济效益显著提高。总之，与传统方式育苗相比，穴盘育苗具有以下优点：①节约种子，生产成本低；②机械化程度高，大大提高了工作效率；③种苗质量好，成苗率高；④穴盘苗的移植过程不伤根系，定植后缓苗；⑤种苗适于长途运输，便于商品化供应；⑥对于木本植物有明显的断主根、促生侧根的效果(图6-15、图6-16)。

图6-13 泡沫穴盘

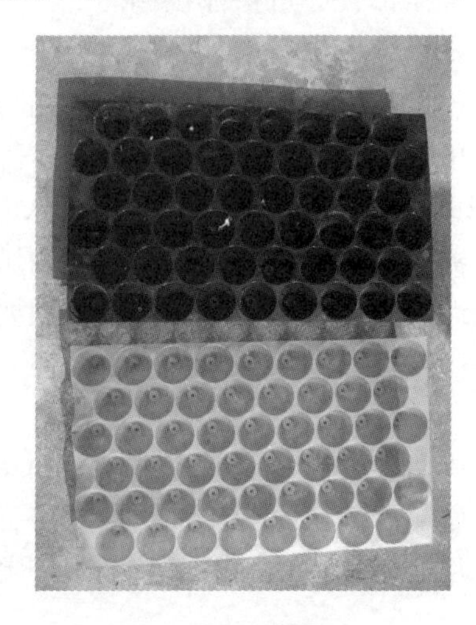

图6-14 塑料穴盘

图6-15 穴盘苗苗坨

图6-16 穴盘苗根系

6.5.2.2 穴盘育苗介质和穴盘的选择

(1)穴盘育苗介质

穴盘育苗介质应具备良好的透气性与保水性，且比重较轻，介质的pH值也要符合植物的要求。比重大、黏性大的介质透气性差，且不便于搬运、运输和脱盘，因而不宜在穴盘育苗中使用。目前，泥炭、蛭石、珍珠岩、椰子皮等轻介质已在穴盘育苗中被普遍应用，并已成为公认的适合穴盘育苗的介质。此外，适合穴盘育苗应用的介质还有砻糠灰、煤渣、锯屑、树皮、麦秸、甘蔗渣、酒渣、废弃中药渣等。介质可以是单一的也可以两种或数种按比例混合，配制成理化性状理想的混合介质，土壤也可与轻介质按比例配合使用。在穴盘育苗技术发展较快的国家，不但有企业专门从事穴盘育苗介质的专业生产和产品研究开发，而且其产品除供应国内市场外，还大量向国外出口，供应到世界各地。例如，范书杰等在落叶松穴盘育苗中采用的就是从芬兰进口的介质，加适量的水搅拌后即可使用，十分便利。自行配制的介质，如乐东拟单性木兰穴盘育苗介质——泥炭∶珍珠岩＝1∶1或泥炭∶珍珠岩＝3∶1育苗效果均不错。

(2)穴盘育苗穴盘的选择

不同穴盘生产商所设计的穴盘规格各有特色。例如，同样是128穴孔的穴盘，不同品牌的穴盘的穴孔间距离、穴孔的大小、深度、穴孔底部的排水孔、穴孔斜面的倾斜度、穴孔的形状，孔壁的厚度、穴盘的质地和整个盘面的大小等都会不一样。穴盘的选择显得尤为重要。穴盘苗的生长受穴盘容积的影响较大。穴盘的穴格大有利于种苗的生长，但生产的成本相应较高；反之，生产成本低，但营养面积小，不利于种苗生长。种苗的生长与穴盘的形状关系不大。

穴盘的颜色会影响到育苗根部的温度。白色的聚苯泡沫盘反光性较好。多用于夏季和秋季提早育苗，可减少小苗根部热量积聚。而冬季和春季应选择吸光性好黑色育苗盘。在生产中应根据育苗的季节从生产管理、经济效益、苗木特性和生长发育及生产的具体要求和指标等方面加以综合考虑，选择孔穴大小适中、颜色适宜的穴盘。

6.5.2.3 穴盘填料与播种

穴盘填料与播种的操作流程为：混料—填料—打孔——穴一籽点播—覆盖介质—喷淋水至介质湿透。介质填料按以下要求操作：首先，要将介质充分疏松、搅拌，同时将介质初步湿润，以便于装盘、浇水，并可避免填料的介质太干、浇水后发生填料不足的现象。其次，填充量要充足。用手指在刚填好料的穴盘料面上轻轻按压时，不能出现手指一按料面就下陷很深的现象，否则，说明介质填充不足。介质层面应处于一个合理水平。第三，填料要均匀，否则会出现穴盘内的介质干湿不一致，造成种子发芽时间不一以及种苗生长不整齐的后果。第四，对穴孔中的介质略施镇压，但不要过度压实。播种深浅要相差无几，压实程度、覆盖深度等都很接近。填料与播种可手工操作也可使用穴盘专用填料与播种设备——穴盘精量播种机一次性完成。

为保证穴盘育苗的效果，在播种前应先对种子进行精选和生活力检测，发芽率低的不宜用于穴盘育苗。否则造成穴盘空穴率高，会使育苗效果大打折扣。对于颗粒细小、种粒大小差异较大或形状不规则、流动性差的种子应先对其进行丸化处理，以达到使用穴盘精量播种机播种的要求。特别是颗粒细小的种子，即使采用手工播种也应先进行丸化处理。种子丸化(seed pelleting)是一项为适应精细播种需要而产生的农业高新技术，是用特制的丸化材料通过机械加工，制成表面光滑、大小均匀、颗粒增大的丸(粒)化种子。丸化同时可在丸化剂中加入农药、肥料、保水剂、除草剂和生长调节剂等。

6.5.2.4 穴盘育苗管理

(1)水分管理

使用的是水质洁净的江、河、湖水，pH值适合苗木的要求。在幼苗时期，1天浇水2次，早晨1次，下午1次。夏季期间，气温较高，要特别注意防止干旱，及时浇水。至秋末开始控制浇水量，促进苗木木质化，增强苗木的抗性。

(2)温度与湿度控制管理

夏季期间，大棚内由于温室效应气温较高，要特别注意遮阴防晒，并掀开大棚侧面的塑料膜以利通风，经常喷水以降低温度。冬季育苗要做好保温工作，在北方温室或大棚内应有加温设备。

(3)光照管理

夏季要特别注意遮阴防晒，即使是阳性树木在幼苗期也常需要求适当遮阴，冬季则应尽量多接受日光。

(4)施肥

幼苗生长期间，每7~15d施肥1次，初期施用量宜少，随苗木生长逐渐加大施肥量。至秋末停施氮肥，以施用磷钾肥为主，以促进苗木木质化，增强苗木的抗性。

(5)病虫害防治

气温较高，地温也高的季节，若基质湿度太大，很容易发生病虫害。应根据病虫害种类及时防治，并交替使用防治药物。做到以防为主综合防治，“治早、治小、治了”。

(6)炼苗

苗木定植移栽前应进行炼苗。穴盘苗在生长的整个过程都是在一个人工调控的适宜种苗生长要求的温室环境下，并给予合适的肥水供应，苗木长的又脆又嫩，不耐运输，直接移植到条件多变的自然环境中，会因为生长环境变化太大而无法适应，造成缓苗缓慢或无法缓苗而死亡。在移栽前穴盘种苗必须在控水控肥、增加通风频率和通风量的环境中生长1～2周，让苗木适应运输途中和大田的自然生长环境，炼苗能提高种苗移植后的成活率，并为苗木的移栽或包装、运输做准备。炼苗时逐渐控制苗木水分的供应，让种苗尽可能干一些，以控制种苗的株高，防止挤苗，并叶面喷施钙镁肥料，使叶面浓绿，提高幼苗抗性。此外，还要逐渐地缩短遮阴时间，减低遮阴强度，让苗木适应全光照条件。

6.5.2.5　穴盘苗运输、脱盘、栽植

穴盘苗运输是带穴盘用层架装运的，长途运输要注意水分管理，避免过度失水，高温季节还要注意及时通风降温。抵达栽植地后再脱盘栽植。脱盘前一天浇一次水，以方便脱盘操作。脱盘时从孔穴底部透水孔向上将苗坨顶出，可用专门的顶苗器操作，也可逐个顶出，尽量保持苗坨完整(图6-17)。整个苗坨放入深度适中的定植穴内，然后填土并适度压实。最后浇足定根水。

图6-17　乐东拟单性木兰穴盘育苗

总之，穴盘育苗是一种先进的育苗方式，虽然由于种种因素的限制使穴盘尚未在木本植物育苗上广泛应用，但因其具有突出的优越性，所以被推广应用于木本植物育苗是大势所趋。只要有针对性地解决好限制其应用的问题就能快速大幅度地提高木本植物的育苗技术，获得良好的经济效益。

6.5.3　温室育苗

温室育苗包括塑料大棚育苗和拱罩育苗。

6.5.3.1　塑料棚罩的建造

塑料棚罩是用塑料薄膜为覆盖材料建成的简易温室。在棚罩内可以形成一种温度高、湿度大有利于苗木生长的小气候环境，从而缩短育苗周期，促进苗木速生丰产。在气候寒冷、生长季节短的地区，采用塑料棚罩育苗，可以取得良好的效果。塑料棚罩具有结构简单、耐用、性能良好、建造容易、成本低廉等优点。塑料棚罩育苗是目前较为先进的育苗新技术，应大面积推广。但建造塑料棚罩会增加工作量和育苗成本，在以下情况时才考虑建造：当地或当年气候寒冷，天气恶劣，苗木培育困难时；培育贵重的苗木时；为了及早培育出苗木，需延长苗木生长时间时。

(1)塑料大棚的建造

塑料大棚应建在地势平坦、背风向阳、有灌溉条件的地方。它有拱形和屋脊形两种形式，一般采用拱形。用竹、木或轻型角钢做构架。上覆农用聚氯乙稀薄膜，有时还要覆盖草(苇)帘子或遮阴网，以调节室内光照强度和温度。棚中央高1.8～4.5m，侧度0.8～1.8m，宽5～15m，长10～50m。大棚两端开门，顶部和侧面开设天窗(侧窗)。窗口直径60～80cm，可自由启闭。棚架的木桩、竹梁或角钢要埋深、打紧、绑牢(或焊牢)，压紧塑料薄膜的铝要拴紧，薄膜接触地面部分要用土压实。棚内地面筑苗床，并修建道路、渠道或布设喷灌设施。条件较好的大棚还可装置冷暖气和二氧化碳发生器等。塑料大棚的结构如图 6-18 所示。

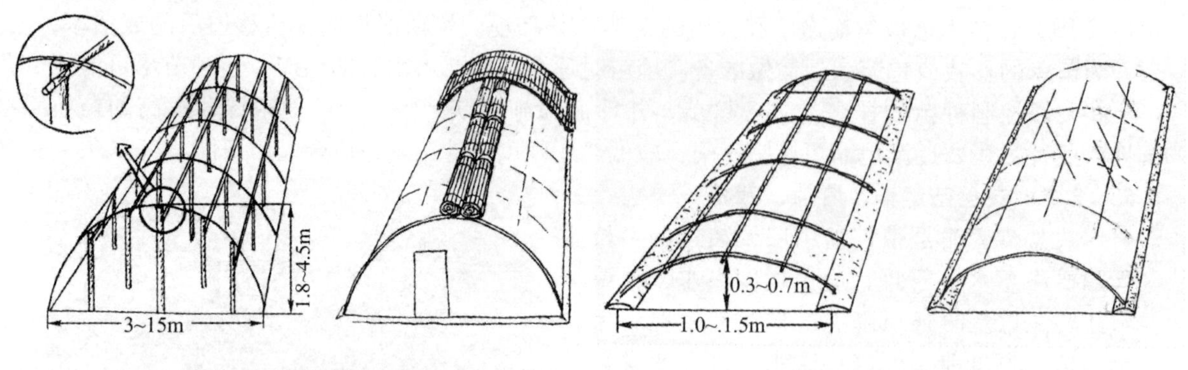

图 6-18　塑料大棚示意　　　　图 6-19　拱罩示意

(2)拱罩的建造

拱罩是塑料大棚的缩小。用树木枝条、竹片、钢筋、粗铁线等，弯成“弓”形，两端插在苗床的两侧或两侧的土埂上，用横杆在弓顶部和两侧将各弓串联起来，使之固定在一起，跨度 1.0 ~ 1.5m，中间高 0.5 ~ 0.7m，弓与弓之间的间距为 0.5 ~ 0.8m。然后用塑料薄膜罩在弓架上，两侧用土埋住。拱罩结构如图 6-19 所示。

6.5.3.2　塑料大棚育苗

1)棚内环境条件的控制与调节

这是大棚育苗的关键，主要包括温度、湿度、光照和通风等几个方面。

(1)温度

棚内温度一般在白天应保持 25 ~ 30℃，最高不能超过 40℃，夜间则以 15℃左右为宜。当棚内温度达到 30℃以上时要打开门窗通风、棚顶遮阴、喷水、棚内喷雾等方法降温；当温度下降到 15℃以下时，可关闭门窗、棚顶遮盖草席、燃煤、暖气等增温。

(2)湿度

大棚密闭，有时湿度很高；但当打开门窗通风时，湿度又会变得很低。棚内相对湿度以保持在 70% 左右为宜，调节湿度的方法：要提高棚内湿度时，可在棚内地面喷水或安装喷雾装置定时喷雾；当室内湿度过大时，打开门窗通风或相应提高棚内温度。

(3)光照

棚内的光照来源，主要利用太阳辐射，透明的薄膜其光线透过率很高，一般可达日照射量的 75%~80%，但使用一段时间后，会逐渐降低到 50% 左右，若塑料薄膜污染严重，尘土黏结很多，或附有水滴，则透入光线更少。冬季自然光线减弱，日照时间缩短，导致棚内光照不足，要采用钠光灯、水银灯、日光灯等辅助照明。夏、秋两季太阳照射强烈，可用苇帘、竹帘、遮阴网等遮阴。

(4)通风

通风可增加棚内空气中二氧化碳浓度，提高光合效率。在寒冷的冬季，通风与保温保湿相矛盾。通风后，采取必要措施，相应提高棚内空气相对湿度。

2) 苗木管理

大棚育苗可采用容器育苗，也可采用低床播种。播种后要经常保持土壤湿润。棚内温度高，蒸腾量大，苗木生长迅速，需水需肥量大，必须适时适量灌溉施肥。在苗木速生期，一般每天要灌溉3~4次，10~15d追肥一次。追肥以施水肥为好，浓度：有机肥液不超过5%，化肥不超过0.3%，微量元素不超过0.05%。此外，棚内高温高湿，病菌繁殖快，苗木易发病，要加强防病工作。若苗木当年出圃，要提前停止灌水施肥，并移置室外炼苗。若苗木当年不出圃，可在夏末秋初撤除薄膜，使苗木露地锻炼，入冬后再覆膜防寒。

6.5.3.3　拱罩育苗

(1) 拱罩管理

幼苗出土前，原则上保持薄膜密闭，以利增温。低温的夜间，在薄膜上加盖草帘，以便保温。幼苗出土后，注意床内空气流通，随着幼苗的长大，晴朗的白天可揭开两头。当幼苗适应能力增强，气温也稳定上升，接近苗木生长最适温时，即可撤除薄膜。

(2) 幼苗管理

幼苗出土初期，要适时适量灌溉，并注意水温不能太低。同时，根据苗木生长情况进行间苗、追肥和病虫防治等工作。

6.6　苗木出圃

培育的各类苗木质量达到造林，绿化要求的标准，即可出圃。出圃前为了掌握苗木的产量和质，要进行苗木调查工作。

6.6.1　苗木调查

为了解苗木的产量和质量，做好苗木出圃、移植和生产计划等工作，需要进行苗木调查，为总结育苗经验提供科学根据。苗木调查时间通常在苗木停止生长后至出圃前进行。按树种、育苗方式、苗木种类和苗木年龄分别进行。

为了保证调查的精度和减少工作量，苗木调查方法采用随机抽样的方法，其步骤如下：

6.6.1.1　外业调查

(1) 测量调查区的施业面积

凡是树种、育苗方式、苗木种类及年龄都相同的地块划为一个调查区。调查区内连片无苗、且有明显界限时，应从施业面积中减去连片无苗的面积，同时对垄或苗床进行编号、记数、绘制平面示意。

(2) 确定样地的形状和大小

样地是随机抽样的地段。样地的形状、面积必须在调查前确定。整个调查区样地面积的大小、形状不变。样地面积根据苗木密度确定，在调查区内选苗木平均密度的地段，以平均株数20~50株苗木的占用面积作为样地面积。样地形状一般用长方形。

为了提高调查精度，可在主样地(随机抽中的样地)的两侧，以相等距离设辅助样地。辅助样地与主样地的中心距离宜近不宜远，如针叶树播种苗样段长度20cm时，辅助样地与主样地的中心距为0.5~1m。

(3)确定样地的块数(n)

样地块数用下式计算：

$$n=(t \cdot c/E)^2 \tag{6-3}$$

式中，t为可靠性指标，规定可靠性为90%时，t值近似1.7；E为允许误差百分比，质量调查允许误差为5%，产量调查允许误差为10%；c为调查区内苗高、地径和产量的变动系数。求变动系数的方法要以在调查区内，随机抽取n块样地，初步调查样地内的株数和地径、苗高，分别用下式计算平均数$\bar{x}$、标准差S，即求得变动系数C。

$$\bar{x}=\frac{\sum_{i=1}^{n} x_i}{n} \tag{6-4}$$

$$S=\sqrt{\frac{\sum_{i=1}^{n} x_1^2-n\bar{x}^2}{n-1}} \tag{6-5}$$

$$C=\frac{s}{\bar{x}}\times 100\% \tag{6-6}$$

在实际调查时，只计算产量的$\bar{x}$、S、C，以便确定调查样地块数。有时也可以根据经验来估算样地的块数。

(4)布设样地

把初步确定的样地块数，在调查区内客观地，均匀地设置。如每隔几床(垄)抽取一床(垄)，对抽中的床(垄)测量其净面积(即测量垄或床的平均长度或平均宽度)并计入外业调查表内。用随机抽样法在抽中的床(垄)上确定样地的中心点，并向左右两侧延长，即为样段长度。垄作样地宽度就是垄的平均宽，床作样地的长度和宽度由包括20~25株苗木所占的面积来决定。样地面积等于样段的长度乘宽度。

(5)样地内的苗木调查

按照调查区内垄或床的编号次序，分别计数各样地内或样群内的全部株数(除废苗外)，填写外业调查表。同时调查苗高、地径，一般调查100~200株即可达到精度要求。用平均株数($\bar{x}$)乘样地块数(n)等于调查样地内苗木总株数(X)。再每隔n株调查一株，计算出平均苗高和地径。调查时应以连续统计样地内的株数来确定苗木质量调查的具体位置。同时将结果填入外业调查表(表6-13)。

(6)精度计算

外业调查后，应立即进行产量和质量精度计算。质量精度要求为95%，产量精度要求为90%。如精度达不到要求，应立即进行外业补测。

按下式计算：

平均数：

$$\bar{x}=\frac{\sum_{i=1}^{n} x_i}{n} \tag{6-7}$$

标准差：
$$S = \sqrt{\frac{\sum_{i=1}^{n} x_1^2 - n\bar{x}^2}{n-1}} \tag{6-8}$$

标准误：
$$S_{\bar{x}} = \frac{S}{\sqrt{n}} \tag{6-9}$$

误差百分数：
$$E(\%) = \frac{t - S_{\bar{x}}}{\bar{x}} \tag{6-10}$$

精度：
$$P = 100\% - E\% \tag{6-11}$$

用带有统计键的计算器能完成全部计算内容，且效率高、计算准确。精度未达到时应补测的样地，调查后再重新计算精度。确认达到精度后，才能进行内业工作。

6.6.1.2　内业计算

调查区的施业面积，要根据多边形的公式及实测的数据计算。

床作净面积 = 抽中床的平均床长 × 平均床宽 × 总床数；

垄作净面积 = 抽中垄的平均垄长 × 平均垄宽 × 总垄数；

垄总长 = 平均垄长 × 总垄数；

样地面积 = 样段长 × 样段宽度；

样群面积 = 样地面积 ×3(三块样地为一群时)；

床(垄)的总产苗量 = $\frac{\text{床(垄)净面积}}{\text{样地面积}}$ × 样地平均株数；

每平方米产苗量 = 净面积总产苗 ÷ 净面积

施业单位面积产苗量 = 净面积总产苗量 ÷ 施业面积；

每米长产苗量 = 净面积总产苗量 ÷ 苗行总长度；

对苗木进行分级后，计算各级苗木的产量、质量、平均地径和平均苗高等指标。

表 6-13　苗木外业调查表

________省________市________县

树种_______苗龄_______苗木种类_______作业方式_______育苗地总面积_______ m^2，育苗地净面积_______ m^2，垄(床)_______条(个)，育苗净面积占总面积_______%，样地(样群)面积_______ m^2，每公顷产苗量_______万株，总产苗量_______万株，平均苗高_______ cm，平均地径_______ cm

<table>
<tr><th rowspan="3">调查床(垄)序号</th><th colspan="6">育苗净面积(m²)</th><th colspan="5">样群(样地)株数</th><th rowspan="3">样群(样段)苗木质量调查(每隔_____株调查苗高 1 株—(cm))地径</th><th rowspan="3">其他</th></tr>
<tr><th rowspan="2">床(垄)长(m)</th><th colspan="4">床(垄)宽(m)</th><th rowspan="2">面积</th><th rowspan="2">序号</th><th colspan="4">株　数</th></tr>
<tr><th></th><th></th><th></th><th>平均</th><th>样段</th><th>样段</th><th>样段</th><th>样群</th></tr>
<tr><td></td><td></td><td></td><td></td><td></td><td></td><td></td><td></td><td></td><td></td><td></td><td></td><td></td><td></td></tr>
<tr><td></td><td></td><td></td><td></td><td></td><td></td><td></td><td></td><td></td><td></td><td></td><td></td><td></td><td></td></tr>
<tr><td></td><td></td><td></td><td></td><td></td><td></td><td></td><td></td><td></td><td></td><td></td><td></td><td></td><td></td></tr>
<tr><td></td><td></td><td></td><td></td><td></td><td></td><td></td><td></td><td></td><td></td><td></td><td></td><td></td><td></td></tr>
<tr><td></td><td></td><td></td><td></td><td></td><td></td><td></td><td></td><td></td><td></td><td></td><td></td><td></td><td></td></tr>
</table>

合计													
平均													

注：①其他栏记载苗数或有价值的调查内容，废苗包括：病虫害苗及针叶树有明显二次生长、双顶苗、无顶苗、生长不正常的苗木；

②育苗的总面积包括临时步道、垄沟或临时所占地面积；育苗地净面积指苗木实际生长占地面积。

③苗高测量精度为小数后1位，地径测量精度为小数后2位。

④如进行根系调查时，可依据平均高，平均地径，随机抽取5～10株标准株，调查其根系长度和侧根数量等。

6.6.2 苗木出圃

6.6.2.1 起苗

(1)起苗季节

起苗季节原则上是在苗木休眠期进行，生产上常分秋季起苗和春季起苗，但常绿树在雨季造林时，也可在雨季起苗。

秋季起苗，地上部分生长虽已停止，但起苗移栽后根系还可以生长一段时间。若随起随栽，翌春能较早开始生长，且利于秋耕制，能减轻春季的工作量。根系含水量较高不适于较长期假植的树种，如泡桐、枫杨等可在春季起苗，起苗以早为宜，起后尽快栽植。

(2)起苗方法

分人工起苗和机械起苗两种：人工起苗在生产上应用较广泛，方法简单，但效率低，需要劳力多，劳动强度大。机械起苗在北方地区苗圃采用较多，如弓形起苗犁、床式起苗犁、震动式起苗犁等，其效率高、质量好、成本低。不论人工还是机械起苗，必须保证苗木质量，首先要保持一定深度和幅度，使根系有一定长度和数量，一般针叶苗根系要保证15～25cm，阔叶苗要20～40cm。注意勿伤顶芽和树皮。

为了避免根系损伤和失水，圃地土壤干燥时，应在起苗前3～4d适当灌溉，使土壤潮润；适当修剪过长根系，阔叶树还应修剪地上部分枝叶，最好选择无风阴天起苗。此外，还注意做好组织工作，使起出苗木能得到及时分级和假植。

6.6.2.2 分级和统计

为了使出圃苗达到国家规定的标准，保证用壮苗造林，造林后减少苗木分化现象，提高造林成活率，起苗后应立即进行苗木分级和统计工作。

(1)苗木分级指标

目前我国苗木分级主要依据苗木质量的形态指标和生理指标两个方面。形态指标包括地径、苗高和根系状态(根系长度、根幅和>5cm长1级侧根数量)等；生理指标包括苗木颜色，木质化程度，苗木水势和根系生长潜力等。例如，优质壮苗应具备苗茎(干)粗壮，有一定高度，充分木质化；根系发达，顶芽饱满，无病虫害和机械损伤。为保证苗木活力，将生理指标作为分级控制条件，凡生理指标不能达标者作为废苗处理。

(2)苗木分级、统计方法

依据国家标准，对一批合格苗木进行分级和统计。一批苗木是指同一种树在同一苗圃，用同一批种子或种条，采用基本相同的育苗技术培育，并用同一质量标准分级的同龄苗木。合格苗木是在控制条件指标的前提下以地径、根系、苗高的质量指标来确定的。目前我国采用2级制，即将合格苗分为1级苗和2级苗，等外苗不得出圃，应作为废苗处理。在分级的同时，计数统计各级苗木的数量和总产苗量，计算合格苗的产量占总产苗量的百分比。

(3)注意事项

①分级统计要选在背风庇荫处进行。

②分级统计速度要快，尽量减少苗木曝露时间，以防失水，根系损伤，活力降低。

③分级统计以后，要立即假植，保护好根系，以备包装或贮藏。

6.6.2.3　苗木假植和贮藏

(1)假植

将苗木根系用湿润土壤进行临时性的埋植，称为假植。目的在于防止根系干燥，或遭其他损害。当苗木分级后，如果不能立即造林，则需要进行假植。

①假植的种类　分临时假植和长期假植两种。临时假植指起苗后或造林前进行的假植，也称短期假植。如果秋季起苗，春季栽植，需要越冬的假植，称为越冬假植，也称长期假植。

②假植的方法　面积较小时，可选排水良好、避风的地方，采取人工挖假植沟假植。北方假植面积较大时，可采用大犁开沟假植的方法。假植的技术要求做到“疏排、深埋、实踩”，使根土密接(图6-20)。

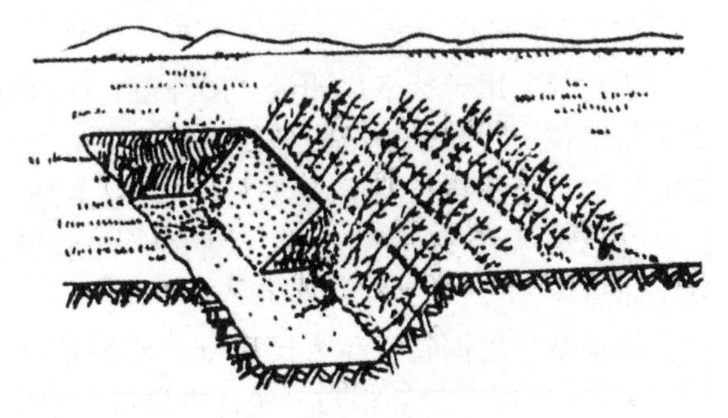

图6-20　苗木单株长期假值示意

假植期间要经常检查，发现覆土下沉时要及时陪土。假植沟的土壤如果干燥时应适量浇水。北方春季化冻前要清除积雪，以防雪水浸苗。

(2)贮藏

将苗木置于低温下保存，主要目的是为了保证苗木安全越冬，不致因长期贮存而降低苗木质量，并能推迟苗木萌发期，延长造林时间。低温贮藏的条件：温度控制在0℃ ±3℃法。以适于苗木休眠，而不利于腐烂菌的繁殖。空气相对湿度为85%~90%以上。要有通风设备。可利用冷藏库、冰窖以及能够保持低温的地下室和地窖等进行贮藏。

6.6.2.4　苗木包装与运输

苗木分级以后，通常是按级别，以25株、50株、100株等数量捆扎、包装或贮藏。凡运输时间长，距离远的苗木或易失水的树种，必须浆根或浸蘸保湿剂并在根系周围填充一些湿苔藓、湿稻草等，保湿物料将根部包严用塑料袋或纸箱等包装；运输路近或造林容易成活的树种，可以用湿草帘、湿蒲包等将根系包扎好即可；杨柳树苗可以不包装，但应用篷布将苗木盖好。为便于搬运，每包重量一般不超过30kg。苗木包装后，要附以标签，注明树种、种源、苗木种类、年龄、等级、数量、起苗日期、批号、检验证号。

在运输过程中，要采取保湿、喷淋、降温、适当通风透气等措施，严防风吹、日晒、发热、霉烂等。苗木运到目的地后，要立即卸车开包通风，并在背风、庇荫、湿润处假植起来，以待造林。

6. 6. 2. 5 苗木验收

出圃之前，有关单位对苗木质量和产量(或数量)进行检查和验收。

(1)苗木检验方法

苗木要成批检验，并限在本苗圃进行。采用抽样检验方法。苗木检验抽样数详见表 6-14。成捆苗木先抽样捆，再在每给样捆内各抽 10 株；不成捆的苗木直接抽取样株。

表 6-14 苗木检验抽样株数

一批苗木株数	检验株数	一批苗木株数	检验株数
500～1000	50	50 000～100 000	350
1000～10 000	100	100 000～500 000	500
10 000～50 000	250	500 000 以上	750

(2)苗木测验方法

①地径 用游标卡尺测量。播种苗、移植苗的地径测量土痕处，若土痕处膨大时测其上正常部位；营养繁殖苗的地径测量萌发主干基部处，基部膨大或干型不圆时，测量苗干起始正常处；嫁接苗测量接口以上正常粗度处。读数精度到 0. 05cm。

②苗高 用钢卷尺或直尺测量。自地径处沿苗木主干量至顶芽基部，读数精度到 1cm。

③根系 用钢卷尺和直尺测量。使根系自然下垂从地径处量至起苗时的断根处或根端；>5cm 长的Ⅰ级侧根数，统计直接从主根上长出的 >5cm 长的侧根数量；根幅是指以地径为中心量取水平根系的根幅直径，量测精度为 1cm。

④控制条件 用感官或仪器观测苗木是否通直、色泽是否正常、萌芽力弱的针叶树种顶芽发育是否饱满健壮、无多头现象，苗木是否充分木质化、无机械损伤和病虫害，苗木栽植一定时期(一般 10～14d)后新根生长点数量以及苗木长势等。

(3)苗木检验误差

国家标准规定，苗木检验误差允许范围内，在同一批苗木中不合格苗木不得超过 5%。苗木数量误差范围、以 25 株、50 株、100 株为一捆，其误差率分别不得超过 2%、3%、5%。

苗木检验结束后，应填写苗木检验证书。检验结果超过误差允许范围者，应进行复验收，并以复验结果为准。向外省调运的苗木，还要进行苗木检疫，并附检疫证书。

6. 6. 3 苗圃技术档案的建立

技术档案是人们从事生产实践活动和科学实践的真实历史记录和经验总结。通过技术档案不断记录、积累和分析；能够使我们迅速准确地掌握各种苗木的生长规律，分析总结育苗技术经验，为实行科学管理提供科学依据。

技术档案的主要内容：苗圃地的利用档案、育苗技术措施档案、苗木生长调查档案、气象观测档案、作业日记等。

苗圃技术档案管理应做到收集完整、记录准确、归档及时、查找方便、应该专职或兼职人员分管，有条件应按统一程序进行计算机管理。每年年底和一个生产周期结束后，都要及时分类整理，按时间顺序装订成册，登记归档长期妥善保管。保管人员力求稳定，一旦调动要做好移交工作。

第7章

造林地及造林树种

造林地及立地条件，指的是林木生长的外界环境，了解造林地的特性及其变化规律，了解造林树种的生理生态学特性，对于适地适树，因地制宜地制定合理的造林技术措施具有重要的意义。

7.1 造林地的立地分类

人工林生长的好坏受环境条件的综合影响，这些环境条件包括气候、地貌、地形、土壤、水文、生物及其他环境因子等。了解这些环境条件的特征及其变化规律，对于选择合适的造林树种，拟定科学的造林技术措施具有十分重要的意义。

7.1.1 造林地立地条件的分析与评价

造林地也称宜林地，是人工林生存的外界环境，研究造林地的目的首先是为了了解其生产潜力，选择合适的造林树种，其次就是为了制定相应的造林技术措施。

7.1.1.1 造林地立地条件

在造林地上凡是对森林生长发育有直接影响的环境因子的综合体统称为立地条件，简称立地，或称森林植物条件。它主要包括地形、土壤、生物、水文和人为活动5大环境因子。

(1)地形

包括海拔、坡向、坡形和坡位、坡度、小地形等。

(2)土壤

包括土壤种类、土层厚度(总厚度及有效厚度)、腐殖质层厚度及腐殖质含量、土壤侵蚀程度、土壤各层次的石砾含量、机械组成、结构、结持力、酸碱度、土壤中的养分元素含量、含盐量及其组成，以及成土母岩和母质的种类、来源及性质等。

(3)生物

植物群落名称、结构、盖度及其地上地下部分的生长分布状况，病、虫、兽害的状况，有益动物（如蚯蚓）及微生物（如菌根菌）的存在状况等。

(4)水文

地下水位深度及季节变化、地下水的矿化度及其盐分组成，有无季节性积水及持续期，地表水侧方浸润状况，水淹没的可能性，持续期和季节等。

(5)人为活动

土地利用的历史沿革及现状，各项人为活动对环境的影响等。

此外，部分地区还有一些特殊环境因子，如沿海地区的风、沙危害，高山地区的冰雪危害等。

上述这些环境因子之间还存在着错综复杂的关系，而且对造林树种的选择，人工林的生长发育和产量都将起着决定性的作用。因此，必须深入研究分析不同造林地上的环境因子，才能正确采用不同的造林技术措施。

7.1.2　立地条件类型的划分方法

7.1.2.1　立地条件类型的概念

立地条件类型（森林植物条件类型）是指具有相似的立地条件的许多造林地段的总和。在一般情况下，同一立地条件类型适宜相同或特性相近的造林树种，并可采取大致相同的造林技术措施，因而立地条件类型的划分，为造林规划设计和提高造林质量提供了科学依据。

7.1.2.2　立地条件类型划分的方法

划分立地条件类型是一种科学的认识造林地的方法，它是在经过造林区划后的造林地区内进行的。一般来说，在立地环境因子中，气候、土壤及起再分配作用的地形因子是划分立地条件类型的主要依据，由于大气候条件已作为造林区划的主要依据而得到反映，因此，在一定的地区内进一步划分立地条件类型时，地形和土壤因子就占有更突出的地位，植被仅作为划分立地条件类型的补充依据。目前较常用来划分立地条件类型的方法有以下3种：

(1)利用主导环境因子分类

根据环境因子，特别是主导环境因子的异同性，进行分级和组成来划分立地条件类型。

【例7-1】东北山地林区森林立地分类。

首先进行定性分析：该林区土壤的共同特点是山坡基本上分布着地带性土壤，随着坡度变化，土层厚度和腐殖质层厚度亦发生变化。一般坡度越大，土层越薄。土层厚度影响着土壤的蓄水能力，因而坡度是影响土壤水分变化的重要因子，坡向对土壤水分含量有时也产生影响，定性综合分析的结果，认定坡度和土层厚度是影响森林生长的主导因子，在此基础上，选择了坡度、坡向、坡位、土层厚度和腐殖质层厚度5个项目，应用定量分析方法进行筛选，应用此法计算长白山北部和南部各立地因子对落叶松生长关系的得分值，其结果见表7-1。

表 7-1 长白山北部，南部落叶松立地因子得分表

地 区	坡度		坡向		坡位		土层厚度		腐殖质层厚度	
	得分	%	得分	%	得分	%	得分	%	得分	%
长白山北部	1. 37	31. 21	0. 75	17. 08	0. 92	20. 96	0. 17	3. 87	1. 18	27. 11
长白山南部	2. 05	36. 48	1. 02	18. 15	0. 79	14. 06	1. 38	24. 56	0. 38	6. 76

关于东北林区的立地分类，可用长白山北部立地区为例(表 7-2)。该区坡度分 4 级，坡向分 2 级，土厚分 3 级，共组合了 11 个立地条件类型。

表 7-2 长白山北部立地区立地分类表

立地类型区	坡度类型	坡 向	土 层
	谷地类型组		厚层土
低山丘陵立地类型区	缓坡类型组		厚层土
			中层土
			薄层土
	斜坡类型组	阴坡	厚层土
		阴坡	中层土
		阴坡	薄层土
		阳坡	厚层土
		阳坡	中层土
		阳坡	薄层土
	陡坡类型组		薄层土

【例 7-2】杉木中带东区湘东区幕阜山地区立地条件类型划分(表 7-3)。

表 7-3 杉木中带东区湘东区幕阜山地区立地条件类型表

坡位	坡形	立地类型序号/20 龄杉木优势木高度(m)		
		薄层黑土	中层黑土	厚层黑土
上部	凸	1/7. 71	2/9. 7	3/10. 59
	直	4/8. 4	5/10. 39	6/11. 28
	凹	7/9. 13	8/11. 13	9/12. 02
中部	凸	10/9. 22	11/11. 2	12/12. 11
	直	13/9. 92	14/11. 91	15/12. 86
	凹	16/10. 65	17/12. 64	18/13. 54
下部	凸	19/8. 50	20/10. 49	21/11. 38
	直	22/9. 19	23/11. 18	24/12. 07
	凹	25/9. 92	26/11. 91	27/12. 81

主导环境因子坡位，坡形和黑土层厚度。环境因子分级，坡位 3 级，坡形 3 级，土层厚度 3 级。

环境因子组合，共 27 个立地类型(如上部—凸—薄层黑土为第一个类型)

这种方法比较适合无林，少林地区，以及因森林破坏严重实在难以利用现有森林进行立地条件类型划分的地区，其特点是简单明了，易于掌握，因而在实际工作中广为应用，但这种方法包含的因子较少，显得比较粗放。

从上面两个例子看出，不同地区和不同地类的主导环境因子及其分级标准不可能完全一致，因此，划分立地条件类型时，可参照上述例子，结合本地具体条件制定出合适的立地条件类型表。

(2)利用生活因子分类

根据生活因子(水分、养分)划分立地条件类型(表7-4)。

表7-4 华北石质山地立地条件类型表

水分级	肥力级		
	瘠薄的土壤 A<25cm 粗骨土或严重的流失土	中等的土壤 B 20~60cm 棕壤和棕褐色土或深厚的流失土	肥沃的土壤 C>60cm 的棕壤和褐土
极干旱(旱生植物覆盖度(60%)0	A_0		
干旱(旱生植物覆盖>60%)1	A_1	B_1	C_1
湿润(中生植物)2		B_1	C_2
湿润(中生植物有苔藓类，且徒长柔嫩)3			C_3

在实际应用当中，只要测定造林地土壤湿度，土层厚度及出现的植物种类，覆盖度，通过立地条件类型表(表7-4)就可查得造林地相应立地条件类型(表7-4中A_1，B_1，C_2等)。

这种方法，反映的因子比较全面，类型的生态意义比较明显，但生活因子不易测定。在立地调查过程中，一次测定代表不了造林地的情况，需要长期定位观测才能够比较客观地反映造林地的水分状况，而且水分和养分受地形的影响较大，因此，还要分别不同的地形条件测定土壤肥力，这就需要布设大量的定位观测点，在大面积造林规则设计调查中，这很难应用。

(3)利用立地指数代替立地类型

用某个树种的立地指数级来说明林地的立地条件，具体做法见主导因子定量分析法，这种方法有如下特点：

①应用于大面积人工林地区评估立地质量，易做到适地适树；

②能够预测未来人工林的生长和产量；

③编制立地指数类型表外业工作量大；

④某一树种的立地指数类型表仅适用于该调查地区，不同的树种要制作不同的立地指数类型表；

⑤立地指数只能说明立地的生长效果，不能说明原因。

立地指数法对立地因子进行定量的评价，准确地划分立地条件类型具有十分重要的意义，但要用立地指数完全代替立地条件类型，则是困难的。

7.2 造林地的种类

造林地的环境状况主要指造林前土地利用状况、造林地上的天然更新状况、地表状况以及伐区清理状况等。这些环境因子对林木的生产发育没有显著的影响，因而没有包括在立地条件的范畴之内。但这些因子对造林措施的实施(如整地、栽植、抚育)具有一定的影响，所以为了造林工作的实施，根据造林地环境状况的差异，划分出不同的造林地种类。造林地种类有许多，归纳起来有三大类。

7.2.1 宜林荒山荒地、四旁地及撂荒地

7.2.1.1 宜林荒山荒地

没有生长过森林植被，或在多年前森林植被遭破坏，已退化为荒山或荒地的造林地，荒山荒地是我国面积最大的一类造林地。

(1)荒山造林地

根据其植被的不同，可划分为草坡、灌木坡及竹丛地等。

①草坡　荒草坡因植被种类及其总盖度不同而有很大差异。该类造林地在造林时的最大难题是要消灭杂草，特别是根茎性杂草(以禾本科杂草为代表)和根蘖性杂草(以菊科杂草为代表)。荒草植被一般不妨碍种植点配置，因而可以均匀配置造林。

②灌木坡　当造林地上的灌木覆盖度占植被总覆盖度的50%以上时即为灌木坡。灌木坡的立地条件一般比草坡好。造林时的困难主要是要清除大灌木丛对造林苗木的遮光及根系对土壤肥力的竞争作用。因此，与草地相比，需要加大整地强度。但对于易发生水土流失或土壤贫瘠的地区，可利用原有灌木保持水土和改良土壤。例如，加大行距，减少整地破土面积，减少初植密度等。

③竹丛地　具有各种矮小竹种植被的造林地。造林的难点要不断清除盘根错节的地下茎。小竹再生能力极强，鞭根盘结稠密，清除竹丛要经过炼山及连年割除等工序，还要增加造林初植密度，促使幼林早日郁闭，抑制小竹生长。

(2)荒地

平坦荒地多指不便于农业利用的土地，如沙地、盐碱地、沼泽地、河滩地等。它们都可以成为单独的造林地种类。造林的特点是：沙地要固持流沙，盐碱地要降低含盐量，沼泽、河滩及海涂地要排水等。因此，这类造林地造林比较困难。

7.2.1.2 四旁地及撂荒地

(1)四旁地

路旁、水旁、村旁和宅旁植树的造林地种类。在农村地区，四旁地基本上就是农耕地或与农耕地相似的土地，条件较好，其中水旁地有充足的土壤水分供应，条件更好。在城镇地区四旁的情况比较复杂，有的可能是好地，有的可能是建筑渣土，有的地方有地下管道及电缆。

(2)撂荒地

已闲置一定时期农作的土地。撂荒地土壤瘠薄，植被稀少，有水土流失现象，草根盘

结度不大，撂荒多年的造林地，植被覆盖度逐渐增大，与荒山荒地的性质类似。

7.2.2 采伐迹地和火烧迹地

7.2.2.1 采伐迹地

森林采伐后的林地。刚采伐的迹地，光照好，土壤疏松湿润，原有林下植被衰退，而喜光性杂草尚未进入，此时人工更新条件最好。采伐迹地的问题是伐根未腐朽，枝丫多，影响种植点的配置和密度安排。此外，集材时机械对林地的破坏也很大，破坏面积高达10%~15%。新采伐迹地若不及时更新，随着时间的推移，喜光杂草会大量侵入，迅速扩张占地，土壤的根系旁结度变大，造林地有时有草甸化和沼泽化的倾向，不利于造林更新，增加整地费用。

7.2.2.2 火烧迹地

森林火烧后留下来的林地。火烧迹地与采伐迹地相比，往往有较多的站杆，倒木需要清理。火烧迹地上的灰分养料较多，微生物的活动也因土温的增高而有所促进，林地杂草较少，应及时更新，否则也如同老采伐迹地，不断恶化。

7.2.3 疏林地及林冠下造林地

这类造林地的共同特点是造林地上已有树木，但其数量不足或质量不佳或已衰老，需要补充或更替造林。

7.2.3.1 疏林地

疏林地是指稀疏林木(疏密度小于0.2)未形成森林的土地，这种造林地的条件介于荒山荒地(无林地)与林冠下造林之间，实际上更接近于荒山荒地。

7.2.3.2 林冠下造林地

在近期将要采伐，伐前进行造林的土地。采伐前具有良好的森林环境，可利用这一有利条件进行某些树种的人工更新。这种造林地林冠对幼树影响较大，适用于幼年耐阴的树种造林，可粗放整地，在幼树长到需光阶段之前及时伐去上层林木。由于造林地上的林木，更新作业障碍较多。

7.3 林种划分和树种选择

林种反映了造林的目的和要求，为了使各林种能获得最大的经济效益和生态效益，必须选择与各林种相应的树种。因此，需要根据不同林种对造林树种提出的要求，因地制宜进行比较，加以选择树种。

7.3.1 林种划分

森林具有多种效益，根据经营目的和人工林所产生的效益不同，可把森林划分为不同的种类，简称林种。

我国《森林法》规定，将森林划分为5大类，即防护林、用材林、经济林、薪炭林及特种用途林。

(1)用材林

营造用材林的主要目的是生产各种木材，包括竹材。

一般用材林，主要是以生产大径级木材而培养的用材林，在生产大径级材种(如锯材，枕材等)的同时也生产中、小径材及薪炭材；纤维造纸用材林，主要是生产造纸原料，在高密度种植和集约经营的条件下，在较短的时间内生产出合格的大量造纸原料；其他如矿柱林、胶合板用材林和珍贵用材林，也都是为了满足某一特定用材需要，采用特有的培育方法营造的专用用材林。营造专用用材林不仅是世界各国发展造林事业的趋势，也是我国林业生产发展的需要。此外，发展速生丰产用材林，是尽快满足人们对木材需要的捷径。

(2)防护林

我国是一个少林的国家，各种自然灾害严重。为了能在一定程度上减少自然灾害，改善农牧业生产条件和人民生活环境，培育防护林是非常必要的，也是相当重要的。培育防护林的主要目的是利用森林所具有的改造自然、调节气候、防风固沙、护农护牧、涵养水源、保持水土及其他有利的防护功能来改善环境。

(3)经济林

经济林是以生产果品、油料、饮料、香料、工业原料和药材等为主要目的。经济林产品包括果实、种子、花、叶、皮、根、树脂、树液、虫胶、虫腊等。木本油料林(包括干果林和鲜果林)、木本药材林和木本香料林等。发展经济林，不仅可为工农业生产提供一定的原料，为人民生活直接或间接地提供一些产品，对增加食品种类、缓解粮油供需矛盾和保障人民健康也有重大意义，而且可使山区的土地资源和植物资源得到合理的开发利用，是搞好我国农业发展、山区建设、脱贫致富、增加外贸出口商品的重要途径。发展经济林必须因地制宜，发挥各地区资源和技术优势，建设生产基地，实行科学管理，走集约经营的道路。科学利用环境资源，形成稳产、高产、优质的经济林生态系统。

(4)薪炭林

以生产燃料为主要目的而营造的人工林，称为薪炭林。薪炭林是一种再生的生物能源。目前，已引起世界各国高度重视。我国不少地区也营造大面积的薪炭林，这对缓解燃料供应状况起了一定作用。同时，薪炭林除了提供薪柴以外，也可以提高森林覆盖率，起到防风固沙、保持水土、调节气候、改善生态条件等多种作用。

(5)特种用途林

特种用途林是以国防、环境保护、科学实验等为主要目的而培育的森林。为了保护环境、净化空气、美化人民的生活环境、增进身心健康，在人口稠密，大气污染严重的地方营造环境保护林；在风景区、疗养区、大城市郊区营造风景林，不仅可以起到改善城市小气候，为居民创造舒适的环境，调节城市气候的作用，而且还具有吸收有害气体，减少空气中的尘埃和细菌等有害物质，防止大气污染及降低噪音等功能；同时还可促进林业经济的发展和起到美化环境、陶冶情操的作用。所以环境保护和风景林的培育和经营，在世界许多国家林业中的地位越来越重要。这主要是因为发展工业而造成大气污染问题越来越严重，也因不断增长的城市人口对郊外林区旅游休憩的迫切需求。因此，应当重视和发展环境保护林和风景林。

以上林种的划分是相对的，正如用材林也起着一定的防护作用，防护林也能生产一定数量的木材和其他林产品。同时这两个林种也可以为人们提供休憩场所。但是，在一般情况下，每片人工林都有其主要造林目的，属于一定的林种，它们在树种特性和栽培技术等方面都有不同的要求，必须区别对待。

7.3.2　各林种对造林树种的要求

7.3.2.1　树种选择的原则

正确地选择造林树种，是人工培育森林成功的关键问题之一。如果造林树种选择不当，不但会造成人、财、物的极大浪费，而且造林地的生产潜力十年甚至几十年也得不到发挥，再加上树木的生长周期长，所以树种选择就更具有百年大计的意义，如我国西北部的黄土高原地区。有不少“小老树”林，形成的原因当然和立地条件有关系，但与树种选择不当也有直接关系。在树种选择过程中除考虑造林地的立地条件外，还要坚持“生物与经济兼顾”的原则，既要考虑树种的生物学特性，还要考虑造林的目的，使造林目的和手段有机地结合起来。

1)树种选择与生物学特性的关系

每一个树种都有它固有的生物学特性，这种特性是在长期的自然选择过程中，通过对外界环境条件的适应而形成的(或者这是外界环境条件长期作用的结果)。

树种的生物学特性，具有一定的稳定性，如果骤然改变某个树种的生长环境条件，会引起该树种的生长不良，甚至死亡。但是，这种稳定性又是相对的，这是因为在一定范围内，它可以随着外界环境条件的变化而改变。

(1)对光的要求和反应

树种不同对光的要求和反应不同。根据树种喜光的程度，分为喜光树种、耐阴树种和中性树种。一般情况下，树木在幼年时对光照的反映较为敏感，较为喜阴，而随着树龄的增加，对光照强度的要求也增加。例如，我国特有树种“红松”，在原产地群众说它是一个“小耐阴，大喜阳，老了天天是太阳”的树种。

(2)对温度的要求

不同树种对温度的要求也不一样。每个树种都分布于一定的热量范围内，樟子松、油松、马尾松虽然都是松科松属中双维管束亚属中的树种，但自然分布区域都大不相同：樟子松分布在大兴安岭，油松主要分布于东北，马尾松分布区的北界不越过华中区。根据树种对温度的要求和适应程度，分为最耐寒树种、耐寒树种、中等喜温树种、喜温树种和最喜温树种五大类。

(3)对水分的要求和适应

水分是树木正常生长的重要生活因子，但不同树种对水分的需要和适应也不一样。有些树种是耐旱的，称为旱生树种；有些树种是喜湿的，称为湿生树种；有些树种对水分的适应能力介于旱生与湿生树种之间，称为中生树种。

(4)对土壤的要求

树木对土壤的要求是多方面的，主要表现在对土壤肥力的要求。树木一般都喜欢肥沃的土壤，但不同树种对土壤肥力的要求性是不一样的(即耐贫瘠的程度不同)，有些树种只能生长在较肥沃的土壤上，如杉木、毛白杨；有些树种不仅能生长在肥沃的土壤上，而且在贫瘠的土壤上也能正常生长，如马尾松、侧柏。

树种的生物学特性，决定了它所要求的环境条件。根据树种的生物学特性来选择造林树种，这是提高造林成活率的重要技术措施。

2）适地适树

地和树之间的相互关系是相当复杂的，我们的任务是要将树木栽在它生长最适宜的地方，使造林树种的生态特性和造林地的立地条件相适应，充分发挥生产潜力，达到尽可能高产稳产，即适地适树。这是造林工作的一项基本原则。

目前，随着造林事业的发展，适地适树的概念和要求也在进一步发展，即不但要求造林地和造林树种相适应，而且要求造林地和某一树种的一定类型（地理种源、生态类型）或品种相适应，即适地适类型或适地适品种。

（1）适地适树的途径

实现适地适树的途径，可以归纳为 3 条：

①选树适地或选地适树　即选择适合于某种立地条件的树种造林，如在干旱地选择耐旱树种；或者是确定了某一个树种选择适当的立地条件，如给耐水湿的树种选择湿度较大的造林地。这两种情况，是树和地简单加以配合，在生产上应用较为普遍。

②改树适地　即通过选种、引种驯化、育种等方法改变树种的某些特性，使它们能够适应当地环境条件。如通过育种工作增强树种的耐寒性、耐旱性或抗盐性，以适应寒冷、干旱或盐渍化造林地。

③改地适树　即在造林地上，通过整地、施肥、灌溉、混交、土壤管理措施改变造林地的环境状况，使其适合某一树种的生长。例如，通过排灌洗盐，使一些不太抗盐的速生杨树品种在盐碱地上顺利生长。又如，通过与马尾松混交，使杉木有可能向较为干热的造林地区发展等。

上述 3 个途径是相互补充，相辅相成。但后两条途径必须以第一条途径为基础。在当前的技术和经济条件下，改树或改地的程度都是有限的。主要还是通过选树适地或选地适树的途径，使树和地之间基本适应。

（2）适地适树的标准

造林是否适地适树可用如下标准衡量：

①是否成活　用成活率和保存率检验，第一年成活率高，连续三年保存也高为第一步成功（这种成活率应排除造林前因苗木保护不好而死亡的原因）。

②数量质量要求　用材林是否能成材并达到一定数量指标，如浙江省规定杉木的立地指数。25 年达 10m 以上的地区才可发展杉木林。北京有人提出 25 年油松树高不到 7m，不宜发展油松（风景林除外）。也可用年均蓄积增长或平均材积衡量。经济林和其他林种要通过目的产物的产量，质量进行评估。

③生长稳定性　对自然灾害如风、温度、湿度、雪压、病虫害和其他灾害适应能力强，能在当地正常生长者。

④用成本和效益评估　对使用的树种用产投比衡量，如经济效益高可采用，通过一些措施虽可在当地生长，但成本太高，产投比太小则不宜大量种植。

7.3.2.2　用材林的树种选择

用材林对树种选择的要求集中反映在“速生、优质、丰产、稳定和可持续”等目标上。

(1)速生性

我国森林资源严重不足，尤其是人均森林资源很低。据第八次全国森林资源清查结果，我国森林覆盖率远低于全球31%的平均水平，人均森林面积仅为世界人均水平的1/4，人均森林蓄积只有世界人均水平的1/7，森林资源总量相对不足、质量不高、分布不均的状况仍未得到根本改变。中国的森林资源与飞速发展的国民经济和文化建设对于木材的需求产生了突出的矛盾，解决这一矛盾的唯一切实可行的措施是营造用材林。选用速生树种营造森林是具有战略意义的。

发展速生树种造林是全世界的一个共同趋势。意大利、法国、韩国等国家在杨树的造林中取得了显著成就，其中意大利仅用林地面积的3%，生产了全国工业用材的50%；新西兰营造了$80 \times 10^4 hm^2$辐射松速生丰产用材林，仅以全国林地面积的11%，每年生产木材$850 \times 10^4 hm^2$，占全国木材产量的95%。这些可贵的经验可供我国在发展速生丰产用材林中借鉴。速生树种在解决木材供需矛盾中的作用非常重大。我国的树种资源很丰富，乡土树种很多，引进的速生树种也不少，如北方地区的落叶松、杨树，中部地区的泡桐、刺槐，南方地区的杉木、马尾松、毛竹，从国外引进的松树、桉树等树种，都是很有前途的速生用材树种。这些树种少则10年左右，多则三四十年就能成材利用，可在发展用材林时首先予以考虑，作为选择对象。

(2)丰产性

树种的丰产性就是要求树体高大，相对长寿，材积生长的速生期维持时间长，又适于密植，因而能在单位面积林地上最终获得比较高的木材产量。丰产性和速生性是两个既有联系又有区别的概念，有些树种既能速生，也能丰产，如杨树和杉木等；有些树种速生期来得早，但是维持的时间比较短，或者只适于稀植，而不宜密植，这些树种只能速生但不能丰产，如苦楝、旱柳、臭椿、刺槐；也有些树种速生期来得较晚，但进入速生期后的生长量较大，且维持时间长的树种，如红松、红皮云杉，以较长的培育周期比较的话，这样的树种在采取了适当的培育措施之后，可以取得相当高的生产率(以年平均生长量为准)，有时可以超过某些速生树种(如日本落叶松)。

(3)优质性

良好的用材树种应该具有良好的形(态)质(量)指标：所谓形，主要是指树干通直、圆满、分枝细小、整枝性能良好等特性，这样的树种出材率高，采运方便，用途广泛；所谓质，是指材质优良，经济价值较大。大部分针叶树种有比较良好的性状，这是直到目前为止针叶树的造林面积仍显著超过阔叶树种的主要原因之一。在阔叶树中，也有树干比较通直圆满的，如毛白杨、新疆杨、柠檬桉、檫树、楸树等，但大部分的阔叶树树干不够通直或分枝过低、主干低矮(如泡桐、槐树、苦楝等)，或树干上有棱状突起，不够圆满(如黑杨等)，甚至还有树干扭曲的(如蓝桉等桉树)。

用材树种质量的优劣还包括木材的机械性质、力学性质。一般用材都要求材质坚韧、纹理通直均匀、不易变形、干缩小、容易加工、耐磨、抗腐蚀等。同时，也必须强调不同用途对材性的不同要求，如家具用材除对上述特点要求外，还进一步要求材质致密、纹理美观、具有光泽和香气等；作柱材的要求顺纹抗压极限强度大。大径级高质量的木材用途广、加工易、利用率高，仍是大量需求的商品用材，价格也高得多，尤其是一些有特殊用途的珍贵用材越来越少，供不应求。所以，在森林培育中，除了注意培育大量需求的一般材种，力求其速生丰产外，也要把培育珍贵用材列为任务，安排一定比例，以满足国家经济建设多方面的需求。

7.3.2.3 经济林的树种选择

经济林对造林树种的要求和用材林的要求是相似的，也可以概括为“速生性”“丰产性”“优质性”三方面，但各自的内涵是不同的。例如，对于以利用果实为主的木本油料来说，“速生性”的主要内涵是生长速度快，能很快进入结果期，即具有“早实性”“丰产性”的内涵是单位面积的产量高，这个产量有时指目的产品(油脂)的单位面积年产量，这样的数量概念实际上融进了部分的质量概念，如果实的出仁率、种仁的含油率等；“优质性”则除了出仁率和含油率以外，主要指油脂的成分和品质。在这3个方面，重点应是后2个方面，经济林的早实性虽有一定重要性，但不像用材林对于速生性的要求那样突出。

我国土地辽阔，气候土质多样，适宜各种树木生长，经济林的资源极其丰富，种类繁多，已发现的经济林树种达1000余种。经济林大致可以分为木本油料林(包括食用油料林和工业用油料林)、果品林(包括干果和水果)、工业原料林(主要包括生漆、五倍子和白蜡等)、木本药材林和木本香料调料林等。经济林不但树种繁多，而且利用的部位各异，虽然对于树种的要求也有各自的特点，但是基本上是从这3个方面进行分析的。为了树种选择的方便，现将经济林的种类及其主要树种列表介绍(表7-5)。

表7-5 经济林的类别及主要树种

类 别	利用部位	主要树种
油料	果实	核桃、油茶、油桐、油橄榄、文冠果、毛梾、翅果油树、油棕、椰子
淀粉及干果	果实	板栗、柿树、枣树、沙枣、阿月浑子、巴旦杏、腰果、香榧、薄壳山核桃、榛子、橄榄
橡胶	树液	巴西橡胶
生漆	树液	漆树
栲胶	树皮果壳	黑荆树（落叶松、橡栎类的副产物）
紫胶	寄生虫分泌物	牛肋巴、秧青、南岭黄檀
白蜡	寄生虫分泌物	白蜡树、女贞
药材	树皮、果实、木材等	厚朴、杜仲、肉桂、枸杞、儿茶
调料	果实、树皮	花椒、八角
软木	栓皮、木材	栓皮栎、轻木
编条	枝条	紫穗槐、杞柳
其他	叶、树皮	茶树、桑树、栎类、棕榈、蒲葵

发展经济林时，首先要解决以发展哪一类经济林最为有利，各地区应根据本地区的气候特点、栽培历史及传统确定其发展方向。在确定了经营方向以后，树种的选择问题相对

比较容易解决。经济林的树种选择，其实更重要的是品种和类型的选择。

7.3.2.4　防护林树种的选择

对于防护林树种的选择，因其防护对象的不同有不同的要求。

1）农田防护林的树种选择

农田防护林的主要防护对象是害风（干热风、风灾、沙尘风暴等）、平流霜冻、旱涝灾害、冰雹等自然灾害，改善农田小气候条件，它的主要功能是保证农田高产稳产，同时生产各种林产品并美化环境。因此，对农田防护林的树种有如下要求：

①抗风力强，不易风倒、风折及风干枯梢，在次生盐渍化地区还要有较强的生物排水能力；

②生长迅速，树体高大，枝叶繁茂，能更快更好地发挥防护效能，在冬季起防护作用的林带中，应配有常绿树种；

③深根性树种，侧根伸展幅度小，树冠狭窄，对防护区内农作物的不利影响较小；

④生长稳定，寿命长，和农作物没有共同的病虫害；

⑤能生产大量木材和其他林产品，具有较高的经济价值。

2）水土保持林的树种选择

水土保持林的主要功能是拦截及吸收地表径流，涵养水分，固定土壤免受各种侵蚀。

对于水土保持林的树种选择有如下要求：

①适应性强，能适应不同类型水土保持林的特殊环境，如护坡林的树种要耐干旱瘠薄（如柠条、山桃、山杏、杜梨、臭椿等），沟底防护林及护岸林的树种要能耐水湿（如柳树、柽柳、沙棘等）、抗冲淘等；

②生长迅速，枝叶发达，树冠浓密，能形成良好的枯枝落叶层，以拦截雨滴直接冲打地面，保护地表，减少冲刷；

③根系发达，特别是须根发达，能笼络土壤，在表土疏松、侵蚀作用强烈的地方，选择根蘖性强的树种（如刺槐、卫矛、旱冬瓜等）或蔓生树种（如葛藤）；

④树冠浓密，落叶丰富且易分解，具有土壤改良性能（如刺槐、沙棘、紫穗槐、胡枝子、胡颓子等），能提高土壤的保水保肥能力。

3）固沙林的树种选择

固沙林的主要功能是防止沙地风蚀，控制砂砾移动引起各项设施（城镇、道路、通信线路、水利设施）或生产事业（农田、牧场）的危害，并合理地利用沙地的生产能力，对于固沙林的树种有如下要求：

①耐旱性强　枝叶要有旱生型的形态结构，如叶退化、小枝绿色兼营光合作用，枝叶披覆针毛，气孔下凹，叶和嫩枝角质层增厚等特征；有明显的深根性或强大的水平根系。如毛条、沙柳、梭梭等。

②抗风蚀沙埋能力强　茎干在沙埋后能发出不定根，植株具有根蘖能力或串茎繁殖能力。一旦遇到适度的沙埋（不超过株高的1/2）生长更旺，自身形成灌丛或繁衍成片。在风蚀不过深的情况下，仍能正常生长。这样的灌木树种一般称为沙生灌木或先锋固沙灌木。

③耐瘠薄能力强　此类树种中，包括有相当一部分是具有根瘤菌的树种。如花棒、杨

柴、沙棘、踏郎、沙枣等。

此外，防护林还包括沿海防护林、牧场防护林等次级林种，它们都有各自的特殊要求。

7.3.2.5 薪炭林及能源林的树种选择

薪材是人类最古老的能源，在我国有着悠久的经营利用历史。但是，长期以来，农村能源和薪材资源缺乏，群众生活艰难，森林过量樵采，造成严重的生态恶果，严重制约着农村的经济发展。营造专门的薪炭林在当前仍具有重要意义。薪炭林对树种选择的要求主要有：

①生长迅速，生物产量高，以期能及早获得数量较多的薪材。海南岛引种成功的尾叶桉、赤桉、细叶桉、马占相思的年均生物产量 $20 \sim 30t \cdot hm^2$，最高达 $40 \sim 60t \cdot hm^2$；广西南宁种植的 3 年生窿缘桉年均生物产量达 $47.15t \cdot hm^2$；四川的麻栎萌生林 3 年生年均生物产量达 $24.5t \cdot hm^2$；黑龙江的短序松江柳年均生物产量达 $9.76t \cdot hm^2$。

②干枝的木材容量大，产热量高，且有易燃、火旺、烟少、不爆火花、无有毒气体放出的特点。一般要求薪材树种的热值在 $17\ 572kJ \cdot kg^{-1}$ 以上。

③具有萌蘖更新的能力，便于实行短轮伐期经营制度。一般来说，薪炭林实行矮林作业，希望能做到一次造林多年采收，永续利用。北方地区的沙棘、紫穗槐、柽柳、沙柳、柳树，南方地区的红锥、木荷、黧蒴栲和桉树就具有这种特性。

④适应性强，即具有耐干旱、耐瘠薄、耐盐碱、抗风的特点，能在不良的环境条件下稳定生长。因为薪炭林是一次造林，多代采伐，土壤养分消耗大，因此，除选用较好的立地条件外，选择具有固氮能力的树种，既能自我营养，又能培肥地力，改良土壤。

⑤能兼顾取得饲草、饲料、小径材、编制材料和发挥防护效益。

中国的树种资源相当丰富，适合作为薪炭林种植的树种很多，有大量的乡土树种，也有一些引进的外来树种，例如，南北各地的橡栎类树种（栓皮栎、麻栎、辽东栎、蒙古栎、大叶栎、白栎、黧蒴栲、红锥等），为了结合水土保持，兼生产部分饲料、编条和果实，在华北和西北的半干旱半温润地区，刺槐、紫穗槐、胡枝子、柠条、沙棘、黄栌等也是很好的薪炭林树种。东北地区的短序松江柳，干旱沙区和黄土区的梭梭、沙枣、沙棘、柠条、花棒、蒿柳、沙拐枣、杨柴，热带、亚热带地区的铁刀木、桉树、大叶相思、台湾相思、马占相思、新银合欢、黑荆、银荆、任豆、木荷、马桑、余甘子、朱樱花、南酸枣、枫香、化香、马尾松、湿地松、云南松、窿缘桉、尾叶桉、直杆蓝桉、刚果 12 号桉、雷林 1 号桉等，东南沿海的木麻黄，都是优质的薪炭林树种，应重点发展。

从薪炭林发展到能源林有个质的飞跃，能源林对树种的生物产量有更严格的要求，并正在采用集约的良种选育及栽培技术，以满足能源林的高产要求。美国能源部的短轮伐期集约育林项目，经过 10 年的努力，筛选出美国黑杨及其他杨树杂种、刺槐、悬铃木、枫香、赤杨、糖槭、桉树等 10 多个树种作为能源林的发展树种。地处寒温带的加拿大和北欧诸国，主要研究杨树及柳树的能源林培育。地处热带的巴西则以几种桉树为能源林的主要栽培树种。

7.3.2.6 特种用途林树种的选择

1) 环境保护林和风景林的树种选择

要根据生态环境的特点和园林绿化的要求，以及树种的特性和主要功能综合考虑。在大型厂矿周围，特别是在产生有害气体(二氧化硫、氟化氢、氯气等)的厂矿周围营造人工林时，要选择那些对这些污染物抗性强而且能吸收这类污染气体的树种。在这一点上，根据造林目的对造林树种的要求与适地适树的要求是完全一致的。随着人类对生态环境的意识逐步增强，对这方面的研究也越来越多。

由于树种对于有害气体的抗性有显著差异，为环境保护林的选择提供了可能(表7-6)。

表7-6 树种对有害气体的抗性分级表

有害气体种类	抗性强	抗性中等	抗性弱
二氧化硫	冬青、丁香、桑树、刺槐、女贞、臭椿、圆柏、夹竹桃、大叶黄杨、沙枣、合欢、榕树、桢楠、苦楝、法国梧桐、柳树、栎树、构树、杧果	白蜡、刺槐、黄连木、五角枫、杨树、冷杉、榛树、枫香、山毛榉、葡萄	泡桐、香椿、雪柳、华山松、雪松、水杉、核桃、紫椴
氟化氢	白桦、丁香、女贞、樱桃、大叶黄杨、桢楠、悬铃木、白蜡、冷杉、油茶	栓皮栎、五角枫、青冈栎、柳树、刺槐、月季	白皮松、华山松、杜仲、杨树、葡萄
氯气	紫杉、铁杉、冬青、合欢、女贞、黄杨、麻栎、青冈栎、棕榈、柑橘、印度榕、夹竹桃、沙枣	刺槐、槐树、构树、柳树、含笑、山梅花、菩提树	油松、刺柏、白蜡、法国梧桐、糖槭、复叶槭、梨树
臭氧	银杏、榛树、青冈栎、夹竹桃、柳树、女贞、冬青、悬铃木	赤松、杜鹃、樱花、梨树	白杨、垂柳、牡丹、八仙花、胡枝子
硫化氢	云杉、毛白杨、臭椿、		
尘	白榆、朴树、刺槐、泡桐、构树、核桃、柿树、板栗、木槿、大叶黄杨	白皮松、油松、华山松、圆柏、侧柏、加杨、丝棉木、乌桕、桑、苹果、桃、紫薇、连翘	银杏、白蜡、垂柳、杏树、樱花、山植、紫穗槐、黄杨、蜡梅
乙烯		龙柏、侧柏、白蜡、石榴、杜鹃、紫藤、丁香	刺槐、臭椿、合欢、白玉兰、黄杨、大叶黄杨、月季
病菌	油松、白皮松、云杉、圆柏、柳杉、雪松、核桃、复叶槭、榛树	马尾松、杉木、紫杉、圆柏、银白杨、桦木、臭椿、苦楝、黄连木、悬铃木、丁香、锦鸡儿、小叶椴、金银花	白蜡、旱柳、毛白杨、花椒、鼠李

由于不同树种对于环境的适应能力不同，有些树种对有害气体十分敏感，当人们尚无感觉时，它们已经表现出有害症状。有些无嗅无色但毒性很大的气体，例如有机氯，很难为人们所觉察，而通过植物的表现症状可及时地获得这些有害气体的准确信息。这些指示植物可作为环境污染的警报器，用以监测和预报大气污染的程度。此类植物通常称为“指示植物”。指示植物的种类很多，现就常用的木本指示植物列于表7-7。

表 7-7 常用的敏感木本指示植物

污染物质	树种名称
二氧化硫	雪松、美洲五针松、白皮松、马尾松、落叶松、枫杨、杜仲、桃树、李树等
氟化氢	美洲五针松、欧洲赤松、雪松、落叶松、杏树、李树、杜鹃、樱桃、葡萄等
氯气	复叶槭等
氮氧化物	悬铃木、秋海棠等
臭氧	丁香、秋海棠、银槭、牡丹、皂荚等

在城市附近为了给人民群众提供旅游休息场所而营建人工林时(建立森林公园及市郊绿化)，除了树种的保健性能外，还要考虑美化的要求和休憩活动的需求，造林树种应当具有放叶早、落叶晚(常绿更好)、树形美观、色彩鲜明(如秋季的红叶树种)、花果艳丽等特性，而且最好有多个树种交替配置，而避免形成单一呆板的环境。这方面的要求在一定程度上与各地人民的生活习惯、审美观点相联系，不能强求一致。

所有的环境保护和风景林的树种，除了具有上述性能外，同时还应具有比较大的经济价值，使当地群众在获得良好的旅游休闲效益的同时，有更大的经济效益。

2)四旁植树的树种选择

四旁绿化只是树木在其空间分布上不同于其他林种，而四旁绿化对于树种选择的要求可与上述各林种比照。城镇地区的四旁绿化往往就是环境保护林的一个组成部分，农村地区的四旁绿化往往可以纳入防护林体系之中。值得注意的是，中国广大农村，特别是平原地区农村林木稀少，缺材少柴，这些地区的四旁绿化，在主要起防护作用的同时，比较强调它的生产性能，希望能够提供一定数量的农用材、薪材和饲料。由于四旁的土壤条件一般很好，所以生产潜力很大。国家有关部门已经把我国最大的平原——华北平原和中原平原，通过四旁绿化及在有条件的地方成片造林，形成中国重要的速生丰产林基地。在这种情况下选择造林树种，当然要更好地兼顾防护及生产的要求。

四旁(路旁、水旁、村旁、宅旁)的条件相差很大，植树造林的要求也各不相同，选择树种必须强调因地制宜。路旁包括铁路、公路。公路又分为国道、省道、县道，乃至乡间道和机耕道。路旁植树是为了保护路基，美化环境，保证行车安全，避免烈日直射路面。因此要求树种树体高大、树干通直、树冠开阔、枝繁叶茂，但在接路交叉口和道路曲线内侧不宜栽植高大的乔木树种，以免影响视线。

水旁植树是为了堤岸的水土保持，护岸防蚀，防风浪冲击和季节性水蚀，减少水面蒸发，防止次生盐渍化。树种应根系发达、喜湿耐淹、速生优质。

村旁、宅旁由于面积较小，经营条件好，树种选择应多样化，兼顾防护、美化和生产等多种效能。种植一些对立地条件要求较严格的珍贵用材树种(如香樟、楠木、银杏)、一般用材树种(如白榆、楸树、槐树、梓树、水杉等)、一定比例的特用经济树种 (如核桃、板栗、柑橘、樱桃、杏、苹果、梨、葡萄、花椒、棕榈、蒲葵、竹子等)及观赏价值高的树种(银杏、梧桐、桂花、榕树、连翘等)。

四旁地的立地条件好，块小但面广，经营为多功能的经济实体，经济效益和防护效益明显，开发利用有广阔的前途。

7.3.3　造林树种选择方案的确定

最后确定造林树种时，需要把造林目的与适地适树的要求结合起来考虑，并经过比较衡量后做出统筹安排。通常可按下面几个原则选择。

(1)重点与一般结合

在每个地区或每个单位内，应根据经营方针，林种比例及立地条件特点，选定几个重点发展的树种。但与此同时，树种配置也不宜太单凋，要把速生树种和珍贵树种，针叶树种和阔叶树种，对立地条件要求严的树种和广域性树种适当地搭配起来，确定一定的发展比例。这样，既能充分发挥多种立地条件的生产潜力，又能满足国民经济多方面的要求。

(2)择优选用

在一个经营单位内，同一种立地条件可能有几个适生树种，同一树种又可能适应于几种立地条件。这就要经过比较，将其中最适生、最高产、经济价值最大的树种列为主要造林树种，而将其他树种如经济价值高但要求条件过严，或适应性强但经济价值较低的树种列为次要造林树种。

(3)因树因地制宜

当一种造林地同时有几种造林树种适合生长时，要把立地条件好的造林地留给经济价值高的而立地条件要求严格的树种；把立地条件差的造林地留给适应性较强而经济价值较低的树种。

(4)考虑经营目的

对同一种树在培养目标不同时，造林地的条件应有所区别，如培育马尾松速生用材林，应选较好的立地。作为一般荒山绿化或薪炭林时，可选较差的造林地，同样，马尾松作为培育大径材时，要选较好的造林地，而培育中、小径材时，可在较差的造林地上营造。

第8章

造林技术

造林技术是如何科学造林的关键，造林技术包括造林密度与树种配置、造林整地、造林方法、幼林的除草、灌溉、施肥等抚育管理措施。

8.1 造林密度与配置

造林密度是造林单位面积上栽植的株(穴)数，又称初植密度。在多数情况下，造林密度随树体增大，需要不断用间伐手段进行调整，以满足林木生长的要求，此时的密度称为经营密度，通常以每公顷(或亩)若干株(穴)来表示。

造林后影响林木生长的主要因素有四个，即树木的遗传特性、立地条件、林分密度和造林技术。在杨树(I－72杨和I－69杨)速生丰产中用树种、立地、密度、造林技术等几项可比因素和林木的上层树高建立联系，分析结果：造林技术影响最大，密度第二，树种第三，立地最后，说明集约管理使立地的作用降低，密度对林木生长起重要作用，因为密度影响单株林木的光能和物质供应的多少，单株条件好则生长快。密度还可以控制林木分化，提高干材质量，对侧枝大、树干不直的树种有特殊意义，对直干性强、前期生长快的树种影响更大。因此，确定合理密度事半功倍。造林密度对造林投资，用苗量和用工量也有一定影响。

按造林密度可分为稀植和密植两种类型。稀植针叶树每公顷1000~3500株，阔叶树312~400株，部分树种166~208株；密植针叶树每公顷2000~5500株，阔叶树1000~2000株，初植密度虽大，最后保留株数不多，我国属于密植国家。

现各国造林密度都向稀植发展，希望稀植加速林木生长，第一次间伐就出材，便于机械化作业，节省苗木、劳力和资金，前期进行林粮间作可增加经济收入。

8.1.1 确定造林密度的原则和方法

8.1.1.1 造林密度对林木生长林的影响

密度在森林成林成长过程中起着巨大的作用，了解和掌握这种作用，将有助于确定合理的经营密度，取得良好的效益。密度对林木生长的作用，从幼林接近郁闭时开始出现，一直延续到成熟收获期，尤以在干材林阶段及中龄林阶段最为突出。

(1) 密度对树高生长的作用

在这方面很多研究者在不同的情况下取得了不同的结论。综合各国试验结果，可得出以下一些较为统一的认识：①无论处于任何条件下，密度对树高生长的作用，比对其他生长指标的作用要弱，在相当宽的一个中等密度范围内，密度对高生长几乎不起作用。树木的高生长主要由树种的遗传特性、林分所处的立地条件来决定，这也就是为什么把树高生长作为评价立地条件质量生长指标(立地指数)的基本道理。②不同树种因其喜光性、分枝特性及顶端优势等生物学特性的不同，对密度有不同的反应，只有一些较耐阴的树种以及侧枝粗壮、顶端优势不旺的树种，才有可能在一定的密度范围内，表现出密度加大有促进高生长的作用。③不同立地条件，尤其是不同的土壤水分条件，可能使树木对密度有不同的反应。在湿润的林地上，密度对高生长作用不甚明显，而在干旱的林地上，密度的作用较突出，过稀时杂草对树木的竞争作用使其生长受阻，过密时则树木之间的水分竞争使生长普遍受抑，因此只有在适中的密度时高生长最好。

(2) 密度对直径生长的作用

①在一定的树木间开始有竞争作用的密度以上，密度越大，直径生长越小，这个作用的程度是很明显的。密度对直径生长的这种效应无疑是和树木的营养面积直接有关的。密度的大小明显影响树冠的发育(冠幅、冠长及树冠表面积或体积)，而通过大量研究确认，树冠的大小和直径生长是紧密相关的。

②密度对直径生长的作用还表现在直径分布上。直径分布是研究林木及其树种结构的基础，在林分生长量、产量测定工作中起着重要的作用。描述同龄纯林直径分布的概率密度函数有：正态分布、韦伯分布、对数正态分布、伽玛分布、贝塔分布、泊松分布、奈曼A分布、负二项分布等，其中应用较为广泛的有正态分布和韦伯分布。密度对直径分布作用总的规律是密度加大使小径阶林木的数量增大，而大中径阶的数量减少。

③密度对直径生长的效应具有非常重要的意义，一方面它是密度对产量效应的基础，另一方面树木直径又是成材规格的重要指标，掌握这个密度效应，使我们有可能通过密度来控制直径生长和分布，为在一定的时期内生产一定规格的产品服务。事实上现在林业科研人员和工作者已将这种关系广泛应用于林分密度管理图的编制中，为科学合理地经营人工林发挥了重要作用。

(3) 密度对单株材积生长的作用

立木的单株材积决定于树高、胸高断面积和树干形数3个因子，密度对这几个因子都有一定的作用。密度对树高的作用如前所述是较弱的。密度对于形数的作用，是形数随密度的加大而加大(刚生长达到胸高的头几年除外)，但差数也不大。如在前苏联基辅的一组欧洲松密度试验林中，密度从每公顷2500株增加到30 000株，形数从0.618增至0.689。由于直径受密度的影响最大，断面面积又和直径的平方成正比，因而它就成为不同密度下单株材积的决定性因子。密度对单株材积生长的作用规律与对直径生长的相同，林分密度越大，其平均单株材积越小，而且较平均胸径降低的幅度要大得多，其原因基本上来自于个体对生活资源的竞争，也是在干材林及中龄林阶段表现最为突出。

(4)密度对林分干材产量的作用

林分干材产量有两个概念：一是现存量，也就是蓄积量；另一是总产量，也就是蓄积量和间伐量(有时还要算枯损量)之和。林分的蓄积量是其平均单株材积和株数密度的乘积。这两个因子互为消长，其乘积值取决于哪个因素居于支配地位。大量的密度试验证明，在较稀的（立地未被充分利用)密度范围内，密度本身起主要作用，林分蓄积量随密度的增大而增大。但当密度增大到一定程度时，密度的竞争效应增强，两个因素的交互作用达到平衡，蓄积量就保持在一定水平上，不再随密度增大而增大，这个水平的高低取决于树种、立地及栽培集约度等非密度因素。研究结果表明植物种群存在合理密度，即在植物种群的不同时期单位面积上生产力最高的密度，不同时期的合理密度不是一个固定值，而是一个范围即合理密度范围(即存在上限合理密度和下限合理密度)。

如果从干材总产量的角度来看密度效应问题，情况就更为复杂一些，但基本规律还是一样的。在林分生长初期，由于密植能使林木更早地充分利用生长空间，从而可在一定程度上增加总产量的观点是得到普遍承认的。这是在营造树种径阶不大的能源林、纤维造纸林时，采用较高的造林密度的理论基础。密度对总产量的效应因为有了合理密度理论也解决了如疏伐能否提高林分生产力等以前认识上的一些模糊问题。吴增志早在1984年就发现在充分郁闭的日本扁柏人工林中进行50%的间伐，其光能利用率不但不因叶量的减少而降低，反而会增加，不仅证明了林分存在合理密度，而且也说明了疏伐可以增加林分产量。根据合理密度原理，他提出了系统密度管理法，即通过造林密度的选择、幼林抚育管理、疏伐、间伐等一系列调整密度的方法，使林分从第一次进入合理密度开始，使其密度始终保持在合理密度范围之内，即经多次密度调节最终达到主伐期的方法。系统密度管理法的意义就在于把竞争引起的能量消耗转化为生产，是提高林分生产力的重要途径。

(5)密度对林分生物量的作用

研究密度对林分生物量的作用有两方面的意义：首先，对于以生物产量为收获目标的薪炭林短轮伐期纸浆材林等来说有明显的现实意义；其次，因生物量是林分净第一性生产力的全面体现，更能反映林分的光合生产力，密度的平均个体重几乎相等，单位面积上的生物量随密度的增加而增加。随着时间的变化，个体不断增大，到一定时间后，竞争首先从高密度开始，并逐渐向低密度扩展。竞争产生的抑制作用使个体增长率降低，生长变慢，于是低密度的平均个体重逐渐超过高密度的，各密度间的产量差也随着减小。到一定时间，与高密度相邻的低密度赶上高密度的产量。随着时间的变化，合理密度、合理密度范围不断由高密度向低密度移动，其移动的轨迹就形成合理密度线。上述也可知道，合理密度是一个范围，存在上限合理密度线和下限合理密度线。树木能够形成典型的合理密度线，且合理密度范围较窄，为林分选择合理密度提供了保证。最适密度理论也适用于收获部分，所以在确定以经济产量为收获目标的林分密度时可采用以上规律。

(6)密度对干材质量的作用

造林密度适当增大，能使林木的树干饱满(尖削度小)、干形通直(主要对阔叶树而言)、分枝细小，有利于自然整枝及减少木材中节疤的数量及大小，总的来说是有利的。但如果林分过密，干材过于纤细，树冠过于狭窄，既不符合用材要求，又不符合健康要求，应当避免这种情况的出现。

密度对木材的解剖结构、物理力学性质、化学性质也有影响，但情况较为复杂。一般来看，稀植使林木幼年期年轮加宽，初生材在树干中比例较大，对材质有不利的影响。如稀植杉木林中早材的比例增加，由于早材的管胞孔径大、胞壁薄、壁腔比加大，使木材密度、抗弯强度、顺纹抗弯强度和冲击韧性均降低，木材综合质量下降。又如，我国几个南方型杨树木材 S_2层微纤维角和相对结晶度随密度的变小而增大，使木材的力学性质降低；但也有一些树种，如落叶松、栎类，在加宽的年轮中早材和晚材保持一定比例的增长，对材质影响不大。对散孔材阔叶树，年轮加宽也没有什么不利影响。更重要的是对材质不同的目的要求，如对云杉乐器材，要求年轮均匀和细密，应在密林中培养。而对纸浆材来说，如杨树纸浆林中随密度的增大，纤维长度增加、各级纤维的频率分布趋于均匀，因此，加大造林密度也能提高造纸纤维质量。

必须明确，树干形质在更大程度上取决于树种的遗传特性，用密度来促进是有一定限度的。

(7)密度对根系生长及林分稳定性的作用

密度对林木根系生长影响的研究材料较少，从有限的研究结果可以看到一个较为普遍的规律，过密会损坏林木根系发育。在密林中不但林木根系的水平分布范围小，垂直分布也较浅。前苏联的欧洲松、中国湖南的杉木、河南毛白杨等密度试验，都得出了类似的结论。有的研究甚至进一步指出，过密林分中不但林木个体根系小，就是全林的总根量也是少的。而且同种林木根系易连生，加强了个体间的竞争和分化。在密林中，生长物质的分配似乎更偏向于供应地上部分生长。

林木根系的发育与全树的生长状况及全林的稳定性有很大关系。林分过密，不但使林木地上部分生长纤细，也使根系发育受阻，这样的树木易遭风倒、雪压及病虫侵袭的危害，林分处于不稳定状态。至于林分过稀对其稳定性的影响要视地区条件而论。在生长条件较好的湿润地区，只要树木能在其他植物(草、灌、藤等)竞争中站得住脚，即使孤立木也能正常生长。在水分不稳定的地区，林分需要有一定的郁闭度才能保证林木在群落中占优势，并有利于抵抗不良环境因子影响，如林分过稀，迟迟不能郁闭，会降低其稳定性。在极端干旱地区，旱生树种有首先发育庞大根系的适应性，只有稀林(从树冠郁闭的角度看)才能正常生长，而且从水量平衡的角度来看，干旱立地条件下也不允许林分密度过高。

以上从各个角度分析了密度的作用规律，由此可见，在一定的具体条件组合下，客观上存在一个生物学最适密度范围，在这个范围内，林分的群体结构合理，净第一性生产量最大，林木个体健壮，生长稳定，干形良好。而且这个最适密度范围不是在林木生长过程中一成不变的，不同的林术发育时期有着不同的最适密度范围。研究的任务就是要通过试验、调查，把最适造林密度及不同发育时期的最适密度范围找出来。

8.1.1.2 确定造林密度的原则

提倡合理密度的目的在于找出最适宜的造林密度。但最适宜的造林密度并不是一个固定的常数，而是随树种、立地条件、经营目的和经营条件等因素的变化而变动。因此，在确定造林密度时应考虑以下几个方面的因素：

(1)经营目的

造林密度随林种和材种不同而异。一般来说，用材林的造林密度应小，防护林、薪炭林密度应大。有些防护林对造林密度还有一定的特殊要求。如农田防护林要求有一定结构和透风系数，因此，造林密度结合树种组成应形成所要求的结构。同是用材林，因培育材种不同，造林密度也不同。培育大径材应适当稀植，在培育过程中适时间伐；培育中小径材，密度要大些；经济林需要充分的光照和营养条件才能丰产、优质，造林密度比用材林还要小，其密度一般以相邻植株的树冠既不相互重叠而又充分利用光能为好。

(2)树种特性

各个树种的生长发育，均有其特殊性，如生长快慢，喜光程度，树冠大小，干形以及根系分布情况等都不一样。在确定造林密度时，考虑树种的生物学特性是极为重要的。一般来说，生长慢的、耐阴的、直干性差、树冠或根幅小的树种，应比生长快、喜光、直干性强、冠幅或根幅大的树种栽密一些。但有些喜光树种(如马尾松、油松等)稀植会影响到干形生长，则造林密度要大些，并应注意适时间伐，以利形成良好的干形。此外，移植母竹，因其繁殖较快，栽后2~3年即能萌生新竹，可以适当疏植。现列出我国主要树种造林密度表供参考(表8-1)。

表8-1　主要树种造林密度

树　种	造林密度(株·hm ^{2})	树　种		造林密度(株·hm $^{-2}$)
马尾松、云南松、华南松	3000~6750	旱柳和其他乔木柳		240~1500
火炬松、湿地松	1500~2400	泡桐	一般	195~1500
油松、黑松	3000~5000		农桐间作	45~60
落叶松	2400~5000	油茶		110~1650
樟子松	1650~3300	三年桐		600~900
红松	3300~4400	千年桐		150~270
杉木	1500~4500	核桃	一般	300~600
水杉	1250~2500		间作	150~370
樟、油樟	900~6000	油橄榄		300左右
柳杉	1800~4500	枣树		220~600
桉树	1500~5000	柑橘		800~1200
木麻黄	1800~5000	板栗		220~1650
枫杨	1350~2400	山楂		750~1650
刺槐	1650~6000	弥猴桃		450~900
桢楠	2500~3300	漆树		450~1200
侧柏、柏木、云杉、冷杉	4350~6000	散生竹		330~500
栎类	3000~6000	丛生竹		300~820
核桃楸、水曲柳、黄波罗	4400~6600	沙枣		1500~3000
木荷	1800~3600	苹果、梨、桃、李、杏		450~1240
檫木(混交林数)	600~900	巴旦杏		300~450
桤木	1650~3750	沙柳、毛条、柠条、柽树		1240~5000
榆	1350~4950	花棒、踏朗、沙拐枣、梭梭		660~1650
杨树	240~3300	沙棘、紫穗槐		1650~3300
相思类	1200~3300	花椒		600~1600

(3)立地条件

凡气候适宜，土壤肥沃湿润，有利于林木生长的造林地，造林密度应比气候恶劣、高山、陡坡、土质瘠薄的地方小一些。在水土流失严重的地区，应加大造林密度，以利于提高郁闭，增强林木抗性，使林分生长稳定。土壤肥沃、杂草丛生的地区，为抑制杂草生长也可适当密植。

(4)造林技术

造林密度也因所采取的造林技术措施的不同而有差别。总的来说，造林技术越细致，林木生长越迅速，造林密度应越小。仅单项造林技术措施来看，播种造林，一般成活率较低，幼林达到郁闭的时间较长，造林密度应比植苗造林大。如进行林分改造的局部造林比全面造林的密度要小。

(5)经济条件

造林要符合经济原则，造林密度既要考虑到造林成本，又要考虑到交通运输和间伐材销路问题。如交通不便，劳力缺乏，小径材没有销路，应以稀植为宜，一般初植密度即为主伐密度。相反，交通方便，小径材需要量大，价值高，初植密度就可以适当加大，经过几次抚育间伐，既可留优去劣调节密度，促进林木持续速生，又可增加小径材收入，提高总产量和经济效益。

此外，进行幼林间作的造林密度，比不间作的小一些。如采用机械作业，可加大行距，缩小株距。

总之，确定造林密度的因素是复杂的，必须综合考虑各方面的因素加以确定。一定树种在一定的立地条件和栽培条件下，根据经营目的，能取得最大经济效益、生态效益和社会效益的造林密度，即为应采用的合理造林密度，这个密度应当在由生物学和生态学规律所控制的合理密度范围之内，而其具体取值又应当以能取得最大效益来测算。同时，应该看到在林木生长过程中合理密度不是固定不变的，而是相对的、可变的，因此，要使林木在不同生长发育阶段都保持密度合理，就需要采取人为调节措施。

8.1.1.3 确定林分密度的方法

根据密度作用规律和确定密度的原则，在确定林分密度时可采用以下几种方法。

(1)经验的方法

从过去不同密度的林分，在满足其经营目的方面所取得的成效，分析判断其合理性及需要调整的方向和范围，从而确定在新的条件下应采用的初始密度和经营密度。采用这种方法时，决策者应当有足够的理论知识及生产经验，否则会产生主观随意性的弊病。

(2)试验的方法

通过不同密度的造林试验结果来确定合适的造林密度及经营密度当然是最可靠的。当前大部分密度试验由于所选择的密度间隔不很合理，得出许多矛盾的结论。吴增志在总结以往经验教训的基础上，提出了密度试验应遵循的一般原则。首先是指数(或几何级数)原则。生物种群的出生率、死亡率、存活率、植物的生长等数量变化不是按数学级数变化，而是按指数或几何级数变化。因此，在研究种群密度与生产的关系时也必须以指数变化的规律去考虑问题，这本来是由马尔萨斯(Malthus)法则所决定的，但至今许多密度试验设计常常以增强试验结果的实用性为由，拒绝接收这个原则。结果其试验设计所跨的密度范围太窄，这不但不能揭示密度规律，还引起了许多异义。其次是种质条件一致性原则。即所研究的林分必须是同种、同龄、苗木质量一致。再次是生长条件一致性原则。即树木生长的立地条件等环境条件一致，只有密度不同。除以上三条原则外，当然还需遵循一般田间试验的统计学要求与设计原则。

由于密度试验需要等待很长时间(一般应至少达到半个轮伐期以上，最好是一个完整的轮伐期)才能得出结论，且营造试验林要花很大的精力和财力，不可能为每个树种在各种条件下都搞一套试验，所以一般只能对几个主要造林树种，在其典型的生长条件下进行密度试验，从这些试验中得出密度效应规律及其主要参数，以便指导生产。通过密度试验得出的是生物学范畴的结论，还需加上经济分析，才能最后确定林分密度。

(3)调查的方法

如果在现有的森林中，就存在着相当数量的用不同造林密度营造的，或因某种原因处于不同密度状况下的林分，则就有可能通过大量调查不同密度下林分生长发育状况，然后来用统计分析的方法，得出类似于密度试验林可提供的密度效应规律和有关参数。这种方法使用也较为广泛，已得到了不少有益的成果。调查的重点项目，有树冠扩展速度与郁闭期限的关系；初植密度与第一次疏伐开始期及当时的林木生长大小的关系；密度与树冠大小、直径生长、个体体积生长的关系；密度与现存蓄积量、材积生长量和总产量(生物量)的相关关系等。掌握这些规律之后，一般就不难确定造林密度。例如，对于用材林来说，在大量需要小径材(包括薪材)的情况下，可以根据树冠扩展速度，要求林分适时达到郁闭为标准，来确定造林密度；在有一定径阶的中小径材有销路的情况，可以根据密度与直径生长的关系等规律，按林分第一次疏伐时就能生产适销径阶的树种，并在经济上合算为准则，来确定造林密度；在小径材无销路，并采用林农间作作为初期林地利用方式的情况下，也可以直接按主伐时所需树木大小与密度的关系来确定造林密度。

(4)编制密度管理图(表)，查阅图表的方法

对于某些主要造林树种(如落叶松、杉木、油松等)，已进行了大量的密度规律的研究，并制定了各种地区性的密度管理图(表)，可通过查阅相应的图表来确定造林密度。但现在的大多数密度管理图(表)，无论在理论基础上，还是在实际应用上，都还存在不完善的地方，需继续深入研究。

以上5种方法根据所具备的条件可参照使用，也可同时使用，相互检验。

8.1.2 种植点的配置和计算

人工林中种植点的配置，是种植点在造林地上的间距及其排列方式。它当然是和造林密度相联系的。同一种造林密度可以由不同的配置方式来体现，因而具有不同的生物学意义及经济意义。一般将种植点配置方式分为行状和群状(簇式)两大类。在天然林中树木分布也按树种及起源的不同而呈一定的规律，可以在培育过程中采用干扰措施因势利导达到培育目的。

8.1.2.1 行状配置

(1)正方形配置

株行距相等，林木在行内行间均排成直线，行间的两树相对，树冠生长均匀，经济林

常用这种方法。

(2)长方形配置

一般株距小于行距，树在行内行间也排列成行，行间树木也是两两相对，造林后株间先郁闭，行间郁闭晚，树冠冠幅行间大株间小，便于机械化，生产中应用较多。

(3)等腰三角形配置

等腰三角形配置也称品字形排列，株距不等或相等，林木行内成直线，行间交错排列树冠镶嵌，以充分利用空间，生产中使用较多。

(4)正三角形配置

正三角形配置是三角配置的一种特殊形式，林内株距，行内行间都相等，株距大于行距，单位面积可增加株数15%，比较适合于经济林。

以上4种配置方式属均匀式。

8.1.2.2 群状配置

也称簇式配置、植生组配置。植株在造林地上呈不均匀的群丛状分布，群内植株密集，而群间隔距离很大。这种配置方式的特点，是群内能很早达到郁闭，有利于抵御外界不良环境因子的危害(如极端温度、日灼、干旱、风害、杂草竞争等)。随着年龄增长，群内植株明显分化，可间伐利用，一直维持到群间也郁闭成林。

群状配置在利用林地空间方面不如行状配置，所以产量也不高，但在适应恶劣环境方面有显著优点，故适用于较差的立地条件及幼年较耐阴、生长较慢的树种。在杂灌木竞争剧烈的地方，用群状配置方式引入针叶树，每公顷200～400(群)，块间允许保留天然更新的珍贵阔叶树种，这是林区人工更新中一种行之有效的形成针阔混交林的方法。在华北石质山地营造防护林时，用群状配置方式是形成乔—灌—草结构防护效益较好林分的方法。这种方法也可用于次生林改造。在天然林中，有一些种子颗粒大且幼年较耐阴的(如红松)及一些萌蘖更新的树种也常有群团状分布的倾向，这种倾向有利于种群的发展，可加以充分利用并适当引导。

群状配置既有有利方面，也有不利方面。在幼年时，有利作用方面占主导地位，但到一定年龄阶段后，群内过密，光、水、肥的供应紧张，不利作用可能上升为主要矛盾方面，要求及时定株和间伐。

群状配置可采用多种方法，如大穴密播、多穴簇播、块状密植等。群的大小要从环境需要出发，从3～5株到十几株。群的数量一般应相当于主伐时单位面积适宜株数。群的排列可以是规整的，也可随地形及天然植被变化而做不规则的排列。

8.1.2.3 种植点的计算

种植点的配置方式及株行距确定以后，便可计算单位面积上的种植株(或穴)数，现将行状配置方式、图式、计算公式列表说明如下(表8-2)，如果采用群状配置，则分别用上述公式乘以每种植点的株数。在实践中常根据植苗株(穴)数换算表查考(表8-3)。

表 8-2 种植点配置图式及计算公式

种植点配置类型	播种点配置图式	计算公式	备 注
正方形	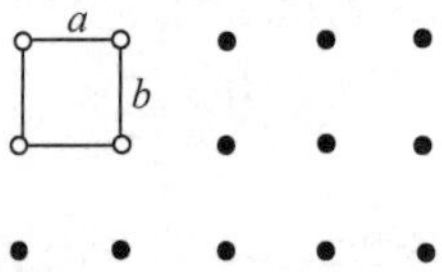	$N=\frac{A}{ab}$	$a=b$
长方形	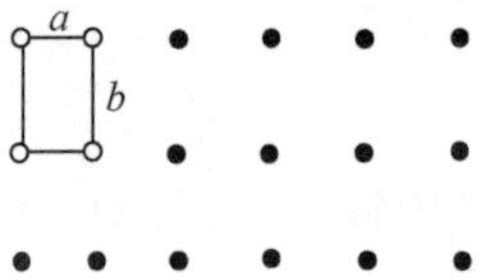	$N=\frac{A}{ab}$	$a\neq b$，通常 $a<b$
正三角形	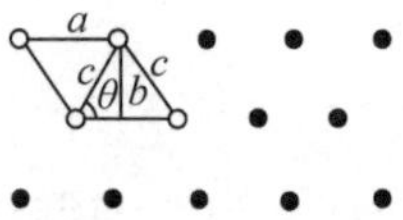	$N=\frac{A}{ab}$ $=\frac{A}{a^2}\times 1.155$	$b=a\sin 60°$ $=\frac{\sqrt{3}}{2}a$
等腰三角形	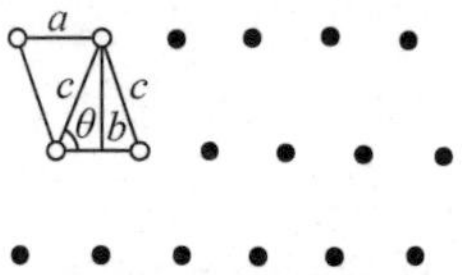	$N=\frac{A}{ab}=\frac{A}{ac\sin\theta}$ 或 $N=\frac{A}{ab}=\frac{2A}{a^2\tan\theta}$	$b=c\sin\theta$ 或 $=\frac{a}{2}\cdot\tan\theta$

注：N——株数；A——面积；a——株距；b——行距。

表 8-3 每 0.067hm² 种植株(或穴)数换算表

行 距 (m)	株 距 (m)												
	1.0	1.5	2.0	2.5	3.0	3.5	4.0	4.5	5.0	5.5	6.0	7.0	8.0
1.0	667												
1.5	444	296											
2.0	333	222	167										
2.5	266	177	133	107									
3.0	222	148	111	89	74								
3.5	191	127	95	76	63	54							
4.0	167	111	83	67	56	48	42						
4.5	148	99	74	59	49	42	37	33					
5.0	133	89	67	53	44	38	33	30	27				
5.5	121	81	61	48	40	35	30	27	24	22			
6.0	111	74	56	44	37	32	28	25	22	20	19		
7.0	95	63	48	38	32	27	24	21	19	17	16	13	
8.0	83	56	42	33	28	25	21	19	17	15	14	12	10

注：株行距皆指水平距离。

8.1.3 树种的组成

人工林的组成是指在同一块造林地上栽培的人工林是由哪些树种组成的，每个树种占多大百分比。由单一树种组成的人工林称为纯林；由两个或两个以上树种组成的人工林称为混交林。纯林和混交林的林分结构不同，特别是林分的垂直结构差异更大。纯林多为单层林；混交林多构成复层林，在大乔木、亚乔木和灌木共同混交的情况下，分层现象更为明显。

8.1.3.1　纯林和混交林的特点

1)纯林的特点及其应用条件

(1)纯林的特点

人工林纯林结构简单，由单一树种所组成，所以它不能充分利用造林地的空间条件，对土壤的改良作用小，易造成地力的衰退。据研究：南方长期栽培杉木的地方，多年来出现地力衰退，生产力下降，木材产量逐代下降，第二代每公顷400～500m^3，第三代每公顷300m^3。也由于纯林由单一树种所组成，抗御病虫害、火灾等自然灾害的能力低，特别是由针叶树种所组成的纯林，一旦森林起火往往酿成较大森林火灾。纯林虽然存在问题，但因为造林、育林技术比较简单，经营管理和采伐利用比较方便，单位面积上主要树种的木材产量较高，所以，在当前营林生产中应用仍比较广泛。

(2)人工林纯林的应用条件

在开展造林工作时，遇到下列情况可以营造纯林：

①发展经济林时宜造纯林。

②造林地的环境条件十分恶劣时，只适合于少数树种生长时宜造纯林。

③培育轮伐期较短的小径级用材林、矿柱林、薪炭林等林种时宜造纯林。

④选用的造林树种主杆性强，生长稳定，天然整枝好，在造林密度较稀的情况下仍表现出上述特点时，可营造纯林。

⑤造林地区经营水平较低，技术力量薄弱时，宜营造纯林。

2)混交林的特点及应用条件

混交林是由多种树种组成的植物群落，所以，种间关系比较复杂，是相互利用相互竞争的辩证统一关系。从相互利用上分析，主要是发挥种间关系的间接作用，这种作用是通过环境条件的改变来实现的。例如，喜光树种由于居于上层林冠，使林内的光照减弱，为耐阴树种的生长创造了良好的环境条件。一般灌木落叶丰富，可以增加土壤中的有机质，为乔木的速生创造了条件。从相互竞争上分析，主要表现于种间的斗争。如果树种选择不当，种间矛盾比较突出。例如，都是喜光树种进行混交时，则对阳光的争夺很激烈；都是浅根性树种进行混交时，则必然会造成表层土壤当中养分的缺乏，而影响林木的生长。因此，如果不能充分掌握树种的生物学和生态学特性，不能充分揭示和认识树种间的关系，营造混交林就难于成功。

(1)混交林的特点

①能充分利用造林地的营养空间，混交林是不同生物学特性的树种搭配在一起，如混交时注意将喜光与耐阴、深根性与浅根性、针叶与阔叶、常绿与落叶、宽冠幅与窄冠幅、喜肥与耐瘠薄等树种互相搭配，各种林木各得其所，有较大的地上与地下的营养空间，能比较充分地利用光照和土壤肥力，提高造林地生产力。

②有利于改善立地条件。混交林内枯枝落叶层通常较厚，也容易分解，把针叶树(凋落物灰分量少，难分解，酸度大)和阔叶树(凋落物容易分解，灰分多)混交能够调节土壤

酸碱度，有利于微生物活动和有机质的分解，形成松软而易分解的腐殖质，改善土壤结构，使土壤疏松，肥沃。特别是利用某些具有根瘤菌，固氮能力很强的树种，如桤木、杨梅、刺槐等混交，还可以直接给土壤补充营养物质，改善林地环境条件。

③增强防护效益。混交林多形成复层林冠，根系分布深广，林下枯落物丰富，能够较好地发挥森林涵养水源，保持水土，调节林地小气候等作用，并且对于净化空气，吸毒制氧，抗污染，保护环境的作用也比纯林大。

④增强各种抗灾能力。混交林内生物种群一般比较复杂，再加上混交林本身生长健壮，能够形成良好的森林环境，因而减少病虫、鼠害、火灾、风害、霜冻、雪害、日灼等灾害的发生和蔓延。如马尾松毛虫的危害，对混交林较轻；又如，针叶树种和常绿阔叶树种(木荷、常绿槠栲、茶树、杨梅等)混交，有防止火灾的作用；浅根性树种与深根性树种混交，可以减轻风害。

⑤提高林产品的产量和质量。混交林能发挥种间互相促进的有利因素，伴生树种能起辅助、护土，改良土壤的作用，抑制目的树种的侧枝生长，促进其干形圆满通直。因此，混交林经营得好，林分生长稳定，生产力较高，总产量一般可以比纯林大 30%~50%，甚至成倍增大。如福建三明莘口林场 19 年生杉木檫树混交林，采用行带或插花混交，比例 3:1，每公顷总蓄积量 471m^3，其中檫树 202.5m^3，平均树高 17m，而同龄檫树纯林每公顷只有 138m^3，平均树高只有 13.2m。在搭配合理的混交林中主要树种有伴生树种的辅佐，主干长得圆满通直，自然整枝迅速，干材质量较好。特别是有些直干性差的树种(如栎类、刺槐、黄波罗、核桃楸等)在混交林中能长成树干通直的良材。此外，不同树种混交，还有利于生产多种林产品，使长远利益和当前利益结合起来。

⑥能提高造林成效，由于混交林有较好的防护效益，可使纯林生长很差的某些树种，通过混交造林获得成功。如沿海丘陵地区风大，日照强，土壤瘠薄，杉木纯林生长很差，有时难以成林成材，通过营造杉、松混交林，改善了生态环境，杉木恢复生长势，使原来的小老林“返老还童”。此外，一些珍贵阔叶树种营造纯林，目前产量一般都很低，效果也不理想，若采取混交造林，特别是与针叶树混交，一般都能成林成材，取得较佳的造林效果，如樟树、檫树、酸枣、红豆树、青冈栎等。

(2)混交林的应用条件

混交林的造林、育林技术比较复杂，如果混交树种选择不当，造林往往失败。一般在经营条件好，技术力量强的地方，造林地的立地条件好的、适合于多树种生长的情况下，宜营造混交林。培育轮伐期长的用材林、各种防护林时宜营造混交林。为了解决地力衰退和生态环境改善问题，应大力营造混交林，混交林的营造是当今研究和发展的一个方向。

8.1.3.2 混交树种的选择

正确地选择混交树种，是混交林成功的关键。根据每个树种在混交林中的作用和所处的地位，可以分为主要树种、伴生树种和灌木树种 3 类。

主要树种是做为人们培育目的树种(或是造林的目的树种)。它在林地上生长最稳定，生产力最高，起主要的经济作用。造林过程中选择主要树种时，除考虑造林目的外，还要考虑适地适树的原则。混交林中的主要树种一般只有一种或二种。

伴生树种是在一定时期内与主要树种伴生并促其生长的乔木树种，又称辅助树种或次要树种。伴生树种的作用是促进主要树种的生长发育，为主要树种的生长创造有利条件，如保护表土，改良土壤等。在营造混交林过程中，选择伴生树种时除考虑适地适树原则外，还要考虑与主要树种的关系，并要有一定的经济价值。在一个混交林分中，伴生树种的数量一般不占优势。

灌木树种是在一定时期内与主要树种生长在一起，发挥其有利特性的灌木。灌木树种一般较耐干旱、瘠薄，萌芽力很强，落叶丰富，根系发达，主要作用是遮蔽林地，抑制杂草生长，改良土壤，保土，保水，为目的树种创造良好的条件。灌木在水土保持地区和干旱地区造林中显得更为重要。

8.1.3.3　混交类型、方法和比例

1) 混交类型

不同树种相互搭配而形成的林分类型，称为混交类型。

(1) 乔木混交型(主要树种间的混交)

包括针叶树种间的混交，针阔树种间的混交，阔叶树种间的混交。此类混交型的特点，是利用混交树种之间的竞争，来促进林木生长。如耐阴、喜光树种间的混交可以充分利用林地上的光照条件，形成生产高而稳定的混交林，根型不同的树种进行混交，可以充分利用地力，有利于林木的生长发育。乔木混交型如果树种选择不当，种间矛盾出现得早而且尖锐，不易调节。营造这种类型的混交林时，应选择立地条件较好的造林地。

(2) 主辅混交型(主要树种和伴生树种混交)

它构成的林分稳定性强，防护性能高，多形成复层林相，其主要树种居第一层，伴生树种居第二层。因为伴生树种一般多为耐阴树种，种间矛盾比较缓和。东北地区红松与椴树等阔叶树种促成的针阔混交林，生长很稳定。红松为主要树种，居第一层，阔叶树种居于下层，成为辅佐树种。主辅混交型林分生长率较高。

(3) 乔灌混交型

乔木和灌木构成的混交林均为复层林。乔木一般为主要树种，居第一层，灌木为辅助树种，居第二层。此类型的特点是利用种间互相促进的关系，组成稳定的混交林，种间矛盾比较缓和。灌木可以郁闭地面，改良土壤，促进乔木的生长。此种混交型多用于干旱地区或水土流失较为严重的地区。一般造林地越干旱、瘠薄，灌木所占的比例应越大。

(4) 综合混交型

主要树种、伴生树种与灌木的混交。综合混交型兼有上述三种混交林类型的特点。

2) 混交方法

不同树种在造林地上的配置方式称混交方法。在同一块造林地上同时栽培几个树种的情况下，由于各树种间的相对位置不同，种间矛盾出现的时间、矛盾的激烈程度不同。因此，在确定混交方法时，必须保证主要树种的正常生长发育。

(1) 株间混交

在行内隔株栽植两个或两个以上树种称为株间混交(图 8-1)。这种混交方法种间关系十分密切，种间矛盾出现的时间早。如果树种选择不妥当，种间矛盾比较激烈，也不易调节，难以形成相对稳定的混交林。此方法造林施工麻烦，不便于实行机械化作业，一般在实际生产中较少采用。

(2)行间混交

栽植行内树种相同，行间树种不同的一种混交方法(图 8-2)。此种混交方法种间矛盾出现的时间迟一些，也能较充分发挥种间的有利关系，种间矛盾一般在林分郁闭之后才能表现出来。种间矛盾虽不及株间混交激烈，但矛盾也较尖锐。如果树种选择不当或抚育跟不上的情况下，也易失败。所以，在实际生产中也应当慎重。

(3)带状混交

不同树种用 3 行以上组成带，“带”与“带”彼此交替混交的方法，称为带状混交(图 8-3)。这种方法种间矛盾边行出现的时间早，一般在林分郁闭之后即能表现出来，带内稍晚一些。在种间矛盾比较激烈的情况下，易调节矛盾。如伴生树种行数较多的情况下，可以伐边行。

带状混交易形成稳定的混交林，便于造林施工和抚育管理。是林业生产中经常采用的一种混交方法。一般主要树种的带应该宽一些，伴生树种(次要树种)的带窄一些。

(4)块状混交

根据造林地的具体情况，将造林地划成规则或不规则的若干块，在相邻地上栽植不同的树种而形成的混交，称为块状混交(图 8-4)。此种混交方法，种间矛盾出现的时间迟，有利作用出现的时间也迟，规则的块状混交适用于地势平坦或坡面规整的造林地，不规则的块状混交适用于地形复杂，地块破碎的造林地。块状混交林的面积不能太大，如果块的面积太大，则达不到混交目的。块状混交机动灵活，在实际生产中经常采用，特别是在山区开展造林时，在地块破碎或立地条件变化较大的情况下，适宜采用块状混交。选用的造林树种种间矛盾较尖锐时，也宜采用块状混交。

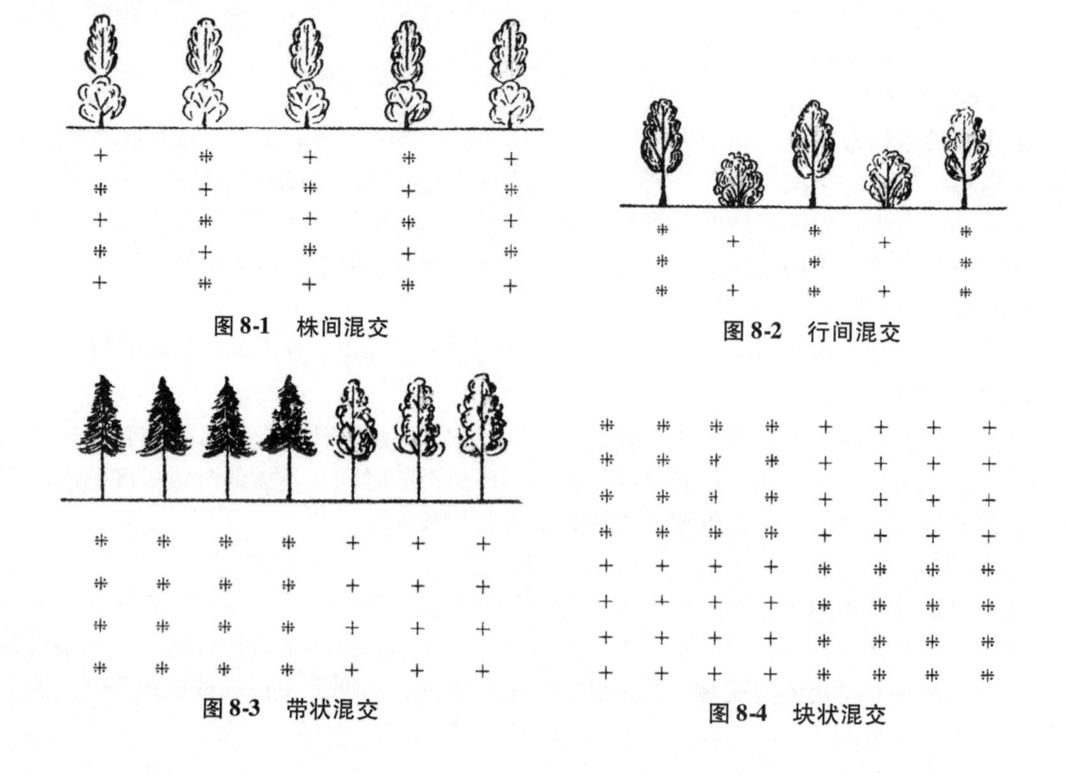

图 8-1 株间混交

图 8-2 行间混交

图 8-3 带状混交

图 8-4 块状混交

3)混交比例

混交林中各树种所占的比例，称为混交比例，一般用百分数表示。在混交林中各树种所占的比例大小，反映着各树种的种间关系如何和直接影响混交效果。

在确定混交比例时，无论是在造林初期还是成林后，都要保证主要树种始终占绝对的优势。主要树种竞争能力强时所占比例可小些，竞争能力弱时所占比例可大些，一般主要树种的混交比例应在50%以上。伴生树种的比例要根据它所起的作用和经济价值而定：单株所起的作用小，而经济价值又大的情况下，所占比例可大些，否则可小些。灌木做伴生树种时，其比例可大些，一般造林地的条件越差，灌木应越多。

此外，通常图式既包括混交图式，又包括纯林图式。在造林设计时一般多用造林图式这一概念。即在造林(纯林，混交林)设计中各项技术措施的图面表达形式，内容包括造林地的立地条件，混交关系，树种组成，混交比例，混交方法及株行距等。

8.1.3.4 混交林的培育

营造和培育混交林的关键，在于正确地处理好不同树种的种间关系，使主要树种尽可能多益、少受害。因此，在整个育林过程中，每项技术措施都应围绕兴利避害这个中心。

培育混交林前，要在慎重选择主要树种的基础上，确定合适的混交方法、混交比例及方式，预防种间不利作用的发生，以确保较长时间地保持有利作用。造林时，可以通过控制造林时间、造林方法、苗木年龄和株行距等措施，调节树种种间关系。为了缩小不同树种生长速度上的差异，可以错开年限，分期造林，或采用不同年龄的苗木等。近年的研究证明，生长速度相差过于悬殊的树种、耐阴性显著不同的树种，采用相隔时间或长或分期造林方法，常常可以收到良好的造林效果。如营造柠檬桉、窿缘桉等喜光速生树种的混交林，可以先期以较稀的密度造林，待其形成林冠能够遮蔽地表时，再在林内栽植红锥、梓树、木荷、椆木等耐阴树种，使这些树种得到适当庇荫，并居于林冠下层，发挥其各方面的混交效益。当两树种种间矛盾过于尖锐而又需要混交时，可引入第三个树种(缓冲树种)，缓解两树种的敌对势态，或推迟其有害作用的出现时间。

在林分生长过程中，不同树种的种间关系更趋复杂，对地上和地下营养空间的争夺也日渐激烈。为了避免或消除此种竞争可能带来的不利影响，更好地发挥种间的有利作用，需要及时采取措施进行人为干涉。一般当次要树种生长速度超过主要树种，由于树高、冠幅过大造成光照不足抑制主要树种生长时，可以采取平茬、修枝、抚育伐等措施进行调节，也可以采用环剥、去顶、断根和化学药剂抑杀等方法加以处理。环剥是削弱混交树种的生长势，或使其立枯死亡的一种技术措施。这一措施不会剧烈地改变林内环境，也不会伤害主要树种。去顶是抑制次要树种的高向生长，促进冠幅增大，更好地发挥辅佐作用的一项技术措施。环剥和去顶可在全年进行。断根是截断次要树种部分根系，抑制其旺盛生长的一项技术措施，一般可在生长季中进行。另一方面，当次要树种与主要树种对土壤养分、水分竞争激烈时，可以采取施肥、灌溉、松土以及间作等措施，不同程度地满足树种的生态要求，推迟种间尖锐矛盾的发生时间，缓和矛盾的激烈程度。但是，上面提到的这些土壤管理措施，由于各种条件的限制，有的不能长期应用，有的难以广泛推行，特别是由于生态因素的不可替代性，一种因素的缺乏不可能依靠其他种因素的过剩弥补，因而，尽管其在调节种间关系上都有一定的作用，却又有很大的局限性。

8.2 造林整地

造林地的整地，又称造林整地，就是在造林之前，清除造林地上的植被、采伐剩余物或火烧剩余物，以翻垦土壤为重要内容的一项生产技术措施。在一般情况下，造林整地对人工林的生长发育具有重要作用，是人工林栽培过程中的主要技术措施之一，但整地所引起水土流失现象要高度重视，要加强整地中环境保护措施。

8.2.1 林地的清理

造林地的清理，是翻耕土壤前，清除造林地上的灌木、杂草等植被，或采伐迹地上的枝丫、伐根、梢头、倒木等剩余物的一道工序。如果造林地植被不很茂密，或迹地上采伐剩余物数量不多，则无须进行清理。清理的主要目的，是为了便于整地、造林等作业和清除森林病虫害的栖息环境。

8.2.1.1 割除法清理

对造林地上幼龄杂木、灌木、杂草等植被，采用人工或机械(割灌机)进行全面、带状或块状方式割除，然后堆积起来任其腐烂或搬出利用的清理方法。

(1)全面清理

适用于杂草茂密，灌木丛生或准备进行全面翻垦的造林地。这种清理方式工作量大，增加造林成本，但便于小株行距栽植及机械割除。

(2)带状清理

适用于疏林地、低价林地、莎草地、陡坡地以及不进行全面翻垦的造林地。带宽一般1~2m，较省工，但带窄时不便于使用机械。我国华北石质荒山常采用带状人工割除，将割除物置于未割除带上任其腐烂。

(3)块状清理

适用于地形破碎不进行全面土壤翻垦造林地。较灵活、省工，常在造林前清理。块状清理的作用虽较小，但因有利于防止水土流失，因此，在生产上应推广使用。

8.2.1.2 火烧法清理

将灌木、杂草砍倒晒干，于无风阴天，清晨或晚间点火烧除的清理方法，多为全面清理。适用于灌木、杂草比较茂密的造林地。

南方山地杂草灌木较多，常采用劈山和炼山的火烧清理方法，即把造林地上的杂草、灌木或残留木等全部砍下(劈山)，除运出利用的小材小料外，余下的晒干点火燃烧(炼山)。

(1)劈山

劈山的季节各地不同，一般以盛夏7~8月间较为适宜。这一时期，杂草灌木生长旺盛，地下部分所积累的养分较少，劈除后可抑制其再生能力；杂草种子尚未成熟，易于消灭；此时阳光强烈，杂草灌木砍倒后易于干燥。

(2)炼山

一般在劈山后1个月左右，杂草灌木适当干燥后进行。炼山之前应将周围的杂草灌木适当向中间堆积，打出 8～10m 的防火线，并选择无风阴天，从山的上坡点火，群众称为“烧坐火”，周围必须有人看管，严防走火成灾。

据研究，炼山清理杉木林迹地具有短期施肥效应，经雨季冲刷，林地肥力急剧下降，至杉木幼林郁闭，林地肥力趋于稳定。杉木不炼山林地，采伐剩余物的覆盖，避免了炼山造成的严重水土流失，经采伐剩余物分解，林地养分得到富集，肥力得到维持。同一林地上，周期性炼山是导致杉木连栽地力衰退的重要原因。因此，应严格控制炼山清理。

以往关于火烧清理的利弊争论主要体现在火烧后土壤肥力，土壤物理性质及水土保持方面。目前对火烧清理的负作用有更深入的研究，如火烧清理法可能不利于保持物种的多样性包括土壤微生物的类群、数量等。在生产实际中，人们使用火烧清理法，主要在于它具有简单易行，费用较低的优点。因此，就目前的经济技术条件而言，火烧清理看来很难完全摒弃不用，重要的在于如何合理控制其使用范围和条件，避免大面积炼山。

8.2.1.3　化学药剂清理

采用化学药剂杀除杂草、灌木的清理方法。这是近年来发展起来的高效、快速的新方法。化学药剂清理灭草效果好，有时可达 100%，而且投资少，不易造成水土流失，如林地清理常用的化学除草剂有 2，4-D、五氯酯钠、西玛津及氨基硫酸钠、亚硝酸钠、氯酸钠等，但在干旱地区药液配制用水困难，有的药剂可能会造成环境的污染，对生物的毒害作用，目前我国应用不多。

8.2.2　造林地整地的方法质量要求

造林地的整地指的是造林前翻耕林地土壤的工序。其的是为了改善造林地环境条件，提高造林成活率，促进幼林生长，因此，正确、细致、适时地进行整地，是实现人工林速生丰产的基本措施之一。

8.2.2.1　整地方法

造林整地和农耕地整地不同。首先，造林地种类多种多样，地域广，面积大，自然条件复杂，立地类型不一。这就决定了整地任务的艰巨性和方法的多样性。由于经济条件的限制，通常只能进行局部整地。其次，林木生长周期长，一般是培育一代只整地一次，这就要求整地的质量要高，作用的时间要长，效果要好。

(1)全面整地

全面翻垦造林地土壤，主要适用于平原，无风蚀的沙荒地和坡度 15°以下、水土流失轻微的缓坡地，以及林农间作或用来营造速生丰产林的造林地。翻垦深度一般在 25cm 以上。全面整地幼林生长的效果好，但全面整地用工较多，成本高，有条件的地方可使用机械进行全面整地。但山地造林，全面整地易造成水土流失，因此不提倡全面整地。

(2)带状整地

带状整地是呈长条状隔带翻垦造林地的土壤，在整地带之间保留一定宽度的不垦带。此法改善立地条件的作用较好，有利于水土保持，便于机械化作业，带状整地适用于平原地区水分较好的荒地，风蚀危害较轻的沙地，坡度平缓或坡度虽大，但坡面平整的山地，以及伐根数量不多的采伐迹地和林中空地等。一般带状整地不改变小地形，如平地的带状整地(图 8-5)及山地的环山水平带整地(图 8-6)。为了更好地保水保肥。促进林木生长，在整地时也可改变局部地形，如平地可采用犁沟整地(图 8-7)、高垄整地(图 8-8)。山地则可采用水平阶、水平沟、反坡梯田、撩壕等整地方法(图 8-9 至 8-18)。

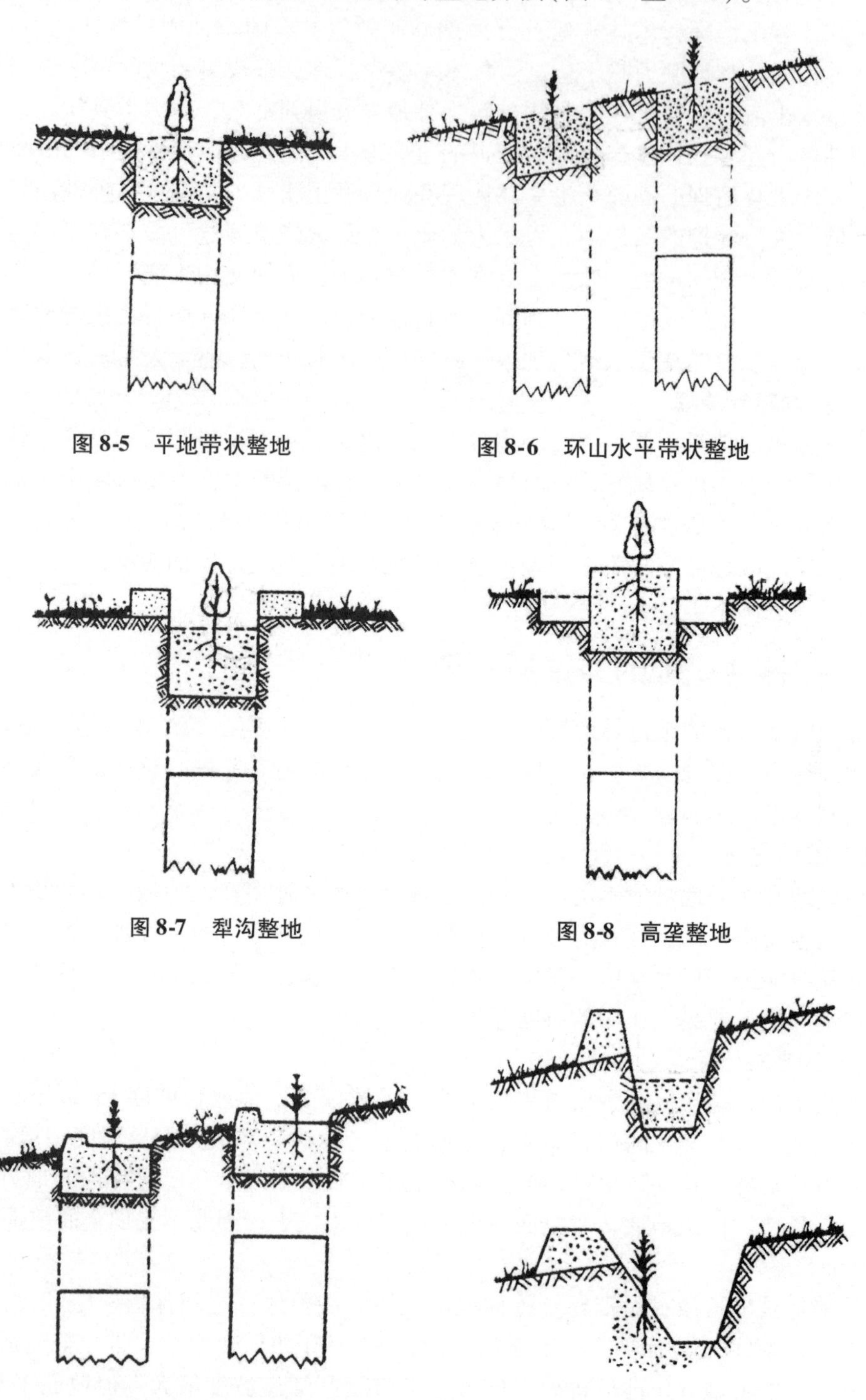

图 8-5　平地带状整地

图 8-6　环山水平带状整地

图 8-7　犁沟整地

图 8-8　高垄整地

图 8-9　水平阶整地

图 8-10　水平沟整地

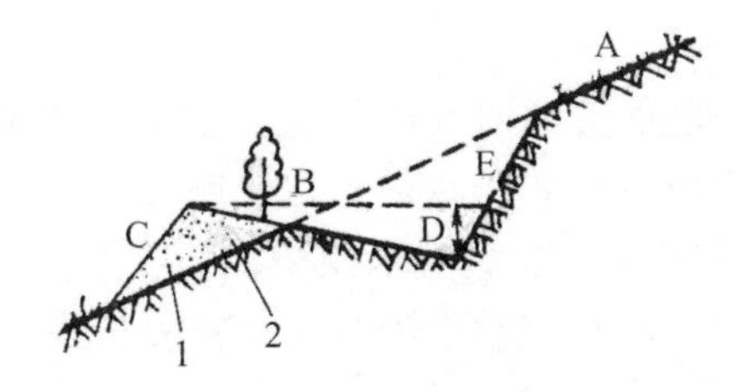

图 8-11　反坡梯田整地

A. 自然坡面　B. 田面宽　C. 埂外坡　D. 沟深　E. 内侧坡

1. 心土；2. 表土

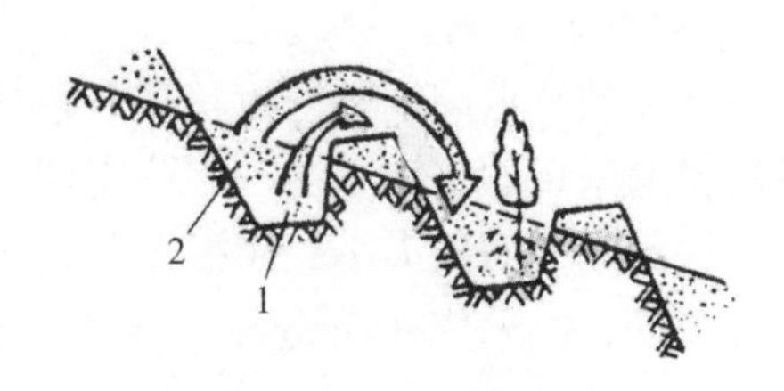

图 8-12　撩壕整地

1. 心土；2. 表土

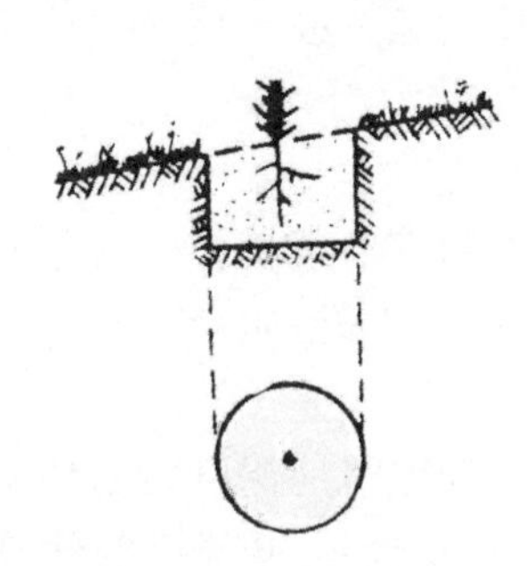

图 8-13　穴状整地

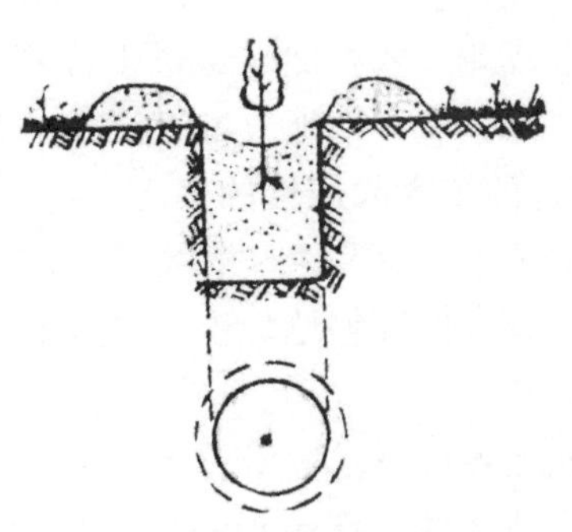

图 8-14　坑状整地

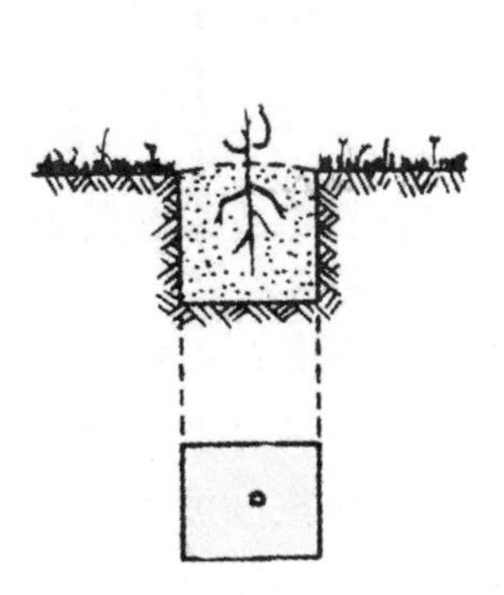

图 8-15　平地块状整地

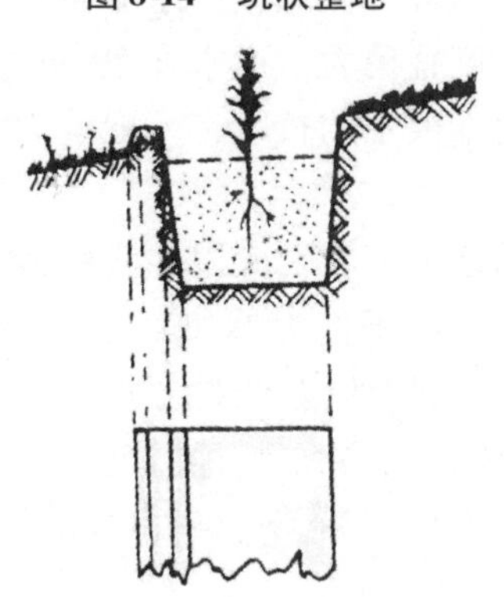

图 8-16　山地块状整地

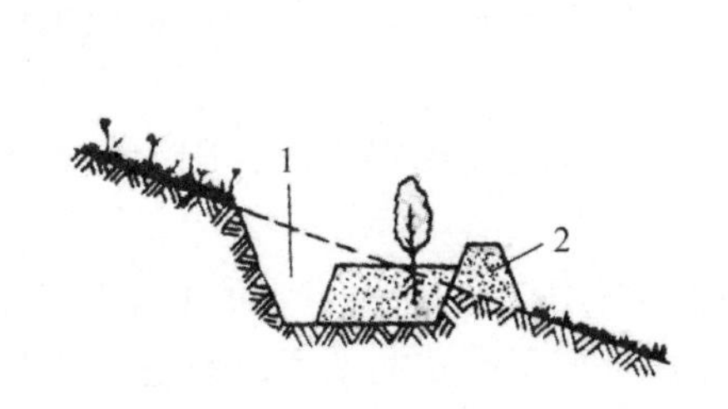

图 8-17　鱼鳞坑整地

1. 蓄水沟；2. 土埂；3. 引水

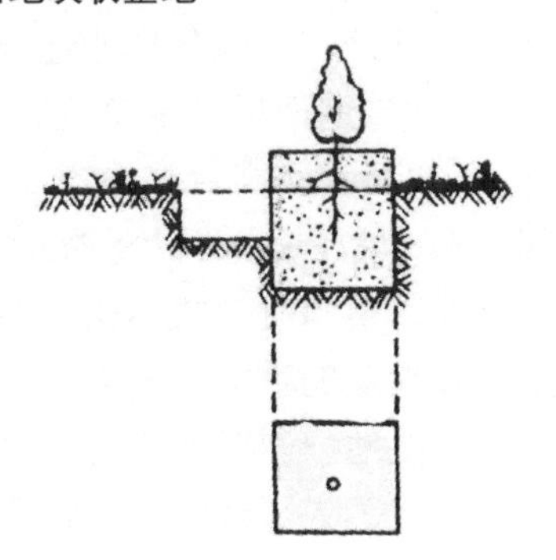

图 8-18　高台整地

(3)块状整地

即在栽植点周围进行块状翻垦造林地土壤。它不受地形条件限制，省工，成本低，是目前普遍采用的整地方法，广泛应用于山区，丘陵或平原、沙荒、沼泽地等。

块状整地面积大小，应根据立地条件和树种特性，以及苗木规格而定：植被稀疏、土质地疏松，并采用小苗造林，整地规格可小些；反之，宜稍大些。一般边长或穴径都在0.3～0.5m。

块状整地通常在山地有穴状、鱼鳞坑等整地方法；在平原有坑状、高台等整地方法，如图8-9至图8-18所示。

此外，在土层浅薄，岩石裸露，过于贫瘠的石质山地，或土壤较差的平地或山地，可采用客土整地的方法，从其他地方取肥土堆入种植穴内。

8.2.2.2 造林整地的技术和规格的确定

为了保证整地效果，有利于幼林生长，除了因地制宜地选择整地方法外，还要强调整地的质量要求，尤其应保证整地深度、宽度和断面形式的规格质量。

(1)整地深度

整地深度是整地各种技术中最重要的一个指标。确定整地深度时，应考虑地区的气候特点，造林地的立地条件，林木根系分布的特点，以及经济和经营条件等方面。一般来说，在干旱地区、阳坡、低海拔、水肥条件差的地方；深根性树种或速生丰产林，经营强度较大时，整地深度宜稍大，通常在50cm左右。相反，可适当小些。但整地深度的下限，应超过造林常用苗木根系的长度，一般为20～30cm。

(2)破土宽度

局部整地时的破土宽度，应以在自然条件允许和经济条件可能的前提下，力争最大限度地改善造林地的立地条件为原则。具体应根据发生水土流失的可能性，灾害性气候条件，地形条件，植被状况以及树种要求的营养面积和经济条件等综合考虑。在风沙地区和山区，容易发生风蚀和水蚀，整地宽度不宜过大，但还应综合考虑其他条件，如山区坡度不大，杂灌木高大茂密，在经营条件可能的情况下，破土宽度可较大。

(3)断面形式

断面形式是指破土面与原地面(或坡面)所构成的断面形式。一般多与造林地区的气候特点和造林地的立地条件相适应。在干旱地区，破土面可低于原地面(如水平沟、坑状整地等)，并与地面成一定角度，以构成一定的积水容积。在水分过多地区，破土面可高于原地面(如高垄、高台整地等)。介于干旱和过湿类型之间的造林地，破土的断面也应采用中间类型(如穴状、带状等整地)的形式。

此外，整地时应捡尽松土范围内的石块、草根，地埂或横埂要修得牢固，肥沃的表土要集中在预定的种植点附近等。

造林整地(包括清理)是一项相当繁重的工作，整地的费用在造林总开支所占的比重也很大。因此，为了减轻劳动强度，降低造林成本和提高劳动生产率，需要不断地进行整地工具的改革，逐步实现机械作业，如我国北方使用较多清理机械，如DG2型、DG3型割灌机及FBG－13型软油割灌机；整地机械主要有：ZB－3型穴状整地机、ZW－5型和FW－5型挖坑机等。造林设备如移植桶、北美机械植苗钻等，但在山地采用机械整地的经

验还不多，有待于进一步研究发展

8.2.2.3　造林整地的季节

整地的时间是保证发挥整地效果的重要环节，尤其在干旱地区更为重要，一般来说，除冬季土壤封冻期外，春、夏、秋三季均可整地，但以伏天为好，既有利于消灭杂草，又有利于蓄水保墒。从整个造林过程来看，一般应做到提前整地，这样有利于土壤充分熟化，杂草灌木根系得到充分腐烂，增加土壤有机质，改善土壤结构，调节土壤水分状况，发挥较大的蓄水保墒作用，提高造林成活率。同时也便于安排劳力，及时造林，不误林时。提前整地，最好是在整地和造林之间有一个较多的降水季节，如准备秋季造林，可在雨季前整地；准备春季造林，可在头年雨季以前或至少也要在秋季整地。因此，提前整地一般是提前1~2个季节，但最多不超过一年，在实际工作中，进行群众性造林时，整地时间最好与农忙错开。

有风蚀的沙荒地，过早整地易遭风蚀，所以应随整随造，一些新的采伐迹地，土壤疏松湿润，只要安排得好，也可以随整随栽。

8.2.2.4　造林整地中的环境保护措施

(1)造林整地中的环保问题

传统的造林普遍采用集约的整地方式，适当的整地能改善幼林生长环境，提高造林成活率，促进幼林生长。但由于整地铲除植被且松动了土壤，引起了林地水土流失、地力下降等生态环保问题。

①整地是导致人工林生态系统严重水土流失的重要因子。不合理整地方式常导致幼林地发生较为严重的水土流失。如杉木幼林地，据张先仪报道，泥质页岩发育的红壤全垦整地径流量3~4t·hm^{-2}·a^{-1}，遇大暴雨之年可达6t·hm^{-2}·a^{-1}，不同整地方式水土流失量大小顺序为全垦>撩壕>水平带垦>穴垦。另据马祥庆报道，砂岩发育的红壤全垦整地当年土壤侵蚀量达24.49t·hm^{-2}，分别是带垦和穴垦的1.23倍和1.61倍。江西林业科学研究所在页岩发育的山地红壤上试验结果表明：整地后3年土壤侵蚀量带垦、穴垦和全垦分别是对照的(炼山后未整地)3.45倍、3.92倍、4.28倍。

②不同整地方式对人工林生态系统土壤肥力有一定影响。随整地规格加大，林地表层土壤<0.001mm黏粒及水稳性团聚体下降，>0.01mm物理性砂粒增加，表层土壤养分含量下降，整地对林地肥力的影响主要集中在表层，其主要是由不同整地方式林地水土流失差异引起的。如福建尤溪杉木人工林，在砂岩母质的林地上整地对杉木幼林生长有一定影响。虽然不同整地方式林地水土流失表现为全垦>带垦>穴垦，但5年生杉木幼林生长表现为：全垦>带垦>穴垦，整地对杉木生长的影响主要表现在造林后前4年，随后不同整地方式杉木树高及胸径连年生长量差异逐渐缩小，整地对杉木生长的影响在减小。

(2)造林整地中的环境保护措施

自然状态下的森林覆盖着陆地已经几亿年，而没有任何明显的自然衰退现象，保持这种持久生产力的关键是在没有采伐或大的干扰情况下，使所有成熟林最后维持着近似的动态平衡。大量研究表明，皆伐、整地对生态系统营养元素迁移、土壤物理性质与速效性养分供应、土壤微生物和生化活性等多方面产生的负面影响是显著的，土壤肥力随之明显下降，因此以降低林地干扰强度为核心，保持林地可持续利用，必须改革传统整地措施。

①尽量采用不炼山方法营造林木，而把剩余物散铺或带状堆腐，从而达到保蓄养分，增加幼林地地表覆盖度，提高土壤湿度，保持水土的目的。如杨玉盛研究指出：马尾松采伐迹地上将采伐剩余物进行带状堆腐，穴状整地营造杉木林，其水土流失量在 $0.3t \cdot hm^{-2}$ 以下，而炼山的则高达 $24.8t \cdot hm^{-2}$。

②尽量避免采用规格较高的整地方式(如全垦等)，宜用小穴整地。一方面小穴整地较经济，亦可满足幼树根系生长，另一方面可减少采伐迹地的破土面积，维持土壤的抗蚀性，并能较大幅度降低土壤侵蚀中推移质的数量。据报道，花岗岩发育的红壤，全垦整地的土壤侵蚀量分别是带垦和穴垦的 1.23 倍和 1.61 倍。特别是在坡度较大的地区，极易产生水土流失的迹地，采用不炼山、不整地，人工促进天然更新能大大减少林地水土流失。

③应提倡稀植(初植密度应低)制度，特别是当前小径材销路有限，间伐材生产成本较高时更应如此。这样，可避免因种种原因不能及时间伐，避免林木幼林因密度过大导致其对地上和地下营养空间争夺，从而缩短林木的速生期持续时间及降低其生长量；同时亦可降低因间伐而增加养分净输出；与此同时，稀植对促进林下植被生长作用是明显的，从而有益于林木结构多样性的形成。

④幼林抚育要做到在遵循生态学基础上促进幼林生长，并保证林分及时郁闭目标。尽量采用不全面除草松土或扩穴连带，而只在林木种植穴周围除去对林木生长有负面影响的杂草、灌木，对林木生长无不利影响的杂灌应尽量予以保留，以增加幼林地盖度和生态系统多样性，达到减少水土流失，增加景观异质性；若幼林地杂草过于繁茂，则应选择适当的除草剂，及时抑制杂灌草对林木幼树生长的不利影响。

8.3 造林方法

种植技术的好坏，同幼树的成活和生长关系很大。在造林的时候，要正确掌握种植技术，切实保证造林质量。现将造林方法介绍如下。

8.3.1 植苗造林

8.3.1.1 植苗造林的特点和应用条件

植苗造林也称植树造林或栽植造林。即用苗木栽植在造林地上，使其生长成林的方法。其优点是苗木具有完整的根系，生理机能旺盛，栽植以后容易恢复生长，对不良环境条件有较强的抵抗力，生产较稳定，幼林郁闭早，可缩短抚育年限。另外，所使用的苗木经过苗圃培育，便于集约管理，节省种子。但植苗造林工序较复杂，费用较大，特别是带土大苗栽植。

植苗造林工作几乎不受树种和立地条件限制，是一种应用最普遍，效果较好的造林方法。尤其在干旱、水土流失或杂草繁茂、冻害和鸟兽害比较严重的地方，植苗造林都是一种比较安全可靠的造林方法。

8.3.1.2 植苗造林的技术要点

1) 苗木的准备

(1) 苗木种类

植苗造林使用的苗木，有播种苗、营养繁殖苗和移植苗等。但常因营造的林种不同，使用苗木种类也有所不同。如营造用材林，3 种苗木都可使用，而山地造林多用播种苗或移植苗。营造防护林和四旁绿化多用移植大苗。近年来广泛使用容器苗造林，对提高造林成活率有显著的效果。

(2) 苗木标准

苗木标准包括苗木年龄和苗木品质等几个方面。苗龄大小关系到苗木的适应性和抗逆性，植苗造林所用苗龄的大小，取决于树种的生物学特性、造林地立地条件和苗木生长情况等。山地大面积造林一般多采用 1～2 年生小苗，因小苗的育苗、起苗、运苗、栽植都比较省工，在起苗过程中根系损伤也少，栽植过程中容易做到根系舒展，苗木地上和地下部分的水分易于平衡，因此，造林成活率高，生长也比较好。但小苗对杂草及干旱的抵抗力较弱，栽后需加强抚育保护工作。对那些生长缓慢的针叶树苗或在立地条件差的地区造林，用较大的苗木比较适宜。四旁植树和营造风景林、经济林时，为了在短期内见到成效，也多用大苗。

苗木品质是使用良种培育的符合标准的壮苗。这是保证造林成活、成林、成材的基础。用来造林的苗木，除应具有优良的遗传品质外，还必须是优质的标准壮苗。造林树种不同，其壮苗标准也不一样，各地应根据国家颁布的《主要造林树种苗木质量分级》(GB 6000—1999)标准参照执行。

(3) 苗木的保护和处理

植苗造林成活与否的关键在于苗木体内的水份平衡。如果苗木失水过多，生理机能就会受到破坏，栽植后就不易成活。因此，必须从起苗到栽植的过程中保护好苗木，尤其是要把苗木的根系保护好，不让它受损伤和干燥。这就要求尽量缩短从起苗到栽植的时间，使起苗与造林紧密衔接。最好是随起随栽，当天起当天栽。在苗木的运输过程中，要保持苗根湿润，不受风吹日晒。运到造林地后，要及时栽植或假植。如果假植时土壤干燥，要适量喷水。从假植沟中取出的苗木，应放到有湿润草的盛苗器中，并加覆盖，及时栽植。

同时，应在栽植前对不同树种的苗木地上部分可采取截干、修枝、剪叶等方法处理；地下部分可采用修根、浸水、蘸泥浆等方法处理。还可采用一定浓度的食盐水、草木灰水、尿素、磷肥等浆根，对成活生长具有一定的效果。

2) 造林季节

造林是季节性很强的一项工作，造林季节适宜，有利于苗木恢复生长，提高造林成活率。最合适的栽植季节，应该是种苗具有较强的发芽生根能力，而且易于保持苗木体内水分平衡的时期，即苗木地上部分生长缓慢或处于休眠期，苗木茎叶的水分蒸腾量最少，根的再生能力最强的时候。同时，外界环境应是无霜冻、气温低、湿度大，适合苗木生根所需要的温度和湿度条件。此外，还要考虑鸟、兽、病、虫危害的规律及劳力情况等因素。我国地跨寒、温、热三个地带，各个地区地形、地势不同，小气候千差万别，再加上造林树种繁多，特性各异，因此，在确定造林季节时，必须因地因树制宜。从全国来看，一年四季都有适宜的树种用于造林。

春季是我国多数地区的主要造林季节。这时，气温回升，土温增高，土壤湿润，有利于苗木生根发芽，造林成活率高，幼林生长期长。春季造林宜早，一般来说，南方冬季土壤不冻的地方，立春后就可以开始造林；北方只要土壤化冻后就应开始造林(即顶浆造林)。早春，苗木地上部分还未生长，而根系已开始活动，所以早栽的苗木早扎根后发芽，蒸腾小易成活。但早春时间短，为抓紧时机，可按先栽萌动早的树种，如松、柏、杨、柳等，后栽萌动迟的树种，如杉木、榆、槐、栎等；先低山，后高山；先阳坡，后阴坡；先轻壤土，后重壤土的顺序安排造林。

在冬春干燥多风，雨雪少，而夏季雨量比较集中的地区(如华北、西南和华南沿海等地)，可进行雨季造林。雨季造林天气炎热多变，时间较短，造林时机难以掌握，过早过迟或栽后连续晴天，苗木都难以成活，因此，雨季应在连续阴雨天，或透雨后的阴天进行。雨季造林的树种以常绿树种及萌芽力强的树种为主，如樟树、相思树、桉树、木麻黄、柳树、油松、侧柏等。造林宜用小苗，阔叶树可适当剪叶修枝或带土栽植。尽量做到就地取苗，就地造林，妥善保护苗木，不会枯萎。近些年，随着容器苗造林的发展，应用百日苗、半年生苗或1年半生针叶树容器苗雨季造林，已取得成功的经验。

秋季气温逐渐下降，土壤水分状态较稳定。当苗木落叶或处在生理活动低，地上部分蒸腾大大减少，而在一定时期内，根系尚有一定活动能力，栽后容易恢复生机，来春苗木生根早，有利于抗旱。因此，在春季比较干旱，秋季土壤湿润，气候温暖，鼠兽等动物危害较轻的地区，可以秋季栽植。但秋植不可过早或过迟，过早树叶未落，蒸腾作用大，易使苗木干枯；过迟则土壤冻结，不但栽植困难，而且根系未能完成恢复生根过程，对栽植成活不利。在秋冬雨雪少或有强风吹袭的地区，秋季栽植萌蘖力强的阔叶树种多采用截干栽植，能提高成活率。

在冬季土壤冻结或结冻期很短，因天气不分寒冷干燥的南方地区，可在冬季进行植苗造林，它实际上是春季造林的提前或秋季造林的延续。因此，湿润的地方，除冬季存在严寒和土壤干燥时期应停止造林，一般从秋末到早春期间均可栽植。冬季造林，北方以落叶阔叶树为主，南方林区适合冬季造林的树种很多，有些地方也可以栽竹。

造林季节确定后，还要选择合适的天气。一般多选择雨前、雨后、毛毛雨天、阴雨天进行植苗造林，避免在刮西北大风、南风天气造林。因这种天气，气候干燥，蒸腾量大，造林成活率低。就晴天来讲，应尽量避免在阳光强烈、气温高的中午造林。

3)栽植方法

植苗造林可分为裸根苗栽植和带土苗栽植两大类。大面积栽植主要采用裸根苗。

(1)裸根苗栽植

即苗木根部不带土的栽植方法。目前，除部分平原地区、草原和沙地采用机械化植苗外，大部分地区多用手工栽植。手工栽植常用的方法有：穴植法、靠壁植和缝植等方法。

①穴植法　即在经过整地的造林地上挖穴栽植。它是生产上应用最普通的一种方法。常用于栽植侧根发达的苗木。栽植前，应认真挖好栽植穴，表土和心土分别放置。栽植时根系放入穴中，使苗根舒展，苗茎挺直，然后填入肥沃表土、细土，当填到穴的2/3时，将苗木稍向上轻提一下，使苗根伸直，防止窝根和栽植过深。然后踩紧，再将余土填满，

再踩实。最后覆盖松土，以减少水分蒸发。这个过程叫"三埋二踩一提苗"。同时，栽时要注意栽植深度适当，不能太深或过浅，一般适宜的深度应比苗木在苗圃地时的根颈处深2～3cm，具体栽植深度因树种、苗木大小、造林季节、土壤质地而异。穴植法栽苗成活的技术关键是：穴大根舒、深浅适当、根土密接。

②靠壁栽植　又称小坑靠边栽植，类似穴植法。但穴的一壁要垂直，栽植时使苗根紧贴垂直，从另一侧填土培根踩实。栽植工序如穴植。此法省工并可使部分苗根与未被破坏毛细管作用的土壤密接，能及时供应苗木所需水分，有利苗木成活，所以常用于较干旱地区，针叶树小苗的栽植。

(2)缝植法

指在植苗点上开缝栽植苗木的方法。栽植时先用锄头(镐)或植苗锹开一缝穴，并前后推挖，缝穴深度略比苗根长，随手将苗木根系放入窄缝中使苗根和土壤紧贴，防止上紧下松和根系弯曲损伤。缝植法栽植效率高，如按操作技术认真栽植，可保证质量。但缝植法只适用于疏松的沙质土和栽植侧根不多的直根系树种的小苗。

(3)带土苗的栽植

指起苗时根系带土，将苗木连土团(球)栽植在造林地上的方法。由于根系有土团包裹，能保持原来分布状态，不受损伤，且栽植后根系不易变形，容易恢复吸水吸肥等生理机能，所以，苗木成活率高，成林快，能尽快地达到绿化目的。但此法起运苗木困难，栽植费工，大面积造林不宜采用。带土苗栽植常用于容器苗造林，城市绿化，四旁植树或珍贵树种大苗栽植。

容器苗造林具有栽植技术简便，不受造林季节限制，能延长造林期限，便于调配劳力，造林成活率高等优点。采用容器苗造林，从起苗到栽植整个过程中都要认真细致，保持营养土的完整。凡苗根不易穿透的容器(如塑料容器)，应予以撤除。栽植时，应注意将容器苗周围的覆土分层压实，而不损坏原带土团，覆土厚度一般应盖过容器2cm左右，并在苗木根兜周围盖草，减少土壤水分蒸发。

以上介绍的各种植苗造林方法，都限于手工操作。而在宜林地集中，面积广大，地形平坦的地区，如中国东北、西部一些地方，目前已采用机械造林，使开沟、植苗、培土、镇压连续进行，大幅度提高工效，减轻了栽苗工作繁重的体力劳动，降低成本。目前，平地机械化植苗造林已取得成功经验，山地的植苗造林机械问题，尚有待研究发展。

8.3.2　播种造林

播种造林也称直播造林，是将种子直接播于造林地上，使其发芽生长成林的一种造林方法。

8.3.2.1　播种造林的特点及应用条件

播种造林不经过育苗，省去了栽植工序，是造林方法中操作简便，费用低，节约劳力，易于机械化的一种方法。同时，直播造林与天然下种相似，植株能形成完整而发育均衡的根系，比移植苗自然。幼树从出苗之初就适应造林地的环境，生长良好，能提高林分质量。但直播造林耗种量大、成活率低、成林慢，特别在造林地差、动物危害严重的地方，直播造林难于成功。因此，生产上不如植苗造林应用广泛。

播种造林的应用条件，一是气候条件好，土壤比较湿润疏松，杂草较少，鸟兽危害较轻或植苗造林和分殖造林困难的地方来用；二是播种造林树种应是种源丰富，发芽力强的松类、紫穗槐、柠条、花棒、梭梭等，以及大粒种子，如栎类、核桃、油桐、油茶等。此外，移植难成活的树种，如樟树、楠木、文冠果等，也可采用播种造林。对于边远地区，人烟稀少地区播种造林更为适宜。

8.3.2.2 人工播种造林

1)播种季节

(1)春播

春季气温、地温、土壤水分等条件都适于播种造林，特别是松类等小粒种子。春播也宜早不宜迟，早播发芽率高，幼苗耐旱力强，生长旺盛。但有晚霜危害的地区，春播不宜过早，应使幼苗在晚霜过后出土。

(2)秋播

秋季气温逐渐下降。土壤水分较稳定，适于大粒种子播种，如核桃、油桐、油茶等秋播不需贮藏种子，种子在地下越冬，不具有催芽作用，翌年发芽早，出苗齐。但要注意不宜过早栽种，防止当年发芽越冬遭冻害。此外，要防鸟类和鼠类危害。

(3)雨季播种

在春旱较严重的地区，可利用雨季播种。此时气温高，湿度大，播种后发芽出土快，只要掌握好雨情，及时播种，也容易成功。通常较稳妥的办法是用未经催芽的种子，在雨季到来前播种，遇雨则发芽出土。雨季播种还应考虑到幼苗在早霜到来以前就能充分木质化。

某些适宜秋播的树种也可在立冬前后(11 月上旬)进行播种造林。

2)播种造林方法

播种造林方法有：穴播、缝播、条播和撒播等。

(1)种子处理

播种前种子处理包括：精选消毒，浸种和催芽。处理方法与育苗时种子处理相同。

在病、虫、鸟、兽危害严重的地区，为了防治立枯病，常用敌克松(用药量为种子量0.5%~1.0%)，福尔马林浸种(40%水溶液按1:300稀释)，浸种15~30min，闷种2h；用西维因(50%可湿性粉剂300~500倍液喷雾)杀金龟子、步行虫等；涂铅丹防鸟兽；用磷化锌、敌鼠钠盐防鼠害等。

(2)播种方法

①穴播　在经过整地的造林地上，按设计的株距挖穴播种，施工简单，是人工播种造林中应用最多的一种。一般穴径33cm×33cm，深25cm左右，穴内石块草根要拣净，挖出的土要打碎填回穴内。先填入上层湿润肥沃的土壤，播大粒种子填到距地面7cm左右；播小粒种子填到与地面平，整平踩实后播种。小粒种子可适当集中，以利幼苗出土。大粒种子可分散点播，并宜横放，有利生根发芽出土。播种量，大粒种子每穴2~5粒；中粒种子每穴5~8粒；小粒种子每穴10~20粒。覆土后用脚轻轻踩实。

②缝播　又称偷播。在鸟兽危害严重，植被覆盖度不太大的山坡上，选择灌丛附近或有草丛，石块掩护的地方，用镰刀开缝，播入适量种子，将缝隙踩实，地面不留痕迹。这

样可避免种子被鸟兽发现，又可借助灌丛、高草庇护幼苗，具有一定的实践意义。但不便于大面积应用。

③条播　在经过带状地或全面整地的造林地上，按一定的行距开沟播种。一般行距1～2m，在播种沟内连续行状播种，或断续行状穴播。多用于采伐迹地更新及次生林改造(引进针叶树种)，也可用在水土保持地区或沙区播种灌木树种。但常因受地形限制，一般应用不多。

④撒播　是在造林地上均匀地撒播种子的造林方法。可用于地广人稀。交通不便的大面积荒山荒地(包括沙荒、沙漠)及皆伐迹地。此法由于播种前一般不整地，是一种最简单较粗放的造林方法。常用于播种针叶树种和灌木树种。

(3)覆土

覆土的目的在于蓄水保墒，为种子的发芽出土创造条件，同时还可以保护种子，避免遭鸟兽危害。因此，覆土是影响播种造林成败的重要因素之一。覆土厚度可根据种子大小，播种季节和造林自然条件来确定。一般大粒种子覆土厚5～8cm，中粒种子2～5cm，小粒种子1～2cm。注意秋播覆土宜厚，春播宜薄；土壤黏重、湿度较大的情况下宜薄，沙质土覆盖时可适当加厚。

8.3.2.3　飞机播种造林

飞机播种造林，简称为飞播造林或飞播，是利用飞机把林木种子直接播种在造林地上的造林方法。飞播造林具有活动范围大、造林速度快、投资少、成本低、节省劳力、造林效果好、不受地形限制等优点。60多年以来，中国的飞机播种造林从无到有，从小面积试验成功到大面积推广和持续发展，取得了举世瞩目的成绩，对于优化和改善我国的生态环境、推动和促进农村经济发展、加速林业建设、调整农村产业结构都起到了积极推动的作用。飞机播种随着技术难点的突破和先进技术成果的推广，适用范围不断扩大，优越性越来越显示出来，特别是在人力难及的高山、远山和广袤的沙区植树种草，进行生态环境建设中肩负着特殊的使命和责任，有着不可替代的作用。

1)飞机播种造林的特点

与人工造林相比，飞机播种造林有下列特点：

(1)速度快，效率高

根据测定，一架运F－12飞机一个飞行日可播种1333～2667hm^2，分别相当于2000～5000个劳动日的造林面积。随着飞机播种造林技术的日益成熟，在营造林生产中的比重逐步加大，飞机播种造林的造林速度会进一步加快。

(2)投入少，成本低

据统计，目前我国飞机播种造林的直接成本为每公顷125元，加上后期管护费平均每公顷150～300元，仅为人工造林的1/5～1/4。在国家财力有限，林业生态工程建设投入总体上不足，而造林任务又非常繁重的实际情况下，节约造林成本是根本措施。

(3)不受地形限制，能深入人力难及的地区造林

我国地域辽阔，地形复杂，丘陵、山地和高原占国土面积的69%，沙区面积占15.9%，这些地区是生态环境建设的重要地区，也是造林难度较大的地区。目前全国宜林地比较集中地分布在大江大河的中上游，人迹罕至的高山远山和沙地，仅三北地区就有

$425\times10^4hm^2$适宜飞播的造林地，其中沙区面积$258\times10^4hm^2$。这些地区交通不便，人口稀少，经济贫困，是飞机播种造林的广阔天地。

(4)掌握好播种季节和播种时机

飞机播种造林有很强的季节性。播种过早，种子因水热条件不够而不能萌发，易受鸟鼠危害，造成种子的大量损失，影响后期成苗；播种太晚，苗木生长期短，难以度过伏旱和冬寒；适当的播种季节，种子能得到适宜的水热条件，迅速发芽出苗，在地表的滞留时间短，鸟鼠危害轻，保证苗木有较长的生长过程，增强了幼苗对干旱、日灼和低温的抵抗能力。一般情况下，飞播在雨季到来之前完成。

飞机播种造林是飞机按照造林设计把种子撒播在造林地的作业，影响飞机起飞的主要气象因子是能见度、云量和云高、风向和风速、气温等。当这些因子达到起飞的最低条件后才能播种造林。全球卫星导航系统(GPS)成功地应用于飞播造林，使天气对飞播的影响程度降到最低。

(5)社会参与性强

飞机播种造林是一项多部门参与、多学科配合的造林系统工程。需要林业、民航、空军、气象、电信、交通等部门的协调配合，森林培育、病虫鼠害防治、通信、气象、遥感等学科的交叉渗透才能完成。在播种后的数年连续出苗，10年乃至更长时间的管护工作，需要社会有关部门和群众的参与与配合。

2)飞机播种造林技术

(1)规划设计

规划设计是搞好飞机播种造林的前提。规划设计要严格按照飞机播种造林的技术规程进行。

①总体设计　首先是确定播种地区。我国各地自然条件的差异很大，如果按照各地的水分条件划分，可以分为干旱、半干旱、半湿润、湿润地区。为了获得良好的飞播效果，飞播应主要在中国东南部降水量500mm以上的湿润、半湿润地区进行。其次是在综合农业区划、林业区划和造林绿化规划的基础上，以县为单位编制出飞播造林(种草)规划。其内容主要包括播区名称、位置、面积、树(草)种、投资概算等。第三，调查播区的地形地貌、海拔、土壤、植被、气温、水分、光照等自然条件，对于飞播造林的适宜性；调查播区附近是否有符合飞播使用机型要求的机场，如果航程过远，可根据需要报请省(自治区、直辖市)林业、航空主管部门批准，修建临时机场。

②作业设计　播区选择和调查：要求播区的自然条件适合飞机播种造林，适合飞播所选择树种的生长。播区的荒山荒地要集中连片，一个播区至少应有一个架次飞播的面积，宜播面积应占播区面积的70%以上。播区的地形比较一致，便于飞行作业。

采取路线调查和标准地调查相结合的方法，调查播区的植被条件、土壤条件、气象因子和社会经济条件。

飞机机型与机场选择：根据播区地形地势和机场条件，选择适宜的机型；根据播区布局和种子、油料运输等，就近选择机场。

航向、航高和播幅设计：一般航向应尽可能与播区主山梁平行，沙区与沙丘脊垂直，并与作业季节的主风方向相一致；航高与播幅根据树(草)种特性、选用机型、播区地形条件确定，一般每条播幅的两侧要各有15%左右的重复，地形复杂和方向多变的地区要重复20%。

(2)作业技术

主要包括树(草)种选择、植被处理和整地等。

①树(草)种选择　根据造林目的，坚持适地适树的原则，并综合考虑树种供应条件等。

②植被处理　一般植被不进行处理；对草类盖度在0.7以上，灌木盖度0.5以上的地块，应进行植被处理设计；水土流失和植被稀少地区应提前封山育林。植被处理可以用炼山、人工割灌或先割灌后炼山等方法进行。

③整地　在干旱少雨地区和干湿季节明显地区，根据社会、经济条件，可采取全面或部分粗放整地。

④播种　首先要严把种子质量关，坚持使用国家规定等级内的良种、好种，建立严格的种子检查、检验制度，种子检验由国家认可的种子检验单位进行。

飞播用的种子需提前进行药剂拌种处理，以预防鸟兽危害，节约用种，保证飞播质量。

在保证种子落地发芽所需的水热条件和幼苗当年生长达到木质化的条件下，以历年气象资料分析为基础，结合当年天气预报，确定最佳播种期。

飞行作业：要航向正确，只能南北，不可东西，因东西向会影响视线，难以保证飞行质量；要控制航高，以免出现漏播和落种不均匀；要搞好天气预报，保证飞行安全；要搞好机场指挥，保证与播区的良好联系。

成效调查和补植补播：飞播后要对造林成效进行全面调查。由于我国飞播造林受播区立地条件、气候条件、种子质量、播种技术等条件的影响，成效面积只占播种面积的50%左右，为提高飞机播种造林成效一般在飞播造林后需进行补播补植。补播补植的树种可以和前播树种一致，也可以不一致，以形成混交林。例如，江西省在飞播马尾松的林地上补植木荷与枫香获得成功。

坚持封山育林：飞播造林的面积大、范围广，而且因为造林时造林地处理粗放，幼苗生长的环境条件差，从播种到成林所需的时间比人工造林长，因而，封山育林是巩固飞播造林成效的重要手段。飞播后播区要全封3~5年，再半封2~3年。全封期内严禁开垦、放牧、砍柴、挖药和采摘等人为活动；半封期间可有组织地开放，开展有节制的生产活动。

8.3.3　分殖造林

8.3.3.1　分殖造林的特点及应用条件

由于分殖造林是直接利用树木的营养器官作为造林材料，所以，能节省育苗的时间和费用，造林技术比较简单，造林成本低；幼林初期生长较快，能提早成林，缩短成材期和迅速发挥各种有益效能，可保持母树的优良特性。

分殖造林要求造林地土壤湿润疏松，以地下水位高，土层深厚的河滩地，潮湿沙地，渠旁岸边等较好。分殖造林适用的树种，必须是无性繁殖能力强的树种，如杉木、杨树、柳树、泡桐、漆树和竹类等，因此，分殖造林受树种和立地条件的限制较大。分殖造林材料的来源较困难，形成的林分生长较早衰退，因而，分殖造林不便于大面积造林时应用。

8.3.3.2 分殖造林的方法和技术要点

分殖造林是直接利用树木的营养器官及竹子的地下茎为材料进行造林的方法。

1）分殖造林季节

春季气温回升，土壤温度增高，相对湿度大，适宜分殖造林。分殖造林一般先发根或生根与发芽同时开始，能保持水分平衡，分殖造林成活率高，幼苗发育良好。秋季气温逐渐下降，土壤水分趋于稳定，地上部分蒸腾大为减少，掌握在树叶刚刚脱落，枝条内的养分尚未下降至根部以前进行插条造林，翌春插条生根早，有利成活。但插时要深埋，以免冬季低温及干旱危害。另外，在冬季不结冻的地区，也可以进行插木造林。

2）分殖造林的方法

根据分殖造林采用营养器官的部位（如干、枝、根等）和栽植方法的不同，分为插木、埋干、分根、分蘖和地下茎等造林方法。

（1）插木造林

即从母树上切取枝干的部分，直接插入造林地，使其生出不定根，培育成林的方法。插木造林在分殖造林中应用最广泛。根据插穗的粗细、长短和具体操作的不同，又分为插条法和插干法两种。

①插条法　用1~2年生，粗1~1.5cm左右的萌条，截成大约50cm的插穗，直接造林。扦插深度，常绿树种可达插穗长度1/3~1/2以上；落叶树种在土壤水分较好的造林地上，地上部分可留5~10cm，在干旱地区可全部插入土中。秋季扦插时，为了保护插穗顶部不致在早春风干。扦插后及时用土埋住插穗的切口，可防插穗失水。

②插干法　是利用幼树树干和苗干等直接插在造林地上，使它生长成林的方法。多用于四旁绿化、低湿地和沙区。适用于萌芽生根力强的树种，如柳树、杨树等。

高干造林的干长为2~3.5m，栽植深度因造林地的土壤质地和土壤水分条件而异，原则上要使苗干的下切口处于能满足生根所要求的土壤温度和通气良好的层次，一般为0.4~0.8m。

低干造林的干长为0.5~1.0m，如果单株栽植不易成活时，每穴可栽2~4株，以保证栽植点的成活率。

插干造林要掌握填湿润土壤、深埋、踩实、少露头等要领。而要求坑挖深，底土翻松，栽植时填土踩实，并在基部培松土。在风蚀沙地，宜深埋不露；易被沙埋时，插干宜长，地上外露部分也可长些。

（2）分根造林

即从母树根部挖取根段，直接埋入造林地，让它萌发新根，长成新植株的造林方法。适用于根的再生能力强的树种，如泡桐、漆树、刺槐、香椿、文冠果等。具体做法是：从根部挖取2~3cm，粗的根条，并剪成15~20cm长的根段，倾斜或垂直插入土中，注意不可倒插。上端微露并在上切口封土堆，防止根段失水，有利成活。如果插植前，用生长素处理，可促进生根发芽，提高成活率。分根造林成活率高，但根穗难以采集，插后还应细致管理，因而不适宜大面积造林。

(3)分蘖造林

从毛白杨、山杨、刺槐、枣树等根蘖性强的树种根部长出的萌蘖苗连根挖出用来造林。

(4)地下茎造林

即靠母竹的竹鞭(地下茎)在土中蔓延，并抽笋成竹。它是竹类的特殊造林方法。竹类造林方法很多，但最好采用移栽母竹，即竹鞭连同竹秆移栽，成活率高，成林快，在生产上应用最普遍。

综上所述，分殖造林的方法多种多样，各地方根据自然条件及所造的造林树种，因地制宜地确定合适的方法。

8.4 幼林抚育管理

幼林抚育管理，是指造林之后，幼林郁闭之前对幼株抚育和管理的统称。包括对幼林的松土除草，水肥管理，幼林管理，幼林保护，幼林补植，检查验收，建立技术档案等。

8.4.1 幼林抚育管理的内容和方法

“三分造林，七分管护”，这充分说明幼林抚育保护的重要，其管护的目的在于创造优越的环境条件，满足幼树对水、肥、气、热和阳光的要求，促进成林、成材。

8.4.1.1 松土除草

1)松土除草的意义

松土除草是幼龄林抚育措施中最主要的一项技术措施。松土的作用在于疏松表层土壤，切断上下土层之间的毛细管联系，减少水分物理蒸发；改善土壤的保水性、透水性和通气性；促进土壤微生物的活动，加速有机物的分解。但是，不同地区松土的主要作用有明显差异，干旱、半干旱地区主要是为了保墒蓄水；水分过剩地区在于排除过多的土壤水分，以提高地温，增强土壤的通气性；盐碱地则希望减少春季返碱时盐分在地表积累。

除草的作用主要是清除与幼林竞争的各种植物。因为杂草不仅数量多，而且容易繁殖，适应性强，具有快速占领营养空间，夺取并消耗大量水分、养分和光照的能力。杂草、灌木的根系发达、密集，分布范围广，又常形成紧实的根系盘结层，阻碍幼树根系的自由伸展，有些杂草甚至能够分泌有毒物质，直接危害幼树的生长。一些杂草灌木作为某些森林病害的中间寄主，是引起人工林病害发生与传播的重要媒介。灌木、杂草丛生处还是危害林木的啃齿类动物栖息的地方。据研究，未除草的幼林地，其7~9月份地下10cm处的土壤含水率低于除草的幼林16%~68%。

2)松土除草的年限、次数和时间

松土除草一般同时进行，也可根据实际情况单独进行。湿润地区或水分条件良好的幼林地，杂草灌木繁茂，可只进行除草(割草、割灌)而不松土，或先除草割灌后，再进行松土，并挖出草根、树蔸；干旱、半干旱地区或土壤水分不足的幼林地，为了有效地蓄水保墒，无论有无杂草，只进行松土。

松土除草的持续年限应根据造林树种、立地条件、造林密度和经营强度等具体情况而定。一般多从造林后开始，连续进行数年，直到幼林郁闭为止。在这方面目前缺乏专门的研究，按照我国现行的《造林技术规程》(GB/T 15776—2016)的规定，幼林抚育年限约3～5年。生长较慢的树种应比速生树种的抚育年限长些，如东北地区落叶松、樟子松、杨树可为3年，水曲柳、紫椴、黄波罗、核桃楸可为4年，红松、红皮云杉、冷杉可为5年。造林地区和造林地越干旱，或植被越茂盛，抚育的年限应越长；气候、土壤条件湿润的地方，也可在幼林高度超过草层高度不受压抑时停止。造林密度小的幼林通常需要较长的抚育年限。速生丰产林整个栽培期均须松土除草，持续年限更长，但后期不必每年都进行。每年松土除草的次数，受造林地区的气候条件、造林地立地条件、造林树种和幼林年龄，以及当地的经济状况制约，一般为每年1～3次。松土除草的时间须根据杂草灌木的形态特征和生活习性，造林树种的年生长规律和生物学特性，以及土壤的水分养分动态确定。

3)松土除草的方式和方法

松土除草的方式应与整地方式相适应，也就是全面整地的，进行全面松土除草，局部整地的进行带状或块状松土除草，但这些都不是绝对的。有时全面整地的可以采用带状或块状抚育，而局部整地也可全面抚育，或造林初年整地范围小，而后逐步扩大，以满足幼林对营养面积不断增长的需求。

松土除草的深度，应根据幼林生长情况和土壤条件确定。造林初期，苗木根系分布浅，松土不宜太深，随幼树年龄增大，可逐步加深；土壤质地黏重、表土板结或幼龄林长期缺乏抚育，而根系再生能力又较强的树种，可适当深松；特别干旱的地方，可再深松一些。总的原则是：(与树体的距离)里浅外深；树小浅松，树大深松；砂土浅松，黏土深松；湿土浅松，干土深松。一般松土除草的深度为5～15cm，加深时可增加到20～30cm。据研究，竹类松土深度大于30cm，比不松土出笋量增加80%，并且不会导致一二年内出笋量下降。松土45cm能显著增粗新竹胸径。深挖使出笋率提高的同时，退笋率也相应提高。据报道，不同深度边际分析说明，松土深度40cm的经济效益最佳。

8.4.1.2 灌溉与排水

1)灌溉的意义

灌溉作为林地土壤水分补充的有效措施，已成为人工林管理的一项重要措施。灌溉对提高造林成活率、保存率，提早进入郁闭，加速人工林的生长具有十分重要的作用，灌溉能够改变土壤水势，改善树体的水分状况，促进林木生长；在土壤干旱的情况下进行灌溉，可迅速改善林木生理状况，维持较高的光合和蒸腾速率，促进干物质的生产和积累；灌溉使林木维持较高的生长活力，激发休眠芽的萌发，促进叶片的扩大、树体的增粗和枝条的延长，以及防止因干旱导致顶芽的提前形成；在盐碱含量过高的土壤上，灌溉可以洗盐压碱，改良土壤，甚至可以使原来的不毛之地变得适宜乔灌木生长。据研究，在干旱的4～6月对毛白杨幼林进行灌溉，可提高叶片的生理活性，增加光合速率，增加叶片叶绿素和营养元素的含量，可使毛白杨幼林胸径和树高净生长量分别提高30%～40%以上。目前由于条件的限制，人工林灌溉只能在较小范围内进行。

2）合理灌溉

（1）灌溉时期

林地是否需要灌溉要从土壤水分状况和林木对水分的反应情况来判断。幼林可在树木发芽前后或速生期之前进行，使林木进入生长期有充分的水分供应，落叶后是否冬灌可根据土壤干湿状况决定。对4年生泡桐幼树进行的生长期不同月份的灌溉试验表明，7、8、9三个月灌溉，既不能显著影响土壤含水量，也不能显著影响泡桐胸径和新梢生长；4、5、6三个月份灌溉可以显著提高土壤含水量，而且4月份灌溉还可以显著地促进胸径和新梢的生长。

（2）灌水的流量和灌水量

灌水流量是单位时间内流入林地的水量。灌水流量过大，水分不能迅速流入土体，造成地面积水，既恶化土壤的物理性质，又浪费用水；流量过小使每次灌水时间拉长，地面湿润程度不一。灌水量随树种、林龄、季节和土壤条件不同而异。一般要求灌水后的土壤湿度达到田间持水量的60%～80%即可，并且湿土层要达到主要根群分布深度。例如，新疆干旱地区，幼林灌溉浸润深度达到根系集中分布深度50cm时，每公顷每次灌水量约需450～600m^3，而成林浸润深度达到100cm以上时，灌水量约需750～105m^3。

3）灌溉水源

（1）引水灌溉

在水源条件许可情况下，灌溉主要是靠引水灌溉。引水灌溉包括蓄水和引水，蓄水主要是修建小水库；引水是从河中引水灌溉。

（2）人工集水

在干旱和半干旱地区，由于气候、地理和社会因素的综合影响，植被稀少，风速较大，蒸散强烈，土壤水分损失加快，旱情严重，林木成活和正常生长受到严重制约。由于林业用地的复杂性，干旱半干旱地区的很多地方不具备引水灌溉的条件。黄土高原的大部分地区多年平均降水量为300～600mm，而且降水的时空分布极不平衡，雨季相对集中于7、8、9三个月，春旱严重，伏旱和秋季干旱的发生率也很高。因此，汇集天土然降水几乎成为当地林业用水的唯一来源。王斌瑞等在年降水量不足400mm的半干旱黄土丘陵区，根据不同树种对水分的生理要求与区域水资源环境容量采用了径流林业配套措施，人工引起地表径流并就地拦蓄利用，把较大范围的降水以径流形式汇集于较小范围，使树木分布层内的来水量达到每年1000mm以上，改善林木生长的土壤水分条件，造林成活率达到95%以上，加速了林木生长，使抗旱造林有了突破性进展。

集水系统的成功与否在很大程度上决定于雨水的收集效果。尽管所集径流量的大小在前提上取决于降水量、降雨强度、土壤前期含水量及入渗能力，但集水率的大小还与集水区表面状况关系密切。目前，采用的集水面处理方式有：用薄膜覆盖、自然植被管理和化学材料处理。化学材料处理方式：被用于处理的化学材料主要有钠盐、石蜡、沥青、高分子化合物YJG－1号和2号、土壤稳定剂与防腐剂等。钠盐可以破坏土壤结构，使土壤黏粒充塞土壤空隙，使土壤表面形成致密层，以降低土壤入渗率。所以，一般在土壤黏粒电量大于10% 的土壤上使用效果理想。石蜡、沥青、YJG－1号和2号可直接阻塞土壤缝隙，降低入渗，增加产流率。

集水技术为林业生产开辟了新的水资源，使其所收集的水被储存在土壤层中，如能就近修筑贮水窖或贮水池，则可使雨季的降水集中起来，供旱季使用。由于土壤剖面蓄水含量的有限性，在雨水补给地区的旱季还是没有充足的水分供应。

(3)井水灌溉

有地下水资源可供利用而又有必要时可打井取水灌溉。

4)灌溉方法

(1)漫灌

漫灌工效高，但用水量大。要求土地平坦，否则容易引起冲刷和灌水量多少不均。

(2)畦灌

土地整为畦状后进行灌水。畦灌应用方便，灌水均匀，节省用水，但要求作业细，投工较多。

(3)沟灌

沟灌的利弊介于漫灌和畦灌之间。

(4)节水灌溉

节水灌溉是指美国、前苏联、以色列、日本、澳大利亚等国首先采用的灌溉用水少，水分利用率高的先进的灌水技术，包括喷灌、微灌和自动化管理。目前，我国重点推广的节水灌溉技术：管道输水技术、喷灌技术、微灌技术、集雨节水技术、抗旱保水技术等。

①低压管道输水灌溉　低压管道输水灌溉又称管道输水灌溉，是通过机泵和管道系统直接将低压水引入田间进行灌溉的方法。这种利用管道代替渠道进行输水灌溉的技术，避免了输水过程中水的蒸发和渗漏损失，节省了渠道占地，能够克服地形变化的不利影响，省工省力，一般可节水30%，节地5%，普遍适用于我国北方井灌区。

②喷灌　它是利用专门设备把水加压，使灌溉水通过设备喷射到空中形成细小的雨点，像降雨一样湿润土壤的一种方法。

a. 优点：节约用水，增加灌溉面积，比地面灌溉省水30%~50%；保持水土，水滴直径和喷灌强度可根据土壤质地和透水性大小进行调整，能达到不破坏土壤的团粒结构，保持土壤的疏松状态，不产生土壤冲刷，使水分都渗入土层内，避免水土流失的目的；节地，可以腾出占总面积3%~7%的沟渠占地，提高土地利用率；节省劳动力；适应性强，不受地形坡度和土壤透水性的限制。

b. 在下列情况用喷灌时应注意：受风的影响大，风力在3~4级时应停止喷灌。蒸发损失大。由于水喷洒到空中，比在地面时的蒸发量大。尤其在干旱季节，空气相对湿度较低，蒸发量更大，水滴降低到地面前可以蒸发掉10%，因此，可以在夜间风力小时进行喷灌，减少蒸发损失。可能出现土壤底层湿润不足的问题。

c. 喷灌的技术要求：适时适量地给林木提供水分；有较高的喷灌均匀度，喷灌均匀度指的是组合均匀度，它与单个喷头的倾斜度、地面坡度、风速、风向等因素有关；有适宜的喷灌强度；有适宜的雾化程度。其中喷灌强度、喷灌均匀度和雾化指标为喷灌技术的三要素。

③微灌

a. 滴灌：是利用滴头(滴灌带)将压力水以水滴状或连续细流状湿润土壤进行灌溉的

方法。20世纪90年代以来全世界的滴灌和微喷灌面积已达$160 \times 10^4 hm^3$，以色列生产的滴灌和微喷灌系统，由于质量优良，技术先进，越来越受世人瞩目，特别是在电脑控制自动化运行方面简便易行。

b. 雾灌：雾灌技术是近几年发展起来的一种节水灌溉技术，集喷灌、滴灌技术之长，因低压运行，且大多是局部灌溉，故比喷灌更为节水、节能；雾化喷头孔径较滴灌滴头孔径大，比滴灌抗堵塞，供水快。江西省南城县每个乡都有自己的雾灌橘园，平均单产量提高50%左右。

c. 渗灌：是利用一种特制的渗灌毛管埋入地表以下30~40cm，压力水通过渗水毛管管壁的毛细孔以渗流形式湿润周围土壤的一种灌溉方法。

d. 小管出流灌溉：是利用直径4mm的塑料管作为灌水器，以细流状湿润土壤进行灌溉的方法。主要用于果树的节水灌溉。

e. 微喷灌：是利用微喷头将压力水以喷洒状湿润土壤的一种灌溉方法。主要用在果树、花卉、园林、草地、保护地栽培中。

5）林地的排水

（1）林地排水的意义

土壤中的水分与空气含量是相互消长的。排水的作用是减少土壤中过多的水分，增加土壤中的空气含量，促进土壤空气与大气的交流，提高土壤温度，激发好气性土壤微生物的活动，促进有机质的分解，改善林地的营养状况，使林地的土壤结构、理化性质、营养状况得到综合改善。

有下列情况之一的林地，必须设置排水系统：

①林地地势低洼，降雨强度大时径流汇集多，且不能及时渲泄，形成季节性过湿地或水涝地。

②林地土壤渗水性不良，表土以下有不透水层，阻止水分下渗，形成过高的假地下水位。

③林地临近江河湖海，地下水位高或雨季易淹涝，形成周期性的土壤过湿。

④山地与丘陵地，雨季易产生大量地表径流，需要通过排水系统将积水排出林地。

（2）排水时间和方法

多雨季节或一次降雨过大造成林地积水成涝，应挖明沟排水；在河滩地或低洼地，雨季时地下水位高于林木根系分布层，则必须设法排水。可在林地开挖深沟排水；土壤黏重、渗水性差或在根系分布区下有不透水层，由于黏土土壤空隙小，透水性差，易积涝灾，必须搞好排水设施；盐碱地下层土壤含盐高，会随水的上升而达地表层，若经常积水，造成土壤次生盐渍化，必须利用灌水淋溶。我国幅员辽阔，南北雨量差异很大，雨分布集中时期亦各不相同，因而需要排水的情况各异。一般来说，南方较北方排水时间多而频繁，尤以梅雨季节应行多次排水。北方7、8月多涝，是排水的主要季节。

排水分为明沟排水和暗沟排水。明沟排水是在地面上挖掘明沟，排除径流。暗沟排水是在地下埋置管道或其他填充材料，形成地下排水系统，将地下水降低到要求的深度。

林地排水的效果决定于下列因素：

①排水工程状况　主要包括排水网的配置、排水沟道的规格等。研究表明，一般排水

沟的间距在100~250m左右为宜。泥炭层下面为砂土时，排水沟的间距应大于黏土和壤土。泥炭层越厚，沟间距应越小。

②沼泽地的特点　其中泥炭辞的厚度与泥炭的灰粉含量对排水效果影响很大。

③树种与年龄　在强力排水影响下，材积连年生长量的提高随树种而不同，松林与云杉林提高2~3倍，桦木林提高1~2倍，黑赤杨林提高0.5倍。幼龄林与干材林的生长在排水后显著加快，而成熟林对排水的反应很小。

8.4.1.3　林地施肥

国际上为了解决持续农业建设中的施肥问题，提出了称为“综合植物养分管理系统”的概念(UN，1983；FAO，1984)。基本内容：把所有养分资源的最佳方式组合到一个综合系统中，使其适合不同农作制的生态条件、社会条件和经济条件，以达到保持和提高土地肥力，增加作物产量的目的。这一概念在某种程度上提出了一个解决农业持续发展中肥料问题的途径。这一概念的基本特点是把多种养分来源的土壤养分化学肥料、有机肥料、微生物的生物固氮、降雨中的养分等所有养分资源统统在农业肥料管理体系中，加以综合考虑和应用，发挥最大的效率。所考虑的不仅是土壤肥力因素，而且扩大为生态条件，甚至包括社会经济条件。在利用土壤养分时，不仅考虑利用土壤养分的有效部分，还考虑如何活化土壤中迟效养分，如通过作物品种的选择、耕作措施以及轮作制度和土壤改良措施等来达到充分利用土壤养分库的目的，同时也要考虑如何减少土壤养分流失问题。

1)施肥的意义

(1)施肥的必要性

①用于造林的宜林地大多比较贫瘠，肥力不高，难以长期满足林木生长的需要。

②多代连续培育某些针叶树纯林，使得包括微量元素在内的各种营养物质极度缺乏，地力衰退，理化性质变坏。

③受自然或人为的因素影响，归还土壤的森林枯落物数量有限或很少以及某些营养元素流失严重。

④森林主伐（特别是皆伐）、清理林场、疏伐或修枝等，造成有机质的大量损失。

⑤为使处于孤立状态的林木尽快郁闭成林，增强抵御自然灾害的能力。

⑥促进林木生长，减少造林初植密度和修枝、间伐强度及其工作量。施肥具有增加壤肥力，改善林木生长环境、养分状况的良好作用，通过施肥可以达到加快幼林生长，提高林分生长量，缩短成材年限，促进母树结实以及控制病虫害发展的目的。

(2)林木所需的营养元素

林木生长过程中，需要从土壤中吸收多种化学元素，参与代谢活动或形成结构物质。林木生长需要碳、氢、氧、氮、磷、钾、硫、钙、镁、铁、铜、锰、钴、锌、钼和硼等十几种元素。植物对碳、氢、氧、氮、磷、钾、硫、钙、镁等需求量较多，故这些元素称为大量元素；对铜等，需要量很少，这些元素叫微量元素。铁从植物需要量来看，比镁少得多，比锰、钴、锌、钼、硼大几倍，所以有时称它为大量元素，有时称它为微量元素。在这些元素中，碳、氢、氧是构成一切有机物的主要元素，占植物体总成分的95%以上，其他元素只占植物总体的4%左右。碳、氢、氧从空气和水中获得，其他元素主要从土壤中吸收。植物对氮、磷、钾3种元素需要量较多，而这3种元素在土壤中含量又较少。因此，人们用这 3 种元素作肥料，并称为肥料三要素。

2）林木营养诊断方法

林木营养诊断是预测、评价肥效和指导施肥的一种综合技术，包括 DRIS 法土壤分析、叶片营养诊断、缺素的超显微解剖结构诊断法等。

（1）DRIS 法

植物生长发育的状况，不仅取决于某一养分的供应数量，而且还与该养分与其他养分之间的平衡程度有关。1973 年，Beaufils 提出了诊断施肥综合法（简称 DRIS 法）。该法是在大量叶片分析数据的基础上，按产量（或生长量）高低将这些数据划分为高产和低产组，求出各组内养分浓度间的比值，用高产组所有参数中与低产组有显著差别的参数作为诊断指标，以被测植物叶片中养分浓度的比值与标准指标的偏差程度评价养分的供求状况。据 HockInan 等人（1989）的研究，优质圣诞树养分的平衡指数为 31.4，而劣质树的为 50.9，说明与劣质树相比，优质树叶子更平衡一些。

（2）叶片营养诊断

叶片营养诊断是通过分析测定植物叶片中营养元素的含量来评价植物的营养状况，这一方法也称为叶分析法。各树种叶片营养元素缺乏所表现的症状不同，现以杨树为例，整个叶片由绿色变为黄褐色，一般从下部叶开始黄化，逐步向上扩展。严重叶片薄而小，植株生长缓慢。可诊断为缺氧。

（3）土壤分析法

分别在某树种生长正常地点及出现缺素症状的地点，各取 5～25 份土样进行营养分析，有时还需在同一地点分别不同季节取样，对比两地土样养分含量差异，即可推断土壤中某营养元素低于某含量水平时，可能出现某树种的营养亏缺症。如美国细质土壤中含铜 20×10^{-6}～200×10^{-6}，多数 25×10^{-6}～60×10^{-6}，低于 10×10^{-6} 或高于 200×10^{-6} 可引起缺铜症或铜中毒症。

（4）缺素的超显微解剖结构诊断法

Julio Cesar 等用电子显微镜扫描植物组织切片，发现缺少某种营养元素的细胞结构会出现某些特殊缺陷，包括质体、线粒体等细胞器或细胞壁内膜、核膜畸形。这种症状的出现往往早于肉眼可见的症状，因此可作为早期诊断。但这一方面的研究刚刚起步，有待进一步完善。

3）常用肥料

（1）有机肥料

有机肥料是以含有机物为主的肥料。例如，堆肥、厩肥、绿肥、泥炭（草炭）、腐植酸类肥料、人粪尿、家禽粪、海鸟粪、油饼和鱼粉等。有机肥料含多种元素，故称为完全肥料。因为有机质要经过土壤微生物分解，才能被植物吸收利用，肥效慢，故又称迟效肥料。

有机肥料的作用是有机肥含有大量有机质，改良土壤的效果好，肥效长，可保持 2～3 年。有机肥料施于黏土中，能改良土壤的通气性；施于砂土中，既可增加砂土的有机质，又能提高保水性能；有机肥给土壤增加有机质，利于土壤微生物生活，使土壤微生物繁殖旺盛；有机肥分解时产生有机酸，能分解无机磷；有机物在土壤中利于土壤形成团粒结构等。有机肥料所起的这些作用是矿物质肥料所没有的。所以它是提高土壤肥力，提高林木生长量不可缺少的肥料。

(2)*矿物质肥料*

矿物质肥料又称无机肥料，它包括化学加工的化学肥料和天然开采的矿物质肥料。它的特点是大部分为工业产品，不含有机质，元素含量高，主要成分能溶于水，或容易变为能被植物吸收的部分，肥效快，大部分无机肥料属于速效肥料。

①氮肥　氮肥是含氮素或以氮类为主的化学肥料。氮素肥料易溶于水。其种类有尿素、碳酸氢铵、硫酸铵、氯化铵、硝酸铵等。

②磷肥　磷肥是含磷素或以磷为主的磷质肥料。其种类如过磷酸钙、重过磷酸钙、钙镁磷肥等。

③钾肥　钾肥是含钾素或以钾为主的化学原料。如氯化钾、氮化钾、硫酸钾，还有草木灰。

④复混肥料　复混肥料是复合肥和混合肥的总称，是含有三要素(N、P、K)养分中一种以上养分的多养分肥料，它包括：

复合肥料是通过化学反应过程以工业规模生产的化学肥料。它每一个颗粒或每一个标本小样的养分成分和比例都完全一样。

混合肥是多种养分的物理混合体，尽管在混合过程中也可产生某些化学反应，有时可以加入除草剂和农药。

复合肥是肥料生产和施用的基本方向，它在各主要国家的化肥生产和施用(消费)中占有越来越大的比重。

如磷酸铵含有氮和磷2种元素；硝酸钾含氮和钾2种元素；氨化过磷酸钙含磷和氮。现又有用氮、磷(可溶性磷酸和水溶性磷酸)和水溶性钾等制成各种类型的复合化肥。其特点是，有效成分虽然是水溶性的，但是具有溶解缓慢的性质，能长期供林木吸收利用的效果。

使用复合化肥的注意事项：①必须与堆肥和绿肥等有机肥料同时使用；②因复合化肥是可溶性肥料，用作基肥和追肥均可；③对于生理酸性和中性反应的复合化肥，因含氨态氮和水溶性磷酸，不能与碱性肥料，如石灰和草木灰等配合使用，要间隔数日再施用石灰等碱性肥料。

⑤微量元素肥料　铁、硼、锰、铜、锌和钼等肥料，由于林木需要量很少，一般土壤中的含量能满足林木的需要，所以不作为必需的肥料。但是有些土壤有时也会出现缺少微量元素的症状，故有时需要用微量元素进行施肥。

a. 硫酸亚铁：又称皂矾。可溶于水而易氧化，对于防治缺素症，有一定效果。

b. 硼、锰、铜、锌和钼：这些微量元素，林木需要量更少，所以一般用它们的水溶性化合物如硼酸、硫酸锌、硫酸铜、硫酸锌、钼酸铵等进行根外追肥。

c. 稀土微量元素肥料。

⑥硫黄、石膏和石灰　在碱性土壤中，磷容易被固定，林木不易吸收。铁大部分也成为能溶性的氧化物，常出现缺元素的失绿症状，除此之外，土壤的通透性不良，也不利于土壤微生物繁殖，使林木生长不良。

在碱土上施用硫黄或石膏有调节土壤酸碱度的作用，能改善土壤的物理性，再配合其他措施，如选用酸性肥料，大量施有机肥料等，改良土壤措施，效果也较好。

在酸性土壤中，能使土壤中的营养元素(如氮、磷、钙和镁等)的利用率降低，甚至能发生缺乏营养症状，林木也需要一定量的钙，但土壤中的钙容易被淋洗。酸性土壤的物理性状不好，黏而板硬，通气排水不良，不利于林木的生长和微生物的繁殖。不仅使土壤缺乏氮素，也使磷、钾和铁等成为难溶的状态，不易被林木吸收利用。

对酸性土壤通过施用石灰，能调节土壤的酸度和结构，并配合其他措施，如大量施用有机肥料、选用碱性肥料和接种土壤微生物等改良土壤措施，给土壤微生物和林木生长创造有利条件。

(3)微生物肥料

微生物肥料是含有大量活的微生物的一类生物性肥料，它本身并不含有植物生长所需要的营养元素，它是以微生物生命活动的进行来改善作物的营养条件，发挥土壤潜在肥力，刺激植物生长，抵抗病菌的危害，从而提高植物生长量。按其作用机理可分为固氮菌、根瘤菌、磷化菌和钾细菌等各种细菌肥料和菌根真菌肥料。接微生物种类可分为细菌肥料、真菌肥料、放线菌肥料、固氮蓝藻肥料等。新兴的EM（effective microorgan Mrna）微生物技术是日本琉球大学比嘉照夫等于20世纪80年代初研制出来的一种新型复合微生物制剂。EM是利用土壤中对林木有益的微生物，经过培养而制成的各种菌剂肥的总称。施用EM可以使贫瘠的土壤变得疏松、肥沃，并可提高肥料的利用率。

4)施肥的时间和方法

(1)施肥时间

对于施肥时期应该区分施肥时间和施肥时期，施肥时间如春季施肥和秋季施肥等。有效的施肥季节为林木生长旺盛期，即春季和初夏，此时施肥有利于根系吸收养分，如杉木幼林施肥以春季最好。而根据林木生长发育阶段性的施肥时期如幼林施肥、中龄林施肥和近熟林施肥等，这样区分更适合林木整个轮伐期的营养管理。林木在生长发育的不同阶段中，对养分需求强度的大小是不同的。

(2)施肥量

施肥量可根据树种的生物学特性、土壤贫瘠程度、林龄和施用肥料的种类来确定。为了获得施肥的最佳效果，必须弄清楚树种在不同土壤上对肥料的需求量、对氮磷钾比例的要求。但是由于造林地的肥力差异很大，由不同树种组成的林分吸收养分总量和对各种营养元素的吸收比例不尽相同，同一树种龄期不同对养分的要求也有差别，加之林分把吸收的一部分养分以枯落物归还土壤，因而使得施肥量的确定相当复杂。据研究，沙地毛白杨的最佳施肥量为450kg·hm^{-2}，同时辅以氮∶磷∶钾=4∶3∶0，二者组成最佳组合，立木蓄积量为41.781m^3·hm^{-2}，是对照的190.3%。但施肥量过大反而抑制毛白杨的生长。施肥有一个最佳施肥量，当施肥量超过一定范围后，林木生长量不仅不会再增加，反而会产生药害。

(3)氮、磷、钾的比例

适宜的氮、磷、钾比例可以提高施肥效果，其比例要根据不同的生态条件(气候、土壤)和不同的树种而定。树体内营养元素的比例与施肥的比例是两个不同的概念，要区别开来，树木体内营养元素的比例是由林木本身决定的，而施肥的比例则是所施肥料各营养元素的比例决定的。如对松树林分的氮、磷、钾比例试验结果表明，N:P:K = 67:7:260。

5) 施肥方法

林木施肥方法主要有基肥和追肥，追肥又分为撒施、条施、沟施、灌溉施肥和根外追肥等。施肥方法是否得当，对于指导林业生产上合理施肥有重要意义。据研究，在江西花岗岩发育黄红壤上进行的杉木幼林施肥结果表明，用磷肥作基肥一次性施入，肥效优于造林后一年一次性追肥或分次追肥的效果。对杉木中龄林施肥试验结果表明，以氮、磷、钾肥沟施效果好于撒施。撒施省工省时，可操作性强，虽然可能会导致林下杂草疯长，但是林木从养分再循环中将获得更多的益处。

(1) 人工施肥

①基肥　在造林前将肥料施入土壤中。基肥要求深施，因为耕作层的湿度和温度有利于肥料分解，一般施 15 ~ 17cm 为宜。

②追肥

a. 撒施：撒施是把肥料与干土混合后撒在树行间，覆土并灌溉。撒施肥料时严防撒到林木叶子上。

b. 条施：又称沟施。把矿质肥料施在沟中，既可液体追肥也可干施。液体追肥，先将肥料溶于水，浇于沟中；干施时为了撒肥均匀，可用干细土与肥料混合后再撒于沟中，最后用土将肥料加以覆盖。

c. 灌溉施肥：肥料随同灌溉水进入田间的过程称为灌溉施肥。即滴灌、地下滴灌等水的同时，准确而且均匀地将肥料施在林木根系附近，被根系直接吸收利用。灌溉施肥可以节省肥料的用量和控制肥料的入渗深度，同时可以减轻施肥对环境的污染。

d. 根外追肥：又称叶面追肥。根外追肥是把速效肥料溶于水中施于林木的叶子上。

根外追肥的优点：根外追肥的效果快，能及时供给林木所急需的营养元素。因为耕作层的湿度和温度。

根外追肥的次数：一般要喷 3 ~ 4 次，才能取得较好效果。如果喷后 2d 降雨，雨后应再喷 1 次。

根外追肥存在的问题：喷到叶面上的肥料溶液容易干，林木不易全部吸收利用，所以根外追肥利用率的高低，很大程度上取决于叶子能否重新被湿润。根外追肥的施肥效果不能完全代替土壤施肥，它只是一种补充施肥方法。

(2) 飞机施肥

飞机施肥效率高，不受交通条件限制，节省劳力，且成本较低，在发达国家和地区应用较为普遍。

6) 稀土在林业中的应用

稀土元素是地壳中的自然生成物，不同的成土母质影响天然土壤中的稀土含量。我国从 1972 年开始稀土元素的农用研究，于 1982 年开始稀土在林业上应用研究。稀土元素可以提高湿地松、杉木种子园的种子产量和质量，提高核桃、枣、板栗、苹果、梨、山楂、柿、杏等果树的坐果率和产量并改善果实品质，如 20 年生核桃树喷施稀土坐果率比对照提高 103%，单株产量提高 32.7%，使用时间分别在初花期和盛花期各一次。用 300mg ·

L^{-1}稀土喷施金丝小枣，花期坐果率比对照提高24%~35%。同时，稀土对经济林木花果期有促进叶绿素形成，提高光合作用强度，促进根系对矿质元素的吸收，增加干物质的积累有明显作用；稀土还能影响果实有机酸、脂肪、糖、维生素C等的含量，能影响植物的生长发育和产量。

7）栽种绿肥作物及改良土壤树种

在林地上引种绿肥作物和改良土壤树种，能起到增进土壤肥力和改良土壤作用。常用的绿肥作物有紫云英、笤子、草木犀等和改良土壤的树种如紫穗槐、赤杨、木麻黄等，多为有固氮能力的植物。

绿肥作物及改良土壤树种，其作用是增加土壤养分，提高土壤含氮量；它们的根系入土较深，可以吸收土壤底层的养分，分泌的根酸可以溶解并吸收某些难溶性无机养分，组成有机物，分解后供植物利用；改良土壤性质，当它们的残体翻耕入土后，可以增加土壤腐殖质，调节土壤酸碱度，改善土壤的物理性质，防止土壤的冲刷和风蚀。

栽植方式：①先在贫瘠的无林地上栽植绿肥作物或对土壤有改良作用的树种，使土壤得到改良后再造林；②在造林时同时种植绿肥作物，绿肥作物与造林树种混生或间作；③在由主要树种或喜光树种林冠下混植固氮作物或小乔木，以提高土壤肥力。

8）保护林内凋落物

林内的凋落物层是林木与土壤之间营养元素交换媒介，是林木取得营养的重要源泉。下凋落物对林木的作用：①凋落物分解后，可以增加土壤营养物质的含量；②保持土壤水分，减少水土流失；③使土壤疏松并呈团粒结构；④缓和土壤温度的变化；⑤在空旷处疏林地可以防止杂草滋生。因此，林内的凋落物可以较好地提高土壤肥力，促进林木生，维持森林生态系统平衡。林内的调落物储量随林分的不同而不同。针叶林的凋落物现存量普遍高出阔叶林，但是针叶林凋落物所含养分低于阔叶林内的凋落物。阔叶林内凋落物对改善土壤营养状况具有重要作用，应保护好林内的凋落物。在营林中，可以通过营造针阔混交林或林下发展灌木层来提高林内的凋落物，禁止焚烧或耙取林内凋落物。应及时将凋落物与表土混杂，加速分解并释放养分，在寒冷地区尤其重要。

此外，造林前一般都进行造林整地，造林后苗小冠幅小，很适宜间作。林农间作可以耕代抚，并可获得一定的经济利益，是一举两得的事，凡是整地规格较大，坡度较缓，交通方便的造林地都可间作。间作的种类：农作物花生、大豆、棉花、玉米、高粱、谷子、小麦、油菜、西瓜、莴瓜、大蒜、白菜、白薯、木薯、各种花卉、药材、绿化苗木等种类很多。间作年限因密度、树种不同而异。第1~2年各种树都可间作，以花生、大豆、瓜类和药材为最好，因为这些作物管理细，植株小，有些具根瘤能固氮，以高秆的高粱、玉米、棉花、谷子较差，但就总体而言间作比不间作好。当然间作也要以林为主，间作物和幼树要保持一定距离，以减少作物和林木争水争肥争光照。

8.4.1.4　幼林管护

1）幼林管理

（1）间苗

播种和丛植造林时，幼苗生长到一定高度，当互助作用小于有害作用时，应及时进行间苗、定株，可一次完成，也可分两次完成。生长快的阔叶树如刺槐，苗木生长快，可在苗高4~6cm，第一次间苗，苗高10cm左右定株；针叶树生长较慢幼苗喜丛生，可在第二年到第四年间开始间苗。

(2)除蘖

主要指截干造林和平茬之后，苗干上往往生出2~10株萌蘖苗，可在其高生长达20~30cm左右，大部分除去，只留生长良好的2~3株，高50cm左右定株，风大的地方留迎风面的萌蘖苗以防被风吹折。

(3)平茬

萌蘖能力比较强的树种，当2~4年生苗干不理想时，可用平茬的方法使其重新萌芽；有些利用枝条的灌木树种，为了采条也可采用平茬的方法，刺激其基部萌生长条。

平茬时间一定要在落叶之后，春天树芽萌动之前，只有这一段时间根内养分含量高，萌蘖能力强，新萌条旺盛，其他时间由于营养不足萌蘖条少，生长不良。

(4)摘芽

用生长较快的一年生苗造林后，其侧芽和主稍同时生长，叶多蒸腾快，刚刚成活的幼根，数量少，根系短吸水少，往往造成水分循环失调，影响全树生长。应在侧芽刚萌出，小叶未展开前，将苗干下部2/3的侧芽全部除去，以保证幼树正常生长。截干造林和平茬的第二年，也要将前一年生的幼干下部1/2的侧芽除去，以保证高生长。

(5)修枝

对树干不直，侧枝较大的树种，在造林后2~4年内，进行修枝可促进其高生长，减少疤节。修枝时茬口要与树干平，以保证尽快愈合。修枝的时间宜在落叶后，春季发芽前进行。

2)幼林保护

幼林保护是造林后为保证造林成活成林而采取的保护性措施。其内容包括封山育林，防火、防治病、虫、鼠、鸟、兽害，防除寒害、冻拔、雪折、日灼等。

(1)封山育林

在造林后2~3年内幼林平均高达1.5m以前应对幼林进行封山护林。新造幼林比较矮小，对外界不良环境的的抵抗力弱，幼苗容易受牲畜践踏，林地上土壤板结。同时，不合理的割草砍柴，也容易伤割幼树，降低土壤肥力，影响幼林成活生长。因此，应严禁放牧、砍柴、割草，加强宣传教育，建立各项管护制度，订立护林公约，把封山与育林结合起来。

(2)预防火灾

在人工幼林地，特别是针叶树，更应注意防火工作。林区要健全护林防火组织，订立各种防火制度，严格控制火源。还应尽量多造混交林和阔叶林，开好防火线，营造防火林带，设置了望台，加强巡逻，及时发现火警，配置专职护林人员，做好护林防火工作。

(3)防治病、虫、鼠、鸟、兽害

为了防治这类危害，必须认真贯彻“预防为主，综合治理”的方针。从造林设计和施工时起就应采取各项预防措施，如营造混交林预防病虫害的发生与蔓延；直播造林采用农药拌种以防鸟鼠害等。还应以生物防治为主，辅以药剂和人工捕杀等综合措施防治病虫害。

健全林木检疫机构，认真做好林木苗检疫和病虫害测报工作，防止危害性病虫的传播和蔓延。

(4)防除寒害、冻拔、雪折和日灼等危害

在冬春旱风严重危害的地区，幼林易受寒害的树种，可在秋末冬初进行覆土防寒。在排水较差或土壤黏重，易受冻拔危害的树种，可采取高台整地，降低地下水位，林地覆草，以免冻拔害的发生。在容易发生雪折的地区，应注意选择树种。亦可选低海拔山地造林，成林后及时抚育间伐和适当修枝。对容易遭受日灼危害的树种，还应避免在盛夏季节进行除草松土。

8.4.2 幼林检查和补植

造林检查验收，是一项总结性工作，主要由施工单位和上级主管单位组织进行，是评定生产单位工作成绩的依据。主要内容包括，造林质量的综合评定、抚育管理的评定。补植是指造林成活未达到标准，对造林地进行苗木补造工作。

8.4.2.1 幼林检查

为了保证造林质量，要根据造林设计书的要求，逐项检查验收。程序是施工单位先自查，上级主管单位组织复查和核查。

造林检查。造林单位在施工期间，对各项作业要随时检查验收，发现问题及时纠正，包括：整地前的林地清理、整地时间、整地规格、造林苗木的规格、造林季节、植苗穴的规格、苗木包装、运输、栽植过程中的苗木保护方法，栽植深度、栽植方法、栽植后的土壤保墒措施，当年的幼林抚育方法等。造林工作结束后，要根据具体情况进行全面检查验收，一年后调查造林成活率。合格的由检查验收负责人签发检查验收合格证；不合格的施工单位，要及时补植和重造，合格后再发检查合格证。检查验收合格证，一式三份，验收单位、施工单位、上级林业主管部门各一份，造林后3～5年，进行保存率调查。

8.4.2.2 造林地面积核查

造林地面积核查的方法：用仪器实测，或按施工设计图逐块核实，造林地面积按水平面积计算，凡造林面积连续成片在0.067hm^2，按片林统计，乔木林带宽度4m(灌木3m)以上，连续面积0.067hm^{2}以上，可按面积统计。

8.4.2.3 造林成活率检查

造林技术规程规定采用样地或样行法调查成活率，成片造林在10hm^{2}以下、10～30hm^2、30hm^{2}以上的样地面积，分别占造林面积的3%、2%、1%；防护林带应抽取总长度20%的林带，每100m检查10m，样地和样行采用随机抽样。山地幼林调查应包括不同部位和坡度。植苗造林和播种造林，每穴中有一株或多株苗，均按一株统计。

造林平均成活率按以下公式计算：

$$\text{平均成活率}(\%)=\frac{\sum(\text{小班面积}\times\text{小班成活率})}{\sum\text{小班面积}}$$

式中，$\text{小班成活率}(\%)=\dfrac{\sum\text{样地(行)成活率}}{\text{样地块数}}$

$$样地(行)成活率(\%) = \frac{样地(行)成活率株(穴)数}{样地(行)栽植总株(穴)数} \times 100\%$$

平均成活率保留1位小数。

8.4.2.4 人工林评定标准

(1)合格

年均降水量400mm以上地区及灌溉造林，成活率在85%以上(含85%)；年均降水量在400mm以下地区，成活率在70%以上(含70%)。

(2)补植

年降水量在400mm以上，灌溉造林，成活率在41%~84%；年降水量在400mm以下，成活率在41%~69%。

(3)重造

成活率在40%以下(含40%)。速生丰产用材林分别按树种专业标准检查验收。造林合格计入造林面积。

8.4.2.5 补植

根据造林检查，成活率在41%~84%时，进行补植造林，成活率不足40%时重造，补植或重造要及时。

植苗造林的补植，应用同龄大苗，飞播造林和封山(沙)育林地，主要根据成苗和成效，进行适时必要的补植，补播。

8.4.2.6 造林保存率检查

人工造林3~5年后，上级主管部门(国有林场自查)根据造林施工设计检查验收合格证，对造林面积保存率，造林密度保存率，经营和生长情况组织检查，其结果计入档案。

8.4.2.7 造林技术档案建立

(1)建立造林技术档案的意义

造林技术档案以小班为单位，是记录小班内林木的营造，经营活动和林木生长状况的历史性资料，是分析生产活动，评价造林成效，拟定经营措施的依据。

国有林场造林、集体造林、合作造林、重点工程造林和具有一定规模的其他形式的造林，都要建立造林技术档案及管理制度。

(2)造林技术档案的内容

①造林技术档案的内容　造林设计文件、图表、整地方式和标准、林种、造林树种、造林地的立地条件、造林方法、密度、配置、种苗来源、规格和保护措施、抚育管理、病虫害种类和防治情况。造林施工单位、权属、施工日期、施工组织、管理、检查验收和造林保存率检查情况、各工序用工量及投资等。

②标准地记录　根据造林树种、立地条件建立永久性标准地，连续记录经营管理活动和林木生长情况。

③主管部门建档案　县、乡林业主管部门和国有林场要建立造林技术档案，并确定专人负责，坚持按时填写，不要漏记和中断，不得弄虚作假，技术档案要由业务领导和技术人员审查签字，并逐步实行技术档案的现代管理。

8.4.2.8 工程造林的概述

把植树造林当作工程项目来对待称为工程造林，一个完整的工程造林项目包括5个方面内容：

(1)项目的确立

也称立项。由项目执行单位编制项目申报书，报请项目决策机关进行审批。

(2)项目可行性研究及方案决策

可行性研究可在立项之前或立项之后进行。方案决策主要是确定造林项目最优实施方案，以供有关领导机关决策、审批，并编制工程造林项目的设计任务书。

(3)工程造林的规划设计

根据项目批复文件和设计任务书，由专业部门进行项目的总体规划设计。

(4)年度施工设计

由项目执行单位，根据总体规划设计要求，进行年度施工设计。

(5)工程管理

包括工程的组织、技术、质量、资金、现场和目标管理等。工程竣工后，要组织全面的竣工验收。

目前，工程造林还处于初创阶段，在程序上还不够完备，适用的对象主要限于有明确投资来源的造林项目。随着我国造林工作向全集约化方向发展，当历史进入到几乎全部造林工作都是按照工程项目的方式来管理的时代，也许工程造林这个专用术语的作用就会消失，人们将习惯认识到，造林工作本身就是一个工程项目。

第 9 章

造林规划设计

造林是百年大计的事业。为了提高造林质量，充分发挥林木速生丰产和改善生态环境的潜在能力，实行科学造林和集约经营，凡较大面积的群众造林和国有单位造林，在造林前首先必须认真进行造林设计，避免盲目性，保证科学施工。造林设计包括较长期的造林规划设计和年度造林施工设计两类。

9.1　造林规划设计

造林规划设计是根据造林地区的自然经济和社会条件，在林业用地范围内，对宜林荒山、荒地及其他绿化用地进行调查分析，对造林工作做出全面安排并编制人工造林施工方案的一项技术性工作。

9.1.1　造林规划设计概述

造林规划设计的任务：一是制订造林规划方案，为有关领导和决策部门制定林业发展计划和决策提供科学依据；二是提供造林设计，指导造林施工，加强造林的科学性，保证造林质量，有计划地扩大森林资源，改善生态环境，提高经济效益。

9.1.2　造林规划设计的类别

造林规划设计按其细致程度和控制程序，可分为三个逐级控制而又相对独立的类别：造林规划、造林调查设计和造林施工设计。

(1)造林规划

造林规划是对造林工作的宏观安排，包括它的发展方向、林种比例、布局、规模、进度、主要技术措施、投资及效益计算及其他基本建设的规划等。小至县、乡、林场，大至地区、省、全国都可进行造林规划。主要为各级领导宏观决策和编制林业计划，指挥造林绿化事业提供依据。

(2)造林调查设计

造林规划或林业区划的原则指导及宏观控制下，依据上级机构下达的设计任务书的要求，对某一基层单位，如一个林场或一个经营区，对与造林工作有关的各项条件因子，特别是对宜林地资源，进行详细的调查，并在此基础上进行具体的造林设计。其主要内容为规划造林总任务量的完成年限，规划造林林种、树种，设计造林技术措施。这些调查设计意见需落实到山头地块。造林调查设计，还要对造林工程的种苗、劳力及物质需求、投资数量及效益估算等做出精确的测算。它是林业基层单位制订生产计划、申请投资及指导造林施工的基本依据。

(3)造林施工设计

直接为造林施工服务。一般在一个林场或一个经营区域内，在造林调查设计或林区的森林经营规划方案的指导下，根据当年造林任务，在造林前进行造林施工设计。其主要内容为按地块(小班)确定造林地地点、面积、立地条件、实施的技术措施，编制设计文件、安排种苗、用工、投资计划及造林时间，并绘制大比例尺的设计图，指导造林施工。

以上三项工作中，造林调查设计是核心。造林规划实质上是一种简化了的造林调查设计，其主要标志是造林技术措施不落实到山头地块，造林施工设计是造林调查设计在年度执行中的具体化方案。因此，下面将主要介绍造林调查设计的工作程序和技术要求。

9.1.3　造林调查设计

为保证造林质量，提高造林成效，有计划地扩大森林资源，改善生态环境，使造林、营林建立在科学可行的基础上，必须在造林前进行调查规划设计。

造林调查规划设计是在土地利用区划和林业区划、规划确定为林业用地范围内进行。按照社会经济发展的需要，通过各项调查，确定造林经营方向，拟定技术措施，安排生产布局，落实造林任务，确定完成年限，进行投资概算和效益估算。在新建或改扩建的国有林场，还应进行基建工程和附属工程规划设计，确定机构与人员编制等。造林调查规划设计，应在计划任务书的原则指导下分为3个阶段进行，即准备工作、外业调查、规划设计等。

造林调查设计工作，一般分为准备工作、外业工作、内业工作三个阶段进行。

9.1.3.1　准备工作

准备工作主要包括以下几项内容：

(1)召开准备会议

成立造林调查设计实习领导小组；听取施工单位对调查设计的要求及有关情况的介绍；明确调查设计任务(地点、范围、完成期限等)；学习有关方针政策、技术规程和工作细则；制订工作计划。

(2)概况踏查

了解调查地区的地形、地势、山脉、河流、道路等自然概况，以及分布范围和特点，为编制外业计划做好准备。

(3)搜集资料

①图面资料　万分之一的平面图或地形图、航测照片等。

②自然情况资料　气象、土壤、植被、水文、地质等资料。

③社会经济情况资料　居民点分布、人口、土地、劳力、畜力、交通运输情况、农林业生产情况资料以及群众经营林业的习惯等。

④造林技术资料　造林技术设计资料、造林经验、各项造林工程定额、病虫害资料等。

(4)物资准备

做好文具、仪器、图表、工具以及生活用品等的准备。

此外，还需要进行人员组织、劳力组合，以及制订工作制度等的准备工作。

9.1.3.2　外业工作

包括试点练习，测量区划，土壤调查，植被调查，外业资料的统计、整理和分析，外业设计等。

(1)试点练习

到达外业现场后，选择有代表性的一定大小面积的地区，进行调查设计练习，达到熟练操作技术，全面掌握调查设计工作方法的目的，在试点练习过程中，可结合进行成绩考核。

(2)测量区划

造林调查设计工作一般采用万分之一比例尺的地形图或平面图，如果调查地区已有这种图面材料，或航测材料，可全部或部分的免去测量工作。否则，应重新测量。测量的精度要求在“规程”中有具体规定。在图面材料上或测量时，把调查地区划分为若干分区，在每一分区内再分成若干个林班。

①分区　分区是一个经营管理单位。主要根据山脊、河流、道路等自然地形和行政界进行，如无明显的自然界限时，可结合人工区划。分区图幅的大小一般为 50cm × 70cm，分区名称一般采用地名。

②林班　林班是调查统计及施工管理单位。林班界尽量采用自然地形界限，必要时，结合人工区划，林班用一，二，三…表示，按调查区统一编号，如分区面积不大时，可不区划林班。

③小班　小班是造林设计的基本单位。也是造林施工经营管理的基本单位。每一小班应具有基本一致的立地条件和土地利用方向。小班边界一般应为自然边界，也可结合经营措施来划分。小班最小面积以不少 5 亩为宜。如条件复杂，小班面积过小，可划分混合小班。小班一般用 1，2，3，…数字编号。在图面上，应按自上而下，自左而右的顺序编排。

(3)土壤调查

土壤调查的目的，在于查清调查地区的土壤种类和分布情况，为造林设计提供依据。调查时，划分土壤小班，必要时可勾绘土壤分布图，提出土壤简要说明，以及对土壤分析的意见。(土壤调查记载表附后)

(4)植被调查

调查了解造林地植被种类和分布情况等有关因子，为造林设计，如整地方法、抚育措施等，提供依据。(植被调查记录表附后)

(5)外业资料的整理和外业设计

在外业调查期间，应每天检查当天调查材料，发现错误及遗漏，应立即修订补充。在外业调查基本结束后和离开调查地以前，应对所有外业调查材料，进行整理，按分区和林班装订成册。外业设计包括确定林种、树种，划分立地条件类型等。

9.1.3.3　内业工作

包括调查材料的整理、统计和分析，技术设计，技术会议，编制造林技术设计方案等。

(1)调查材料的调整、统计和分析

①土壤调查材料的整理、统计、分析，提出土壤种类、分布情况、分布面积、宜林程度以及土壤分布底图等。

②通过植被调查材料的整理、统计、分析后，提出调查区植被说明，其中包括植被种类、分布情况、生长状况及处理意见等材料。

③其他调查材料的整理、统计、分析。如病虫害调查材料、社会经济情况调查材料、各类土地面积的统计、小班造林面积的统计等。

(2)技术设计

根据国家对该地区的要求，调查地区的立地条件，当地的造林经验，运用造林科学的最新成就，进行造林技术设计，首先修订立地条件类型表，然后选定造林树种、设计造林图式及造林技术措施(整地方法、造林方法、抚育管理方法、补植等)。最后分别立地条件类型，拟定造林类型表，初步拟定各项造林技术措施的工作定额。

按照上述设计意见，并参照外业设计意见，对每个小班进行内业设计，提出技术成果，大体估算各造林措施的面积，分年造林任务的初步安排及经费劳力的估计概算。

(3)技术会议

技术设计完成后，应召开技术会议，由调查设计单位邀请施工部门及其他有关单位参加技术会议。在会议上，由调查设计单位介绍调查情况及设计意见，并可提出有关问题，进行讨论，作出决议，为修正技术设计和进行计算工作的依据。

(4)编制造林技术设计方案

包括调查表格的编写、誊清和装订；图面材料的绘制；编写造林技术设计说明书。

①调查表格的编写、誊清和装订　有小班造林设计表；造林工作量统计表；种苗及劳力用量表等。

②图面材料的绘制　有调查地区总图；土壤、植物分布图；造林设计图等。

③编写调查设计说明书　调查设计说明书包括以下内容：

a. 前言。

b. 调查区概况：位置、所属行政区划、调查范围、面积、人口、劳力、交通、通信条件、各项生产简况、林业生产情况等。

c. 自然条件及立地条件类型的划分：地形、地貌、气候、土壤、植被、立地条件类型的划分。

d. 造林设计：区划、林种、树种及造林图式，造林技术措施(整地、造林、抚育、补植等)，病虫害的防治，防火措施意见等。

e. 工作量及施工。

f. 劳力、畜力、种苗、其他材料需要量的估算。

g. 有关使用设计材料的说明。

说明：附表 1 ~ 10 只供参考，在应用时，可根据实际情况进行修改。最好使用省的或全国的统一调查表格。

附表 1　土壤调查记载表

土壤名称＿＿＿＿＿＿＿＿母岩＿＿＿＿＿＿＿＿

剖面地点＿＿＿＿＿＿＿＿剖面位置＿＿＿＿＿＿＿＿

植被＿＿＿＿＿＿＿＿＿＿＿＿＿＿＿＿

海拔＿＿＿＿＿＿坡向＿＿＿＿＿＿坡度＿＿＿＿＿＿

剖面情况

层　次					
深度(cm)					
采样深度(cm)					
颜色					
质地					
结构					
干湿度					
松紧度					
根系					
新生体					
侵入体					
pH 值					
土内害虫					

调查人：　　　　　　　　　　　　　　　　　　年　　月　　日

附表 2　植被调查记载表

林班＿＿＿＿＿＿＿＿小班＿＿＿＿＿＿＿＿

面积＿＿＿＿＿＿＿＿地点＿＿＿＿＿＿＿＿

地形＿＿＿＿海拔＿＿＿＿坡度＿＿＿＿坡向＿＿＿＿

土壤种类＿＿＿＿＿＿＿＿地下水位＿＿＿＿＿＿＿＿

群落名称＿＿＿＿覆盖度＿＿＿＿灌木＿＿＿＿草本

植物种类

灌木名称	平均高度(m)	生长情况
1.		
2.		
3.		

优势植物	草本名称	平均高度(m)	生长情况
1.			
2.			
3.			

群落形成的原因

对植被处理意见

调查员：　　　　　　　　　　　　　　　　　　年　　月　　日

附表 3　小班外业调查记载表

区分编号	林班编号	小班编号	小班面积		小班面积			土壤名称及厚度	立地条件类型	主要造林树种	备注
			共计	其中：纯造林地面积(%)	地类	地形地势	植被及林木情况				
1	2	3	4	5	6	7	8	9	10	11	12

说明：1. 第 5 栏要除去岩石裸露地等不能造林面积。
2. 第 6 栏可为荒山荒地、岩石裸露地等。
3. 第 7 栏记载地形、海拔、坡向、地度等。
4. 第 8 栏记载植物群落名称、总覆盖度、草本和灌木等。

附表 4　造林类型设计图式

一、图式号：　　　　林种：　　　　树种：

二、造林地立地条件：
山地坡向　　　　土层厚度

三、地类：

造林技术措施：
1. 整地方法和时期：
2. 造林时期：
3. 造林方法：
4. 造林密度：
5. 幼林抚育：

混交图式：
（可参考各省造林典型设计材料）

每公顷种苗、人工需要量表

树种类别	树种名称	树种代号	后备树种	混交比	苗龄	株行距(m)	种苗量		用工量			备注
							实生苗(株)	种子(kg)	整地	造林	抚育	

本图式适用的小班号：

附表5　造林类型表

造林类型编号	造林地种类	树种	株行数	造林图式	每公顷株数	整地方法、规格、时间	种苗规格	造林方法、时间、技术	抚育年限、内容、次数	立地条件类型	备注
1	2	3	4	5	6	7	8	9	10	11	12

附表6　小班调查设计表

分区：　　　　　　　　林班：　　　　　　　　面积：　　　　　　　　hm^2

小班号	小班面积		小班地类	小班地名	小班概况			立地条件类型	造林类型编号	设计意见（包括林种、树种、整地、造林、抚育、改造补植等建议）	备注
	合计	其中纯造林面积			地形、地势（坡位、坡度、坡向）	土壤（名称、质地、土层厚度、石砾含量、基岩母质、酸碱反应）	植被（种类、名称或科名、覆盖度、平均高度、根系盘结度、分布、生长状况）				
1	2	3	4	5	6	7	8	9	10	11	12

附表7　各造林类型所需种苗量统计表

造林类型编号	纯造林地面积	树种名称	年龄	种苗需用量					
				每　公　顷			全　面　积		
				苗木（千株）	插穗（千株）	种子（kg）	苗木（千株）	插穗（千株）	种子（kg）

附表8　各树种造林需用种苗量总计表

编　号	树　种	苗　木		插　穗（千株）	种　子（kg）	备　注
		年　龄	数　量（千株）			

附表 9　劳力、畜力、需用量统计表

造林类型编号	纯造林地面积（hm^2）	劳力、畜力、需用量			
		每　公　顷		全　面　积	
		人工日	畜工日	人工日	畜工日

附表 10　社会经济情况调查表

分区名称	分户数	职工人数				社队每年可能抽出造林人数	社队每年从事造林工作日数	农用地			林业用地						牲畜情况				运输工具		水库(座)	水塘面积(hm^2)	场办企业	备注
		干部	工人					小计	水田	旱田	小计	用材林(hm^2)	经济林(hm^2)	水土保持林(hm^2)	宜林荒山(hm^2)	苗圃地(hm^2)	牛	马	羊	猪	汽车(台)	拖拉机(台)				
			小计	男	女																					

调查人__________　　　　　　　　______年_____月_____日

9.2　造林施工设计

9.2.1　造林施工设计的意义

造林施工设计又称造林作业设计。是以小班为单位，根据造林规划设计(或总体设计)及上级下达的年度造林计划，在造林前一年进行。具体任务在于正确地落实小班设计(包括造林类型设计、林分经营类型措施设计，以及各项作业用工、成本核算等)，统计各种表格，绘制设计图，编写施工设计说明书等。

造林施工设计经审批后，作为造林施工的依据。因此，造林施工设计是实现科学造林、营林必不可少的工作，通过施工设计，既能保证适地适树、良种壮苗措施的贯彻和实施，又能使丰产措施和营林技术更加切合实际，得到推广应用。因此，没有施工设计，就不得施工。

9.2.2　造林施工设计的程序

(1)现场踏查

施工设计应根据年度下达的控制指标，对照和利用造林总体设计图、分年造林、培育面积统计表和小班一览表进行现场踏查，具体落实施工设计的小班。

(2)小班面积测量

在测量造林小班面积之前，应先实地落实总体设计调绘的小班界线。然后用罗盘仪导线法实测面积(如过去有大比例尺地形图，也不一定都要用罗盘仪导线法实测面积)。实测条件困难的，可先用地形图现地勾绘求算，但在造林后，须用罗盘仪实测结果及时填报。落实后的小班界线，应埋设标桩作记，并标示在图上。

(3)小班核查设计

小班核查要选择有代表性的典型地段，对照造林规划(或总体)设计文件，核查小班基本情况、立地因子和立地类型，以及造林类型或林分经营措施类型设计。考虑施工作业时的技术发展水平和培育目标，确定造林树种、林地清理、整地、苗木规格、造林时间、混交方式、造林密度、幼林抚育次数与方法，以及抚育间伐的次数、时间和强度等。

(4)编制施工设计书

一般以工区(或村)为单位编制施工设计书，内容包括：

施工作业的小班一览表、绘制施工作业平面图、编制预算和编写施工作业设计说明书等。

预算内容：施工面积、种苗需要量、育苗面积、用工量、资金投放量等。

编写施工设计说明书，其内容包括：

①基本情况，设计的过程和成果。

②技术设计，简要说明施工作业小班的立地类型，各项作业用工成本定额，以及林道、防火林带、生土防火线的设计依据和方法。

③说明各树种施工面积及种苗需求量、育苗面积、用工量、资金等项预算的依据和数量。

④质量检查验收的工作过程和结果。

造林施工设计书应于施工前交上级林业主管部门审批。一经批准，施工单位必须认真贯彻执行。

亚热带地区主要树种的栽培技术

10.1 杉木

别名：沙木、沙、刺杉

学名：*Cunninghamia lanceolata*

科名：杉科 Taxodiaceae

10.1.1 经济意义和分布

杉木是我国特有的重要用材树种，生长迅速，产量高，干形通直圆满，材质优良，有香气，纹理直，不翘不裂，抗虫耐腐，广泛用于建筑、桥梁、造船、家具等方面，树皮含单宁；根、叶、皮、材、果均可入药。在国民经济中占有重要位置。

杉木在我国分布较广，遍及我国亚热带地区。黔东南、湘西南、桂北、粤北、赣南、闽北、浙南等地区是杉木的中心产区。其栽培区域约位于东经102°~122°，北纬22°~34°之间。其垂直分布的幅度也相当大，并随纬度和地形而变化。如中心产区主要分布在海拔800~1000m以下的丘陵山地；南部及西部山区分布较高，如在峨眉山达海拔1800m，云南东部的会泽达海拔2900m，东部及北部分布较低，一般在海拔600~800m以下。

10.1.2 树种特性

(1)生态学特性

杉木是亚热带树种，喜湿润，怕干旱，是较喜光的树种，幼树耐阴。在杉木分布区范围内，年平均气温为15~23℃，1月份平均气温1~15℃，极端最低气温为-17℃。年降水量800~2000mm。因此，雨量充沛，温暖湿润，风小雾多，生长期长是杉木最适生的环境。在杉木分布的偏南地区，长夏高温，雨季降水集中，旱季较长，台风又经常过境，这些气候因素，不利于杉木生长。杉木对土壤条件要求较高，一般要在深厚、肥沃、湿润、疏松、排水良好、微酸性土壤上生长良好。

(2)生物学特性

杉木是速生树种。苗木造林后2~3年内，年平均高生长约30~50cm；一级苗在立地条件好的林地里抽梢高达80cm。4~10年左右高生长迅速，平均年生长可达0.5~1.0m左右，之后生长逐渐减慢，要持续30年，其后年生长量仅0.2~0.3m。径生长在4~5年后生长迅速，连年生长与平均生长的最大值在10~15年生时出现。材积生长最大值多数出现在25~30年。杉木侧、须根发达，主根不明显。常分布在40~50cm的土层中。杉木的萌芽力强，常从根茎部萌发不定芽，抽出新条，形成多株丛生。

10.1.3 造林技术

(1)造林地的选择

在南亚热带，因气温高，台风多，应选高海拔、避风背阴的山洼坡地为宜。在产区的偏北部分，要选择海拔较低，背风向阳、地势较缓、水分充裕的小地形，以利杉木越冬防寒，早期防旱。

(2)造林密度

杉木造林密度的确定，必须考虑杉木的生长特性、经营目标、立地条件、经营条件和经济效果。如经营大径材，初植密度应适当稀一些。经营中、小规格材，则可密一些。一般山区每公顷栽杉1500~3000株，丘陵区每公顷3000~4500株，适当疏植，间种农作物，是培养杉木林较成功经验，值得推广。

(3)混交造林

营造杉木混交林，尤其是针阔混交林，具有保持水土改良土壤，防止地力衰退，预防病虫害等优点。目前生产上采用的混交树种，多为一些适应性强的树种如松、杉(1∶1)混交林。此外，还选用檫树、酸枣、楠木、木荷、红豆树、格氏栲等。

(4)造林整地

杉木造林整地一般要经过劈草、炼山和挖穴三个工序。为保持水土，提倡不炼山造林。为了促进人工杉木林的速生丰产，一般山区以块状整地挖明穴，回表土效果较好。穴的规格40~60cm见方，深40cm，在低山丘陵立地条件较差，可采用撩壕整地。

(5)造林季节

杉木植苗造林，一般在12月至翌年2月，如果用1年生实生苗造林，造林时间以早春为主。

(6)苗木

选择壮苗，一般标准是：茎直、粗壮，充分木质化，顶芽饱满，根系发达未受病虫和机械损伤，Ⅰ或Ⅱ级壮苗造林。

(7)栽植方法

杉木造林主要有植苗造林、插条造林两种。实生苗造林一般采用穴植，要做到“穴大、根舒、深栽、压实、不反山”，即栽时要把苗扶正，根系要舒展，苗梢向下坡，栽植深度比原根际处深10~15cm，以抑制根颈萌蘖，提高抗旱能力；插条造林是山区传统的栽培方法之一，插穗应选择1~2年生火苗(经过炼山杉木萌条)，但由于插条造林有早衰现象，现在生产上很少采用。

(8)幼林抚育管理

幼林管理的主要内容有：中耕除草，除蘖防荫，培蔸扶正，施肥等。

10.2 柳杉

别名：孔雀杉、天杉、榅杉

学名：*Cryptomeria japonica* var. *sinensis*

科名：杉科　Taxodiaceae

10.2.1 经济意义和分布

主要用材树种。木材甚轻软，收缩小，强度中等，次于杉木。质地较松，纹理通直，结构中等，施工容易，能刨成薄片，供制蒸笼材料。木材易干燥，不翘曲，握钉力强，油漆性能中等，胶黏性好，耐腐处理容易。木材供建筑、桥梁、车辆船舶及家具工艺等用材。叶可作线香，皮可葺屋。

树姿雄伟，优美，不但是良好的园林风景树种，且能净化空气，改善环境卫生。

柳杉是我国南方优良速生用材树种之一，分布于我国亚热带地区，江西庐山，浙江天目山，福建东北部栽植尤多。近年南方各省(自治区、直辖市)均有人工造林，400～1600m 山区生长良好，但沿海低山也能生长。

10.2.2 树种特性

(1)生态学特性

柳杉要求年降水量 1000mm 以上，年平均气温 14～19℃，1 月平均气温 0℃ 以上的温暖湿润气候，尤其需要空气湿度大，云雾弥漫，夏季凉爽的海洋性或山区气候。

柳杉适宜的土壤以山地黄壤、红黄壤为主，在土层深厚，结构疏松，透水性能好的酸性土生长良好。柳杉耐水性差，排水不良的林地，容易烂根，不宜栽植。

(2)生物学特性

柳杉是较喜光树种，幼年较耐荫。枝韧梢柔，富有弹性，抗风性、抗雪压和冰挂的能力较强。生长快而持久。树高生长 5 年生以前较慢，5～20 年为速生阶段，年增长 60～120cm。40 年以后生长趋于缓慢。直径生长，5～30 年为速生阶段，连年生长量 1～1.6cm，30 年以后缓慢，但能持续到 150 年左右。无明显主根，侧根发达，为浅根性树种。柳杉生长快而持久，能长成大径材。

10.2.3 造林技术

(1)造林地选择

造林林地宜选凉爽多雾山区或空气湿度较大的沿海丘陵。土层瘠薄干旱的山顶、山脊或西南向山坡不宜栽植。

(2)造林密度

每亩栽160~240株。

(3)混交造林

沿海山地可与杉木混交，生长量明显大于纯林。把柳杉作为杉木的伴生树种，能够减轻杉木风害，并促进土壤微生物活动，有利于有机质的矿质化。

(4)造林整地

全垦或带垦整地挖穴，整地规格60cm×40cm×40cm。

(5)造林季节

在冬季至翌春选择壮苗栽植。

(6)苗木

选择Ⅰ或Ⅱ级苗造林，插条造林取壮龄树冠外围2~3年生侧枝，长40~50cm，修去部分下枝。

(7)栽植方法

柳杉植苗造林或插条造林，造林技术与杉木相似。

(8)幼林抚育管理

幼林抚育造林当年的秋季除草松土1次；第2~3年春挖秋锄各1次。第四年再除草松土1次。林地土壤较好的，最初几年可进行林粮间作，以耕代抚，促进幼林生长。

10.3 水杉

学名：*Metasequoia glyptostroboides*

科名：杉科 Taxodiaceae

10.3.1 经济意义和分布

水杉是我国特有的古老珍稀树种。树干通直，树形优美，是一种良好的四旁和庭园绿化树种。木材纹理通直，材质轻软，干缩差异小，易于加工，适于建筑、造船、家具、造纸等用材，适应性强，生长快，也是优良的速生用材树种。

水杉在第三纪广布于欧、亚与北美，生长繁茂，种类很多，在第四纪时，北半球北部冰川降临，水杉类植物多受寒害灭绝。20世纪40年代，在我国四川万县和湖北利川县交界的水杉坝发现一部分残存的水杉古树。水杉的发现，在科学界被誉为“活化石”。

水杉在原产地分布海拔为900~1500m，中华人民共和国成立后，水杉开始在国内各地引种，栽培区不断扩大，目前北起北京、延安、辽宁南部，南及两广、云贵高原，东临东海、黄海之滨及台湾，西至四川盆地都有栽培。特别是长江流域的江苏、浙江、上海、湖北、湖南、安徽、江西等省(直辖市)，广为栽培。河南、山东等省引种，也取得了良好效果。

10.3.2　树种特性

(1)生态学特性

水杉对气候条件的适应幅度很广，在生长良好的地区，年平均气温 12～20℃，冬季能耐绝对最低气温 -18.7℃，年降水量 1000mm 以上。水杉对大气干旱的适应能力相当强，在干旱季节进行灌溉，保持土壤充足水分，生长速度不受旱季影响。水杉对土壤条件的要求较严格。

(2)生物学特性

水杉在原产地分布海拔为 900～1500m，水杉喜光，幼苗较耐庇荫。水杉生长迅速，在原产地，树高年平均生长量为 30～80cm，在 50 年以前，一般均能保持在 60～80cm；胸径年平均生长量 1～1.75cm，在 20 年以后，增长较快，一般均保持在 1.3～1.6cm，80～100 年以后，趋于缓慢。在一般栽培条件下，可以在 15～20 年生达到成材。在立地条件适宜，栽培措施精细的情况下，成材期可望缩短至 10～15 年。

10.3.3　造林技术

(1)造林地选择

选择土层深厚、肥沃、湿润排水良好的沟谷。溪旁、山洼，极少见于山腹以上土壤干燥瘠薄之地。引种时一般以平原的河流冲积土为好，丘陵山区则以山洼及较湿润山麓缓坡地较为适宜。

(2)造林密度

可采用 2m×3m 的株行距，每亩 110 株，到第 10、15 年时，各进行一次间伐，使株行距分别调整为 3m×4m 及 4m×6m。单行栽植时，由于侧方受光条件较好，可采用 2m 的株距。

(3)混交造林

营造针阔混交林，具有保持水土、改良土壤等优点。

(4)造林整地

一般采用大穴整地，穴径 50～60cm，深 50cm。回土时适当施腐熟的有机肥作基肥。进行林粮间作时，可采用全面整地，深 20～25cm，再按株行距挖大穴。

(5)造林季节

从晚秋到初春均可，一般以冬末为好。由于水杉根部萌动较早，栽植时间，以在上部分萌动前 30～40d 较为适宜，大苗时间可比小苗略早。切忌在土壤冻结的严寒时节栽植。

(6)苗木

一般以 2～3 年生为好。造林用的苗木，由于水杉苗木的高生长旺盛，考虑苗木质量时，尤应着重粗壮，2～3 年生苗木的高径比，以 50:1 左右为宜，即 1.5～2m 高的苗木，要求地径能达到 3～4cm 以上。

(7)栽植方法

最好随起随栽。栽植时，注意苗木栽正，根系舒展，分层填土拍紧，浇定根水。大苗栽植，要多带宿土。

(8)幼林抚育管理

当年4~5月间进行烧水是保证成活的关健，大苗栽植，在高温季节，更应特别注意抗旱。每年进行2~3次除草松土。2年以后，在春季发芽前施1次肥，旺盛生长期前，追肥2次，对促进生长，效果显著。

10.4 马尾松

别名：枞柏、青松

学名：*Pinus massoniana*

科名：松科 Pinaceae

10.4.1 经济意义和分布

马尾松木材是工农业上的重要用材之一，广泛应用于建筑、枕木、矿柱、胶合板，也是造纸和人造纤维工业的重要原料；产松脂、松节油为工业及医药原料；因木材很耐水湿，素有“水浸千年松”之说。在南方各省(自治区、直辖市)森林蓄积量中，马尾松占半数。

马尾松分布于北纬21°41′~33°51′，东经103°~120°的广大区域内。即淮河、秦岭、伏牛山、大别山以南至福建、广东、广西的南部，东至东南沿海和台湾，西到贵州、四川中部。

马尾松垂直分布，由东到西，随地势升高而逐渐上升。东南各省(自治区)适生上限海拔1000m以下，生长良好。

10.4.2 树种特性

(1)生态学特性

极喜光树种，要求气候温暖湿润，对土壤要求不严格，能耐干旱瘠薄，是荒山造林的先锋树种。

(2)生物学特性

马尾松在立春前后，气温达12~13℃左右开始萌发，高、径生长始于3月上旬，止于12月上旬。马尾松在5年以前高生长比较缓慢，年平均生长30cm。5~25年达到高峰，25年后迅速下降。即所谓“3年不见树，5年不见人”。马尾松为深根性树种，主根明显，侧根发达，并有菌根共生。

10.4.3 造林技术

(1)造林地的选择

除了涝洼地、盐碱地、钙质土外，马尾松在自然分布带以下的低山、丘陵、向阳处荒山荒地，均能正常生长。在土层厚50cm以上，腐殖质层厚5~10cm的土壤，可长成大径材。土层浅薄，无腐殖质，土壤干燥，养分缺乏的山脊、山顶及上坡，可作为马尾松小径材的造林地。

(2)造林密度

马尾松造林密度应以经营目的为依据。在培育中，小径材，每公顷造林密度为 3600 株为宜，当立地条件为Ⅳ~Ⅴ级时可适当增加造林株数。在立地条件优越，以培育大径材为主的产区，每公顷造林密度以 3000 株为宜，当林分开始郁闭时应及时间伐，促进林木生长。

(3)混交造林

营造马尾松与阔叶树混交林，能改良土壤、预防火灾和抑制松毛虫害发生等。常用混交树种有麻栎、栓皮栎、木荷、杉木、樟树、枫香、相思树、紫穗槐等。

(4)造林整地

马尾松整林一般选在秋、冬季整地。带状整地适于坡度在 30°以下的坡地，目前多采用块状整地即挖明穴、回表土(规格 40cm×40cm×30cm)造林，生长较好。在急陡山坡也有用一锄法造林，即“一锄二插三打紧，苗木点头活有劲”的群众造松经验。

(5)造林季节

一般适宜的栽植时间以 1~2 月为宜，不宜过迟，因苗木抽梢影响造林成活率，如能选择阴雨天造林效果最好。群众说：“西风栽松，徒劳无功”。

(6)苗木

良种壮苗是马尾松速生丰产的主要条件，通常选Ⅰ、Ⅱ级苗上山造林。为确保一次造林成功，也用容器苗造林。由于裸根苗造林成活率较低，多用容器苗上山补植。

(7)栽植方法

可采用人工播种造林、飞机播种造林、植苗造林方式。要求分级栽植，适当深栽，压紧和根系舒展。

(8)幼林管理

主要措施有除草松土、定苗、抹芽等，连续抚育 3 年可提高保存率，促进幼林生长。

10.5　云南松

别名：飞松、青松

学名：*Pinus yunnanensis*

科名：松科　Pinaceae

10.5.1　经济意义和分布

云南松木材富含油脂，其松香不易结晶，松节油优级含量高。木材可用于建筑、坑木、枕木等。

云南松地理分布较广，东至贵州、广西，北至四川，西到西藏，南抵云南。其垂直分布海拔为 1000~2800m，而成片集中分布的海拔范围 1300~1400m 以上，在滇西北约为 1800~3100m，四川分布海拔为 1000~3000m，贵州为 1000~2000m，广西为600~2800m。

10.5.2 树种特性

(1)生态学特性

云南松为西南地区高海拔荒山造林的先锋树种。云南松是极喜光树种，分布区气候特点是夏季雨水集中无酷暑，冬季干燥、无严寒，蒸发量大于降水量，干湿季明显，5～10月为雨季，降水量占85%。对土壤要求不严格，主要分布于各种酸性土壤上，在石灰岩发育的红壤上也能生长。在其他树种不能生长的贫瘠石砾地或冲刷严重的荒山上也能生长。在土层深厚肥沃的林地上生长更好。

(2)生物学特性

云南松造林后前3年的生长比较缓慢，从第5年后侧枝开始生长，高生长明显加快。10～20年生分化强烈，20～40年是生长最旺盛时期。

10.5.3 造林技术

(1)造林地的选择

云南松主要在其自然分布区内的山地造林，均能生长。但在立地条件优越的林地上造林生长速度快，能长成大径材。

(2)造林密度

云南松的造林地条件一般较差，树干不够通直，幼苗期生长较慢，适当密植效果较好。如过稀，往往10年左右尚不能郁闭，难以成林，导致造林失败。如果造林过密，又没法间伐，同样导致幼林因过挤而生长衰退。一般造林密度每公顷4444～6600株。

(3)混交林

云南松因分布区海拔较高，立地条件差，仅少数与栎类混交，混生栎类主要有黄栎、高山栲、栓皮栎、槠栎等。

(4)造林整地

整地方法可因地制宜。有块状整地、带状整地和全面整地。块状整地规格一般先除草60cm×60cm，再进行挖穴40cm×40cm×20cm，一般荒山多用此法。提前整地造林效果较好。

(5)造林季节

造林时间要选择雨季，以利发芽生长。云南是5月下旬至7月上旬造林，在海拔1400m以下干燥气候地区造林，幼苗往往难于渡过春旱，必须采取保苗措施。

(6)造林方法

云南松林通常以穴播造林、撒播造林和飞机播种造林为主。人工播种造林，在已整过的地上用穴播法，每穴10粒种子，播后覆土1cm。撒播造林，每公顷用种量0.5kg。不浸种的种子，播种后15d发芽出土，种子浸种24～48h后造林，播种后7～10d即可出土。飞机播种适用于面积大、集中连片，有效面积在70%以上人烟稀少的宜林荒山。

(7)幼林管理

造林后的管理，主要是除草、松土、培土、间苗、补播等。播种30d后，幼苗已大部分出土，此时要检查漏播、缺苗情况，及时补播。造林后第二年雨季或冬季进行除草、松土。继续抚育3～4年，同时进行间苗工作。第一次间苗，每穴保留健壮苗3株；第四年第二次间苗，每穴保留壮苗1株。

10.6　油松

别名：黑松

学名：*Pinus tabulaeformis*

科名：松科　Pinaceae

10.6.1　经济意义和分布

油松木材坚实、富松脂、耐腐朽，是优良的建筑、电杆、家具、矿柱等用材；树姿挺拔，高大雄伟，寿命长，枝叶繁茂，四季常青，是具有悠久栽培历史的绿化美化树种。

油松分布很广，北自辽宁、内蒙古、宁夏，南到湖北、河南、陕西，西到青海、甘肃、四川，东至山东、河北、北京、天津、山西共14个省(自治区、直辖市)，相当于北纬31°～44°，东径101°31′～124°25′之间。其垂直分布因地而异，在辽宁分布于海拔500m以下；华北山区分布于海拔1500(燕山)～1900m(吕梁山)以下；青海则分布于海拔2700m左右。

10.6.2　树种特性

(1)生态学特性

油松为喜光树种，从种子发芽就要求一定的光照，幼树有一定耐阴性，郁闭度0.3～0.4的林下天然更新良好，但随着年龄增加，需光性增强，4～5年生以上的幼树要求充足的光照；属温带树种，适生地区年均温12～14℃，可耐－25℃的严寒；分布在年降水300～900mm的地区，是比较耐干旱的树种，但在水分条件较好的地区生长更快；对土壤肥力要求不高，适应性强，是我国北方地区荒山造林的先锋树种。

(2)生物学特性

油松属上半年高生长速生的树种，侧枝每年长一轮；主根明显，侧根伸展较广，为深根性树种。

10.6.3　造林技术

(1)造林地的选择

油松主要在其自然分布区范围内的山地造林，但要重视土壤条件和地形部位。适生于森林棕壤、褐色土及黑垆土，喜微酸性及中性土壤。在较干旱的低山丘陵及西北黄土地区，土壤水分是油松成活、生长的重要因子。

(2)造林密度

油松侧枝发达，树冠大郁闭早，造林初植密度不宜过大，一般每公顷3000～4000株为宜，配置1.5m×3m、1m×3m、1m×2.5m，生长过程中再逐渐调整密度。

(3)混交林

营造油松与阔叶树混交林达到抑制侧枝生长，改良土壤，减少火灾和抑制松毛虫害发生等目的。常用混交树种有橡栎类、椴树、元宝枫、花曲柳等。也可与灌木混交，如紫穗槐、沙棘、胡枝子等。

(4)造林整地

油松的造林整地多采用局部整地，即带状整地和块状整地。带状整地，在黄土地区多用反坡梯田整地，石质山地多用水平阶整地；块状整地主要是方块状和鱼鳞坑两种。整地时间要求提前一个季节，整地后栽植前要有1～2次较大的降水过程，使新整地能够蓄到水。

(5)造林季节

油松春季造林应用较广，一般情况都能适用。春季植苗要掌握适时偏早的原则，在土壤解冻到一定深度开始泛浆时造林最好。也可雨季或秋季造林。

(6)苗木

油松造林常用苗木有两种，裸根苗1～3年生；容器苗有百日苗、1～2年生容器苗，还有容器移植苗。目前生产上使用较多的是2～3年生裸根苗。

(7)栽植方法

可采用播种造林、植苗造林、容器苗造林及大苗造林等方式。

(8)幼林管理

主要措施有除草松土、间苗、病虫害防治等。

10.7 红松

别名：果松或海松

学名：*Pinus koraiensis*

科名：松科 Pinaceae

10.7.1 经济意义和分布

红松是我国珍贵的用材树种，树干通直圆满，出材率高，材质轻软易加工，不曲不裂耐腐朽，是建筑、矿山、交通、国防所需各种板材和圆木的优良原材料，其花粉、针叶可以入药；种子可以食用，其含油率达69%；红松富含树脂，可提炼松香和松节油；松针可提取松针油，做润滑油和化妆品原料。我国东北红松林对涵养水源、保持水土也起着很重要的作用。

红松在世界上分布不广，我国东北是其自然分布区的中心地带。其自然分布区大致与长白山、小兴安岭山系所延伸的范围相一致。北起小兴安岭北坡孙吴县(约北纬49°20′)，南至辽宁宽甸县(约北纬40°45′)；东起黑龙江饶河县(约东经134°)，西至辽宁本溪县(约东经124°)。南北约900km，东西约500km。在国外仅见于俄罗斯远东南部和日本的本州中部及四国岛的山地。

我国营造红松林已有100多年，超出天然林分布的界限。在黑龙江、吉林、辽宁的山区营造了大面积的红松人工林，在北京地区，河北赛罕坝地区，山东的泰山和崂山也都有引种栽培。

10.7.2 树种特性

(1)生态学特性

红松对光照条件的适应幅度较大，天然林在一定的庇荫条件下能更新和生长起来，人工林在全光条件下也能迅速生长；对气温的适应幅度较大，在其天然分布区内，年最高最低气温之差可达80℃左右(－50～－35℃)，其耐寒能力强，顶芽形成早，新枝木质化程度高；在生长发育过程中，对水分的要求随其发育阶段和生长时期不同而变化，在幼龄阶段，特别是发芽和幼苗阶段，要求较湿润的环境；天然分布区的土壤多为山地棕色森林土，在土壤肥沃、通气良好、土层深厚、pH值在5.5～6.5的山坡地带生长最好。

(2)生物学特性

天然林中红松的生长比较缓慢，一般要到50～100年才出现直径生长的旺盛时期，之后可以维持很长时间(到200多年生)才明显下降，树高生长最快的时期一般都在100年以内，过了这个时期，树高生长随即明显减少。人工林中红松的直径生长在前10年十分缓慢，10年以后才逐渐加快，11年至26年生是直径生长旺盛期，14年至30年左右时，树高生长最为迅速。红松是浅根性树种，主根不深，侧根发达，整个根系较浅。

10.7.3 造林技术

(1)造林地的选择

在红松分布区内，不论在阴坡或阳坡，薄土或厚土，荒山或采伐迹地上造林都能成活，但长势不同。一般讲，应选择排水良好的山地。坡地应以缓坡至斜坡为宜，斜坡又以阴坡为好。地势平坦、排水不良或有间歇性积水的地方不宜造林，造林地的土壤应选择湿润肥沃、土层较厚、腐殖质层厚度应在5cm以上的土壤为最好。其中由土层的厚度所决定的土壤水分和养分的多少与红松的生长密切相关。凡生长有胡枝子、榛丛地方，次生的稀疏小蒙古栎、山杨、白桦林、杂木林(椴、榆、水曲柳、黄波罗等郁闭度在0.2左右)的地段，宜营造红松人工林，但在生长有柳树灌丛、珍珠梅灌丛和小叶章草丛的地段，不宜营造红松林。

(2)造林密度

一般来说，凡在土层薄、立地(土壤)比较干燥的地段，造林密度可大一些，以培育小径材和发挥森林保水保土作用；在土层深厚，湿润肥沃的地段，造林密度可小些，以培育大径材。造林密度以每公顷4400株(株行距1.5m×1.5m)为宜；在交通运输不便、劳动力不足、立地条件较好的地方，可采用每公顷3300株的密度。

(3)混交造林及其树种配置

营造以红松为主的针阔混交林时，不同立地应选择不同的阔叶树种混交。平缓湿润地宜选水曲柳；山地阴坡、半阴半阳坡、山地中下部等土壤肥沃的地方，宜选紫椴、黄波罗；在山地阳坡可选色木、山杨、桦木。由于红松幼年期较阔叶树种生长慢，故一般采用带状块状混交。红松的带要宽于阔叶树带，也可以先栽红松，过 2～3 年再栽阔叶树种。混交比例可采用 8(红松):2(阔叶树)、7:3 或 6:4。

在营造以栽植针叶树保留阔叶树的混交林时，可进行团块状混交，如与水曲柳、紫椴、黄波罗、色木等树种；也可以带状混交，如与杨、桦等树种。一般红松和阔叶树种的混交比例为 9:2、6:2 或 4:2。

(4)造林地的整地

整地季节宜在造林前一年秋季进行，第二年春季耙平即可造林，不提前整地的，也可以在春季随整随造。在榛丛或杂草较多的地方，整地前应进行植被清理。在杂草少，土壤较为疏松的新采伐迹地，宜采取带状耧去地被物不松土的整地方法，一般带宽 50～70cm，随搂随整；在土壤易流失，保墒差的陡坡，宜采取块状整地的方法。在杂草滋生茂密、草根盘结度大、土壤较为黏重、坚实的老采伐迹地或火烧迹地上，宜采取带状整地。

(5)苗木

苗木根系应发育良好，苗茎粗壮、通直，顶芽饱满、坚实、完整。一般采用 3～4 年生苗木造林。

(6)造林方法和季节

造林方法可采用植苗造林和直播造林，生产上以植苗造林为主。土壤比较干燥、坚实，且苗木较大者，可采用明穴栽植法。土壤湿润、疏松，苗木较小者，可采用窄缝栽植法。造林季节春夏秋三季均可进行，以春季效果最好。

(7)幼林抚育

红松幼林抚育的内容包括除草、割灌、扶苗、培土等措施，一般采用带状或块状割灌抚育法。

10.8 湿地松

学名：*Pinus elliottii*

科名：松科 Pinaceae

10.8.1 经济意义和分布

湿地松是速生用材树种。木材强度大，广泛应用于建筑、枕木、坑木、电杆、胶合板、纤维板、造纸等方面。锯成木板易变形，但比马尾松木材变形较小，天然耐腐性不强，用于露天场合，应先作防腐处理。湿地松是重要的生产松脂树种。树脂道大，单位割面的树脂道面积比马尾松大 70%，从安徽、广东、广西等地采脂试验的结果来看，树脂含油率一般可达 20%～22%，比马尾松高 5%～6%，松香和松节油的质量也比马尾松好。

湿地松原产美国东南部，约在北纬 28°10′～36°，垂直分布，一般在海拔 600m 以下。湿地松产脂量较高，质量较好。故世界上亚热带和部分热带地区广为引种。我国早在 20 世纪 30 年代开始引进，40 年代较大量引种，分别于安徽、江西、江苏、湖北、湖南、广东、广西、浙江、福建等省(自治区)进行育苗造林。

目前我国栽培地区的最北界，到山东平邑县和陕西汉中，最南到海南陵水县。在陕西汉中栽培地的海拔达到 800m。

10.8.2　树种特性

(1)生态学特性

湿地松适生于夏雨冬旱，有明显干湿季节的亚热带气候。对气候的适应性较强，原产地年平均气温 15.4～21.8℃，绝对最高气温 37℃，偶而达 41℃，绝对最低气温 -17℃，年平均降水量 1270～1460mm。从目前引种地区的情况来看，凡年平均气温在 15℃以上、绝对最低气温不低于 -18℃，年降水量在 900mm 以上的低山、丘陵、平原地区，都适于湿地松的生长。但以低纬度地区生长较好，结实较正常。

(2)生物学特性

湿地松为最喜光的树种，极不耐阴，即使发芽不久的幼苗，稍加庇荫，则生长纤弱。湿地松对松毛虫的抗性较马尾松强。湿地松的生长发育，常因气候、立地条件、经营措施等不同而有差异。我国引种范围广，生展发育情况各地不一致。华南地区气候温暖，雨量充沛，生长期长。因此，湿地松生长较迅速。例如，同样是 16 年生的湿地松，在广西柳州，平均树高 10.9m，平均胸径 16.2cm；在江苏江浦，平均树高 1.4m，平均胸径 11.3cm。

湿地松主根深，侧根发达，3 年生的植株，侧根扩展直径达 7～8m，故抗风力强。湿地松的根系，可以耐海水灌溉。抗海潮咸水的能力较强，甚至死亡。湿地松根系有菌根菌与之共生，菌根对湿地松生长有很大促进作用，可进行人工接菌。

10.8.3　造林技术

(1)造林地选择

湿地松在中性以至强酸性的水土流失的红壤丘陵地，排水不良的砂黏土地均生长良好。尤以在低洼沼泽地的边缘，生长最好，湿地松也较耐旱。在干旱瘠薄的低丘陵地生长也较正常。

(2)造林密度

初植时不宜过密，株行距一般为 2.5m×2.5m，每亩 107 株为宜。

(3)混交造林

可以与马尾松、相思树混交。

(4)造林整地

整地以全垦或带垦为好。在地势平坦的地方，采用全垦加大穴，全垦深约 25cm，大穴为 50cm×50cm×50cm，山坡地应沿等高线带垦，带宽 60cm 以上，带面外高内低，以利水土保持。造林地清除所有使苗木受到遮阴的植物。菌根对湿地松生长有很大的作用，要为菌根的形成和发展创造条件。

(5)造林季节

早春造林为宜。

(6)苗木

湿地松幼树具有微弱的萌芽性，故可用扦插、高枝压条、嫁接等方法进行繁殖。选择高40cm以上，地径0.5cm以上，顶芽饱满，侧根发达，针叶深绿的壮苗。

(7)栽植方法

采用植苗造林或播种造林，栽植容器苗时，应使容器露出植穴土面2cm为好，这样可以避免冲刷下来的砂土将幼苗埋掉。如用薄膜袋苗，要在栽时撕去薄膜，如林地有白蚁、蝼蛄等危害，可不去掉薄膜，只用小刀在容器四周划开裂缝，以利根系伸展。

(8)幼林抚育

湿地松根系发达，早期生长快，一般情况下，造林后3年内，每年松土除草1~2次。只要菌根能有效地形成和发展，在裸露地、冲刷地、海岸沙地、泥炭地等，甚至不经松土抚育，也可正常生长。湿地松褐斑病比较严重，要十分重视对褐斑病的防治工作。

10.9 火炬松

学名：*Pinus taeda*

科名：松科　Pinaceae

10.9.1 经济意义和分布

火炬松原产美国东南部，约在北纬28°~39°21′。早在20世纪30年代我国已有引种，是适应性强、生长迅速的用材树种和采脂树种。在原产地垂直分布可以达海拔450m。近年来，引种工作有较大发展，在长江以南的一些省(自治区)育苗造林，生长良好，为我国引种成功的国外松之一。

10.9.2 树种特性

(1)生态学特性

火炬松为南亚热带速生树种，喜温暖湿润的气候；能耐干燥瘠薄的土壤，怕水湿，不耐盐碱。

(2)生物学特性

最喜光，幼年稍耐庇荫。福建南屿林场40年生火炬松树高28m，胸径42cm。其生长速度、干形和抗松毛虫能力均比马尾松强。主根深，侧根较发达。

10.9.3 造林技术

(1)造林地选择

火炬松造林地，应选择海拔500m以下，坡度不超过30°，背风向阳，土层深厚肥沃，通透性较好，酸性或中性的沙质壤土。

(2)造林密度

造林株行距一般为2m×2m~3m×4m。

(3)混交造林

可以与马尾松、湿地松、相思树等树种混交。

(4)造林整地

整地方式有穴状整地、全面整地、带状整地、抽槽整地等。

(5)造林季节

在每年12月至翌年1月。

(6)苗木

苗高40cm以上，地径0.5cm以上，顶芽饱满，侧根发达，针叶深绿，即为壮苗。

(7)栽植方法

随起苗随栽植，稍带宿土，栽正，根舒，分层打紧，再覆土。

(8)幼林抚育管理

造林后，每年松土、除草两次，至郁闭为止。

10.10 樟子松

学名：*Pinus sylvestris* var. mongolica

科名：松科 Pinaceae

10.10.1 经济意义和分布

樟子松是我国东北地区主要速生用材、防护和四旁绿化的优良树种之一。树干通直，材质良好，用途广泛。樟子松材质轻软，富松脂。木材纹理通直，抗性强，耐水湿，耐腐，力学强度大，不易弯曲，但易微裂，工艺性能较好，可供建筑、桥梁、航空、车辆、家具、桅杆和电柱等用材。

樟子松主要分布在大兴安岭北部(北纬50°以北)，向南分布到呼伦贝尔盟的嵯岗，经海拉尔西山、红花尔基、罕达盖至中蒙边界的哈拉哈河，有一条断断续续的樟子松带。吉林伊尔施为其分布的最南端。在小兴安岭北端黑河沿岸的爱辉和卡伦山有少量团块状的樟子松林。在大兴安岭主要分布在海拔300~900m的山顶、山脊或向阳坡，在海拔1000m以上可见到偃松、樟子松林。在小兴安岭北端200~400m的低山上有小片的或与兴安落叶松等混交的樟子松林。

樟子松根系发达，枝叶繁茂，耐盐碱，适应性强，是营造各种防护林的先锋树种。人工造林发展很快，先后在东北各地造林成功，长势良好。樟子松还是城市绿化的重要树种，孤植、列植都能形成美好的景观。

10.10.2 树种特性

(1)生态学特性

樟子松耐寒性强，能耐-50℃的低温。耐旱，对土壤水分要求不严，樟子松适应性很强，耐干燥瘠薄，在风积砂土、砾质粗砂土、砂壤、黑钙土、栗钙土、白浆土上都能生长。

(2)生物学特性

樟子松最喜光，树冠稀疏，针叶稀少，在林内缺少侧方光照时，自然整枝很快，幼林阶段稍有庇荫即生长不良。樟子松人工林 6~7 年生时即可进入高生长旺盛期。立地条件不同，其生长发育状况也有差异。立地条件良好的造林地，每年高生长可达 70~80cm，过度瘠薄或排水不良的造林地生长缓慢，如在流动沙丘上，由于风蚀较严重、干燥，20 年生高为 7.45m，胸径 9.2cm。樟子松对二氧化硫具有中等抗性。幼林易遭鼠害，在深山区往往不易成林，根系发达。

10.10.3 造林技术

(1)造林地选择

造林在山地石砾质砂土、粗骨土、沙地，阳坡中、上部及其他土层瘠薄的地段上均适于栽植樟子松。尤其在排水良好、湿润、肥沃的土壤上栽植生长最好。但在水湿地、排水不良的黏土地、土壤含可溶性盐类达 0.12% 以上的土壤上，呈小老树状。在林冠下不能造林。

(2)造林密度

防护林一般每 667m^2种植 444 株，用材林每 667m^2种植 222~296 株。

(3)造林整地

一般在造林前一年应进行整地，土壤瘠薄的陡坡及水土流失的山地应进行小鱼鳞坑整地；石质山地可客土整地。新采伐迹地和新弃耕地杂草少、土壤疏松的地方，可随整地随造林；风蚀地可以不整地造林。

(4)造林季节

造林时间以春季最好，要抢墒造林。但在干旱地区，应躲过大风期，也可以雨季造林。

(5)苗木

常用 2 年生苗，上山规格，苗高为 12~15cm，地径 0.4cm 以上。造林用的苗木应在两周前原床切根，待新根分化即可起苗。

(6)栽植方法

一般采用明穴栽植、窄缝栽植法、小坑靠壁法、机械造林等方法。

(7)幼林抚育管理

一般为 3 年，各年抚育次数以 2、2、1 为宜。主要是松土除草和培土结合，在风沙干旱地区，造林当年及第二、三年冬季应给樟子松幼苗培土埋苗，以防生理干旱及动物危害。翌春萌动前撤土。

10.11 侧柏

别名：香柏、柏树、扁柏

学名：*Platycladus orientalis*

科名：柏科 Cupressaceae

10.11.1　经济意义和分布

侧柏是我国北方干旱地区主要的用材造林树种。木材坚硬、纹理细致、有香味，不曲不裂、耐腐朽，是造船、船坞、码头等水工用具的优良树种；也是建筑、桥梁、枕木、矿柱和电杆常用树种；还是家具、农具、文具、雕刻等细木工用材。侧柏四季常青、树形美观、有香味，虫害少，自古就是很受重视的绿化美化的风景树种。侧柏种子和绿色的枝叶可入药，种子可榨油，还可作香料。

侧柏原产中国和朝鲜，日本有引种。侧柏是我国针叶树种分布最广的树种，自然分布于辽宁、吉林、内蒙古、河北、北京、天津、山东、江苏、江西、河南、湖北、山西、陕西、甘肃、贵州、四川、云南等省(自治区、直辖市)。黑龙江、西藏、新疆、广东、广西等省(自治区)有引种。可以说侧柏在我国除海南和台湾外都有分布，是适应范围最宽的树种。

在吉林分布于 250m 以下低山，华山可达 1000 ~ 1200m，河南、陕西可达 1500m、云南可达 2600m，高山地区的侧柏多为人工林。

10.11.2　树种特性

(1)生态学特性

侧柏为中性树种，对光的要求中等，可以在郁闭度 0.8 的密林中天然更新。幼树可在阔叶树下生长，但 20 年后需光性增强，要有一定的透光度才能正常生长；属湿带树种，能适应干冷及暖湿的气候，在年降水量 300 ~ 1600mm，年平均气温 8 ~ 16℃ 的气候条件下生长正常，能耐 -35℃ 的绝对低温；耐干旱能力很强，可以在降水量 200mm，土壤含水量 5% 的条件下生存；对土壤条件要求不严，可以在各种基岩和各种土壤条件下生长，但最喜欢生长于石灰岩发育的土壤。

(2)生物学特性

侧柏为常绿树种，小枝含叶绿素，小叶成鳞片状，蒸腾失水少，生长较缓慢，但高径生长的持续期长，树体寿命长，几千年的古树仍然枝繁叶茂；是浅根性树种，主要根系分布于 25 ~ 30cm 以上的土层内，水平伸展侧根发达。细根多呈网状密集分布于根基周围，随树体增大，主根、侧根伸展范围扩大，一般根幅为冠幅的 1 ~ 1.5 倍。

10.11.3　造林技术

(1)造林地选择

侧柏适应性强，对土壤、基岩的条件要求不严，适生地区山地、平原均可种植，但水湿低洼地，冲风口山地，风速较大平原地不宜栽种侧柏。在降水量大于 400mm 的干旱地，只要土层厚度达 30cm(至少 25cm)的山地均可造林，降水量 200 ~ 400mm 的地区土层较厚大于 30cm，温度适宜的地区也可栽种侧柏。侧柏在石灰岩山地土层较厚，水分养分条件好的立地上生长最好。

(2)造林密度

侧柏在前 100 年左右，树冠比较窄，根系分布浅，幼林郁闭所需时间长，因此侧柏纯林初植密度可适当加大，每公顷5000～6000株。

(3)混交林

侧柏树冠小，为减少杂草危害，造林时营造混交林，让其他树种辅佐侧柏生长是最好的方法，侧柏和油松的混交林，能使侧柏生长加快。生长较快的灌木如紫穗槐、沙棘、胡枝子等和侧柏混交，不仅为其地面遮阴，抑制杂草生长，还可以改良土壤，使含氮量提高，对侧柏的生长会更有利。侧柏的混交树种还有毛白杨、刺槐、元宝枫、油松等。

(4)造林整地

侧柏造林大都在土层瘠薄干燥的地方，因此，造林之初，大规格细致整地是提高造林成活率和保存率的重要条件。一般采用鱼鳞坑、窄幅梯田、水平阶、水平沟等方法整地。

(5)造林季节

侧柏除冬季寒冷不宜造林外，其他季节均可造林，但以春季造林最好。

(6)苗木

侧柏造林的规格较多，裸根苗1～3年生小苗和多年生移植大苗；容器苗有百日苗，1～2年生苗，2～3年生移苗容器苗等。山地造林多用1～3年生裸根或容器苗，工程造林多用2～3年的移植苗或较大的容器和未经移植的3年生裸根苗。

(7)栽植方法

可采用播种造林、植苗造林、容器苗造林及大苗造林等方法。

(8)幼林抚育

侧柏抚育管理工作主要是杂草，松土不宜太深。大苗造林后，可以进行林粮间作。

10.12 桉树

别名：尤加利、蚊子树

学名：*Eucalyptus* spp.

科名：桃金娘科 Myrtaceae

10.12.1 经济意义和分布

桉树是世界著名的三大速生树种之一，我国南方引种栽培历史悠久。桉树具有生长快，适应性强，繁殖容易，木材产量高，收益快等优点。桉树用途广，广泛应用于工矿、建筑、交通、枕木等；也是造纸、纤维、精油、能源的重要原料。是四旁绿化和沿海防护林的优良树种。

桉树原产于大洋洲，中国引种桉树已有110多年历史，现在广东、福建、台湾、四川等17个省(自治区)均有栽培，其垂直分布因地而异。主要种类有柠檬桉、窿缘桉、蓝桉、大叶桉等约60多种。我国人工林面积已发展到70万亩，仅次巴西，居世界第二。

10.12.2 树种特性

(1)生态学特性

桉树为喜光树种，极喜强光，不耐庇荫。要求年均气温13℃以上，绝对最低气温不低于-8℃。耐干旱、高温，有的品种能耐盐碱，抗风性强，对土壤条件要求不严，红壤、黄壤、棕壤、冲积土等均可，只要土层深厚，土质疏松湿润的土壤均可正常生长。

(2)生物学特性

桉树为常绿大乔木，桉树高生长期、速生期，在10年以前，平均每年1.2~1.7m，直径生长速生期在8~20年，平均年生长1~2cm，材积速生期在10~25年。桉树为深根性树种，6年生窿缘桉根深达7m；2年生柠檬桉根深2~3m，10年生达11m。因此，具有强大的抗风能力。

10.12.3　造林技术

(1)造林地的选择

气候特点对桉树造林至关重要，根据桉树品种的生态特性，我国分为三个桉树适生区：

①华南地区(包括福建南部、广东、广西、台湾、海南)气候特点是炎热潮湿。适生树种有：柠檬桉、窿缘桉、雷林1号、斜叶桉、薄皮大叶桉、斑叶桉、细叶桉、柳桉、野桉、圆锥桉、栓皮桉、剥桉、小帽桉和赤桉等。

②西南区(包括四川、云南、贵州三省)。四川的成都、宜宾、重庆、南充、绵阳等盆地和西昌一带；云南的昆明、大理、丽江、曲靖等；贵州南部的兴义、罗甸、榕江一带，东部的玉屏、剑河，西部的赤水、仁怀等。本区由于山多，地形复杂，小气候变化大，绝对最低温-6~-4℃左右，霜期数十日，有雪压。适生的桉树为：蓝桉、直杆桉、葡萄桉、赤桉、大叶桉、多枝桉、细叶桉、双肋桉、异色桉、野桉等。

③华中区(包括浙江、江西、湖南)。北至浙江金华、江西上饶、湖南衡阳，绝对低温-8~-6℃，霜期数十日，有雪压。适生桉树有广叶桉、蓝桉、直杆桉、细叶桉、野桉等。

(2)造林密度

桉树是高大的乔木，造林密度应根据造林目的而异，营造用材林、防护林、经济林和行道树等均应有所区别。一般用材林造林密度以每公顷2500~5000株，培养小径材或立地条件差的地区可适当密植。培育经济林或防护林，每公顷7000~10 000株；对绿化美化、台风区等特殊林，没有统一的格式。

(3)混交林

桉树是高大乔木，枝下高达10m以上，根系分布极深，林下可以混植油茶、油桐等经济林。

(4)造林整地

由于1年生桉树苗较高，因此整地规格大一些对桉树成活生长有利，目前各地多用穴状整地。规格60cm×60cm×50cm。挖明穴、回表土效果较好。

(5)造林季节

桉树造林以春季阴雨天最好，由于桉树侧根不发达，裸根苗造林成活率较低，因此各地多采用容器苗造林。这样一年中除干旱或霜冻季节外，其他时间均可造林。

(6)苗木

苗木规格大苗高80~120cm，小苗高30~60cm。大苗造林时上部剪去2/3~3/4。小苗造林可少剪或不剪，小苗根系小，起苗伤根少，栽后成活快，运苗也方便。

(7)栽植方法

栽植前，穴中回填表土到穴满，然后在穴中央再挖一坑，容器苗除去袋子，轻轻放入穴中，切不可用脚踏踩苗根土球，一旦发现袋中营养土已松散，应及时浇定根水，然后用手压实覆土。

(8)幼林管理

主要措施是除草、松土、施肥、定株和种植绿肥等。每年2~3次，连续三年。山地造林威胁最大的是白蚁和蟋蟀，造林初期，应采取预防措施，如浙江产“WAY-8202林木白蚁诱杀剂”(简称“8202”)防治白蚁危害新植桉树，灭治率达90%以上效果良好。

10.13 杨树

学名：*Populus* spp.

科名：杨柳科 Salicaceae

10.13.1 经济意义和分布

杨树生长快，易繁殖，可在较短的时期内提供木材。杨树的材质纹理细，颜色白(白度50%~60%)，纤维含量高(77%~82%)，木纤维壁薄腔宽，具有较好的可桡性，这些特点是造纸所需要的，杨木造纸浆优于其他阔叶树，是发展纸浆的优质材料。用杨木造纸或制造纤维板可与云、冷杉媲美，杨木制成的胶合板也改变了其材质差的缺点。杨树也是世界上最受重视的造林树种之一。

(1)种类

杨树为单性花，雌雄异株，风媒授粉，多数品种互相授粉的亲合力很强，种间、黑杨与青杨派间很容易杂交，因此杨树的种类繁多，按其不同特性共分5个派，即白杨派(分为白杨亚派和山杨亚派)、青杨派、黑杨派、胡杨派和大叶杨派。全世界天然杨树树种约有100多个，其中我国有53种，我国特有35种，约占杨树品种总数的50%，是世界杨树的分布中心。世界天然林中杨树为优势树种的林分面积约$300\times10^4hm^2$，其中胡杨有$56\times10^4hm^2$，大部分在我国的西部地区。

(2)分布

杨树的适应性强分布广，几乎遍布北温带各地，南半球只有1~2种产于赤道肯尼亚。各派的分布状况是：白杨派对大陆性气候、海洋性气候、热带、寒带气候均有较强的适应能力，因此不论高山、平原、高纬度、低纬度的变化到处都可看到杨类树种的生长。欧洲和中国是银白杨的自然分布区，中国的中部黄河中下游生长着毛白杨，美洲、亚洲和欧洲到处都有山杨亚派树种的分布。青杨多产于中国，北美只有毛果杨、香脂杨等少数几种。黑杨派的主要代表种为欧洲黑杨和美洲黑杨，两个杨树的杂交种很多，主要集中于欧洲和美洲，我国也有少量分布。胡杨派多分布于西亚和中亚，北非和欧洲南部也有少量分布，其范围大体是北起北纬45°，南至赤道(肯尼亚)，东起阴山山脉，西至西班牙和摩洛哥的广大地区，中国是胡杨分布范围最大、数量最多的地区。大叶杨派主要分布于中国的中部和西部，北美东部只有异叶杨1种。

杨树的分布主要取决于水热条件的变化，也受气候、土壤、地形、生物和人类活动的影响。

10.13.2　树种特性

(1)生态学特性

杨树为强阳性树种，其喜光性在幼苗期就明显地表现出来，如种子发芽和幼苗生长都要强光照；对日照长短和光周期有严格的要求，把北方长周期的杨树移到周期短的南方则生长不良；对温度的适应能力，品种间差异很大，如甜杨生长于寒温带和寒带，可耐－69℃最低温，而胡杨可分布于赤道肯尼亚，在40℃以上的热干风条件下也能正常生长，但大多数杨树不耐严寒与高温，其适宜的温度是年平均8～16.5℃范围内，其中9～13℃是杨树品种最多的地区。杨树生长快蒸腾速率高，每制造1kg干物质需蒸腾500～700kg水，生长过程中对水分的消耗高于其他树种；对土壤养分的消耗也比较多，要求较肥沃的土壤条件，对土壤理化性质的适应范围较宽，不同品种间差异较大。

(2)生物学特性

杨树顶端分生组织的活动能力强，具有较强的顶端优势；生长速度快，属速生树种；主根不明显，侧根发达；繁殖容易。杨树在一年内的生长时间比较长，春季发叶早，秋季落叶迟，只要水肥条件好，高、径生长自春季开始，到秋季结束可一直不间断生长，并出现两个生长高峰。

10.13.3　造林技术

(1)造林地的选择

杨树喜水、喜肥、喜通透性较好的土壤，耐季节性水淹，在大气候适宜的地区造林，应选水分条件较好的河流两岸的冲积地，地下水位较高的(0.6～3m)低地，有季节性流水沟谷地和水分条件较好的山坡地；土层厚度一般不少于80cm，山地不少于50cm；土壤质地以砂壤土最好，砂土和黏重土壤也可。一般杨树要求中偏碱性的土壤，土壤含盐率可达0.6%或更高。滇杨和南方型是喜中偏酸性土壤。

(2)树种选择

各种杨树的生长速度、树冠宽窄、木材的材质、抵御自然灾害的能力等相差很大，不同的经济目的选用树种各有侧重，如只考虑出材量，不论质量好坏，应选黑杨，在相同条件下，黑杨生长快，单位面积出材量高，但材质差。如要求较好的材质，应选白杨或青杨，白杨在杨树中材质最好，但前期生长慢，青杨材质虽略差但前期生长快。如为了农田防护目的，宜选树冠窄，根系分布较深的树种，如新疆杨、毛白杨、箭杆杨等。为了防蛀干害虫，应选抗性强的树种，如有光肩星天牛的地方选毛白杨、南方型欧美杨。含盐量较高的地区，可选胡杨、小叶杨、美洲黑杨中抗盐碱的品种或其他杂交种。

(3)造林密度

杨树为强喜光树种，造林密度不宜太大。黑杨和青杨前期生长快，持续生长期短，造林时以初植密度等于采伐密度，中间不进行间伐为宜。白杨生长持续期长，造林后可进行一次间伐，但也不宜太晚，以10年左右为好。杨树树冠的宽窄相差较大，一般宽冠树种要稀植，窄冠树种宜密植；培育大径材宜稀，小径材要密；立地条件好或管理集约的造林地，培育相同规格的材种，可适当密些，而立地条件较差，管理不细的要稀植。杨树的造林密度不仅关系到地上林木的生长，也影响地下根系的发育，当造林密度大时会使根量减少，分布变浅，影响林木的总体生长量，个体树高、直径生长受到限制，杨树对密度的反应比其他树种敏感。

(4)整地

造林整地可以改善土壤的通透性、蓄水保墒和土壤的理化性质，促进林木的前期生长。当前种植杨树丰产林的整地规格有3种：①1m^2大穴整地；②1.5m宽1m深沟状整地；③深翻50cm的全面整地等。

(5)苗木

栽植方法影响造林苗木的成活，也影响林木的前期生长。

①苗木规格　为了提高造林成活率，使林木长成通直的良材，最好用1年生的1~2级苗造林；2~3年生的大苗造林也可，但为提高造林成活率，造林前要进行重剪，将1年生的枝条全部分剪掉，主枝也大部分剪掉，只留3~4个芽即可，目的是缩短苗期，使当年的新梢生长量加快，避免树干弯曲。

②苗木处理　为了减少起苗后的苗木失水要尽量缩短起苗至栽植的时间，作好苗木的保护要及时假植，将苗木运至造林地后，先浸泡1~2d或放入假植坑每天灌1次水，连接3~4d再栽植，用成活剂喷苗根使其保水性增加，成活生根加快。

(6)造林季节

秋季造林宜在开始落叶但没有完全落完时，即旗状叶造林，这时深栽地温高，当年可生出新根；春季树芽萌动时造林，栽后很快达到发芽温度，即可迅速发芽后生根成活，苗木失水少。

(7)栽植方法

杨树的生根温度大体在10~14℃之间，为了保证苗根尽快生新根，秋季造林宜深栽，70~80cm或更深，春季宜浅，40~60cm；毛白杨等白杨类树干不易生不定根的树种，最好在春季进行浅栽。造林时适宜采用的基肥：磷肥、饼肥每株各施0.5~1.0kg即可，有机肥常用的有土杂肥每株20~30kg，或圈肥10~20kg(必须经过腐熟)，也可用河泥，每株100~200kg。

(8)幼林抚育

为满足杨树迅速生长对生态因子的较高要求，造林后抚育管理必须及时，要像种植农作物一样精耕细作。主要措施有：灌水、追肥、松土除草、林农间作、修枝抚育、病虫害防治等。

10.14　泡桐

别名：大桐、河南桐、兰考桐、沙桐

学名：*Paulownia* spp.
科名：玄参科　Scrophulariaceae

10.14.1　经济意义和分布

泡桐材质好，木材轻(比一般木材轻 40% 左右)，富韧性，不曲不翘不变形，耐水湿耐腐朽，耐盐碱，纹理通直美观，色泽鲜艳，导音性极强，易加工，用途广，是良好的建筑用材，也是造船、飞机等军工材，并且是制造乐器不可缺少的木材，由于具有隔潮、不透烟、不生虫等特点，还是高当家具用材。

由于泡桐木材的优点很多，在国际市场一直畅销，泡桐的出口价相当于一般进口价的 7~8 倍，我国每年都有大量泡桐出口。此外，泡桐的叶、花、果可入药，花、叶还是很好的饲料和肥料。

泡桐在我国的分布很广，北自辽宁南部、北京、太原、延安、平凉；南至广东、广西、云南；东起台湾和华东沿海；西至甘肃岷山、四川大雪山，大致位于北纬 20°~40°、东经 98°~125°之间的 23 个省(自治区、直辖市)。主要种类有：白花泡桐(大果泡桐)、楸叶泡洞(小叶泡桐、楸叶桐、无籽桐)、兰考泡桐(河南桐、大桐)等。此外，还有鄂川泡桐、山明泡桐、毛泡桐、台湾泡桐、川泡桐等。

10.14.2　树种特性

(1)生态学特性

泡桐为强喜光树种，不耐上方和侧方遮阴，树冠趋光性很强，光照不足不仅影响生长，而且会导致死亡，与其他树种混交必须居于上层。水是泡桐生长过程中极重要的生态因子。种子萌发、苗木生长到成大树，都需要较高的土壤水分，喜欢在湿润的土壤条件下生长，但又怕水淹。泡桐对温度的适应范围比较宽，北界在 1 月平均气温 -8℃，南界在 1 月平均气温 18℃的广东、广西。每个品种对温度的要求不同。泡桐对土壤 pH 值的适应范围变化在 4.5~8.5 之间，南方型喜中偏酸土壤，北方型喜中偏碱性土壤。

(2)生物学特性

泡桐是速生的树种，5~6 年即可长成大树。树冠生长是由枝条萌发新枝不断扩展而成，其特点是主干或侧枝的顶芽及顶端的 1~3 对侧芽冬天易受冻害，一般由 3~6 对侧芽萌发成新枝，即所谓的假二叉分枝习性。泡桐为深根性树种，侧根发达，分布范围广。

10.14.3　造林技术

(1)选择造林地

泡桐是速生树种，要求水、肥、气、热条件高，适宜种植在土壤质地疏松，通透性良好，地下水位较低，1.5m 以下，肥沃湿润的土壤。按不同土壤质地，泡桐的生长量比较顺序如下：蒙金土 > 落砂土、两合土 > 粉砂土、立黄土 > 黏壤土、黄土 > 白面土，泡桐对土壤空气很敏感。砂土透气性好本来利于泡桐生长，但保肥力差，因此黏壤反而优于砂土。

(2)造林整地

泡桐造林常用的整地方法有：大穴整地、带状整地、全面整地、撩壕整地和鱼鳞坑整地。

(3)造林密度

一般泡桐丰产林造林密度每株树占地面积25～30m^2，立地差的地方每株树占地面积10m^2，农林间作林5m×(20～50)m，四旁植树(5～7)m。

(4)栽植方法

泡桐造林可分为秋季、冬季和春季三个造林季节，北方多用春季造林。以植苗林为主，苗木一般为1年生苗或2年根1年干的平茬苗。

(5)抚育管理

抚育管理的内容包括灌水、施肥、松土、除草、修枝等。

(6)主干培育方法

主干培育的方法是加速泡桐生长，提高木材利用率和材质规格的主要技术措施。泡桐主干培育的方法主要有平茬法、抹芽法、目伤接干法和平头法，其中平茬法是应用很普遍的方法。

(7)农桐间作

农桐间作，泡桐居上、农作物居下，充分利用土地和各种生态因子的立体式农业，可以获得最大的经济、生态和社会效益。农桐间作的模式有两种：一种是初植密度为5m×6m，最佳采伐年龄为11年；另一种是初植密度5m×20m，第7年隔行采伐，使其萌生幼树，第11年伐去原树，再重栽新树，7年后伐萌芽树，再重栽，反复轮换。

10.15 台湾相思

别名：相思树、相思仔、台湾柳

学名：*Acacia confusa*

科名：豆科　Leguminosae、含羞草亚科 Mimosaceae

10.15.1 经济意义和分布

台湾相思木材坚硬细密，有弹性，不易折，少开裂，耐腐朽，纹理美观，褐色有光泽，可作农具、枕木、车辆、造船、桨橹等。花含芳香油，可作调香原料，耐干燥瘠薄土壤，枝叶繁茂，是荒山造林先锋树种，适于营造防护林、水土保持林、防火林等。因树姿优美，也是庭园观赏、“四旁”绿化、绿篱和公园的庇荫树种。

原产我国台湾，现普遍引种到福建、广东、广西和江西等省(自治区)，热带和亚热带地区大约北纬25°～26°以南均能正常生长，在高纬度地区，一般仅可栽培于海拔200～300m以下低平地方，而在低纬度的海南热带地区可至海拔800m以上。

10.15.2 树种特性

(1)生态学特性

最喜光，性畏寒，不耐庇荫。台湾相思适生于夏雨型、干湿季节明显的热带和亚热带气候，年平均气温 18～26℃，极端最低气温 -8℃，年平均降水量 1300～3000mm。对土壤要求不严，能耐干旱瘠薄及间歇性的水淹或浸渍，但石灰岩山地则生长不良。

(2)生物学特性

速生树种，3～4 年生长稍慢，树高年均生长量约 0.6～0.7m，胸径年均生长量约 0.8～1cm；5～6 年后，树高年生长量多达 0.8m 以上，胸径年生长量达 1.4cm 以上；15～20 年生后进入生长旺期。根系发达，具根瘤苗，能因氮改土，抗风力强。

10.15.3　造林技术

(1)造林地的选择

台湾相思对土壤要求不严，除石灰性土壤外，各种土壤种类均能生长。

(2)造林密度

一般林地造林株行距宜 1.5m×1.5m～2m×2m，侵蚀裸露地可 1m×1.5m 或 1m×2m，坡度较陡或冲刷严重地带要取 1m×1m。呈正方形或三角形配置。

(3)混交林

据沿海城市低山、公路两旁的调查，台湾相思和大叶相思、油茶、木麻黄等树种，天然混交，其林相整齐、生长良好。

(4)造林整地

为提高造林成活率和促进林木生长，坡度较大的地段，宜用穴状整地，规格 40cm×40cm×30cm。土壤贫瘠的地段，最好适当施客土，否则难以成林。

(5)造林季节

自“立春”至“立夏”的三个月内均可造林，但以“清明”至“立夏”造林成活率较高。沿海有台风的地方，亦可夏秋雨季造林。

(6)苗木

1 年生苗高 50～70cm，地径 0.6～0.7cm，即可出圃造林。

(7)栽植方法

起苗后立即修剪，主根留 20～25cm，侧根不剪，叶片大部剪成半张，主干切去上部一大半，保留下部 30～40cm 的苗木。修建后立即打泥浆定植。在土壤疏松肥沃而湿润的山地，亦可穴播造林，每穴 4～6 粒，种子经热水烫种催芽后，于雨季初期播种造林，播后覆土 1cm。

(8)幼林管理

每年应除草、松土和培土 1～2 次，直到郁闭成林，土壤过分瘠薄宜进行追肥，除施氮肥外，还应加磷肥，以促进根瘤苗发育，提高地力，加速幼林生长。

10.16　毛竹

别名：茅竹、楠竹、南竹、江南竹

学名：*Phyllostachys edulis*

科名：禾本科 Gramineae、竹亚科 Bambusoideae

10.16.1 经济意义和分布

毛竹生长快，产量高，材质好，用途广，是我国经济价值最大的竹种。毛竹浑身都是宝，竹片可制成家具、工艺美术品等外，笋可制成笋干、罐头。竹材纤维含量高，是造纸的好材料，也是庭园绿化的优良树种。

毛竹是我国竹类分布最广的竹种。东起台湾，西至云南东北部，南至广东、广西中部，北到安徽北部、河南南部均有分布，相当于北纬24°~32°，东经102°~122°左右。

10.16.2 树种特性

(1)生态学特性

毛竹要求温暖湿润的气候。在分布范围内，年平均气温15~20℃，最低气温-13℃以上，年降水量800~1800mm。起限制作用是水分条件，即毛竹较耐寒而不耐旱。对土壤要求高于一般树种，要在深厚、肥沃、湿润，排水和通风良好、呈酸性pH值为4.5~7.0的沙质土下生长最好。

(2)生物学特性

毛竹是世界上三大速生树种之一，一株毛竹从出笋到成竹只要40~50d。毛竹属散生竹，浅根系。

10.16.3 造林技术

(1)造林地的选择

毛竹要求立地条件较高，要求选择Ⅰ或Ⅱ类地，一般在海拔800m以下的山麓或山腰地带比较好，不要选择在山脊或容易积水的洼地。

(2)造林密度

移竹造林，每公顷300~450株，实生苗造林密度可大些。

(3)混交林

为防止病虫害和自然灾害(风折、雪压)等，应提倡保留优良伴生树种(8~12株)，形成插花混交，但其树冠投形面积不超过20%。

(4)造林整地

移竹造林穴规格：穴长100cm，宽60cm，深40cm。实生苗造林，穴规格60cm×50cm×30cm。

(5)造林季节

以冬至~立春(12月至翌年2月)栽植效果最好。如果移鞭和栽秆移蔸造林，则宜在竹笋出土前一个月进行。

(6)苗木

实生苗造林要挖取1~2年、3~5株为一丛实生苗；移竹造林，要选择1~2健壮母竹。

(7)造林方法

毛竹造林方法有实生苗造林、移竹造林、移鞭造林、截秆移蔸造林等，其中移竹造林生产上应用较广。栽竹时要做到“深挖穴，浅栽竹，下紧围(土)，上松盖(土)”，为了防止风的摇晃，栽好后应搭防风支架。

(8)幼林抚育管理

主要措施有保护竹苗及幼竹，除草松土，灌溉施肥，铺草保护等。

(9)成林抚育管理

主要措施有：

①调整竹林结构：a. 疏笋养竹；b.“大小年”经营改为“花年”经营；c. 合理砍伐；d. 控制钩梢。

②改善竹林环境：a. 劈山抚育；b. 松土和施肥；c. 防治病虫害。

10.17　丛生竹

丛生竹由秆基上的芽发育成笋直接出土成竹，它的地下茎属合轴型，没有地下竹鞭，竹蔸部分就是地下茎，地上竹林分布是密集簇生状如绿竹、麻竹、青皮竹、藤枝竹、花竹、慈竹等，以下重点介绍主要丛生竹麻竹、绿竹。

10.17.1　麻竹

别名：六月麻、八月麻、大头麻、笋母竹等

学名：*Dendrocalamus latiflorus*

科名：禾本科　Gramineae、竹亚科　Bambusoideae

10.17.1.1　经济意义和分布

麻竹其笋味道鲜美香甜，营养丰富，具有“素食第一”的美称，麻竹笋除鲜食外，还可加工成笋干、罐头等系列产品，畅销国内外，竹材纤维长，可作为造纸原料。主要分布在广东、广西、福建、贵州、云南、台湾等省(自治区)。

10.17.1.2　树种特性

(1)生态学特性

麻竹喜温暖湿润气候，其生长要求年平均气温在18～20℃以上，1月平均气温在8℃以上，年降水量在1400mm以上，年平均相对湿度为65%～82%，对土壤的适应性较强，但以排水良好，深厚肥沃砂壤土最为适宜。

(2)生物学特性

麻竹萌发抽笋的时间很长，先后历经3～4个月，分为初期、盛期、末期，其年产量每公顷鲜笋达30t，最高达60t，麻竹属丛生竹，浅根系。

10.17.1.3　造林技术

(1)造林地选择

选择应根据麻竹的特性和要求，选择平原，山坳谷地和山坡缓冲，地势平坦的地方及江河两岸排水良好，深厚肥沃的冲积土为宜，土壤不良应进行土壤改良。

(2)整地挖穴

整地挖穴，平缓坡地最好全面开垦，翻耕约30cm深。平原地还应挖好排水沟。山坡地可按地形开水平梯田种植；或挖鱼鳞坑，单株单穴种植，这种方法较好。株行距为5m×5m或4m×5m，每亩挖20～25穴，要挖大穴，规格为1～1.5m，深80m左右，小平台2m×2m，挖穴后曝晒1个月，施入有机肥50kg左右，经1周后再定植。

(3)造林季节

时间在3月下旬至4月上旬，福建闽南地区在惊蛰前后为宜。

(4)苗木

母竹移植法，在5～7年生的竹丛中选择生长健壮、枝叶繁茂，没有病虫病的植株。侧枝扦插，在“立春”至“春分”前后竹杆开始萌动时进行。选取1～2年生无病害、生长健壮的良种竹株，竹竿中部、粗壮、茎芽饱满。茎粗达1.5cm以上的枝条作插穗。

(5)造林方法

麻竹的繁殖方法以母竹移植法、枝条杆插法为常见，也可用埋竿法、竹竿压条法等。

(6)幼林抚育

新竹定植后，很重要的管理是及时灌水，浇足水，追肥。同时勤中耕除草，保持土壤疏松、竹园卫生状况良好。

(7)成林管理

留母竹，每丛留母竹三四株，每年砍一留一；施肥管理；培笋养竹；促成栽培技术，覆盖增温促笋；收割竹笋；笋穴处理。

10.17.2 绿竹

别名：泥竹、马蹄绿、乌药竹

学名：*Dendrocalamopsis oldhami*

科名：禾本科　Gramineae、竹亚科　Bambusoideae

10.17.2.1 经济意义和分布

绿竹是一种亚热带优良速生的笋用和材用丛生竹。绿竹笋，质地脆嫩、笋味鲜美、清甜爽口、清凉解暑；同时具有降压降脂、增强消化系统功能的作用。绿竹笋可鲜煮、清炖、炒以外，还可制成罐头、笋丝、笋干等，加工产品是出口创汇的紧俏商品。绿竹的产笋期长(120～150d)、产量高，$1hm^2$产笋量达12～15t(亩产量可达800～1000kg)，经济价值很高。竹材是应用前景广阔的造纸原料，还可供建筑及加工成竹串、竹香芯、冰棒棍、竹纤维板、竹碎料板、泡花板、竹编制品、竹工艺品等。绿竹叶可入药，绿竹叶可用作生产食用菌竹荪的原料。分布浙江南部、福建、广东、广西、海南和台湾。

10.17.2.2 树种特性

(1)生态学特性

气温在-6℃时，叶片开始受冻，在-9～-7℃以下即死亡。喜温暖湿润的气候条件，不耐低温(极端低温>-6℃)绿竹耐涝、耐瘠，特别适宜江河的沙洲、河畔种植。这些地方多沙、多水，时常被洪水浸没几十个小时，绿竹却能很好生长。

(2)生物学特性

绿竹的产笋期长达120～150d，产量高，每公顷产笋量达12～15t，绿竹属丛生竹，浅根系。

10.17.2.3　造林技术

(1)林地选择

选择应根据麻竹的特性和要求，选择平原，山坳谷地和山坡缓冲，地势平坦的地方及江河两岸排水良好，深厚肥活的冲积土为宜，土壤不良应进行土壤改造。

(2)整地挖穴

绿竹的栽植密度一般0.067hm^2(每亩)为40~55株，株行距为3m×4m或4m×4m，单行种植，株距可以是3~4m；穴的规格为80cm×60cm×60cm，穴越大越好。也可排成梅花形。

(3)造林季节

绿竹一般都在3~4月长叶，6~10月出笋长竹。1~3月进行造林，此时为休眠期。

(4)苗木

移竹蔸法母竹选择1年生，直径3~5cm竹株为宜，插枝育苗造林，可用主枝也可用副枝育苗。

(5)造林方法

繁殖方法以移竹蔸造林，插枝育苗造林。

(6)幼林抚育

绿竹造林后要经过3~4年的繁殖发展阶段，然后成林，产出。幼林的抚育管理包括：幼林保护、锄草松土、母竹留养、水肥管理和间作套种等。新栽的绿竹1个月后，便可以施肥。主要施用厩肥、堆肥、人粪尿、饼肥、泥肥等有机肥，但也可施化肥。

(7)成林管理

调整竹林结构，竹林施肥、培土灌溉、扒晒、采笋、砍竹等。成林的绿竹林，每丛留竹数以12~15株为佳，每亩竹数在600~700株左右。留笋养竹，每年每株只能留1~2个笋，其余全部挖去。

10.18　木麻黄

别名：驳骨松、马尾树、澳洲铁木

学名：*Casuarina equisetifolia*

科名：木麻黄科　Casuarinaceae

10.18.1　经济意义和分布

木麻黄是南方沿海防风固沙和农田防护林的主要树种。其叶形奇特，树姿优美，亦为庭园绿化和行道树的优良品种。木材可供食用菌培养材。木材易受虫驻，易变形开裂。若经防虫防腐处理，能改善材性，延长使用期，可作建筑、枕木、矿柱等用材。

木麻黄原产澳大利亚和太平洋群岛近海沙滩和砂土上，我国台湾，广东沿海、南至浙江、温州也均有引种分布，自海滨沙滩潮线开始到海拔700m，均能正常生长发育。

10.18.2 树种特性

(1)生态学特性

木麻黄是最喜光树种，性喜高温，忌严寒，原产地平均最高气温35~37℃，平均最低气温2~5℃。能耐干旱，能耐盐碱，不怕沙埋和海水浸渍，但忌长期淹浸，只要顶梢不被埋没，都能生长良好。但幼苗期间并不耐旱，育苗造林时应加以注意。

(2)生物学特性

木麻黄顶端优势明显，是速生树种，在中等立地树高生长可达1m，胸径生长1.5cm左右。木麻黄主根深长，能深达常年地下水位以下；侧根发达，其水平分布是冠幅的数倍，须根密集在40cm以上土层；树干都会形成不定根。根部有根瘤共生，可固定大气中氮素。

10.18.3 造林技术

(1)造林地的选择

木麻黄主要起防风固沙作用，在其自然分布区内均能正常生长。细枝木麻黄抗风力较强，沙荒风口或基干林带多选择细枝木麻黄和普通木麻黄。内侧农田防护林网可选择粗枝木麻黄和普通木麻黄。

(2)造林密度

要依林种和立地条件而定，一般海岸防护林带株行距2.7m×2.7m，立地条件差的采用2m×2m或2.5m×2.5m，固沙造林1m×1.5m，内陆山地造林1.5m×1.5m，立地条件差的采用1m×1.2m，行道树可采用3m×3m或3m×4m。

(3)混交林

为了防止病虫害发生和蔓延，并克服过早衰退、寿命短的缺点，应营造混交林。目前试用的树种有：柠檬桉、相思树、湿地松、苦栎、朴树、大叶合欢等。

(4)造林整地

整地应依立地条件而异。固定沙地，有条件的可用机耕或高耕整地；流动沙地，应采取穴状整地，边挖边栽植，以免引起风蚀；低洼积水沙地，重点开深沟排除积水，然后起高垄提高耕作层。栽植穴规格40cm×50cm×40cm。内陆林地可按常规方法整地。

(5)造林季节

裸根苗造林时间因立地条件而定。固定沙地，以立夏—夏至较适宜，掌握雨情，雨中造林。容器育苗造林，它不受季节限制，只要土壤湿润均可进行。

(6)苗木

木麻黄造林常用苗木有圃地苗、容器苗、水培或沙培苗。圃地苗苗高1m，地径0.8cm；容器苗苗高40~60cm；水培或沙培苗苗高8cm，地径0.7cm，即可出圃造林。

(7)栽植方法

栽植时最好先在穴中施放4~5kg海泥、塘泥或肥沃的土壤与表土拌均匀后栽植。土地要选用苗高1.5m左右，地径1.2cm以上的大苗；若用容器苗只须60~80cm。栽时做到分层覆土，打紧踏实，注意做到根系舒展，苗木稳固。栽后充分灌水，大风或风口苗木旁边插一竹竿作支柱。

(8)幼林管理

木麻黄幼年不耐旱，而沙地蒸发量大，因此夏季久旱不雨，要适当灌溉。造林当年的秋季或冬季要除草松土1次，第二、三年1~2次，以后每年1次至郁闭为止。二代木麻黄更新应选用抗性强的木麻黄优良种源、家系或无性系，并采取相应的施肥、改土等措施。

10.19　木荷

别名：荷树、荷木（福建、浙江、江西、广东）

学名：*Schima superba*

科名：山茶科　Theaceae

10.19.1　经济意义和分布

木荷是我国南方最主要的防火树种，阔叶树优质用材和混交造林树种。树干高大通直，木材坚硬韧强，为纺织工业的特种用材。树冠浓密，叶片较厚，革质，抗火性，萌芽性强，是南方生物防火林带的当家树种。营造木荷混交林，能起到防火、防松毛虫作用，生态、经济效益显著。木荷是一种泛热带、广域性的树种，木荷属约有30种，分布于亚洲热带和亚热带地区。我国有19种，其中木荷分布最为广泛。我国的自然分布范围，大致在北纬32℃以南，东经96℃以东，北线以安徽大别山—湖北神农架—四川大巴山为界，西至四川的二郎山—云南的玉龙山，南至广西、广东，台湾也有分布。垂直分布一般在海拔1500m以下，西南诸省山体高大，分布上限上升，最高海拔可达2000m(四川、广西)，江苏的苏州和安徽南部在海拔400m以下，台湾在海拔1500m左右。福建武夷山木荷分布到1700m。

10.19.2　树种特性

(1)生态学特性

木荷喜光树种，幼年较耐庇荫而喜上方光照，大树喜光，属林冠下更新树种。在天然林中多与马尾松或壳斗科的槠、栲及樟科的樟、楠等常绿树种混生，能形成小面积以木荷为优势的群落。木荷适应性强，分布广泛，对气候条件总的要求是：春夏多雨，冬季温和无严寒。年降水量1200~2000mm，分配比较均匀。年平均气温16~22℃，但多分布在18℃以上地区，1月份平均气温44℃以上，能忍耐一定的低温，在江南红壤丘陵地上，可忍受-11℃的极端最低气温。深根性，对土壤的适应性较强，在分布区内各种酸性红壤、黄壤、黄棕壤均有木荷生长，pH 4.5~6.0，以5.5左右最适宜。在土层深厚疏松、腐殖质含量丰富的沟谷坡麓地带生长最好。

(2)生物学特性

天然林中木荷生长速度中等，寿命较长，胸径40~45cm的大树，树龄100年以上。

木荷人工林在不同立地条件生长差异很大，防火林带与相同立地的木荷片林，其生长发育过程也有显著的差异。一般为林带的木荷生长快，成片的木荷林分生长较慢。

造林后第3年胸径生长加快，4~12年为胸径速生期，第五、六年连年生长量最大值达1.5cm以上。木荷造林后第二年树高生长加快，树高速生期3~11年，连年生长量0.7~1.8m，6年连年生长量最大值可达1.8m。14年以后明显下降，连年生长量一般只有0.3~0.4m。造林后的前8年材积生长缓慢，8年后材积生长加快，在保证植株有充足营养空间条件下，30年生尚未达到数量成熟。杉木与木荷根际有大量潜伏芽，当栽植过浅，根际裸露，顶芽受伤或茎干偏斜时，会破坏顶端优势，往往萌发很多萌芽条，造成一树多干，严重影响林木生长。

10.19.3 造林技术

(1)造林地选择

一般应选择Ⅱ地位级或中等肥沃以上的造林地。营造纯林对立地要求比造混交林要严格得多。在中等偏差的立地条件营造木荷纯林，往往生长不良，经营效果较差。而在相同立地下的木荷防火林带却生长良好。从20世纪50年代开始人工造林，由于对木荷栽培生物学特性了解不够，误把木荷当成造林先锋树种，选地不当，相当一部分人工林生长不良，各地都有一定的经验教训，必须认真地总结，不断提高木荷的造林效果。

(2)造林密度

木荷在适宜的立地条件生长很快，初植密度必须根据定向培育目标和立地条件而定。水湿条件好的Ⅰ、Ⅱ地位级，适合培育大、中径材，初植密度不宜大，每公顷1500~2500株为宜；立地较差的Ⅲ地位级只适合培育中、小径材，每公顷2250~3000株。一般应在12~15年左右最后一次间伐定株，培育中径材保留每公顷保留750~900株为宜，培育大径材保留525~750株·hm^{-2}。

(3)混交造林

木荷与马尾松、杉木等树种棍交造林，由于发挥种间生物效应，往往在较差的立地条件收到较好的混交效果。因此，营造混交林对立地要求稍放宽。例如，杉木、马尾松需要混交的造林地，多数为立地较差的Ⅲ地位级，只要控制混交比例，均可取得较好的混交效果。而选择立地较好的Ⅱ地位级，混交林生长更快，效果更好。松荷混交林，立地条件好的初植密度2500株·hm^{-2}，混交比例松2∶荷1，行间排列；中等立地初植密度3000株·hm^{-2}，混交比例按松1∶荷2，行间混交。木荷防火林带在偏差的立地条件，往往生长良好，主要是两侧杉木、马尾松的种间竞争效应，而相同立地的成片木荷纯林，一般生长较差。因此，木荷造林最好与杉松带状混交，又可增强林分的抗火性能，促进木荷成林成材。

(4)造林整地

营造混交林整地规格依立地条件而定，Ⅰ、Ⅱ级立地，挖穴规格50cm×40cm×30cm；Ⅱ级立地，挖穴规格60cm×40cm×40cm。

(5)造林季节

造林季节以大寒至立春，越冬萌芽前最适宜。

(6)苗木

选择Ⅰ或Ⅱ级苗造林，适当修剪枝叶和过长根系，并按规定标准分级扎捆，苗根蘸黄泥浆。

(7)栽植方法

造林方式有迹地更新、林冠下造林与飞播造林3种。植苗造林时应做到“三随三不，五要点”。“三随”是苗木出圃后应做到随起、随运、随造；“三不”是不伤根、不伤皮、不伤芽；“五要点”是栽深、打紧、根舒、茎直、不反山”在采伐迹地。杉木木荷混交林可同时造林，立地条件差营造松荷混交林可同时造林，也可先栽植马尾松，待过了3～5年后，立地环境有了改善，再套种木荷，可取得较好的效果。杉木采伐迹地留萌条，套种木荷，也可形成杉木木荷混交林。林冠下造林适用于各种次生林改造。

(8)幼林抚育管理

木荷速生期较早，造林后应加强抚育管理，前3年每年锄草松土2次，此后视林带生长情况，每年抚育1～2次直至郁闭。防火林带立地条件往往较差，林带郁闭前最好翻土抚育一次，林带郁闭后，每年或隔年抚育一次，以清除林下凋落物等危险可燃物。

为了防止潜伏芽萌动成长，应认真做好防萌除蘖工作，可用厚土培蔸，抑制芽的萌动，及时扶正歪斜的幼树，保持其顶端优势，注意保护抚育时不伤芽和幼树皮部，特别是不要打活枝。

(9)防火林带的营造

①造林地与树种配置　根据防火林带的类型、宽度、树种配置进行施工。凡土壤条件较好的Ⅱ、Ⅲ地位级，木荷或火力楠作为主、副防火林带，土壤条件较差的经土壤改良亦可营造木荷防火林带或选择耐干旱瘠薄的树种，如细柄阿丁枫、茶树、油茶等与木荷混交营造多树种防火林带。

②造林施工　防火林带一般沿山脊、山坡、山脚田边延伸，线长面窄，林地分散，地况复杂，有的地段是现有林，有的地段是需进行改造的老生土带防火道，不便用炼山清理林地，可用化学除草剂灭草后挖穴营造防火林带。如用0.5L·m^{-2}的威尔柏溶液灭除旧防火道上的杂草，8个月后营造木荷防火林带已无药害，木荷成活率可达90%以上。新造林地营造防火林带可与造林同步进行。整地时按株行距定点挖穴，做到挖明穴、回表土。株行距2m×2m或1.5m×2m。初植密度2505～3333株·hm^{-2}，防火林带一般宽度10～15m，行数4～6行为宜。

10.20　鹅掌楸

别名：马褂木、鸭掌树、四角枫、黄心树、九层皮、宝剑木

学名：*Liriodendron chinense*

科名：木兰科　Magnoliaceae

10.20.1　经济意义和分布

鹅掌楸是我国中亚热带、北亚热带需要大力推广的速生珍贵阔叶树种。木材轻软细密，韧性好，变形小，是细木工的优质用材。树皮可入药，治风湿风寒引起的咳嗽、口

渴，四肢微肿等。叶形奇特，花色艳丽，有很高的观赏价值，被誉为世界级观赏树种。

鹅掌楸为亚热带树种，自然分布北纬21°~32°，东经103°~120°之间，年平均气温12~18.1℃，最低气温-12.4℃，7月份最高气温27~28℃，年降水量1350~2000mm，相对湿度80%以上生长良好。多分布在江西庐山，福建武夷山，浙江临安龙塘山，安徽黄山，湖北房县、兴山、巴东、清溪及四川西部山区。以武夷山、湘西南、桂西北分布最多最广。常与落叶或常绿阔叶林混生。垂直分布700~1900m。海拔700m以下低山丘陵多有引种栽培，生长良好。由于树体高大，常受暴风和雪压而折断。在武夷山黄岗山海拔1500~1900m的阔叶林中分布较多，颇为壮观。

10.20.2 树种特性

(1)生态学特性

要求温暖湿润的气候，雨量丰沛，湿度较大环境，不耐干旱和水湿。适生于湿润、排水良好、结构疏松、深厚肥沃、酸性至微酸性的土壤，过于干旱、积水或瘠薄的环境不利于马褂木生长。

(2)生物学特性

产区年平均气温15~18℃，1月份平均气温2.7~8.1℃，极端最低气温 -17.4℃，7月份平均气温20~28℃，极端最高气温41.8℃。年降水量1350~2000mm，相对湿度77%~81% 。幼年较耐阴蔽。长大后喜光。自然整枝良好，生长迅速，寿命长。在天然林中树高生长高峰期一般在20年之前，胸径生长高峰期于20年后；而人工林树高生长高峰期在前7年，每年生长1m以上，第8年以后树高生长开始下降，胸径速生期为5~20年。在良好的立地条件下，20年生后胸径年均生长仍保持1m以上的水平。武夷山林区，生长在海拔1300m西北坡山地黄壤上的36年生鹅掌楸，树高20.5m，胸径40.6cm，单株材积0.88m^3

鹅掌楸为落叶大乔木，顶端优势明显，树干高大通直，适应性强，生长迅速，浅根性，较喜光树种，繁殖容易，造林成活率高。不仅是优良用材树种，也是良好的肥料树种，每年大量调落物，分解速率高，叶子营养成分含量比肥料树种桤木更高，与针叶树营造混交林有利于改善土壤肥力，肥培林地。

10.20.3 造林技术

(1)造林地选择

鹅掌楸生长快，喜肥喜湿润，疏松土壤，一般应选择山坡中下部水湿条件较好，对立地要求与杉木接近，地位指数在16以上生长最佳，14以下很难达到丰产效果。在山坳水湿条件好的肥沃林地其材积生长量是中上坡地的1~2倍。在肥沃立地，生长比杉木、火力楠、拟赤杨、木荷、桤木快；而在偏差立地条件，生长和火力楠差异不大。因此，营造小面积纯林应选择肥沃造林地；立地中等或偏差林地，宜营造混交林。

(2)造林密度

造林密度不直太大，Ⅰ、Ⅱ级立地每公顷1500~1650株；Ⅲ级立地每公顷1650~1800株为宜。

(3)混交造林

鹅掌楸可与檫树、杉木、桤木、拟赤杨、柳杉、木荷、火力楠等树种混交。混交方法采取行带混交、大块状混交或星状混交。

(4)造林整地

选好造林地后，秋季劈草炼山或平铺上林地，入冬前完成整地。穴规格60cm×50cm×40cm，或60cm×40cm×40cm。

(5)造林季节

造林时间1~2月份。

(6)苗木

选用1年生苗，苗高60cm，地径0.8cm以上。南京林业大学利用鹅掌楸优良无性系进行组培繁殖，已取得突破性成果，可望在不久的将来推广无性系繁殖，开辟良种繁育的新途径。

(7)栽植方法

采用植苗造林，造林时要求苗干栽正，适当深栽，根系舒展，根土密接。

(8)幼林抚育

造林后第1年3~4月份进行扩穴培土，第2~3年5~6月与8~9月份全面锄草松土。每年冬季休眠期可适当修枝，整枝高度为树高的1/3。鹅掌楸幼林生长迅速，在正常抚育管理下2~3年可郁闭成林。

10.21　枫香树

别名：枫树、边紫、路路通

学名：*Liquidambar formosana*

科名：金缕梅科　Hamamelidaceae

10.21.1　经济意义和分布

用材及观赏树种，木材纹理通直细致，色泽鲜艳，干燥后抗压耐腐，作建筑材，有“梁阁千年枫”之称。木材有特殊气味，耐腐防虫，板材是茶叶装箱的理想材料，树干皮部可割取树脂作香料，入药有活血生肌，止痛功效。枫香生长快、落叶量大。是食用菌的优良树种，也是肥培林地的理想混交树种。枫香树形美观，尤其秋天树叶经霜变红或金黄色，骄艳如醉，是优美园林观赏树种，海南岛利用枫叶作天蚕饲料。分布于热带、亚热带地区，长江以南各地均可生长。

10.21.2　树种特性

(1)生态学特性

喜光、落叶树种，多见于湿润之山麓，但也耐干旱瘠薄，可供荒山及水土保持造林。天然情况下多与楠、栎、栲、梅等混生。林缘常出现局部地段纯林。

(2)生物学特性

枫香人工林早期生长快，造林后第3～4年即进入速生阶段。40年后生长速度下降。福建建欧市用材林基地1994年营造的杉木枫香棍交林和枫香鹅掌楸混交林，6年生(造林5年)平均树高5.5m以上，平均胸径6cm左右。广东茂名混交林，20年平均高17m，胸径23cm。萌芽林早期生长快，年均高生长达0.8～1.5m，枫香萌芽力强，采伐迹地或火烧迹地均能天然更新恢复成林，3～4年即可郁闭成林。

10.21.3 造林技术

(1)造林地选择

一般应选择阳坡，Ⅱ地位级或中等肥沃以上的造林地。

(2)造林密度

山地造林每公顷1650～2500株。

(3)混交造林

根据福建省各地的造林试验，营造混交林有利于枫香生长，特别是和杉木混交造林，每年能以大量落叶覆盖林地，改良土壤，促进杉木生长，也可适当抑制枫香的侧枝生长，互惠互利，但造林密度不宜过大。枫香和杉木混交造林，在较肥沃造林地，每公顷初植密度1650～1800株为宜，混交比例1:1，行间混交或2行杉木和1行枫香混交，行距应比株距略大。营造食用菌专用林，也可与松、栲、栎及其他树种营造混交林。

(4)造林整地

块状整地长宽50～60cm，深度30～40cm。

(5)造林季节

早春末萌动放叶之前，选阴雨天气栽植。

(6)苗木

1年生苗高达40～60cm，地径0.6～1.2cm，即可出圃造林，培育行道树及其他大苗，应移植1年后再出圃定植。

(7)栽植方法

采用植苗造林或播种造林，造林时要做到“栽深、打紧、茎正、根舒”。

(8)幼林抚育

造林后头3～4年，每年要除草松土2～3次，必要时要修枝培育干形。林下可间种农作物。虫害有乌柏卷叶蛾、金龟子等应及时注意防治。

10.22 刺槐

别名：洋槐

学名：*Robinia pseudoacacia*

科名：蝶形花科　Papilionaceae

10.22.1　经济意义和分布

刺槐可燃性强，热值高、火力旺，耐干旱，适应性强，容易繁殖，萌芽能力强、越砍越旺，所以是适生地区很受欢迎的薪炭林树种。刺槐叶片小而薄、羽状复叶、叶柄长、耐沙地地面高温，抗生长季节的大风，不怕沙打沙埋和裸根，是优良的防风固沙树种。在黄土地区是优良的护坡树种，可用于水土保持护坡林。

刺槐是良好的饲料林，刺槐叶粗蛋白质含量 18.81%、蛋白质 15.08%、粗脂肪 4.16%、粗纤维 12.12%，不论鲜叶和干叶，猪、羊、马都爱吃，是优质饲料；刺槐花也是很好的饲料，而且是重要的蜜源，每年花期放蜂时，蜂群都是由南往北随刺槐花期移动，刺槐花酿的蜜属上等蜜，称为槐花蜜。

刺槐原产美国东部，17 世纪传入欧洲，19 世纪晚期由日本传入中国种植在南京，后又从德国传入在胶济铁路沿线种植，再传到我国各地。现在北自辽宁的铁岭、沈阳，河北张家口、承德；内蒙古呼和浩特、包头，宁夏的银川；南到广东、广西；东至山东、江苏、福建、台湾；西到新疆石河子、伊宁、和田，青海西宁，四川雅安，云南昆明等，即北纬 23°~46°，东经 124°~86°的广大地区都有栽培。

垂直分布，甘肃可达 2100m，山西 1400m，陕北 1200m，山东、河北 1300~1500m，上述地区 400~1200m 以下生长最好。从温度看，可生于年平均气温 5~20℃范围内、最适地区为年平均气温 9~14℃，年降水 500~800mm。

10.22.2　树种特性

(1)生态学特性

刺槐为强喜光树种，不耐侧方和上方遮阴，自幼苗起有明显的喜光性；在我国年平均气温 4~5℃的地区就有栽植，但必须在背风向阳的地方，年平均气温 8~9℃的地区有大面积种植，温暖地区年平均气温超过 14℃，也多为零星种植；属耐干旱类型的树种，对土壤水分和养分的要求都不严，砂土、砂壤土、壤土、黏壤土都 可以生长，以砂土、砂壤土最好；对土壤肥力要求不高，在土壤 5.5~8.0 的地方均能正常生长。

(2)生物特性

刺槐是速生树种，其特点是前期生长快，高生长高峰一般出现在 2~4 年，速生期 4~8 年，直径生长速生期 4~10 年或更长，材积速生期 6~30 年。刺槐侧枝发达，顶端优势弱，主枝常被侧枝取代，一般树干不直。刺槐根系发达，具有根瘤能固氮，耐干旱瘠薄的土壤，萌蘖能力很强，树干能生不定根不怕沙埋，根能生不定芽不怕裸根，萌芽更新能力强。

10.22.3　造林技术

(1)造林地的选择

刺槐对立地条件要求不严，因为其自身有根瘤能固氮，所以在适生地区的山地，各种类型沙地(粗砂、细砂等)、轻盐碱地都可栽植刺槐。在山地可以营造水土保持林，也可营造用材林；营造用材林时，为了生长良好，应选土层在 30~40cm 以上的土壤，冲风口、山顶不适宜造用材林，但立地较差的地方可发展薪炭林；盐碱地造林一般可在土壤含盐量0.2%~0.3%以下，刺槐有改良盐碱的功能；刺槐怕水淹，一般雨季地下水1m以上和有积水的地区不宜种植刺槐。

(2)造林密度

刺槐侧枝发达，树干不直，造林时常加大密度抑制侧枝生长，减少树干弯曲，但密度大影响前期速生，为了解决这个矛盾，可以适当加大密度，然后用配置方法控制侧枝，如采用1m×3m、2m×3m、1m×4m等；如培育大径材，可在4~5年时进行间伐。若营造薪炭林，密度1m×1.5m或1m×2m。

(3)造林整地

虽然刺槐的适应性强，但为了加快前期生长，采用较大规格整地是必要的。石质山地可用水平阶整地，黄土地区可用带状整地或块状整地，整地深度30~50cm。沙地最好进行全翻整地，至少带状整地。薪炭林和水土保持林，可用快状整地。

(4)造林季节

刺槐在我国北方山地造林，以春季或秋季造林为主。春季土壤干旱降水少的地区，最好在秋季上冻前一个月，进行截干造林；春季土壤水分条件好的地区，可以在春季或前一年秋季进行截干造林；沙地造林有两种情况，若沙体流动不大，可春或秋季截干造林，如沙体流动较大，适宜春季截干造林，春季沙地造林宜早；为了绿化美化，进行刺槐大苗造林时，可在春季适当晚栽，即其他树种栽完后最后栽刺槐，因为刺槐生根发芽所需温度高(19℃)，较其他树种发芽晚。

(5)苗木

刺槐播种苗由于遗传特性差异大，苗木分化严重，造林应使用1~2级苗，淘汰3级苗。四旁绿化使用大苗造林时应将最后1年生的全部截去，主枝应大部分截去只留3~4个芽即可，这样不仅成活率高，当年枝条生长旺盛，避免树干不直或产生侧枝代替主枝的现象。

(6)栽植方法

刺槐浅根性树种，造林深度可比原苗圃地深5~10cm，具体深浅应看土壤条件，壤土、砂壤土土壤不分条件好坏宜浅栽；如造林地水分条件差可沙地造林，可适当深浅；在流动沙地造林，为防风吹使苗木裸根，可深栽40~50cm，截干苗的截干高度也要随栽相深延长。截干苗栽植后苗干上部与地表面平，外露不宜超过1~2cm，防止不定芽萌生太多影响幼苗生长。

(7)幼林抚育

造林后要及时换土除草。截干造林后以后，往往萌长2cm左右时，应进行除卷，留2~3个，30cm左右的点留1株，同时进行培土。

10.23 油茶

别名：茶子树、茶油树、白花茶

学名：*Camellia oleifera*

科名：茶科　Theaseae

10.23.1　经济意义和分布

油茶是我国南方主要的木本食用油料树种。茶油质量好，是优质的食用油。经加工后，可作工业和医药原料，还有许多副产品可以综合利用。果壳可制碱、活性炭、栲胶和糠醛等。茶饼可肥田，是优质的有机肥料，还有杀地下虫的作用。油茶树常绿，叶厚革质，树皮光滑，不易着火，是防火林带的好树种。

油茶主要分布我国南方各地，主要产区在江西、福建、浙江、广东、广西、湖南、湖北、安徽、贵州、河南、云南，以及四川、江苏、台湾等。南北分布在北纬 18°21′~34°34′、东西分布在东经 98°40′~121°40′。垂直分布多在海拔 800m 下，特别是在 500m 的丘陵山地生长良好。滇中高原海拔 1700 ~ 2000m 之间，有较大面积栽培，亦能正常开花结实。

10.23.2　树种特性

(1) 生态学特性

油茶喜光树种，适宜在温暖湿润的气候区生长，年平均气温 14 ~ 21℃，最热月平均气温 31℃，年降水量 1030 ~ 2200mm。海拔 800m 以下的南坡、东南坡，pH 5.5 ~ 6.5 的酸性红壤和黄壤均可生长。在坡度较大，土层浅薄和水土流失严重的地方，生长不良，产量低。

(2) 生物学特性

深根性树种，主根深达 1.5m，侧根分布密集层在地表 5 ~ 30cm，根幅大于冠幅，根系愈合力和再生力强。

油茶一年可抽梢三次，即春梢、夏梢和秋梢。春梢是油茶的主要结果枝，约占 90% 左右。11 ~ 12 月开花，自花授粉。茶果跨越两个年份。果 10 月中下旬成熟(霜降)。采果之时茶花开放，出现花果并举的奇特现象，俗称“抱子怀胎”。

10.23.3　造林技术

(1) 造林地的选择

油茶对造林地要求不严，我国南方的黄壤、红壤及指示植物为映山红、芒萁骨、杉木、马尾松、柃木、山矾的丘陵山地，都可选为油茶造林地。如要高产，宜选土壤深厚、疏松、排水良好的林地。

(2) 造林密度

造林密度应根据立地条件、品种特性、经营目的而定。一般造林每公顷 1350 ~ 1650 株之间。林粮间作可稍稀些。

(3) 造林整地

整地方式有全面整地、带状整地、块状整地等。应因地制宜采用合适的整地方式。

(4) 造林季节

植苗造林季节多在春季 2 ~ 3 月，在不太寒冷地区，也可冬季造林。

(5)苗木

为了保持优良品种特性，苗木繁殖方法应以嫁接、扦插方法进行培育，切忌不加选择地取用生产性种子繁殖造林。栽植应选择优良品种苗木。

(6)栽植方法

直播、植苗、扦插3种方法。植苗造林时要求穴土细碎，苗干栽正、适当深栽，根系舒展，根土密接。

(7)幼林抚育管理措施

封山护林，松土除草，间苗补植，施肥，修枝整形，间种作物和绿肥。

10.24 油桐

别名：千年桐、三年桐

学名：*Vernicia fordii*

科名：大戟科　Euphorbiaceae

10.24.1 经济意义和分布

油桐是我国特有的木本油料树种，种子榨出的油就是桐油。桐油是一种最好的干性油，具有干燥快，比重轻，有光泽，不传电，能抗热，耐酸、碱、盐的腐蚀等优良特性，是重要的工业用油。在国防工业上，工农业生产上，日常生活上，用途广泛。桐油也是我国重要的传统出口物资。油桐的木材，材质轻软，是家具、箱板、床板的良好用材，树皮可提取栲胶，果皮可制活性炭和烧灰制碱，桐枯是良好的农家肥料。

(1)分布

油桐主要分布于我国长江流域及其附近地区，约北纬21°30′~34°，东经102°~ 122°之间。以四川、湖南、湖北3省毗连地区栽培最为集中，产量占全国的半数以上。贵州、浙江、广西、江西、广东、福建、台湾、安徽等省(自治区)也是主要栽培区。陕西、云南、河南、江苏、甘肃等省的部分地区，也有栽培。垂直分布在海拔200~1500m，以800m以下的低山丘陵地区分布最多，四川西昌地区和云南，可达海拔2000m左右。

(2)种类

我国栽培的油桐，有光桐(三年桐)和皱桐(千年桐)两大类，其性状区别见表10-1。

表10-1　光桐与皱桐特征比较

特征	种类	
	光桐(三年桐)	皱桐(千年桐)
叶	叶缘3~5浅裂或全缘叶基部腺点无柄，冬季落叶	叶缘3~5深裂，叶基部腺点有柄，常绿或半常绿(北部落叶)
花	花生于头年生的梢顶，4月开花，雌雄同株	花生于当年生梢顶，5月开花，雌雄异株，偶有同株
果	果皮光滑，2~3年生开始结果	外果皮坚硬，有龟壳状纵横棱5~7年生开始结果
习性	耐寒	喜温，不耐寒，多数分布于两广及福建等地

我国光桐，根据栽培特性和经济价值，并在株型、生育期、花、果序性状等方面划分为 5 大类群如小米桐类、大米油桐、对年桐类、柿饼桐类、柴桐类。皱桐主要类群有尖皱桐、大皱桐、圆皱桐、长皱桐等。

10.24.2 树种特性

(1) 生态学特性

油桐是亚热带树种，喜温暖湿润的气候环境，我国栽培地区的年平均气温约为 15 ~ 22℃，年降水量 750 ~ 2200mm 最为适宜。油桐不耐低温，在 -7℃ 以下，幼林即受冻害，不易成活。油桐为喜光树种，不耐庇荫。喜生于向阳避风、排水良好的缓坡，在阳光充足的地方，开花结果良好，果实含油量高。结果期怕遭风害。油桐对土壤要求较高，适生于土层深厚、疏松、肥沃、温润、排水良好的中性或微性土壤上。在过酸、过碱、过黏，干燥瘠薄、排水不良的地方，均不宜栽植。

(2) 生物学特性

油桐生长快，1 年生苗高可达 60 ~ 120cm。除对年桐以外，一般 3 ~ 4 年开始结果，5 年后结果渐旺，6 ~ 30 年间为盛果期，30 年后结果下降。油桐在生长发育的不同时期，对气候环境的要求不同，在 3 ~ 4 月开花期，要求气温不低于 14.5℃。此时期怕寒风和冷霜。果实生长发育和花芽分化形成的夏季，要求有较长期的高温和充足的雨量。落叶和停止生长后的冬季，要求有短暂的低温，以保证充分停止生长完成休眠。油桐的根系发达，萌芽力强，幼苗时期主根较明显，成林后侧根发达，须根生长茂盛。油桐对大气中的二氧化硫污染极为敏感，在硫黄厂、脱硫厂数十千米范围内，都会受毒害而死亡。可作大气中二氧化硫污染的监测物。

10.24.3 造林技术

(1) 造林地选择

造林地的选择造林地宜选向阳开阔，避风的缓坡、山腰和山脚，土层深厚，排水良好的中性或微酸性的沙质壤土。海拔过高的冲风地，低洼积水的平地，荫蔽的山谷，过于黏重的酸性土壤，均不宜栽培。

(2) 造林密度

应根据立地条件、品种特性、经营方式等综合考虑油桐的造林密度。在一般情况下，成片栽培的，大米桐株行距 6 ~ 7m；小米桐 5 ~ 6m；对年桐 4 ~ 5m；实生皱桐 8 ~ 10m；皱桐无性系 7 ~ 8m 。

(3) 经营方式

①桐农混作　油桐与农作物长期间作，是将油桐树栽在地边、地中、梯地的土坎上。桐树栽植较稀，对农作物的施肥灌溉等管理，也直接或间接地对桐树进行了抚育管理，从而使油桐生长和结果均良好。

油桐与农作物短期间作，是在油悯栽培初期间种农作物，到桐树结果后，即停止间种。这种经营方式，栽培比较集中，经营比较方便，单位面积产量高，生产期长，产量较稳定。四川小米桐、浙江五爪桐、湖南葡萄桐等，适宜这种经营方式。

②桐茶、桐杉混交　我国湖南、广西、江西、浙江等地，普遍在油茶、杉木造林初期，在行间间种桐树，利用其结果早的特性，在油茶、杉木成林前，获得早期收益。

一般于头年冬季，劈山炼山垦地后，翌春种玉米等农作物，同时播种桐、茶，对年桐第二年开始结实，第3~4年停止间种，专经营桐、茶，至7年或10年左右，油桐衰败。油茶开始投产，专经营油茶。

桐杉混交是在整地后的当年种玉米，第2年点桐栽杉，7~8年后，油桐结实逐渐衰退，砍去油桐，培育杉木。

③零星种植　油桐也是四旁绿化的良好树种。在四旁和耕地边角的零星空地，土壤疏松肥沃，光照充足，栽培油桐能充分发挥生产潜力，桐树生长好，结实多、寿命长。以选用树形高大、单株产量高的米桐、五爪桐为宜。在适于千年桐栽培的地区，用千年桐的嫁接苗栽培效果更好(雌株嫁接苗应配置适当数量的授粉树)。

(4)造林整地

直播造林按株行距挖穴50cm×50cm×30cm，植苗造林则要挖大穴1.0m×1.0m×0.7m，在坡度较大的山地，进行带状整地，带宽1~1.3m，带间留1m左右生草带，待造林后，通过抚育管理，逐渐修筑成梯阶。

(5)造林季节

直播造林的冬播、春播均可。冬播时期在霜降至立冬。春播时期在立春至清明。

(6)苗木

为了保持优良品种特性，苗木繁殖方法应以嫁接方法培育，切忌不加选择地取用生产性种子繁殖造林。栽植应选择优良品种苗木。

(7)栽植方法

造林油桐多采用直播造林。也可植苗造林。直播造林穴底填基肥，每穴均匀地散放种子2~3粒，覆土厚5~7cm。春播后约经1个月，种子发芽出土，幼苗出齐后间苗，每穴留健壮苗1株。植苗造林填表土至穴2/3后，每穴放腐熟桐麦0.5kg、过磷酸钙0.25kg、厩肥或堆肥5kg与表土充分混合，待半个月后定植。定植时要注意：正、舒、平、实。

(8)幼林抚育管理

加强抚育管理是促进速生丰产的关键。一般每年除草、松土2~3次，施肥可结合松土、除草进行，最好在春、夏季各施1次，适当修除衰弱枝、病虫害枝、徒长枝等，油桐萌芽力很强，对于荒芜的桐林，或已衰退的老桐树，可采用垦复或平茬的方法更新，恢复结果能力。

10.25　银杏

别名：白果、佛指甲、鸭掌树、公孙树

学名：*Ginkgo biloba*

科名：银杏科　Ginkgoaceae

10.25.1 经济意义和分布

银杏是我国特有的多用途经济树种，集食品、饮料、药材、木材、化妆品及环境绿化、美化特性于一身，具有很高的开发利用价值。银杏木材纹理细密，光洁柔润、易于加工、纤维富有弹性、干缩性小、着钉力强、耐腐蚀、不翘不裂不变形、经久耐用，素为工艺雕刻、翻砂模型及贵重家俱、豪华室内装修之良材。银杏也是优良的绿化美化和观赏树种，不仅树形高大优美，具有美化和点缀都市的优越性，而且还具有抗逆性和适应性。

(1)分布

银杏在我国的自然分布范围很广。北自辽宁沈阳，南至广东广州，东南至台湾南投；西至西藏昌都，东到浙江舟山普陀岛。约自北纬20°30′~41°46′，跨越20个纬度区，达2300km；从东经97°~125°，跨越28个经度区，约2700km。在这一广阔范围内散生着数以万计的银杏。银杏垂直分布，在黄淮海平原一般为海拔400~1000m地带，云南、贵州的某些地区可分布在2000m以上的地带。山东银杏分布的最高海拔为1100m，四川为1600m，甘肃为1500m，西藏为3000m。但是全国著名的银杏古老大树，其所在海拔均不超过4.5~5.5m，江苏邳县和山东郯城海拔为22~40m。

近十年来，不仅历史上的山东、江苏、浙江、湖北、安徽和广西等银杏老产区的银杏生产有较大的发展，而且天津、山西、甘肃、河南、湖南、福建、辽宁、贵州等省(直辖市)也都在大规模地发展银杏。

(2)种类

银杏仅1科1属1种。百余年来对银杏种级以下的分类，许多植物学家都采用了不同的分类方式、不同的分类等级和不同的分类命名方法。据不完全统计，全国银杏品种(品系)约有100个左右。迄今为止，对银杏的类型和品种尚未作出统一的分类标准和规定。不过根据其气候条件的适应性、生长特性和种子形态等特点，依据栽培植物命名法，可大致分为3个类群(即品种群)。①梅核银杏类，本类型较好的品种(品系)有梅核、桐子果、绵花果、圆珠和龙眼等；②佛手银杏类，本类型较好的品种(品系)有家佛子，也称佛指、洞庭皇、卵果佛手、圆底佛手、橄榄佛手和大金附等；③马铃银杏类，本类型较好的品种(品系)有大马铃、中马铃、黄皮果、大圆铃和小圆铃等。也有人将我国银杏分为5类，即长子银杏类、佛指银杏类、马铃银杏类、梅核银杏类和圆子银杏类。

10.25.2 树种特性

(1)生态学特性

银杏是一个适应性极广，抗逆力极强的树种。但环境的温度、降水、土壤、生物、人为活动对其生长发育也有一定的影响和限制。银杏是强喜光树种，苗期需要适当遮阴，但随着树龄增加，对光照的要求也愈迫切，进入结种期，如果光照不足，则枝条生长不充实，花芽分化不良，种子品质不佳。就温度而言，一般来说，在年平均气温8~20℃，极端最低气温不低于-20℃，最高气温不高于40℃的地区都可种植银杏。银杏对降水的适应幅度很宽，从年降水量仅327.6mm的兰州，到1956.3mm的广西桂林地区均可。银杏对土壤的要求不严，花岗岩、石灰岩、页岩以及各种杂岩上发育起来的土壤均适合栽培，最适合的土壤 pH 6.5～7.5，在深厚、湿润、肥沃、排水良好的土壤中，则根深叶茂，花多种子多，初种期早，盛种期长。

(2) 生物学特性

银杏具有明显的主根和发达的侧根，枝条有长枝和短枝之分，在生殖生长阶段，雌雄株短枝上的顶芽常分化成雌混合芽和雄混合芽。雌混合芽可分化出胚珠，雄混合芽可分化出小孢子叶球，胚珠授粉之后并不立即受精，从授粉到受精约 4～5 个月，即 4 月授粉，8～9 月才能受精，由于受精时间较晚，所以当种子表现为形态成熟后，尚难以看到胚芽。银杏雌株的生命周期大致可分为 4 个年龄阶段：幼苗期，从定植约至 15 年生；初种期，16～30 年生之间；盛种期，30～300 年生之内；衰老期，树龄超过 300 年以后的阶段。

10.25.3 建园和栽培技术

(1) 园地的选择和规划设计

由于银杏的寿命长，因此园地的选择非常重要，是百年大计。最好选在银杏产区的中心，经济基础和技术力量雄厚的地方，同时便于信息、物资的交流。具体应选那些土层厚度 1m 以上的壤土或砂土地段。土壤 pH 值在 6.5～7.5 之间，含盐量低于 0.3%，地下水位 1.5m 以下，无积水的地带。

为了便于经营管理，建园前必须进行严格的规划设计。合理安排道路系统、排灌系统和防风林带等非生产用地的位置，以及生产区的面积和位置。

(2) 良种选择

要选择那些丰产、稳产、坐果率高的品种。矮干密植的标准为：每个短枝平均座种 1.2 粒以上，树冠投影种核每平方 2kg 以上。长枝生长量大于 30cm，早实、优质。种核大，均匀整齐，每千克少于 350 粒。同时具有较强的抗旱、抗涝、抗病虫害能力。

(3) 栽植技术

长江以南地区一般在秋冬季栽植。可以在晚秋 9～10 月带叶栽植，也可在 10 月上旬至 11 月上旬栽植；北方地区以春季清明前后栽植为宜；要选择一定规格的苗木，对于矮干密植丰产园，一般要求苗木根系发达，主根长 30cm 以上，苗木有健壮的顶芽，侧芽饱满充实，栽前对主根要进行适当的修剪。对于乔干稀植丰产园，苗高在 2.5m 以上，干基粗 4～5cm 以上，苗龄 4～5 年以上为宜；矮干密植的密度一般为每公顷 1260 株，即 2m × 4m 的株行距。乔干稀植的经营密度应保持在每公顷 330～495 株，当然初植密度也可大一些，逐年间伐，20～30 年后保留上述密度即可；根据已定的密度，在全园细致整地的基础上挖穴，规格为 1m × 1m × 1m，每穴施土杂肥 50～100kg，并与土混匀填入坑中，栽植深度以培土到苗木原土印以上 2～3cm 为宜。

(4) 栽培管理

包括土壤管理、水肥管理、整形修剪、采果采叶等。

10.26 板栗

别名：栗树、栗子、毛板栗、毛栗、榛子

学名：*Castanea mollissima*

科名：壳斗科　Fagaceae

10.26.1　经济意义和分布

板栗是我国特产的一种优良干果树种，具有很高的经济价值。中国栗果营养丰富、味道甜美，在国际市场上享有盛誉，它不仅含有丰富的淀粉、蛋白质和脂肪，还含有维生素B和钙、铁等。其叶子、果实、树皮均可入药。栗树材质坚硬，纹理致密，耐水湿和腐朽，是桥梁、车船、农具等的优质原料。

(1) 分布

板栗原产我国，栽培历史悠久，分布地域辽阔。它的经济栽培区北自辽宁的风城、河北的青龙，约北纬40°30′；南到海南的黎族苗族自治州，约北纬18°30′；东起台湾及沿海各省；西至内蒙古、甘肃、四川、云南、贵州等省(自治区)，包括暖温带和亚热带地区。在垂直分布上，从最低海拔不足50m的山东的郯城，到河北300～400m的山沟地及河南900m以下的河谷地，直到云南2500m以上的永任和维西都有栽培分布。但主要是以黄河流域的华北各地和长江流域各地栽培最为集中，产量最大。如河北、北京、山东、辽宁和河南等省(直辖市)。

(2) 种类

栗属在全世界可供食用的约有10多个种，其中用于栽培的主要有中国板栗、欧洲栗、日本栗和美国栗4种。我国主要有板栗、锥栗和茅栗。

由于我国自然条件和繁殖栽培技术的多样性，全国至少有几百个板栗品种。可划分为南方品种和北方品种群两类。也可划分为6个品种群，它们分别为长江流域品种群、华北品种群、西北品种群、东南品种群、西南品种群和东北品种群。主要的优良品种有金丰、燕山红板栗、红光、燕丰、陈果一号、处暑红、九家种等。

10.26.2　树种特性

(1) 生态学特性

板栗在年平均气温8～22℃，绝对最高气温不高于39.1℃，绝对最低气温不低于-25°，年降水量500～1000mm的气候条件下都能生长。板栗是喜光树种，对土壤的要求不太严格，土层深厚、湿润、排水良好、含有机质多的砂岩、花岗岩风化的砾质土壤利于板栗的生长发育，适微酸性土壤，以pH值在4.6～7.5为宜。

(2) 生物学特性

板栗为主根、侧根、须根都发达的树种，其芽按性质分为混合花芽、叶芽和休眠芽。叶芽或休眠芽萌发形成发育枝，混合花芽着生在结果母枝上，顶端的几个混合花芽抽生结果枝，下部的花芽抽生雄花序或发育枝。实生板栗结果开始期较晚，需7～8年。嫁接的则早一些，一般嫁接后2～3年即可结果。从雌花受精到果实成熟，在华北地区需90～100d左右，果实约在9月下旬成熟。

10.26.3 建园和栽培技术

(1)园地的选择与规划

应选择土层深厚，pH值在7.0以下，排水良好，有机质含量高的沙质土壤地带作为园址。如果土层较薄，气候较干旱，则一定要加强管理，注意土壤改良，才能保证栗树的正常生长结果。但不宜在积水地，石灰岩形成的黏重土和盐碱地建园。如在山地建园则应选择坡的中下部位。

(2)整地和栽植密度

山地栽植，要按等高线进行整地，先整成梯田，然后采用水平带状整地，带宽4~5m，中间保留生土带1~3m。若地形复杂，可整成鱼鳞坑。在平地栽植时，要先进行全面深耕，增厚活土层。结合整地进行施肥，以有机质肥为主，掺入一些秸秆、杂草。要使肥料与土壤拌匀，以防苗根与肥料直接接触。栽植密度要根据土壤条件、品种特性和栽培技术等确定。在土层厚、土质好的地方应稀植，每公顷以285~630株为宜；反之，则密一些，以630~1080株为宜。

(3)品种的选择和授粉树的配置

要以当地选出的优良品种作为主栽品种。品种的选择要因地制宜，如在南方要以菜栗品种为主，北方则以炒栗为主。由于栗树具有主要靠风媒传粉、雌雄异熟和自花授粉不如异花授粉坐果率高的特点，因而单一品种往往因授粉不良而产生"空苞"。所以适当配置授粉树是必要的。当然，一个栗园中栽植的品种也不宜过多，一般以2~3个为宜。选择授粉树主要考虑其早实性和丰产性这两项指标无差异时，可等行栽植；否则，主栽品种与授粉品种按9:1的比例搭配。

(4)栽植和建园方式

春天和秋天均可栽植。华北地区，一般在3月下旬或10月下旬至11月上中旬进行均可。栽植时要注意"挖大穴、施足肥、选壮苗和浇足水"等环节。在山地栽植时，要挖深1m、长宽各1.5m的大穴，在土质好的地方要挖1m见方的穴。最好每坑施有机肥20~25kg，也可混入一些枯枝、落叶和杂草。建园方式可采取定植实生苗，缓苗后第二年春季嫁接，或直接栽植嫁接苗，也可以播种之后再嫁接等方式。

(5)栽培管理

包括土壤管理、施肥、灌溉、整形修剪等措施。

10.27 核桃

别名：胡桃、长山核桃

学名：*Juglans regia*

科名：胡桃科　Juglandaceae

10.27.1 经济意义和分布

核桃是我国最重要的木本油料树种，也是珍贵的用材树种，具有很高的营养价值和经济价值。核桃仁是食用佳品，富含蛋白质和脂肪，并容易被人体吸收，是很好的滋补品，富含的青皮可以提取维生素B，根可作褐色染料，树皮、叶子和青皮含有单宁物质，可提取鞣酸。果壳可制活性炭，核桃木材坚硬，纹理细致、抗性击力强、不裂不翘，是较好的板材和家具用材。

(1)分布

我国核桃原产新疆天山北坡，在我国分布很广。北起辽宁南部、河北；南至福建北部和西部、江西、湖南；东自山东、江苏、浙江；西到青海、甘肃、新疆；西南到四川、贵州、云南。从垂直分布看，华北地区在海拔1000m以下，湖北西部在海拔2000m以下，贵州在海拔1300~1800m之间，四川在海拔1300~2600m之间，云南在海拔1600~2500m之间。

我国核桃栽培从大的范围来看一般可分为三个较大的中心。普通核桃为大西北栽培中心和华北栽培中心，前者包括新疆、青海、西藏、甘肃、陕西等省(自治区)，后者包括山西、河北、河南及华东的山东等地。另外，铁核桃为云贵栽培中心，即包括云南和贵州。

(2)种类

我国原有的和陆续引进的共9个种，其中分布最广、栽培最多的有2个种，即普通核桃和铁核桃。其他几种分别是核桃楸、麻核桃、野核桃、心形核桃、吉宝核桃、黑核桃和灰核桃。

我国核桃品种类型多达400个以上。根据其结实早晚分为早实核桃(2~4年结果)和晚实核桃(5~10年结果)。根据壳的薄厚不同分为纸皮核桃(0.3~0.9mm)、薄皮核桃类(1.0~1.5mm)和厚皮核桃类(1.6~2.0mm以上)。

10.27.2 树种特性

(1)生态学特性

核桃是温带树种，要求温暖凉爽的气候，不耐湿热。要求年平均气温为10~20℃，而在产区主要生长在年平均气温8~16℃之间的地带；属喜光树种，要求充足的光照；喜欢湿润，在年降水量400~1200mm的气候条件下能正常生长；是深根性树种，要求土层厚度不少于1m，土壤pH值适应范围6.5~8.0。

(2)生物学特性

核桃是主根发达、侧根水平延伸较广、须根密集生长的树种。顶芽充实肥大，顶端优势明显，芽可以分为混合芽(雌花芽)、雄花芽、叶芽(营养芽)和潜伏芽。核桃为雌雄同株、异花、异序树种。雄花着生于2年生枝的中下部，花序长约8~12cm，雌花着生在结果枝的顶部，为总状花序，单生或簇生。核桃开始结实有早有晚，早实核桃一般在播种后2~3年即可开花结果，晚实核桃则在播种后5~10年才开始开花结果。

10.27.3 建园和栽培技术

(1)苗木准备和土壤准备

苗木质量的好坏直接关系到果实的产量、质量和经济效益。所以应栽植优良品种的嫁接苗。苗木品种正确，主根侧根完整，无病虫害，分枝力强，容易形成花芽，抗性强。苗龄最好为2～3年生，苗高1m以上，干径不小于1cm，须根多。由于核桃的主根和侧根分布较深广，因而要求土层深厚，较肥沃，并有较高的含水量的土壤。所以对土壤都要进行熟化和增加肥力的措施。如果在山区丘陵地建园，最好是先修好梯田，然后再进行栽植。

(2)苗木栽植

核桃的栽植可在春季或秋季进行。在北方，由于春季较干旱，核桃根系伤口愈合较慢，发根较晚，所以在秋季栽植为好。如当地冬季气温较低，冻土层很深，而且多风，为防止冻害和"抽条"，也可在春季宜早不宜迟。栽植密度应根据立地条件、栽培品种和管理水平的不同而异，以获得高产、稳产、便于管理和提高经济效益为原则。在土层深厚、土质较好、肥力较高的地方，株行距应大些，一般采用每公顷栽植135～195株；反之，在土层较薄、土质较差、肥力较低的山地，株行距应小些，一般采用每公顷240～330株。对于果粮间作的，每公顷75～105株。

(3)品种(或类型)配置、栽植方法和越冬保护

建立核桃园，除了应选择经济性状较好，抗逆性强的优良品种外，还应根据核桃的雌雄异熟、风媒传粉、传粉距离和坐果率差异较大的特点，进行品种配置。一般每4～5行主栽品种，配置1～2行授粉品种，原则上主栽品种与授粉品种的距离最大不超过100m。栽植前，将假植苗挖出，把伤根、烂根剪掉。最好是把苗根浸在水中半天，或用泥浆蘸根，使根系吸足水分。按预定株行距挖好定植穴，穴的直径和深度均为0.8～1.0m。如果土壤黏重或通气性差，则应加大整地的规格，必要时采用客土、填充草皮土或表层土的办法，以改良土壤的质地，提高土壤的肥力。栽植后要打出树盘。我国北方的一些地区，1～2年生核桃幼树越冬后，由于生理干旱导致苗木发生"抽条"现象。防止"抽条"措施的关键是防止土壤冻结后枝条水分的大量蒸腾，采用苗木压倒埋土法、枝条包纸法或在枝条上涂抹凡士林的方法都能取得良好的效果。

(4)栽培管理

管理措施包括土壤管理、施肥、灌溉、整形修剪等。

10.28 光皮桦

别名：亮叶桦

学名：*Betula luminifera*

科名：桦木科　Betulaceae

10.28.1 经济意义和分布

光皮桦生长迅速，树干通直圆满，出材率高。木材淡黄色或淡红褐色，心边材较难区别，纹理直、材质细致坚韧而富有弹性，耐磨，切面光滑，木纹美观，干燥性能良好，黏胶容易，易加工，钉着力大，是制作实木地板、纺织器材、高档家具的优质材料；在航空、军工上既可制作高级胶合板，又可作层积塑料和层压木以代替核桃木作枪托。树皮含芳香油，是化妆品、食品香料等上好原料；且含鞣质，可提炼栲胶、桦焦油，用于生产消

毒剂，治皮肤病等。

分布于我国秦岭、淮河流域以南。浙江主产于杭州、绍兴、金华、丽水、台州等地区，生于海拔 400～1000m 的山谷、山坡、溪沟和山麓。

10.28.2　树种特性

(1)生态学特性

光皮桦为浅根性树种，但侧根发达，根系穿透力较强。萌蘖能力强，生长迅速，树高年生长可达 1.5m，胸径年生长大于 0.5cm。喜光树种，不耐庇荫。喜温暖、湿润气候及肥沃酸性砂壤土，较耐干旱瘠薄，多生于向阳干燥山坡、林缘及林中空地。

(2)生物学特性

树皮灰褐色，环状致密光滑，有清香味。叶纸质，呈椭圆状卵形，基部楔形、平截或微心形，先端尖或渐尖，叶缘重锯齿，齿端具小尖头。侧脉 10～14 对。雌雄同株，花单性，花期 3 月上旬至 4 月上旬，雄花序 2～5 枚簇生于小枝顶端或单生于小枝上部叶腋，下垂。果实一般 5 月上旬成熟，大部单生，长圆柱形，长 3～9cm，直径 6～10mm；小坚果倒卵形。

10.28.3　建园和栽培技术

(1)苗木准备和土壤准备

造林苗木应达到地径 >0.4cm，苗高 >25cm，主根长 >10cm，侧根数 >10 根。宜选在阳坡中下部的松杉采伐迹地或荒山荒地，且土层深厚肥沃、排水良好的立地。根据造林模式进行整地挖穴，种植穴规格 50cm×50cm×40cm。挖穴时尽量确保穴位行列的基本整齐，并将穴内土块打碎，拣出杂物，将穴内土壤按心土在下、表土在上，分层堆于穴外北侧。

(2)苗木栽植

春季造林一般在树木发芽前的 2～3 月完成。对于裸根苗，要注意雨情动态，雨后洞穴湿润时马上造林。裸根苗造林前要蘸黄泥浆，并保持根部的湿润；容器苗运输过程中保护好容器中营养土，栽植时须拆除根系不易穿透的容器。植苗前，抖开苗木根系，将苗植入穴的中央，扶正，并回填土至根系二分之一处时轻提苗，踏实，再回填土轻提苗，踏实，培一层浮土。回填土应先填表土，后填心土。

(3)品种(或类型)配置、栽植方法

①等量规则混交模式　该模式是杉木采伐迹地重新造林模式。二个树种以行状混交或隔二行光皮桦保留一行杉木的形式。适于原杉木人工林且采后萌芽更新良好的地块采用。设计密度以目前杉木多数 2m×2.5m 的密度为基准，总密度为每亩 133 株左右，其中，光皮桦占 80 株/亩、杉木 53 株左右。至 10 年左右，每亩间伐杉木 30 株，其余保留培育大径材，到 30～50 年左右采伐。

②随机混交模式　每亩保留大约 50～80 株杉木萌条，且依萌条生长情况呈不规划自然状分布，但留萌时力求分布均匀。总体栽植每亩密度 150～180 株，其中光皮桦每亩 100 株左右，营林方式是 10 年左右每亩间伐杉木 30～40 株，形成以光皮桦为主的混交林以培育大径材。

③块状混交模式 该模式也是用于杉木采伐迹地更新，所不同的是采用自然式成大块状造林。杉木为萌芽更新，光皮桦则为植苗造林。该模式的特点是利于机械化采伐。一般每亩保留杉木为130~150株，而光皮桦人工造林则为2m×3m的密度，一般几亩为一个混交块，总体造林密度控制在1800株·hm^{-2}。同样，萌芽杉木林可以在10年左右间伐50%左右，保留50%以培育大径材，而光皮桦不间伐直接培育成中、大径材。

(4)栽培管理

①抚育年限和次数 抚育的年限为5年，抚育的次数为9次，造林后1~3年，每年抚育2次，第4年起每年抚育1次。

②幼林抚育时间和方法 第1次抚育是4~5月，第2次抚育9~10月。前3年围绕种植穴里浅外深的松土除草，松土深度5~10cm。可结合幼林抚育年施复合肥1~2次。第4年起采用劈草抚育，每年1次。

③缺株补植 植苗成活不合格的地段，应及时进行补植或重新栽植，补植应用同龄大苗。

④病虫害防治 掌握病虫的发生规律，做好病虫害的预测、预报，采取综合防治办法，对可能发生的病虫害做好预防，对已经发生的病虫害及时防治。特别要关注疖蝙蝠蛾的预防和防治。以生态防治为主。

10.29 榉树

别名：大叶榉、血榉、红榉、黄榉

学名：*Zelkova schneideriana*

科名：榆科 Ulmaceae

10.29.1 经济意义和分布

木材黄褐色或红褐色，纹理直，结构细，质地硬，少伸缩，抗压力强，耐水湿，耐腐朽，刨面光清，油漆光亮度好，胶黏性能好，广泛用于造船、高级建筑、胶合板高级饰面材等，也是高级红木家具的主要原料，被国家有关部门列为家具用材一类材特级原木；具有很强的抗风、抗烟尘和耐二氧化硫等性能，是营造防风林的好树种落叶量大；根系发达且属深根性，具有良好的水土保持和改良土壤的功效；树形美观，树叶随季节变化，是良好的园林绿化树种。

(1)分布

广泛分布于秦岭、淮河流域以南地区。

(2)种类

榉树在亚洲有6个品种，在中国有4个品种，分别是：大叶榉树、光叶榉树、小叶榉树、台湾榉树。

10.29.2　树种特性

(1) 生态学特性

生于河旁、山坡、山谷林内，海拔 200～900m，稀达 1350m。红豆树幼年喜湿耐阴，中龄以后喜光。较耐寒，在本属中是分布于纬度最北的一个种。它对土壤肥力要求中等，但对水分要求较高；在土壤肥润、水分条件较好的山洼、山麓、水口等处生长快，干形也较好；在干燥山坡与丘陵顶部则生长不良。主根明显，根系发达，寿命较长，具萌芽力，能天然下种更新。

(2) 生物学特性

高可达 30m，胸径达 100cm；树皮灰白色或褐灰色，呈不规则的片状剥落；当年生枝紫褐色或棕褐色，疏被短柔毛，后渐脱落；冬芽圆锥状卵形或椭圆状球形。叶薄纸质至厚纸质，大小形状变异很大，卵形、椭圆形或卵状披针形，长 3～10cm，宽 1.5～5cm，先端渐尖或尾状渐尖，基部有的稍偏斜，圆形或浅心形，稀宽楔形，叶面绿，干后绿或深绿，稀暗褐色，稀带光泽，幼时疏生糙毛，后脱落变平滑，叶背浅绿，幼时被短柔毛，后脱落或仅沿主脉两侧残留有稀疏的柔毛，边缘有圆齿状锯齿，具短尖头，侧脉 7～14 对；叶柄粗短，长 2～6mm，被短柔毛；托叶膜质，紫褐色，披针形，长 7～9mm。

10.29.3　建园和栽培技术

1) 苗木准备和苗床准备

(1) 采种及处理

选择 30 年生以上、树形优美、树干挺拔、秋叶艳丽的健壮成年树为采种母树，在果实由青色转为黄褐色时(大约在 10 月下旬至 11 月)及时采种。采种后及时除去杂质，在室内通风干燥处自然阴干数日，用布袋或专用种子袋盛装。榉树种子具休眠现象，若不是立即播种，可采用湿沙低温层积贮藏至翌年 3 月播种。

(2) 苗床整理与播种

宜选择交通方便、地势平坦、排灌方便、土壤疏松深厚的壤土作苗基地，圃地每亩施腐熟有机肥 750kg 及复合肥 50kg 作基肥，经深翻后拣除石块、草根等。苗床一般宽 1～1.2m，沟深 30～40cm，保持床面平整、土粒细碎。榉树播种育苗可选择秋播、冬播或春播，秋播要随采随播，春播在雨水至惊蛰时进行，不得迟于 3 月下旬。育苗经验表明，秋播种子发芽率高，出苗整齐，生长期长。干藏的种子在播种前凉水浸种 1～2d，除去上浮的瘪粒，取出下沉、饱满的种子晾干，条播行距 15cm，每亩播种量 5kg，播后盖细土 0.5cm，上覆稀疏稻草保湿。

(3) 苗期管理

出苗后应及时间苗、除草、灌溉、追肥，最后 1 次追肥在 8 月下旬前结束，干旱季节要浇水。幼苗期根据杂草生长情况及时进行人工除草。榉树苗为假二叉分枝，任其自然生长则会出现低主干及偏冠，出苗后普遍有 2～3 叉分枝，应及时选留主干，剪除竞争侧枝，可保留细小侧枝。

2)苗木移栽

为培育农村造林、园林工程用苗，1年生的圃地苗应移栽培育大苗。移栽可于早春萌芽前或秋季落叶后进行，起苗宜在阴天或小雨后进行，以随起随栽为好，若不能及时栽种，可将幼苗扎成小捆埋于湿沙假植，长距离调苗需蘸泥浆、保持根部湿润。榉树裸根苗移植成活率高，移栽圃地应开好沟，畦面宽1.2m，种植坑尽量挖大一点，种植前需对苗木进行修根、修枝，移栽时要注意苗扶正、土踏实，栽后浇好定根水。

3)品种(或类型)配置、栽植方法和越冬保护

(1)造林模式

根据不同的立地条件栽植不同树种，如山顶、山脊植马尾松，山弯、山脚植榉树，形成马尾松和榉树的块状混交林。在立地条件较好的山坡中下部栽植榉树与杉木行状混交林。榉树与杉木1:1行状混交，在20~25年时可将杉木全部砍去，留下榉树优势木，培养大径材，株行距宜为5m×5m。

(2)造林密度

纯林以1.6m×1.6m、2m×1.6m的密度为宜；混交林则以榉树与杉木1:1行状混交，密度为1.6m×1.6m、2m×1.6m。

4)栽培管理

造林后的2~3年，应进行松土、施肥、除草和培土等工作。达到消灭杂草、蓄水保墒的目的。榉树幼苗期蛞蝓危害较重，可每亩用6%四聚乙醛400g于傍晚撒施在田内或用80%喷螺宝1500倍液喷雾防治。其他害虫还有蚜虫、刺蛾等，可于4、5月用50%抗蚜威2000倍液等喷雾防治。6~8月用1%甲基阿维菌素1500倍等常规杀虫剂防治刺蛾。榉树苗也有天牛等蛀杆害虫危害，可在5~6月羽化盛期用绿色威雷进行全园喷雾防治，同时采用脱脂棉蘸敌敌畏原液或低倍的稀释液等封为堵虫孔熏蒸杀虫。

10.30 红豆树

别名：何氏红豆、鄂西红豆、江阴红豆

学名：*Ormosia hosiei*

科名：豆科 Leguminosae

10.30.1 经济意义和分布

红豆树木材坚硬细致，纹理美丽，有光泽，心材褐色，耐腐，与红木齐名，是龙泉宝剑(壳)鞘和剑柄的心材所制，为木中珍品。同时其树体高大通直，端庄美观，枝繁叶茂，宜作庭园荫树、行道树和风景树。红豆树根系发达，具有良好的防风固土能力，可做生态公益林树种，也可作园林景观林。

分布于陕西(南部)、甘肃(东南部)、江苏、安徽、浙江、江西、福建、湖北、四川、贵州等省(自治区)。常生于疏林或密林中，海拔150~1900m。散生于河边、山谷林中，海拔在400～650m之间。被列为国家二级重点保护植物。

10.30.2　树种特性

(1)生态学特性

榉树喜肥沃、湿润的土壤，在海拔700m以下的山坡、谷地、溪边、裸岩缝隙处生长良好，所以应选择低山中下部，向阳山坡，土层较深厚、腐殖质层在10cm左右、肥力中等以上的谷地、山脚和坡度在30°以下的山坡栽植。

(2)生物学特性

常绿或落叶乔木，高达20～30m，胸径可达1m；树皮灰绿色，平滑。小枝绿色，幼时有黄褐色细毛，后变光滑；冬芽有褐黄色细毛。奇数羽状复叶，长12.5～23cm；叶柄长2～4cm，叶轴长3.5～7.7cm，叶轴在最上部一对小叶处延长0.2～2cm生顶小叶；小叶(1～)2(～4)对，薄革质，卵形或卵状椭圆形，稀近圆形，长3～10.5cm，宽1.5～5cm，先端急尖或渐尖，基部圆形或阔楔形，上面深绿色，下面淡绿色，幼叶疏被细毛，老则脱落无毛或仅下面中脉有疏毛，侧脉8～10对，与中脉成60°角，干后侧脉和细脉均明显凸起成网格；小叶柄长2～6mm，圆形，无凹槽，小叶柄及叶轴疏被毛或无毛。圆锥花序顶生或腋生，长15～20cm，下垂；花疏，有香气；花梗长1.5～2cm；花萼钟形，浅裂，萼齿三角形，紫绿色，密被褐色短柔毛；花冠白色或淡紫色，旗瓣倒卵形，长1.8～2cm，翼瓣与龙骨瓣均为长椭圆形；雄蕊10，花药黄色；子房光滑无毛，内有胚珠5～6粒，花柱紫色，线状，弯曲，柱头斜生。荚果近圆形，扁平，长3.3～4.8cm，宽2.3～3.5cm，先端有短喙，果颈长约5～8mm，果瓣近革质，厚约2～3mm，干后褐色，无毛，内壁无隔膜，有种子1～2粒；种子近圆形或椭圆形，长1.5～1.8cm，宽1.2～1.5cm，厚约5mm，种皮红色，种脐长约9～10mm，位于长轴一侧。花期4～5月，果期10～11月。

10.30.3　建园和栽培技术

1)苗木培育

(1)采种

红豆树主要用种子繁育，种子在10月下旬至11月份成熟，当荚果快要开裂时，用高枝剪剪下结果枝，收集荚果，采回荚果加适当暴晒后放室内摊开，使荚果自然开裂脱粒，然后收集种子，清除杂质，采用湿沙层积贮藏种子，先铺一层4～5cm湿沙，然后铺一层种子，一直铺到达40cm高左右，在贮藏期间要经常检查、翻动，湿度不够应及时喷水，保持一定的湿度。

(2)种子育苗

播种育苗红豆树在苗期喜阴，宜选择日照时间短，排灌方便，肥沃湿润的土壤作圃地。红豆树为深根性中性树种，根系发达，主根明显，在选择圃地时，选土壤深厚肥沃、排水良好地块，细致整地筑床，施足基肥。于2～3月播种，播种前进行选种、净种，再用40～60℃热水烫种后置于冷水中浸1～2d，也可擦伤种皮，以促进发芽。用福尔马林喷晒后，再用清水漂洗，晾干后即播，播种时进行点播或开沟条播。播种后覆盖草木灰和黄心土，覆土厚度为种粒直径2～3倍，再覆草，以保持苗床湿润，播种后要进行田间管理做好雨天清沟排水和干燥天气的浇水保湿。

(3)苗期管理

红豆树幼苗出土后即需遮阴，大面积育苗可采用遮阳网遮阴。幼苗生长期间，要进行细致管理，定期对苗圃地进行除草、施肥、浇水、病虫害防治等抚育管理，促进幼苗快速生长；1年生红豆树苗木苗高40～50cm、地径0.5～1cm时，即达到出圃规格，可上山造林。

2)苗木栽植

造林地选择，宜选择土层深厚、肥沃、排水良好的山坡下部、山谷作为造林地。对造林地进行林地清理、整地、挖穴工作，穴的规格为50cm×50cm×30cm，株行距2m×(1.5～2m)，以每亩170～240株左右为宜。一般在1～2月份冬芽萌动前选择阴雨天造林，造林前苗木要适当修剪部分枝叶和过长根系，蘸好泥浆，保证栽植时苗正、根舒、深栽、压实等技术措施，提高成活率。

3)品种(或类型)配置、栽植方法和越冬保护

造林密度纯林一般为每公顷1200～2000株，混交林为每公顷2000～2500株。适当密植可提早郁闭，有利于培养优质干材。红豆树可与杉木、马尾松等针叶树混交造林，杉木与红豆树混交比例为1:1或2:1。采用株间混栽或行间混栽。由于红豆树树冠较大，其株行距应大于杉木，这是混交造林时需要注意的。立地条件好的林地，可同其他阔叶树种营造块状混交林。

4)栽培管理

红豆树造林4年内，进行集约管理，每年抚育2次(除草、扩穴、施肥等)，分别于4～5月和9～10月实施，抚育方式为全抚或劈草块抚。红豆树幼年耐阴，在干旱高温来临之际停止除草，以草养苗，来保证幼苗成活率。在施肥时，春施速效肥，秋冬施有机肥。在第二年抚育时可适当进行修剪技条，培养干形，待林木出现分化后，陆续挖取一部分苗木用于园林绿化。

10.31 黄连木

别名：楷木、楷树、黄楝树

学名：*Pistacia chinensis*

科名：漆树科 Anacardiaceae

10.31.1 经济意义和分布

黄连木材质坚实，结构匀细，不易开裂，能耐腐，是建筑、农具、家具等用材。黄连木种子油可用于制肥皂、润滑油、照明油，油饼可作饲料和肥料。叶含鞣质10.8%，果实含鞣质5.4%，可提制栲胶。果、叶亦可做黑色染料。黄连木种子含油量高，种子富含油脂，是一种木本油料树种。随着生物柴油技术的发展，黄连木被喻为“石油植物新秀”，已引起人们的极大关注，是制取生物柴油的上佳原料。黄连木先叶开花，树冠浑圆，枝叶繁茂而秀丽，早春嫩叶红色，入秋叶又变成深红或橙黄色，红色的雌花序也极美观。是城市及风景区的优良绿化树种，宜作庭荫树、行道树及观赏风景树，也常作“四旁”绿化及低山区造林树种。

在中国分布广泛，在温带、亚热带和热带地区均能正常生长。资源调查的黄连木的分布北界县市由西到东为：云南潞西、泸水—西藏察隅—四川甘孜—青海循化—甘肃天水—陕西富县—山西阳城—河北完县—北京，这一地理分布界限与中国境内 1 月平均气温 -8℃ 等温线大体一致，广泛分布于此线以南的地区。以北、以西地区较为少见。

10.31.2　树种特性

(1) 生态学特性

黄连木喜光，幼时稍耐阴；喜温暖，畏严寒；耐干旱瘠薄，对土壤要求不严，微酸性、中性和微碱性的沙质、黏质土均能适应，而以在肥沃、湿润而排水良好的石灰岩山地生长最好。深根性，主根发达，抗风力强；萌芽力强。生长较慢，寿命可长达 300 年以上。对二氧化硫、氯化氢和煤烟的抗性较强。

(2) 生物学特性

落叶乔木，高达 25~30m；树干扭曲。树皮暗褐色，呈鳞片状剥落，幼枝灰棕色，具细小皮孔，疏被微柔毛或近无毛。奇数羽状复叶互生，有小叶 5~6 对，叶轴具条纹，被微柔毛，叶柄上面平，被微柔毛；小叶对生或近对生，纸质，披针形或卵状披针形或线状披针形，长 5~10cm，宽 1.5~2.5cm，先端渐尖或长渐尖，基部偏斜，全缘，两面沿中脉和侧脉被卷曲微柔毛或近无毛，侧脉和细脉两面突起；小叶柄长 1~2mm。

花单性异株，先花后叶，圆锥花序腋生，雄花序排列紧密，长 6~7cm，雌花序排列疏松，长 15~20cm，均被微柔毛；花小，花梗长约 1mm，被微柔毛；苞片披针形或狭披针形，内凹，长约 1.5~2mm，外面被微柔毛，边缘具睫毛；雄花：花被片 2~4，披针形或线状披针形，大小不等，长 1~1.5mm，边缘具睫毛；雄蕊 3~5，花丝极短，长不到 0.5mm，花药长圆形，大，长约 2mm；雌蕊缺；雌花：花被片 7~9，大小不等，长 0.7~1.5mm，宽 0.5~0.7mm，外面 2~4 片远较狭，披针形或线状披针形，外面被柔毛，边缘具睫毛，里面 5 片卵形或长圆形，外面无毛，边缘具睫毛；不育雄蕊缺；子房球形，无毛，径约 0.5mm，花柱极短，柱头 3，厚，肉质，红色。

核果倒卵状球形，略压扁，径约 5mm，成熟时紫红色，干后具纵向细条纹，先端细尖。

10.31.3　建园和栽培技术

1) 苗木培育

(1) 采种

种子采集和催芽选择 20~40 年生、生长健壮、产量高的母树采种。9~11 月核果由红色变为铜绿色时及时采果。铜绿色核果具成熟饱满的种子，红色、淡红色果多为空粒。采收的果实及时放入 40~50℃ 的草木灰温水中浸泡 2~3d，或用 5% 的石灰水浸泡 2~3d，搓烂果肉，除去蜡质，用清水将种子冲洗干净，阴干后贮藏。层积催芽。地势较高、排水良好的地块，挖深、宽各1m的坑，将种子与湿沙按1∶3的比例混合，埋入坑内至距地面15cm处，其上即全部填入河沙，上面覆土成馒头状，在坑内竖一通气草把。翌年春季种子有1/3露白时即可播种。

(2)种子育苗

黄连木喜光，圃地应选排水良好、土壤深厚肥沃的砂壤土。施足基肥，每亩增施硫酸亚铁50kg(磨碎)，以防立枯病。

(3)苗期管理

出苗前要保持土壤湿润，一般20~25d出苗。要及早间苗，第一次间苗在苗高3~4cm时进行，去弱留强。以后根据幼苗生长发育间苗1~2次，最后一次间苗应在苗高15cm时进行。幼苗生长期以氮肥、磷肥为主，速生期氮肥、磷肥、钾肥混合，苗木硬化期以钾肥为主，停施氮肥。及时松土除草，行内松土深度要浅于覆土厚度，行间松土可适当加深。

2)苗木栽植

通常采用植苗造林。采用1~2年生苗木，春季或秋季栽植。整地方式可根据立地条件的不同分别选用水平阶、鱼鳞坑或穴状整地。在寒冷多风地区，为防止风干与冻害，宜采用截干方法。造林密度每亩100株左右。

也可直播造林。选择土壤条件较好的地方直播造林较易成功。方法是秋季种子成熟后随采随直播造林，出苗率一般在70%以上，但生长较慢，应加强抚育管理。

3)栽培管理

造林后每年松土除草2~3次。到结实期，仅保留5%的雄株作授粉树，其余雄株采用高接换冠的办法改雄株为雌株。如林分密度过大，应及时疏伐。对多数混生在杂木林中的野生黄连木要经常将周围的杂草灌木砍去，保证林内通风透光良好，促进林木的生长和结实。黄连木病害少，虫害多，主要是防治黄连木种子小蜂和木尺蠖。

第三篇

森林管理

第11章 森林资源及调查

11.1 森林资源现状

11.1.1 全球森林资源现状

森林是陆地生态系统的主体，是生物圈中最复杂多样及最重要的陆地生态系统。它不仅为人类提供了有形的木材资源，而且对全球物质能量循环也起着巨大作用。人类文明的发展与森林息息相关，原始人从森林里获得了起码的生活条件：树叶蔽身、果实充饥、构木为巢、钻木取火等。在今天，森林除了给人类提供了木材及林产品外，它还是一个巨大的"基因库"。地球上大约1000万个物种，大部分与森林有关。虽然大部分物种我们还不认识，但它们是人类未来农业、工业、医药业最有价值的原料来源，目前正在陆续被发现。例如，东南亚森林中的山竹果，有可能成为世界上最美味的水果之一；一种热带豆类——翼豆，是已知的蛋白质含量最高的植物；很多有价值的药品，如止痛药、抗生素、强心剂、抗白血病药、激素、抗凝血素、避孕药等也都是在森林中发现的。随着人类科技的发展，人类将从这个"基因库"中创造出不知多少巧夺天工的生物来。

森林不仅是人类和多种生物赖以生存和发展的基础，而且，森林具有复杂的系统结构、物质生产功能和生态系统服务功能，也就是多种功能和效益。按照R. Costanza等人的观点，生态服务功能和生态功能共有17类之多，主要体现为：提供人类生存所需要的物质产品，维持生命物质的生物地球化学循环和水分循环，维持生物物种多样性与遗传多样性，净化大气环境，维持大气化学的平衡和稳定，提供森林文化、美学、休闲等方面的价值等。

森林作为可更新的特殊自然资源，是唯一可连续再生的木材资源生产系统，森林生产的木质、非木质林产品是社会生产和生活用品的重要来源，是山区和林区经济发展的重要支柱，也是促进林业和绿色产业发展的重要基础和动力。伴随着经济社会的发展，人类对森林功能的认识不断更新和扩展，人类对森林的认识不仅局限在森林提供大量的木质产品和非木质产品的物质生产功能，而且森林具有历史、文化、美学、休闲等方面的社会价值，在保障农牧业生产、维持生物多样性、改善生态环境、减免自然灾害和调节全球碳平衡和生物地球化学循环等方面起着重要的和不可替代的作用。森林通过林冠层、林下灌草层、枯枝落叶层和土壤层等多层次的复杂空间结构截持和调节大气降水，产生涵养水源、保持水土、防治滑坡和泥石流的作用。与此同时，森林还具有阻滞尘埃、消除噪音、吸收毒气、缓解热岛效应、美化环境等方面的巨大作用，使人类能有一个舒适的生活和工作环境。

远古时期，地球上的陆地几乎全部被茂密的森林所覆盖。后来由于地球地质的变迁，古老的原始森林减少了，并且人类的不断开发利用也使森林遭到了破坏。例如，人口增加、当地环境因素、政府发展农业开发土地的政策等。此外，森林火灾损失亦不可低估。但导致森林面积减少最主要的因素则是开发森林生产木材及林产品。由于消费国大量消耗木材及林产品，因而全球森林面积的减少不仅仅是某一个国家的内部问题，它已成为一个国际问题。毫无疑问，发达国家是木材消耗最大的群体。当然，一部分发展中国家对木材的消耗亦不可忽视。非法砍伐森林也是导致森林锐减的另一个十分重要的因素。据联合国粮农组织2002年报告，全球4大木材生产国（俄罗斯、巴西、印度尼西亚和民主刚果）所生产的木材有相当比重来自非法木材。因此，全球森林资源现状令人担忧，根据联合国粮农组织的《2015年全球森林资源评估报告》1990年全世界共有$41.28\times10^8hm^2$的森林，到2015年面积已减少到$39.99\times10^8hm^2$，森林占全球陆地的面积则由1990年的31.6%减少到2015年的30.6%。

11.1.2 我国森林资源现状

21世纪，随着六大林业工程的全面实施，生态建设力度不断加大，中国森林资源保护发展事业取得了显著成就。根据第八次全国森林资源清查（2009—2013年）结果，全国森林面积$2.08\times10^8hm^2$，森林覆盖率21.63%。活立木总蓄积$164.33\times10^8m^3$，森林蓄积$151.37\times10^8m^3$。天然林面积$1.22\times10^8hm^2$，蓄积$122.96\times10^8m^3$；人工林面积$0.69\times10^8hm^2$，蓄积$24.83\times10^8m^3$。森林面积和森林蓄积分别位居世界第5位和第6位，人工林面积仍居世界首位。因此，根据清查结果表明，我国森林资源呈现出数量持续增加、质量稳步提升、效能不断增强的良好态势。两次清查间隔期内，森林资源变化有以下主要特点：一是森林总量持续增长。森林面积由$1.95\times10^8hm^2$增加到$2.08\times10^8hm^2$，净增$1223\times10^4hm^2$；森林覆盖率由20.36%提高到21.63%，提高1.27个百分点；森林蓄积由$137.21\times10^8m^3$增加到$151.37\times10^8m^3$，净增$14.16\times10^8m^3$，其中天然林蓄积增加量占63%，人工林蓄积增加量占37%；二是森林质量不断提高。森林每公顷蓄积量增加$3.91m^3$，达到$89.79m^3$；每公顷年均生长量增加$0.28m^3$，达到$4.23m^3$。每公顷株数增加30株，平均胸径增加0.1cm，近成过熟林面积比例上升3个百分点，混交林面积比例提高2个百分点。随着森林总量增加、结构改善和质量提高，森林生态功能进一步增强。全国森林植被总生物量170.02×10^8t，总碳储量达84.27×10^8t；年涵养水源量$5807.09\times10^8m^3$，年固土量81.91×10^8t，年保肥量4.30×10^8t，年吸收污染物量0.38×10^8t，年滞

尘量 58.45×10^8t；三是天然林稳步增加。天然林面积从原来的 $11\ 969\times10^4$hm^2 增加到 $12\ 184\times10^4$hm^2，增加了 215×10^4hm^2；天然林蓄积从原来的 114.02×10^8m^3 增加到 122.96×10^8m^3，增加了 8.94×10^8m^3。其中，天保工程区天然林面积增加 189×10^4hm^2，蓄积增加 5.46×10^8m^3，对天然林增加的贡献较大；四是人工林快速发展。人工林面积从原来的 6169×10^4hm^2 增加到 6933×10^4hm^2，增加了 764×10^4hm^2；人工林蓄积从原来的 19.61×10^8m^3 增加到 24.83×10^8m^3，增加了 5.22×10^8m^3。人工造林对增加森林总量的贡献明显；五是森林采伐中人工林比重继续上升。森林年均采伐量 3.34×10^8m^3。其中，天然林年均采伐量 1.79×10^8m^3，减少5%；人工林年均采伐量 1.55×10^8m^3，增加26%；人工林采伐量占森林采伐量的46%，上升了7个百分点。森林采伐继续向人工林转移。

但是，我国仍然是一个缺林少绿、生态脆弱的国家，森林覆盖率远低于全球31%的平均水平，人均森林面积仅为世界人均水平的1/4，人均森林蓄积只有世界人均水平的1/7，森林资源总量相对不足、质量不高、分布不均的状况仍未得到根本改变，林业发展还面临着巨大的压力和挑战。从清查结果反映森林面积增速开始放缓，森林面积增量只有上次清查的60%，现有未成林造林地面积比上次清查少 396×10^4hm^2，仅有 650×10^4hm^2。同时，现有宜林地质量好的仅占10%，质量差的多达54%，且2/3分布在西北、西南地区，立地条件差，造林难度越来越大，成本投入越来越高，见效也越来越慢。而且，各类建设违法违规占用林地面积年均超过200万亩，其中约一半是有林地。局部地区毁林开垦问题依然突出。随着城市化、工业化进程的加速，生态建设的空间将被进一步挤压。因此，森林经营的要求非常迫切。我国林地生产力低，森林每公顷蓄积量只有世界平均水平 131m^3 的69%，人工林每公顷蓄积量只有 52.76m^3。林木平均胸径只有13.6cm。龄组结构依然不合理，中幼龄林面积比例高达65%。林分过疏、过密的面积占乔木林的36%。林木蓄积年均枯损量增加18%，达到 1.18×10^8m^3。进一步加大投入，加强森林经营，提高林地生产力、增加森林蓄积量、增强生态服务功能的潜力还很大。

11.2 森林资源的地位与作用

11.2.1 森林资源的地位

进入21世纪，森林资源的保护与利用在全球生态环境建设与经济社会可持续发展格局中具有举足轻重的作用。森林是生态建设的主体，是构建社会主义和谐社会的重要基石，是人类生态文明社会建设的重要资源。

11.2.1.1 在生态建设中赋予森林资源以首要地位

森林作为陆地生态系统的主体，在生态建设中具有重要的基础性地位。充分发挥森林资源的作用，对提高生态环境质量，促进可持续发展，将进一步发挥其重要作用。发展森林资源，提升森林固碳释氧、降低噪音、减少热岛效应、净化空气、调节小气候、降低沙尘暴危害等生态功能，可以为人们提供舒适的人居环境。而且发展森林资源，实现林网化、水网化，将有利于更好地发挥森林涵养水源功能，保障水资源安全；将有利于增强森林保持水土的能力，维护国土生态安全。此外，发展森林资源，保护湿地，还将有利于生物多样性的保育。因此，发展森林资源，对提高生态环境质量，促进经济社会可持续发展，将进一步发挥积极而重要的作用。

(1)森林是陆地生态系统的主体和地球生命系统的支柱

森林是陆地上面积最大、结构最复杂、生物量最大、初级生产力最高的生态系统，其特殊功能决定了森林在陆地生态系统中的主体地位。

森林是自然界最丰富、最稳定和最完善的碳储库。经有关专家测算，陆地中大约90%的碳存储于森林之中。而且森林是二氧化碳的主要消耗者，它主要以二氧化碳作原料进行光合作用，固定和储藏碳，同时释放出氧气。经研究表明，全球森林每年通过光合作用可固定$1000\times10^8\sim1200\times10^8$t碳，占大气总碳贮量的13%~16%。森林每生产10t干物质，可吸收16t二氧化碳，释放12t氧气。森林是地球生命系统的基因库。地球上生物多样性极为丰富，经估计约有1400万个物种，其中有170万种经过科学描述，且大部分集中在对高等植物的描述，我国植物种类占世界总数的10%，高等植物约有3万种，居世界第三位；除此之外，森林又是地球生命系统的能量库。森林作为陆地生态系统的主体，承担着太阳能吸收和转换的主体任务，成为地球生命系统的能量库。因此，对改善生态环境，维持生态平衡，保护人类生存发展的“基本环境”起着决定性作用。在各种生态系统中，森林生态系统对人类的关系最直接、影响最大。离开了森林的庇护，人类的生存和发展就失去了依托。

(2)森林是维护陆地生态系统平衡的调节中枢

森林作为巨大的陆地生态系统，在调节生物圈、大气圈、水圈、地圈动态平衡中具有重要作用。森林可以使无机物变成有机物、太阳能转化为化学能，在生物世界和非生物世界之间的能量和物质交换中扮演着主要角色，通过防治水土流失，改良土壤、涵养水源、净化水质、防风固沙、净化空气、减少噪音、维持碳平衡、调节全球气候、保护生物多样性等多种功能保持生态系统的整体功能，起着调节中枢的作用。

(3)森林是农业的生态屏障

从国内外发展趋势来看，发展农业、增产粮食在可持续发展中占有突出的地位。粮食对于中国这样一个人口大国来说具有特殊重要的意义。森林能够有效地改善农业生态与环境，增强农牧业抵御干旱、风沙、干热风、冰雹、霜冻等自然灾害的能力，促进农业的高产稳定，而且依靠其径流调节和水源涵养能力，可以削减洪峰流量，推迟洪峰到来时间，增加枯水期流量，推迟枯水期到来时间，减少洪枯比，增加水资源的有效利用率。除此之外，森林通过减少雨滴对土壤的冲击、减少地表径流对土壤的冲刷，有效地保护了土壤。

(4)森林植被恢复是西部生态重建的根本和切入点

森林植被作为生态建设的主体，是实现国家战略的根本和切入点之一。我国广阔的西部地区由于特殊的地理和气候条件，加以人类活动不断增加，致使生态环境极度脆弱，人类生存条件仍然十分恶劣。实施生态环境建设，包括加强生态建设和环境保护，保护天然林资源，因地制宜实施退耕还林还草，加快西部地区植被恢复重建，提高西部地区森林布局和森林覆盖率，全面提高以森林为主体的区域植被系统的环境服务功能，全面促进西部地区的经济、社会与人口、资源、环境的协调发展成为了重中之重。

11.2.1.2 在和谐社会构建中赋予森林资源以基础地位

在构建社会主义和谐社会，发展森林资源、改善生态环境是一项基础性的重要任务。社会主义和谐社会，是民主法治、公平正义、诚信友爱、充满活力、安定有序、人与自然和谐相处的社会。构建和谐社会离不开统筹人与自然和谐发展，而森林资源的合理配置是统筹人与自然和谐发展的关键。

(1)森林资源是国民经济发展的重要战略性资源

森林资源是国家经济社会发展不可缺少的重要战略资源。根据2000年1月国务院颁发的《中华人民共和国森林法实施条例》规定，森林资源包括森林、林木、林地以及依托森林、林木、林地生存的野生动物、植物和微生物。由此可见，森林资源具有丰富的生物多样性、资源的可再生性与价值的多重性，决定了以森林经营为主要对象的林业既是重要的社会公益事业，又是国民经济的基础产业。森林资源是国家经济社会发展不可缺少的重要战略资源。它所提供的森林产品与生态服务，直接关系到维护国土生态安全、满足市场林产品供应以及民众对生态的需求等国计民生的全局。而且，森林资源又是国民经济建设的主要生产资料和人民群众不可缺少的生活资料，木材作为当今四大原材料(木材、钢材、水泥、塑料)中唯一可再生的生物资源，广泛用于建筑、装饰、造纸、家具、交通、能源和其他行业。新型林业生物质材料、生物质能源、林源化学制剂正成为未来林业生物产业发展的方向，竹藤业、花卉业等非木质资源产业以及森林食品、森林药材等林下资源开发利用和森林旅游业正方兴未艾，呈现良好的发展势头。

(2)森林资源提供劳动就业和社会服务保障

社会进步和文明程度越高，人们对林业的就业和社会功能的认识就越充分。林业是一个与农民关联度高、农村剩余劳力容量大的行业。通过集体林权制度改革，确立农民经营林业的主体地位，吸引大批农民从事林业生产经营，吸引外出打工人员返乡务林，加入种苗花卉培植、野生动植物驯养繁育、林产品加工、流通贸易、森林旅游等行业。首先，吸纳劳动力就业。林业产业是劳动密集型的行业，种苗花卉、造林绿化、林木管护、林副产品采集加工、森林旅游等都需要众多的劳动力。大力植树造林，开发森林资源，发展林业产业，已成为许多地区解决剩余劳动力就业的重要门路。目前我国林业用地的利用率仅为59.77%，专家预测，如果将林地利用率提高到80%，可新增就业300多万人，加上所辐射产业的就业，林业对农村就业的贡献还会大大提高。我国山地面积占国土面积的69%、沙地面积占18.1%，这些地区生活着占全国70%的人口，深度、广度发展林业生产，挖掘土地潜力和利用空间，是促进剩余劳动力就业、稳定农村社会的重要渠道。近年来，基层推行了林木采伐公示、护林员公选、林权制度改革等一系列新的措施，农民参与管理林业的意识和作用大大提高。尤其是福建、江西等南方集体林区，通过林权制度改革，消除了林业发展的体制机制性障碍，推动了村务公开和民主管理，调动了农民发展林业的积极性。在许多地区发展林业已成为促进乡风文明、实现村容整洁和建设社会主义新农村的重要内容和措施。

(3)森林资源为农村提供了极其重要的能源

森林资源作为生物质能源是在森林生长和林业生产过程中实现的。其中主要是薪材，也包括森林工业的一些残留物等。森林能源在我国农村能源中占有重要地位，1980年前后全国农村消费森林能源约 1×10^8t 标煤，占农村能源总消费量的30%以上，而在丘陵、山区、林区，农村生活用能的50%以上靠森林能源。薪材来源于树木生长过程中修剪的枝杈，木材加工的边角余料，以及专门提供薪材的薪炭林。1979年，全国合理提供薪材量 8885×10^4t，实际消耗量 $18\ 100\times10^4$t，薪材过樵1倍以上；1995年，合理可提供森林能源 $14\ 322.9\times10^4$t，其中薪炭林可供薪材 2000×10^4t 以上，全国农村消耗 $21\ 339\times10^4$t，供需缺口约 7000×10^4t。

(4)森林资源具有休闲、旅游保健功能

森林的美是随着结构、季节、环境等不同而变化，呈现出多层次性和多重性。森林的自然美，表现为以森林植物颜色为基调的五颜六色，春花、夏叶、秋果、冬枝，加上不同物种和层次的天然搭配，树冠和轮廓、树干和枝条的曲线等无不展示其自然美；森林的社会美，表现为不仅能为人类社会提供林产品方面等的物质资料，还能提供生态环境服务；森林的艺术美，表现为森林个体及群体的形式美及人们在欣赏时产生的意境美。人类休闲观光的去处将更多地投向大自然的怀抱，休闲游憩将是未来社会发展的一大产业。在森林环境里，人们能进行攀岩、徒步、观光、狩猎、探秘等多项活动，是度假、旅游、娱乐、休闲的好场所，是绘画、摄影、考古等重要对象。走进满目苍翠的森林，使人能够亲近自然，消除疲劳，振奋精神，陶冶情操，享受人生，更能激发人的想像力和创造力。森林对人类健康养生的价值不可低估，欧、美、日本等国很早就盛行在森林中修建疗养所，接纳病人治疗和开展相关研究，世界卫生组织也通过森林医院的方式进行康复保健研究。湿地被称之为"地球之肾"，是地球上重要的蓄水池。森林空气中植物杀菌素含量高、负离子含量高、氧气浓度高、菌类含量低、污染物含量低、噪音低，人们沐浴在森林中对调节情绪、消除疲劳、疗养保健、增强免疫机能等有诸多妙效，促进人们身心愉悦和健康长寿。社会和谐有赖于人与自然和谐。森林是促进人与自然和谐的根本，是构建社会主义和谐社会的重要基石。林业生产具有明显的公益性、外部性、长期性、艰苦性，在全面贯彻和落实科学发展观，构建社会主义和谐社会中，必须激活林地、森林、林业建设者等生产要素，大力发展林业生产力。要通过投资拉动、改革推动、利益驱动、林农主动，挖掘开发林地资源、林木资源和物种资源的潜力，加快林业发展，充分发挥森林的功能，促进人与自然、人与人、人与社会的和谐发展，为人类社会创造幸福生活和美好未来。

11.2.1.3 在生态文明建设中赋予森林资源以重要地位

改善森林生态系统，为人民提供优美而适宜的人居环境具有重要的意义。森林资源数量和质量的高低，现代林业产业的发达水平，将成为生态文明程度的重要标志。发挥森林的文化功能，增强人民的生态意识，提高人民的审美能力和促进人民的全面发展，是生态文明建设的基本目标。优化配置森林资源，发挥森林资源的多种效益，提高人民的生活质量，是生态文明建设的基本要求。公众积极参与保护和培育森林的各种活动，是生态文明建设的重要内容。

(1)森林是人类社会进步的重要源泉

从早期人类文明兴衰史中，我们清楚地看到，人类的文明与发展，都是以大量的森林为依托，以良好的生态为基础。中国黄河中游、埃及、古巴比伦、南亚的印度河流域等地区，之所以成为人类早期社会发展的中心，都与当时这些地区有茂密的森林这一优越的自然条件密切相关。回顾人类社会发展进程，不难发现森林的繁茂曾为人类进步带来了光明，森林的衰亡也曾导致了人类文明的衰落。即使已经进入到现代文明社会，人类与森林的唇齿相依关系仍然不变。森林兴则人类兴，森林衰则人类衰。

(2) 森林是人与自然和谐相处的主要载体

长期以来，农业文明的兴起是以大面积毁坏森林开垦耕地为代价，工业文明的兴起也同样以牺牲森林为代价的。工业文明，使西方国家首先享受到了工业化带来的社会经济繁荣，但工业化也给他们带来了对大量宝贵自然资源，特别是森林资源的破坏，以及人类赖以生存的生态环境的恶化。英国生态学家格兰杰说："森林是一切生命之源，当一种文化达到成熟或过熟时，它必须返回森林，来使自己返老还童"。

(3) 弘扬森林文化，建设生态文明

森林文化是人类文明的重要内容，是人对森林(自然)的敬畏、崇拜、认识与创造，是建立在对森林各种恩惠表示感谢的朴素感情基础上的，反映在人与森林关系中的文化现象。森林文化是人类文化和人类生态文明的重要组成部分。森林蕴含着深厚的文化内涵，以其独特的形体美、色彩美、音韵美、结构美，对人们的审美意识、道德情操起到了潜移默化的作用，丰富了人文内涵。大力弘扬森林文化，通过发展森林美学、园林文化、森林旅游文化、花文化和竹文化等，使森林文化更加多姿多彩，使森林更加具有生机和活力的内涵。

11.2.2　森林资源的作用

森林作为可更新的特殊自然资源，其生产的木材、非木质林产品是社会生产和生活用品的重要来源，是山区和林区经济发展的重要支柱，也是促进林业和绿色产业发展的重要基础和动力。伴随着经济社会的发展，人类对森林功能的认识不断更新和扩展，人类对森林的认识不仅局限在森林提供大量的木质林产品和非木质林产品的物质生产功能，而且森林具有复杂的系统结构和生态系统服务功能，在保障农牧业生产、维持生物多样性、改善生态环境、避免自然灾害和调节全球碳平衡等多方面起着重要的和不可替代的作用。

11.2.2.1　森林资源的生态服务功能

(1) 森林具有涵养水源、保育土壤的作用

森林涵养水源功能表现在多个方面，但主要表现在森林所具有的蓄水功能、调节径流功能、森林削洪抗旱功能和净化水质等多个方面。森林之所以具有保育土壤、减少水土流失的作用，主要是因为它具有庞大的根系，而庞大的根系能够改良、固持和网络土壤，林冠层和枯枝落叶层能够削减侵蚀性降雨的雨滴功能及拦截、分散、滞留和过滤地表径流，从而使土壤结构稳定，减少因土壤侵蚀造成的水土流失发生。

(2) 森林具有净化环境的作用

随着工矿企业的迅猛发展和人类生活用矿物燃料的剧增，受污染的空气中混杂着一定含量的有害气体，威胁着人类的健康，其中二氧化硫就是分布广、危害大的有害气体。凡生物都有吸收二氧化硫的本领，但吸收速度和能力是不同的。植物叶面积巨大，吸收二氧化硫要比其他物种大的多。据测定，森林中空气的二氧化硫要比空旷地少 15%~50%。若是在高温高湿的夏季，随着林木旺盛的生理活动功能，森林吸收二氧化硫的速度还会加

快。相对湿度在85%以上，森林吸收二氧化硫的速度是相对湿度15%的5～10倍。树木能分泌出杀伤力很强的杀菌素，杀死空气中的病菌和微生物，对人类具有一定的保健作用。有学者曾对不同环境，每立方米空气中含菌量作过测定：在人群流动的公园平均为1000个，街道闹市区约为3万~4万个，而在林区仅有55个。另外，树木分泌出的杀菌素数量也是相当可观的。例如，$1hm^2$圆柏林每天能分泌出30kg杀菌素，可杀死白喉、结核、痢疾等病菌。

(3)森林具有调节气候、制造氧气的作用

森林浓密的树冠在夏季能吸收和散射、反射一部分太阳辐射能，减少地面增温。而在冬季森林中植物的叶子虽凋零，但密集的枝干仍能削减吹过地面的风速，使空气流量减少，起到保温保湿的作用。据测定，夏季森林里气温比城市空阔地低2～4℃，相对湿度则高15%~25%，比柏油、混凝土的路面气温要低10%～20℃。由于林木根系深入地下，源源不断的吸取深层土壤里的水分供树木蒸腾，形成雾气，增加了降水。经有关专家分析对比，林区比无林区年降水量多10%～30%。森林在生长过程中要吸收大量的二氧化碳，放出氧气。据研究测定，树木每吸收44g的二氧化碳，就能排放出32g氧气；树木的叶子通过光合作用产生1g葡萄糖，就能消耗2500L空气中所含有的全部二氧化碳。按此推算，森林每生长$1m^3$木材，可吸收大气中的二氧化碳约850kg。若是树木生长旺季，$1hm^2$的阔叶林，每天能吸收1t二氧化碳，制造生产出750kg氧气。据资料介绍，$10m^2$的森林或$25m^2$的草地就能把一个人呼吸出的二氧化碳全部吸收，供给所需氧气。诚然，林木在夜间也有吸收氧气排出二氧化碳的特性，但因白天吸进二氧化碳量很大，差不多是夜晚的20倍，相比之下夜间的副作用就很小了。就全球来说，森林绿地每年为人类处理近千亿吨二氧化碳，为空气提供60%的净洁氧气，同时吸收大气中的悬浮颗粒物，有极大的提高空气质量的能力，并能减少温室气体，减少热效应。

(4)森林具有除尘、消声作用

随着工业的发展，排放的烟灰、粉尘、废气严重污染着空气，威胁着人类的健康。高大树木叶片上的褶皱、茸毛及从气孔中分泌出的黏性油脂、汁浆能黏截到大量微尘，具有明显阻挡、过滤和吸附作用。据资料记载，每平方米的云杉，每天可吸滞粉尘8. 14g，松林为9. 86g，榆树林为3. 39g。林区大气中飘尘浓度比非森林地区低10%~25%左右。噪声对人类的危害随着交通运输业的发展越来越严重，特别是城镇尤为突出。据研究表明，噪声在50dB以下，对人没有过大的影响；当噪声达到70dB，对人就会产生明显的危害；如果噪声超出90dB，人将无法持久工作。森林作为天然的消声器有着很好的防噪声效果。经测算，公园或片林可降低噪声5～40dB，比离声源同距离的空旷地自然衰减效果多5～25dB；汽车高音喇叭在穿过40m宽的草坪、灌木、乔木组成的多层次林带，噪声可以消减10～20dB，比空旷地的自然衰减效果多4～8dB。城市街道树，可消减噪声7～10dB。

11. 2. 2. 2 森林资源的经济功能

(1)森林的木材生产

森林是林业物质生产的基础，是国民经济重要的自然资源，具有非常重要的经济效益。而且森林是唯一可提供木材的重要资源，发展国民经济所需要的各种林产品和广大发展中国家所需要的很大一部分能源，都必须依靠森林提供的木材来满足。自古以来，木材就是人类生存所依赖的主要原材料。木材作为当今四大原材料(木材、钢材、水泥、塑料)中唯一可再生的生物资源，具有质量轻、强度高、吸音、绝缘、美观、易于加工、优质纤维含量高等优质特性，成为国民经济建设的主要生产资料和群众不可缺少的生活资料。目前我国原木的消费量已跃居世界第三。据统计，世界人均年消耗木材0.58m^3，而我国只有0.29m^3，我国每年对林木及其制品的需求折合资源蓄积量为$3\times10^8m^3$以上，而现有森林资源的年合理供给量仅占需求量的60%左右，已远远不能满足消费需求。

(2)森林的非木质林产品

森林能生产丰富的非木质林产品，主要包括果品、药材、工业原料、花卉竹藤、林化产品等。森林的自然和生态景观，也是林业独具的资源和特征。森林的物质产品生产，已成为发展循环经济，推进现代化建设中不可缺少、又难以替代的重要资源。近年来，我国林业产业发展迅猛，经济效益不断增加，干鲜果品、木本粮油、桑蚕业、竹木加工等传统产业加速发展，森林旅游、森林食品、花卉药材、生物质材料、生物质能源等新兴产业异军突起。"十五"期间，我国林业产业总产值每年以两位数的速度递增，2005年达7289亿元。2005年林业为全社会提供的水果达8252×10^4t，干果350×10^4t，林产饮料、调料和森林食品553×10^4t；生产木材$5560\times10^4m^3$。我国林业产业的发展已成为许多地区、尤其是山区农村经济发展的主导和支柱产业，成为广大农民、尤其是林农增收致富的重要来源，成为增加县乡财政收入的重要渠道，有力地推动了区域经济的发展。

11.2.2.3　森林资源的社会功能

发展林业是促进农村社会发展、增加农民就业增收的重要途径。我国是个农业人口大国。增加农民就业增收，缩小城乡差距，是构建社会主义和谐社会、全面实现小康社会目标的重点和难点，既是重大的经济问题，也是必须高度重视的社会问题。我国可利用的林业用地$2.87\times10^8hm^2$，利用率仅有58%，单位产出仅为耕地的3.2%，在依靠耕地增加农民就业和收入的潜力已十分有限的情况下，如果把丰富的林地、物种、劳动力资源潜力和林产品市场潜力充分挖掘并有机结合起来，就可创造出巨大的物质财富和可观的经济效益，满足经济社会发展对林产品的需求，促进亿万农民就业增收致富，对于缓解社会就业压力，促进农民增加收入，推动经济社会全面协调可持续发展都将发挥历史性作用。

发展林业是推进社会文明进步的重大措施。森林是人类文明的重要来源。生态文明是继农业文明和工业文明之后迄今为止人类文明的最高形态，是人类共同的价值追求。实现人与自然和谐，是森林文化的涵义与核心，是和谐思想的重要体现，是21世纪人类先进思想的重要组成部分。建设繁荣的森林文化体系，是经济社会和现代文明发展的要求，是拓宽林业发展空间的要求，是丰富林业建设内容的要求。发展森林文化，一是可以协调人与自然的关系。走进森林，人们可以了解森林生态系统的内在价值以及生物间相生相克、相辅相成的关系，感悟社会和人生，获得大量的智慧和知识，树立起平等友善对待自然，科学开发利用资源的自然观、价值观和道德观。二是可以协调人与人的关系。不同层次、不同年龄的人，可以通过森林得到不同的感悟。从梅和竹上，智者感受到挺拔和独立，贤者感受到博大精深，哲者得到从容与大度，商者得到诚信和守节，僧侣得到宁静和庄严。森林能潜移默化地影响每一个人的个性发展，不断陶冶人们的品德和性格。茅盾先生从白杨树上得到启迪，写出《白杨礼赞》，这是作家赞美自然、以树言志、借物抒情的名篇；

《红楼梦》的故事情节始终伴随着花鸟园林，包括人和物的名称都以充满诗情画意的花鸟名称来命名；以树木花鸟为题材的诗歌美术等艺术作品，内涵十分丰富。无数事实证明，人类走出森林又向往回归森林，人类离不开森林。要像呵护孩子般去呵护森林生态系统，要像孝敬老人般去孝敬森林生态系统。

发展林业是促进乡风文明、实现村容整洁的重要内容。乡风文明、村容整洁是农村社会发展向现代化迈进的显著标志。发展林业，一是提高农民生态道德意识。通过乡村绿化，提高自身修养，形成良好的生态道德意识，有助于农民改变传统的生活观念和生活方式。二是绿化美化农村生态环境和人居环境。农村生态环境是农民生活质量提高的必要条件，通过构筑农田林网、增加村庄和农户院落的林草覆盖，发展庭院林业，能使农民的家居环境、村庄环境、自然环境更加优美，促进人与自然和谐。

11.3 森林资源调查概述

60多年来，我国先后制定颁布了60多项森林培育、营造利用、资源监测的技术标准、规程和规范，基本形成了配套的调查监测制度，逐步形成了以国家森林资源连续清查为主体，以专项核(检)查为补充，以地方森林资源规划设计调查为辐射的全国森林资源监测体系。全国森林资源监测工作从1953年在国有林区开展森林经理调查开始，20世纪60年代引入了以数理统计为基础的抽样技术，70年代在"四五"清查的基础上，开始建立全国森林资源连续清查体系。为适应森林经营管理和林业建设的需要，第六次森林资源清查增加了林木权属、病虫害等级等项内容，扩充了清查信息内涵。而第七次全国森林资源清查，为适应林业五大转变和跨越式发展的需要，增加了反映森林生态、森林健康、土地退化等方面的指标和评价内容，遥感、GPS高新技术得到了进一步加强。特别是第八次森林资源清查采用了国际上公认的"森林资源连续清查方法"，以省(自治区、直辖市)为调查总体，实测固定样地41.5万个，全面采用了遥感等现代技术手段，调查、测量并记载了反映森林资源数量、质量、结构和分布，以及森林生态状况和功能效益等方面的160余项调查因子。

11.3.1 我国森林资源调查的分类

由于森林资源调查的对象不同，调查的具体要求、作用和内容也不一样。因此，有必要根据不同的目的、要求，采用不同的精度要求与内容进行调查。当今，世界许多国家把森林资源调查分成三大类，即全国(或大区域)的森林资源调查，森林经营规划调查和作业设计调查。我国根据国民经济建设的情况和需要，基本沿用这类分类系统，把森林资源调查分为以下几大类，已成为我国的森林资源调查体系。

11.3.1.1 国家森林资源连续清查

简称一类清查。以省(自治区、直辖市)为单位进行，以抽样调查为基础，采用设置固定样地定期实测的方法，在统一时间内，按统一的要求查清全国森林资源宏观现状及其消长变化规律，其成果是评价全国和各省(自治区、直辖市)林业和生态建设的重要依据。从

1977 年开始，在各省(自治区、直辖市)先后建立了每 5 年复查一次的森林资源连续清查体系。

国家森林资源连续清查的任务是及时、准确查清森林资源的数量、质量及其消长动态；了解森林生态系统的现状和变化趋势，对全国以及各省(自治区、直辖市)的森林资源与生态状况进行综合评价。其主要内容是：一、制订森林资源连续清查技术方案及实施操作细则；二、进行样地设置及调查；三、建立和更新森林资源连续清查数据库；四、进行资源统计、分析及评价；五、提供各省(自治区、直辖市)及全国森林资源连续清查成果；六、建立国家森林资源连续清查信息管理系统。

11.3.1.2　森林资源规划设计调查

简称二类调查。二类调查以国有林业局(场)、自然保护区、森林公园等森林经营单位或县级行政范围为单位，以满足森林经营管理、编制森林经营方案、总体设计、林业区划与规划设计等需要，按山头地块进行的一种森林资源清查方式，其成果是科学经营管理森林资源的重要依据。二类调查是经营性调查，一般每 10 年进行一次。随着各地对二类调查工作的重视以及遥感技术的发展和进步，利用高分辨率遥感图像(如 SPOT5)结合地面调查的方式开展二类调查，不仅极大地减少了外业调查的工作量，也提高了调查成果的质量和精度。

11.3.1.3　作业设计调查

简称三类调查。三类调查是以某一特定范围或作业地段为单位进行的作业性调查，一般采用实测或抽样调查方法，对每个作业地段的森林资源、立地条件及更新状况等进行详细调查，目的是满足林业基层生产单位安排具体生产作业(如主伐、抚育伐、更新造林等)需要而进行的一种调查，一般在生产作业开展的前一年进行。

11.3.1.4　年度森林资源核(调)查

由各级林业主管部门组织实施，主要对年度森林采伐限额执行情况、征(占)用林地、人工造林更新、封山育林及保存状况、重大林业生态工程建设任务完成情况等进行现地核(调)查，有关结果作为评价森林经营效果、工程建设成效和林业行政执法的依据。为认真落实“严管林、慎用钱、质为先”的要求，加强全国营造林质量的管理与监督，2002 年以来，国家林业局组织开展了全国及六大林业重点工程营造林实绩综合核查工作。

11.3.2　森林资源调查的主要技术方法

我国自 20 世纪 60 年代引进了以数理统计为理论基础的抽样技术进行森林资源调查，并组织了大规模试验和实测验证，在调查精度、质量、效益等方面均取得显著成效，也是目前较大规模森林资源调查中使用的主要技术方法。

11.3.2.1　什么叫森林资源抽样调查

在调查的对象中，按照要求的精度，抽出一定数量的样地，进行量测和调查，用以推算全林。这种方法称为森林抽样调查。森林抽样调查必须正确地区划出调查范围，然后将它按照既定的大小(一般为样地的面积)划分为许多单位即观测和调查的单位，叫作单元，单元的集合体叫作总体，总体中所包含的单元数叫作总体单元数，通常用“N”表示。由 N 个单元组成的总体中，随机抽出 n 个单元组成样本，样本单元数用“n”表示。在森林调查中，样本单元一般是在图面材料或航空像片上抽取，然后到现地去，将图上抽取的样点落实到地面上进行量测和调查。按照设计好的方案，把预定数量的样地在现地定位、测树、调查等一系列工作即为森林抽样调查的外业。用外业调查的资料进行分析、推算全林、求出估计的误差等工作为森林抽样调查的内业。由此可知，森林抽样调查是由踏勘、预备调查、设计相应的抽样方案、外业测定、内业分析等几个环节构成。而根据调查对象(林区)的特点，采用最有效的抽样方法是森林抽样调查技术设计的主要内容。

(1)变量(变数)

森林调查中，对每个单元可以测定许多个调查因子，如果以单株木为单元时，可以测定树种、生长级、出材情况、胸径、树高、材积等。这些调查因子分别属于两种标志：一种是属性标志，如树种健康情况等；一种是数量标志，如胸径、树高等。大部分测树因子属于数量标志。总体中各个单元在同一个标志上并不完全相同，譬如，林木由于自然条件的变异和内部因素的不同，导致胸径、树高、材积等的不同，它们都是个变量，通常用“x”或“y”表示。变量反映了总体内部各单元之间的差异，也反映了总体平均数的不同，没有变量的问题也就不存在抽样估计工作了。变量可分为连续变量和离散变量两种：一般来说，能用有效数值来算定单元的长度、面积、体积、重量等标志值都为连续变量。用有理正整数计量的标志值，如枯立木的株数、每平方米的更新幼树株数、发芽种子的粒数等均为离散变量。连续变量和离散变量它们的分布特点不同，所以在抽样调查中对它们采用的估计方法也不一样。森林抽样调查的重点是介绍连续变量的抽样估计方法，大部分以蓄积量作为估计的标志，所介绍的方法也同样适用于生长量、出材量以及其他连续变量的标志的估计。属性标志的抽样估计方法可参照各种抽样方法中成数抽样部分。

(2)误差和偏差

森林抽样调查与其他调查方法相比，其优点之一，就是可以算出调查的精度，并能按照要求的精度计算出调查所需要的工作量。抽样调查所计算的抽样误差，是样本平均值与总体平均值之差，而不能反映实际误差。按照排列组合的法则，由 N 个单元组成的总体中，每次抽取 n 个单元组成样本，可以有 C_N^m 种组合样本的方法，而每一组样本平均值都可能不同。例如，某一总体有 10 个单元，其标志值分别为 0，1，…，9，已知总体平均值为 4.5，当随机抽取三个单元组成样本时，若样本由 1、4、7 三个变量组成，样本平均值为 4.0，若样本由 2、5、8 三个变量组成，则样本平均值为 5.0。这两种样本平均值与总体平均值之间有抽样误差。在实际工作中，总体真值是不可能得到的，只能用样本平均值去估计它，抽样误差的大小说明了对总体平均值估计的精度，其值越小，说明估计的精度越高；反之则越低。森林调查中蓄积量估计的总误差不仅是抽样误差，还包括有面积量测误差、样本单元值的测定误差、材积表的误差等项。但在计算精度时，只根据抽样误差计算，后者的这些误差均未包括在内。偏差是一种系统性的常差，它可能产生于森林抽样调查的各项工作中。例如，轮尺测脚不垂直于测尺，卷尺伸长、测径部位普遍低于 1.3m，材积表不适用、样本抽取的方法不正确、估计方法选择错误等，都可能形成系统的偏差。在抽取样本的范围与所估计的总体范围不一致时，样本就不能反映出总体的各种特点，所以造成偏差。例如，在林分调查中，如测线只设在林分的中部，而近林缘的稀疏过渡地段，没有被抽中作为样本，所以使估计值偏高。有一些估计方法，本身就是有偏的，从理论上推导，这些估计方法不能使样本平均数最终等于总体平均数，我们称这些估计值为有偏估计值。这些方法的估计值虽然有偏，但是，它们常常具有简易和高效率等优点。在一定条件下，加大样本单元数，可以逐步缩小偏差，仍然为生产中所常用。

总之，抽样调查要使计算精度正确无误，必须防止各种偏差，否则，可能出现理论精度很高，而实际上偏差极大的错误结论。因此，必须严格地检查工具、数表，采用合理的抽样、估计方法，严格按照操作规程操作，才能保证计算精度有相应的准确性。

(3)样本大小

总体的变异特征除了反映在各单元值的变动幅度以外，还表现在总体的分布规律上，例如，同龄纯林林分中，胸径的分布常是中等径级的株数多，大径级及小径级的株数少的山状分布。复层异龄林分中，胸径的分布常是小径级的株数多，大径级的株数少的偏峰状分布。由于总体的分布规律不同，总体平均数所处的位置也不一样，因此，用样本估计总体时，首先应了解总体的分布规律。在实际工作中，总体的分布规律是不可能知道的，当前所采用的估计方法，大部分是按照正态分布的标准方法推导出来的。根据中心极限定理，当样本单元数充分大时(一般定为 $n \geqslant 50$)，不论总体的分布如何？样本平均数的分布趋近于正态分布。在森林抽样调查中，如果预先不了解总体的分布规律，就一律采用大样本进行估计；若抽取的样本单元数较少，就采用小样本估计，但必须是在总体的分布规律为正态分布的前提下，才能应用，否则，应增加样本单元数。

11.3.2.2　森林抽样调查的运算基础

1)标志的符号和下标

森林调查中，参数和变量均采用相应的字母作为标志符号，例如，x，y 作为变量的符号；a、b、c 作为参数的符号；f_i作为频数的符号等。为了限定标志符号的范围，通常用下标来指明。例如，若以 x 表示林木的胸径，y 表示林木的材积，则 x_i、y_i的 i 称为下标，表示第 i 株树木的胸径或材积。有时下标可以是两重或多重的形式。例如，$X_i\underline{A}$、$X_i\underline{B}$，第二重下标$\underline{A}$ 和$\underline{B}$ 是对 i 限定范围的，若以$\underline{A}$、$\underline{B}$ 表示不同的调查时期，A 表示初查，B 表示复查，则 $X_i\underline{A}$ 为初查时第 i 株树木的胸径，$X_i\underline{B}$ 为复查时第 i 株树木的胸径，当然随调查时间的不同，树木的胸径也不一样，所以变量 $X_i\underline{A}$ 就不等于变量 $X_i\underline{B}$。

2)总和符号的运算

森林抽样调查的估计过程中,经常对各种变量用不同方式求出它们的和,常用的总和符号为“$\sum$”读作 Sigma(希格玛),表示“逐项累加”的意思。为了说明由哪些项累加起见,通常在这个符号的下方注明开始一项的顺序号,而在这个符号的上方注明终止项的顺序号。例如,$\sum\limits_{i=1}^{5} X_i$ 表示由 $X_1,X_2,\cdots$ 依次累加,直到 X_5 这一项为止，亦即

$$\sum_{i=1}^{5} X_i = X_1 + X_2 + X_3 + X_4 + X_5 \tag{11-1}$$

通常把表示起始项与终止项的符号叫作“和号的上下界”，除非预先作了说明，不注明上下界也可以了解。否则，和号的上下界不能省略。

3)抽样调查的几个特征数

(1)样本平均数

抽样调查中是用样本平均数($\hat{y}$)作为总体平均数($\bar{Y}$)的估计值，样本平均数用下式计算：

$$\bar{y} = \frac{\sum_{i=1}^{n} y_i}{n} \tag{11-2}$$

式中，$\bar{y}$ 为样本平均数；y_i 为第 i 单元的观测值；n 为样本单元数。

森林调查中，观测数据较多时，常常采用分组统计的方法，按各组的频数加权平均，计算式如下：

$$\bar{y} = \frac{1}{\sum_{i=1}^{h} f_i} \sum_{i=1}^{h} f_i y_i \tag{11-3}$$

式中，h 为划分的组数；y_i为第 i 组的组中值；f_i为第 i 组的频数。

(2)标准差及方差

标准差是说明每个单元的观测值对平均数的离散情况。标准差越大，离散程度也越大，说明平均数对总体的代表能力弱；反之，代表能力强。标准差的平方称为方差，它也是说明每个单元的观测值对平均数的离散情况。

总体的方差定义为：

$$\theta^2 = \frac{1}{N} \sum_{i=1}^{N} (y_i - \bar{Y})^2 \tag{11-4}$$

在森林调查中，总体的方差或标准差一般是未知的，只能通过样本的资料进行估计。

样本的方差为：

$$s^{2'} = \frac{1}{N} \sum_{i=1}^{n} (y_i - \bar{y})^2 \tag{11-5}$$

通常，样本方差要小于总体方差。因此，总体方差的估计值($\hat{\theta^2}$)用下式进行计算：

$$\hat{\theta^2} = s^2 = s^{2'} \frac{n}{n-1} = \frac{1}{n-1} \sum_{i=1}^{n} (y_i - \bar{y})^2 \tag{11-6}$$

方差的开平方根即为标准差：

$$s = \sqrt{\frac{1}{n-1} \sum_{i=1}^{n} (yi - \bar{y})^2} \tag{11-7}$$

在利用计算机进行计算时，可采用下式：

$$s^2 = \frac{1}{n-1} \left[\sum_{i=1}^{n} y_i{}^2 - \frac{1}{n} \left(\sum_{i=1}^{n} y_i \right)^2 \right] \tag{11-8}$$

方差和标准差都是表示每个单元观测值对平均数的离散情况。为了便于比较其离散程度的大小，常采用标准差的相对值，即变动系数，它的估计值为：

$$c = \frac{s}{\bar{x}} \times 100 \tag{11-9}$$

(3)估计值的方差及标准误

标准误可以说明每个单元变量距平均数的平均离差。在抽样调查中，一个样本往往包含有几十个或更多的单元，这些单元的平均数距总体平均数离差的大小，是用样本平均数($\theta_{\bar{y}}^2$)来说明。样本平均数的方差也称为估计值的方差，它的开平方根称为标准误。

$$\theta_{\bar{y}}^2 = \frac{\theta^2}{n} \tag{11-10}$$

在实际工作中，总体平均数的方差是用样本平均数的方差来估计。可用下式计算：

$$s_{\bar{y}}^2 = \frac{s^2}{n} = \frac{1}{n(n-1)}\sum_{i=1}^{n}(y_i - \bar{y})^2 \tag{11-11}$$

式中，$s_{\bar{y}}^2$ 为样本平均数方差。

标准误是样本平均数距总体平均数的平均离差，它随着总体方差的减小及样本单元数的增加而缩小。用样本平均数估计总体平均数时，标准误是用于计算抽样估计的理论精度，它是抽样调查中一定要分析的项目。

标准误和标准差一样，有正值和负值。因此，$\pm s_{\bar{y}}$ 就构成一个区间，总体真值应落在 $\bar{y} \pm s_{\bar{y}}$ 的区间之内。抽样估计是一种区间估计。

(4)估计误差限及估计区间

我们知道一个正态分布的总体，总体的平均数为 μ，总体标准差为 σ 时，样本落在：

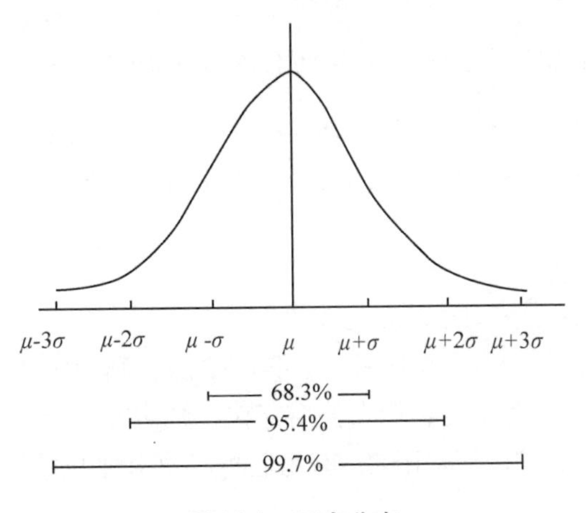

图 11-1　正态分布

($\mu-\sigma$，$\mu+\sigma$)的概率是 68.3%；($\mu-2\sigma$，$\mu+2\sigma$)的概率是 95.4%；($\mu-3\sigma$，$\mu+3\sigma$)的概率是 99.7%；($\mu-1.96\sigma$，$\mu+1.96\sigma$)的概率是 95%

根据中心极限定理，可以知道大样本平均数的分布是接近正态分布，它的标准误为 $\sigma_{\bar{Y}} = \frac{\sigma_y}{\sqrt{n}}$。则总体平均数 $\bar{Y}$ 落在 $\bar{y} \pm \sigma_{\bar{y}}$ 的范围内的概率为 68.3%，落在 $\bar{y} \pm 1.96\sigma_{\bar{y}}$ 的范围内的概率为 95%，…，σ 在抽样调查中是用 $s_{\bar{y}}$ 代替的，把 $\bar{y} \pm 1.96s_{\bar{y}}$，$\bar{y} \pm 2s_{\bar{y}}$，…的范围称作估计区间。各个区间相应的概率称为置信概率或估计的可靠性。可靠性的大小用可靠性指标(t)来表示，当可靠性为 95% 时，可靠性指标 $t=1.96$，可靠性为 95.4% 时，$t=2$，等等。表示区间的界限称作估计误差限，即估计区间——$\bar{y} \pm \Delta_{\bar{y}}$；估计误差限——$\Delta_{\bar{y}} = t \cdot s_{\bar{y}}$；可靠性指标——$t$

在抽样调查中，估计误差限常用相对误差限 $E\%$ 代替，相对误差限是估计误差限 $\Delta_{\bar{y}}$ 被样本平均数除得之商的百分数。

可用下式计算：

$$E\% = \frac{\Delta_{\bar{y}}}{\bar{y}} \times 100 \tag{11-12}$$

在设计抽样方案时，要根据允许的误差限，确定样本单元数。同时，估计误差的大小，取决于标准误及可靠性指标，当标准误既定时，可靠性指标越大，估计误差越大；反之，则越小。森林抽样调查中，一般要求的可靠性指标为95%，在大样本时 $t = 1.96$。

在小样本时，根据要求的可靠性，按自由度 $K = n - 1$，由“t 分布表”(森林调查常用数表)中查得 t 值。

(5)有限总体改正项

当总体单元数不多，而又采用不重复抽样时，标准误的计算需要用有限总体改正项$(1-\frac{n}{N})$进行改正，即

$$s_{\bar{y}} = \sqrt{\frac{s^2}{n}(1 - \frac{n}{N})} \tag{11-13}$$

式中，$1 - \frac{n}{N}$为有限总体改正项；$\frac{n}{N}$为抽样比，用符号“f”表示。

在调查实践中，总体一般很大，当抽样比小于5%时，有限总体改正项可以忽略不计。但总体虽小，采用的是重复抽样时，可把它视为无限总体。所以，有限总体改正项也就不要了。

(6)协方差

协方差表示了两种变量之间的关系。

设两个变量为 x 和 y，如果 x 增加时，y 值也增加，则协方差[$Cov(yx)$]为正值；反之，为负值。如果两个变量之间没有什么关系存在，则协方差近于“0”。

样本协方差用 s_{yx}表示，其下标用同一单元上测定的两种变量的代号标示。

$$s_{yx} = \frac{1}{n-1}\sum_{i=1}^{n}(x_i - \bar{x})(y_i - \bar{y}) \tag{11-14}$$

使用计算机计算时，上式可改写为：

$$s_{yx} = \frac{1}{n-1}\left[\sum_{i=1}^{n} x_i y_i - \frac{1}{n}(\sum_{i=1}^{n} x_i)(\sum_{i-1}^{n} y_i)\right] \tag{11-15}$$

(7)相关系数

描述两个变量之间线性关系紧密程度的一种指标，称为相关系数。在森林抽样调查中，广泛地应用它来选择辅助因子进行回归估计。在生产中，用样本的相关系数(r)作为总体相关系数(p)的估计值。样本相关系数的计算公式为：

$$r = \frac{s_{yx}}{\sqrt{s_x{}^2 . s_y{}^2}} \tag{11-16}$$

11.3.2.3 什么是连续森林资源清查

连续森林资源清查是“重复地测定与周围林分有相同经营措施的样地或样木，对森林进行直接分析比较的森林调查方法。”这种方法中，由于复查了一定数量的单元(一般指固定样地)，因此，可以得到同一单元在两个不同时期测定的成对数据。利用这些成对数据可以得出固定样地上的资源变化值，并可以建立初查与复查变量间的回归关系，使资源动态方面的估计精度大幅度地提高。资源动态是森林经营的重要指标，因此，连续清查是为经营服务而又有较长远观点的一种森林调查体系，所以又称作连续森林经营。

连续森林资源清查要求估计资源现况和资源动态两个方面。资源动态的重要标志是森林资源的净增量，它是复查资源数与初查资源数的差值，对于采伐量大于生长量，自然灾害严重以及经营不当的林区，复查时的资源数少于初查时的资源数，净增量就出现负值。资源动态的估计还可以细分为各种生长量、枯损量、采伐量等方面，它们都可以通过连续清查得出较可靠的数据。

连续森林资源清查的方法一般可分为两种：即全部固定样地的清查方法和配合临时样地的清查方法。

固定样地配合临时样地的方法比全部固定样地的方法优越一些，它可以检查和调整固定样地设置上及人为对待上的偏向。但是，当初查和复查两次测定值之间的相关紧密时，全部固定样地方法对资源变化的估计更有利，配合临时样地后，可以提高复查时资源现况的估计精度。

11.3.2.4 几种常用抽样调查方法的简单介绍

(1)简单随机抽样

也称纯随机抽样。适合于变差不大的总体。使用时总体中各单元都有同等的可能性被抽中，可以完全消除人为主观因素，不存在系统性的偏差。

具体方法，首先将总体中各单元统一编号，然后按抽样比或按 $n = L^2C^2/E^2 \times (1 + K)$ 公式计算出样地数，再用抽签法或随机数字表法抽取样本单元，进行现地实测，并以其数据估测总体。

(2)系统(机械)抽样

与简单随机抽样相似。在随机起点之后，按一定机械法则抽取样本单元，属于等概抽样方式之一。

此法简便易行，样本单元分布均匀，代表性强，调查精度高于简单随机抽样，为森林资源清查工作中常用之方法。但目前尚存在两大缺陷：①标准误缺乏恰当计算公式，暂用简单随机抽样的公式致使精度偏低；②周期性影响，可能导致极大的偏差。

(3)分层抽样拥查

以林区为抽样对象，将总体按照预定的因子分组，在组内随机或系统抽取单元组成样本，用以估计总体的方法称为森林分层抽样。所分的组叫作层。预定的因子叫作分层因子。总体分层后，各层成为一个独立的抽样总体，称它为付总体。在实践中，森林分层抽样调查是常用的一种调查方法。分层抽样可将总体方差分解为层内和层间方差，它们之和等于总体方差。因此，层内方差愈小，层间方差愈大；反之则愈小。在估计各层平均值时，层间方差不起作用，因此，用各层平均值对总体进行估计时，层间方差可以消除，而使变动缩小，提高精度。成功的分层抽样，应使层内方差最小，层间方差最大。

分层抽样比简单随机抽样有下列优点：①分层抽样提供了各层的平均值和精度，如果划分的层和经营单位相配合，则可以提供经营单位的资料，并可得林相图。②在抽取同样数目的样地时，一般比不分层精度高。分层抽样的这些优点，只有在分层成功的基础上才能取得。因此，在森林分层抽样调查中，制订合理的分层方案，是调查中关键问题之一，它关系到森林分层抽样调查的成败。

正规的森林分层抽样调查方法，首先要确定各层单元数和总体单元数，因此，必须在航空像片或其他图面材料上，按照预定的分层因子，勾绘出分层小班的轮廓，计算各层的面积。

(4)二阶(多阶)抽样

首先将总体分成若干个大单元，作为第一阶段抽样对象，叫做一阶单元，再将被抽中的一阶单元分成若干个较小的单元，作为第二阶段抽样对象，叫做二阶单元，最后以被抽中的二阶单元测出的数据来推算一阶单元和总体。此法可引伸至三阶、四阶……以至更高阶的多阶抽样。

由于此法样地呈群状分布，较集中，块数少，与简单机械抽样和分层抽样相比，可以以较少的工作量，获得较高的调查精度。适用于不易分层或分层效率不高的次生林区和过伐林区。

(5)成群(团)抽样

将总体各单元按特定的组合方式划分为若干个群，以群作为抽取单位，再在抽出的群中；对群内每一个单元进行调查，以其数据推算群和总体。

此法样本单元集中，便于检查。可以提高林区分散、插花严重、样点间距较大、交通不便，以及灌丛茂密等林区的调查精度和功效。

一般可分为：群内单元数相等、群内单元数不等以及群的大小成比例的概率抽样 3 种类型。

(6)双重抽样

即在总体内，抽取大小不同的两重样本来进行估测，也就是对第一重较大的样本每一单元测定其辅助因子标志值，对第二重较小样本每一单元，同时测定其主要因子和辅助因子的数值和相互关系。再根据所求出的这种关系以及第一重样本在辅助因子上的资料，对于总体在主要因子上的特征数进行估测的一种方法。

其目的是利用较理想的辅助因子，来减少工作量，提高精度。选辅助因子时，应注意两件事：①容易测定(即花工少)；②主要因子和辅助因子间存在着密切关系。

适用于层权重不确知和不仅需对总体特征数进行估测而且同时需要对总体中各个部分的特征数进行估测的林区。

(7)回归估测

即利用与蓄积量有关的某些辅助因子的相关关系配置回归方程，用以促进和提高总体蓄积估测精度的一种方法。例如：目测与实测回归，即以相应的目测和实测材料，建立回归方程，找出目测材料的规律性，对目测值进行修正，从而取得新的较准确的数据资料。

(8)六株木抽样

即在样点上量测离样点最近的六株树，进而推算其单位。面积蓄积的方法。其特点：

①样点内始终包括六株树木。②面积大小随林分密度而异(密度大，面积小)。③样点量测快，但要有相当多的样点才能达到一定的精度。④2～3hm^2的小面积林分也能平差。⑤由于样点面积小，在坡度大的林区，可以就地拉成水平。⑥对边缘树的问题，亦巧妙地加以解决了。

(9)比估计

用样本平均数的比值，对于总体平均数的比值，进行抽样估计的一种方法。

11.4 森林资源连续清查方法

根据国家《森林资源规划设计调查主要技术规定》(林资发〔2003〕61号)、《国家森林资源连续清查技术规定(2014年)》结合浙江省实际情况，为规范森林资源规划设计调查工作，浙江省林业厅制定了《浙江省森林资源规划设计调查技术操作细则(2014年版)》。

11.4.1 小班(含林带)调查

11.4.1.1 小班调绘

小班调查对象，一是可以区划为小班的林地，包括山地、平原、城镇、村庄的林地(含平原农区、村庄内的片林)，小班内的散生木、四旁树，小班调查时一并调查；二是达到乔木林或灌木林标准的林带(乔木林带行数≥2且行距≤4m或林冠冠幅水平投影宽度≥10m，灌木林带行数≥2以上且行距≤2m)。

林带调查，按小班调查要求开展外业调查，登记小班调查记载表。

(1)小班线勾绘

根据森林经营单位的实际情况，可采用地形图、卫星像片、航摄像片进行小班调绘。小班调绘时须遵循小班的划分条件。根据各种调查底图采用相应的小班调绘操作方法：

①室内判读，实地复核修正小班线　利用空间分辨率优于2.5m的近期遥感影像叠加等高线作调查底图，根据建立的实际地物与图像(形状、大小、色调、纹理等)之间的对应关系，结合上期二类调查、林地落界(变更)档案资料，先在室内进行小班、林带勾绘，界线不清楚的用虚线表示。再到现地全面核对小班、林带区划是否合理，并进行现场修正。

②高分辨率影像实地勾绘小班线　利用空间分辨率优于2.5m的遥感影像叠加等高线作调查底图，调查技术人员在熟悉情况的当地村民配合下，采用对坡勾绘方法勾绘小班线。

③利用地形图勾绘小班，并用遥感影像辅助调绘　利用地形图作调查底图，采用实地对坡勾绘方法勾绘小班线，并用遥感影像辅助调绘小班线。如果遥感影像的空间分辨率劣于2.5m的，不能直接用于小班勾绘，只能作为调绘辅助用图，帮助判断林相、地类。

(2)补充调绘

外业调查同时，对图或像片上变化了的地形、地物、地类界线进行补充调绘。

11.4.1.2 小班目测调查与实测调查

(1)小班目测调查与蓄积量计算

①小班目测调查　小班各测树因子一般采用目测调查，通过目测练习和平时工作中积

累的经验，估测林分树种组成、平均胸径、平均树高、平均年龄、郁闭度、疏密度等林分因子。

小班目测调查时，必须深入小班内部，选择有代表性的调查点进行调查。目测调查点数视小班面积不同，作出如下规定(表 11-1)：

表 11-1 小班目测调查点要求表

小班面积(hm^2)	目测调查点(个)	小班面积(hm^2)	目测调查点(个)
3 以下	1～2	8～12	3～4
4～7	2～3	13 以上	5～6

为了提高目测精度，可利用角规样地或固定面积样地以及其他辅助方法进行实测，用以辅助目测。

②小班蓄积量计算

小班蓄积量计算方法：方法一，根据平均树高、疏密度，查同树种的断面积蓄积量标准表。方法二，查同树种的断面积蓄积量标准表，用相同平均树高、疏密度 1.0 时的蓄积量，乘以该小班的疏密度。

根据疏密度和林分平均树高计算的小班蓄积量，应与根据每亩株数、林分平均胸径、平均树高计算的小班蓄积量相一致。疏密度 1.0 时的每亩株数见附录。

关于杉木断面积蓄积量标准表的使用：国有林场、庆元、龙泉、遂昌、松阳、景宁、云和、开化(部分)、江山(部分)的天然杉木林及全省各县人工营造的杉木林使用“断面积蓄积量标准表”V_1；其他县使用 V_2。

关于阔叶树断面积蓄积量标准表的使用：全省各地阔叶林均使用 V_2。

散生木与四旁树蓄积量计算方法：方法一，根据平均胸径、平均树高，查相应的二元立木材积表，再乘以株数。方法二，直接用实验形数法计算。

(2)小班实测调查

在调查过程中要进行一定数量的林分实测，以提高小班调查精度。实测结果应在调查簿附记栏注明，如“角规实测××m^3”“标准地实测××m^3”“平均胸径××cm、平均高××m”。

在填记小班各项因子时，应根据小班整体情况进行适当修正，不能机械照抄实测结果。

①实测数量　用材林中、近、成、过熟林，实测小班个数为它们总个数的 10% 以上。用材林的幼龄林及毛竹林，实测小班个数为它们总个数的 5% 以上。其他林种及疏林，实测小班个数为它们总个数的 3% 以上。

②实测方法　在小班范围内，通过随机、机械或其他的抽样方法，布设标准地或角规样地，在标准地或样地内实测各项调查因子，由此推算小班调查因子。

a. 带状标准地实测：带状标准地要求贯通山坡上下方，尽量与等高线垂直，带宽 7～10m，分段改平，逐段检尺。标准地起、终点要埋标桩；并正确控制两边边线，认真做好检尺。带状标准地面积占小班面积比重为：人工林 0.1%～0.3%，天然林 0.3%～0.5%。

b. 角规实测：角规是测树的工具，常用的有杆式角规和坡度自动改正角规。角规是测树的工具，根据投射角原理制作，其前端作一钩形缺口，使其缺口宽度 l 与尺身长 L 之比等于一个已知数。通常 l 与 L 之比选定为1/50(此时角规常数为1),常用测尺取 L 等于100(或50)cm,l 等于2(或1)cm制成。利用角规抽样设置半径可变的圆形样地,测定每公顷立木胸高断面积。应用角规时,先在林内选定一个有代表性的测点,测点即角规样圆的中心点,观测者站在样点上,进行360°绕测。将尺身无钩形缺口的一端贴于眼下,然后通过其前端缺口逐株观测周围的每株树干的胸高位置。根据缺口内侧的两条视线与胸高断面的关系,可以得到以平方米为单位的每公顷胸高总断面积($m^2 \cdot hm^{-2}$)。其计算方法如下:凡胸高断面积大于两条视线的相割树木作为1株计数;凡胸高断面与两条视线恰好相切的树木,两株作1株计数;凡胸高断面完全落在两条视线以内(小于两条视线)的树木,不计数。计算株数之总和,乘以角规常数,即为每公顷胸高总断面积($m^2 \cdot hm^{-2}$)。

角规点布设方法有:机械布点;按小(细)班内林分情况划分几片,分片选设有代表性的点实测而平均;分片选设有代表性的点,按照各点所代表的面积成数加权平均。角规实测操作要求有:规范操作,当树干互相遮蔽时,可以稍离开测点观测,但观测后立即回到原测点继续绕测,观察时眼应紧贴角规一端,角规要握稳;以树木的1.3m高处为观察位置,在山坡角规测树时应特别注意;每一观测点应绕测二次,检验绕测准确性,不漏测、不重测,要认真确定临界树;深入林内一定距离,防止在林缘布点,产生林缘误差;在山坡观测后的每公顷断面积根据平均坡度改算(平均坡度12°以上开始改算);树种混交时分别树种计数;每个观测点分别树种实测平均径阶、生长正常的一株立木的树高(到整数米),以便实验形数法计算蓄积。

根据林分面积,一个小班的角规测点不低于下列标准(表11-2)。

表11-2 角规实测观测点要求表

小班面积(hm^2)	角规实测观测点数量(个)	
	人工林	天然林
3以下	2	3
3.1~6.0	3	4
6.1以上	4	5

注:对于幼林小班,其观测点数可按上表的50%确定。

c. 毛竹林实测:毛竹林实测方法与实测点要求如下:可以用10m×10m小样方或带状标准地实测,小样方及带状标准地面积要求为小班面积0.5%;也可采用样圆实测,样圆半径3m时,根据各样圆的平均值乘以23.6,即为每666.7m^2的株数,样圆在小班内布点数为:2hm^2以内至少二点;2~4hm^2三点;4hm^2以上四点。

d. 林带标准段调查:标准段应具有充分的代表性,标准段抽取长度应不少于带长5%,每段长度30~50m,段数为:林带长度<200m时设1个标准段,200~500m时设2个标准段,500~1000m时设3个标准段,≥1000m时设4个标准段,标准段内树木每木检尺,计算平均胸径,并测定接近平均胸径的三株树高,计算平均高。

11.4.1.3 小班调查因子与调查记载

(1)小班调查因子

分别商品林和公益林小班按地类调查或记载不同调查因子(表11-3)。

表 11-3　不同地类小班调查因子表

调查项目＼地类	乔木林	竹林	疏林地	特殊灌木林	一般灌木林	未成林造林地	苗圃地	采伐迹地	火烧迹地	其他迹地	造林失败地	规划造林地	其他宜林地
空间位置	1，2	1，2	1，2	1，2	1，2	1，2	1，2	1，2	1，2	1，2	1，2	1，2	1，2
地形地势	1，2	1，2	1，2	1，2	1，2	1，2	1，2	1，2	1，2	1，2	1，2	1，2	1，2
土壤/腐殖质	1，2	1，2	1，2	1，2	1，2	1，2	1，2	1，2	1，2	1，2	1，2	1，2	1，2
立地质量等级	1，2	1，2	1，2	1，2	1，2	1，2	1，2	1，2	1，2	1，2	1，2	1，2	1，2
林地管理类型	1，2	1，2	1，2	1，2	1，2	1，2	1，2	1，2	1，2	1，2	1，2	1，2	1，2
林地保护等级	1，2	1，2	1，2	1，2	1，2	1，2	1，2	1，2	1，2	1，2	1，2	1，2	1，2
交通区位	1，2	1，2	1，2	1，2	1，2	1，2	1，2	1，2	1，2	1，2	1，2	1，2	1，2
林地质量等级	1，2	1，2	1，2	1，2	1，2	1，2	1，2	1，2	1，2	1，2	1，2	1，2	1，2
植被状况	1，2	1，2	1，2	1，2	1，2	1，2	1，2	1，2	1，2	1，2	1，2	1，2	1，2
森林群落结构	1，2	1，2		1，2									
自然度	1，2	1，2		1，2									
森林灾害	1，2	1，2		1，2									
森林健康等级	1，2	1，2		1，2									
森林类别	1，2	1，2	1，2	1，2	1，2	1，2	1，2	1，2	1，2	1，2	1，2	1，2	1，2
事权等级	1	1	1	1	1	1			1	1	1	1	1
公益林保护等级	1	1	1	1	1	1			1	1	1	1	1
工程类别	1，2	1，2	1，2	1，2	1，2	1，2		1，2	1，2	1，2	1，2	1，2	1，2
公益林界定情况	1	1	1	1	1	1			1	1	1	1	1
林带调查因子	1，2	1，2		1，2	1，2	1，2							
地类	1，2	1，2	1，2	1，2	1，2	1，2	1，2	1，2	1，2	1，2	1，2	1，2	1，2
权属	1，2	1，2	1，2	1，2	1，2	1，2	1，2	1，2	1，2	1，2	1，2	1，2	1，2
林种	1，2	1，2	1，2	1，2	1，2								
起源	1，2	1，2	1，2	1，2	1，2	1，2							
树种组成	1，2	1，2	1，2	1，2	1，2	1，2							
年龄、龄组或产期	1，2	1，2	1，2	1，2		1，2							
平均胸径	1，2		1，2										
平均高	1，2		1，2	1，2	1，2	1，2							
郁闭度/覆盖度	1，2	1，2	1，2	1，2	1，2								
单位面积株数	1，2	1，2	1，2			1，2							
单位面积蓄积	1，2		1，2										
散生木	1，2	1，2	1，2	1，2	1，2	1，2		1，2	1，2	1，2	1，2	1，2	1，2
造林地调查						1，2					1，2		
调查日期	1，2	1，2	1，2	1，2	1，2	1，2	1，2	1，2	1，2	1，2	1，2	1，2	1，2
调查员姓名	1，2	1，2	1，2	1，2	1，2	1，2	1，2	1，2	1，2	1，2	1，2	1，2	1，2

注：1 为公益林，2 为商品林。

(2) 小班调查重点

各地在开展二类调查时，应根据当地森林资源调查目的和特点，对调查的内容及其详细程度有所侧重。

①以森林主伐利用为主的区域，应着重对地形、可及性，以及用材林的近、成、过熟林测树因子等进行调查。

②以森林抚育改造为主的区域，应着重对幼中龄林的密度、林木生长发育状况等林分因子以及立地条件进行调查。

③以更新造林为主的区域，应着重对土壤、水资源等条件、天然更新状况等进行调查，以做到适地适树，保证更新造林质量。

④以植被自然保护为主的区域，应着重调查被保护对象种类、分布、数量、质量、自然性以及受威胁状况等。

⑤以防护、旅游等生态公益效能为主的区域，应分别不同的类型，着重调查与发挥森林生态公益效能有关的林木因子、立地因子和其他因子。

⑥林带调查，以林带宽度、长度、地段类型、树种组成、胸径、平均高、株数等调查因子为侧重点。

(3)调查项目记载

①空间位置　记载小班所在的县、乡镇(林场、管理局)、村(分场、管理站)、林班号、小班号、小地名。

②面积　小班面积单位为亩，保留整数。小班面积在内业期间通过图上面积求算后填写。

③地形地貌　记载小班地貌、平均海拔(单位为米)、坡度、坡向和坡位等因子。

④土壤　记载小班土壤名称、质地、土层厚度(A + B 层)、腐殖质层(A1 层)厚度等。

⑤立地质量等级　根据小班所处立地类型，由计算机根据相关立地因子，分别山地丘陵和平原计算完成，分为Ⅰ级(好)、Ⅱ级(较好)、Ⅲ级(中等)、Ⅳ级(较差)和Ⅴ级(差)5 个等级。

⑥林地管理类型　分共同认定林地、国土未认定林地、土地整理林地、农田绿地、城镇绿地、村庄绿地、交通绿地、水利绿地、其他绿地。

⑦林地保护等级　分Ⅰ级保护林地、Ⅱ级保护林地、Ⅲ级保护林地、Ⅳ级保护林地，根据县级林地保护利用规划界定标准及结果确定。

⑧交通区位　以小班至林区道路或其他交通运输线路的距离，来确定林地交通区位由好至差划分为一级、二级、三级、四级、五级 5 个等级。

⑨林地质量等级　根据立地质量等级和交通区位情况查表确定。

⑩植被情况　记载灌草层植被的优势和指示性植物种类、平均高度(单位为米)和总覆盖度。

⑪森林群落结构　根据森林植被的层次多少确定群落结构类型。分别记载为完整结构(简称“完整”)、较完整结构(简称“较完整”)、简单结构(简称“简单”)

⑫自然度　根据干扰的强弱程度记载，对于乔木林地、竹林地和特殊灌木林地，应调查自然度等级，分为 1、2、3 三个等级。

⑬灾害类型　分病害、虫害、火灾、风折(倒)、雪压、滑坡与泥石流、干旱、其他灾害、无灾害记载。无灾害可不登记，空值默认为无灾害。

⑭灾害等级　分别无、轻、中、重记载。无灾害可不登记，其作为默认值。

⑮森林健康等级　对于乔木林地、竹林地和特殊灌木林地，要调查森林健康等级，分别健康、亚健康、中健康、不健康填写相应等级。健康可不登记，其作为默认值。

⑯森林类别　分为重点公益林(地)、一般公益林(地)，重点商品林(地)、一般商品林(地)记载。

⑰事权等级　公益林(地)分为国家级、省级、市级、县级和其他。

⑱公益林保护等级　根据公益林管理部门的区划结果，国家和省级公益林分为一级、二级、三级3个保护等级记载。未经区划的公益林不作登记。

⑲工程类别　分长防林、太防林、海防林、平原绿化、退耕还林工程、国家级自然保护区、省级自然保护区、市级自然保护区、县级自然保护区、速生丰产林基地建设工程、全国湿地保护工程、重点公益林经营工程、重点用材林、重点经济林、重点竹林、其他林业工程。

⑳公益林小班号、界定面积和补偿面积　根据公益林区划界定结果，填写公益林区划小班号、界定面积与补偿面积。

㉑地段类型　干线两侧林带记铁路、公路、河流、干渠、堤岸，其他林带记道路、沟渠、小河岸、其他等。其中干线公路指乡级以上公路(含乡级)，乡级以下记“道路”。

㉒冠幅　按林带的树冠投影宽度记载。

㉓长度　按皮尺丈量或地形图上勾绘距离量算，记载到整数米。

㉔宽度　林带宽度记载到0.5m。

㉕行数　按实地调查记载。

㉖平均株距　根据同一行林带树木根径之间的平均距离登记，用于推算林带的树木总株数。

㉗权属　分别林地所有权、林木使用(经营)权调查记载。林地所有权分为国有(代码为10)和集体(代码为20)。集体林地细分为农户家庭承包经营(代码为21)、联户合作经营(代码为22)、集体经济组织经营(代码为23)。林木使用权分国有(代码为1)、集体(代码为2)、个人(代码为3)和其他(代码为4)。

㉘地类　按最后一级地类调查记载。

㉙林种　按林种划分技术标准调查确定，记载到亚林种。为便于记载，以下林种名称可简化：水源涵养林简称“水涵林”；水土保持林简称“水保林”；防风固沙林简称“防风林”；农田防护林简称“农防林”；环境保护林简称“环保林”；名胜古迹和革命纪念林简称“纪念林”；自然保护区林简称“自保林”；短轮伐期工业原料用材林简称“短工林”；速生丰产用材林简称“速丰林”；一般用材林简称“用材林”；食用原料林简称“食料林”；林化工业原料林简称“林化林”等。

㉚起源　分为天然和人工两类，分别天然下种(11)、人工促进天然更新(12)、天然萌生(13)和人工植苗(21)、直播(22)、飞播(23)、人工萌生(24)记载。

㉛林层　商品林按林层划分条件确定是否分层，然后确定主林层，并分别林层调查记载郁闭度、平均年龄、株数、平均树高、平均胸径、蓄积量和树种组成等测树因子。除株数、蓄积量以各林层之和作为小班调查数据以外，其他小班调查因子均以主林层的调查因

子为准。分林层的小班，层次用罗马字表示，登记时应将主林层写在上面，次林层写在下面。如上层为马尾松，下层为杉木，而杉木为主林层，则记作：Ⅱ杉 Ⅰ松。

㉜树种组成 仅一个树种(组)时，填写树种名称，如马尾松；多树种混交时，用十分法记载，并且优势树种写在前面，如7杉3马松。复层林时分别林层记载。

㉝优势树种(组) 根据树种组成情况，分别林层获取小班优势树种(组)，当某一树种(组)蓄积(株数)大于或等于7成时，该树种即为优势树种(组)，当某一树种(组)蓄积(株数)小于7成时，根据树种针阔混交情况，分别记为针叶混、阔叶混、针阔混。

㉞年龄、龄组、产期 年龄栏分别林层，记载优势树种(组)的平均年龄，经济林也需记载年龄。平均年龄由林分优势树种(组)的平均木年龄确定，平均木是具有优势树种(组)断面积平均直径的林木。乔木树种龄级按优势树种(组)的平均年龄确定，竹林的龄组记平均竹度，经济林龄组记生产期。

㉟平均胸径 分别林层，记载优势树种(组)的平均胸径。

㊱平均树高 分别林层，调查记载优势树种(组)的平均树高。在目测调查时，平均树高可由平均木的高度确定。灌木林设置小样方或样带估测灌木的平均高度。

㊲郁闭度或覆盖度 郁闭度表示林冠垂直投影遮覆地面的程度，最大为1.0。用目测或一步一抬头法测定各林层的郁闭度。郁闭度乔木林和竹林小班取一位小数，疏林地小班取二位小数。灌木林记载覆盖度，用百分数表示。

㊳疏密度 疏密度是衡量蓄积量(断面积)的林分密度指标。标准林分的疏密度定为1.0。有些林分蓄积量比标准林分还大，疏密度可以大于1.0。疏密度从0.1起记，取一位小数。

㊴每亩株数 分别林层记载活立木的每亩株数。无特殊情况，注意平均胸径、平均高、疏密度、每亩株数、每亩蓄积量间的一致性。

㊵每亩蓄积量 分别林层记载乔木林、疏林每亩蓄积量，至$0.1m^3$。

㊶散生木 小班卡的“类别”栏记载“散生”，分树种(组)调查小班散生木的树种名称、平均胸径、平均树高、株数，计算各树种蓄积。当小班内散生木较多时，可登记每亩散生株数。“蓄积”栏保留1位小数。

㊷四旁树 小班卡的“类别”栏记载“四旁”，小班内的小面积非林地中的四旁树，记载内容同散生木。不划入小班的大面积非林地中的四旁树、村庄等居民区内的四旁树，按第六章有关条款调查。

如果散生木、四旁树采用普查方法记载，记录条数较多时，可先记载在小班卡背面的“散生木、四旁树调查记载明细表”中，再按“松”“杉”“阔”加权平均后统计后，记载到小班卡正面“散生或四旁”栏。

㊸造林地调查 未成林造林地、造林失败地，应调查造林年度、树种组成、苗龄、抚育措施、苗木成活(保存)率。

㊹可及度与林木质量、出材率 用材林近成过熟林小班应调查记载可及度、各林木质量等级的株数比例：

a. 可及度：调查记载小班是“即可及”“将可及”还是“不可及”；

b. 林木质量等级株数比例：调查记载用材树、半用材树、薪材树株数占林分总株数百分比；

c. 根据各林木质量等级的株数比例可以查定林分出材率等级。

㊺大径木蓄积比等级　复层林、异龄林小班应调查记载大径木蓄积比等级，分Ⅰ级、Ⅱ级、Ⅲ级。

㊻森林灾害　林木病虫害应调查记载林木病虫害种类、危害连片面积。森林火灾应调查记载森林火灾发生的时间、连片过火面积、连片受害面积、火灾等级。

㊼天然更新　调查小班天然更新幼树的种类、年龄、平均高度、单位面积株数、分布和生长情况，并评定天然更新等级。

㊽附记　可以记载其他需要说明的情况，例如　小班实测结果；对近期可以采伐利用的成熟林小班注明采伐方式；土地开发整理情况；原技术标准对应的地类等。

㊾调查人员　由调查员本人签字。

㊿调查日期：记录小班调查时的年、月、日。

(4)其他应调查记载项目及要求

①择伐林小班　对于实行择伐方式的异龄林小班，采用实测标准地(样地)、角规控制检尺等调查方法调查记载小班的直径分布。

②竹林小班　对于商品用材林中的竹林小班增加调查记载小班各竹度的株数和株数百分比。

③经济林小班　有蓄积量的乔木经济林小班，应参照用材林小班调查计算方法调查记载小班蓄积量；调查各生产期的株数和生长状况。

11.4.1.4　小班外片林调查

面积0.0667hm^2(1亩)以上、但小于最小小班面积、难以区划图斑的农地上的片林、四旁片林的小班外片林，在图上打点标注位置，以小班记载表形式登记小班卡片，其小班号以行政村(林区、林班)为单位，采用P_1、P_2、P_3、…形式连续编号。小班外片林装订在调查薄的最后(非林地小班卡之后)。

11.4.1.5　调查底图及调查簿整理

(1)调查底图整理

野外调查底图是基础材料，必须认真检查。其主要内容有：调查地区有否重复或遗漏；地形、地物及注记是否清晰；小班界线是否闭合；遥感影像、地形图上编号与调查簿的编号是否一致。小班编号是否以村为单位，按照小班编号要求进行编号；树带是否以村为单位进行统一编号。

(2)调查簿整理

将小班调查卡片整理成册，即调查簿。

小班卡片整理以村为单位，编制调查簿(野外调查记录尽量不重抄)。切实做到调查簿与底图(航片、卫片)上的小班编号一致，各栏记载正确无误。然后将求得的小班面积填入“小班面积”栏；查定每亩蓄积量，并计算小班蓄积量。

一个村调查簿封面内页要记载下列数据：本村总面积，其中：小班内面积，小班外面积，外插花面积，林业用地面积；乔木树种总蓄积量，其中：用材林蓄积，公益林蓄积，乔木经济林蓄积；人工林面积、蓄积；毛竹林面积、株数；本村小班个数，其中：行政范围内本村权属小班个数，外村内插小班个数；实测小班个数，其中：用材林实测个数，公益林实测个数，乔木经济林实测个数，毛竹林实测个数。

11.4.1.6　小班界线清绘

完成一个区域调查后，将野外确定的全部小班界线转绘到一份新的图上，并将它作为底图，要严格按清绘要求进行清绘，清绘完成经检查合格后，交给计算机录入人员，将清绘后的小班界线录入计算机。

一个村的外业调查结束后，小班编号要以行政村(林区、林班等)为单位，按照小班编号要求进行调整和重新编号，遥感影像、调查簿上的小班号要作同步相应调整。

11.4.2　平原农区树带与四旁树调查

11.4.2.1　树带调查对象

包括平原农区未达到乔木林地标准的单行且冠幅 < 10m 的树带状四旁树(连续长度 50m 以上)和城镇树带调查，参照平原农区执行。

11.4.2.2　树带调查

(1)面积调查

利用 1∶10 000 地形图，参照平原绿化规划图，对 50m 以上的树带，逐条逐段实地勾绘或皮尺丈量长度、宽度，计算面积。

树带宽度：单行树带宽度 2m。树带长度：用皮尺丈量，或在地形图上量取按比例尺计算长度。树带面积 = 带宽度 × 带长度 × 0.001 5(亩)。

(2)树带株数、蓄积调查

采用标准段调查。标准段长度 30 ~ 50m，标准段应具有充分的代表性，标准段抽取数量应不少于 5%。段数一般为：树带长度 < 200m 时，设 1 个标准段；200 ~ 500m 时，设 2 个标准段；500 ~ 1000m 时，设 3 个标准段；≥1000m 时，设 4 个标准段。

标准段内树木每木检尺，并测定接近平均胸径的三株树高，计算平均高。蓄积量采用实验形数法计算，计算公式：

蓄积量 = 断面积 × (平均树高 + 3) × 实验形数。

11.4.2.3　树带记载

①编号　以村为单位，按调查顺序编号，编号形式为：1，2，…

②权属　按林木所有权分别国有、集体、其他、个体记载。

③地名　按树带所在小地名记载。

④地段类型　干线两侧树带记铁路、公路、河流、干渠、堤岸；其他树带记道路、沟渠、小河岸等。其中干线中公路指乡级以上公路(含乡级)。乡级以下记“道路”。

⑤起源　分别植苗、直播、人萌、天然下种、人工促进天然更新、天萌记载。

⑥树种　乔木树种混交时按十分法记载树种组成。

⑦冠幅　按树带的树冠投影宽度记载。

⑧长度　按皮尺丈量或地形图上勾绘距离量算，记载到整数米。

⑨宽度　一行树带宽度记 2m。

⑩行数　按实地调查记载。

⑪面积　按长度乘宽度求算，记到 0.1 亩。

⑫年龄　按调查的实际年龄记载。

⑬平均胸径　按标准段调查结果，记载到厘米整数。

⑭平均树高　按标准段调查结果，4m 以上记载到整米，4m 以下记载到 0.5m。

⑮株数　按标准段调查推算，乔木树种分别 5cm 以上和 5cm 以下记载株数，经济林、竹林记载总株数。

⑯蓄积量　按标准段推算蓄积量，记载到小数后一位。

⑰森林类别　分别重点公益林(地)、一般公益林(地)、重点商品林(地)、一般商品林(地)记载。

⑱事权等级　分为国家级、省级、市级、县级和其他。

⑲保护等级，分为一级、二级、三级 3 个保护等级。

⑳公益林区划　公益林小班号登记公益林区划界定中的公益林小班号信息；公益林界定面积登记公益林区划界定中的区划界定面积。

㉑备注　其他说明信息。

11.4.2.4　零星四旁树调查

(1)调查对象

长度 <50m 的行状树带；面积 1 亩以下的小片林；零星分布的四旁树木。

(2)调查方法

由于零星四旁树分布空间分散，需分别情况调查，统计时，这些零星四旁树一并统计到四旁树栏。

村庄外大面积非林地中未划入小班(即小班外四旁树)、未作树带调查的四旁树，以行政村(林区、林班等)为单位，全面调查，记载在一张村庄外零星四旁树调查记载表中。

村庄内的零星四旁树，可以全面调查。如果全面调查有困难，则可采用随机抽样或典型抽样的调查方法，原则上要求采用随机抽样。抽样以街道、行政村为单位，以街段、户为样本单元进行，对抽中户宅旁不够乔木林地标准的小片林和零星树木进行每木调查。

采用随机抽样方法，每个行政村或片抽取 10%~15% 的样户，或样户 30 户以上。

采用典型抽样方法，每个行政村或片抽取有代表性的 6 户，即绿化较好的一户，中等的四户，差的一户。

四旁树数据汇总后记载到对应非林地小班中，可利用遥感影像数据设置遥感样地，对全县四旁占地面积进行总体控制。

(3)村庄内零星四旁树调查记载

①占地面积调查　郁闭度 0.2 以上的小片状四旁树用皮尺丈量长度、宽度计算占地面积；冠幅特别大的孤立木，丈量树冠覆盖度计算占地面积；其他零星树木按株数登记，再折算面积。

②株数、蓄积调查　对调查户宅旁的林木每木调查。5cm 以下的点数株数，5cm 以上的逐株检尺，每个树种组选分别径级(组)选 1~3 株接近平均胸径的树木测高计算平均高。立木蓄积量采用实验形数法计算。

③零星四旁树调查记载　树种组：按树种(组)记载；平均胸径：按平均木的平均胸径

记载，保留厘米整数；平均高：按平均木的平均树高记载，保留一位小数；株数：乔木胸径5cm(含)以上按整厘米检尺划记，5cm以下划记株数，经济林、毛竹记总株数。四旁杂竹只调查面积，不计株数；绿化面积：小片林、大冠幅孤立木按丈量面积记载，其他四旁树按株数折算面积记载；蓄积量：按实测蓄积量记载，保留三位小数。

④村庄内零星四旁树统计　村庄内的零星四旁树全面调查时，各户合计即为村庄内零星四旁树总数；村庄内的零星四旁树抽样调查时，零星四旁树木以村或片为单位，根据样户调查，按户数比例推算全村或片的零星四旁树木占地面积、株数、蓄积，以及村庄绿化率。计算公式：

$$\text{村庄内零星四旁树面积} = \text{村庄内调查样户合计绿化面积} \times \frac{\text{总户数}}{\text{样户数}}$$

$$\text{村庄内零星四旁树株数} = \text{村庄内调查样户合计总株数} \times \frac{\text{总户数}}{\text{样户数}}$$

$$\text{村庄内零星四旁树蓄积} = \text{村庄内调查样户合计总蓄积} \times \frac{\text{总户数}}{\text{样户数}}$$

村庄绿化率＝(村庄内零星四旁绿化总面积＋村庄内林带调查总面积＋村庄内片林小班调查总面积)÷村庄总面积

11.4.2.5　树带清绘

完成一个区域调查后，将野外确定的全部树带转绘到一份新的图上，并将它作为底图，要严格按清绘要求进行清绘。树带用墨水笔绘制地段的起始尖头，并在地段旁适当位置注记。清绘完成经检查合格后，交给计算机录入人员，将清绘后的树带录入计算机。

树带要以行政村(林区、林班等)为单位，在图上对树带编号按1、2、3、…顺序进行连续编号。

11.4.3　专项调查

11.4.3.1　森林生长与消耗量调查

(1)森林生长量调查

可采用树干解析法、标准地标准木法、生长过程表法、连清固定样地复查法等调查方法。

(2)森林资源消耗量调查

按照县级抽样控制样地复查及《浙江省森林资源连续清查技术规定》等方法进行。

11.4.3.2　森林多种效益计量及评价调查

根据调查目的与要求，由调查会议研究确定森林多种效益计量、评价以及林业经济调查的内容、深度和方法(一般按社会调查方法进行)。

11.4.3.3　森林健康调查

(1)森林病虫害调查

在小班调查了解的基础上，对危害严重的地方，通过设置标准地(样地)进行详细调查，进一步查清病虫害种类、数量、危害程度、发生原因、病虫害对林木造成的损失，同时查清病虫害发生与环境因子和人为活动的关系等。

(2)森林火灾调查

在小班调查了解的基础上，进一步调查火灾发生时间、次数、延续时间、蔓延面积、林木损失情况，同时了解发生火灾与气象因子、人为活动的关系，了解扑火措施。同时调查耐火树种的分布、数量等。

11.4.3.4 森林更新、生物量与生态调查

①森林更新调查；

②生物量、碳储量调查；

③森林土壤调查；

④森林生态因子调查。

11.4.3.5 经营与利用情况调查

①林业经济与森林经营情况调查；

②森林经营、保护和利用建议。

11.4.3.6 其他专项调查

根据调查工作会议研究决定，其他需单独进行专项调查研究的调查内容。

11.4.4 统计与制图

外业调查工作结束后，经过检查材料符合要求，才能进行内业统计与制图工作，主要包括各类统计表的编制、图件的制作和调查报告的编写等内容。

为了提高资源统计、成果图绘制效率和便于资源经营管理和资源档案管理，应采用计算机软件进行计算、统计、编绘成果图，建立森林资源管理信息系统。

11.4.4.1 调查底图扫描与配准

将外业调查勾绘小班图清绘后，对纸质图进行扫描，扫描分辨率不小于300dpi。根据扫描图上的地理坐标，利用GIS软件进行坐标配准，对扫描图进行地理校正，底图配准的地理坐标系统一采用国家CGCS2000坐标系。

11.4.4.2 图面资料矢量化

根据配准后纸质图的小班、树带等信息，采用手工描绘的方法对图面资料进行矢量化，形成森林资源数据矢量图层。矢量化图层结果以.shp格式存储。

11.4.4.3 属性数据录入

小班和树带等调查卡片经全面检查验收后，才能输入计算机。数据输入严格按双轨制作业，以杜绝或尽量减少数据输入错误。属性数据库结构要求，参照最新发布的《县级森林资源管理信息系统建设规范》标准。

11.4.4.4 图斑和属性数据检查

图斑数据的拓扑检查和准确性检查。拓扑检查包括小班图形是否存在重叠或缝隙、小班图形与县界间是否无缝拼接等。准确性检查，包括小班、林带或树带界线与遥感影像的同一地物的吻合情况是否达到要求。

属性数据的完整性、正确性检查和逻辑关系检查。属性因子完整性和正确性检查保证必填因子项不能为空值或出现错误，逻辑关系检查保证属性因子之间不存在逻辑错误。

图形数据与属性数据的关联性检查。图形数据关联字段和属性数据关联字段必须为唯

一，不允许重复，图形数据与属性数据必须一一对应。

以上数据检查如发现错误，必须进行认真分析，妥善修正。在数据库中修正数据错误后，同时在调查卡片上进行改正。

11.4.4.5 面积求算与平差

森林资源图斑面积采用地理信息系统(GIS)求算面积，各县以林地落界成果作为县级控制面积，分析与图斑求算面积和之间的差异，按县、乡(镇)、村、林班顺序逐级平差。

面积平差应首先确定图斑总面积的范围是否与林地落界行政界线一致，如果一致，则将差值平差到非林地图斑中，林地图斑面积保持不变；如果两次的行政界线不一致且差异较大，则需要查找原因后再处理。

11.4.4.6 小班面积、蓄积量计算登记

(1)计算登记方法

以村为单位，分别小班逐个登记面积、蓄积量。

用材林近、成、过熟林蓄积量，还要计算组成树种蓄积量。

散生木蓄积量包括：荒山中的散生木；无蓄积量幼林及灌木中的散生木；竹林、经济林中混交的乔木树种蓄积量。

小班的面积、蓄积量计算登记是各种统计的基础，所有调查材料必须认真复查并经专职检查人员检查验收，确保计算登记正确无误。

(2)调查蓄积量的改正

小班调查蓄积量若在总体蓄积量估计区间(即±1倍标准误)内，不必改正，按调查蓄积量编制统计表；如果调查蓄积量落在抽样总体蓄积量的修正区间(即±3倍标准误)内要进行修正，直至两种总体的差值在±1倍的标准误范围以内；如调查蓄积量不在抽样总体蓄积量的修正区间内(即超过±3倍标准误)，应检查调查材料，分析原因，针对存在问题确定解决办法。必要时应进行复查补课直至重新调查，务使调查蓄积量落在抽样区间内。如经检查分析调查蓄积量为系统误差，可算出改正系数，用以修正调查蓄积。

$$\text{改正系数}=\frac{\text{抽样调查蓄积量}}{\text{调查蓄积量}}\text{(计算到小数点后四位)}$$

以小班调查的树种蓄积，乘以相应树种的改正系数即为改正后的蓄积量。

(3)调查林地面积的修正

小班调查林地面积若在总体林地面积估计区间(即±1倍标准误)内，不必修正；如果调查林地面积落在抽样总体林地面积的修正区间(即±3倍标准误)内，要根据前期统计报表、近年来林业生产经营情况、调查质量情况，选择重点乡(镇、林场)实地核对进行修正；如调查林地面积不在抽样总体林地面积的修正区间内(即超过±3倍标准误)，应全面检查调查材料，分析原因，针对存在问题确定解决办法，根据调查结果和调查质量情况，进行全面复查补课直至重新调查，务使调查林地面积落在抽样区间内。

11.4.4.7 森林资源统计表编制

统计表可根据浙江省林业厅制定的《浙江省森林资源规划设计调查技术操作细则(2014年版)》进行填写。

(1)统计报表采用由小班(林带、树带)、林班向上逐级统计汇总方式进行。

①国有林场　总场(林场)统计到分场；分场统计到营林区(或作业区)；营林区(或作业区)统计到林班。

②自然保护区　管理局(处)统计到管理站(所)；管理站(所)统计到功能区(景区)；功能区(景区)统计到林班。

③森林公园　管理处统计到功能区(景区)，功能区(景区)统计到林班。

④集体林区　县统计到乡；乡统计到村；村统计到林班。

(2)各统计表的单位均为亩。各表一律第一行为县、乡(场)合计数，以下为乡(分场)、村(林班)分计数。乡(村)排列顺序按当地习惯，各表一致。

(3)按范围统计是基础，各县应按范围统计，提交一套表格。有些县、乡要求按权属统计时，应在范围统计的基础上，根据权属村调查结果按权属统计。

11.4.4.8　制图

各种二类调查的成果图，要采用地理信息系统(GIS)等先进的技术手段进行计算机绘制。各种成果图的图式均须符合林业地图图式的有关规定。

(1)基本图编制

基本图主要反映林区自然地理、社会经济要素和调查测绘成果。它是求算面积和编制林相图及其他林业专题图的基础资料。

①基本图(山林现状图)　按国际分幅编制。根据森林经营单位的面积大小和林地分布情况，基本图的比例尺原则上同外业调查用图的比例尺相一致。

②基本图的成图方法　基本图的底图，直接利用森林经营单位所在地的基础地理信息数据绘制基本图的底图，或将符合精度要求的最新地形图输入计算机，并矢量化，编制基本图的底图；基本图编制，将已调绘在各种图(包括航片、卫片)上的小班界、林网转绘或叠加到基本图的底图上，在此基础上编制基本图。转绘误差不超过0.5mm。基本图的内容包括各种境界线(行政区划界、林场、营林区、林班、小班)、道路、居民点、独立地物、地貌(山脊、山峰、陡崖等)、水系、地类、林班注记、小班注记。

a. 境界：林班、村、乡、县、省等境界线，按低级服从高级的原则绘制及注记。如绘制省界，就不绘制县界。行政名称的注记也同样如此。

b. 地形地物：主要调绘道路、村镇、主要山峰、河流、湖泊、水库、林场、固定苗圃、林业加工设施及各种林业企事业单位的位置和名称等。

c. 地类：农地(田)、林场及其他明显界线。

d. 小班与林带注记：在小班的适中位置，以分子式注记小班号、面积、森林类别、树种或地类，对混合小班注记时以主要地类为代表，对混交林注记时以优势树种为代表，混合小班应首先按乔木林地、竹林地、疏林地、无林地等大类确定地类，注记小班号、林相或地类，注记式如：

$$\frac{9-86}{G\text{杉}}、\frac{10-59}{S\text{硬阔}}、\frac{11-84}{\text{毛竹}}、\frac{12-47}{\text{未成造}}、\frac{13-78}{\text{采迹}}$$

e. 树带注记：在地段旁适当位置注记，注记形式：地段号—树种(长度)，如1—水杉(100)。

(2)林相图编制

以乡(林场)、或村、图幅为单位绘制成一幅图，用基本图为底图进行绘制，比例尺与基本图一致。

①注记及着色　根据小班主要调查因子注记与着色。凡乔木林地小班，应注记小班号、进行全小班着色，按优势树种确定色标，按龄组确定色层。其他小班仅注记小班号及地类符号。

②图的整饰注记　在距内图框 8mm 处绘外图框，外图框内线粗 0.2mm，距内线 2mm 的外线粗 2.0mm。图的上部(图内框)为图头，在图头上分行写标题(县、乡名 2cm×2cm；图名 2cm×2cm，2.5cm×2.5cm 或 3cm×3cm)。

图的下部左方图框外写地理坐标系，高程系统，下部右方图框外写图纸编制单位(全称 0.8cm×0.8cm)、调查年度(0.8cm×0.8cm)。下方适当位置注记图例，数字比例尺或直线比例尺。各种图面，一般纵向为南北向，横向为东南向。为了合理利用图纸，便于晒印及保管，图纸规格采用以下几种。

表 11-4　林相图图纸规格　　单位：cm

图纸号	1	2	3	4	5
图面积	90×100	*70×90	*46×60	*30×46	*25×30
有效面积	80×90	*60×80	*40×50	*25×35	*20×25

注：有“*”的一边，根据需要可加宽 25%。

(3)森林分布图编制

①森林分布图绘制　以经营单位或县级行政区域为单位，用林相图缩小绘制。比例尺根据各县面积而定，一般为 1:50 000～1:100 000。地形、地物可简化，行政区划界线一般到乡镇、林场一级，将相邻、相同地类或林分的小班合并。凡在森林分布图上大于 $4mm^2$ 的非乔木林竹林小班界均需绘出。但大于 $4mm^2$ 的乔木林竹林小班，则不绘出小班界，仅根据林相图着色区分。但有特别意义的地类、树种，面积虽不到上图面积，也要图示出来。

②森林资源分布图着色　分别地类及优势树种着色，要求见表(表 11-5)。

表 11-5　森林资源分布图着色要求

项　目	注记、着色	项　目	注记、着色
松	(R：0，G：208，B：104)	县界	(黑色一横一点)
杉、柏	(R：152，G：230，B：0)	乡镇界	(黑色两横两点)
阔	(R：112，G：168，B：0)	村界	(黑色一横三点)
竹林	(R：211，G：255，B：190)	县界缓冲区	(R：255，G：125，B：125)
经济林	(R：255，G：190，B：190)	高速公路	(黑－黄－黑－黄－黑)
灌木林	(R：232，G：190，B：255)	国道	(R：115，G：0，B：0,)

（续）

项　目	注记、着色	项　目	注记、着色
未成林造林地	(R：255，G：170，B：0)	省道	(R：132，G：0，B：168)
疏林	(R：215，G：176，B：158)	铁路	
苗圃地	(R：115，G：195，B：95)	河湖、水库、渠道等	(R：94，G：180，B：255)
宜林地	(R：168，G：168，B：0)	非林地	不着色，边界为细黑
迹地	(R：255，G：235，B：175)		

(3)专题图编制

以反映专项调查内容为主的各种专题图，其图种和比例尺根据经营管理需要确定，但要符合林业专业调查技术规范要求。专题图主要包括公益林分布图，竹林、经济林资源分布图等，对公益林分布图作如下要求(表11-6)：

表11-6　公益林分布图色标表

类别名称	色　标
国家公益林	绿色(R：115，G：175，B：115)
省级公益林	草绿色(R：85，G：255，B：0)
市级公益林	浅绿色(R：185，G：255，B：135)
县级公益林	蓝绿色(R：155，G：240，B：155)
其他公益林	黄绿色(R：200，G：255，B：100)

①乡(镇、场)公益林分布图　以乡(镇、场)为单位绘制，名称为"××县××乡(镇、场)生态公益林分布图"。成图方法：原则上用本期二类森林资源调查的未着色的基本图(1:1万地形图)作为成图底图，将现场区划界定为公益林的这部分小班及生态区位要素等内容套绘到底图相应位置上，并进行注记、着色。图上必须要注记公益林小班号、重要生态区位名称(如××水库、××公路、××自然保护区、××河流等)及重要的地名等。同时，对界定为公益林的小班，按事权等级进行着色；重要生态区位(如河流、水库、铁路、公路)也按有关要求进行着色。其他成图图式要求执行《林业地图图式》(LY/T 1821—2009)的有关规定。

②县公益林分布图　以县为单位绘制，名称为“浙江省×××公益林分布图”，位置居上正中，加粗黑色楷体，带灰色色晕，标题背景白色。

成图方法：原则上用本期二类森林资源调查的县森林分布图为底图，以乡级公益林分布图为基础按比例缩小归并绘制而成。相邻小班事权等级相同的归并在一起，归并缩小后的图斑面积若仍小于图上4mm²的，或再与相近的图斑归并，或不予标示。

图上要反映乡级以上(含)行政区界线，各级政府、行政村、林业企事业单位驻地的符号、名称，重要区位名称。公益林区域按事权等级进行着色，同时主要河流、水库、铁路、公路等也要按要求着色。其他成图图式要求执行《林业地图图式》(LY/T 1821—2009)的有关规定。

11.4.5 调查成果报告

11.4.5.1 森林资源调查报告编写

(1)报告内容结构

森林资源报告：对基本情况、森林资源调查方法、调查工作过程、森林资源现状、森林资源动态、森林资源特点、森林资源经营管理等方面作出详细说明、科学分析、对策建议。

专题报告：如质量检查报告、遥感调查技术研究报告、森林资源管理信息系统开发技术研究报告、专项调查报告等。

附表：各附表统计到乡镇。

附图：行政区划图、森林资源分布图、生态公益林分布图。

附件：质量检查报告、有关文件等。

(2)森林资源报告参考提纲如下：

摘要

前言

第一章　基本情况

一、自然地理条件

二、社会经济条件

三、森林经营情况

第二章　调查方法

一、目的与任务

二、调查技术

三、工作概况

第三章　森林资源现状

一、森林资源概况

二、权属结构

三、地类、林种与起源结构

四、乔木林

五、竹林

六、经济林

七、公益林

八、森林资源分布

九、森林资源特点

第四章　森林资源变化动态

一、森林覆盖率动态

二、各类面积动态

三、各类蓄积动态

四、各林种动态

五、乔木林、竹林、经济林动态

六、乔木林龄组结构动态

七、单位面积蓄积量动态

八、生长量与消耗量

第五章　森林资源保护与发展建议

11.4.5.2　规划设计调查提交成果资料

(1)小班调查簿、固定样地登记表

(2)调查统计表

表1　各类土地面积统计表

表2　各类林地面积按林地管理类型统计表

表3　各类森林、林木面积蓄积统计表

表4　林种统计表

表5　天然林资源按权属统计表

表6　人工林资源按权属统计表

表7　公益林(地)统计表

表8　乔木林各龄组面积蓄积按起源和优势树种统计表

表9　乔木林各龄组面积蓄积按权属和林种统计表

表10　乔木林各林种面积蓄积按优势树种统计表

表11　乔木林各树种结构类型面积按起源统计表

表12　经济树种统计表

表13　竹林统计表

表14　灌木林统计表

表15　未成林造林地和造林失败地统计表

表16　平原农区林带树带、四旁树调查统计表

表17　用材林面积蓄积按龄级统计表

表18　用材林近成过熟林面积蓄积按可及度、出材等级统计表

表19　用材林近成过熟林各树种株数、材积按径级组、林木质量统计表

表20　用材林与一般公益林中异龄林面积蓄积按大径木比等级统计表

(3)图面资料

①基本图，比例尺为1∶10 000；

②各乡(场)、村林相图，比例尺为1∶10 000；

③县级森林资源分布图，比例尺为1∶50 000～1∶100 000；

④其他专题图。

(4)文字材料

①森林资源二类调查报告；

②专项调查报告；

③质量检查报告。

(5)电子文档

与上述表格材料、图面材料和文字材料相应的电子文档。

(6)其他资料

各级森林资源管理部门规定的其他成果材料。

11.4.5.3　成果资料发送单位及数量

森林资源二类调查应提交的成果数量，发送单位见表11-7。其他不需发送的材料由调查单位或县级林业行政主管部门保存备查。

表11-7　森林资源二类调查成果上交清单　　单位：份

报送单位	文件名称								
	县森林资源调查报告	县森林资源调查质量检查报告	有关专题调查报告	县森林资源按乡统计表	县森林资源分布图	样地抽样控制调查表电子文档	乡山林现状图	小班图斑和属性数据库	森林资源管理信息系统
合　计	7	7	7	7	7	1	2	2	2
省林业厅	2	2	2	2	2				
市林业主管部门	2	2	2	2	2		1	1	1
省森林资源监测中心	3	3	3	3	3	1	1	1	1

第12章 森林资源管理

12.1 林地林权管理制度

12.1.1 林地管理

林地，即林业用地的简称。按照《中华人民共和国森林法》(简称《森林法》)《中华人民共和国森林法实施条例》(简称《森林法实施条例》)的规定："林地，包括郁闭度 0.2 以上的乔木林地以及竹林地、灌木林地、疏林地、采伐迹地、火烧基地、未成林造林地、苗圃地和县级以上人民政府规划的宜林地。"其中，宜林地就是目前还没有长上林子，但适宜造林和发展林业，由县级以上人民政府规划确定，应当用于培育森林的土地。按照《森林法》等相关法律制度的立法宗旨和规定，森林资源管理是将林地与森林、林木作为一个统一整体进行管理，同是森林资源不可分割的重要组成部分，凡是在中华人民共和国领域内从森林、林木的培育种植、采伐利用和森林、林木、林地的经营管理，都必须遵守《森林法》的规定。《国务院关于保护森林资源制止毁林开垦和乱占林地的通知》(国发明电〔1998〕8号)明确要求，地方各级政府要把林地放在与耕地同等重要的位置，高度重视林地保护工作，把制止毁林开垦、保护林地列入政府重要议事日程。要把保护林地作为保护和培育森林资源任期目标责任制的重要内容，纳入领导干部政绩考核，严明奖惩，责任到位。各省、自治区、直辖市对现有林地要实行总量控制制度，林地只能增加，不能减少。

12.1.2 林权管理

林权是指森林、林木、林地的所有者和使用者，对森林、林木、林地的占有、使用、收益和处分的权利，林权包括森林、林木、林地的所有权和使用权。林权管理是指各级人民政府及其林业主管部门依照有关法律、法规、规章和政策，对森林、林木、林地的所有权和使用权实施保护和管理的行为。

新中国的林权管理始于1950年的《宪法》关于“森林属于国家所有，由法律规定属于集体所有的除外”的规定。1981年，中共中央、国务院发布《关于保护森林发展林业若干问题的决定》，要求开展稳定山权林权，划定自留山，制定和落实林业生产责任制为主的林业“三定”工作。1998年颁布修正的《森林法》和2000年出台的《森林法实施条例》，进一步对林权管理和林权证发放等做出了明确具体的规定。

《森林法》第三条规定：国家所有的和集体所有的森林、林木和林地，个人所有的林木和使用的林地，由县级以上地方人民政府登记造册，发放证书，确认所有权或者使用权。国务院可以授权国务院林业主管部门，对国务院确定的国家所有的重点林区的森林、林木和林地登记造册，发放证书，并通知有关地方人民政府。森林、林木、林地的所有者和使用者的合法权益，受法律保护，任何单位和个人不得侵犯。

《森林法实施条例》第四条规定：依法使用的国家所有的森林、林木和林地，按照下列规定登记：(1)使用国务院确定的国家所有的重点林区的森林、林木和林地的单位，应当向国务院林业主管部门提出登记申请，由国务院林业主管部门登记造册，核发证书，确认森林、林木和林地使用权以及由使用者所有的林木所有权；(2)使用国家所有的跨行政区域的森林、林木和林地的单位和个人，应当向共同的上一级人民政府林业主管部门提出登记申请，由该人民政府登记造册，核发证书，确认森林、林木和林地使用权以及由使用者所有的林木所有权；(3)使用国家所有的其他森林、林木、林地的单位和个人，应当向县级以上地方人民政府林业主管部门提出登记申请，由县级以上地方人民政府登记造册，核发证书，确认森林、林木和林地使用权以及由使用者所有的林木所有权。第五条规定：集体所有的森林、林木和林地，由所有者向所在地的县级人民政府林业主管部门提出登记申请，由该县级人民政府登记造册，核发证书，确认所有权。单位和个人所有的林木，由所有者向所在地的县级人民政府林业主管部门提出登记申请，由该县级人民政府登记造册，核发证书，确认林木所有权。使用集体所有的森林、林木和林地的单位和个人，应当向所在地的县级人民政府林业主管部门提出登记申请，由该县级人民政府登记造册，核发证书，确认森林、林木和林地使用权。第六条规定：改变森林、林木和林地所有权、使用权的，应当依法办理变更登记手续。第七条规定：县级以上人民政府林业主管部门应当建立森林、林木和林地权属管理档案。

林权证是确认森林、林木、林地所有权或使用权的唯一法律凭证。《林权证》与《土地证》一样，具有相同的法律效力，涉及确定森林、林木、林地的所有权或使用权时，就应依法办理林权证，而不是土地证。为进一步规范林权登记发证工作，国家林业局2000年发布了《林木、林地权属登记管理办法》，并制定了全国统一的林权证式样，进一步提高了林权证的权威性和严肃性。

森林、林木和林地使用权可以依法转让，也可依法作价入股或作为合资、合作造林、经营林木的条件，但不得将林地改变为非林地。根据《森林法》的规定，可以流转的森林、林木和林地的范围为：(1)用材林、经济林、薪炭林；(2)用材林、经济林、薪炭林的林地使用权；(3)用材林、经济林、薪炭林的采伐迹地、火烧迹地的使用权；(4)国务院规定的其他森林、林木和林地使用权。中央9号文件明确规定：在明确权属的基础上，国家鼓励森林、林木和林地使用权的合理流转，各种社会主体都可通过承包、租赁、转让、拍卖、协商、划拨等形式参与流转。目前，从我们掌握的情况看，各地有关森林、林木和林地流转的情况十分活跃，但是，在操作上还不尽规范，有的甚至是在违法违规操作，造成了大量森林资源资产的流失。因此，我们正在抓紧制定《森林、林木和林地使用权流转条例》，以尽快改变森林资源流转无章可循的局面。

12.1.3 征占林地管理

占用林地是指勘查、开采矿藏和修筑道路、水利、电力、通信等各项建设工程使用国有林地，改变了林地的使用权，但没有改变林地的所有权；乡镇企业和村民建设住宅使用本集体经济组织所有的林地，或乡村公共设施和公益事业建设使用集体所有的林地，改变了林地用途，也属占用林地。征用林地是各项建设工程使用集体林地，既改变了林地的使用权，也改变了林地的所有权。

《森林法》第十八条规定：进行勘查、开采矿藏和各项建设工程，应当不占或者少占林地，必须占用或者征用林地的，经县级以上人民政府林业主管部门审核同意后，依照有关土地管理的法律、行政法规办理建设用地审批手续，并由用地单位依照国务院有关规定缴纳森林植被恢复费。森林植被恢复费专款专用，由林业主管部门依照有关规定统一安排植树造林，恢复森林植被，植树造林面积不得少于因占用、征用林地而减少的森林植被面积。上级林业主管部门应当定期督促、检查下级林业主管部门组织植树造林、恢复森林植被的情况。

《森林法实施条例》第十六条规定：勘查、开采矿藏和修建道路、水利、电力、通信等工程，需要占用或者征用林地的，必须遵守下列规定：(1)用地单位应当向县级以上人民政府林业主管部门提出用地申请，经审核同意后，按照国家规定的标准预交森林植被恢复费，领取使用林地审核同意书。用地单位凭使用林地审核同意书依法办理建设用地审批手续。占用或者征用林地未经林业主管部门审核同意的，土地行政主管部门不得受理建设用地申请。(2)占用或者征用防护林林地或者特种用途林林地面积 $10hm^2$ 以上的，用材林、经济林、薪炭林林地及其采伐迹地面积 $35hm^2$ 以上的，其他林地面积 $70hm^2$ 以上的，由国务院林业主管部门审核；占用或者征用林地面积低于上述规定数量的，由省、自治区、直辖市人民政府林业主管部门审核。占用或者征用重点林区的林地的，由国务院林业主管部门审核。(3)用地单位需要采伐已经批准占用或者征用的林地上的林木时，应当向林地所在地的县级以上地方人民政府林业主管部门提出用地申请。占用或者征用林地需要采伐林木的，必须按规定申请林木采伐许可证。(4)占用或者征用林地未被批准的，有关林业主管部门应当自接到不予批准通知之日起 7 日内将收取的森林植被恢复费如数退还。

为进一步规范征占用林地审批，国家林业局 2001 年出台了《占用征用林地审核审批管理办法》，2003 年出台了《占用征用林地审核审批规范》；财政部 2002 年《森林植被恢复费征收使用管理暂行办法》。对征占用林地审核审批的权限、程序和森林植被恢复费的征收、使用、管理等作出了明确规定。这里需要特别指出，有权审核同意征占用林地的只有国务院林业主管部门和省级林业主管部门。县级人民政府及其林业主管部门是没有审核批准征占用林地的权力，但应提前介入，严格把关，如实上报。

12.2 森林资源利用管理制度

12.2.1 森林采伐管理

12.2.1.1 森林采伐限额管理制度

森林采伐限额制度是在认真总结我国林业管理经验、针对我国森林资源不足的实际、吸取国外森林资源管理的先进做法的基础上，由《森林法》明确规定的一项法律制度和保护发展森林资源的一项根本性措施。实行森林采伐限额制度，充分体现了国家对森林资源实行可持续经营，保证森林资源可持续增长的指导思想，对保护和发展森林资源，控制森林资源过量消耗，正确处理在利用森林资源的过程中眼前利益与长远利益、经济利益与生态效益之间的关系起到十分重要的作用。我国自 1987 年实行森林采伐限额制度十多年来，这项森林资源管理制度在实践中得到了不断的改进和完善，同时也有力保证了森林资源实现持续“双增长”。“七五”和“七五”以前的森林采伐管理，是计划经济条件下以木材生产计划管理为主的模式。虽然在“七五”期间，已经制定并执行了采伐限额，但仅限于对商品材资源消耗的管理，农民自用材、培植业用材和烧材尚未有纳入森林采伐限额管理的范围，在执行中明显存在着“管一块、漏一块”的弊端。“八五”期间，将商品材、农民自用材、培植业用材和烧材统一纳入采伐限额管理，对森林资源消耗总量和各消耗结构实行总量管理、分项控制。“九五”“十五”期间，在总结经验的基础上，增设了按采伐类型划分的分项限额指标，森林采伐限额制度正进一步向着科学化、规范化管理的轨道前进。

《森林法》第二十九条规定：国家根据用材林的消耗量低于生长量的原则，严格控制森林年采伐量。国家所有的森林和林木以国有林业企业事业单位、农场、厂矿为单位，集体所有的森林和林木、个人所有的林木以县为单位，制定年森林采伐限额，由省、自治区、直辖市人民政府林业主管部门汇总、平衡，经本级人民政府审核后，报国务院批准。《森林法实施条例》第二十八条规定：国务院批准的年森林采伐限额，每 5 年核定一次。

12.2.1.2 凭证采伐林木制度

凭证采伐林木制度是保证采伐限额得以落实的一项极为重要的措施，是维护森林、林木所有者、经营者合法权益，控制不合理采伐消耗森林资源，确保森林资源持续增长，防止乱砍滥伐等违法行为发生的有效手段。早在 50 年代，我国一些国有林区就实行凭证采伐和伐区拨交验收制度。1981 年中共中央、国务院《关于保护森林发展林业若干问题的规定》明确了在全国实行凭证采伐制度。依据 1998 年修订出台的《森林法》和 2000 颁布的《森林法实施条例》的有关规定，采伐林木必须申请采伐许可证，按许可证的规定进行采伐，采伐许可证的发证机关为县级以上林业行政主管部门，以及法律授权的部门和单位。其中：(1)国有林业企业事业单位、机关、团体、部队、学校和其他国有企业事业单位采伐林木，由所在地县级林业主管部门依照有关规定审核发放采伐许可证；(2)农村集体经济组织采伐林木，由县级林业主管部门依照有关规定审核发放采伐许可证；(3)农村居民采伐自留山和个人承包集体的林木，由县级林业主管部门或者其委托的乡、镇人民政府依照有关规定审核发放采伐许可证；(4)县属国有林场，由所在地的县级人民政府林业主管部门核发；省、自治区、直辖市和设区的市、自治州所属的国有林业企业事业单位、其他国有企业事业单位，由所在地的省、自治区、直辖市人民政府林业主管部门核发；(5)重点林区的国有林业企业事业单位，由国务院林业主管部门核发；(6)铁路、公路的护路林和城镇林木的更新采伐，根据《森林法》的授权，由有关主管部门依照有关规定审核发放采伐许可证。

申请林木采伐许可证，除应当提交申请采伐林木的所有权证书或者使用权证书外，还应当按照下列规定提交其他有关证明文件：(1)国有林业企业事业单位还应当提交采伐区调查设计文件和上年度采伐更新验收证明；(2)其他单位还应当提交包括采伐林木的目的、地点、林种、林况、面积、蓄积量、方式和更新措施等内容的文件；(3)个人还应当提交包括采伐林木的地点、面积、树种、株数、蓄积量、更新时间等内容的文件。

有下列情形之一的，不得核发林木采伐许可证：(1)防护林和特种用途林进行非抚育或者非更新性质的采伐的，或者采伐封山育林期、封山育林区内的林木的；(2)上年度采伐后未完成更新造林任务的；(3)上年度发生重大滥伐案件、森林火灾或者大面积严重森林病虫害，未采取预防和改进措施的。

12.2.1.3 木材生产计划管理制度。

实行年度木材生产计划是依据我国国情林情决定的，是国家用来控制、调节年度商品材消耗林木数量的法律手段，保证商品材年采伐量不突破相应的采伐限额的具体措施，年度木材生产计划一经国家批准，就成为指导木材生产单位生产木材的法定指标。《森林法》第三十条规定：国家制定统一的年度木材生产计划，年度木材生产计划不得超过批准的年采伐限额。《森林法实施条例》第二十九条规定：采伐森林、林木作为商品销售的，必须纳入国家年度木材生产计划；第三十九条规定：超过木材生产计划采伐森林或者其他林木的，将按滥伐林木处罚。

12.2.2 木材运输管理

实行木材凭证运输是依法维护正常的木材运输秩序，防止非法采伐的木材进入流通流域的重要措施，是与采伐限额制度、凭证采伐制度相配套的一项重要森林资源管理制度。《森林法》第三十七条规定：从林区运出木材，必须持有林业主管部门发给的运输证件，国家统一调拨的木材除外。依法取得采伐许可证后，按照许可证的规定采伐的木材，从林区运出时，林业主管部门应当发给运输证件。经省、自治区、直辖市人民政府批准，可以在林区设立木材检查站，负责检查木材运输。对未取得运输证件或者物资主管部门发给的调拨通知书运输木材的，木材检查站有权制止。《森林法实施条例》第三十五条规定：木材运输证自木材起运点到终点全程有效，必须随货同行。没有木材运输证的，承运单位和个人不得承运。

目前，我国实行的木材运输证分出省木材运输证和省内木材运输证。出省木材运输证的式样已由国务院林业主管部门统一规定、统一印制；省内木材运输证的式样暂由各省级林业主管部门规定并印制。运输木材出省级行政区域的，使用出省木材运输证，出省木材运输证由省级林业主管部门或其委托机关核发；在省级行政区域内运输木材，使用省内木材运输证，省内木材运输证由县级和县级以上林业主管部门核发。

12.2.3 木材经营加工管理

实行木材凭证经营加工制度同样是森林资源利用管理中的一项重要制度，与凭证采伐林木、凭证运输木材制度，共同构成了山上、路上和经营加工厂点的一体化管理体系。对保护合法经营，打击私收乱购，控制源头消耗，具有十分重要的作用。《森林法实施条例》第三十四条规定：在林区经营(含加工)木材，必须经县级以上人民政府林业主管部门批准；木材收购单位和个人不得收购没有林木采伐许可证或者其他合法来源证明的木材。国发〔2001〕2 号文件规定：各级林业主管部门要加强对以消耗林木资源为主的经营加工单位的原料来源的审核。严禁木材经营单位和个人收购没有林木采伐许可证或者其他合法来源证明的木材。对新建扩建的以消耗林木资源为主的大中型纸浆、人造板等加工企业，国家和有关部门在审批时，须报经同级林业主管部门进行森林资源审核，并进行相应的工业原料林基地建设。

目前，我国大部地区都实行了木材经营加工许可证制度。从事木材经营加工的单位和个人，在到工商部门领取营业执照之前，须到县级以上林业主管部门办理木材经营加工许可证，否则，工商部门不得核发营业执照。

12.3 森林资源监督制度

建立森林资源监督制度是全面深化林业改革，强化森林资源保护管理，保障国家林业方针政策和法律法规有效落实，促进林业持续健康发展的一项重大举措。在党中央、国务院的高度重视下，目前，我国森林资源监督体系已初步形成，基本实现了全国森林资源监督全覆盖。

森林资源监督机构的主要职责是：监督驻在地区和单位的森林资源和林政管理；监督驻在地区、单位建立和执行保护、发展森林资源目标责任制，并负责审核有关执行情况的报告；承担派出单位确定的和驻在省(自治区)人民政府或驻在单位委托的有关森林资源监督的职责。自 1989 年开展森林资源监督工作以来，各森林资源监督机构紧紧围绕国家林业建设的大政方针，结合森林资源保护和发展的工作目标，针对森林资源保护管理的薄弱环节，以监督检查"三总量"为主线，认真履行监督职责，依法对驻在地森林资源保护管理各项工作实施了全过程、全方位监督，在促进国家有关森林资源保护管理法律、法规、规章和方针政策正确贯彻执行，规范森林资源经营管理行为，督查督办重大破坏森林资源案件，控制林地流失和有林地逆转，抑制森林资源过量消耗，推进天然林保护等六大林业工程的实施等方面发挥了不可替代的作用。实践证明，森林资源监督作为森林资源行政管理的重要组成部分，是促进林业六大重点工程顺利实施的战略举措，是推进依法治林、依法行政的具体实践，是实现森林资源可持续经营的重要保障。

第13章

森林生态系统可持续经营

13.1 森林生态系统经营的理论基础

森林生态系统与草原、农田生态系统相比，它的结构复杂得多，并有其诸多的特点，因此，在经营管理上难度也就更大。近百年来，林业发达的欧美国家提出过多种森林经营的理论，运用过多种经营模式，但多以林木生长为前提。20世纪60年代以来，随着生态、环境问题受到人们的普遍关注，生态系统理论的研究取得更多的成果，生态学家与林学家们对森林生态系统也有了更深入的认识，认识到森林生态系统除了能直接生产木材与林副产品以外，它还是地球上最好的生物多样性宝库，更具有任何其他生态系统无法比拟的生态服务功能。因此，森林经营必须发挥森林的多种效能。80年代中，生态系统可持续发展的理念提出后，森林生态学家更为重视森林生态系统的可持续经营。90年代初，美国、加拿大的学者们提出了森林生态系统经营的观点与理论，我国也相继开展了这方面的探讨。

13.1.1 森林生态系统的特点

森林生态系统是由森林群落与无机环境所构成的复合体。森林群落包含乔木、灌木、草本、真菌、软体动物、节肢动物、无脊椎动物与脊椎动物等生物成分，而无机环境则有太阳光(光能与温度)、氧气、二氧化碳、水分、矿质元素与有机元素等非生命成分所构成。森林生态系统是陆地生态系统中面积最大、最重要的自然生态系统。森林生态系统与其他生态系统一样，是占据一定空间的自然客观存在的实体。在系统中生物与非生物环境之间进行着连续的能量转化、物质交换和信息传递，形成一定的结构。但是该系统与草地、农田等生态系统相比，它有着很大的不同，无论在结构与功能诸方面，森林生态系统都有着自身的特点。

(1)森林生态系统是物种繁多的巨大基因库

森林生态系统中的生物成分比其他任何生态系统都为丰富。系统中的绿色植物包括乔木、灌木、草本、蕨类、苔藓和地衣，它们是有机物质的初级生产者，所生产的产品除本身的需要外，还供森林内所有其他生物赖以为生；系统中的动物种类繁多，有原生动物、蠕虫动物、软体动物、节肢动物与脊椎动物等，它们在生态系统中为消费者，形成食物链与食物网，为森林的发育与生态系统的稳定起了重要的作用；系统中的微生物，主要分布在森林土壤中和地表，种类非常复杂，包括细菌、放线菌、真菌、藻类和原生动物等。它们是生态系统中的分解者，直接参与森林土壤中的物质转化，森林植物所需要的无机养分的供应，不仅依靠土壤中现有的可溶性无机盐类，还要依靠微生物的作用将土壤中的有机质矿化，释放出无机养分来不断补充。从森林生态系统所具有的丰富的生物多样性，可见该系统是一个巨大的基因库，人类不仅能直接利用森林中的动物与植物以及微生物资源，而且可以引种驯化，运用生物技术来利用森林生态系统中的野生物种来制造抗性强、产量高、品质好的新品种。

(2)森林生态系统具有十分复杂的结构

森林生态系统中的植物种群一般具有明显的成层结构，每一层或层片中的成分，通常是由各个种群的异龄个体成员所组成(图 13-1)。地面以上所有绿色部分为进行光合作用生产有机物质的生产层，在生产层的上部光照最充足，自养代谢最强烈，越往下光照越少，自养代谢也越低。整个森林植物立体环境中，随着森林垂直结构的成层性，相应地环境因子也形成梯度变化，即光照、温度、湿度等都表现出明显的成层现象。系统中环境条件的多样性，又为植物、动物和微生物等生物种群的多样性提供了良好的栖息条件与丰富的食物资源。

(3)森林生态系统类型多样

森林生态系统在全球各地区都有分布，森林植被在气候条件与地形地貌的共同作用下，既有明显的经纬向水平分布，又有山地的垂直分布带谱，因而是生态系统种类型最多的。就我国来说，从南往北有着热带雨林、季雨林(季风常绿阔叶林)、亚热带常绿阔叶林、暖温带落叶阔叶林、温带针阔叶混交林、寒温带落叶针叶林，以及青藏高原的暗针叶林。各种不同类型的森林生态系统，形成多种独特的森林环境，为大量的野生动物提供了良好的栖息场所和理想的避难所，因而森林生态系统也是产生丰富的生物物种的摇篮。

(4)森林生态系统的稳定性高

森林生态系统经历了漫长的发展历史，形成了内部物种丰富、群落结构复杂、各类群落与环境相协调、群落中各个成分之间以及其与环境之间相互依存和制约、保持着系统的稳态。森林生态系统具有很高的自调控能力，能自行调节和维持系统的稳定结构与功能，保持着系统结构复杂、生物量大的属性。这表明，系统内部的能量、物质与物种的流动途径畅通，系统的生产潜力得到充分发挥，对外界的依赖程度很小，保持着能量、物质的输入、存留和输出等各个生态过程的稳定。系统内大部分营养元素得到收支平衡。

(5)森林生态系统有着其他生态系统无法比拟的服务功能

在陆地的各类生态系统中，森林生态系统占有的面积最大。虽然人们一直在采伐森林，但至今地球上的森林仍占陆地面积的32%，而草原只占21%，农田仅占9%。在陆地生态系统中，以森林生态系统的生产力为高，生物总量最大。森林生态系统每年固定的总能量占陆地生态系统每年固定总能量的63%，约占地球总能量的1/3，因而森林的生产力

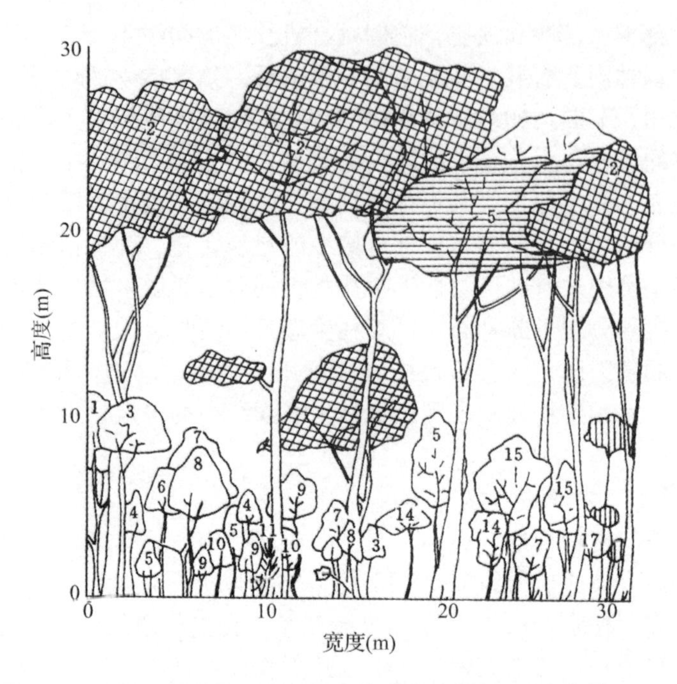

图 13-1 华栲、厚壳桂、大果厚壳桂群落结构图(引自李博，2000)

1. 肖蒲桃(*Acmena acuminatissima*)；2. 华栲(*Castanopsis chinensis*)；3. 乌榄(*Canarium pimela*)；4. 柔毛润楠(*Machilus velutina*)；5. 厚壳桂(*Cryptocarya chinensis*)；6. 橄榄(*Canarium album*)；7. 毛柿(*Diospyros reiantha*)；8. 大叶蒲桃(*Syzygium leuinei*)；9. 罗伞树(*Ardisia inquegona*)；10. 水梓(*Sarcospermum laurinum*)；11. 黄藤(*Daemonorops margaritae*)；12. 狗骨柴(*Tricalysia dubia*)；13. 大果厚壳桂(*Cryptocarya concinana*)；14. 岭南山竹子(*Garciaia oblongifolia*)；15. 榕树(*Ficus microcarpa*)；16. 臀果木(*Pygeum topengii*)；17. 云南银柴(*Aporusa yunnanensis*)

较高，生物总量很大。森林占全球植物生物量的90%以上。森林生态系统虽有较高的生产力与生物量，但它形成每单位重量的干物质所消耗的水分与养分物质都是很经济的。森林再生产过程中所需要的水分与养分均比农田所需的少得多。该系统既节省水肥，又不占用好地，是经济有效的一种生态系统，对人类的生产与生活有着重要的价值。表现出森林生态系统有着巨大的服务功能。森林生态系统的服务功能是多方面的，首先表现在森林生物资源的利用方面。森林是唯一可以提供木材的重要资源，而木材是当今四大原材料(木材、钢铁、水泥、塑料)中唯一可以再生的材料，与人类生产、生活息息相关。森林除提供木材外，还能提供多种多样的非木质林产品，诸如花卉、果品、油料、饮料、调料、森林野菜、食用菌、药材与林化产品等，是人们生活的重要物质。在另一方面，森林有着显著的生态服务功能。由于森林具有多层次空间结构，包括繁茂的枝叶组成林冠层，茂密的灌草植物形成的灌木层和草本层，林地上富集的凋落物构成的枯枝落叶层，以及发育疏松而深厚的土壤层。森林生态系统通过多层次空间结构截持和调节大气降水，从而改变大气降水的物理与化学过程，发挥着森林生态系统特有的降水调节和水源涵养作用；由于森林对地表径流有明显的分流阻滞作用，因而可以大大的延缓地表径流历时，能有效地削减径流洪峰、调洪济枯，因而能较好地减免水灾与河溪断流；由于林冠可以拦截相当数量的降水量、降低暴雨强度、减轻雨滴对土壤的机械破坏作用，根系能固持土壤、枯落物能保护土壤表层，因而能形成良好的森林小气候，它即使系统中的生物物种能良好地生长，而且对周边的农田、草地等生态系统产生良好的影响。90 年代以来，随着温室效应研究的深入，人们发现森林因大量吸收利用空气中的 CO_2 而对气候变暖有着较好的减缓作用。高大的林冠层与丰富的林下植物所产生的森林防风固沙、改良土壤的作用也是很显著的。

森林生态系统的功能是多方面的，保持与发挥这些功能正越来越受到人们的重视。人们日益深刻认识到森林对人类生活质量与维持地球健康方面的主要生命支持作用。解决好森林生态系统保护与利用的关系，使森林生态系统得到更好的发育，这对生态与环境问题研究的理论发展与森林经营的实践均有着重要的意义。

13. 1. 2　森林生态系统经营理论

13. 1. 2. 1　森林生态系统经营理念的产生

第二次世界大战结束后，由于经济恢复急需大量的木材与林副产品，在欧洲与美国积极主张发展人工林的思想压制了保护与经营天然林的主张。在 20 世纪 50 年代，大力推行了皆伐作业，用火烧处理采伐剩余物，然后大力植苗造林或飞机播种进行人工更新恢复森林。但是，到了 60 年代，就看到了严重的问题：天然林的大面积消失，自然环境的破碎化，人工林的单纯化，致使生物多样性显著降低，环境恶化，森林生产力下降。此时，传统的森林经营思想受到了挑战。所谓的传统的森林经营思想主要表现在两方面：一是林业规划与制定林业措施基本上是从生产木材出发，主要培育工业用材与民用材，用材林在林种中占有最重要的地位；二是在主伐方式上力求皆伐，甚至大面积皆伐，便于机械化作业，降低采伐成本，又便于人工更新。一些针叶林(尤其松林与落叶松林)容易天然下种更新的，则采用不同的皆伐方式，使其得以天然更新与人工辅助天然更新。这种传统的森林经营思想与做法，在中国也是大同小异，大力采伐天然林，积极发展人工林，人定胜天的思想贯穿在森林规划设计与经营措施中，生产木材与大力造林是森林经营的主要工作。

为了解决日益严重的生态与环境问题，美国政府对林业与环境开始了一系列的立法活动，如 1960 年提出《综合利用永续作业法案》，1969 年提出《国家环境政策法》，1973 年提出《濒危物种法》，林务局在上述法案的基础上于 1975 制了《森林、牧地可再生资源计划法》和 1976 年出台了《国有林经营法》等。其《综合利用永续作业法案》要求满足户外游乐、放牧、木材、保护水源和野生动物以及鱼类的规定进行国有林的活动。《国有林经营法》要求每一个国有林经营部门必须着眼于维持与改善生物多样性，为了达到这个目标，要求制订出得以维持现有脊椎动物有存活力种群的实施计划，必须保护能够维持脊椎动物和濒危物种赖以生存的环境，还要求在森林采伐地区的生物多样性不能低于非作业区。这些法规的实施孕育了新的林业思想。

在生态与环境问题日趋严重的形势下，传统的森林经营方式方法也受到广大民众和环境保护主义者的反对。由于到森林中去旅游的人与关心环境问题的人越来越多，人们感到天然林的大量破坏、皆伐使森林的美学效果与生态功能消失殆尽。环保主义者认为皆伐对环境的破坏最大，从而影响到一些物种的生存，在 90 年代初就发起了保护斑点猫头鹰的运动。

随着林业与生态科学的深入研究，人们愈加认识到原始林与其他天然林在保护生物多样性与提供生态服务功能诸方面有着重大的作用，与人类的生活乃至生存有着密切的关系。经过多年的研究，美国著名林学家、生态学家 J. F. Franklin 等认为原始林的作用是不可替代的，再用老的方法来经营这种天然林时，将会带来毁灭性的后果，认为必须以全新的思想来指导天然林经营，并将这种新的思想和做法称之为“新林业”(New Forestry)。1992 年，美国农业部林务局基于同样的、相类似的考虑，提出了对于美国国有林要实行“森林生态系统经营”(Forest ecosystem management)的新提法。美国林学会于 1993 年发表了《保持长期森林健康和生产力》的专题报告，认为需要找到一条生态系统经营的途径，要在景观水平上长期保持森林健康和生产力，即森林生态系统经营。同年，美国总统克林顿在西海岸的俄勒冈州的波特兰市亲自主持了一个题为“森林会议”的大会，来讨论美国当前林业所面临的问题。会后，由白宫直接任命，组织了以 J. W. Thomas 为首的，包括有科学家、行政人员以及各行各业的人员组成的森林生态系统经营评价组(简称 FEMAT)，负责起草美国太平洋西北部地区天然林经营方案，并为政府今后的林业立法提供科学的依据。生态系统经营的提法，现在在美国已得到了普遍的认同。人们普遍认为它是 21 世纪森林经营的大趋向。

13.1.2.2 森林生态系统经营的概念与理论要点

如何理解森林生态系统经营，至今还没有一个统一的认识。虽然至今就森林生态系统经营问题发表了不少的文章，但许多政府部门、社会公共机构及专业人员在多种意义上使用了这一名词，并给出了定义。比如美国林务局：“在不同等级生态水平上巧妙、综合地应用生态知识，以产生期望的资源价值、产品、服务和状况，并维持生态系统的多样性和生产力。”“它意味着我们必须把国家森林和牧草地建设为多样的、健康的、有生产力的和可持续的生态系统，以协调人们的需要和环境价值。”

美国林学会：“森林资源经营的一条生态途径。它试图维持森林生态系统复杂的过程、路径及相互依赖关系，为长期变化提供适应性。”简言之，它是“在景观水平上维持森林全部价值和功能的战略”。美国生态学会：“有明确的目标驱动，通过政策、模型及实践，由监控和研究使之可适应的经营。并依据对生态系统相互作用及生态过程的了解，维持生态系统的结构和功能。”显然，这些定义反映了各自的立场和观点，然而共同点是主要的，即反映生态学原理，重视森林的全部价值，考虑人对生态系统的作用和意义。总结对森林生态系统经营的各方观点与表述，可以将森林生态系统经营的内涵，即其理论要点归纳为以下的几个方面：

(1)*以生态学原理为指导*

突出表现在：

①重视等级结构　即经营者在任一生态水平上处理问题，必须从系统等级序列中(基因、物种、种群、生态系统及景观)寻找联系及解决办法；

②确定生态系统的边界及合适的规模水平　森林生态系统经营最终在生产实践中必须具有可操作性，其经营目标也必须通过每一个具体的功能单位来实现。一个森林生态系统的边界常以优势树种为主组成的植物群落界限作为基础，结合考虑地形、自然或人为干扰等因素的影响来确定；

③确保森林生态系统完整性　即维持森林生态系统的格局和过程；

④保护生物多样性　保护森林生态系统内生物的多样性，是维护森林生态系统的长期健康和持续活力、保持森林生态系统生产力和可再生能力、提高系统的抗干扰能力、特别是提高自然生产力的关键基础；

⑤仿效自然干扰机制　“仿效”是一个经营上的概念，不是“复制”以回到某种原始自然状态。

(2)实现可持续性

可持续性从生态学角度看，反映一个生态系统动态地维持其组成、结构和功能的能力，从而维持林地的生产力及森林动植物群落的多样性；从社会经济方面看，则体现为与森林相关的基本人类需要(如食物、水、木质纤维等)及较高水平的社会与文化需要(如就业、娱乐等)的持续满足。因此，反映在实践上应是生态合理且益于社会良性运行的可持续森林经营。

(3)重视社会科学在森林经营中的作用

首先，承认人类社会是生态系统的组成部分，人类在其中扮演调控者的角色。森林生态系统经营不仅要考虑技术和经济上的可行性，而且要有社会和政治上的可接受性。它把社会科学综合进来，促进处理森林经营中的社会价值、公众参与、组织协作、冲突决策，以及政策、组织和制度设计，改进社会对森林的影响方式，协调社会系统与生态系统的关系。其次，森林经营越来越面对如何处理社会关于森林的价值选择问题。社会关于森林的价值，既是冲突的，又是变动不拘的。森林价值的演变，形成了森林经营思想的演变。

(4)进行适应性经营

这是一个人类遵循认识和实践规律，协调人与自然关系的适应性和渐进过程。由于森林生态系统经营是对传统的自然资源管理模式根本性转变的实践，还不成熟，因此，对制订的计划，实施结果进行监测，监测信息的分析、计划的修订，不断重复这样一个过程是必不可少的，这个过程就称之为适应性经营(adaptive management)。适应性经营是生态系统经营实验的一个关键概念。因此，生态系统经营的实践具有实验的特性。

从上述森林生态系统经营的概念与理论，不难看出，森林生态系统经营的目的，就是要在景观水平上长期保持森林健康与森林生产力。

13.1.3　森林生态系统经营是现代系统论的应用

20世纪30年代以来，自然科学在高度分化的基础上产生了高度综合的发展趋势，科学的系统化已成为当今的主流。系统论、信息论与控制论——当代横向科学的“三论”的产生就是科学横向整体化的具体表现。“三论”都是运用系统的观点，从不同侧面去研究事物——系统，从不同角度提出解决问题的原则与方法，从整体上最优地解决系统的信息传递过程和系统功能的控制。因此，所有生态系统的经营与管理都需要不同程度地应用“三论”的观点、理论和方法。森林生态系统既是多个生物种群的有规律的组合体，又是生物群落与所处自然环境的紧密复合体。森林生态系统结构的完整性，是它发挥各项功能的基础。它对外来干扰的抗性与弹性，受损部分的修补、自己恢复的能力，都说明森林生态系统是一个有序的系统，其中的能量流动与物质循环过程有着一定的规律，因此，对森林生态系统的研究必须运用系统论的思想去对待。

系统论所界定的系统的特征是：①系统是由多个要素所组成，并按一定方式紧密而稳定地联系在一起的一个整体；②多个要素构成系统时，系统的性质是各个要素所没有的，系统有了新的性质；③系统具有确定的功能。系统之所以称之为系统，根本之点在于系统具有与组成它的各要素所不同的总体功能。系统的功能由系统的结构所决定，即由系统内部诸要素相互联系的方式所决定。结构合理，系统的功能就大；反之系统的功能就差。后两个特征是“整体大于各部分的简单总和”的具体体现，即 1 +1 >2 的效果，这是系统产生增效的缘故，也正是森林生态系统经营所要追求的目标。即按照系统论的原则与方法，组成合理的系统结构，以获取各个组成部分(要素)所不具备的新的性质和总体功能。

据东北林业大学从 20 世纪 50 年代开始设立的各种混交林试验，所作出的研究结果表明，落叶松与水曲柳或核桃楸配置的混交林，能较好地获得边缘效应的正效应。不论何种混交比，水曲柳和核桃楸的高生长、径生长为纯林的 110%~130%，落叶松的高、径生长为纯林的 103%~154%，每公顷蓄积量混交林为纯林的 153%~196%，并且以 3 ×2 行的混交比最高。在混交林结构中，15 年生左右的核桃楸在生长方面全面超过落叶松，而且干形通直，纯林中存在的干裂现象基本消除。事实说明，在结构合理的这一混交林系统中，水曲柳、核桃楸可以比速生树种落叶松长得更快更好。

据北京林业大学研究，毛白杨与刺槐混交成林后，无论是杨树、还是刺槐，其生长皆优，林分产量比它们各自树种的纯林都高，这也说明一个系统中组分不同，会产生不同的新特性。上面仅就混交林系统的生产力而言，要说到它的生态与环境效果，更是比各树种形成的纯林具有优越性。就纯林生态系统来说，如能合理地调控其结构(密度、层次、空间分布状况等)，系统的生产力与生态功能也能有较好效果，尤其天然纯林、耐阴树种为优势种的纯林，对其生态系统进行合理调控，则能取得理想的效应，这已由大量事实得以证明。

自 1935 年英国生态学家坦斯利(A. G. Tansley)提出生态系统(ecosystem)的概念，得到不同生态学派的认同，随之迅速发展起来的系统论、控制论、信息论与生态系统学的建立，以及 20 世纪 60、70 年代兴起的耗散结构和协同论，这些属于现代系统科学范畴的诸学科，它们共同的基本观念——整体性、系统性，正在越来越广泛地扩展到自然科学与社会科学中，正在从不同角度运用现代的系统理论，系统方法日渐深刻地揭示着自然系统与社会系统，也正在从观念上把长期被还原论割裂的自然界如实地整合起来，即立足整体，重建系统。

千百年来，“征服自然”“向自然索取”、认为人能主宰一切的观念牢固地统治着人们的思想，直至遭到自然的报复。一次又一次地受到自然的惩罚后，人们才逐渐觉醒，到了 20 世纪 80 年代，人们才真正认识到“人是自然界的一个组成部分”“人类的行为必须遵守自然规律”，对各种生态系统的管理与利用都得是有限度的，要考虑系统的协调性、稳定性与恢复能力。对森林生态系统的管理也不例外，一切经营活动都应从整个系统的协调性与稳定性去考虑。

13.2　森林生态系统可持续经营

森林生态系统经营不同于传统的森林经营，其出发点在于要使经营的森林是可持续发展的，要使森林生态系统可持续经营。为此，首先应了解什么是可持续发展与森林资源可持续发展、森林资源可持续发展的目标及其与森林生态系统经营的关系，并进一步了解依据可持续发展的要求如何去实践森林生态系统经营。

13.2.1　森林资源可持续发展的概念与目标

13.2.1.1　森林资源可持续发展

森林资源按自然属性可划分为生物资源和非生物资源。生物资源又可以分为植物资源、动物资源和微生物资源三类。植物资源包括林木资源(乔木与灌木)和非林木资源(如藻类、地衣、苔藓、蕨类、草本植物等)；动物资源包含的种类很多。例如，各种哺乳动物、鸟类、爬行动物和鱼类等；微生物主要包括各种菌类、支原体、衣原体、单细胞动物和单细胞藻类等。非生物资源是指无机环境条件，除光照、温度、湿度、空气等气象要素外，主要为土壤和水分条件，它们是森林生物赖以生存的条件，是森林生态系统不可缺少的组成部分，也是森林生态系统生产力的重要源泉。如果按森林资源的可更新型划分，则可划分为可更新资源和不可更新资源。可更新资源主要是指资源在总体上是可以更新的，而且在一定条件下可以通过人工与天然途径更新。可更新的森林资源主要由各种动植物和微生物资源。不可更新资源是指资源本身不具备再生属性，森林资源中的不可更新资源主要是非生物性资源。在森林生态系统中，可更新资源是经营利用的主要对象，森林生态系统经营的主要措施也是针对可更新资源而设计的，森林生态系统的主要功能也是由可更新资源发挥的。丰富多样的森林资源，以及多种多样的来自于森林的物产不仅满足了人们在生产与生活上的日益增长的需要，同时为人类生存环境的保护发挥了巨大的与不可替代的作用，也是人类社会可持续发展的重要自然财富。

人类是从森林中走出来的，可以说森林是人类的摇篮。社会的发展从农业社会到工业社会，人类都离不开森林，可以说没有森林就没有人类生存的条件。但自 18 世纪工业革命以来，随着工业化的发展、人口的增长，对森林资源的利用规模越来越大，开发的强度越来越大，森林资源恢复得越来越慢，可更新的能力越来越小，森林生态系统的退化越来越快，森林生态系统的功能越来越低，尤其大面积的天然林特别是原始林被破坏后，造成森林生物多样性骤减，森林环境恶化，于是给人类带来严重的灾难。

20 世纪 80 年代以来，森林资源保护与合理利用问题逐渐成为人们关注的重要问题。它不仅为林学家、生态学与环境科学的专家们所关注，各国政府也愈加重视。1992 年在巴西里约热内卢召开的联合国环境与发展大会，与会的 100 多个国家的政府首脑讨论了这一问题，在共同签订的《21 世纪议程》的公约中，特别列出了一章，提出了：①维持各种森林、林地和树林的多种作用和功能行动依据；②通过恢复森林、植树造林、再造林和其他重建方法加强所有森林的保护、持久管理和养护以及退化区域的绿化行动依据。在此次大会上，还发表了《关于所有类型森林的管理、养护与可持续开发的无法律约束力的全球协商一致意见的权威性原则声明》，对森林资源的可持续发展取得了共识。

可持续发展观念既包含着古代文明的哲理，又富蕴着对现代人类活动的实践总结："只有当人类向自然的索取能够同向自然的回馈相平衡时；只有当人类为当代的努力能够同人类为后代的努力相平衡时；只有当人类为本地区发展的努力能够同为其他地区、共建共享的努力平衡时，全球的可持续发展才能真正实现"。可持续发展始终贯穿着"人与自然的平衡、人与人的和谐"这两大主线，并由此出发，进一步探寻"人类活动的理性规划、人与自然的协同进化，发展轨迹的时空耦合，人类需求的自控能力，社会约束的自律程度，以及人类活动的整体效益准则和普遍认同的道德规范"等，通过平等、自制、优化、协调，最终达到人与自然之间的协同以及人与人之间的公正。可持续发展必须是"发展度、协调度、持续度"的综合反映和内在统一。这就是可持续发展的基本理念。

对于森林资源与林业的可持续发展，目前有多种提法。美国继提出"可持续农业"之后，又率先提出了"可持续林业"(sustainable forestry)的概念。Perry 早在 1988 年就使用了"可持续林业"的概念，并提出可持续林业的目标是保持森林生态系统的长期完整性。Boyle(1990)参照联合国环境与发展世界委员会(WCED)给可持续发展下的定义，将可持续林业定义为："既能满足当代人的需要，又不会对后代人满足其需求构成危害的森林经营"。加拿大是较早开展森林可持续发展研究的国家。1990 年 4 月，加拿大林研所提出了"可持续林地管理"的概念。同年 8 月，加拿大林业部副部长 J. S. Manii 提出了森林可持续发展的定义："林地及其多重环境价值的可持续发展，包括保持林地生产力和可更新能力，以及森林生态系统的物种和生态多样性不受到不可接受的损害"。这一定义较全面地说明了森林资源可持续发展的内涵。现在，各国林学家与森林生态学家正在逐步完善其定义。虽然大家对其内涵和定义还莫衷一是，但对其内涵的认识基本达到了共识。森林可持续发展主要是指森林生态系统的生产力、物种、遗传多样性及再生能力的持续发展，以保证有丰富的森林资源与健康的环境，满足当代和子孙后代的需要。

13.2.1.2　森林资源可持续发展的目标

2001 年，国家林业局组织了林学、生态学等 40 多个学科的近 300 个专家就"中国可持续发展林业战略"进行了研究。在其研究总论中提出了"林业可持续发展的目标"：可持续林业是对森林生态系统在确保其生产力和可更新能力，以及森林生态系统和生物多样性不受到损害前提下的林业实践活动，它是通过综合开发、培育和利用森林，发挥其多种功能，并且保护土壤、空气和水的质量，以及森林动植物的生存环境，既满足当代社会经济发展的需要，又不损害未来满足其需求能力的林业。可持续林业不仅从健康、完整的生态系统，生物多样性、良好的环境及主要林产品持续生产等诸多方面，反映了现代森林的多重价值观，而且对区域乃至整个国家、全球的社会经济发展和生存环境的改善，都有不可替代的作用，这种作用几乎渗透到人类生存时空的每一个领域。它是一种环境不退化、技术可行、经济上能生存下去以及被社会所接受的发展模式。

综上所述，林业可持续发展目标应当包括社会、经济、生态与环境三个方面，比森林资源的可持续发展的范围宽得多。森林资源的可持续发展仅侧重于生物、生态与环境方面，即森林生态系统的可持续发展。它关注的是森林生态系统的完整性与稳定性，保持森林生态系统的生产力和可再生产能力以及长期的健康，对退化的生态系统进行重建与已有森林生态系统的合理经营，发挥森林生态系统的生态与环境服务功能的持续性。以往的森林经营目标是以林木及其副产品生产为主，希望能够充分提供食物和生活资料、货币收益最大、森林纯收益最大、林地纯收益最大。而森林可持续发展的经营目标则为：保持森林生态系统的完整；生态与环境服务功能最大，社会福利贡献最大。不但侧重点不同，而且一切经营措施要立足于保护与发展森林资源。加拿大在森林可持续发展方面研究得最多，他们提出了森林可持续发展的具体目标：①保持森林生产和再生能力以及森林生态系统内的生物多样性；②保护非木材森林的价值，如美学、野生生物、流域等；③保护水、空气、土地免受工业的影响，使之在环境允许的范围内；④防止由于污染和气候变化等有害影响所带来的森林下降；⑤制定战略，使之对地球变暖的影响最小。从森林生态系统的内部结构组成，可以用下面几个具体的目标作为森林资源可持续发展的目标：①无退化地开发使用林地，使林地能够永续不断地得到合理利用，充分发挥其生产潜力；②林木资源通过可持续方式的管理，能够有效不断地利用，并保证其质量不能下降，生物物种不能减少；③对森林其他野生动植物及非林木资源要持续不断地加以保护与利用；④森林在保护脆弱的生态系统、水域、农田方面以及作为生物多样性和生物资源的丰富仓库等都发挥着重要的作用。因此，要持续不断地保护这种自然环境与防护效益。

13.2.1.3　森林生态系统经营与森林可持续发展的关系

世界环境与发展委员会在《我们共同的未来》一书中把“可持续发展”归纳为是“既满足当代人的需求，又不对后代人满足其需要的能力构成危害的发展”。现在已将这段话引作为“可持续发展”的权威性定义。但这段话并不是一个可操作性的定义，仅仅阐述了“可持续发展”的基本意图。这一定义或意图在 1992 年的世界环境与发展大会上得到了各国政府首脑与广大学者的认同。可持续发展主要指自然资源的持续能力，任何超脱自然环境承载能力的掠夺式“发展”，都不是可持续发展。在分析可持续发展能力时，不能把生态与资源割裂开来，也不能把资源与经济、社会分裂开来，因为它们是相互作用的。实质上，可持续发展是一种过程，在这个过程中，人类以其自身的文明，在资源开发利用、生存环境的保护和建设方面都表现出理性的和长远的协调，不仅使当代人生活得好，也要使后代人的需要得到满足。在考虑眼前利益的时候，还应考虑长远利益的视线，不得竭泽而渔。因此，“可持续发展”是一种思想或原则，是人们尤其是管理决策者需要具备的一种思想。森林资源的决策者与经营者，在贯彻“可持续发展”的思想与原则时，最需要的是解决森林资源的开发与保护的矛盾，扩大来讲就是环境与发展的矛盾，经营目标既要体现在经济效益上，又要体现在生态效益方面，要解决好短期效益与长期效益的矛盾。只有解决好了这些矛盾，才能使森林资源得以可持续发展。

森林生态系统经营是森林经营的一种模式。它的最大特点就是贯彻可持续发展的思想，无论是对森林生态系统的利用与保护及建设，都得贯彻可持续发展的原则，以此来实现森林生态系统持续经营的目标。因此，森林生态系统经营可以认为是贯彻森林可持续发展思想的最佳途径，是森林可持续发展思想与原则的体现。当今，随着森林可持续发展的思想日益深入林业工作者与森林生态学研究者的工作构想，因此提出了森林可持续经营的模式，说明森林可持续经营在今天已不仅仅是一种森林经营的思想与理念，而是成了一种森林经营的途径，有了它的具体的森林经营的规划与措施。它与森林生态系统经营这一模式有着很大的相似性，但是它们也有一些不同之处，各有自己的特点，主要表现在：

①森林可持续经营与其他的工业的、农业的可持续发展一样，贯彻的是可持续发展的思想，是实现经营目标的思路与过程，而森林生态系统经营已成为森林可持续经营的主要途径，美国林务局在1992年就正式宣布采用森林生态系统经营模式，为美国国有林有史以来的最大改革，有了它的理论与实践，加拿大也已进行试验，在不同地区搞了试验的样板林。

②森林可持续经营是个长期的过程，涉及政治、法律、文化、教育、科技等各方面，在考虑森林资源可持续发展的同时，必须考虑当地的经济、社会的可持续发展，需将三者结合起来考虑与制定规划。也就是说一个地区的森林资源的可持续发展离不开当地经济与社会的发展，否则森林资源是无法实现可持续发展目标的。森林生态系统经营虽然要求在景观水平上长期保持森林健康与生产力，规划时要考虑生态、经济与社会的效益，但它主要是对传统森林经营模式进行改革，也涉及思想、人文社科领域的改革，在实践中强调公众参与与协作，在设计与运行时主要针对一个又一个的森林生态系统进行实施；在生产实践中必须具有可操作性，其经营目标也必须通过每一个具体的功能单位来实现，而且每项经营措施也必须落实到具体的地块上。

③森林可持续经营的主体是人，而不是森林，强调规范人的行为，包括体制与法规，规划决策的程序化、公众参与、标准与指标等，要确立一种多效益、永续利用的森林资源经营管理的思想，以这种思想为基础，制定出一系列的目标与指标，实际上这样的一些目标与指标体系是很理想化的，是人们所追求的，要一个很长的时期与很长的过程去追求其理想的境界。而森林生态系统经营是在对传统的森林经营模式进行改革中，对计划的制定、措施的落实、生态与环境的监测及评价、以及计划与措施的修订不断重复着这样一个过程，这是必不可少的，这个过程即所谓的适应性经营（类似于我国所说的“摸着石头过河”），它是森林生态系统经营的突出的特点。

13.2.2 森林生态系统经营的实践

我国本来就是一个少林的国家，森林主要集中分布在东北东部山地与内蒙古大兴安岭地区以及西南高山峡谷区。由于长期以来森林经营被忽视，重采轻育，因而到20世纪80年代，国有林区的森林资源已近枯竭，全国135个森工局已处于资源危困、经济危机状态，伴随而来的是生态与环境的恶化，全国水土流失面积与沙化面积不断扩大，森林保水滞洪能力的降低，随之而来的是沙尘暴的加剧、洪涝灾害的频繁发生，造成的损失是相当严重的。就森林生态系统本身来说，由于不合理的采伐方式，带来了生态系统中生物多样性的降低，野生动物的消失，森林病虫害的加剧。另一方面，森林结构的破坏与原有建群种的丧失，大大降低了森林更新的能力，或无法天然更新，森林生产力在显著降低。虽然我国多年来大力造林，但森林覆盖率提高得很慢，而且在造林中既不重视树种选择，更是缺乏群落的合理配置，因此森林的生态服务功能很低。在森林生态系统经营的启发下，我国已认识到保护天然林，尤其保护已经不多的原始林的重要性，于1998年国家启动了天然林资源保护工程，实施五年来的初步总结，已看出了它的重大成就。但是天然林保护仅着重“保”还是不够的，距离森林生态系统经营的要求有着很大的差距。森林生态系统经营的内容涉及面广，内容复杂，在注重生物、自然、技术科学研究的同时，更加重视与社会和人文科学的交叉研究，强调森林生态系统经营管理中的合意形成和公众参与，我国至今还未能提出在这些方面的试验方案，更没能提出森林生态系统经营管理目标、理论模式、指标与评价体系，真是任重而道远。2003 年，国家林业局已着手在全国十七个县进行系统经营的试点，现在只是初步展开，这一试点将会起到示范作用。森林生态系统经营的实践对我国森林资源的可持续发展，对我国的生态与环境建设有着重大的意义。

13.2.2.1　森林生态系统经营的实践要点

对于森林生态系统经营在其思想内涵及其实施措施等方面，不同的研究者与决策、实施者们还有许多有不同的看法，但还是有个较多的认同之处，这也正是森林生态系统经营实践的基本要点，主要表现在以下方面：

①从目标来说，这种经营体系是要解决维持天然林的生物多样性与森林环境和木材采伐的矛盾。也可以说，在维护生物多样性与森林环境的前提下适度采伐与利用一部分木材。

②能够说明这种经营体系本质的不在于采用哪些具体措施，而在于为了达到保护生物多样性的目的，使天然林维持在一定的合理状态之中。这种合理状态表现在：生物多样性高，具有高的健康水平和生产力水平，能够可持续发展，在发生干扰时具有较高的恢复力。森林生态系统经营的一个重要内容是保持或促进生物多样性。可以通过分析影响生物多样性的森林结构特征，来较好地设计相对应的生态系统经营技术，以达到促进生物多样性的目的。从生态系统观出发，一个健康的生态系统是稳定的和可持续的。评价生态系统是否健康可以从活力、组织结构和恢复力三个主要方面来定义。评价生态系统健康首先需要选用能够表征生态系统主要特征的参数，如生境质量、生物的完整性、生态过程、水质、水文干扰等。

③考虑到不同时空水平的结合(如区域水平、景观水平和林分水平)，并特别强调景观水平的重要性。这包括增强景观水平的连接度、避免破碎化、保护水路与河岸带以及具有重要价值生境成分等方面。所以森林生态系统经营要求既做好林分水平的规划，又要做好景观规划。因为人类对森林的影响无处不在，仅仅设立保护区不足以甚至不可能维持生物多样性，保护生物多样性要维持所有森林的发育阶段和所有的森林类型。为保护生物多样性和资源的可持续经营，必须有景观的观念，以协调不同物种的生境需求和生态系统的功能特性。

④要使现有的森林树种组成朝向本地原始林所具有的成分转变。

⑤要增加天然林的比重。在天然林中，要增加原始老龄林的比重。要使广泛的天然林较少地受到木材生产与管理的影响。因此，应尽可能保护天然林，尤其在少林地区，在人工林面积大的地区，要严格保护天然林，只能适当地调整林分的密度。

⑥森林生态系统经营对于科研要求较高，要求进行详细的调查、分析与规划，在不同时期有详细的调查数据，也需要有更科学、更明确的育林规程与作业指导手册。

⑦应使生态系统具有多功能作用，具有多种用途的价值。要在一定的时候对所经营的森林生态系统进行经济评价。森林生态系统经营目标是森林的多种效益的可持续，即保证

森林生态系统服务功能(ecosystem service)的持续发挥。

⑧生态系统的管理应是一种适应性的管理(adaptive management)。人们对森林生态系统的认识是一个逐步提高的过程，在一定的时期，人们只能根据当时对于森林所具有的有限的认识，来制订当前的经营方案。随着森林的变化与根据环境与社会需求的变化，需要不断修正经营方案。为此，需要设置一定面积的试验区和试验地，以加深对于天然林经营的动态认识，同时，也需要用它来检验各种育林措施的实际效果。

13.2.2.2 森林生态系统经营的行动步骤

通常，森林生态系统经营是在三个空间尺度内进行的，即区域(region)或流域(river-basin)、集水区(watershed)和生态小区。把森林生态系统经营管理作为实现区域林业可持续发展的途径，提出不同层次的森林生态系统经营的最佳评价、预测、决策等理论模式，以及有针对性、操作性强的森林可持续经营管理指标、评价体系。重点研究区域景观的结构、功能、动态与森林经营管理的关系。森林生态系统经营从理论到实践，是对林业与森林生态工作者的巨大挑战，一般需要采取下列行动与步骤：

(1)调查与评估

需要革新传统的调查理论、方法、技术与内容。在综合已有的知识与信息的基础上，按照森林生态系统经营的要求进行广泛细致的调查分析，除了森林资源与自然条件的调查，特别要注意以往所忽视的社会、经济及生态方面的信息的采集。不仅重视多资源、多层次的调查，而且重视评估(assessment)，包括生态评估、经济评估与社会评估。

(2)制定森林生态系统经营战略

包括土地利用规划、生态系统经营计划、政策设计以及组织和制度安排。在规划与经营计划中，必须定义生态系统(边界、结构、功能与演替)，定义森林经营的可持续性目标、协调空间规模和时间尺度，建立反映空间特征和生态过程的经营模型等。其规划已不同于传统的森林经营规划(即施业案)，而是以景观生态学为基础的土地利用规划，为土地适应性分类和利用提出了一种新的方法和途径，即在一个全面保护、合理利用和持续发展战略下，将多种资源和多种效益的要求分配(或整合)到每块土地和林分上，以保持健康的土地状况、森林状态和持久的生产力。因此，森林生态系统经营的规划已不同于传统的规划，主要在立足点上的不同，复杂性与难度也大得多。在整个经营战略制定中，还要强调公众参与有关方面的合作决策。

(3)实施、监测和建立起自适应机制

首先，行动的各个有关方面要形成共识，促进相互理解与支持，在此基础上，执行适应性管理过程，建立新的监测和信息系统，增加调研和调整计划的方法，增强部门内外机构的合作，实施中必须促进地方的广泛参与，并增强组织的适应性，从而有效地导向森林生态系统经营的长远目标。所谓适应性管理，包括连续的调查、规划、实施、监测、评估、调控等整个过程的不断重复深化。为此，需要提出一个在各种所有制下开展森林经营活动的、现实的自然生态和社会经济状况的信息系统，一个多层次和多目标的调查监测系统，一个高新技术支持下的决策系统和便于对实施作适当调整的评价系统，这些对建立自适应机制是非常必要的。适应性经营是近年来逐步发展和完善的生态系统经营的一个重要手段。主要是人们由于知识的不完善及人类与自然相互作用的复杂性、不确定性，而对森林经营采取的一种渐进的适应性过程。它是一个连续的计划、监控、评价和调节的过程，通过循环监控、改进知识基础，帮助完善经营计划，必要时通过调节实践等实现资源经营的目标。因此，适应性经营已发展成为森林生态系统的重要管理工具。在克林顿政府的森林计划中，特别地考虑建立有代表性的适应性经营区，为森林生态系统经营提供知识、技术、组织管理经验及社会政治策略。

13.2.2.3　一些国家森林生态系统经营的实践

生态系统经营是资源管理与社会改革相结合的一种新的资源管理思想。森林生态系统经营已是美国资源管理的基本方针。1992 年 6 月，美国前林务局主席 Robertson 第一个宣布：林务局将在国家森林与牧地的经营中采用一条生态途径，其"新展望"项目也由此转向森林生态系统经营。1993 年 1 月，美国林学会倡导学会将致力于生态系统经营，同年 4 月，美国内政部长 Babbit 宣布将采用生态系统途径实现环境和濒危物种保护；同年 7 月，克林顿政府宣布了美国西北部及北加利福尼亚国有林区以生态系统经营为核心的森林计划，从而打破了数年之久的在该地区关于林木生产与保护之争的僵局。目前，至少有 18 个美国联邦机构承诺以生态系统经营原理为指导，同样的承诺还包括许多州及地方经营者、非政府组织、公司和私有林主。大量关于森林生态系统经营的研究或实验项目，正在这些组织的支持下展开。比如在俄勒冈州西部 Coast 山脉实验生态系统经营是较好的一个例子。它是有关斑点猫头鹰(spotted owl)的栖息地保护的新森林计划，围绕斑点猫头鹰栖息地原始林的保护与采伐问题，连农业部、内务部，直至总统都卷进了这场争论，最后克林顿亲自过问国有林计划，探索生态系统经营在森林计划中的实践。这次实践有三个特征：第一个特征是以生态系统保护为目的，保护区面积约 $1000 \times 10^8 hm^2$，不但包括斑点猫头鹰栖息区域，还包括水域、荒野等保护地等，木材生产林面积仅占保护区域面积的 22%。第二个特征是制定支援地方政策。林务局在以往从来不考虑地方政策，联邦政府也不考虑由于环境限制对地方社会经济的影响，为减轻采伐量减少对当地经济的打击，克林顿政府重视援助地方政策。第三个特征是联邦国有土地的管理部门、林务局、国立公园局和土地管理局与自然资源管理部门、鱼类野生生物局、环境厅的协作，以及与州、地方政府的协作关系迅速发展。

又如，美国林务局的 Big Creek"新展望"示范项目，是为数不多已执行的、在景观水平上的森林生态系统经营项目之一。Big Creek 属于 Chattooga 河流域在北卡罗来纳州的支流，有很高的生物多样性。1987 年拟在这里进行商业性皆伐，遭到公众的激烈反对。1990 年底林务局决定采用一条生态系统途径来开展这里的森林经营活动。该项目的主要特点是：①采用一条多规模的空间系统途径，项目本身的规模即设定在 1 万英亩(合 $4047hm^2$)的景观水平。②以可持续性原则及景观生态学原理指导森林经营实践活动：首先，追求的目标是森林景观的状况，而不是产品的产出；其次，在项目区内划定老龄林保护区(约占 1/2 的面积)及经营活动区，并考虑保护区之间的功能性连通方式；再次，经营实践反映自然干扰机制及生物与社会目标，以促进期望的森林景观状况的形成；而且，经营不能损害土地的长期生产力，必须是美学上可接受的及生态学上可持续的。③公众参与：项目切实保障当地居民在影响他们的决策中自始至终充分的参与，它包括确定期望的景观状况，制定森林经营的原则及标准，计划的执行与监控等。④在项目的设计与执行中，加强组织间协作和多学科综合。目前，林务局仍在监控该项目的执行，执行的初步结果显示：a. 增加了公众对林务局的信赖与支持；b. 经营实践较好地反映了该区自然干扰模式特征，维持了重要的森林价值及用途；c. 木材收获较前略有减少，但仍提供了高质量的锯材；d. 最重要的是，转变到了一种综合的方式对森林资源进行整体经营。

加拿大也开展了较好的实验。1990 年 4 月加拿大林业研究所在其发表的《加拿大林业研究所关于可持续发展的政策声明》中提出了“可持续林地经营”的概念，强调维持生态系统的完整性和林地生产力，实现永续收获经营的转变。1992 年，加拿大林业部长级会议上承诺将以可持续性为主要目标。此后在 1994 年颁布的《加拿大生物多样性战略草案》，即遵循生态可持续性原理，并认识到在不同时空规模经营生态系统的重要性。加拿大不列颠哥伦比亚省已确立了一条可持续生态系统经营的途径，目前正制定可操作的标准。1994 年，在爱德姆召开的《创新的森林经营体系》的国际学术研讨会上，他们特别介绍了他们的实验情况，引起了与会者的关注。

在欧洲，芬兰等国家也在开始森林生态系统经营的实验研究。中欧一些国家正在开展的“近自然林经营”的实验研究在基本思想上已接近森林生态系统经营，在天然林经营方面也正在试验生态系统经营。

13.3 近自然森林经营

13.3.1 概念的提出

近自然林业理论由德国林学家 Gayer1898 年创建，亦称回归自然林业。其产生的时代背景是为了改变当时森林过度砍伐以及脆弱生态景观退化的状况而产生的。多数欧洲国家的森林史极其相似。4000 年前，人类开始长时间地砍伐森林，到中世纪，森林覆盖面积减少到 10%。到 19 世纪末 20 世纪初期，欧洲森林总面积增加到 34%，其中 $35 \times 10^4 hm^2$ 是原始林，现在欧洲森林面积已增加到 $1500 \times 10^8 hm^2$。但几个世纪以来，欧洲森林被人为严重干扰，从而导致树种天然分布的改变和森林土壤的破坏。为了提高木材产量，速生树种被大面积种植，如挪威云杉和欧洲赤松，并超出了其天然分布范围。现在欧洲森林经营正转向多功能型，自然保护与木材产量逐渐变得同等重要。并且有一些森林已开始按照近自然原则进行经营，而有一些森林也已处于向近自然转换的过渡阶段。欧洲森林的自然保护和生物多样性保护功能将会显得越来越重要。这种近自然经营理念不仅渗透于欧洲城市化高度集中的群体中，而且流行于传统的森林经济实体中。现在欧洲森林的总体趋势是：林龄增加，异龄林多样化，垂直结构复杂化以及枯立木增加。未来 50 年，树木的空间分布以及龄级分布将会发生改变，并且至少有 10% 的森林将会当作保护区。

近自然森林经营有着广阔的内涵，它表达了森林经营者以及公众渴望以一种接近自然的方式去经营森林，因此要充分考虑到生物多样性的丧失、老树以及生态过程等因素。这种森林经营策略的存在已有几十年到一个世纪之久，并且也有不同的名字，如 Naturgemäss，Pro Silva，close to nature forestry。而在国内，2011 年北京率先发布地方标准

《近自然森林经营技术规程》(DB11/T 842—2011)将近自然森林经营(close-to-nature forest management)定义为：充分遵循森林的自然生长发育规律，在森林整个经营周期内设计和实施各项经营活动，通过充分利用影响森林的各种自然力和不断优化森林经营过程，实现森林的树种组成乡土化、林分结构多层化、综合功能最大化，从而使森林的生态、经济和社会效益达到最佳结合，这是一种接近自然的森林经营模式。

13.3.2　近自然森林经营的原则

近自然森林经营意味着人工经营将从传统的单纯注重木材经济效益的方式，过渡为另一种能全面地、均衡地评价森林对社会贡献的方式。或者说是从不同尺度上(从林分尺度到景观尺度)对自然干扰的模拟。近自然森林经营代表着希望能更真实地模拟自然的一种渴望，或者说是利用不同经营措施去模拟植被覆盖的一种渴望，如向原始植被转化，利用自然更新，择伐的应用，保留枯立木等。但近自然森林经营不是万能药，因此，在不同的地方，为能满足最佳的需求组合所采用的措施也应不同。每个准备从事近自然经营的国家、地方应首先明确：自己追求的长远目标是什么。

虽然近自然森林经营仍没有明确的定义，内涵也仍比较含糊，但其主要原则是比较明确的。根据欧洲近自然森林经营的经验，尤其是德国黑森林的经验，以及Rheinland-Pfalz为林业管理部门编写的应用手册，近自然森林经营的原则主要包括：

①树种组成　森林应由乡土树种组成或至少由适合立地条件的树种组成。

②森林结构　森林应保持生态平衡，适度的生物多样性，目标为混交林、异龄林，且垂直结构多样性。

③森林经营　应用自我调节机制经营。

④调节森林环境　通过调节上层林冠、避免皆伐，采用小面积皆伐或择伐等措施调节森林环境。

⑤立木蓄积量(个体)　想提高林分蓄积量，要优先根据目标树的直径及生长，考虑提高目标树个体的蓄积量，而不是考虑林分的整个面积及平均林龄。

⑥自然死亡　允许有更多的自然死亡。自然死亡，枯立木以及一些自然更新可以通过总增长量以及演替概率计算将其融合在一起。

⑦森林保护区　建立森林保护区。欧洲森林的10%将被划为严格的自然保护区。

⑧轮伐期　轮伐期要更长。

⑨自然干扰　模拟自然干扰，未来将会根据暴风雨(或雪)以及火的概率介入更多的自然干扰。

13.3.3　森林演替阶段划分及主要经营措施

13.3.3.1　森林演替阶段划分

近自然森林经营追求与立地条件的和谐性，尊重生态规律及其内在变化，而不是强制性地保持人为一致性。在实践操作上，近自然森林经营更趋向于运用自然更新原则，建立混交林(不同树种、不同林龄)，使森林逐渐成熟化。当然，砍伐老树、种植幼树会给森林经营者带来大的经济效益，这也是大量幼龄林分存在的重要原因。但从野生动物角度，相对较老的森林要比幼龄林更有价值。一个成熟的森林，有不同林龄的树木，从幼苗到老树，并且重要的是还有枯立木，枯立木能够为昆虫和幼虫提供藏身以及食物储藏的地方，能够提供与活立木相同的生态位。所以与形式整齐的幼龄林相比，成熟林年龄结构更加复杂，并且能够容纳更多的生物种。因此，保护主义者更偏重于对成熟林的保护。森林经营者和保护主义者常常在森林经营应用方面发生分歧。因此，遵循生态演替原理，近自然森林经营遵循以下四个阶段。

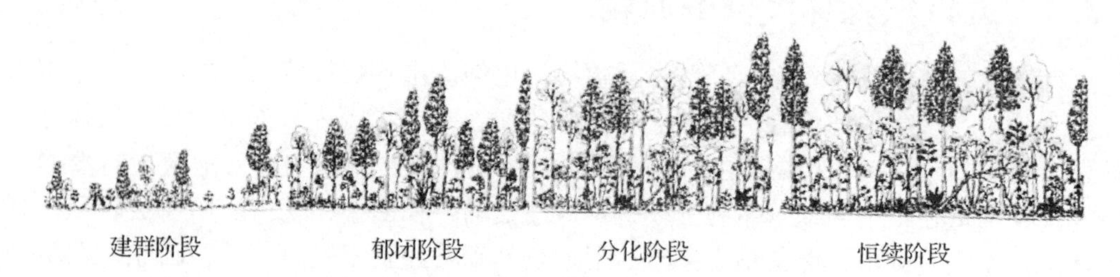

图 13-2 森林演替阶段划分图

13.3.3.2 主要经营措施

模拟自然干扰进行近自然森林经营无论在政策还是具体措施实施之前，都要作认真的思考。我们建议经营者在模拟自然干扰、实现近自然经营。

(1)建群阶段

指森林郁闭前的阶段，尚未形成森林小气候。该阶段主要特征如下：75%以上的建群树种树高小于4m，胸径小于5cm；林冠尚未郁闭；建群树种主要为喜光、先锋树种。

经营目标：促进林木个体生长，使林分尽快郁闭。

经营措施：严格管护，避免牲畜破坏、薪材采集，预防森林火灾等，减少对地表的扰动。标记有发展前途的天然更新幼树，去除影响其生长的灌草，更新幼树。去除干扰标记木生长的灌草。根据立地条件，对位于阳坡的标记乔木幼树进行扩堰。如果天然更新幼树密度较低，在土层较厚、水分条件较好的地段应进行目的树种的补植。

(2)郁闭阶段

指从林冠郁闭开始到林分出现显著分化的演替阶段。建群树种为了充分利用阳光，进行竞争性高生长。林下灌草因为遮阴而开始死亡，天然更新的耐阴树种开始在林下出现和生长。该阶段主要特征如下：大部分林木高于4m，胸径大于5cm；林冠已基本郁闭(郁闭度0.5以上)，已形成森林小气候；林木开始分化；林下灌草开始死亡，林下开始天然更新。

经营目标：促进林木的高生长和目标树的质量形成。

经营措施：加强管护，避免牲畜破坏、薪材采伐，预防森林火灾等。充分利用自然整枝，修枝。标记目标树和干扰树，培育目标树，伐除干扰树。

(3)分化阶段

指林木出现明显分化的阶段。林内出现生活力弱、生长显著滞后于生活力强的林木，林下植被稳定。此阶段主要特征如下：林冠已郁闭(郁闭度大于0.7)；林分高度达到6m以上，林木胸径达到10cm以上；林木树高分化明显；林下植被开始发育，耐阴树种开始生长；明显出现具有 4m 以上无损伤通直主干的林木。

经营目标：促进目标树又好又快生长。

经营措施：选择并标记目标树，当目标树出现死枝或濒死枝时进行修枝。仅对郁闭度 0.7 以上的林分中的干扰树进行间伐，间伐后的郁闭度不低于 0.6。对于林分密度较大的森林，经营活动可以提前至郁闭阶段，可分 2～3 次间伐。人工林中天然更新的乡土树种，需采取扩堰、围栏、割灌等保护措施。对伐木集中，枝叶等采伐剩余物尽量留在地表，集材时要保护幼树、枯落物层和土壤。

(4)恒续阶段

指森林形成以顶极群落树种占优势的阶段。此阶段主要特征如下：林木高度的分化格局基本形成，林分具备了良好的垂直结构；树种多样性丰富；林分天然更新达到良好等级，在受自然干扰或采伐后形成的林窗、林隙出现先锋树种；地表植被以典型森林草本植物占优势。

经营目标：保持林分的多样性、稳定性和持续性。

经营措施：标记目标树和干扰树，并伐除干扰树。采伐利用达到目标胸径的常规目标树(采伐后的郁闭度应控制在 0.6 左右)。针叶树目标胸径为 40cm 以上，阔叶树目标胸径为 50cm 以上。在采伐和搬运过程中应注意对林下天然或人工更新的幼树进行保护，同时不应损伤其他目标树。

13.3.4 目标树经营措施

目标树经营是欧洲广泛使用的有效的近自然经营实践手段之一，也是在最短时间内培育出高质量木材的有效经营方式之一。它能有效刺激树木高生长，提高树木质量和蓄积量，提高林分蓄积量，缩短收获时间，丰富林分物种，提高生态效益，也是进行林分物种改良的有效手段。它虽起源于欧洲，但现已在世界各地被广泛应用。根据近自然原则进行目标树经营，首先要明确：林分的历史、现状和未来。明确我们想要的单株树木，然后全部去除竞争树木，而其他树木保持不动。目标树经营的核心内容就是：选择高质量的目标树；去除目标树的竞争树，释放空间；考虑未来更新以及目标树修枝。

13.3.4.1 目标树选择

目标树是指那些在林分里能产生主要经济价值、带来主要经济效益或服务功能的树木。这些价值常常与木材产量联系在一起，但也可以与野生动物生境、生态美或水源涵养等功能联系在一起。通常目标树是我们最需要，并且最有潜力的树木。但不同用途的目标树，选择标准是不一样的。例如，生产木材的目标树，应选择那些市场价格好的优势树种，杆形通直；树冠大，且枝叶茂盛；主干没有侧枝；树皮没有裂痕(暴露树木内部)；树龄一般在 15～30 年(树龄太小，高度不够；树龄太大，空间释放效果不好)。作为野生动物生境的目标树首选那些成年结果树，树冠大而健康，树体上有枯枝及洞穴，且树种要丰富。水源涵养林首选树冠大而健康、易于营养积累、耐洪水冲击的树种。景观树种要选那些外形独特，或花叶独特的树种等。对林分作调查记录，明确记录有潜力作为目标树的树种、直径、高度、自由生长速率以及周围竞争树木的情况。自由生长速率对确定目标树和竞争树是一个非常重要的指标。选择好目标树后，可以用油漆在目标树上作标记，以便跟踪它的未来生长状况。目标树数量的确定取决于经营年限的确定、未来工作安排、人力物力限制以及已完成的工作量等。

13.3.4.2　目标树空间释放

选择好目标树后，下一步工作就是给目标树提供充足的生长空间，也叫“砍伐竞争树”或“目标树空间释放”。光照是影响树木生长的首要因子，目标树树冠与周围树冠相交错，大大影响了生长速度。竞争树就是指那些与目标树树冠交叉，或在未来几年将与目标树树冠交叉，或树冠在目标树上方影响其光照的树木。竞争树会影响目标树树冠的生长。那些在目标树树冠下方的树木，并不是竞争树。竞争树通常要被砍掉，同时也可以增加一定的经济收入。目标树空间释放工作(砍伐竞争树)最好在目标树树龄 15 年之后或者树干高度达到我们需要的高度时再进行。随着周围竞争树树冠的去除，目标树树冠会向四周空间延伸，随之，目标树树干直径的生长速度也会明显加快。

13.3.4.3　目标树修枝

修枝只针对目标树进行，可以更健康、更安全地提高高质量木材的经济价值。通过减少目标树树干的结疤，提高树干通直度，一般可以提高立木价值 20%~25%。一般针叶树和枯枝可以在一年四季的任何时候修枝，但最好是在树木休眠期进行；尤其对阔叶树，这一点更重要。一次最好不超过活枝条的 1/3，枯枝也应该修剪掉。目标树经营要优先选择立地条件好的林分。一个林分的好坏，在很大程度上得益于经营措施，但对立地条件的依赖性可能会更大。立地条件好的林分可以使一定的劳动付出最大程度地转化成为经济效益。如果在过去的经营过程中，已砍伐掉了最好的树木，林分留下来的都是质量较差的树木，在这样的林分中，首先要选择恢复更新，然后再进行目标树经营。

第14章 森林保护

14.1 林木病害及其防治

14.1.1 林木生病的原因

14.1.1.1 传染性病害和非传染性病害

林木因为某种原因而枯黄、烂根、烂皮、提早落叶、落果、直至死亡都称为林木病害。引起病害的原因就称为病原。

有人以为林木病害是由于土壤不好、旱、涝、霜冻等原因引起的，只要改善这种状况病害就可消除；有的人认为林木病害是由某种病菌引起的，防治病害的根本措施是消灭这些病菌。其实这两种看法都有一定的根据，但又都是片面的。林木病害的原因是多种多样的。有的确是主要由上述的土壤或气象因素引起，在病理学上称之为生理性病害。由于这类病害没有传染性，所以又称为非传染性病害。还有一类病害主要是由某种生物在特定的环境条件配合下侵害林木而引起的，这类病害具有传染性，所以称为传染性病害或侵染性病害。非传染性病害主要是通过改善栽培管理等方法来解决，而传染性病害除改善栽培条件外，还必须采取一些特殊的措施来防治。虽然这两类病害在性质上有所不同，但二者有密切的联系。一般说来，这两类病害能起到相互促进的作用。如杨树会由于受干旱而促进烂皮病的发展，而杨树感染烂皮病后，会使得树木更不抗干旱的侵袭。

14.1.1.2 传染性病害的病原

能引起林木生病的生物种类很多。其中最重要的是真菌、细菌、病毒、类菌质体和寄生性种子植物。

(1)真菌

真菌是一类为数极多、分布极广的生物，与人类的关系非常密切。地上的蘑菇、马勃(灰包)、树上的老牛肝、木耳，医药上制造青霉素的青霉、冬虫夏草、灵芝、酿酒的酵母、防治害虫用的白僵菌都是真菌。能引起林木病害的只是真菌中的极少数。真菌所引起的林木病害种类极多，据统计，在林木的传染性病害中大约有90%左右是真菌引起的。真菌是一群低等生物。菌体分为营养体与繁殖体两部分。营养体多是丝状的，称为菌丝。菌丝很纤细、反复分枝。单根的菌丝只有在显微镜下才能看清。成团的菌丝像一团棉絮。如食物上或潮湿物体上长的霉便是一团菌丝。菌丝由细胞构成，内含原生质和细胞核(图14-1)。菌丝在有营养的物体表面或内部伸延，并汲取养分。当菌丝发育到一定阶段，并有合适的外界条件时便进行繁殖。真菌用各种各样的孢子繁殖。它的作用与植物的种子相同。孢子直接长在普通的菌丝上或特化的菌丝上。有的孢子长在一个由菌丝组成的容器里或一个特殊的结构上，这个容器或结构及其中孢子即称为子实体，与植物的果实相似。真菌孢子的种类很多，常见的有分生孢子、卵孢子、子囊孢子、担子孢子等。孢子的体积很小，单个的孢子不在显微镜下是看不见的。在显微镜下可以发现，不同真菌的孢子在形态、颜色上是互不相同的，有圆形、椭圆形、长杆形、线形、星形等，有的无色透明，有的带有某种颜色。因此，孢子的形态和颜色可以作为识别真菌种类的重要标志。由于孢子的体积小，数量大，所以便于各种自然因素，如风、雨水、昆虫等传播。孢子遇适当的温、湿度条件即可萌发，再生长成菌丝。菌丝的生长需要高的湿度和适宜的温度。对于大多数真菌来说饱和的湿度和18～25℃的温度都是合适的。所以真菌引起的植物病害大多发生在温暖多雨的季节。

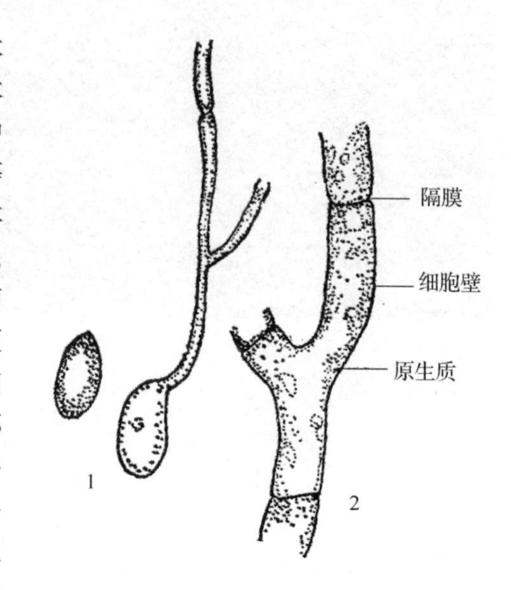

图14-1　真菌孢子和菌丝

1. 孢子和孢子萌发成菌丝；2. 菌丝细胞结构

真菌是一个很大的生物类群，可以划分为鞭毛菌、接合菌、子囊菌、担子菌、半知菌等几类。与林木病害关系密切的是后三类真菌。如常见的杨树烂皮病菌、白粉病菌都属于子囊菌；蘑菇、老牛肝、锈病菌等属担子菌；而各种引起叶片和果实斑点的病菌则多属半知菌。

这些病菌的孢子落在合适的植物上，萌发后便可能侵入植物引起病害。

(2)细菌

细菌是单细胞生物，细胞由细胞壁、细胞质和核质组成，没有具体的细胞核。体积很小，一般需要在高倍显微镜下才看得见。形态简单，大多呈球状或棒状，少数的呈螺旋状。有的细菌在其一端、两端或周身生有鞭毛(图14-2)，可以游动。细菌细胞以一分为二的方式进行繁殖。繁殖的速度很快，一般在1h内就能分裂一次，在适宜条件下，有的只要20min。细菌的生长繁殖也象真菌一样要求高温高湿。最适于植物病原细菌生长的温度约为26～30℃。

细菌是动物病害的主要病原。但为害植物的却为数极少，且以侵害农作物为主。所以，林木上由细菌引起的病害种类不多。不过，有几种林木上的细菌病害却是毁灭性的。

如木麻黄和油橄榄的青枯病在这两种树木的栽植地区已成了严重的威胁。细菌主要依靠雨水或随附在种苗上传播。细菌病害也多发生在高温高湿的季节。它们大多从伤口或气孔等处侵入植物。

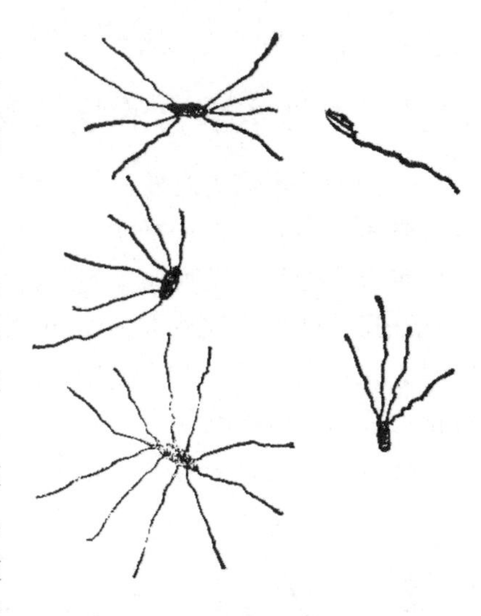

图14-2 细菌鞭毛着生的方式

(3)病毒和类菌质体

这是两类结构极为简单的微生物，它们的粒体由蛋白质和核酸组成，没有细胞壁和核。体积比细菌小得多，最好的光学显微镜也看不见，只有在电子显微镜下才能看清其形态。病毒呈球状、杆状或纤维状，类菌质体则多为圆形、椭圆形成不规则形。这两类微生物分布极广，各种动植物和微生物都可能受到侵染。在栽培植物中几乎没有不受病毒危害的，但这两类微生物在裸子植物上极少发现。在林木上，类菌质体的危害远过于病毒。在我国林木上已查明与类菌质体有关的病害如泡桐丛枝病、枣疯病、桑萎缩病等都是毁灭性的。在自然界，病毒和类菌质体主要靠昆虫，特别是蚜虫和叶蝉等传染。这些昆虫在有病的植物上吸取汁液时，连同把病毒或类菌质体吸入体内，当它们转移到健康植物上取食时，便把病原传染给了健康植物。有的病毒和类菌质体还可以在传病的昆虫体内增殖，直至随同带毒昆虫的卵传给后代。一种病原物既能侵害植物，又能寄生于动物，这种现象在自然界是极为罕见的。人工嫁接也是传染病毒和类菌质体的重要途径。把生病的植株作接穗或砧木与健康植株嫁接，就可把病害传染给后者。凡是从带病毒或类菌质体的植株上采取的接穗、插条或根条都是带毒的，以此繁殖出的植株都是病株。因此，在选取母树时必须十分注意。

(4)寄生性种子植物

种子植物中只有少数是依靠其他植物生活的，全世界约2500种。在我国以菟丝子和桑寄生为最常见，对木本植物为害较重。菟丝子又叫黄丝藤、无根藤，是一年生藤本植物。种子在夏初发芽，长出一个无叶的淡黄色细藤，即它的幼茎。幼茎无根，如遇合适的植物便攀缠其上，在相互紧贴的地方生出几个小突起，钻破植物皮层，并从中汲取养分。细茎可以不断分枝，均为黄白色而不生叶，缠绕在植物的枝叶上，使植物生长不良，直至被缠绕致死。各种菟丝子多在夏秋开白色或带粉色的小花。秋后结圆形小果，内含种子数粒。种子成熟落于地面，明年再萌发侵害植物。菟丝子主要危害豆科作物和林木的幼苗、幼树。茎可作中草药。桑寄生是多年生木本植物，寄生在其他树木的枝干上。桑寄生的种类很多，大多为常绿小灌木，高0.5~1.0m多。果实为小浆果，鸟类喜食。但内果皮之外有一层黏稠的白色物质，味苦涩，故鸟类啄食果肉后，往往将苦涩的种子吐出。即使被鸟类吞食，这一黏胶物质也能保护种子不受消化道的影响而保持萌发能力。被吐出或随粪便排出的种子可黏着在树木枝条上，萌发后生吸根，钻入皮层及木质部以吸取养料。不过，桑寄生都有绿色叶片或枝条，可以自行光合作用，制造本身所需要的有机物质。桑寄生对树木的危害主要在于剥夺水分和无机养分，并破坏木质部。受害树木生长不良，如长期被多丛桑寄生危害可能死亡。桑寄生的茎、叶可入药，有祛风除湿、强壮、安胎效用。除上述生物外，某些线虫、螨类和藻类等也可引起林木的病害。

14.1.2 林木病害的症状和诊断

不同的林木病害有着不同的特征。这些特征是判断病害性质和确定病原种类的重要依据。林木受害后，首先是在生理上，如核酸的合成、酶的活动、呼吸、水分和营养物质的代谢等方面受到一系列的干扰。这些反常变化通常不易为人们所觉察。生理改变的进一步深化和持续必然导致林木组织和形态上的变化。例如，叶片上出现变色斑、皮层腐烂等。同时，在生病的部位往往出现黄色、白色或黑色粉状物、小黑粒点等。所有这些特殊的表现都称之为病害症状。

症状的表现颇为复杂，最常见的有下列一些类型(图 14-3)。

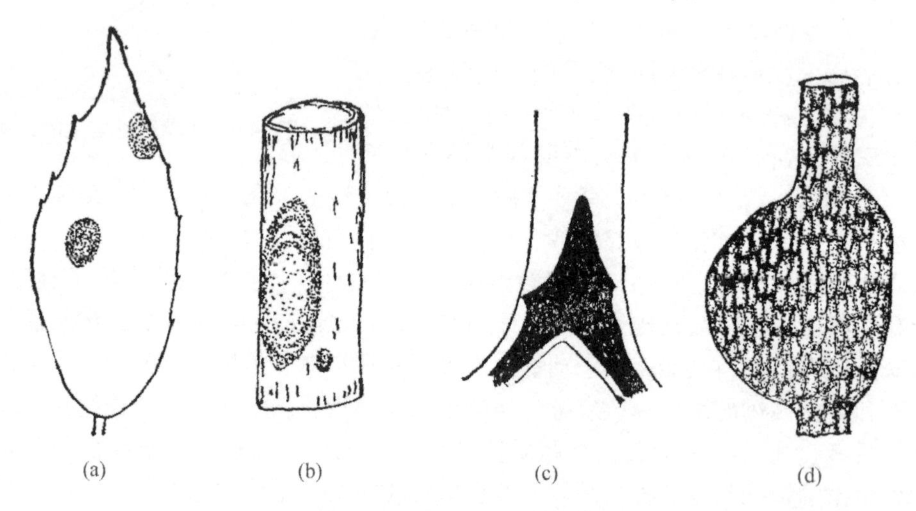

图 14-3 常见的几种病害症状

(a)斑点病 (b)烂皮病 (c)立木腐朽 (b)肿瘤

(1)白粉病类

由真菌中的白粉菌引起。多发生于叶上，有时也见于幼果和嫩枝。病斑近圆形，其上出现很薄的白色粉层。后期白粉层上出现散生的针头大的黑色或黄色颗粒。这类病害在阔叶树上非常普遍，对幼苗、幼树为害比较严重，对大树一般影响不大。

(2)锈病类

由真菌中的锈菌引起。发生于枝、干、叶、果等地上部分。主要特征是病部出现锈黄色的粉状物，或内含黄粉的疱状物。锈病在林木上也很普遍，其中松疱锈病是全世界广泛分布的一种毁灭性病害。多数叶锈病只对苗木和幼树有一定威胁。

(3)斑点病类

多发生于叶及果实上，是最常见的一类病害。病部通常变褐色，形状多样。根据病斑形状及颜色不同，又将这类病害分别称为角斑病、圆斑病、黑斑病、褐斑病等。病斑上常出现绒状霉层、黑色小粒点等。大多由真菌、细菌、缺素和空气污染等原因引起。多数斑点病对树木影响不大，但有的种类如果严重地发生于幼苗上，可能会引起死亡。

(4)烂皮病类

发生于枝干，多由真菌和细菌引起。枝干受病后，局部皮层积水成水浸状，组织变软发褐，最后腐烂。如病部环绕枝干一周，其以上部分即因断绝水分及养分供应而枯死。针、阔叶树均可发生。杨树烂皮病(腐烂病)即属这一类型。

(5)腐朽类

多发生于成熟和过熟林分。由真菌引起。病菌由伤口侵入根、干，分解木质部使之腐朽。立木的心材腐朽对林木生命力的降低一般不明显，但对木材的使用价值影响极大。

(6)肿瘤病类

多由真菌或细菌引起，有的是由蚜虫、线虫等引起的，发生于植物的各个部分。病菌刺激植物组织过度生长而成肿瘤，使植物生长衰弱甚或死亡。

(7)丛枝病类

林木由于受类菌质体、真菌或其他因素的影响，顶芽生长被抑制，侧芽则受刺激提前发育成小枝。小枝的顶芽不久又受到抑制，小枝的侧芽随之再发育成小枝。如此往复的结果使得枝条的节间缩短。叶片变小、枝叶簇生。枣疯病、泡桐丛枝病、苦楝丛枝病等都是破坏性很大的病害。

(8)萎蔫病类

干旱、根部腐烂、空中或土壤中存在有毒物质、真菌、细菌等都能引起林木萎蔫。

必须指出，病害的症状是随着病害的进展而变化的。初期症状、中期症状与末期症状往往迥然不同，各有其特征。同时，症状的表现也受到环境条件的影响。例如，圆柏小枝上的锈病到后期时，如环境干燥则表现为木瘤状，如遇雨则表现为胶团状。但是，每一种病害症状发展变化的过程，以及它们与特定环境的关系又是相对稳定的，也就是说，在特定的条件下，病害必然表现出特定的症状。所以，只要我们了解某种病害症状变化的规律，就能够在各种情况下识别它。野外调查中，培养这种识别能力很有实用价值。

由上述可知，一定的病害是与一定的病原相联系的。有经验的人通过对症状的观察便能诊断病害的原因。但是病害症状的类型是很有限的，而病原的种类却非常多。因此，往往会出现不同病原引起同类症状的情况。在依靠症状难于诊断的情况下，必须进一步作显微镜检验，以便直接鉴定病原的种类。

14.1.3 林木病害发生发展的规律

14.1.3.1 发病的过程

依靠光合作用制造有机碳化物的生物称为自养生物；依靠别种生物获取有机碳化物的生物称异养生物。在自然界，绿色植物属自养生物，其他绝大多数生物都是异养生物。引起病害的生物都属于后者。

异养生物按吸取营养的方式可分为两大类型：自活的有机体上吸取养料的称寄生物，如病毒、类菌质体、真菌中的锈菌等；自死有机体上吸取养料的则称腐生物，如地上的蘑菇和馒头、衣物上的霉菌等。此外，也有一些中间类型，既可以从活有机体上又可以从死有机体上获取养分。植物病原生物除部分属于纯寄生物外，大多是中间类型的。被寄生的生物称为寄主。

以真菌引起的病害为例，植物发病的过程大致是这样的：当真菌的孢子落到寄主植物上时，如温、湿度合适便萌发，并从气孔、伤口或直接钻入植物组织，从植物细胞中吸取营养物质，然后进一步在组织里扩展其菌丝。真菌在植物体内扩展蔓延的范围一般是局部的，只有少数会扩及全身(但病毒和类菌质体则往往是全身性的)。由于真菌的寄生，植物先是生理上，后是组织形态上发生变化，最后出现症状，病菌也在病部再重新产生孢子。由于植物是一种活的有机体，对于病菌的侵害是有反应的。抵抗力强的植物往往使病菌不能侵入，即使侵入了也发展不起来。在这种情况下，病害便不会发生。同时，病菌和寄主植物都生活在一定环境条件之下，病菌侵袭力的强弱，植物抗病力的大小都受着环境因素的影响。如当真菌孢子落在寄主植物上时，环境或温度过高、过低，孢子都不能发芽，无从侵入；环境对植物生长发育有利，抗病力便会增强，病害就不易发生。因此，植物病害必须要有多方面的配合才能发生，即侵袭力强的病原、易于感病的植物和有利于病原而不利于寄主的环境条件，这三者是缺一不可的。了解这一点不仅有益于分析病害发生的机理，而且是设计一切病害防治措施的基本依据。

14.1.3.2 植物病害的消长规律

一种病害发生后，如条件有利，可由少量植物发病到普遍发病，由一地延及他地，使病害逐渐扩展成为流行病。当发展到一定程度时，由于某种有利因素的消失，病害发展的势头逐渐缓慢，直至消失。以后当条件具备时再度发展。

上面提到，病害发生需要三个基本因素的配合。由个别的、少量的病害发展成为流行病同样是病原、寄主植物和环境条件三方面配合的结果，只是这种配合要求得更加严格，配合持续的时间更长罢了。

(1)*病原方面*

病害的流行必须要有大量的侵袭力强的病原物存在，并能很快地传播到寄主体上。只有为数众多的病原物才能造成广泛的侵染。病原物的数量可能逐步积累，先一年的病原物经越冬后一般会大量死亡。但必有一部分保存到下一年。显然，先一年的病原数量越多，保存的百分率越高，翌年开春时侵害植物的病原物数量就越大。有的病原越冬后的数量可能并不大，但是由于从孢子侵入寄主到再次产生孢子之间周期很短，而每次产生的孢子数量又很大，在短期内病原数便可以达到极高的程度。至于侵染力，各种病原物都是相当稳定的，变化不大。但因为杂交或其他原因也可能出现侵染力特别强的品系。所以，有时我们发现本来抗锈病的品种变得不抗锈了，这往往是由于出现了侵染力强的病菌新品系的结果。

病原适合于被风、雨、昆虫等传播的特性也是造成流行病的重要条件。这样可使病原迅速地扩大传播范围和接触到寄主。

(2)*植物方面*

易于感病的寄主植物大量而集中地存在，也是病害流行的必要条件。林木的不同种类、不同年龄以及不同个体，对于病害的抵抗力是不同的。营造大片同龄的纯林，是造成感病个体大量集中的主要原因，易于引起病害流行。我国近年来红松的疱锈病、落叶松落叶病、杉木的炭疽病等多流行于同龄的纯林中。同时，在纯林中，病原物也易于获得寄主，有利于侵染和数量的积累。

由于不同林木品系的抗病力不同，在某些条件下，造林时选用的树种或品系不当，也是引起病害流行的原因。如在湖南某些地区，栽植青皮果油茶较红皮果油茶易于使炭疽病流行，在东北落叶松落叶病猖獗的地区，栽植长白落叶松比选用日本落叶松病害要严重得多。

栽培管理不善、环境条件恶化，使植物抗病力下降，也可以引起病害流行。

(3)环境方面

环境条件影响植物病害流行，不仅是由于它所涉及的范围广，变动性大，而且还由于病原物和寄主植物的各种活动无不是在周围环境的直接影响下进行的。即使有病原和感病植物同时存在，如环境条件不适，仍不会使病害流行。油橄榄肿瘤病便是一个典型的病例。这种病害在阿尔巴尼亚是很普遍的。1964 年随油橄榄苗木一同带入我国，曾传播到好几个省区。但由于我国的气候条件与阿尔巴尼亚显然不同，所以至今除个别林场外，在其余油橄榄栽培区已几乎绝迹。相反，凡是强烈削弱寄主植物抗病力或非常有利于病原数量积累和侵染活动的环境条件，都是诱使病害流行的重要因素。促使病害流行的条件因病害种类而有所不同。通常，高温、高湿、霜冻、干旱、土壤瘠薄、板结、积水、盐碱等都是有利于传染性病害流行的。经营管理不当也会促使病害发展。

气候是重要的环境因素之一，也是影响植物病害流行最明显、最活跃的因素。一年四季气候不同，故各种传染性病害都呈现一定程度的季节性变化：一般是始发于春、夏；流行于夏、秋；消沉于秋、冬。当然，不同的病害发生和消沉时间的早晚各有出入。如毛白杨的锈病每年发生于早春，盛于夏初，直至秋末落叶才消沉；褐斑病则发生于夏季，盛于秋季，直至落叶。冬季林木处于休眠中，病害也处于休止状态。病害的消长过程与其寄主植物生长发育的节奏、抗病性的变化以及病原物对环境条件(主要是温度和湿度)的要求基本上是吻合的。

由于年份与年份之间气候各不相同，加上年份间病原物在数量、侵染力上的不一致、寄主植物抗病性的差异，以及栽培管理的不同，使得不同年份间病害发生的早晚和严重的程度出现各种变化。要具体准确地掌握病害变化的规律是非常复杂的。而一旦掌握了这种规律就有可能对病害的发展前景作出预测，做好相应的防治安排。所以深入地研究，掌握病害发生发展的规律是进行有效的病害防治工作的基础。

预测某种病害在一定地区内流行的可能性、流行的程度、所致损失的大小和流行的时间，称为病害预测。采取某种防治措施所可能取得的经济效益也属于病害预测的范围。因此，病害预测在防治上具有重要的指导作用。

病害预测是以病害的流行规律为基础的。结合预测地区内寄主树种的感病性、数量、分布状况、病原物的致病力、数量变化以及环境条件(包括气候条件、土壤状况、传病介体数量及耕作方式等)等进行综合考虑，可对病害的发展趋势做出长期的、中期的或短期的定性的或定量的预测。预测的价值在于准确性的高低。而预测的准确性取决于对病害规律性掌握的程度和预测所据的资料、数据(如气象资料、病原物数量等)的可靠性。因此，长期地实地调查、积累与病害流行有密切关系的各种数据、资料，并加以整理和分析是进行预测的必要条件。没有这些基础材料，对任何病害进行有价值的预测都是不可能的。

过去的病害预测由于资料、数据和手段的限制，大多属于经验式的、定性的预测。随着科学进展，人们正致力于把病害预测与计算技术结合起来，对某些经济为害严重的病害建立起预测模型，模拟在一定条件下病害发生的过程，对病害发生的程度，造成的损失作出定量的预测，给予病害防治方案设计和决策提供科学的依据。

14.1.4 我国林木的几种严重病害及其防治

据调查，我国木本植物的病害已有记载的约在3000种以上。其中，造林树种上常见的，并能造成较大损害的约200种左右。由于林木病害引起的损害比较隐蔽、缓慢，不像火灾和虫害那样引人注意，因此在防治上一般是比较疏忽的。目前，在我国及世界各国对林木病害的防治，大多只能顾及苗圃、种子园、幼林、经济林及人行道和庭园树木。在防治方法上往往以采用化学防治为主。这种防治方法在短期内效果可能是显著的，但从长远的观点，从保持生态平衡、减少环境污染的观点出发，必须慎重使用。而且实践证明，对于某些病害，特别是那些大面积的常发性病害，化学防治方法效果并不理想，甚至是无能为力的。因此，今后防治林木病害的方向，应当是以改善经营管理、提高林木自身的抗逆能力为基础的综合治理。

14.1.4.1 种实和幼苗病害

良种壮苗是提高造林成活率的重要环节。不健康的种实不仅降低了本身油用、食用等使用价值，而且作为播种材料还将降低出苗率，或使苗木生长柔弱。苗木病害除导致苗木生长不良甚至死亡外，还可能将病害带到造林地，起到传播病害的作用。新栽杨树林幼树上的溃疡病、新定植泡桐上的丛枝病等，大多是苗木期感染的；五针松疱锈病由欧洲传入北美洲，栗疫病进入美国，最终都酿成毁灭性灾害，也都是由苗木传带的。因此，在营林活动中必须重视种苗病害的防治和出圃检疫工作。

我国林木种实的病害主要是霉烂问题。大粒种实，如橡实、板栗、松子、核桃等的霉烂非常普遍，往往造成严重损失。发霉的种子表面多生有各种颜色的霉状物，内部则变褐、僵硬、透油或糊化。有的外表发霉，而内部尚未变质，这种种子仍可利用。但也有些种子，外表症状不显著而内部已变质。霉烂主要发生在贮藏期，催芽方法不当也易发霉。霉烂的病原虽为各种苗类，但促使菌类滋长的原因则在于贮藏的条件不良。高温、高湿、不通风最易促使种子霉烂。防治方法主要是在贮藏前使种子适当干燥；贮藏库保持低温、干燥和适当通风。催芽前，种子和用具、沙等先行消毒。催芽期间要进行翻堆，使之通风。

苗木病害的种类很多，许多发生于幼树和大树上的病害也见于苗木，一旦发生于苗木上，其为害往往更为严重。如杨类叶锈病、松叶枯病、泡桐炭疽病等，虽常见于大树，但以为害幼苗为主。少数病害，如猝倒病、茎腐病、根瘤线虫病等则是幼苗所特有的。引起这些病害的病原物即使偶尔见于大树上，也不引起可见的症状。

(1)猝倒病

苗木所特有的病害中，以猝倒病最为普遍而严重。这种病害发生于世界各国苗圃。无论南方或北方，针叶树苗或阔叶树苗都可能受此病危害。针叶树苗中的松、杉、落叶松等最为感病。但柏类是抗病的。病害发生在未木质化的幼苗上。从播种出芽起，至出苗一个月内是发病盛期。出苗以前发病表现为缺行断垄。幼苗刚出土时由于组织柔嫩，发病后迅速倒伏，故称猝倒病。苗木木质化后发病，病苗枯死但不倒伏，故此病又称立枯病。

此病由多种真菌引起，其中主要是镰孢菌、丝核菌和腐霉菌。这些病菌生活在土壤中，侵染幼苗的根、根颈及未出土的幼芽。除木本植物的幼苗外，它们还侵害棉、茄、瓜类等农作物的幼苗，这些病菌对环境的适应性强、寄主范围广，所以很不易消灭。猝倒病的防治方法因病菌种类和气候、环境条件的不同而有所差异。首先要选好圃地。培育易感病的松、杉苗木时，苗床应选在排灌条件好的地段上。不在棉、茄、瓜等前作发病重的地上育这类苗木。整地要细致，在南方切忌雨天操作，以免造成土地板结。播前或播种时进行土壤或种子消毒是防治猝倒病的关键措施。土壤和种子消毒剂在北方多用五氯硝基苯，因此种药物对北方地区的主要猝倒病菌——丝核菌有特效。但在我国南方因主要病菌不同，消毒时多采用硫酸亚铁、石灰等，或在苗床上铺垫一层没有病苗的黄心土以代替土壤消毒。播种后在保证出苗和生长的限度内尽量少灌水可减少发病。

(2) 杨叶锈病

杨树叶锈病也是幼苗上的常见病害。发生于胡杨、毛白杨、山杨、小青杨等各种杨树上。春季嫩叶上出现鲜黄色小粉斑，斑上的黄色粉末就是病菌(锈菌，真菌中的一类)。在生长季节中，病菌不断产生、传播并侵染叶片，使病害不断扩大。严重发病的叶片卷曲、干枯、早落，可使幼苗或幼树年生长量下降 50% 以上。防治这种病害主要是使用化学药剂和培育抗病的杨树品种。

14.1.4.2　幼林病害

幼林的生存环境还不很稳定，特别是新栽植的幼林，根系发育尚不健全，抗逆能力较差，病害易于发生。人工幼林一般为同龄纯林，病害易于传播和流行。有的地方造林时不注意适地适树的原则，幼树生长衰弱尤其易受病害侵染。随着造林面积的不断扩大，幼林病害的防治问题将日趋重要。

我国地域跨度大，南北气候条件和树种不同，病害种类也相差很远。在南方，油茶炭疽病、软腐病、油桐枯萎病、木麻黄青枯病、湿地松褐斑病、马尾松和云南松的赤枯病等是生产上的重要问题。在北方，危害最大的是泡桐丛枝病、杨树溃疡病和烂皮病、落叶松枯梢病和早期落叶病及红松的疱锈病等。

(1) 油茶炭疽病

油茶炭疽病是南方油茶栽植区经常流行的病害。正常年景，因病落果率一般在 20% 左右。病害发生在叶、果、枝、梢和花蕾等部位，以叶片和果实受害最重。果实上病斑黑色、圆形，或数个病斑连接在一起呈不规则形。雨后或露水湿润后，病斑上出现粉红色黏滴，内含大量病菌孢子。叶上病斑多呈半圆形或不规则形。病菌主要从叶、果的伤口侵入。5 月开始发病，7～9 月为发病盛期。发病程度与降雨关系密切，当年春、夏雨多则病害严重。不同油茶品种抗病力差异明显。如湖南攸县抽茶抗病力强，而普通油茶则特别感病。防治此病需采取综合措施。首先是结合修剪清除病枝、病叶和病果。并挖除林中每年都发病早而严重的所谓“历史病株”，以减少病菌的数量。6～9 月果病盛发期间，每半月喷洒 10% 波尔多液或 0.3°Be 石硫合剂一次。造林时注意选用抗病品种。

(2) 湿地松褐斑病

湿地松褐斑病是近年来我国福建、江西、广东等省发现的一种重要病害，有向南方其他省(自治区)扩展的趋势。在国外，此病主要为害长叶松和欧洲赤松。病叶上起初出现退色的圆形小斑，随后变褐。一针之上病斑往往多达10个以上。病叶明显分为三段，上段变褐枯死，中段褐色病斑与健康组织相间，下段仍保持绿色。当年病叶一般至翌年5~6月开始脱落。严重发病的林分可成片枯死。此病的大面积防治还缺妥善办法。无病地区在引种时应特别注意苗木检疫。选育抗病品系是防治此病的重要途径。

(3)泡桐丛枝病

这是泡桐上一种毁灭性病害，对生产影响极大。在我国主要分布于河南、山东、陕西等地。病害由个别枝条发展到全株。病株节间短、顶芽受抑制，侧芽当年萌发成小枝。不久，小枝上的侧芽再荫发成小枝。如此一年数次，使得枝条丛集，细而柔弱，枝上叶小而黄，当年苗或新栽幼树发病后，往往当年即枯死。大树发病后，视病枝多少对生长造成不同程度的损失，一般不致枯死。泡桐丛枝病由类菌原体引起。在自然条件下，可由危害泡桐的刺吸式害虫，如娇驼跷蝽、茶翅蝽等传播。在生产中主要是由种根传带的。由于类菌原体侵入树木后，即扩展到根、茎、叶各个部分，如从病树上采集种根繁殖，幼苗即带有这种病原物，最终导致发病。此病的防治应从慎重选好无病种根着手。种根最好用50℃温水浸10~15min，以杀死种根内可能携带的类菌原体。由实生苗造林也可减少病害。如平茬苗发病，可于麦收前后注射1万单位盐酸四环素(或土霉素)液，每株15~30mL，有明显疗效。对幼树或大的病树，及时修除当年生小病枝或环剥老病枝，可减轻病情。选用抗病性较强的豫杂一号和白花泡桐造林，发病较轻。

(4)杨树溃疡病

普遍发生于杨树各栽植区而以“三北”地区的防护林和沙地上的片林发病最重。病苗生长衰弱或枯死。定植后1~3年的幼树最易发病。杨树上溃疡病的种类很多，我国北方最常见的一种由丛生小穴壳菌(真菌的一种)引起。病斑多集中于主干中、下部，近圆形、大小如黄豆、病处树皮变褐、稍下陷。秋季往往表现为水泡状，泡破裂后有褐色黏液流出。在华北地区，此病于4月上旬前后开始发生，5月上旬前后进入高峰期。夏季基本停止发展，秋季9月前后病害又有所回升。病害的发展与林木的生活力关系特别密切。在根部受损害、干旱或受冻害情况下，病害易于发生。所以在防治上，中心问题是移植时注意保护根系，定植后的苗木或幼树要加强水、肥管理。用化学药剂涂干只是一种辅助措施。不同种或品系的杨树抗病力差异很大。北京杨、小美旱、新疆杨、沙兰杨都是很易感病的树种，使用这些树种造林要特别注意防治此病。烂皮病也是杨树上的危险病害之一。其发生规律及防治措施与上述溃疡病相似。但症状有所不同。烂皮病病斑大而呈不规则形，不形成水泡。这两种病害往往同时见于同一林分或同一植株上。

(5)落叶松早期落叶病

此病在我国东北地区非常普遍，华北局部地区也有发生。主要危害人工幼林，天然更新的幼林发病一般较轻。严重发病的林分可提早一个多月落叶，对生长影响很大。病害由一种真菌所致。受病针叶先是在尖端或中部产生2~3个黄色小斑，逐渐扩大成红褐色段斑。严重时全叶变褐，整个树冠呈赤褐色。8月中、下旬即大量落叶。病菌在先年落叶上越冬并形成孢子。孢子于6月初前后成熟，释放并侵染新针叶。6月下旬至7月上旬雨后是释放孢子的高峰。在孢子释放高峰期，使用百菌清或多菌灵烟剂可收到良好防治效果。

(6)松疱锈病

指在松类树木枝干上形成黄色脓疱状物的一类病害。这类病害包含的种类颇多，有的发生在两针或三针松上，有的则见于五针松。其中以五针松的疱锈病和两针松上的梭形疱锈病最为著名，危害最大。前者是美国和加拿大北美五针松、糖松的大敌。在我国，对红松幼林有很大威胁。每年春季，病枝干上长出许多橘黄色的疱状物，破裂后散出大量鲜黄色的粉末，就是病菌的孢子。所以症状非常特殊、显著，易于辨认。此病虽经世界许多国家半个多世纪的研究，但至今仍很少见简便、经济而有效的防治办法。这种病菌除松树外，还须有另一种转主寄主(中间寄主)才能正常发育完全，即是转主寄生的。对五针松疱锈病菌来说，它的转主寄主主要是茶藨子、马先蒿一类植物。美国曾试图铲除林内的茶藨子以保护松林。这从理论上看是正确、有效的。但由于经济上不合算而未能成功。目前除大力选育抗病品系外，使用化学药剂涂抹病部也有一定的防治效果。新林区如果病害刚开始在个别林木上发生，应尽早砍下病枝或病树，就地掩埋或烧毁，以免病菌孢子飞散，扩大侵染。林木生长20年以后，抗病力逐渐增强，就很少发生新的传染了。

14.1.4.3　成、过熟林病害

各种幼林祸害都可见于成过熟林分，但成林对这类病害的抗力一般较强。成、过熟林分突出的病害问题是林木腐朽。腐朽虽也发生于中、幼龄树木，但主要是危害老龄树木。腐朽由真菌引起。由于腐朽多在心材部分扩展，对树木生活力影响不大，故外表症状不甚明显。枝、干上生有“老牛肝”或蘑菇的树木，其木质部肯定已经发生腐朽，但没有这类东西的树木不一定未朽。从外表上判别无明显外部症状的林木是否腐朽，需要有丰富的经验。我国对于成、过熟林的病害一般不进行防治。个别有特殊价值的大树则可能采用特殊的防治办法。如公园的风景树和古迹树的腐朽，可用挖、镶、补等外科疗法。

我国林木的病害还处于发展的阶段，许多在国外有严重危害历史记录的病害种类在我国还刚刚发现；有些病害虽早已发现，但就发展的现状来看其危害性质还有待重新估价。随着造林面积的扩大，幼林的不断成长，不少病害也正在扩展之中。同时，目前我国正不断从国外引入新的树种，国内种苗的交换也很频繁。一些危险性病害很可能随种苗传入我国或新区。另一方面，我国对林木病害的研究工作还不够全面、深入，测报机构不健全，对危险性病害的防治能力也比较薄弱。这是一个很大的矛盾，有待于在今后的工作中不断解决。

14.2　森林虫害与防治

昆虫是动物界中种类最繁多的类群，全世界已知动物超过150万种，其中昆虫就有100万种以上。昆虫适应能力强、分布广，在森林生态系统中起重要的作用，有些种类能给林业生产带来严重损失。

14.2.1　昆虫的外部特征

昆虫属于节肢动物门(Arthropoda)昆虫纲(Insecta)。昆虫的特点是：①身体左右对称，

由一系列被有几丁质外壳的体节组成，躯体可为头、胸、腹三个体段；②胸部具有 3 对足，通常还有 2 对翅；③从幼虫发育为成虫过程中，其内部器官系统和外部形态都要经过一系列的变化，即变态发育。

昆虫的头部位于虫体的最前端，是昆虫取食和感觉的中心，着生有 1 对复眼，2～3 个单眼，1 对触角和口器。口器是昆虫的取食器官，昆虫为适应不同的食性，形成了多种口器类型。咀嚼式口器具有能切断、磨碎食物的上颚，适合取食固体食物，如蝗虫；刺吸式口器形成了细长的口针，适合取食植物的汁液，如蝉；嚼吸式口器既能取食汁液又能取食固体食物，如蜜蜂；舐吸式口器是一些双翅目昆虫(如家蝇)具有的口器，适于取食物体表面的汁液；虹吸式口器为蝶、蛾类所特有，具有能卷曲和伸展的长喙，适于吮吸花蜜、水和果汁等液体。昆虫口器类型不同，对林木的危害及相应的防治方法也有所不同。

昆虫的胸部由 3 个体节组成，自前向后依次称为前胸、中胸和后胸。胸部是运动的中心，多数昆虫的每一个胸节上有 1 对胸足，依次称为前足、中足和后足。中胸和后胸上各有 1 对翅。翅根据质地的变化可分为膜翅、鞘翅、半鞘翅、复翅、鳞翅、毛翅等类型。膜质翅上分布的纵横条纹为翅脉，翅脉在翅面上的分布常用于分类。前后翅都用来飞行的昆虫，为协调两对翅的动作，两翅之间还有特化的连锁器构造。

成虫的腹部没有运动器官，附肢特化成外生殖器和尾须。雌性的外生殖器称为产卵器，雄性的外生殖器统称为交配器。腹部里面包含着主要的内脏器官，所以腹部是昆虫的内脏活动和生殖中心。全变态昆虫的幼虫腹部具有行动附肢——腹足，但在成虫期消失。

14.2.2 昆虫的生物学特点

变态是昆虫生长发育过程中的重要特征，即从幼虫转变为性成熟的成虫，其内部器官系统和外部形态都要经过一系列变化。常见的变态类型有不全变态及全变态。不全变态只有卵、幼虫和成虫三个虫期；成虫期的特征随着幼期的生长发育而逐步显现，翅在幼期的体外发育。典型的不全变态昆虫，如直翅目、螳螂目、蜚蠊目、半翅目、同翅目等，它们的幼期与成虫期在外部形态、栖境和生活习性等都很相像，所不同者，主要是翅末成长和生殖器官都没有发育完全，这样的不完全变态类又被称为渐变态。它们的幼虫通称为“若虫”。全变态类昆虫具有四个虫期：卵、幼虫、蛹和成虫；幼虫的翅隐藏在体壁下发育；全变态类的幼虫不仅外部形态和内部器官与成虫很不相同，而且生活习性也常常不同。全变态类昆虫有鳞翅目、双翅目、鞘翅目、膜翅目等。

昆虫胚胎发育完成脱卵而出的过程是孵化。孵化后随着虫体的生长，经过一段时间，幼虫要脱去旧的表皮，同时形成新表皮，这种现象称为蜕皮。幼虫每蜕皮一次增加一个虫龄，到最后一龄幼虫时，再脱皮就变成蛹或者成虫了。蛹是全变态类昆虫特有的一个虫期，表面上是不食不动的静止时期，实质是将幼虫构造改变为成虫构造的过渡时期。成虫从前一虫态脱皮而出的过程称为羽化。成虫是昆虫个体发育史的最后一个虫态。成虫的一切生命活动都是围绕着生殖活动而展开的。

14.2.3 与林业关系密切的七个目

与林业关系密切的昆虫主要隶属以下 7 个目：

(1)直翅目(Orthoptera)

包括蝗虫、蝼蛄、蟋蟀和螽蟖等昆虫。主要特点为：触角丝状；口器咀嚼式；前胸背板发达，前翅为复翅，后翅为膜翅，静止时后翅折叠在前翅的下面；后足多为跳跃足，若非，则前足为开掘足；雌性多具有突出的产卵器；不完全变态。该目蝼蛄科是苗圃中的重要害虫。

(2)半翅目(Hemiptera)

统称为蝽或蝽蟓。体扁，多具臭腺；触角丝状，4~5 节；口器刺吸式，喙分节并发自于头前端。多为 2 对翅，前翅为半鞘翅，后翅为膜翅，也有个别种类无翅或翅退化；不完全变态。该目一些种类通过取食植物的汁液对树木造成危害。

(3)同翅目(Homoptera)

包括各种蝉、沫蝉、叶蝉、飞虱、蚜虫和介壳虫等。主要特点为：口器刺吸式，从头的后方生出，喙通常 3 节；触角短，刚毛状，少数成丝状；单眼 2~3 个；前翅质地均匀，膜翅或革质翅，休息时常呈屋脊状置于身体的背面；跗节 1~3 节；多数种类有蜡腺；不完全变态。该目昆虫取食植物的汁液，是农林害虫的重要类群。

(4)鞘翅目(Coleoptera)

统称为甲虫，是昆虫纲中最大的一个目。主要特征为：口器为咀嚼式；触角多为 11 节，类型各异；前胸发达，中胸小盾片常为三角形，前翅为鞘翅，后翅为膜翅；可见的腹节数少于 10 节。完全变态。该目包括很多林木的重要害虫和一些捕食性天敌。

(5)鳞翅目(Lepidoptera)

鳞翅目昆虫包括所有的蝶类和蛾类，主要特征为：身体上常被鳞片；口器虹吸式；触角棒状、栉齿状或丝状。单眼 2 个或无；翅 2 对，均为鳞翅，前翅有 13~15 条翅脉，除个别种类外，后翅最多只有 10 条翅脉，翅的基部中央有翅脉围成的中室；足的跗节多为 5 节；完全变态。该目昆虫是林业生产的一类重要害虫，成虫期不取食，但幼虫期取食较多、危害很重。

(6)膜翅目(Hymenoptera)

包括各种蜂类和蚂蚁。主要特征为：口器多为咀嚼式，蜜蜂科为嚼吸式；触角 12~13 节，丝状、锤状或肘状；复眼大，单眼 3 个；翅膜质，前翅大，后翅小，前后翅以翅钩形式连锁；跗节 5 节；腹部可以见到 6~7 节，第一腹节并入胸部形成并胸腹节，第二节形成较细的腰，称为腹柄。完全变态。该目一些植食性的种类是林业上的害虫，寄生性的种类是害虫的天敌。

(7)双翅目(Diptera)

包括各种蝇、蚊、蚋、虻和蠓等种类。该目的特点是：口器有刺吸式、舐吸式等类型；触角为具芒状、丝状或环毛状、念珠状等多种类型；复眼大，单眼 3 个；成虫只有 1 对发达的膜质前翅，后翅退化成平衡棒；雌虫腹部末端能伸缩成为伪产卵器。完全变态。该目一些植食性的种类是林业上的害虫，还包括一些捕食性及寄生性的天敌。

14.2.4 森林害虫综合管理策略及方法

随着社会发展和经济技术条件的改善，害虫的防治策略处于不断变化中。第二次世界大战前基本上是自然防治和农业防治，二次大战后，出现了一些高效广谱的有机杀虫剂，但单纯依赖农药及滥用农药的情况十分普遍，并由此产生了“农药合并症”，即害虫产生抗药性、害虫的再增猖獗、造成环境污染及危害人类健康。20 世纪 70 年代，“害虫综合管理”(IPM)理论开始成熟，这个系统考虑到害虫的种群动态及其有关环境，利用所有适当的方法与技术，以尽可能相互配合的方式，把害虫种群控制在低于经济危害的水平。IPM 强调三点：一是害虫治理的目的只要求降低害虫种群数量，使其不造成危害，而不是彻底消灭害虫；二是害虫的防治要根据其种群的动态及有关环境；三是强调了各种防治方法的协调配合使用。90 年代一些学者又将“害虫综合管理”发展为“害虫生态管理”(EPM)，更强调在整个生态系统中考虑害虫管理问题。

林业害虫综合治理利用的防治方法及技术主要有：

(1)植物检疫技术

植物检疫，又称法规防治。即一个国家和地区，明令禁止人为地传入或传出某些危险的病虫害、杂草，或者在传入以后，限制其传播。这对保护一国或一个地区的农林生产，具有重大的意义。

(2)林业技术防治

这是 IPM 策略非常推崇的害虫管理措施，即在林业生产工作中，考虑到害虫的发生因素，努力营造利于树木健康生长而不利于害虫危害极大发生的环境条件。林业技术防治包括苗圃管理、适地适树、合理营造混交林、加强抚育及培育抗性树种等。

(3)物理机械防治

应用简单工具以至近代的光、电、辐射等物理技术来消灭害虫，或改变物理环境，使其不利于害虫生存、阻碍害虫侵入的方法，统称为物理机械防治法。包括利用人力或简单工具，根据害虫产卵、化蛹及成虫的习性，直接捕杀害虫；或利用害虫对某些物质或条件的强烈趋向，将其诱集后捕杀，如灯光诱杀、潜所诱杀、饵木诱杀等。

(4)生物防治

生物防治主要包括利用天敌昆虫、病原微生物、捕食性动物和昆虫激素等方法来防治害虫。天敌昆虫包括捕食性天敌和寄生性天敌，利用天敌的具体方法有人工繁殖释放及外来种引进等方法。可以使昆虫感病致死的微生物有细菌、真菌、病毒、原生动物和线虫等，目前应用最多的是真菌、细菌和病毒，其中苏云金杆菌已形成多种商品制剂。生物防治具有不破坏生态平衡、不污染环境等优点，应大力提倡并加强研究。

(5)化学防治

化学防治是利用杀虫剂来控制害虫。杀虫剂按照其侵入虫体的途径可分为触杀剂、胃毒剂、内吸剂、熏蒸剂等类型。实际应用时要针对不同口器类型及害虫的不同特点，选择不同类型的杀虫剂及施药方法。

14.2.5 主要森林害虫及防治

(1)地下害虫

地下害虫是指生活在土中危害苗木根部的害虫。地下害虫数量大、分布范围广、食性杂、发生隐蔽，长期猖獗危害，因其常常给苗圃育苗工作带来损失，又称为苗圃害虫。地下害虫主要包括鞘翅目的蛴螬类、金针虫类、象甲类，鳞翅目的地老虎类、直翅目的蝼蛄类等。防治地下害虫应首先加强苗圃经营管理，包括慎重选择苗圃地、使用充分腐熟的厩肥、及时灌水、轮作等。化学防治可进行土壤消毒、在缺苗断垄处进行药剂灌根及在成虫期直接杀虫等。

(2)幼树顶芽及枝梢害虫

幼树生长阶段，林内尚未郁闭，经常遭到喜光性害虫的危害。如蚜虫、蚧类、木虱、叶蝉等刺吸式害虫，这类害虫吸食幼树的顶芽、嫩叶及幼茎的汁液，受害部位呈现斑点或卷叶萎缩，或形成虫瘿。除此以外，这类害虫还能传播病害，排泄物污染枝叶形成煤污病。这类害虫的防治应首先加强植物检疫工作，控制传播；化学防治要选用具内吸作用的药剂。钻蛀枝梢、嫩芽的有梢螟类及卷蛾类害虫，这类害虫的防治可人工剪除虫梢，促进幼树提早郁闭；合理应用化学防治，将害虫控制在幼虫侵入以前。

(3)食叶害虫

食叶害虫是指能大量取食叶片，给树木生长带来影响的昆虫。这类昆虫均具有咀嚼式口器，大多营裸露生活，繁殖能力强，往往有主动迁徙、迅速扩大危害的能力，因而常形成间歇性爆发危害。食叶害虫主要是鳞翅目昆虫，此外还包括叶蜂类和一些甲虫等。在我国，针叶树的食叶害虫主要是松毛虫类，由于纯松林面积广，加之松林经营管理及防治措施等方面存在的问题，松毛虫常常猖獗成灾。松毛虫的防治包括改善松林环境；注意保护天敌及利用病原微生物；合理使用化学药剂等。阔叶树的食叶害虫危害较重的还有舞毒蛾、美国白蛾等。

(4)蛀干害虫

蛀干害虫一般以幼虫在树干韧皮部、木质部及髓部蛀道危害，破坏植物的输导组织，一旦树木受害后，往往很难恢复。蛀干害虫主要包括鞘翅目的天牛类、小蠹类、吉丁虫类、象甲类，鳞翅目的木蠹蛾类、透翅蛾类以及膜翅目的树蜂类等。这类害虫生活隐蔽，防治较困难。防治应加强植物检疫，严禁带虫木运输传播；物理防治可用饵木及信息素诱杀；化学防治可用向坑道内注药、熏蒸剂熏杀坑道内幼虫等方法。

(5)种实害虫

种子是育苗、造林所必需的，由于种实害虫的侵害，会降低种子的质量和产量。种实害虫多属于鳞翅目的螟蛾类、卷蛾类、举肢蛾类；鞘翅目的象甲类、豆象类；膜翅目的小蜂类及双翅目的种蝇类等。这类害虫多在花期或幼果期产卵，随着种实的生长而取食发育。因其隐蔽危害，防治应侧重于清除成虫，防止产卵，并防治未侵入种实的幼虫。另外，在种实采收、储藏及调拨过程中，应严格检疫，控制种实害虫的传播。

14.2.6　浙江省主要森林生物灾害

14.2.6.1　发生情况

2014 年全省林业有害生物发生面积 153.8×10^4 亩，成灾面积 16.9×10^4 亩(其中松材线虫病 16.7×10^4 亩)，成灾率 1.7‰；病、虫害发生面积分别为 21×10^4 亩、132×10^4 亩。发生面积超过 1×10^4 亩的林业有害生物有松材线虫病、松褐天牛、马尾松毛虫、柳杉毛虫、一字竹象虫、卵圆蝽、竹螟、竹蝗、刚竹毒蛾、栗瘿蜂、桃蛀螟、山核桃花蕾蛆和山核桃干腐病等13种，共138×10^4亩，占总发生面积的89%。

主要特点如下：松林生物灾害日趋严重。如造成大面积松林死亡的林业有害生物主要有松材线虫病、松褐天牛，松材线虫病由沿海向内陆扩散，点多面广；造成长势衰弱的有马尾松毛虫、日本松干蚧、松茎象；竹子病虫害发生较严重。如竹一字象甲、卵圆蝽、竹笋禾夜蛾等；竹蝗、竹舟蛾等局部地区暴发成灾；经济林病虫害呈上升趋势。如山核桃干腐病、山核桃花蕾蛆、板栗栗绛蚧、桃蛀螟等；花卉苗木新出现病虫害的种类多，分布广，如山东广翅蜡蝉、红蜘蛛等；通道林、海防林如樟巢螟、杨扇舟蛾、黄山栾树云斑天牛等发生日趋严重；异常气候导致次期害虫暴发。

14.2.6.1 主要病虫害

(1)松材线虫病

是由松材线虫(*Bursaphelenchus xylophilus* Nickle)寄生在松树体内所引起的一种毁灭性病害，病原是松材线虫，病害以昆虫为传播媒介，并可随被侵染原木及制品的调运而加快其扩散蔓延。

(2)松褐天牛

传播松材线虫病的媒介昆虫。松树的主要蛀干害虫。成虫补充营养，啃食嫩枝皮；幼虫钻蛀树干，致松树枯死。

(3)日本松干蚧

老龄松树和4年生以下幼树及苗木均能受害，以5~15年生松树受害最重。易引起引起次期性病虫如松纵坑切梢小蠹、松天牛、吉丁虫及白蚁等的发生。

(4)金针虫

浙江以筛胸梳爪叩甲分布最广、危害最重。主要以幼虫危害竹笋和根。3月初开始活动，4月上旬为幼虫危害盛期。

(5)萧氏松茎象

寄主为湿地松、火炬松、华山松和马尾松。主要是以幼虫侵入树干基部或根颈部蛀害韧皮组织，严重时切断有机养分输送，导致树木死亡，其危害湿地松还造成大量流脂，进而降低松脂产量。

(6)柳杉云毛虫

柳杉云毛虫多发生在高山区，既危害杉木，又危害柳杉，该虫白天下树成堆在树基部枯枝落叶或石缝内静伏，晚上上树食叶，所以白天在树上看不到虫，隐蔽性较大。

(7)松茸毒蛾

害虫体长24~30mm，体黑色，头红褐色，第1~4腹节背面各有一簇黄棕色毛刷，前胸背面两侧和尾部分别有两束和一束棕黑色长毛束，与常见的松毛虫有很大分别。

(8)柳杉毛虫

又称云南松毛虫，是危害柳杉的一种猖獗性食叶害虫。此外，还可危害云南松、思茅松、侧柏。危害特点以幼虫啃食柳杉针叶、嫩枝，影响植株生长，轻者降低生长量，重者则造成成片林木呈火烧状死亡，制约柳杉生产发展。

(9)红蜘蛛

其个体很小，体长不到1mm，但繁殖能力很强，一般一年可达10多代。它们以成、幼、若虫刺吸寄主汁液，叶片的叶绿素受到破坏。危害严重时，叶面呈现密集细小的灰黄色斑点或斑块，叶片渐渐卷曲枯黄脱落，甚至变成光杆，严重影响花卉生长。

(10)黄蜘蛛

该螨常在叶背主脉两侧聚集取食，聚居处常有蛛网覆盖，卵即产在下面。嫩叶受害处背面出现略下凹向正面凸起的黄色大斑。严重时叶片扭曲变形，进而大量落叶。老叶受害处背面为黄褐色大斑，叶正面为淡黄色斑。

(11)樟颈曼盲蝽

以若虫和成虫，主要在叶背吸汁危害，危害后叶子两面形成褐色斑，少部分叶背有黑色的点状分泌物，造成大量落叶，严重的整个枝条叶全落光成秃枝，仅剩果。

(12)茶黄蓟马

主要危害银杏幼苗、大苗及成龄母树的新梢和叶片，常聚集在叶背面吸食嫩叶汁液，吸食后叶片很快失绿，严重时叶片白枯导致早期落叶。

(13)六星吉丁虫

成虫取食嫩枝和果柄，雌成虫产卵于树皮裂缝或伤口处，散产(1～3粒)。幼虫围绕枝干串食皮层，导致树枯、干死，危害症状与爆皮虫近似，但蛀食虫道比爆皮虫宽大。

(14)红棕象甲

危害棕榈科植物。危害幼树时，从树干的受伤部位或裂缝侵入，也可从根际处侵入，危害老树时一般从树冠受伤部位侵入，造成生长点迅速坏死。寄主受害后，叶片发黄，后期从基部折下，严重时叶片脱落仅剩树干，直至死亡。

(15)舞毒蛾

苹果、柿、梨、桃、杏、樱桃、板栗、橡、杨、柳、桑、榆、落叶松、樟子松、栎、李、桦、山楂、槭、柿树、椴、云杉、马尾松、云南松、油松、华山松、红松等500多种植物。幼虫主要危害叶片，该虫食量大，食性杂，严重时可将全树叶片吃光。

14.3 森林防火

14.3.1 森林火灾的概念

森林火灾是一种失去人为控制的森林燃烧现象，它是自由蔓延，超过一定面积，造成一定程度损失的林火。我国国务院发布的《森林防火条例》规定：凡受害森林面积不足1hm^{2}或者其他林地起火的称为森林火警；凡受害森林面积在1hm^{2}以上不足100hm^{2}的称为一般森林火灾；凡受害森林面积在100hm^{2}以上不足1000hm^{2}的称为重大森林火灾；凡受害森林面积在1000hm^{2}以上的称为特大森林火灾。森林火灾根据起因不同大致可分为以下两种。

(1)自然火

自然火是指雷电、泥炭自然发酵、滚石击起火花、林木干枝的摩擦等引起的火灾。自然火在不同的国家和地区发生率差别很大。总体来说，我国自然火仅占全国森林火源的

1%，但大兴安岭从1957—1964年森林自然火平均占18%，其中雷电火在该林区自然火源中占7%~30%。

(2)人为火

人为火又可分为生产用火、生活用火和人为放火。其中，生产用火包括烧荒积肥、烧田边、烧牧场、烧炭、机车喷火、炼山、狩猎和火烧清理伐区等，生产用火很普遍，在引起林火中约占60%~80%；生活用火主要包括吸烟、烧饭、烤饭、烤火、上坟烧纸、驱蚊等，它是经常引起林火的火源。根据东北林区的统计，在人为火源中，吸烟引起林火的次数高达28%，迷信烧纸占8%。在我国南方，私人开荒引起林火的比例很高。

14.3.2 林火发生的条件

造成森林火灾发生和蔓延的因素可分为三类，即稳定少变的因素，如地形、树种等；缓变因素，如火源密度的季节变化、物候变化等；易变因素，如温度、湿度、降水、风速、积雪等。

14.3.2.1 地形条件

地形会导致局部气象要素的变化，从而影响着林木的燃烧条件。如坡向，一般北坡林中空气湿度比南坡大，植物体内含水量高，不易发生火灾；坡度大的地方径流量大，林中较干燥，易发生火灾，一旦林火出现，受局部山谷风的作用，白天有利于林火向山上蔓延，阻碍林火下山，夜晚山谷风的作用则恰恰相反；另外，植被的高矮对火灾也同样具有一定的影响，高植物区比低植物区水分含量高，相对比矮植物易燃程度要小些。由于气象要素对林火的影响是综合性的，因此不能用单一的气象要素去研究预报林火，而应分析研究各要素间的综合作用和机理，如海拔增加，气温降低，降水量在一定高度范围内，随高度的增加而增加，从而造成温度低、湿度大的不易燃烧条件。但海拔增高，相应风速加大，又使火灾蔓延加速。

14.3.2.2 植物种类和森林类型

一般针叶比阔叶易燃，如松类、落叶松、云冷杉等含大量的树脂和挥发油，极易燃烧，而阔叶树含水分较多，较不易燃，但桦树皮非常易燃。混交林不易发生火灾，即使发生蔓延也慢，损失小。幼龄针叶林、复层林易发生树冠火，且火灾危害重。疏林中多发生地表火。林内卫生状况下良易引起火灾。不同的森林类型，是树种组成、林分结构、地被物和立地条件的综合反映，其燃烧特点有明显差异。如落叶松的不同林型燃烧性也不同。

14.3.2.3 气候、气象条件

在其他条件相同的情况下，火灾的发生发展取决于气象因子。如空气湿润、风速风向、温度、气压等。

(1)湿度与森林火灾

空气中的湿度可直接影响可燃物体的水分蒸发。当空气中相对湿度小时，可燃物蒸发快，失水量大，林火易发生和蔓延。

(2)气温与森林火灾

气温高时，可燃物易燃。资料统计分析结果表明：气温 $t < -10℃$ 时，一般无火灾发生；$-10℃ < t \leq 0℃$ 时可能有火灾发生；$0℃ < t \leq 10℃$ 时发生火灾次数明显增多，致灾也

最严重；11℃≤t≤15℃时，草木植被复苏返青，火灾次数逐渐减少。

(3)风与森林火灾

风不但能降低林中的空气湿度，加速植物体的水分蒸发，同时使空气流畅，具有动力作用。一旦火源出现，往往火借风势，风助火威，使小火发展蔓延成大火，形成特大火灾。

(4)降水与森林火灾

干旱无雨，水分蒸发量大，地表物干燥时，林火发生的可能性增大。一般情况下，降水量≤5mm时，对林火发生有利；降水量≥5mm时，对林火发生发展有抑制作用。

(5)季节与森林火灾

季节不同，气象条件变化，火险情况亦异。我国南方林区火灾危险季节为春、冬两季，东北主要以春、秋两季为防火季节，春季火灾可占全年80%以上。

14.3.3　森林火灾的预防

森林火灾具有突发性和随机性的特点，然而，森林火灾的发生是可以预防的。并且由于森林火灾在时空分布上极端不平衡，一个地区一定程度上实际上难以控制和扑灭一场规模巨大的火灾，因而预防措施在森林防火实践中显得尤为重要。森林火灾预防措施概括起来讲，主要包括以下几个方面：

14.3.3.1　杜绝火源

林火的火源绝大部分是人为火源，所以防火的重点是管理人为用火。要积极贯彻“预防为主，积极消灭”的方针，了解生产用火和生活用火的规律、特点，制定管理办法，向用火群众进行宣传。宣传的重点，除讲清楚森林防火的意义外，还要让群众知道这样一个道理：森林火灾是人用火不慎引起的，人引起的火还要人去扑救，这样一切损失又都回报到人的身上。懂得了这个道理，防火的自觉性就提高了。对护林防火的重大意义的认识，与一个国家林业经营的历史有关。目前，我国还存在着毁林开荒、游耕、游种等现象，只靠宣传是难以扭转的，必须同时依据政策，解决林权、定居、吃粮、烧柴等实际问题。杜绝火源，宣传教育，重点还要放在贯彻执行《中华人民共和国森林法》上。无数事实证明了依法护林的有效性。行政宣传措施，配合法制可取得良好效果。特别是在现阶段，扑救林火在经济技术力量不足的情况下，更应借助法制护林。

14.3.3.2　及时发现火情

及时发现火情很重要，一般采用下面一些手段和方法：火险天气预报、防火瞭望、防火巡逻、红外线探火。另外，群众报火也很重要。

(1)火险天气预报

为了及时发现火情，先要发布火险天气预报，结合森林火险等级，进行巡逻和采取防火措施。具体方法是：根据测算的综合指标，查处火险等级，据火险天气等级发布防火措施。中国科学院沈阳应用生态研究所对东北林区制定了以下预防措施，见表14-1。

表 14-1 火险天气预报措施

火险天气等级	防火措施
Ⅰ	地表一般巡逻，瞭望台不需值班。消防队、化学灭火站准备防火器材，检查防火设施
Ⅱ	瞭望台址在中午值班 3～6h，地面重点巡逻
Ⅲ	广播站(台)发布一般火灾警报，防火指挥部揭示防火信号。消防队做好出动准备，瞭望台 8h 值班，飞机重点巡逻
Ⅳ	动员一切宣传工具及发布火灾危险信号，在要道、路口放哨检查火源，消防队做好出动准备，瞭望台 8h 值班，飞机日巡 1～2 次
Ⅴ	防火指挥部发布紧急警报，瞭望台日夜值班，消防队夜间也要准备出动，飞机随时起飞侦察。风大时，适当限制危险性的生产用火和生活用火

(2)防火瞭望

一般建设瞭望台进行瞭望。瞭望台多采用亭式、塔式，可用木结构、砖石结构或钢架结构。设置瞭望台要选择地形的高点，照顾修建和行走方便。可用树木作瞭望台，但观测面积小、不安全。瞭望台的高度视林木和地形而定，一般高 10～50m。防火瞭望台的数量由林区面积、森林价值和经营强度决定。一般一个林场要设数个。在集约经营的林区 5～8km 一个；在粗放经营的林区，15km 一个。每个瞭望台大约控制在 5000～15 000hm^2 的面积。在山地条件下应多设，其距离的远近是以两个瞭望台能通视到同一点为原则。瞭望台上设有：瞭望桌、凳子、方位罗盘仪或火灾定位仪、电话或无线电话机、信号工具、望远镜等。瞭望台顶端应安置避雷针。火灾发生后，利用两个以上的瞭望台报告的火灾方位角确定火场地点。当林场或防火指挥部接到两个以上瞭望台的报告以后，在绘有各个瞭望台位置的林区平面图上，很快就可在交汇处找到发生火灾的地点。

(3)防火巡逻

防火巡逻一般分为地面巡逻和航空巡逻 2 种。地面巡逻是在交通许可、人烟较密的林区，尤其在我国集体林区，由森林警察、护林员、营林员或民兵等专业人员进行巡逻。它代替防火瞭望台或辅助暖望台的不足(设置瞭望台花钱较多)。地面巡逻的主要方式有骑马、骑摩托、步行等。地面巡逻的主要任务是：林区警戒，防止坏人破坏森林；检查野外生产用火和生活用火情况，制止违反用火规章制度的行为；及时发现火情，及时报告，并积极扑救森林火灾；检查和监督入山人员，防止乱砍滥伐森林，进行护林防护宣传；了解森林经营上的其他问题，及时报告。航空巡逻的方式适应在人烟稀少、交通不便的偏远林区。飞机巡逻要划分巡逻航区，一般飞机高度在 1500～1800m，视航 40～50km。飞机上判定火灾或火情可根据以下特征：无云天空出现有横挂天空的白云，下部有烟雾连接地面时，可能发生了火灾；无风天气，地面冲起很高的烟雾，可能发生了火灾；飞机上无线电突然发生干扰，并嗅到林火燃烧的焦味时，可能发生了火灾。此时，尽量低飞侦察，找到起火地点，测定火场位置，写好报告，附上火场简图，装在火报袋内，投到附近的林业部门或居民点；同时飞行观察员立即用无线电向防火部门报告。飞机上判定林火种类并不困难。见到火场形状不太窄长，不见(或少见)火焰，烟灰白色，则为地表火；火场窄长，火焰明显，烟暗黑色，则为树冠火；不见火焰，只见浓烟，则为地下火。航空确定火场位置的方法有以下 3 种：交汇法、航线法和目测法。

(4) 红外线探火

红外线探火是利用红外线探火仪进行的。利用红外线探火可以探明用其他方式不易发现的小火或隐火。红外线探测仪还可用来检测清理火场后余火的活动。虽然红外线探火还有不足之处，如不易确定火源性质等，但作为一种先进技术，应逐步完善和积极采用。除了以上几种比较常见的方法以外，随着技术的发展，遥感技术以其快速、宏观、动态的特点而成功地应用于森林火灾监测和灾后评估，Churieco 和 Martin 应用 NOAA/AVHRR 影像成功地进行了全球火灾制图和火灾危险评价。

14.3.4　森林火灾的控制

防止森林火灾扩大和蔓延的主要措施有：

(1) 营林防火

目的是为了减少和调节森林可燃物，改善森林环境。常采用的措施有：不断扩大森林覆盖面积；加强造林前整地和幼林抚育管理；针叶幼林郁闭后的修枝打杈；抚育间伐。

(2) 生物与生物工程防火

开展生物与生物工程防火常采用的措施有：利用不同植物、不同树种的抗火性能来阻隔林火的蔓延；利用不同植物或树种生物学特性方面的差异，来改变火环境，使易燃林地转变为难燃林地，增强林地的难燃性；通过调节林分结构来增加林分的难燃成分，降低易燃成分，改善森林的燃烧性；利用微生物、低等动物或野生动物的繁殖，减少易燃物的积累，也可以达到降低林分燃烧性的目的。

(3) 以火防火

在人为的控制下，按计划用火，可以减少森林中可燃物的积累，防止林火蔓延。以火防火的应用范围主要有：火烧清理采伐剩余物；火烧沟塘草甸是东北林区一项重要的森林防火措施；火烧防火线；林内计划火烧。

14.3.5　森林火灾的扑救

森林火灾的扑救是一项极其艰巨的工作，实践证明在林火的扑救中必须贯彻“打早、打小、打了”的原则。目前，扑救林火的基本方法有 3 种：

14.3.5.1　直接扑灭法

这类扑灭方法适用于弱度、中等程度地表火的扑救。由于林火的边缘上有 40%~50% 的地段燃烧程度不高，因而这个范围恰好可被用来做扑火队员的安全避火点。其主要采用的灭火方法有：

(1) 扑打法

扑打法是最原始的一种林火扑救方法，常用于扑救弱度地表火。常用的扑火工具有扫把、枝条，或用木柄捆上湿麻袋片做成。扑打时将扑火工具斜向火焰，使其成 45°角，轻举重压，一打一拖，这样易于将火扑灭。切忌使扑火工具与火焰成 90°角，直上直下猛起猛落的击打，以免助燃或使火星四溅，造成新的火点。

(2) 土灭火法

这种方法适用于枯枝落叶层较厚、森林杂乱物较多的地方，特别是林地土壤结构较疏松，如砂土或砂壤土更便于取用。土灭火法是以土盖火，使之与空气隔绝，从而火窒息。如以湿土灭火会同时有降温和隔绝空气的作用。土灭火法常用的工具和机械有：手工工具（铁锹、铁镐等）；喷土枪（小功率的喷土枪每小时可扑灭 0.8～2.5km 长的火线，比手工快 8～10 倍）；推土机（推土机除用于修筑防火公路外，更重要的是用于建立防火线。在扑救重大火灾或特大火灾时，常使用推土机建立防火隔离带，以阻止林火蔓延）。

（3）水灭火法

水是最常用的也是最廉价的灭火工具。如果火场附近有水源，如河流、湖泊、水库、贮水池等，就应该用水灭火。用水灭火可以缩短灭火时间，还可以防止火复燃。用水灭火需抽水设备，如用 M－600 型自动抽水机，射程可达 900m，一般每平方米喷水 1～2.5L 即可灭火。在珍贵树种组成的林区，可设置人工贮水池，因为用水灭火比用化学灭火和爆炸灭火等更为经济。

14.3.5.2 间接灭火法

有时由于火的行为，可燃物类型及人员设备等问题的关系，不允许使用直接灭火法，有时就要采用间接灭火法。这类灭火法适用于高强度的地表火、树冠火及地下火。主要是开设防火沟、开设较宽的防火线或利用自然障碍物及火烧法来阻碍森林火灾的蔓延。

14.3.5.3 平行扑救法

当火势很大、火的强度很高、蔓延速度很快、无法用直接方法扑救时，让地面扑火队员和推土机沿火翼进行作业或建立防火隔离带。

参考文献

北京林学院 . 1981. 造林学[M]. 北京：中国林业出版社 .
陈祥伟，胡海波 . 2005. 林学概论[M]. 北京：中国林业出版社 .
陈存及，黄云鹏，等 . 2000. 阔叶树种栽培[M]. 北京：中国林业出版社 .
范书杰，等 . 2004. 落叶松温室穴盘育苗技术[J]. 河北林业(1)：22 – 23.
方精云 . 2000. 全球生态学 – 气候变化与生态响应[M]. 北京：高等教育出版社 .
戈峰 . 2002. 现代生态学[M]. 北京：科学出版社 .
葛红英，江胜德 . 2003. 穴盘种苗生产[M]. 北京：中国林业出版社 .
郭忠玲，赵秀海 . 2003. 保护生物学概论[M]. 北京：中国林业出版社 .
何兴元 . 2004. 应用生态学[M]. 北京：科学出版社 .
何腾发 . 2007. 森林资源管理[M]. 北京：中国林业出版社 .
黄云鹏 . 2007. 林木栽培技术[M]. 北京：中国林业出版社 .
黄枢，沈国舫 . 1993. 中国造林技术[M]. 北京：中国林业出版社 .
黄雪羚 . 2005. 穴盘在木本植物育苗上的应用[J]. 福建农业科技(4)56 – 57.
蒋有绪，郭泉水，马娟，等 . 1998. 中国森林群落的分类及其群落学特征[M]. 北京：科学出版社 .
瞿辉，高捍东，周军，等 . 2003. 观赏苗木穴盘育苗技术[J]. 江苏林业科技(6)：40 – 41.
李博 . 2000. 生态学[M]. 北京：高等教育出版 .
李国侠，周金华，丛培众 . 2002. 日本落叶松育苗方法[J]. 林业实用技术(4)：28 – 29.
李景文 . 1994. 森林生态学[M]. 2 版 . 北京：中国林业出版社 .
李振基，陈小麟，郑海雷，等 . 2001. 生态学[M]. 北京：科学出版社 .
林业部调查规划院 . 1981. 中国山地森林[M] 北京：中国林业出版社 .
林业部造林绿化和森林经营司编 . 1996. 全国造林技术规程[M]. 北京：中国标准出版社 .
马世骏 . 1990. 现代生态学透视[M]. 北京：科技出版社 .
马祥庆，刘爱琴，等 . 2000. 整地方式对杉木人工林生态系统的影响[J]. 山地学报(3)：237 – 243.
牛翠娟，娄安如，孙儒泳，等 . 2007. 基础生态学[M]. 2 版 . 北京：高等教育出版社 .
彭彪、宋建英 . 2004. 竹类高效培育[M]. 福建：福建科学技术出版社 .
曲仲湘，吴玉树，王焕校，姜汉侨，唐廷贵 . 1983. 植物生态学[M]. 2 版 . 北京：高等教育出版社 .
全国科学技术名词审定委员会公布 . 2016. 林学名词[M]. 2 版 . 北京：科学出版社 .
尚玉昌 . 2002. 普通生态学[M]. 2 版 . 北京：北京大学出版社 .
沈国航 . 2004. 森林培育学[M]. 北京：中国林业出版社 .
施振周，刘祖祺 . 1998. 园林花木栽培新技术[M]. 北京：中国农业出版社 .
司亚平，何伟明 . 2000. 穴盘育苗技术要点[J]. 中国蔬菜(6)：52 – 53.

宋永昌，著．2001. 植被生态学[M]. 上海：华东师范大学出版社．
孙儒泳，李庆芬，牛翠娟，等．2003. 基础生态学[M]. 北京：高等教育出版社．
王凤友，等．2005. 营造林技术[M]. 哈尔滨：东北林业大学出版社．
王焕校，等，2000. 污染生态学[M]. 北京：高等教育出版社．
文祯中，陆健健，等．1999. 应用生态学[M]. 上海：上海教育出版社．
温国胜．2007. 园林生态学[M]. 北京：化学工业出版社．
温国胜．2013. 城市生态学[M]. 北京：中国林业出版社．
吴征镒，等．1980. 中国植被[M]，北京：科学出版社．
徐化成．2004. 中国华北天然林[M]. 北京：林业出版社．
薛建辉，等．2007. 森林生态学[M]. 北京：中国林业出版社．
杨持．2008. 生态学[M]. 2 版．北京：高等教育出版社．
杨达源，姜彤，等．2005. 全球变化与区域响应[M]. 北京：化学工业出版社．
杨玉盛，等．1998. 杉木林可持续经营的研究[M]. 北京：中国林业出版社．
杨允菲，祝廷成．2011. 植物生态学[M]. 2 版．北京：高等教育出版社．
游应天，等．1993. GB/T 14175—1993 林木引种规范与标准[S]. 北京：中国标准出版社．
俞新妥，等．1989. 混交林营造原理及技术[M]. 北京：中国林业出版社．
赵惠勋，李俊清，王凤友，等．1990. 群体生态学[M]. 哈尔滨：东北林业大学出版社．
植被生态学编辑委员会．1994. 植被生态学研究——纪念著名生态学家侯学煜教授[M]. 北京：科学出版社．
中国林业部科技司．1991. 林业标准汇编(三)[S]. 北京：中国林业出版社．
中华人民共和国林业部林业区划办公室主编．1987. 中国林业区划[M]. 北京：中国林业出版社．
周广胜，王玉辉．2003. 全球生态学[M]. 北京：气象出版社．
陈铁雄．2006. 林业知识读本[M]. 北京：中国农业科学技术出版社．